U0145026

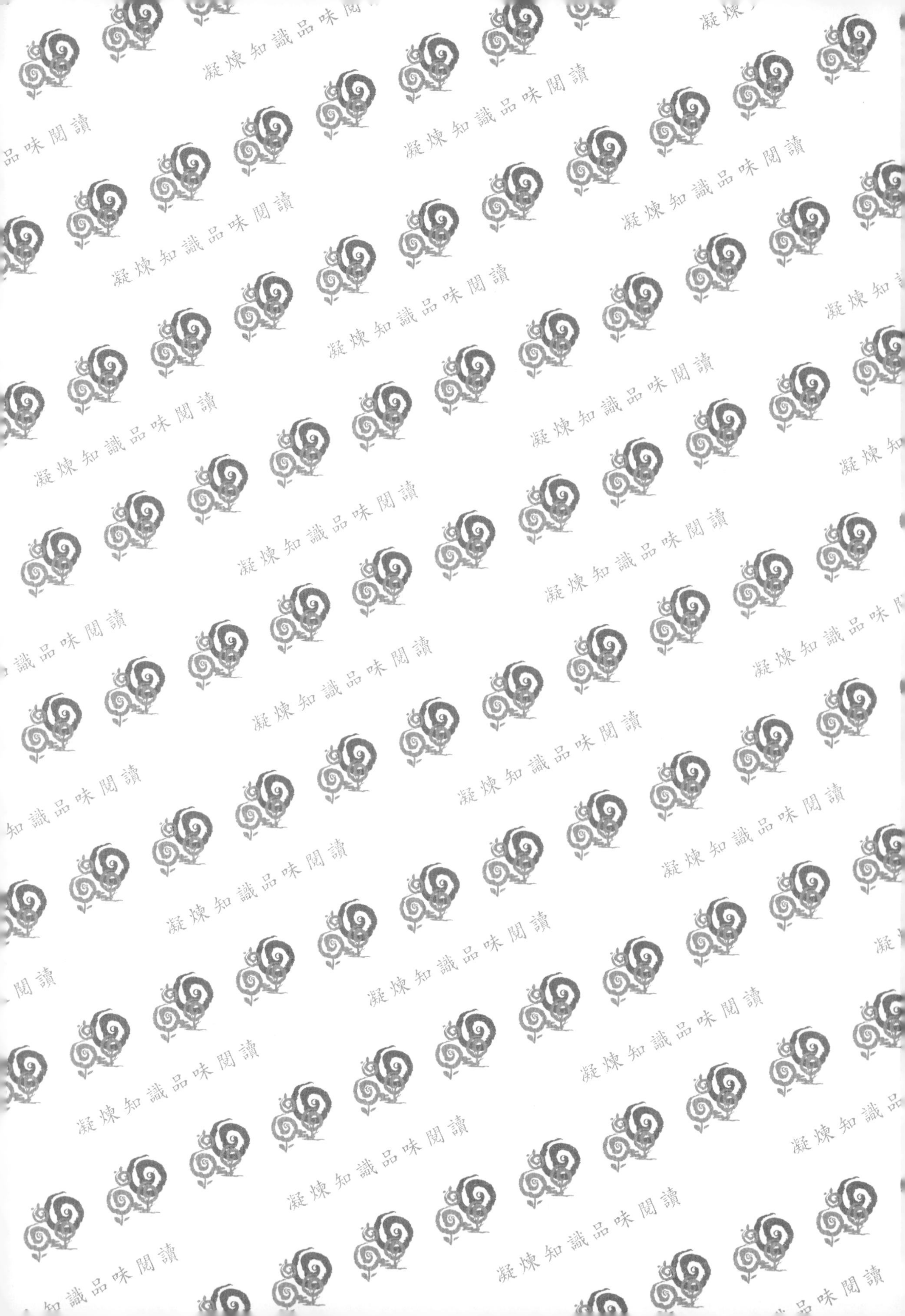

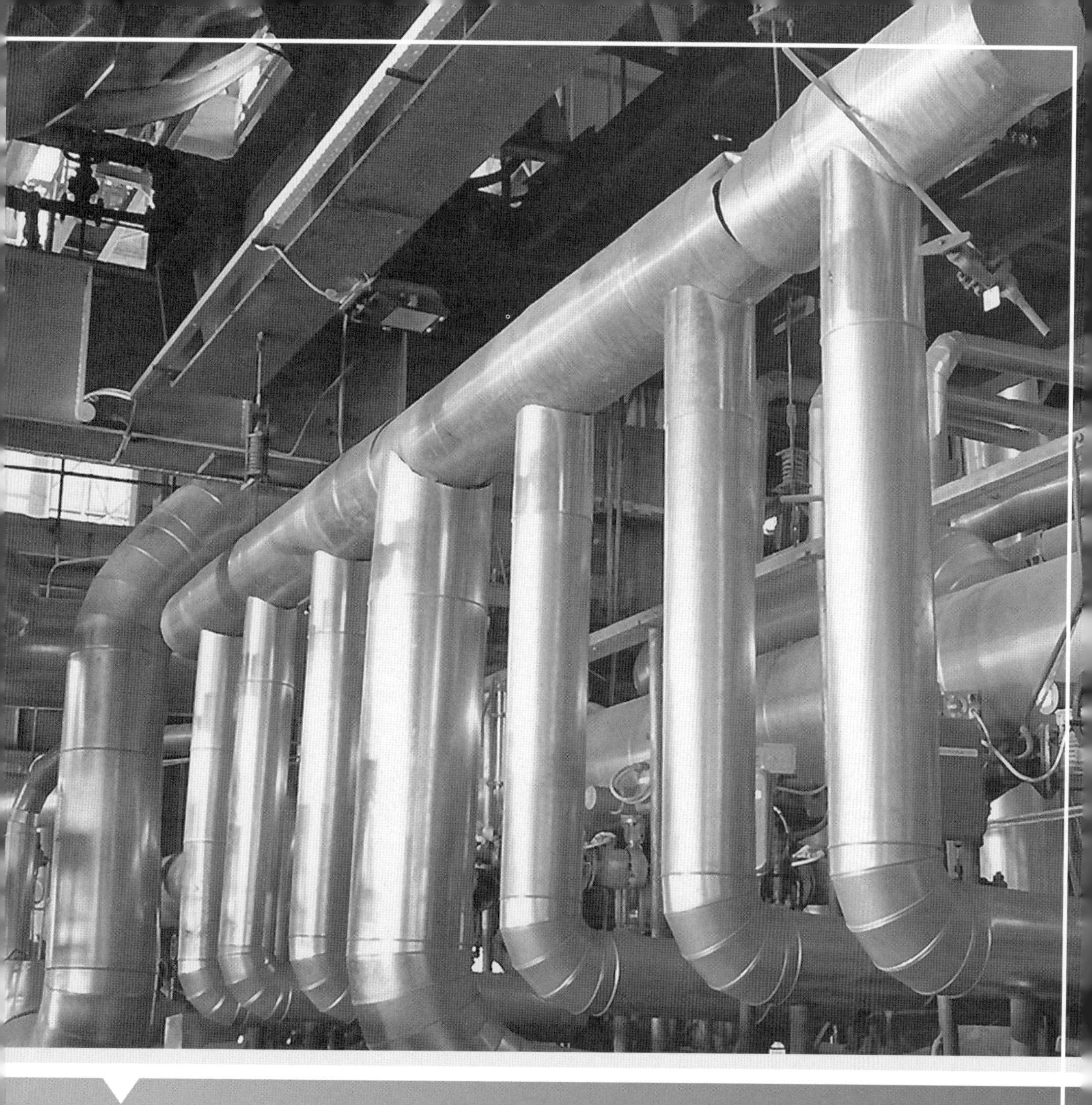

管線設計與安裝

•第三版•

Piping Design and Installation

◆ 溫順華 著

五南圖書出版公司 印行

序

1970年代臺灣採取「擴大公共建設」的方案，十大建設最具代表性。1973年，十大建設建設計畫正式展開；其計畫包括中山高速公路、桃園國際機場、臺中港、縱貫鐵路電氣化、中鋼煉鋼廠、核能發電、北迴鐵路、蘇澳港、中船造船廠及三輕石油裂解等工程。石化廠蓋廠之初期，原料之輸送、過程之反應、成品之送出等都需要管線。因為擴大公共建設的政策奏效，同時期，以台北市為主的都會區更加蓬勃，興建了大量公寓。每棟建築物完成時都需要配水管、瓦斯管及汙水排放管，因此急需大量管路配管及設計人才。

以前「管線設計」在臺灣很少有系統性之資料，一般建廠大都統包委外，所有設計工作都在統包公司內部完成。在施工時統包公司會提供所有施工圖面，完工所留下的也是只有施工圖及操作需知。至於如何設計，要參照哪些規範，則不提供，所以無法得到一系列完整的管線設計資料。直到「FLUOR」這家公司與中華民國政府簽了技術合作條約，才開始在臺灣培養「管線設計」人才。

管線系統就像我們身上的動脈和靜脈。心臟像Pump，經由動脈將血液輸送至每個需要的器官，然後由靜脈再回收。現代的城市利用管線系統，將水、化學藥品、蒸氣從來源區一個位置輸送到另一個位置。同樣，煉油廠利用更多管道攜帶原油，從原油貯槽輸送到精煉廠，然後再將精煉後之92、95、98汽油等分送到每個需要的角落。

有經驗的管線設計師需要有工廠布局、設備布置和系統功能之專業，再與一個或多個相關聯的工作經驗與知識互相運用。

需讓大學工學院或職業學校畢業之學生了解，何謂管線、如何設計、如何選材料、如何監造，讓大學工學院或職業學校畢業之學生，畢業後如想進入此行業，可迅速了解內容，進入工程界，經過公司裡師徒式之傳授方式教導，再配合書籍課本馬上就可上手，提升個人的價值自行創造就業機會。此外，設計師必須了解管線材料、閥門、泵、槽、壓力容器、換熱器、鍋爐、供應商提供之資料，以及其他機械、設備的實際應用和專案的需求，讓專家帶你了解何謂管線、如何設計、如何選材，這就是本書之目的。

溫順華　謹序於臺北永和

目 錄

第一章 管線設計概論

第二章 管與管件

第三章 閥門與法蘭

第四章 管線細部設計步驟

第五章 管道支撐架及吊架

第六章 管線系統的應力分析

第七章 泵浦

第八章 熱交換器

第九章　建築給排水衛生設備工程

第 1 章

管線設計概論

民國50～60年以前，「管線設計」在臺灣很少有系統性之資料，一般建廠大都統包委外，所有設計工作都在統包公司內部完成，在施工時統包公司會提供所有施工圖面，完工後所留下的也只有施工圖及操作需知。至於如何設計，要參照哪些規範，則不提供，所以無法得到一系列完整的管線設計資料。

直到「FLUOR」這家公司與中華民國政府簽了技術合作條約，才開始在臺灣培養「管線設計」人才。民國58年「FLUOR」在臺灣成立了「China Fluor」公司，招收了土木系、機械系、化工系共二百名工學院的青年才俊，開始有系統地教授管線設計。

管線系統就像我們身上的動脈和靜脈。心臟像Pump，經由動脈將血液輸送至每個需要的器官，然後由靜脈再回收。

現代的城市利用管線系統，將水、化學藥品、蒸氣從來源區一個位置輸送到另一個位置。同樣，煉油廠利用更多管道攜帶原油從原油，貯槽輸送到精煉廠，然後再將精煉後之92、95、98汽油等分送到每個需要的角落。

1.1 管線系統

管線系統包括管線（Piping）、管件（Fitting）、螺栓（Bolt and Nut）、墊圈（Gasket）、閥門（Valve）和其他管道元件的壓力部分。另外還包括管道支架和吊架，以及防止過壓和過度緊張的壓力容器的元件所需的其他設備。

管線是一種圓形截面，且符合下列規範之尺寸要求：

(1) ASME B36.10M 焊接與無縫鍛造鋼管。

(2) ASME B36.19M 不鏽鋼管。

歐美系統最初以IPS（Iron Pipe Size）表示鋼管尺寸，代表鋼管的近似值（以英寸爲單位）。例如IPS 6是內徑大約6英寸（in）的鋼管，使用者稱爲2、4、6……鋼管等。每個管道尺寸都有一個固定厚度，被稱爲標準（STD）或標準重量，管的外徑被標準化。隨著工業的要求，管線需要有較厚的管壁，被稱爲超強（XS）或雙超強（XXS）之管材，但標準化的外徑不變。後來因應管線材質之需要，演變有薄管或厚管（如防蝕），於是改變稱呼管道大小和壁體厚度的新方法，指定稱爲公稱管道尺寸NPS（Nominal Pipe Size）一詞取代，管壁厚度則以管號（SCH）稱呼。

公稱管道尺寸中，例如NPS 2表示管的外徑是2.375，NPS 12以下的管線尺寸都是外徑大於NPS（2、4、6、8、10、12）。然而，大於NPS 14、16……的管子其外徑等於14、16……。內部直徑將取決於管壁的厚度（請參閱ASME B36.10M或ASME B36.19M）。

1.2 管線設計之流程

1. 流程圖（Flow Diagram）

是整個工程流程的依據，是管線設計者必須先取得或制定的資料，它包含了整體工程所需之設備、流量、操作之安全、規範、管徑之大小、材質及儀控之安排。

(1) 方法流程圖（PFD）（Process Flow Diagram）標示所有主要設備、管線之流向、設備及管線之操作溫度、壓力等。

(2) 管線流程圖（P & ID）（Piping and Instrument Diagram）由方法流程圖再發展為更詳細之圖面，註明管號、管徑、管材及規範、閥等，同時將儀表及儀控系統標示於圖面上。

2. 平面布置圖（Plot Plan）

依據流程圖，在合理、經濟之原則下，安排整體工程設備之位置及方位、設備之材質，以及考慮到操作、維護之方便原則下，粗略安排管線之走向及路徑、管支撐、管橋之高程。

3. 管線細部設計（Piping Detail Design）

(1) 管線、管件、閥等材料規範之整理。

(2) 管線平面圖、管線立體圖、管支撐詳細圖之繪製。

(3) Isometric（立體圖）之繪製、材料之計算。

4. 管線應力分析（Piping Stress Analysis），彈簧吊架規範，規格之開列

5. 管材規範說明

(1) ASTM（American Society for Testing and Materials）：美國材料與試驗協會制定的標準。

(2) ASME（American Society of Mechanical Engineers）：美國機械工程師協會的標準。

(3) ANSI（American National Standards Institute）：美國國家標準。

(4) API（American Petroleum Institute）：美國石油學會標準。

ASTM材料經ASME認可用於承壓設備後就成為ASME材料。

ASME材料標準大都採用ASTM，ASME標準上都有明確的說明是否與ASTM等同。

這四個標準均是美國標準，相互補充，相互借鑒。

1.3 管道與管件產品

流體輸送爲化學工廠之必須操作，流體藉由管路輸送至各設備。配管工程頗複雜，需對管、閥件充分認識，才能了解工廠中管路配置與功能。

圓管容易製造，化學工廠常用圓管，其每單位質量之材料具有較高耐壓強度，較其他形狀輸送管有較大流動截面積及較小摩擦管壁面積。圓管有下列幾種：抽製管（Tube）、縫製管（Seam Pipe）及軟管等。一般而言，抽製管之直徑較小，由抽製或擠壓而成，如銅管、鋁管、玻璃管及塑膠管等，其性質常具展延性及可撓性；軟管之直徑亦不大，由抽製、擠壓或編織而成，如橡皮管、塑膠軟管及編織而成之消防用帆布管及尼龍布管，其性質較軟；縫製管之直徑較大，由鑄造、焊接、鍛接而成，如鑄鐵管、鋼管、陶瓷管及水泥管等。材質的選擇，需考慮到安全與經濟因素。

1.管材可分爲鐵金屬（Ferrous Metals）、非鐵金屬（Nonferrous Metals）與非金屬（Nonmetals）等。鐵金屬如鋼管（Cast Pipe）、不鏽鋼管（Stainless Steel Pipe）、矽鐵管（Duriron Pipe）；非鐵金屬，如銅管（Copper Tube）、鉛管（Lead Tube）、鋁管（Aluminum Tube）、鎳管（Nickel Tube）；非金屬如玻璃管、橡皮管、塑膠管等。

2.管子之大小、厚度、螺旋數目，各國有統一規格標準，更換管子時，任何廠牌之管子均能符合。管子標準以管號（Schedule Number）表示。

3.管號定義：

$$管號 = 1000 \times P/S$$

P爲管內使用時的操作壓力

S爲材料所能容許的強度

如鋼材所能容許的強度爲10,000psi，若管子操作壓力（Working Pressure）要求400psi，則管子應用管號有10、20、30、40、60、80、100、120、140、160等十種，其中40號管爲早期之標準管，80號爲早期之加強管。

4.管之公稱尺寸（Normal Size）係管徑之近似值非指內徑或外徑，如2

吋40號與80號管，外徑皆爲2.375吋，40號管內徑爲2.067吋，80號管內徑爲1.939吋；2吋僅是該管之公稱尺寸，內、外徑均非2吋。同一公稱大小鋼管，外徑相同，管號不同，厚度、內徑也不同；管號愈大，管厚度愈厚，能承受較大的操作壓力。抽製管之公稱直徑指外徑，與鋼管不同。

5.管子之長度因受製造、搬運及貯存限制，皆有一定之規格，如鋼管常見爲20呎長。若管線很長，需將鋼管一支支連接，連接方法有螺旋接合（Screw Joint）、法蘭接合（Flange Joint）、焊接接合（Welded Joint）、插套接合（Bell and Spigot Joint）、套筒接合（Sleeve Joint）。

6.配管工程中，管件除了可連接兩支管子外，還可變更管線方向、增加分歧路線、管徑變換及堵塞管端。壓力管線、管件產品均按照各種標準規格的不同設計，採用不同的製造作法和使用種類繁多的材料製造。這些產品最終使用者必須應用成本最低的產品適合進行服務條件。通常情況下，鋼和合金壓力管道是使用在鑄造、鍛造和焊接形式，是符合ASME B36.10M提供的標準尺寸和壁厚。不鏽鋼管是符合ASME B36.19M規定的標準尺寸和壁厚。

- ASTM A53無縫／焊接1/8”～26”：普通使用的煤氣、空氣、油、水、蒸汽等管線（一般鋼鐵）。
- ASTM A106無縫1/8”～48”：耐高溫（蒸汽、水、氣等）等管線（不銹鋼之類高級品）

7.鋼筋混凝土管：RCCP（鋼筋混凝土管）& PCCP（預力鋼筋混凝土管）與其他較大管徑的管材相比，成本優勢明顯，而且呈現出口徑愈大成本優勢愈大的趨勢。

(1)用材節省：在大口徑管材領域，RCCP & PCCP的優勢更加突出，同等管徑混凝土管耗用鋼材比SC（鋼骨）節省約70%，價格可比SC降低約40%，大口徑混凝土管可降低50%。

(2)施工簡單：與鋼管相比，混凝土管採用膠圈密封的自對中鋼制接頭，管線一般一次打壓成功，而鋼管採用現場焊接的方法，其鋪設速度相對混凝土管較慢，且管線往往需要多次試壓才能成功。與柔性管道相比，混凝土管安裝時，對管座無特殊要求，回塡土可以用就地挖出的原土，要求低於柔性管道，方便快捷，人力消耗少。

(3)運行維護費用低：美國混凝土壓力管協會（American Concrete Pressure Pipe Association）1991～1995年在北美地區（包括加拿大）對不同管材的管道運行和維護費用進行了調查，調查結果表明混凝土管的運行和維護費用約爲球墨鑄鐵管的1/3，鋼管的1/5，同時混凝土管的壽命爲其他管道的2倍。

(4)壽命長：設計使用壽命爲50年以上。美國給水協會耐腐蝕委員會、美國工程試驗中心、美國土木工程學會（American Society of Civil Engineers）和材料學會的研究認爲，混凝土管的使用壽命爲100年，是鋼管和塑料管的2倍。這些優異的性能目前都是其他大口徑的管材無法替代的，混凝土管替代產品的威脅很小。

1.4 安全操作之工程設計應注意事項

1.在系統之最低點設置液體排放閥，在系統之最高點設置排氣閥。排液閥、排氣閥不用時應以盲板或塞子塞住。

2.消除不能排放液體的滯留袋（Air Pocket），例如熱交換器內所有區域必須有可以排放液體的設計。在所有不能排放液體的部位，必須提供排液孔或滲出孔（滲出孔不是經常有效的）。

3.不可將有直接壓力的易燃性或有毒氣體的管線連接到控制室儀器。碳氫化合物、其他易燃性、毒性流體或蒸氣，不可配管進入控制室作爲儀器使用。一般，應使用空氣或電氣訊號。

4.避免流孔板（Orifice Plate）有氣體或液體滯留袋。

5.儘量減少使用閥安裝在垂直方向的配管，以避免停機時管內液體停滯於閥上方，如必要時需設置排放管。

6.對於廠區之蒸汽祛水器，考慮冷凝水收集回收系統。

7.雖然碳鋼是最普遍使用的配管材質，使用於每個特殊流體的正確材質必須取決於正常與緊急兩者的條件。特別的合金、襯裡或被覆可能需要在：(1)腐蝕或侵蝕流體；(2)認爲有非常高或低溫度的地方；(3)預先考慮不尋常操作條件時。

可鍛、結節與鑄鐵的材質不可使用於碳氫化合物或毒性流體的配管與部件。這些脆的與低熔點的材料，火災時由於過熱或接觸水常常會毀壞。一般銅、鋁與它們的合金不應使用在碳氫化合物流體之配管。鑄造、鍛造、可展性及結狀的鐵材不可使用在碳氫化合物或毒性流體。

8.下列情況必須使用焊接施工：(1)所有氫氣配管；(2)單元中所有首次製程配管；(3)單元外所有首次碳氫化合物配管；(4)大部分鹼、酸及蒸汽配管。

即使是可接受螺絲配管的地方，焊接施工一般上仍較佳，因爲螺絲接頭與閥曝露在火場時更可能毀壞。

補焊之螺絲連結應維持最少，一般也不應用來替代套焊接頭。

9.所有配管系統應設計避免水鎚現象。當流體之速度或壓力突然改變時，這種現象就可能發生在所有壓力下的液體管線。

如快速地關閉一個柱塞閥、球閥或蝶形閥，衝擊波可能是正常壓力的好幾倍，傳送到管線末端，又反彈回來，這個循環一直重複到所有能量消失或釋放爲止。

10.液體碳氫化合物的管線熱膨脹會造成危險的高壓，幾乎高到足以破壞任何沒有壓力釋放裝置的設備。故在適當位置設置管線膨脹環是有必要的。

另外當一個封閉的容器、熱交換器或其他充滿液體的設備被加熱時，如果液體是水或輕質碳氫化合物，溫度在其大氣壓力下沸點以上時，破壞力相當大，故在適當位置設置熱膨脹桶槽，解除突發性過剩之壓力。

11.操作工廠的場地面高度，應設定高於鄰接土地，但需低於廠區內周圍道路。廠區周圍道路的地面高程應夠高到（高於工廠的場地面高度）足以防止廠區設施的外洩油，流動的火災擴散至廠區外。此道路也可作爲防液堤或火牆用。

第 2 章

管與管件

管路系統（Piping System）簡稱管路（Pipe Line），由管（Pipe）、法蘭、管件（Pipe Fitting）及閥（Valve）組成。

管（Pipes）可分爲管（Pipe）、抽製管（Tube）及軟管（Hose）等三種：

分類	種類	特點
管（Pipe）	鋼管、不鏽鋼管、鑄鐵管	管徑較大及管壁較厚者
抽製管（Tube）	銅管、無縫鋼管	管壁薄、易傳熱、易彎曲
軟管（Hose）	橡皮管、軟塑膠管、帆布管	以軟質材料擠壓或編織而成

2.1 鋼管的規格

1.法規：一般係依照ANSI的法規製造。

2.公稱管徑（Nominal Pipe Diameter）：管內徑的接近值，方便稱呼，實際外徑較此值爲大。

3.管號（Schedule Number）：管號愈大者，管壁愈厚愈耐壓，自最輕的sch5S號至最耐壓的sch160號，共分16級。

4.公稱管徑相同的管子外徑皆相同，以方便連接。

2.2 抽製管的規格

1.抽製管沒有固定長度，常盤成百公尺以上出售。

2.ANSI規定的公稱管徑即抽製管的外徑。

2.3 管的材料

管的材料有鐵金屬、非鐵金屬及非金屬等三大類，金屬材料有鋼管、鑄鐵管及不銹鋼管三種。分述如下。

2.3.1 鋼管

1.鋼管的彎曲性及焊接性良好，且價格便宜，最適合一般工程使用。

2.無縫鋼管以抽製法製造，可耐高溫及高壓，適合用作鍋爐爐管、熱交換器的換熱管。

3.鋼管的表面通常會進行鍍鋅處理以增加耐蝕性，所以也稱爲鍍鋅鋼管。

2.3.2 鑄鐵管

鑄鐵管的質地硬脆，不易加工，但是對土壤及海水的耐蝕性優於鋼管，常用作廢水管路，或內襯石墨、樹脂等作爲自來水管路。

2.3.3 不鏽鋼管

1.不鏽鋼俗稱白鐵，是碳鋼與鉻、鎳的合金，具耐酸、鹼及耐高溫的優點。

2.化學工業上最常使用的不鏽鋼有SUS304及SUS316兩種，其組成皆含18%的鉻及8%的鎳，但後者因多含了2%的鉬（Mo），耐蝕性更佳。

3.不鏽鋼管因可保持潔白無鏽，廣用於食品與醫藥工業。

2.3.4 非鐵金屬材料

1.純銅管：純銅（Copper）管俗稱紅銅管，質軟但韌性佳，具有良好的導熱性，可用作熱交換器的換熱管、儀表管線及釀酒工廠的配管。

2.黃銅管：黃銅（Brass）是銅與鋅的合金，銅約占40～60%。強韌、堅硬且鑄造性良好，廣用作熱交換器的換熱管。

3.青銅管：青銅（Bronze）是銅與錫的合金，強度與黃銅相當，但耐蝕性更佳。

4.鉛管：鉛表面可形成一層氧化物的保護膜，故耐蝕性好，可用於硫酸、磷酸工業，但質軟易變形，一般用作鋼管的裡襯。

2.3.5 非金屬材料

1.塑膠管：塑膠管的材料有PVC、PE、PP、FRP、特夫綸（Teflon）等，以PVC管用量最多，常用作供水管、排水管及廢水管。

2.FRP管具耐蝕性、材質輕穎、施工容易的優點，近年來運用頗多。

3.環氧樹脂、酚醛樹脂、特夫綸等塗布於金屬管內層，可增加對酸、鹼的耐蝕性。

2.3.6 橡膠管

1.橡膠管因橡膠的材質不同，性質差異頗大。天然橡膠管，價廉，可耐酸及一般化學品。

2.矽橡膠管可耐熱、酸及鹼。

3.紐普韌橡膠（Neoprene）管具良好的耐油性。

2.4 管件接合法

管件（Fitting）：配管時用來連接管子、改變流向或管徑的配件。

管件依照其功能可分為接頭類、異徑接頭類、分支接頭類、管端接頭類、彎頭類及伸縮緩衝管類等，各類中所包括的管件及其用途如下表：

分類	名稱	功能
接頭類	管接頭、螺旋接管、管套節、凸緣	連接兩支相同直徑的管子
異徑接頭類	漸縮管、襯套	連接兩支不同直徑的管子
分支接頭類	T形管、Y形管、十字形管	增加管的支路
管端接頭類	管帽、管塞	終止管路
彎頭類	肘管、大曲肘管	改變流向
伸縮緩衝管類	伸縮管接頭、伸縮曲管	使管可伸縮、彎曲或容許振動

2.5 管件的分類及其功能

常用的管件：

1.接頭類管件：接頭類管件有管接頭、螺紋接頭、管套節及凸緣接頭等，其特點及圖形如下表：

名稱	特點	圖形
管接頭（Coupling）	具有內螺紋的短管，用於連接兩支等直徑的管子	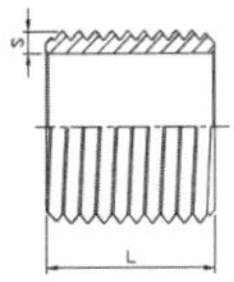
螺紋接管（Nipple）	具有公螺紋的短管，用於連接管子	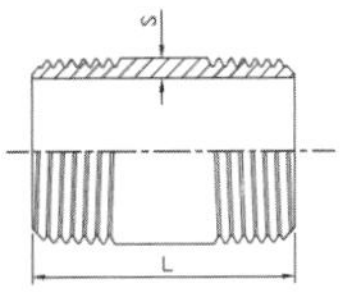
管套節（Union）	俗稱由任，連接管子時可不必轉動管子	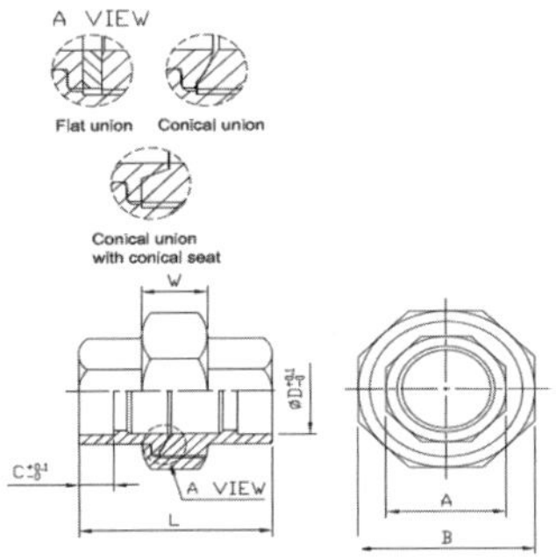
凸緣接頭（Flange）	用於較大管子的連接	

2.異徑接頭類管件：異徑接頭類管件有漸縮管及襯套等兩種，其特點及圖形如下表：

名稱	特點	圖形
漸縮管（Reducer）	用於大小管子連接。兩端均具有母螺紋	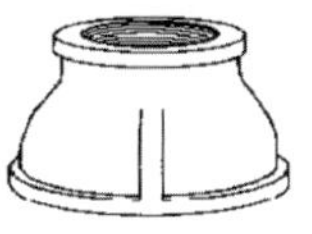 Reducer
襯套（Bushing）	用於大小管子連接。一端為公螺紋，另一端為母螺紋	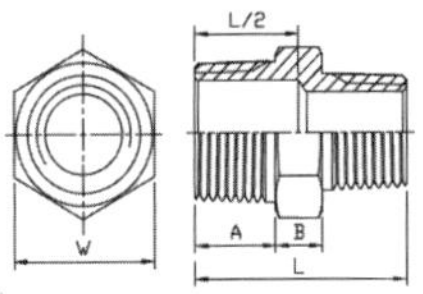

3.分支接頭類管件：分支接頭類管件有T形管、Y形管及十字形管等三種，其特點及圖形如下表：

名稱	特點	圖形
T形管（Tee Type）	增加一支路	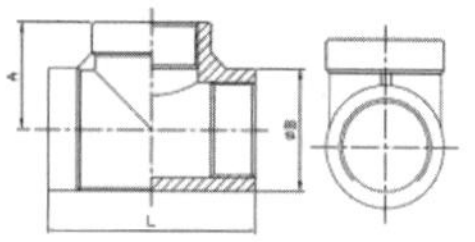
Y形管（Y Type）	增加一支路	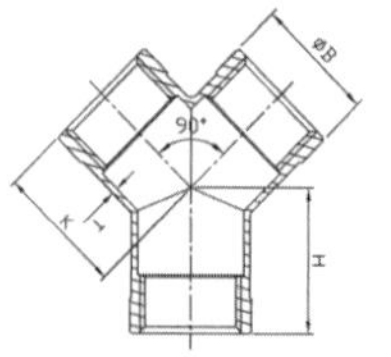
十字形管（Cross）	增加兩支路	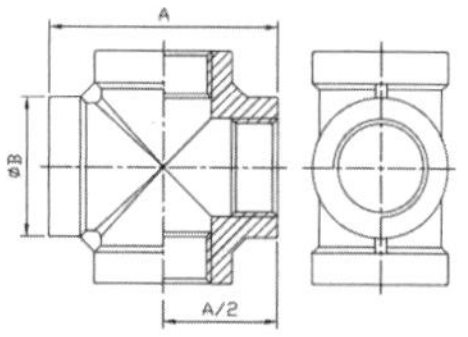

4.管端接頭類管件：管端接頭類管件有管帽及管塞等兩種，其特點及圖形如下表：

名稱	特點	圖形
管帽（Cap）	終止管路	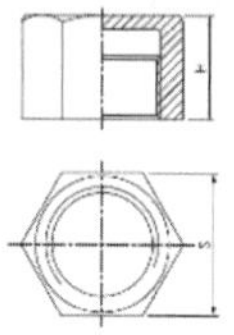
管塞（Plug）	終止管路	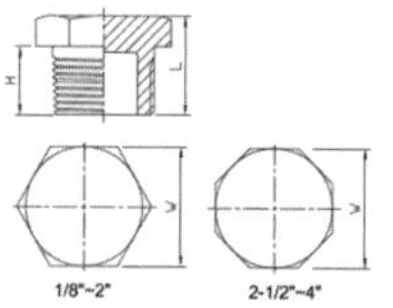

5.彎頭類管件：彎頭類管件有肘管、彎管及雌雄肘管等三種，其特點及圖形如下表：

名稱	特點	圖形
肘管（Elbow）	改變流體的方向	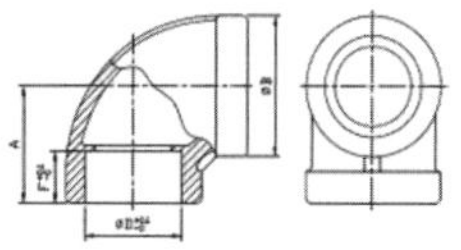
彎管（Bend）	改變流體的方向，曲率半徑比肘管大	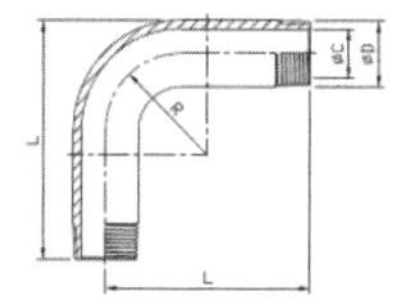
雌雄肘管（Street Elbow）	一端具公螺紋，另一端具母螺紋的肘管	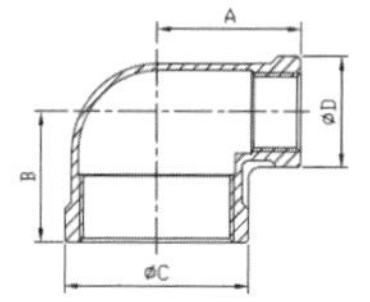

2.6 管的連接法

以下說明一般金屬鋼管之連接法（不含PVC排水管）。金屬鋼管的連接方法視管徑大小及使用場合而定，可分爲**螺旋接合**、**焊接接合**、**法蘭接合**及**插套接合**等，其接合法及使用場合如下：

2.6.1 螺旋接合（Screw Joint）

事先在管端以絞牙機絞出公螺紋，配合管接頭將兩支管子連接。爲增加密合性，連接之前需先於螺紋表面塗密合膠或纏數圈特夫綸（Teflon）製的止漏帶。直徑3吋以下管子螺紋接合處管徑較薄，較不耐壓。

2.6.2 焊接接合（Welded Joint）

以氣焊或電焊接合。焊接的密閉性最好，安全性最高，但安裝的工資較高，且拆卸不便，一般使用於不再拆卸的場合。

2.6.3 法蘭接合（Flange Joint）

法蘭先以焊接或螺旋連接於管端，再以螺栓栓入法蘭上的圓孔，旋緊固定。爲增加密合性，兩法蘭面間需襯以墊片（Gasket）。

墊片的材料有橡膠、石棉、金屬、特夫綸等，一般使用2吋以上的粗管子。

2.6.4 插套接合（Bell and Spigot Joint）

此類管子於製造時一端先鑄成鐘形插入，以容另一管端插入而接合，再用水泥、樹脂等填入縫隙密合。脆質材料如鑄鐵管、水泥管及陶瓷管等無法以焊接或螺旋接合的管子。

2.7 一般配管用鋼製標準厚度溶接式90°，45°彎頭

以下列出比較常用之管件尺寸表，供讀者方便使用，如需要其他尺寸表請從網路搜尋即可。

碳鋼焊接

90° Elbow (Long, Short)
45° Elbow (Long)

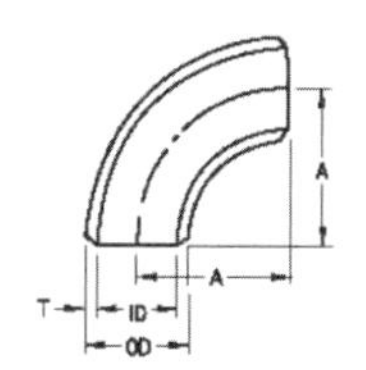

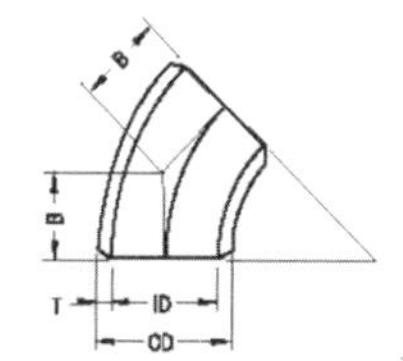

STD, Sch40, X-S Sch80, Sch160, XX-S

ASME B16.9

(Unit: inch)

Nominal Pipe Size	Outside Diameter O.D	Center to End			STD		Sch40		X-S		Sch80		Sch160		XX-S	
		Long A	Long B	Short A	T	I.D	T	I.D	T	I.D	T	I.D	T	I.D	T	I.D
½	0.804	1.50	0.62		0.109	0.622	0.109	0.622	0.147	0.546	0.147	0.546	0.188	0.464	0.294	0.252
¾	1.050	1.50	0.75		0.113	0.824	0.113	0.824	0.154	0.742	0.154	0.742	0.219	0.612	0.308	0.434
1	1.315	1.50	0.88	1.00	0.133	1.049	0.133	1.049	0.179	0.957	0.179	0.957	0.250	0.815	0.358	0.599
1-¼	1.660	1.88	1.00	1.25	0.140	1.380	0.140	1.380	0.191	1.278	0.191	1.278	0.250	1.160	0.382	0.896
1-½	1.900	2.25	1.12	1.50	0.145	1.610	0.145	1.610	0.200	1.500	0.200	1.500	0.281	1.338	0.400	1.100
2	2.375	3.00	1.38	2.00	0.154	2.067	0.154	2.067	0.218	1.939	0.218	1.939	0.344	1.687	0.436	1.503
2-½	2.875	3.75	1.75	2.50	0.203	2.469	0.203	2.469	0.276	2.323	0.276	2.323	0.375	2.125	0.552	1.771
3	3.500	4.25	2.00	3.00	0.216	3.068	0.216	3.068	0.300	2.900	0.300	2.900	0.438	2.624	0.600	2.800
3-½	4.000	5.25	2.25	3.50	0.226	3.548	0.266	3.548	0.318	3.364	0.318	3.364				
4	4.500	6.00	2.50	4.00	0.237	4.026	0.237	4.026	0.337	3.826	0.337	3.826	0.531	3.438	0.674	3.152
5	5.563	7.50	3.12	5.00	0.258	5.047	0.258	5.047	0.375	4.813	0.375	4.813	0.625	4.313	0.750	4.063
6	6.625	9.00	3.75	6.00	0.280	6.065	0.280	6.065	0.432	5.761	0.432	5.761	0.719	5.187	0.864	4.897
8	8.625	12.00	5.00	8.00	0.322	7.981	0.322	7.981	0.500	7.625	0.500	7.625	0.906	6.813	0.875	6.875
10	10.750	15.00	6.25	10.00	0.365	10.020	0.365	10.020	0.500	9.750	0.500	9.750	1.125	8.500	1.000	8.750
12	12.750	18.00	7.50	12.00	0.375	12.000	0.406	11.938	0.500	11.750	0.688	11.374	1.312	10.216	1.000	10.750
14	14.000	21.00	8.75	14.00	0.375	13.250	0.438	13.124	0.500	13.000	0.750	12.500	1.406	11.188		
16	16.000	24.00	10.00	16.00	0.375	15.250	0.500	15.000	0.500	15.000	0.844	14.132	1.594	12.812		
18	18.000	27.00	11.25	18.00	0.375	17.250	0.562	16.876	0.500	17.000	0.938	16.124	1.781	14.438		
20	20.000	30.00	12.50	20.00	0.375	19.250	0.594	18.812	0.500	19.000	1.031	17.938	1.969	16.062		
22	22.000	33.00	13.50	22.00	0.375	21.250			0.500	21.000	1.125	19.750	2.125	17.750		
24	24.000	36.00	15.00	24.00	0.375	23.250	0.688	22.624	0.500	23.000	1.219	21.562	2.344	19.312		
26	26.000	39.00	16.00		0.375	25.250			0.500	25.000						
28	28.000	42.00	17.25		0.375	27.250			0.500	27.000						
30	30.000	45.00	18.50		0.375	29.250			0.500	29.000						
32	32.000	48.00	19.75		0.375	31.250	0.688	30.624	0.500	31.000						

2.8 一般配管用鋼製特殊厚度溶接式90°，45°彎頭

碳鋼焊接

90° Elbow (Long, Short)
45° Elbow (Long)

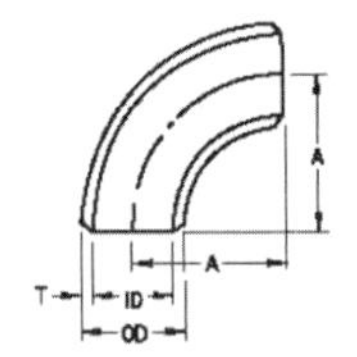

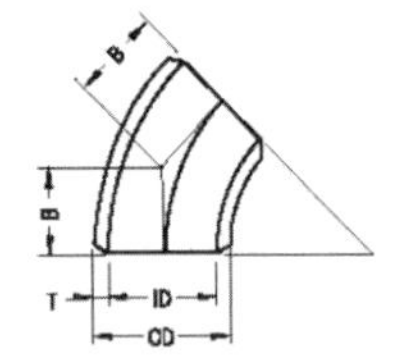

Sch20, Sch60, Sch100, Sch120, Sch140

ASME B16.9 (Unit: inch)

Nominal Pipe Size	Outside Diameter O.D	Center to End			Sch20		Sch60		Sch100		Sch120		Sch140		-	
		Long		Short	T	I.D	T	I.D	T	I.D	T	I.D	T	I.D	-	-
		A	B	A												
4	4.500	6.00	2.50	4.00							0.438	3.624				
5	5.563	7.50	3.12	5.00							0.500	4.563				
6	6.625	9.00	3.75	6.00							0.562	5.501				
8	8.625	12.00	5.00	8.00	0.250	8.125	0.406	7.813	0.594	7.437	0.719	7.187	0.812	7.001		
10	10.750	15.00	6.25	10.00	0.250	10.250	0.500	9.750	0.719	9.312	0.844	9.062	1.000	8.750		
12	12.750	18.00	7.50	12.00	0.250	12.250	0.562	11.626	0.844	11.062	1.000	10.750	1.125	10.500		
14	14.000	21.00	8.75	14.00	0.312	13.376	0.594	12.812	0.938	12.124	1.094	11.812	1.250	11.500		
16	16.000	24.00	10.00	16.00	0.312	15.376	0.656	14.688	1.031	13.938	1.219	13.562	1.438	13.124		
18	18.000	27.00	11.25	18.00	0.312	17.376	0.750	16.500	1.156	15.688	1.375	15.250	1.562	14.876		
20	20.000	30.00	12.50	20.00	0.375	19.250	0.812	18.376	1.281	17.438	1.500	17.000	1.750	16.500		
22	22.000	33.00	13.50	22.00	0.375	21.250	0.875	20.250	1.375	19.250	1.625	18.750	1.875	18.250		
24	24.000	36.00	15.00	24.00	0.375	23.250	0.969	22.062	1.531	20.938	1.812	20.376	2.062	19.876		

- For Bevel Details See Page 356
- For Dimensional Tole rances See Page 362
- For Approx Weight See Page 394～421

- Wall Thickness Conform to ASME B 36.10M Specifications

2.9 一般配管用鋼製標準厚度溶接式180°彎頭

碳鋼焊接

180° Elbow (Long, Short)

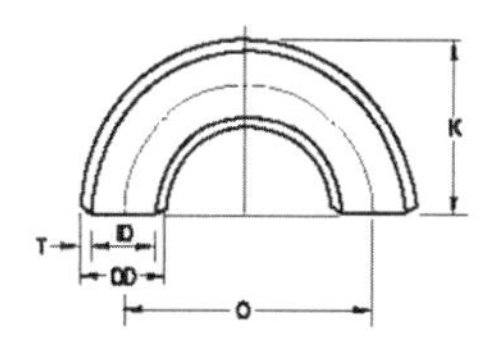

STD, Sch40, X-S Sch80, Sch160, XX-S

ASME B16.9 (Unit: inch)

Nominal Pipe Size	Outside Diameter O.D	Long		Short		STD		Sch40		X-S		Sch80		Sch160		XX-S	
		O	K	O	K	T	I.D	T	I.D	T	I.D	T	I.D	T	I.D	T	I.D
½	0.804	3.00	1.88			0.109	0.622	0.109	0.622	0.147	0.546	0.147	0.546	0.188	0.464	0.294	0.252
¾	1.050	3.00	2.00			0.113	0.824	0.113	0.824	0.154	0.742	0.154	0.742	0.219	0.612	0.308	0.434
1	1.315	3.00	2.19	2.00	1.62	0.133	1.049	0.133	1.049	0.179	0.957	0.179	0.957	0.250	0.815	0.358	0.599
1-¼	1.660	3.75	2.75	2.50	2.06	0.140	1.380	0.140	1.380	0.191	1.278	0.191	1.278	0.250	1.160	0.382	0.896
1-½	1.900	4.50	3.25	3.00	2.44	0.145	1.610	0.145	1.610	0.200	1.500	0.200	1.500	0.281	1.338	0.400	1.100
2	2.375	6.00	4.19	4.00	3.19	0.154	2.067	0.154	2.067	0.218	1.939	0.218	1.939	0.344	1.687	0.436	1.503
2-½	2.875	7.50	5.19	5.00	3.94	0.203	2.469	0.203	2.469	0.276	2.323	0.276	2.323	0.375	2.125	0.552	1.771
3	3.500	9.00	6.25	6.00	4.75	0.216	3.068	0.216	3.068	0.300	2.900	0.300	2.900	0.438	2.624	0.600	2.300
3-½	4.000	10.50	7.25	7.00	5.50	0.226	3.548	0.226	3.548	0.318	3.364	0.318	3.364				
4	4.500	12.00	8.25	8.00	6.25	0.237	4.026	0.237	4.026	0.337	3.826	0.337	3.826	0.531	3.438	0.674	3.152
5	5.563	15.00	10.31	10.00	7.75	0.258	5.047	0.258	5.047	0.375	4.813	0.375	4.813	0.625	4.313	0.750	4.063
6	6.625	18.00	12.31	12.00	9.31	0.280	6.065	0.280	6.065	0.432	5.761	0.432	5.761	0.719	6.813	0.864	4.897
8	8.625	24.00	16.31	16.00	12.31	0.322	7.981	0.322	7.981	0.500	7.625	0.500	7.625	0.906	8.500	0.875	5.875
10	10.750	30.00	20.38	20.00	15.38	0.365	10.020	0.365	10.020	0.500	9.750	*0.594	9.562	1.125	10.126	1.000	8.750
12	12.750	36.00	24.38	24.00	18.38	0.375	12.000	*0.406	11.938	0.500	11.750	*0.688	11.374	1.312	11.188	1.000	10.750
14	14.000	42.00	28.00	28.00	21.00	0.375	13.250	*0.438	13.124	0.500	13.000	*0.750	12.500	1.406	12.812		
16	16.000	48.00	32.00	32.00	24.00	0.375	15.250	*0.500	15.000	0.500	15.000	*0.844	14.312	1.594	14.438		
18	18.000	54.00	36.00	36.00	27.00	0.375	17.250	*0.562	16.876	0.500	17.000	*0.938	16.124	1.781	16.062		
20	20.000	60.00	40.00	40.00	30.00	0.375	19.250	*0.594	18.812	0.500	19.000	*1.031	17.938	1.969	17.750		
22	22.000	66.00	44.00	44.00	33.00	0.375	21.250			0.500	21.000	*1.125	19.750	2.125	19.312		
24	24.000	72.00	48.00	48.00	36.00	0.375	23.250	*0.688	22.624	0.500	23.000	*1.219	21.562	2.344			

- Length E applies for thickness not exceeding that given in column “Limiting Wall Thickness for Length E.”
- Length E_1 applies for thickness greater than that given in column “Limiting Wall Thickness” for NPS 24 and smaller for NPS 26 and lager, length E_1 shall be by agreement between manufacturer and Purchaser.
- For Bevel Details See Page 356
- For Dimensional Tole rances See Page 362
- For Approx Weight See Page 394～421
- Wall Thickness Conform to ASME B 36.10M Specifications

2.10 一般配管用鋼製特殊厚度溶接式180°彎頭

碳鋼焊接

180° Elbow (Long, Short)

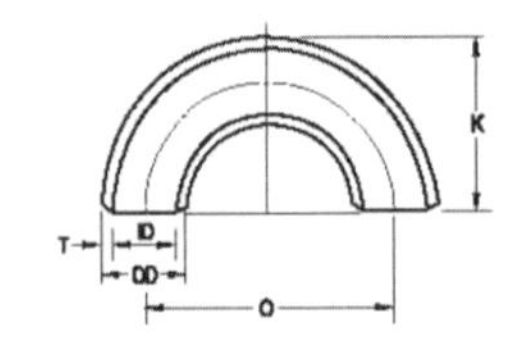

Sch20, Sch60, Sch100, Sch120, Sch140

ASME B16.9

(Unit: inch)

Nominal Pipe Size	Outside Diameter O.D	Long		Short		Sch20		Sch60		Sch100		Sch120		Sch140	
		O	K	O	K	T	I.D	T	I.D	T	I.D	T	I.D	T	I.D
4	4.500	12.00	8.25	8.00	6.25							0.438	3.624		
5	5.563	15.00	10.31	10.00	7.75							0.500	4.563		
6	6.625	18.00	12.31	12.00	9.31							0.562	5.501		
8	8.625	24.00	16.31	16.00	12.31	0.250	8.125	0.406	7.813	0.594	7.437	0.719	7.187	0.812	7.001
10	10.750	30.00	20.38	20.00	15.38	0.250	10.250	0.500	9.750	0.719	9.312	0.844	9.062	1.000	8.750
12	12.750	36.00	24.38	24.00	18.38	0.250	12.250	0.562	11.626	0.844	11.062	1.000	10.750	1.125	10.500
14	14.000	42.00	28.00	28.00	21.00	0.312	13.376	0.594	12.812	0.938	12.124	1.094	11.812	1.250	11.500
16	16.000	48.00	32.00	32.00	24.00	0.312	15.376	0.656	14.688	1.031	13.938	1.219	13.562	1.438	13.124
18	18.000	54.00	38.00	36.00	27.00	0.312	17.376	0.750	16.500	1.156	15.688	1.375	15.250	1.562	14.876
20	20.000	60.00	40.00	40.00	30.00	0.375	19.250	0.812	18.376	1.281	17.438	1.500	17.000	1.750	16.500
22	22.000	66.00	44.00	44.00	33.00	0.375	21.250	0.875	20.250	1.375	19.250	1.625	18.750	1.875	18.250
24	24.000	72.00	48.00	48.00	36.00	0.375	23.250	0.969	22.062	1.531	20.938	1.812	20.376	2.062	19.876

- Length E applies for thickness not exceeding that given in column "Limiting Wall Thickness for Length E."
- Length E_1 applies for thickness greater than that given in column "Limiting Wall Thickness" for NPS 24 and smaller for NPS 26 and lager, length E_1 shall be by agreement between manufacturer and Purchaser.
- For Bevel Details See Page 356
- For Dimensional Tole rances See Page 362
- For Approx Weight See Page 394～421
- Wall Thickness Conform to ASME B 36.10M Specifications

2.11 一般配管用鋼製標準厚度溶接式同徑三通

碳鋼焊接

Tee (Straight)

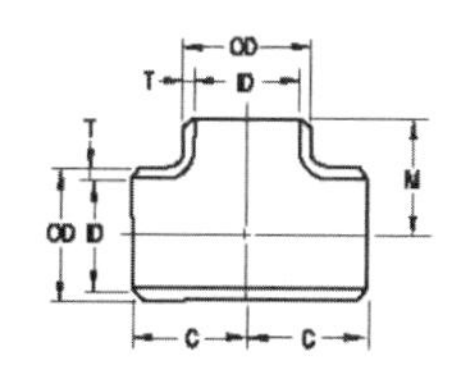

STD, Sch40, X-S Sch80, Sch160, XX-S

ASME B16.9

(Unit: inch)

Nominal Pipe Size	Outside Diameter O.D	Center to End		STD		Sch40		X-S		Sch80		Sch160		XX-S	
		Run C	Outlet M	T	I.D	T	I.D	T	I.D	T	I.D	T	I.D	T	I.D
½	0.804	1.00	1.00	0.109	0.622	0.109	0.622	0.147	0.546	0.147	0.546	0.188	0.464	0.294	0.252
¾	1.050	1.12	1.12	0.113	0.824	0.113	0.824	0.154	0.742	0.154	0.742	0.219	0.612	0.308	0.434
1	1.315	1.50	1.50	0.133	1.049	0.133	1.049	0.179	0.957	0.179	0.957	0.250	0.815	0.358	0.599
1-¼	1.660	1.88	1.88	0.140	1.380	0.140	1.380	0.191	1.278	0.191	1.278	0.250	1.160	0.382	0.896
1-½	1.900	2.25	2.25	0.145	1.610	0.145	1.610	0.200	1.500	0.200	1.500	0.281	1.338	0.400	1.100
2	2.375	2.50	2.50	0.154	2.067	0.154	2.067	0.218	1.939	0.218	1.939	0.344	1.687	0.436	1.503
2-½	2.875	3.00	3.00	0.203	2.469	0.203	2.469	0.276	2.323	0.276	2.323	0.375	2.125	0.552	1.771
3	3.500	3.38	3.38	0.216	3.068	0.216	3.068	0.300	2.900	0.300	2.900	0.438	2.624	0.600	2.800
3-½	4.000	3.75	3.75	0.226	3.548	0.266	3.548	0.318	3.364	0.318	3.364				
4	4.500	4.12	4.12	0.237	4.026	0.237	4.026	0.337	3.826	0.337	3.826	0.531	3.438	0.674	3.152
5	5.563	4.88	4.88	0.258	5.047	0.258	5.047	0.375	4.813	0.375	4.813	0.625	4.313	0.750	4.063
6	6.625	5.62	5.62	0.280	6.065	0.280	6.065	0.432	5.761	0.432	5.761	0.719	5.187	0.864	4.897
8	8.625	7.00	7.00	0.322	7.981	0.322	7.981	0.500	7.625	0.500	7.625	0.906	6.813	0.875	6.875
10	10.750	8.50	8.50	0.365	10.020	0.365	10.020	0.500	9.750	0.500	9.750	1.125	8.500	1.000	8.750
12	12.750	10.00	10.00	0.375	12.000	0.406	11.938	0.500	11.750	0.688	11.374	1.312	10.216	1.000	10.750
14	14.000	11.00	11.00	0.375	13.250	0.438	13.124	0.500	13.000	0.750	12.500	1.406	11.188		
16	16.000	12.00	12.00	0.375	15.250	0.500	15.000	0.500	15.000	0.844	14.132	1.594	12.812		
18	18.000	13.50	13.50	0.375	17.250	0.562	16.876	0.500	17.000	0.938	16.124	1.781	14.438		
20	20.000	15.00	15.00	0.375	19.250	0.594	18.812	0.500	19.000	1.031	17.938	1.969	16.062		
22	22.000	16.50	16.50	0.375	21.250			0.500	21.000	1.125	19.750	2.125	17.750		
24	24.000	17.00	17.00	0.375	23.250	0.688	22.624	0.500	23.000	1.219	21.562	2.344	19.312		
26	26.000	19.50	19.50	0.375	25.250			0.500	25.000						
28	28.000	20.50	20.50	0.375	27.250			0.500	27.000						
30	30.000	22.00	22.00	0.375	29.250			0.500	29.000						
32	32.000	23.50	23.50	0.375	31.250	0.688	30.624	0.500	31.000						
34	34.0000	25.00	25.00	0.375	33.250	0.688	30.624	0.500	33.000						

2.12 一般配管用鋼製特殊厚度溶接式同徑三通

碳鋼焊接

Tee (Straight)

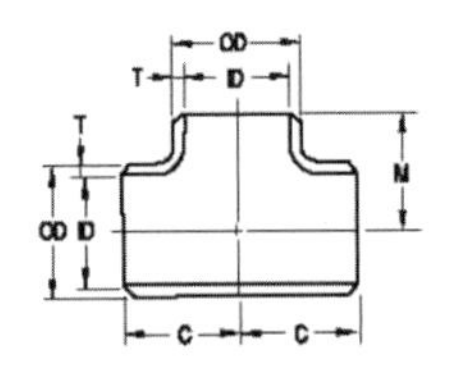

Sch20, Sch60, Sch100, Sch120, Sch140

ASME B16.9 (Unit: inch)

Nominal Pipe Size	Outside Diameter O.D	Center to End		Sch20		Sch60		Sch100		Sch120	
		Run C	Outlet M	T	I.D	T	I.D	T	I.D	T	I.D
4	4.500	4.12	4.12							0.438	3.624
5	5.563	4.88	4.88							0.500	4.563
6	6.625	5.62	5.62							0.562	5.501
8	8.625	7.00	7.00	0.250	8.125	0.406	7.813	0.594	7.437	0.719	7.187
10	10.750	8.50	8.50	0.250	10.250	0.500	9.750	0.719	9.312	0.844	9.062
12	12.750	10.00	10.00	0.250	12.250	0.562	11.626	0.844	11.062	1.000	10.750
14	14.000	11.00	11.00	0.312	13.376	0.594	12.812	0.938	12.124	1.094	11.812
16	16.000	12.00	12.00	0.312	15.376	0.656	14.688	1.031	13.938	1.219	13.562
18	18.000	13.50	13.50	0.312	17.376	0.750	16.500	1.156	15.688	1.375	15.250
20	20.000	15.00	15.00	0.375	19.250	0.812	18.376	1.281	17.438	1.500	17.000
22	22.000	16.50	16.50	0.375	21.250	0.875	20.250	1.375	19.250	1.625	18.750
24	24.000	17.00	17.00	0.375	23.250	0.969	22.062	1.531	20.938	1.812	20.376

- For Bevel Details See Page 356
- For Dimensional Tole rances See Page 362
- For Approx Weight See Page 394～421

- Wall Thickness Conform to ASME B 36.10M Specifications

2.13 一般配管用鋼製標準厚度溶接式異徑三通

碳鋼焊接

Tee (Reducing)

STD, Sch40, X-S Sch80, Sch160, XX-S

ASME B16.9 (Unit: inch)

Nominal Pipe Size	Outside Diameter		Center to End		STD		Sch40		X-S		Sch80		Sch160		XX-S	
	OD1	OD2	Run C	Outlet M	T1	T2	T1	T2	T1	T2	T1	T2	T1	T2	T1	T2
3/4×3/4×1/2	1.150	0.840	1.12	1.12	0.113	0.109	0.113	0.109	0.154	0.147	0.154	0.147	0.219	0.188	0.308	0.294
1×1×3/4	1.315	1.050	1.50	1.50	0.133	0.113	0.133	0.113	0.179	0.154	0.179	0.154	0.250	0.219	0.358	0.308
1×1×1/2	1.315	0.840	1.50	1.50	0.133	0.109	0.133	0.109	0.179	0.147	0.179	0.147	0.250	0.188	0.358	0.294
1-1/4×1-1/4×1	1.660	1.315	1.88	1.88	0.140	0.133	0.140	0.133	0.191	0.179	0.191	0.179	0.250	0.250	0.382	0.358
1-1/4×1-1/4×3/4	1.660	1.050	1.88	1.88	0.140	0.113	0.140	0.113	0.191	0.154	0.191	0.154	0.250	0.219	0.382	0.308
1-1/2×1-1/2×1-1/4	1.900	1.660	2.25	2.25	0.145	0.140	0.145	0.140	0.200	0.191	0.200	0.191	0.281	0.250	0.400	0.382
1-1/2×1-1/2×1	1.900	1.315	2.25	2.25	0.145	0.133	0.145	0.133	0.200	0.179	0.200	0.179	0.281	0.250	0.400	0.358
1-1/2×1-1/2×3/4	1.900	1.050	2.25	2.25	0.145	0.113	0.145	0.113	0.200	0.154	0.200	0.154	0.281	0.219	0.400	0.305
2×2×1-1/2	2.375	1.900	2.50	2.38	0.154	0.145	0.154	0.145	0.218	0.200	0.218	0.200	0.344	0.281	0.436	0.400
2×2×1-1/4	2.375	1.660	2.50	2.25	0.154	0.140	0.154	0.140	0.218	0.191	0.218	0.191	0.344	0.250	0.436	0.382
2×2×1	2.375	1.315	2.50	2.00	0.154	0.133	0.154	0.133	0.218	0.179	0.218	0.179	0.344	0.250	0.436	0.358
2-1/2×2-1/2×2	2.875	2.375	3.00	2.75	0.203	0.154	0.203	0.154	0.276	0.218	0.276	0.218	0.375	0.344	0.552	0.436
2-1/2×2-1/2×1-1/2	2.875	1.900	3.00	2.62	0.203	0.145	0.203	0.145	0.276	0.200	0.276	0.200	0.375	0.281	0.552	0.400
2-1/2×2-1/2×1-1/4	2.875	1.660	3.00	2.50	0.203	0.140	0.203	0.140	0.276	0.191	0.276	0.191	0.375	0.250	0.552	0.382
3×3×2-1/2	3.500	2.875	3.38	3.25	0.216	0.203	0.216	0.203	0.300	0.276	0.300	0.276	0.438	0.375	0.600	0.552
3×3×2	3.500	2.375	3.38	3.00	0.216	0.154	0.216	0.154	0.300	0.218	0.300	0.218	0.438	0.344	0.600	0.436
3×3×1-1/2	3.500	1.900	3.38	2.88	0.216	0.145	0.216	0.145	0.300	0.200	0.300	0.200	0.438	0.281	0.600	0.400
3-1/2×3-1/2×3	4.000	3.500	3.75	3.62	0.226	0.216	0.226	0.216	0.318	0.300	0.318	0.300		0.438		0.600
3-1/2×3-1/2×2-1/2	4.000	2.875	3.75	3.50	0.226	0.203	0.226	0.203	0.318	0.276	0.318	0.276		0.375		0.552
3-1/2×3-1/2×2	4.000	2.375	3.75	3.25	0.226	0.154	0.226	0.154	0.318	0.218	0.318	0.218		0.344		0.436
3-1/2×3-1/2×1-1/2	4.000	1.900	3.75	3.12	0.226	0.145	0.226	0.145	0.318	0.200	0.318	0.200		0.281		0.400
4×4×3-1/2	4.500	4.000	4.12	4.00	0.237	0.226	0.237	0.226	0.337	0.318	0.337	0.318	0.531		0.674	
4×4×3	4.500	3.500	4.12	3.88	0.237	0.216	0.237	0.216	0.337	0.300	0.337	0.300	0.531	0.438	0.674	0.600
4×4×2-1/2	4.500	2.875	4.12	3.75	0.237	0.203	0.237	0.203	0.337	0.276	0.337	0.276	0.531	0.375	0.674	0.552
4×4×2	4.500	2.375	4.12	3.50	0.237	0.154	0.237	0.154	0.337	0.218	0.337	0.218	0.531	0.344	0.674	0.436
5×5×4	5.563	4.500	4.88	4.62	0.258	0.237	0.258	0.237	0.375	0.377	0.375	0.377	0.625	0.531	0.750	0.674

2.14 一般配管用鋼製特殊厚度溶接式異徑三通

碳鋼焊接

Tee (Reducing)

Sch20, Sch60, Sch100, Sch120, Sch140

ASME B16.9

(Unit: inch)

Nominal Pipe Size	Outside Diameter		Center to End		Sch20		Sch60		Sch100		Sch120		Sch140	
	OD1	OD2	Run C	Outlet M	T1	T2	T1	T2	T1	T2	T1	T2	T1	T2
5×5×4	5.563	4.500	4.88	4.62							0.500	0.438		
6×6×5	6.625	5.563	5.62	5.38							0.562	0.500		
6×64×	6.625	4.500	5.62	5.12							0.562	0.438		
8×8×6	8.625	6.625	7.00	6.62	0.250		0.406		0.594		0.719	0.562	0.812	
8×8×5	8.625	5.563	7.00	6.38	0.250		0.406		0.594		0.719	0.500	0.812	
8×8×4	8.625	4.500	7.00	6.12	0.250		0.406		0.594		0.719	0.438	0.812	
10×10×8	10.750	8.625	8.50	8.00	0.250	0.250	0.500	0.406	0.719	0.594	0.844	0.719	1.000	0.182
10×10×6	10.750	6.625	8.50	7.62	0.250		0.500		0.719		0.844	0.562	1.000	
10×10×5	10.750	5.563	8.50	7.50	0.250		0.500		0.719		0.844	0.500	1.000	
12×12×10	12.750	10.750	10.00	9.50	0.250	0.250	0.562	0.500	0.844	0.719	1.000	0.844	1.125	1.000
12×12×8	12.750	8.625	10.00	9.00	0.250	0.250	0.562	0.406	0.844	0.594	1.000	0.719	1.125	0.812
12×12×6	12.750	6.625	10.00	8.62	0.250		0.562		0.844		1.000	0.562	1.125	
14×14×12	14.000	12.750	11.00	10.62	0.312	0.250	0.594	0.562	0.938	0.844	1.094	1.000	1.250	1.125
14×14×10	14.000	10.750	11.00	10.12	0.312	0.250	0.594	0.500	0.938	0.719	1.094	0.844	1.250	1.000
14×14×8	14.000	8.625	11.00	9.75	0.312	0.250	0.594	0.406	0.938	0.954	1.094	0.719	1.250	0.812
16×16×14	16.000	6.625	12.00	12.00	0.312	0.312	0.656	0.594	1.031	0.938	1.219	1.094	1.438	1.250
16×16×12	16.000	12.750	12.00	11.62	0.312	0.250	0.656	0.562	1.031	0.844	1.219	1.000	1.438	1.125
16×16×10	16.000	10.750	12.00	11.12	0.312	0.250	0.656	0.500	1.031	0.719	1.219	0.844	1.438	1.000
18×18×16	18.000	8.625	13.50	13.00	0.312	0.312	0.750	0.656	1.156	1.031	1.375	1.219	1.562	1.438
18×18×14	18.000	14.000	13.50	13.00	0.312	0.312	0.750	0.594	1.156	0.938	1.375	1.094	1.562	1.250
18×18×12	18.000	12.750	13.50	12.62	0.312	0.250	0.750	0.562	1.156	0.844	1.375	1.000	1.562	1.125
20×20×18	20.000	18.000	15.00	14.50	0.375	0.312	0.812	0.750	1.281	1.156	1.500	1.375	1.750	1.562
20×20×16	20.000	16.000	15.00	14.00	0.375	0.312	0.812	0.656	1.281	1.031	1.500	1.219	1.750	1.438
20×20×14	20.000	14.000	15.00	14.00	0.375	0.312	0.812	0.594	1.281	0.938	1.500	1.094	1.750	1.250
22×22×20	22.000	20.000	16.50	16.00	0.375	0.375	0.875	0.812	1.375	1.281	1.625	1.500	1.875	1.750
22×22×18	22.000	18.000	16.50	15.50	0.375	0.312	0.875	0.750	1.375	1.156	1.625	1.375	1.875	1.562

2.15 一般配管用鋼製特殊厚度溶接式異徑三通

碳鋼焊接

Tee (Reducing)

Sch20, Sch60, Sch100, Sch120, Sch140

ASME B16.9 (Unit: inch)

Nominal Pipe Size	Outside Diameter		Center to End		Sch20		Sch60		Sch100		Sch120		Sch140	
	OD1	OD2	Run C	Outlet M	T1	T2	T1	T2	T1	T2	T1	T2	T1	T2
22×22×16	22.000	20.000	16.50	16.00	0.375	0.375	0.875	0.812	1.375	1.281	1.625	1.500	1.875	1.750
24×24×22	24.000	22.000	17.00	17.00	0.375	0.375	0.969	0.875	1.531	1.375	1.812	1.625	2.062	1.875
24×24×20	24.000	20.000	17.00	17.00	0.375	0.375	0.969	0.812	1.531	1.281	1.812	1.500	2.062	1.750
24×24×18	24.000	18.000	17.00	16.50	0.375	0.312	0.969	0.750	1.531	1.156	1.812	1.375	2.062	1.562

- For Bevel Details See Page 356
- For Dimensional Tole rances See Page 362
- For Approx Weight See Page 394～421

- Wall Thickness Conform to ASME B 36.10M Specifications

2.16 一般配管用鋼製標準厚度溶接式大小頭

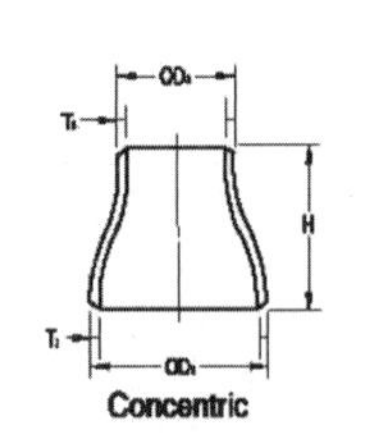

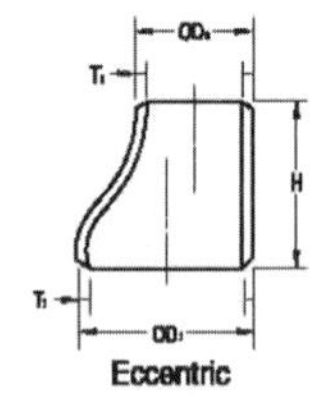

Reducer

STD, Sch40, X-S Sch80, Sch160, XX-S

ASME B16.9 (Unit: inch)

Nominal Pipe Size	Outside Diameter		End to End	STD		Sch40		X-S		Sch80		Sch160		XX-S	
	OD1	OD2	H	T1	T2	T1	T2	T1	T2	T1	T2	T1	T2	T1	T2
¾×½	1.050	0.840	1.50	0.113	0.109	0.113	0.109	0.154	0.147	0.154	0.147	0.219	0.188	0.308	0.294
1×¾	1.315	1.050	2.00	0.133	0.113	0.133	0.113	0.179	0.154	0.179	0.154	0.250	0.219	0.358	0.308
1×½	1.315	0.840	2.00	0.133	0.109	0.133	0.109	0.179	0.147	0.179	0.147	0.250	0.188	0.358	0.294
1-¼×1	1.660	1.315	2.00	0.140	0.133	0.140	0.133	0.191	0.179	0.191	0.179	0.250	0.250	0.382	0.358
1-¼×¾	1.660	1.050	2.00	0.140	0.113	0.140	0.113	0.191	0.154	0.191	0.154	0.250	0.219	0.382	0.308
1-¼×½	1.660	0.840	2.00	0.140	0.109	0.140	0.109	0.191	0.147	0.191	0.147	0.250	0.188	0.382	0.294
1-½×1-¼	1.900	1.660	2.50	0.145	0.140	0.145	0.140	0.200	0.191	0.200	0.191	0.281	0.250	0.400	0.382
1-½×1	1.900	1.315	2.50	0.145	0.133	0.145	0.133	0.200	0.179	0.200	0.179	0.281	0.400	0.400	0.358
1-½×¾	1.900	1.050	2.50	0.145	0.113	0.145	0.113	0.200	0.154	0.200	0.154	0.281	0.219	0.400	0.308
2×1-½	2.375	1.900	3.00	0.154	0.145	0.154	0.145	0.218	0.200	0.218	0.200	0.344	0.281	0.436	0.400
2×1-¼	2.375	1.660	3.00	0.154	0.140	0.154	0.140	0.218	0.191	0.218	0.191	0.344	0.250	0.436	0.382
2×1	2.375	1.315	3.00	0.154	0.133	0.154	0.133	0.218	0.179	0.218	0.179	0.344	0.250	0.436	0.358
2×¾	2.375	1.050	3.00	0.154	0.113	0.154	0.113	0.218	0.154	0.218	0.154	0.344	0.219	0.436	0.508
2-½×2	2.875	2.375	3.50	0.203	0.154	0.203	0.154	0.276	0.218	0.276	0.218	0.375	0.344	0.552	0.436
2-½×1-½	2.875	1.900	3.50	0.203	0.145	0.203	0.145	0.276	0.200	0.276	0.200	0.375	0.281	0.552	0.400
2-½×1-¼	2.875	1.660	3.50	0.203	0.140	0.203	0.140	0.276	0.191	0.276	0.191	0.375	0.250	0.552	0.382
2×½×1	2.875	1.315	3.50	0.203	0.133	0.203	0.133	0.276	0.179	0.276	0.179	0.375	0.250	0.552	0.358
3×2-½	3.500	2.875	3.50	0.216	0.203	0.216	0.203	0.300	0.276	0.300	0.276	0.438	0.375	0.600	0.552
3×2	3.500	2.375	3.50	0.216	0.154	0.216	0.154	0.300	0.218	0.300	0.218	0.438	0.344	0.600	0.436
3×1-½	3.500	1.900	3.50	0.216	0.145	0.216	0.145	0.300	0.200	0.300	0.200	0.438	0.281	0.600	0.400
3×1-¼	3.500	1.660	3.50	0.216	0.140	0.216	0.140	0.300	0.191	0.300	0.191	0.438	0.250	0.600	0.382
3-½×3	4.000	3.500	4.00	0.226	0.216	0.226	0.216	0.318	0.300	0.318	0.300		0.438		0.600
3-½×2-½	4.000	2.875	4.00	0.226	0.203	0.226	0.203	0.318	0.276	0.318	0.276		0.375		0.552
3-½×2	4.000	2.375	4.00	0.226	0.154	0.226	0.154	0.318	0.218	0.318	0.218		0.344		0.436
3-½×1-½	4.000	1.900	4.00	0.226	0.145	0.226	0.145	0.318	0.200	0.318	0.200		0.281		0.400
4×3-½	4.500	4.000	4.00	0.237	0.226	0.237	0.226	0.337	0.318	0.337	0.318	0.531		0.674	

2.17 一般配管用鋼製標準厚度溶接式大小頭（續）

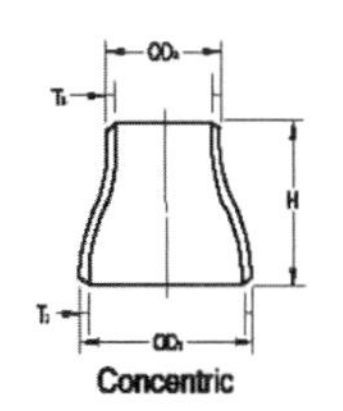

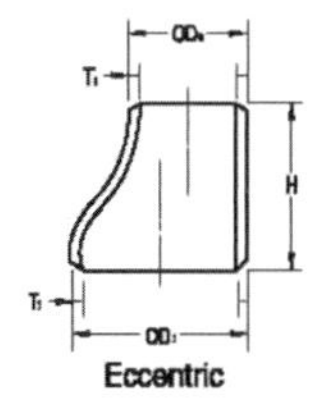

Reducer

STD, Sch40, X-S Sch80, Sch160, XX-S

ASME B16.9 (Unit: inch)

Nominal Pipe Size	Outside Diameter		End to End	STD		Sch40		X-S		Sch80		Sch160		XX-S	
	OD1	OD2	H	T1	T2	T1	T2	T1	T2	T1	T2	T1	T2	T1	T2
4×3	4.500	3.500	4.00	0.237	0.216	0.237	0.216	0.337	0.300	0.337	0.300	0.531	0.438	0.674	0.600
4×2-½	4.500	2.880	4.00	0.237	0.203	0.237	0.203	0.337	0.276	0.337	0.276	0.531	0.375	0.674	0.552
4×2	4.500	2.380	4.00	0.237	0.154	0.237	0.154	0.337	0.218	0.337	0.218	0.531	0.344	0.674	0.436
5×4	5.560	4.500	5.00	0.258	0.237	0.258	0.237	0.375	0.337	0.375	0.337	0.625	0.531	0.750	0.674
5×3-½	5.560	4.000	5.00	0.258	0.226	0.258	0.226	0.375	0.318	0.375	0.318	0.625		0.750	
5×3	5.560	3.500	5.00	0.258	0.216	0.258	0.216	0.375	0.300	0.375	0.300	0.625	0.438	0.750	0.600
5×2-½	5.560	2.875	5.00	0.258	0.203	0.258	0.203	0.375	0.276	0.375	0.276	0.625	0.375	0.750	0.552
6×5	6.620	5.560	5.00	0.230	0.258	0.230	0.258	0.432	0.375	0.432	0.375	0.719	0.625	0.864	0.750
6×4	6.620	4.500	5.00	0.230	0.237	0.230	0.237	0.432	0.337	0.432	0.337	0.719	0.531	0.864	0.674
6×3-½	6.620	4.000	5.00	0.230	0.226	0.230	0.226	0.432	0.318	0.432	0.318	0.719		0.864	
6×3	6.620	3.500	5.00	0.230	0.216	0.230	0.216	0.432	0.300	0.432	0.300	0.719	0.438	0.864	0.600
6×2-½	6.620	2.880	5.00	0.230	0.203	0.230	0.203	0.432	0.276	0.432	0.276	0.719	0.375	0.864	0.552
8×6	8.620	6.620	6.00	0.322	0.280	0.322	0.280	0.500	0.432	0.500	0.432	0.906	0.719	0.875	0.864
8×5	8.620	5.560	6.00	0.322	0.258	0.322	0.258	0.500	0.375	0.500	0.375	0.906	0.625	0.875	0.750
8×4	8.620	4.500	6.00	0.322	0.237	0.322	0.237	0.500	0.337	0.500	0.337	0.906	0.531	0.875	0.674
8×3-½	8.620	4.000	6.00	0.322	0.226	0.322	0.226	0.500	0.318	0.500	0.318	0.906		0.875	
10×8	10.750	3.620	7.00	0.365	0.322	0.365	0.322	0.500	0.500	0.594	0.500	1.125	0.906	1.000	0.875
10×6	10.750	6.620	7.00	0.365	0.280	0.365	0.280	0.500	0.432	0.594	0.432	1.125	0.719	1.000	0.864
10×5	10.750	5.560	7.00	0.365	0.258	0.365	0.258	0.500	0.375	0.594	0.375	1.125	0.625	1.000	0.750
10×4	10.750	4.500	7.00	0.365	0.237	0.365	0.237	0.500	0.337	0.594	0.337	1.125	0.531	1.000	0.674
12×10	12.750	10.750	8.00	0.375	0.365	0.375	0.365	0.500	0.500	0.688	0.594	1.312	1.125	1.000	1.000
12×8	12.750	8.620	8.00	0.375	0.322	0.375	0.322	0.500	0.500	0.688	0.500	1.312	0.906	1.000	0.875
12×6	12.750	6.620	8.00	0.375	0.280	0.375	0.280	0.500	0.432	0.688	0.432	1.312	0.719	1.000	0.864
12×5	12.750	5.560	8.00	0.375	0.258	0.375	0.258	0.500	0.375	0.688	0.375	1.312	0.625	1.000	0.750
14×12	14.000	12.750	13.00	0.375	0.375	0.375	0.375	0.500	0.500	0.750	0.688	1.406	1.312		1.000
14×10	14.000	10.750	13.00	0.375	0.365	0.375	0.365	0.500	0.500	0.750	0.594	1.406	1.125		1.000

2.18 一般配管用鋼製標準厚度溶接式大小頭（續）

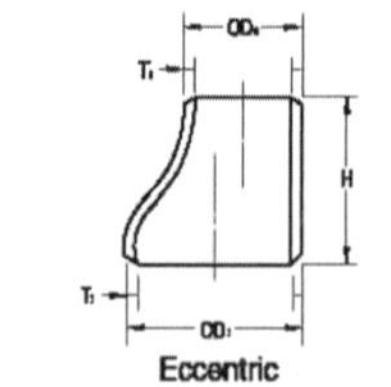

Reducer

STD, Sch40, X-S Sch80, Sch160, XX-S

ASME B16.9 (Unit: inch)

Nominal Pipe Size	Outside Diameter		End to End	STD		Sch40		X-S		Sch80		Sch160		XX-S	
	OD1	OD2	H	T1	T2	T1	T2	T1	T2	T1	T2	T1	T2	T1	T2
14×8	14.000	3.620	13.00	0.375	0.322	0.438	0.322	0.500	0.500	0.750	0.500	1.406	0.906		0.875
16×14	16.000	4.000	14.00	0.375	0.375	0.500	0.438	0.500	0.500	0.844	0.750	1.594	1.406		
16×12	16.000	2.750	14.00	0.375	0.375	0.500	0.406	0.500	0.500	0.844	0.688	1.594	1.312		1.000
16×10	18.000	0.750	14.00	0.375	0.375	0.500	0.365	0.500	0.500	0.844	0.594	1.594	1.125		1.000
18×16	18.000	6.000	15.00	0.375	0.375	0.562	0.500	0.500	0.500	0.938	0.344	1.781	1.594		
18×14	18.000	4.000	15.00	0.375	0.375	0.562	0.438	0.500	0.500	0.938	0.750	1.781	1.406		
18×12	18.000	2.750	15.00	0.375	0.375	0.562	0.406	0.500	0.500	0.938	0.688	1.781	1.312		1.000
20×16	20.000	8.000	20.00	0.375	0.375	0.594	0.562	0.500	0.500	1.031	0.938	1.969	1.781		
20×18	20.000	6.000	20.00	0.375	0.375	0.594	0.500	0.500	0.500	1.031	0.344	1.969	1.594		
20×14	20.000	4.000	20.00	0.375	0.375	0.594	0.438	0.500	0.500	0.031	0.750	1.969	1.406		
22×20	22.000	20.000	20.00	0.375	0.375		0.594	0.500	0.500	1.125	1.031	2.125	1.969		
22×18	22.000	8.000	20.00	0.375	0.375		0.562	0.500	0.500	1.125	0.938	2.125	1.781		
22×16	22.000	6.000	20.00	0.375	0.375		0.500	0.500	0.500	1.125	0.344	2.125	1.594		
24×22	24.000	22.000	20.00	0.375	0.375	0.688		0.500	0.500	1.219	1.125	2.344	2.125		
24×20	24.000	20.000	20.00	0.375	0.375	0.688	0.594	0.500	0.500	1.219	1.031	2.344	1.969		
24×18	24.000	8.000	20.00	0.375	0.375	0.688	0.562	0.500	0.500	1.219	0.938	2.344	1.781		
26×22	26.000	22.000	24.00	0.375	0.375			0.500	0.500		1.125		2.125		
26×18	26.000	8.000	24.00	0.375	0.375		0.562	0.500	0.500		0.938		1.781		
26×16	26.000	6.000		0.375	0.375		0.500	0.500	0.500		0.344		1.594		
28×24	28.000	24.000	24.00	0.375	0.375		0.688	0.500	0.500		1.219		2.344		
28×20	28.000	20.000	24.00	0.375	0.375		0.594	0.500	0.500		1.031		1.969		
28×18	28.000	8.000	24.00	0.375	0.375		0.562	0.500	0.500		0.938		1.781		
30×26	30.000	26.000	24.00	0.375	0.375			0.500	0.500						
30×22	30.000	22.000		0.375	0.375			0.500	0.500		1.125		2.125		
30×20	30.000	20.000	24.00	0.375	0.375		0.594	0.500	0.500		1.031		1.969		
32×28	32.000	28.000	24.00	0.375	0.375	0.688		0.500	0.500						

2.19 一般配管用鋼製標準厚度溶接式大小頭（續）

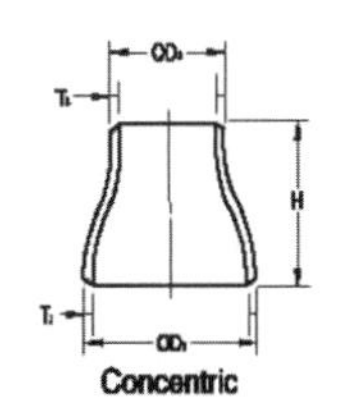

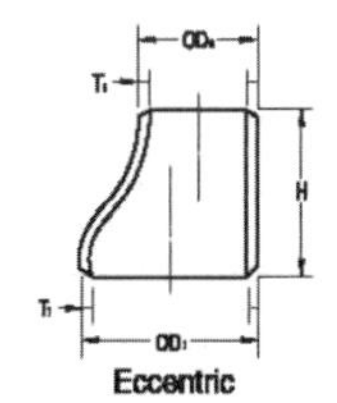

Reducer

STD, Sch40, X-S Sch80, Sch160, XX-S

ASME B16.9 (Unit: inch)

Nominal Pipe Size	Outside Diameter		End to End	STD		Sch40		X-S		Sch80		Sch160		XX-S	
	OD1	OD2	H	T1	T2	T1	T2	T1	T2	T1	T2	T1	T2	T1	T2
32×24	32.000	24.000	24.00	0.375	0.375	0.688	0.375	0.500	0.500		1.129		2.344		
32×22	32.000	22.000		0.375	0.375	0.688		0.500	0.500		1.125		2.125		
34×30	34.000	30.000	24.00	0.375	0.375	0.688		0.500	0.500						
34×26	34.000	26.000	24.00	0.375	0.375	0.688		0.500	0.500						
34×22	34.000	22.000		0.375	0.375	0.688		0.500	0.500		1.125		2.125		
36×32	36.000	32.000	24.00	0.375	0.375	0.750	0.375	0.500	0.500						
36×28	36.000	28.000		0.375	0.375	0.750		0.500	0.500						
36×24	36.000	24.000	24.00	0.375	0.375	0.750	0.375	0.500	0.500		1.129		2.344		
38×34	38.000	34.000	24.00	0.375	0.375		0.688	0.500	0.500						
38×30	38.000	30.000	24.00	0.375	0.375			0.500	0.500						
38×26	38.000	26.000	24.00	0.375	0.375			0.500	0.500						
40×36	40.000	36.000	24.00	0.375	0.375		0.750	0.500	0.500						
40×32	40.000	32.000	24.00	0.375	0.375		0.688	0.500	0.500						
40×28	40.000	28.000		0.375	0.375			0.500	0.500						
42×38	42.000	38.000	24.00	0.375	0.375			0.500	0.500						
42×34	42.000	34.000	24.00	0.375	0.375		0.688	0.500	0.500						
42×30	42.000	30.000	24.00	0.375	0.375			0.500	0.500						
44×40	44.000	40.000	24.00	0.375	0.375			0.500	0.500						
44×36	44.000	36.000	24.00	0.375	0.375		0.750	0.500	0.500						
44×32	44.000	32.000		0.375	0.375		0.688	0.500	0.500						
46×42	46.000	42.000	28.00	0.375	0.375			0.500	0.500						
46×38	46.000	38.000	28.00	0.375	0.375			0.500	0.500						
46×34	46.000	34.000		0.375	0.375		0.688	0.500	0.500						
48×44	48.000	44.000	28.00	0.375	0.375			0.500	0.500						
48×40	48.000	40.000	28.00	0.375	0.375			0.500	0.500						
48×36	48.000	36.000		0.375	0.375		0.750	0.500	0.500						

2.20 一般配管用鋼特殊準厚度溶接式大小頭

Reducer

Concentric

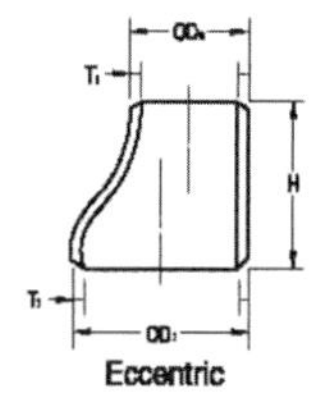

Sch20, Sch60, Sch100, Sch120, Sch140

ASME B16.9

(Unit: inch)

Nominal Pipe Size	Outside Diameter		End to End	Sch20		Sch60		Sch100		Sch120		Sch140	
	OD1	OD2	H	T1	T2	T1	T2	T1	T2	T1	T2	T1	T2
5×4	5.563	4.500	5.00							0.500	0.438		
6×5	6.625	5.563	5.50							0.562	0.500		
6×4	6.625	4.500	5.50							0.562	0.438		
8×6	8.625	6.625	6.00	0.250		0.406		0.594		0.719	0.562	0.812	
8×5	8.625	5.563	6.00	0.250		0.406		0.594		0.719	0.500	0.812	
8×4	8.625	4.500	6.00	0.250		0.406		0.594		0.719	0.438	0.812	
10×8	10.750	8.625	7.00	0.250	0.250	0.500	0.406	0.719	0.594	0.844	0.719	1.000	0.812
10×6	10.750	6.625	7.00	0.250		0.500		0.719		0.844	0.562	1.000	
10×5	10.750	5.563	7.00	0.250		0.500		0.719		0.844	0.500	1.000	
10×4	10.750	4.500	7.00	0.250		0.500		0.719		0.844	0.438	1.000	
12×10	12.750	10.750	8.00	0.250	0.250	0.562	0.500	0.844	0.719	1.000	0.844	1.125	1.000
12×8	12.750	8.625	8.00	0.250	0.250	0.562	0.406	0.844	0.594	1.000	0.719	1.125	0.812
12×6	12.750	6.625	8.00	0.250		0.562		0.844		1.000	0.562	1.125	
14×12	14.000	12.750	13.00	0.312	0.250	0.594	0.562	0.938	0.844	1.094	1.000	1.250	1.125
14×10	14.000	10.750	13.00	0.312	0.250	0.594	0.500	0.938	0.719	1.094	0.844	1.250	1.000
14×8	14.000	8.625	13.00	0.312	0.250	0.594	0.406	0.938	0.594	1.094	0.719	1.250	0.812
16×14	16.000	14.000	14.00	0.312	0.312	0.656	0.594	1.031	0.938	1.219	1.094	1.438	1.250
16×12	16.000	12.750	14.00	0.312	0.250	0.656	0.562	1.031	0.844	1.219	1.000	1.438	1.125
16×10	16.000	10.750	14.00	0.312	0.250	0.656	0.500	1.031	0.719	1.219	0.844	1.438	1.000
18×16	18.000	16.000	15.00	0.312	0.312	0.750	0.656	1.156	1.031	1.375	1.219	1.562	1.438
18×14	18.000	14.000	15.00	0.312	0.312	0.750	0.594	1.156	0.938	1.375	1.094	1.562	1.250
18×12	18.000	12.750	15.00	0.312	0.250	0.750	0.562	1.156	0.844	1.375	1.000	1.562	1.125
20×18	20.000	18.000	20.00	0.375	0.312	0.812	0.750	1.281	1.156	1.500	1.375	1.750	1.562
20×16	20.000	16.000	20.00	0.375	0.312	0.812	0.656	1.281	1.031	1.500	1.219	1.750	1.438
20×14	20.000	14.000	20.00	0.375	0.312	0.812	0.594	1.281	0.938	1.500	1.094	1.750	1.250
22×20	22.000	20.000	20.00	0.375	0.375	0.875	0.812	1.375	1.281	1.625	1.500	1.875	1.750

2.21 一般配管用鋼特殊準厚度溶接式大小頭（續）

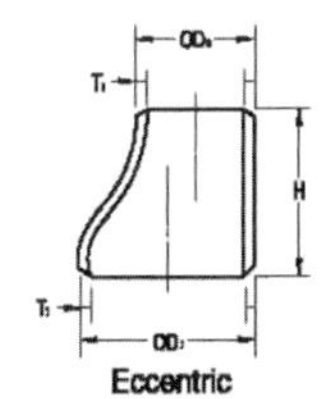

Reducer

Sch20, Sch60, Sch100, Sch120, Sch140

ASME B16.9 (Unit: inch)

Nominal Pipe Size	Outside Diameter		End to End	Sch20		Sch60		Sch100		Sch120		Sch140	
	OD1	OD2	H	T1	T2	T1	T2	T1	T2	T1	T2	T1	T2
22×18	22.000	18.000	20.00	0.375	0.312	0.875	0.750	1.375	1.156	1.625	1.375	1.875	1.562
22×16	22.000	16.000	20.00	0.375	0.312	0.875	0.656	1.375	1.031	1.625	1.219	1.875	1.438
24×22	24.000	22.000	20.00	0.375	0.375	0.969	0.875	1.531	1.375	1.812	1.625	2.062	1.875
24×20	24.000	20.000	20.00	0.375	0.375	0.969	0.812	1.531	1.281	1.812	1.500	2.062	1.750
24×18	24.000	18.000	20.00	0.375	0.312	0.969	0.750	1.531	1.156	1.812	1.375	2.062	1.562

- For Bevel Details See Page 356
- For Dimensional Tole rances See Page 362
- For Approx Weight See Page 394～421

- Wall Thickness Conform to ASME B 36.10M Specifications

2.22 一般配管用鋼標準厚度溶接式管帽

Cap

STD, Sch40, X-S Sch80, Sch160, XX-S

ASME B16.9

(Unit: inch)

Nominal Pipe Size	Ousde Diameter O.D	Length E	Limitinag Wall Thickness for Length E	Length E1	STD		Sch40		X-S		Sch80		Sch160		XX-S	
					T	I.D	T	I.D	T	I.D	T	I.D	T	I.D	T	I.D
½	0.840	1.00	0.18	1.00	0.109	0.622	0.109	0.622	0.147	0.546	0.147	0.546	0.188	0.464	0.294	0.252
¾	1.050	1.00	0.15	1.00	0.113	0.824	0.113	0.824	0.154	0.742	0.154	0.742	0.219	0.612	0.308	0.434
1	1.315	1.50	0.18	1.50	0.133	1.049	0.133	1.049	0.179	0.957	0.179	0.957	0.250	0.815	0.358	0.599
1-¼	1.660	1.50	0.19	1.50	0.140	1.380	0.140	1.380	0.191	1.278	0.191	1.278	0.250	1.160	0.382	0.896
1-½	1.900	1.50	0.20	1.50	0.145	1.610	0.145	1.610	0.200	1.500	0.200	1.500	0.281	1.338	0.400	1.100
2	2.375	1.50	0.22	1.75	0.154	2.067	0.154	2.067	0.218	1.939	0.218	1.939	0.344	1.687	0.436	1.503
2-½	2.875	1.50	0.28	2.00	0.203	2.469	0.203	2.469	0.276	2.323	0.276	2.323	0.375	2.125	0.552	1.771
3	3.500	2.00	0.30	2.50	0.216	3.068	0.216	3.068	0.300	2.900	0.300	2.900	0.438	3.124	0.600	2.800
3-½	4.000	2.50	0.32	3.00	0.226	3.548	0.226	3.548	0.318	3.364	0.318	3.364				
4	4.500	2.50	0.34	3.00	0.237	4.026	0.237	4.026	0.337	3.826	0.337	3.826	0.531	3.438	0.674	3.152
5	5.563	3.00	0.38	3.50	0.258	5.047	0.258	5.047	0.375	4.813	0.375	4.813	0.625	4.313	0.750	4.063
6	6.625	3.50	0.43	4.00	0.230	6.065	0.280	6.065	0.432	5.761	0.432	5.761	0.719	5.187	0.864	4.897
8	8.625	4.00	0.50	5.00	0.322	7.981	0.322	7.981	0.500	7.625	0.500	7.625	0.906	6.813	0.875	6.875
10	10.750	5.00	0.50	6.00	0.365	10.020	0.365	10.020	0.500	9.750	0.574	9.750	1.125	8.500	1.000	8.750
12	12.750	6.00	0.50	7.00	0.375	12.000	0.406	11.938	0.500	11.750	0.688	11.374	1.312	10.126	1.000	10.750
14	14.000	6.50	0.50	7.50	0.375	13.250	0.438	13.124	0.500	13.000	0.750	12.500	1.406	11.188		
16	16.000	7.00	0.50	8.00	0.375	15.250	0.500	15.000	0.500	15.000	0.844	14.312	1.594	12.812		
18	18.000	8.00	0.50	9.00	0.375	17.250	0.562	16.876	0.500	17.000	0.938	16.124	1.781	14.438		
20	20.000	9.00	0.50	10.00	0.375	19.250	0.594	18.812	0.500	19.000	1.031	17.938	1.969	16.062		
22	22.000	10.00	0.50	10.00	0.375	21.250			0.500	21.000	1.125	19.756	2.125	17.750		
24	24.000	10.50	0.50	12.00	0.375	23.250	0.688	22.624	0.500	23.000	1.218	21.579	2.344	19.312		
26	26.000	10.50			0.375	25.250			0.500	25.000						
28	28.000	10.50			0.375	27.250			0.500	27.000						
30	30.000	10.50			0.375	29.250			0.500	29.000						
32	32.000	10.50			0.375	31.250	0.688	30.624	0.500	31.000						
34	34.000	10.50			0.375	33.250	0.688	32.624	0.500	33.000						

2.23 一般配管用鋼特殊準厚度溶接式管帽

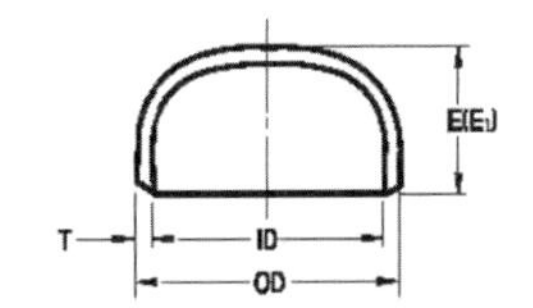

Sch20, Sch60, Sch100, Sch120, Sch140

ASME B16.9 (Unit: inch)

Nominal Pipe Size	Ousde Diameter O.D	Length E	LimitinagWall Thickness for Length E	Length E1	Sch20		Sch60		Sch100		Sch120		Sch140	
					T	I.D	T	I.D	T	I.D	T	I.D	T	I.D
4	4.500	2.50	0.34	3.00							0.438	3.624		
5	5.563	3.00	0.38	3.50							0.500	4.563		
6	6.625	3.50	0.43	4.00							0.562	5.501		
8	8.625	4.00	0.50	5.00	0.250	8.125	0.406	7.813	0.594	7.437	0.719	7.187	0.812	7.001
10	10.750	5.00	0.50	6.00	0.250	10.250	0.500	9.750	0.719	9.312	0.844	9.062	1.000	8.750
12	12.750	6.00	0.50	7.00	0.250	12.250	0.562	11.626	0.844	11.062	1.000	10.750	1.125	10.500
14	14.000	6.50	0.50	7.50	0.312	13.376	0.594	12.812	0.938	12.124	1.094	11.812	1.250	11.500
16	16.000	7.00	0.50	8.00	0.312	15.376	0.656	14.688	1.031	13.938	1.219	13.562	1.438	13.124
18	18.000	8.00	0.50	9.00	0.312	17.376	0.750	16.500	1.156	15.688	1.375	15.250	1.562	14.876
20	20.000	9.00	0.50	10.00	0.375	19.250	0.812	18.376	1.281	17.438	1.500	17.000	1.750	16.500
22	22.000	10.00	0.50	10.00	0.375	21.250	0.875	20.250	1.375	19.250	1.625	13.750	1.875	18.250
24	24.000	10.50	05.0	12.00	0.375	23.250	0.969	22.062	1.531	20.938	1.812	20.376	2.062	19.876

· For Bevel Details See Page 356
· For Dimensional Tole rances See Page 362
· For Approx Weight See Page 394～421
· Wall Thickness Conform to ASME B 36.10M Specifications

2.24 一般配管用鋼標準厚度溶接Y型三通

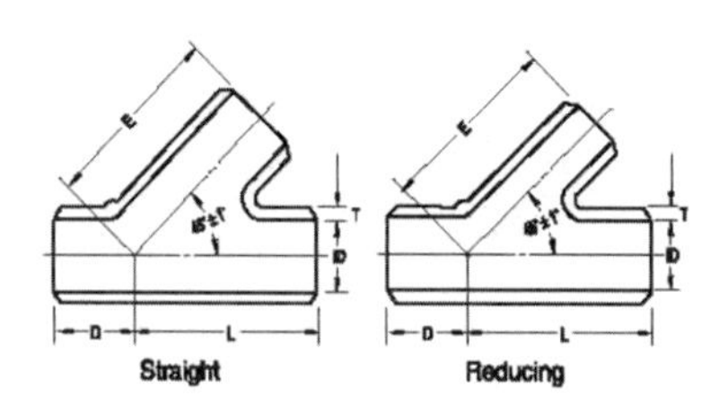

Lateral-A

STD, XS (Type A)

MAKER STD

(Unit: inch)

Nominal Pipe Size of Run	Center to End Dimension		STD		X-S	
	L & E	D	T	I.D	T	I.D
1	3.50	1.75	0.133	1.049	0.179	0.957
1-¼	4.25	2.00	0.140	1.380	0.191	1.278
1-½	5.00	2.50	0.145	1.610	0.200	1.500
2	6.00	3.25	0.154	2.067	0.218	1.939
2-½	7.00	3.50	0.203	2.469	0.276	2.323
3	7.75	3.75	0.216	3.068	0.300	2.900
3-½	8.38	4.00	0.226	3.548	0.318	3.364
4	8.50	4.50	0.237	4.026	0.337	3.826
5	11.00	4.75	0.258	5.047	0.375	4.813
6	12.50	5.25	0.280	6.065	0.432	5.761
8	15.25	6.25	0.322	7.981	0.500	7.625
10	18.00	7.00	0.365	10.020	0.500	9.750
12	21.50	8.00	0.375	12.00	0.500	11.750
14	25.00	10.00	0.375	13.250	0.500	13.000
16	28.50	12.00	0.375	15.250	0.500	15.000
18	32.00	13.00	0.375	17.250	0.500	17.000
20	35.00	14.00	0.375	19.250	0.500	19.000
24	41.25	16.25	0.375	23.250	0.500	23.000

- Presure-temperature ratings: Laterals are rated for either 40% of the maximum allowable working pressure for the size and weight schedule of the mating pipe, or 100% of the maximum allowable working pressue for the size and weight schedule of the mating pipe in the latter case. ASME B31.3 is used to calculate reinfcrement requirements unless otherwise speified.
- Wall Thickness Conform to ASME B36.10M Specifications.

2.25 一般配管用鋼標準厚度溶接Y型同徑三通

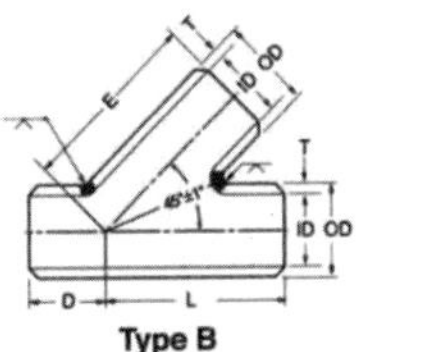

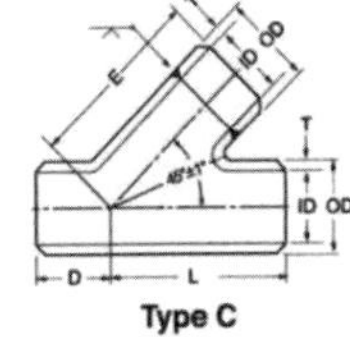

Lateral-A

STD, XS (Type A)

MAKER STD (Unit: inch)

Nominal Pipe Size of Run	Type	Outside Diameter O.D	STD						X-S				
			Center to End Dimension		Wall Thick.	Insid Dim.	Weight (kg)	Center to End Dimension		Wall Thick.	Insid Dim.	Weight (kg)
			L & E	D	T	I.D		L & D	D	T	I.D	
1	B	1.315	5.75	1.75	0.133	1.049	1.049	6.50	2.00	0.179	0.957	1.049
1-¼	B	1.660	6.25	1.75	0.140	1.380	1.380	7.25	2.25	0.191	1.278	1.380
1-½	B	1.900	7.00	2.00	0.145	1.610	1.610	8.50	2.50	0.200	1.500	1.610
2	B/C	2.375	8.00	2.50	0.154	2.067	2.067	*9.00**8.00	2.50	0.218	1.939	2.067
2-½	B	2.875	9.50	2.50	0.203	2.469	2.469	10.50	2.50	0.276	2.323	2.469
3	B	3.500	10.00	3.00	0.216	3.068	3.068	11.00	3.00	0.300	2.900	3.068
3-½	B	4.00	11.50	3.00	0.226	3.548	3.548	12.50	3.00	0.318	3.364	3.548
4	B/C	4.55	12.00	3.00	0.237	4.026	4.026	*13.50**12.50	3.00	0.337	3.826	4.026
5	B	5.562	13.50	3.50	0.258	5.047	5.047	15.00	3.50	0.375	4.813	5.047
6	B/C	6.625	14.50	3.50	0.280	6.065	6.065	*17.50**14.50	*4.00**3.50	0.432	5.761	6.065
8	B	8.625	17.50	4.50	0.322	7.981	7.981	20.50	5.00	0.500	7.625	7.981
10	B	10.750	20.50	5.00	0.365	10.020	10.020	24.00	5.50	0.500	9.750	10.020
12	B	12.750	24.50	5.50	0.375	12.000	12.000	27.50	6.00	0.500	11.750	12.000
14	B	14.000	27.00	6.00	0.375	13.250	13.250	31.00	6.50	0.500	13.000	13.250
16	B	16.000	30.00	6.50	0.375	15.250	15.250	34.50	7.50	0.500	15.000	15.250
18	B	18.000	32.00	7.00	0.375	17.250	17.250	37.50	8.00	0.500	17.000	17.250
20	B	20.000	35.00	8.00	0.375	19.250	19.250	40.50	8.50	0.500	19.000	19.250
24	B	24.000	40.50	9.00	0.375	23.250	23.250	47.50	10.00	0.500	23.000	23.250

*B TYPE, **C TYPE

- Presure-temperature ratings: Laterals are rated for either 40% of the maximum allowable working pressure for the size and weight schedule of the mating pipe, or 100% of the maximum allowable working pressue for the size and weight schedule of the mating pipe in the latter case. ASME B31.3 is used to calculate reinfcrement requirements unless otherwise speified.
- Wall Thickness Conform to ASME B36.10M Specifications.

2.26 一般配管用不鏽鋼標準厚度溶接90°，45°彎頭

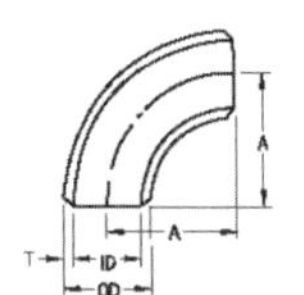

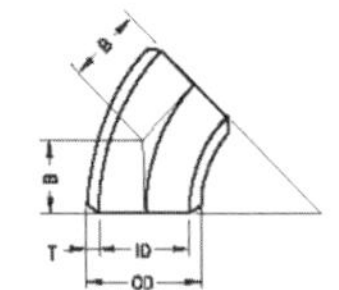

90° Elbow (Long, Short)
45° Elbow (Long)

Sch5s, Sch10s, Sch40s, Sch80s

ASME B16.9, MSS SP-43 (Unit: inch)

Nominal Pipe Size	Outside Diameter O.D	Center to End Long A	Center to End Long B	Center to End Short A	5S T	5S I.D	10S T	10S I.D	40S T	40S I.D	80S T	80S I.D
½	0.840	1.50	0.62		0.065	0.710	0.083	0.674	0.109	0.622	0.147	0.546
¾	1.050	1.05	0.75		0.065	0.920	0.083	0.884	0.113	0.824	0.154	0.742
1	1.315	1.50	0.88	1.00	0.065	1.185	0.109	1.097	0.133	1.049	0.179	0.957
1-¼	1.660	1.88	1.00	1.25	0.065	1.530	0.109	1.442	0.140	1.380	0.191	1.278
1-½	1.900	2.25	1.12	1.50	0.065	1.770	0.109	1.682	0.145	1.610	0.200	1.500
2	2.375	3.00	1.38	2.00	0.065	2.245	0.109	2.157	0.154	2.067	0.218	1.939
2-½	2.875	3.75	1.75	2.50	0.833	2.709	0.120	2.635	0.203	2.469	0.276	2.323
3	3.500	4.25	2.00	3.00	0.833	3.334	0.120	3.260	0.216	3.068	0.300	2.900
3-½	4.000	5.25	2.25	3.50	0.833	3.834	0.120	3.760	0.226	3.548	0.318	3.364
4	4.500	6.00	2.50	4.00	0.833	4.334	0.120	4.260	0.237	4.026	0.337	3.826
5	5.563	7.50	3.12	5.00	0.109	5.345	0.134	5.295	0.258	5.047	0.375	4.813
6	6.625	9.00	3.75	6.00	0.109	6.407	0.134	6.357	0.280	6.065	0.432	5.761
8	8.625	12.00	5.00	8.00	0.109	8.407	0.148	8.329	0.322	7.981	0.500	7.625
10	10.750	15.00	6.25	10.00	0.134	10.482	0.165	10.420	0.365	10.020	0.500	9.750
12	12.750	18.00	7.50	12.00	0.156	12.438	0.180	12.390	0.375	12.000	0.500	11.750
14	14.000	21.00	8.75	14.00	0.156	13.638	0.188	13.624	0.375	13.250	0.500	13.000
16	16.000	24.00	10.00	16.00	0.165	15.670	0.188	15.624	0.375	15.250	0.500	15.000
18	18.000	27.00	11.25	18.00	0.165	17.670	0.188	17.624	0.375	17.250	0.500	17.000
20	20.000	30.00	12.50	20.00	0.188	19.624	0.218	19.564	0.375	19.250	0.500	19.000
22	22.000	33.00	13.50	22.00	0.188	21.624	0.218	21.564				
24	24.000	36.00	15.00	24.00		23.564	0.250	23.500	0.375	23.250	0.500	23.000
30	30.000	45.00	18.50		0.218	29.500	0.312	29.376				

- For Bevel Details See Page 356
- For Dimensional Tole rances See Page 362
- Wall Thickness Conform to ASME B 36.19M Specifications

2.27 一般配管用不鏽鋼標準厚度溶接三通

Tee (Straight)

Sch5s, Sch10s, Sch40s, Sch80s

ASME B16.9, MSS SP-43　　(Unit: inch)

Nominal Pipe Size	Outside Diameter O.D	Center to End		5S		10S		40S		80S	
		Run C	Outlet M	T	I.D	T	I.D	T	I.D	T	I.D
½	0.840	1.00	1.00	0.065	0.710	0.083	0.674	0.109	0.622	0.147	0.546
¾	1.050	1.12	1.12	0.065	0.920	0.083	0.884	0.113	0.824	0.154	0.742
1	1.315	1.50	1.50	0.065	1.185	0.109	1.097	0.133	1.049	0.179	0.957
1-¼	1.660	1.88	1.88	0.065	1.530	0.109	1.442	0.140	1.380	0.191	1.278
1-½	1.900	2.25	2.25	0.065	1.770	0.109	1.682	0.145	1.610	0.200	1.500
2	2.375	2.50	2.50	0.065	2.245	0.109	2.157	0.154	2.067	0.218	1.939
2-½	2.675	3.00	3.00	0.083	2.709	0.120	2.635	0.203	2.469	0.275	2.323
3	3.500	3.38	3.38	0.083	3.334	0.120	3.260	0.216	3.068	0.300	2.900
3-½	4.000	3.75	3.75	0.083	3.834	0.120	3.760	0.226	3.548	0.318	3.364
4	4.500	4.12	4.12	0.083	4.336	0.120	4.260	0.237	4.026	0.337	3.826
5	5.569	4.88	4.88	0.109	5.345	0.134	5.295	0.258	5.047	0.375	4.813
6	6.625	5.62	5.62	0.109	6.407	0.134	6.402	0.280	6.065	0.432	5.761
8	8.625	7.00	7.00	0.109	8.407	0.148	8.402	0.322	7.981	0.500	7.625
10	10.750	8.50	8.50	0.134	10.482	0.165	10.420	0.365	10.020	0.500	9.850
12	12.750	10.00	10.00	0.156	12.438	0.180	12.390	0.375	12.000	0.500	11.750
14	14.000	11.00	11.00	0.156	13.688	0.188	13.624	0.375	13.250	0.500	13.000
16	16.000	12.00	12.00	0.165	15.670	0.188	15.624	0.375	15.250	0.500	15.000
18	18.000	13.50	13.50	0.165	17.670	0.188	17.624	0.375	17.250	0.500	17.000
20	20.000	15.00	15.00	0.188	19.624	0.218	19.564	0.375	19.250	0.500	19.000
22	22.000	16.50	16.50	0.188	21.624	0.218	21.564				
24	24.000	17.00	17.00	0.218	23.564	0.250	23.500	0.375	23.250	0.500	23.000
30	30.000	22.00	22.00	0.250	29.500	0.312	29.376				

· For Bevel Details See Page 356
· For Dimensional Tole rances See Page 362
· Wall Thickness Conform to ASME B 36.19M Specifications

2.28 一般配管用不鏽鋼標準厚度溶接異徑三通

Tee (Straight)

Sch5s, Sch10s, Sch40s, Sch80s

ASME B16.9, MSS SP-43 (Unit: inch)

Nominal Pipe Size	Outside Diameter		Center to End		5S		10S		40S		80S	
	OD1	OD2	Run C	Outlet M	T1	T2	T1	T2	T1	T2	T1	T2
¾×¾×½	1.050	0.840	1.12	1.12	0.065	0.065	0.083	0.083	0.113	0.109	0.154	0.147
1×1×¾	1.315	1.050	1.50	1.50	0.065	0.065	0.109	0.083	0.133	0.113	0.179	0.154
1×1×½	1.315	0.840	1.50	1.50	0.065	0.065	0.109	0.083	0.133	0.109	0.179	0.147
1-¼×1-¼×1	1.660	1.315	1.88	1.88	0.065	0.065	0.109	0.109	0.140	0.133	0.191	0.179
1-¼×1-¼×¾	1.600	1.050	1.88	1.88	0.065	0.065	0.109	0.083	0.140	0.113	0.191	0.154
1-½×1-½×1-¼	1.900	1.660	2.25	2.25	0.065	0.065	0.109	0.109	0.145	0.140	0.200	0.191
1-½×1-½×1	1.900	1.315	2.25	2.25	0.065	0.065	0.109	0.109	0.145	0.133	0.200	0.179
1-½×1-½×¾	1.900	1.050	2.25	2.25	0.065	0.065	0.109	0.083	0.145	0.113	0.200	0.154
2×2×1-½	2.375	1.900	2.50	2.38	0.065	0.065	0.109	0.109	0.154	0.145	0.218	0.200
2×2×1-¼	2.375	1.650	2.50	2.25	0.065	0.065	0.109	0.109	0.154	0.140	0.218	0.191
2×2×1	2.375	1.315	2.50	2.00	0.065	0.065	0.109	0.109	0.154	0.133	0.218	0.179
2-½×2-½×2	2.875	2.375	3.00	2.75	0.083	0.065	0.120	0.109	0.203	0.154	0.276	0.218
2-½×2-½×1-½	2.875	1.900	3.00	2.62	0.083	0.065	0.120	0.109	0.203	0.145	0.276	0.200
2-½×2-½×1-¼	2.875	1.660	3.00	2.50	0.083	0.065	0.120	0.109	0.203	0.140	0.276	0.191
3×3×2-½	3.500	2.875	3.38	3.25	0.083	0.065	0.120	0.120	0..216	0.203	0.300	0.276
3×3×2	3.500	2.375	3.38	3.00	0.083	0.083	0.120	0.109	0.216	0.154	0.300	0.218
3×3×1-½	3.500	1.900	3.38	2.88	0.083	0.065	0.120	0.109	0.216	0.145	0.300	0.200
3-½×3-½×3	4.000	3.500	3.75	3.62	0.083	0.083	0.120	0.120	0.226	0.216	0.318	0.300
3-½×3-½×2-½	4.000	2.875	3.75	3.50	0.083	0.083	0.120	0.120	0.226	0.203	0.318	0.275
3-½×3-½×2	4.000	2.375	3.75	3.25	0.083	0.065	0.120	0.109	0.226	0.154	0.318	0.218
3-½×3-½×1-½	4.000	1.900	3.75	3.12	0.083	0.065	0.120	0.109	0.226	0.145	0.318	0.200
4×4×3-½	4.500	4.000	4.12	4.00	0.083	0.083	0.120	0.120	0.237	0.226	0.337	0.318
4×4×3	4.500	3.500	4.12	3.88	0.083	0.083	0.120	0.120	0.237	0.216	0.337	0.300
4×4×2-½	4.500	2.875	4.12	3.75	0.083	0.083	0.120	0.120	0.237	0.203	0.337	0.275
4×4×2	4.500	2.375	4.12	3.50	0.083	0.065	0.120	0.120	0.237	0.154	0.337	0.218

2.29 一般配管用不鏽鋼標準厚度溶接異徑三通

Tee (Reducing)

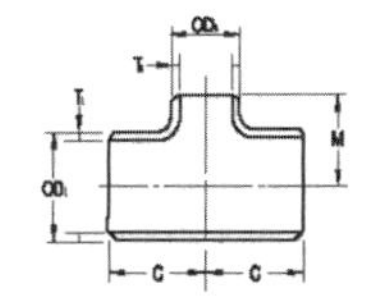

Sch5s, Sch10s, Sch40s, Sch80s

ASME B16.9, MSS SP-43 (Unit: inch)

Nominal Pipe Size	Outside Diameter		Center to End		5S		10S		40S		80S	
	OD1	OD2	Run C	Outlet M	T1	T2	T1	T2	T1	T2	T1	T2
5×5×4	5.563	4.500	4.88	4.62	0.109	0.083	0.134	0.120	0.258	0.237	0.395	0.337
5×5×3-½	5.563	4.000	4.88	4.50	0.109	0.083	0.134	0.120	0.258	0.226	0.395	0.318
5×5×3	5.563	3.500	4.88	4.38	0.109	0.083	0.134	0.120	0.258	0.216	0.395	0.300
5×5×2-½	5.563	2.875	4.88	4.25	0.109	0.083	0.134	0.120	0.258	0.206	0.395	0.276
6×6×5	6.625	5.563	5.62	5.38	0.109	0.109	0.134	0.134	0.280	0.258	0.432	0.375
6×6×4	6.625	4.500	5.62	5.12	0.109	0.083	0.134	0.120	0.280	0.237	0.432	0.337
6×6×3-½	6.625	4.000	5.62	5.00	0.109	0.083	0.134	0.120	0.280	0.226	0.432	0.318
6×6×3	6.625	3.500	5.62	4.88	0.109	0.083	0.134	0.120	0.280	0.216	0.432	0.300
8×8×6	8.625	6.625	7.00	6.62	0.109	0.109	0.148	0.134	0.322	0.280	0.500	0.432
8×8×5	8.625	5.563	7.00	6.38	0.109	0.109	0.148	0.134	0.322	0.253	0.500	0.375
8×8×4	8.625	4.500	7.00	6.12	0.109	0.083	0.148	0.120	0.322	0.237	0.500	0.337
10×10×8	10.750	8.625	8.50	8.00	0.134	0.109	0.165	0.148	0.365	0.322	0.500	0.500
10×10×6	10.750	6.625	8.50	7.62	0.134	0.109	0.165	0.134	0.365	0.280	0.500	0.432
10×10×5	10.750	5.563	8.50	7.50	0.134	0.109	0.165	0.134	0.365	0.258	0.500	0.375
12×12×10	12.750	10.750	10.00	9.50	0.156	0.134	0.180	0.165	0.375	0.365	0.500	0.500
12×12×8	12.750	8.625	10.00	9.00	0.156	0.109	0.180	0.148	0.375	0.322	0.500	0.432
12×12×6	12.750	6.625	10.00	8.62	0.156	0.109	0.180	0.134	0.375	0.280	0.500	0.500
14×14×12	14.000	12.750	11.00	10.62	0.156	0.156	0.188	0.180	0.375	0.375	0.500	0.500
14×14×10	14.000	10.750	11.00	10.12	0.156	0.134	0.188	0.168	0.375	0.365	0.500	0.500
14×14×8	14.000	8.625	11.00	9.75	0.156	0.109	0.188	0.148	0.375	0.322	0.500	0.500
16×16×14	16.000	14.000	12.00	12.00	0.165	0.156	0.188	0.188	0.375	0.375	0.500	0.500
16×16×12	16.000	12.750	12.00	11.62	0.165	0.156	0.188	0.180	0.375	0.375	0.500	0.500
16×16×10	16.000	10.750	12.00	11.12	0.165	0.134	0.188	0.165	0.375	0.365	0.500	0.500
18×18×16	18.000	16.000	13.50	13.00	0.165	0.165	0.188	0.188	0.375	0.375	0.500	0.500
18×18×14	18.000	14.000	13.50	13.00	0.165	0.156	0.188	0.188	0.375	0.375	0.500	0.500

2.30 一般配管用不鏽鋼標準厚度溶接異徑三通

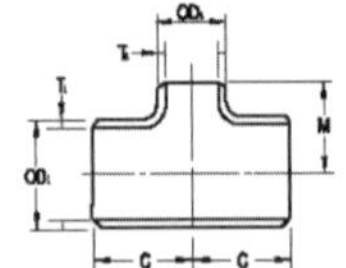
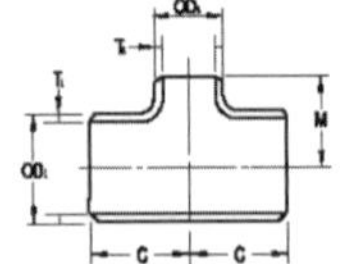

Tee (Reducing)

Sch5s, Sch10s, Sch40s, Sch80s

ASME B16.9, MSS SP-43 (Unit: inch)

Nominal Pipe Size	Outside Diameter		Center to End		5S		10S		40S		80S	
	OD1	OD2	Run C	Outlet M	T1	T2	T1	T2	T1	T2	T1	T2
18×18×12	18.000	12.750	13.50	12.62	0.165	0.156	0.188	0.180	0.375	0.375	0.500	0.500
20×20×18	20.000	18.000	15.00	14.50	0.188	0.165	0.218	0.188	0.375	0.375	0.500	0.500
20×20×16	20.000	16.000	15.00	14.00	0.188	0.165	0.218	0.18/8	0.375	0.375	0.500	0.500
20×20×14	20.000	14.000	15.00	14.00	0.188	0.156	0.218	0.188	0.375	0.375	0.500	0.500
22×22×20	22.000	20.000	16.50	16.00	0.188	0.188	0.218	0.218		0.375		0.500
22×22×18	22.000	18.000	16.50	15.50	0.188	0.165	0.218	0.188		0.375		0.500
22×22×16	22.000	16.000	16.50	15.00	0.188	0.165	0.218	0.188		0.375		0.500
24×24×22	24.000	22.000	17.00	17.00	0.218	0.188	0.250	0.218	0.375		0.500	
24×24×20	24.000	20.000	17.00	17.00	0.218	0.188	0.250	0.218	0.375	0.375	0.500	0.500
24×24×18	24.000	18.000	17.00	16.50	0.218	0.165	0.250	0.188	0.375	0.375	0.500	0.500
30×30×24	30.000	24.000	22.00	21.00	0.250	0.218	0.312	0.250		0.375		0.500
30×30×22	30.000	22.000	22.00	20.50	0.250	0.188	0.312	0.218				
30×30×20	30.000	20.000	22.00	20.00	0.250	0.188	0.312	0.218		0.375		0.500

- For Bevel Details See Page 356
- For Dimensional Tole rances See Page 362
- Wall Thickness Conform to ASME B 36.19M Specifications

2.31 一般配管用不鏽鋼標準厚度溶接大小頭

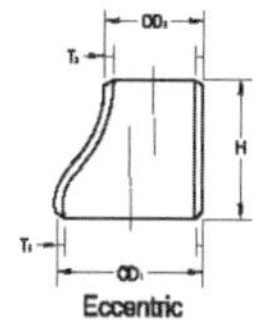

Reducer

Sch5s, Sch10s, Sch40s, Sch80s

ASME B16.9, MSS SP-43 (Unit: inch)

Nominal Pipe Size	Outside Diameter		End to End	5S		10S		40S		80S	
	OD1	OD2	H	T1	T2	T1	T2	T1	T2	T1	T2
¾×½	1.050	0.840	1.50	0.065	0.065	0.083	0.083	0.113	0.109	0.154	0.147
1×¾	1.315	1.050	2.00	0.065	0.065	0.109	0.083	0.133	0.113	0.179	0.154
1×½	1.315	0.840	2.00	0.065	0.065	0.109	0.083	0.133	0.109	0.179	0.147
1-¼×1	1.660	1.315	2.00	0.065	0.065	0.109	0.109	0.140	0.133	0.191	0.179
¼×¾	1.660	1.050	2.00	0.065	0.065	0.109	0.083	0.140	0.113	0.191	0.154
1-¼×½	1.660	0.840	2.00	0.065	0.065	0.109	0.083	0.140	0.109	0.191	0.147
1-½×1-¼	1.900	1.660	2.50	0.065	0.065	0.109	0.109	0.145	0.140	0.200	0.191
1-½×1	1.900	1.315	2.50	0.065	0.065	0.109	0.109	0.145	0.133	0.200	0.179
1-½×¾	1.900	1.050	2.50	0.065	0.065	0.109	0.083	0.145	0.113	0.200	0.154
1-½×½	1.900	0.840	2.50	0.065	0.065	0.109	0.083	0.145	0.109	0.200	0.147
2×1-½	2.375	1.900	3.00	0.065	0.065	0.109	0.109	0.154	0.145	0.218	0.200
2×1-¼	2.375	1.660	3.00	0.065	0.065	0.109	0.109	0.154	0.140	0.218	0.191
2×1	2.375	1.315	3.00	0.065	0.065	0.109	0.109	0.154	0.133	0.218	0.179
2×¾	2.375	1.050	3.00	0.065	0.065	0.109	0.083	0.154	0.113	0.218	0.154
2-½×2	2.875	2.375	3.50	0.083	0.065	0.120	0.109	0.203	0.154	0.276	0.218
2-½×1-½	2.875	1.900	3.50	0.083	0.065	0.120	0.109	0.203	0.145	0.276	0.200
2-½×1-¼	2.875	1.660	3.50	0.083	0.065	0.120	0.109	0.203	0.140	0.276	0.191
3×2-½	3.500	2.875	3.50	0.083	0.083	0.120	0.120	0.216	0.203	0.300	0.276
3×2	3.500	2.375	3.50	0.083	0.065	0.120	0.109	0.216	0.154	0.300	0.218
3×1-½	3.500	1.900	3.50	0.083	0.065	0.120	0.109	0.216	0.145	0.300	0.200
3×1-¼	3.500	1.660	3.50	0.083	0.065	0.120	0.109	0.216	0.140	0.300	0.191
3-½×3	4.000	3.500	4.00	0.083	0.083	0.120	0.120	0.226	0.216	0.318	0.300
3-½×2-½	4.000	2.875	4.00	0.083	0.083	0.120	0.120	0.226	0.203	0.318	0.276
3-½×2	4.000	2.375	4.00	0.083	0.065	0.120	0.109	0.226	0.154	0.318	0.218
4×3-½	4.500	4.000	4.00	0.083	0.083	0.120	0.120	0.237	0.226	0.337	0.318
4×3	4.500	3.500	4.00	0.083	0.083	0.120	0.120	0.237	0.216	0.337	0.300

2.32 一般配管用不鏽鋼標準厚度溶接大小頭

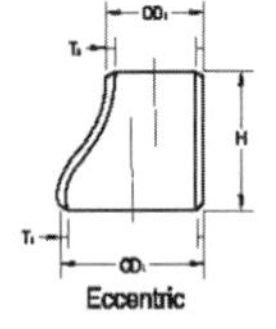

Reducer

Sch5s, Sch10s, Sch40s, Sch80s

ASME B16.9, MSS SP-43 (Unit: inch)

Nominal Pipe Size	Outside Diameter		End to End	5S		10S		40S		80S	
	OD1	OD2	H	T1	T2	T1	T2	T1	T2	T1	T2
4×2-½	4.500	2.875	4.00	0.083	0.083	0.120	0.120	0.237	0.203	0.337	0.276
4×2	4.500	2.375	4.00	0.083	0.065	0.120	0.109	0.237	0.154	0.337	0.218
5×4	5.563	4.500	5.00	0.109	0.083	0.134	0.120	0.258	0.237	0.375	0.337
5×3-½	5.563	4.000	5.00	0.109	0.083	0.134	0.120	0.258	0.226	0.375	0.318
5×3	5.563	3.500	5.00	0.109	0.083	0.134	0.120	0.258	0.216	0.375	0.300
5×2-½	5.563	2.875	5.00	0.109	0.083	0.134	0.120	0.258	0.203	0.375	0.276
6×5	6.625	5.563	5.50	0.109	0.109	0.134	0.134	0.280	0.258	0.432	0.375
6×4	6.625	4.500	5.50	0.109	0.083	0.134	0.120	0.280	0.237	0.432	0.337
6×3-½	6.625	4.000	5.50	0.109	0.083	0.134	0.120	0.280	0.226	0.432	0.318
6×3	6.625	3.500	5.50	0.109	0.083	0.134	0.120	0.280	0.216	0.432	0.300
8×6	8.625	6.625	6.00	0.109	0.109	0.148	0.134	0.322	0.280	0.500	0.432
8×5	8.625	5.563	6.00	0.109	0.109	0.148	0.134	0.322	0.258	0.500	0.375
8×4	8.625	4.500	6.00	0.109	0.083	0.148	0.120	0.322	0.237	0.500	0.337
10×8	10.750	8.625	7.00	0.134	0.109	0.165	0.148	0.365	0.322	0.500	0.500
10×6	10.750	6.625	7.00	0.134	0.109	0.165	0.134	0.365	0.280	0.500	0.432
10×5	10.750	5.563	7.00	0.134	0.109	0.165	0.134	0.365	0.258	0.500	0.375
12×10	12.750	10.750	8.00	0.156	0.134	0.180	0.165	0.375	0.365	0.500	0.500
12×8	12.750	8.625	8.00	0.156	0.109	0.180	0.148	0.375	0.322	0.500	0.500
12×6	12.750	6.625	8.00	0.156	0.109	0.180	0.134	0.375	0.280	0.500	0.432
14×12	14.000	12.750	13.00	0.156	0.156	0.188	0.108	0.375	0.375	0.500	0.500
14×10	14.000	10.750	13.00	0.156	0.134	0.188	0.165	0.375	0.365	0.500	0.500
14×8	14.000	8.625	13.00	0.156	0.109	0.188	0.148	0.375	0.322	0.500	0.500
16×14	16.000	14.000	14.00	0.165	0.156	0.188	0.188	0.375	0.375	0.500	0.500
16×12	16.000	12.750	14.00	0.165	0.156	0.188	0.180	0.375	0.375	0.500	0.500
16×10	16.000	10.750	14.00	0.165	0.134	0.188	0.165	0.375	0.365	0.500	0.500
18×16	18.000	16.000	15.00	0.165	0.165	0.188	0.188	0.375	0.375	0.500	0.500

2.33 一般配管用不鏽鋼標準厚度溶接大小頭

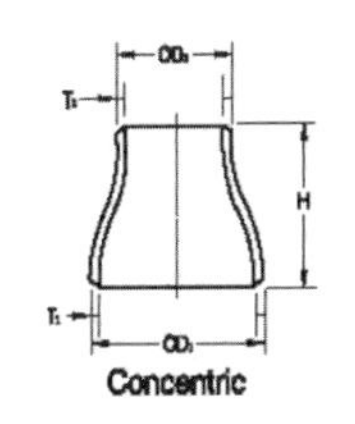

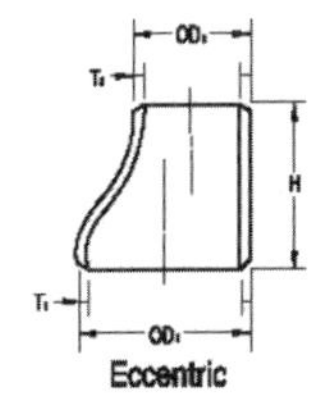

Reducer

Sch5s, Sch10s, Sch40s, Sch80s

ASME B16.9, MSS SP-43 (Unit: inch)

Nominal	Outside Diameter		End to End	5S		10S		40S		80S	
Pipe Size	OD1	OD2	H	T1	T2	T1	T2	T1	T2	T1	T2
18×14	18.000	14.000	15.00	0.165	0.156	0.188	0.188	0.375	0.375	0.500	0.500
18×12	18.000	12.750	15.00	0.165	0.156	0.188	0.180	0.375	0.375	0.500	0.500
20×18	20.000	18.000	20.00	0.188	0.165	0.218	0.188	0.375	0.375	0.500	0.500
20×16	20.000	16.000	20.00	0.188	0.165	0.218	0.188	0.375	0.375	0.500	0.500
20×14	20.000	14.000	20.00	0.188	0.156	0.218	0.188	0.375	0.375	0.500	0.500
22×20	22.000	20.000	20.00	0.188	0.188	0.218	0.218		0.375		0.500
22×18	22.000	18.000	20.00	0.188	0.165	0.218	0.188		0.375		0.500
22×16	22.000	16.000	20.00	0.188	0.165	0.218	0.188		0.375		0.500
24×22	24.000	22.000	20.00	0.218	0.188	0.250	0.218	0.375		0.500	
24×20	24.000	20.000	20.00	0.218	0.188	0.250	0.218	0.375	0.375	0.500	0.500
24×18	24.000	18.000	20.00	0.218	0.165	0.250	0.188	0.375	0.375	0.500	0.500
30×24	30.000	26.000	24.00	0.250	0.218	0.312	0.250		0.375		0.500
30×22	30.000	22.000	24.00	0.250	0.188	0.312	0.218				
30×20	30.000	20.000	24.00	0.250	0.188	0.312	0.218		0.375		0.500

· For Bevel Details See Page 356
· For Dimensional Tolerances See Page 362
· Wall Thickness Conform to ASME B 36.19M Specifications

2.34 一般配管用不鏽鋼標準厚度溶接管帽

180° Elbow (Long, Short) Cap

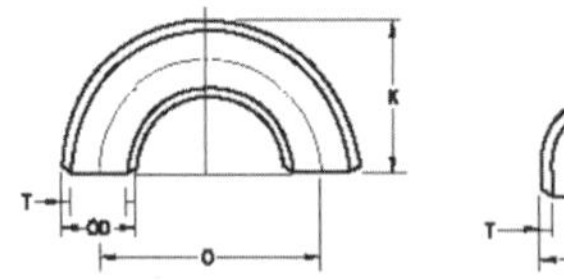

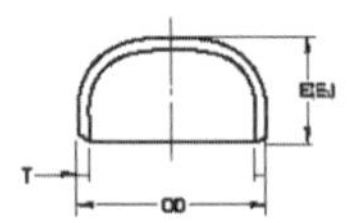

Sch5s, Sch10s, Sch40s, Sch80s

ASME B16.9, MSS SP-43 (Unit: inch)

Nominal Pipe Size	Outside Diameter O.D	Wall Thickness				Length	Limiting Wall Thickness for Length E	Length	180 Elbow			
		5S	10S	40S	80S	E		E1	Long		Short	
									O	K	O	K
½	0.840	0.065	0.083	0.109	0.147	1.00	0.18	1.00		1.88		
¾	1.050	0.065	0.083	0.113	0.154	1.00	0.15	1.00		1.69		
1	1.315	0.065	0.109	0.133	0.179	1.50	0.18	1.50		2.19	2.00	1.62
1-¼	1.660	0.065	0.109	0.140	0.191	1.50	0.19	1.50	3.75	2.75	2.50	2.06
1-½	1.900	0.065	0.109	0.145	0.200	1.50	0.20	1.50	4.50	3.25	3.00	2.44
2	2.375	0.065	0.109	0.154	0.218	1.50	0.22	1.75	6.00	4.19	4.00	3.19
2-½	2.875	0.083	0.120	0.203	0.276	1.50	0.28	2.00	7.50	5.19	5.00	3.94
3	3.500	0.083	0.120	0.216	0.300	2.00	0.30	2.50	9.00	6.25	6.00	4.75
3-½	4.000	0.083	0.120	0.226	0.318	2.50	0.32	3.00	10.50	7.25	7.00	5.50
4	4.500	0.083	0.120	0.237	0.337	2.50	0.34	3.00	12.00	8.25	8.00	6.25
5	5.563	0.109	0.134	0.258	0.375	3.00	0.38	3.50	15.00	10.31	10.00	7.75
6	6.625	0.109	0.134	0.280	0.432	3.50	0.43	4.00	18.00	12.31	12.00	9.31
8	8.625	0.109	0.148	0.322	0.500	4.00	0.50	5.00	24.00	16.31	16.00	12.31
10	10.750	0.134	0.165	0.365	0.500	5.00	0.50	6.00	30.00	20.38	20.00	15.38
12	12.750	0.156	0.180	0.375	0.500	6.00	0.50	7.00	36.00	24.38	24.00	18.38
14	14.000	0.156	0.188	0.375	0.500	6.50	0.50	7.50	42.00	28.00	28.00	21.00
16	16.000	0.165	0.188	0.375	0.500	7.00	0.50	8.00	48.00	32.00	32.00	24.00
18	18.000	0.165	0.188	0.375	0.500	8.00	0.50	9.00	54.00	36.00	36.00	27.00
20	20.000	0.188	0.218	0.375	0.500	9.00	0.50	10.00	60.00	40.00	40.00	30.00
22	22.000	0.188	0.218			10.00	0.50	10.00	66.00	44.00	44.00	33.00
24	24.000	0.218	0.250	0.375	0.500	10.50	0.50	12.00	72.00	48.00	48.00	36.00
30	30.000	0.250	0.312			10.50						

部分彎頭因材質、材料厚度或尺寸之故，無法從制式產品中取得，則需自行製造，其尺寸如下列。

2.35 90° Mitres Bend二段式

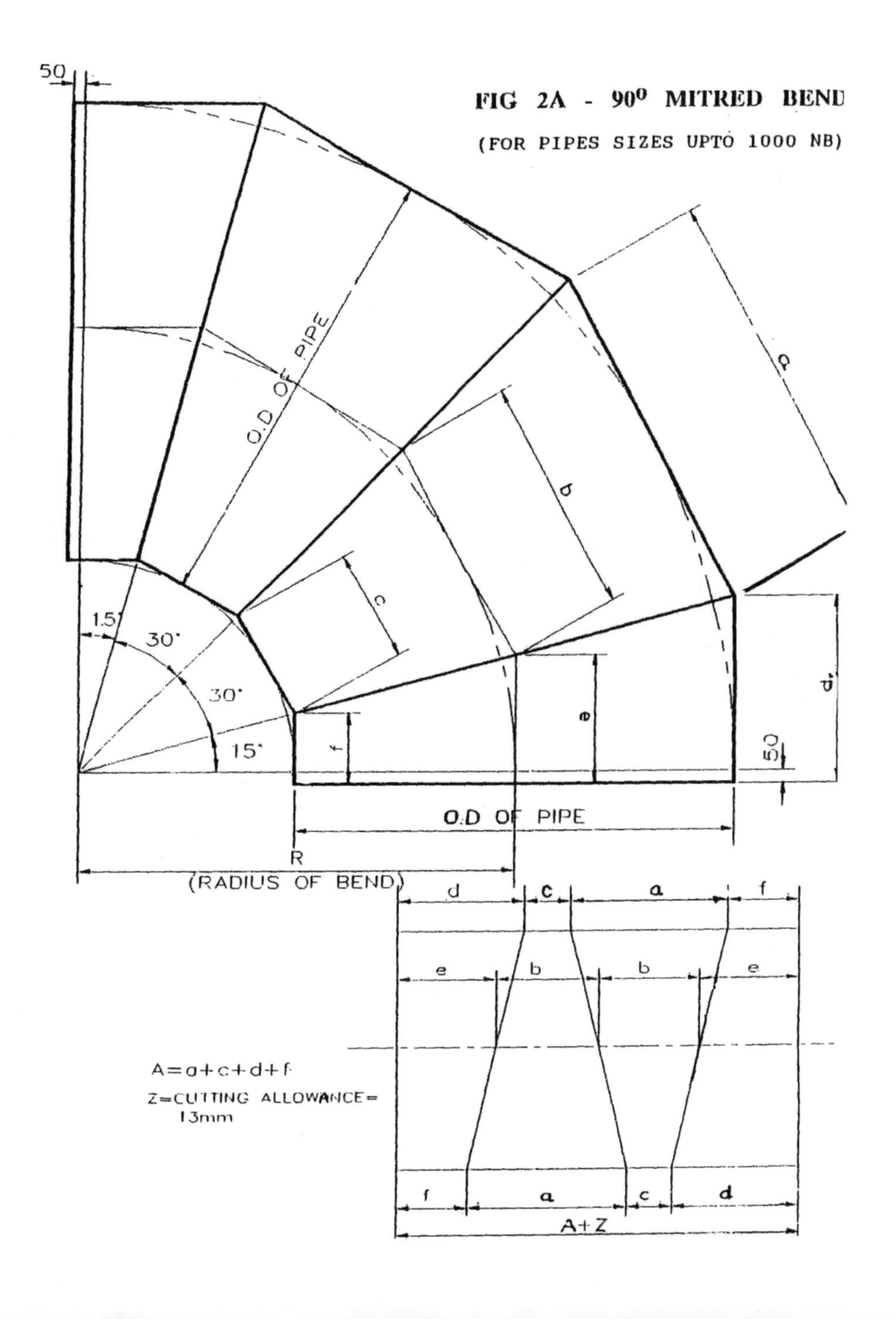

2.36 90° Mitres Bend三段式

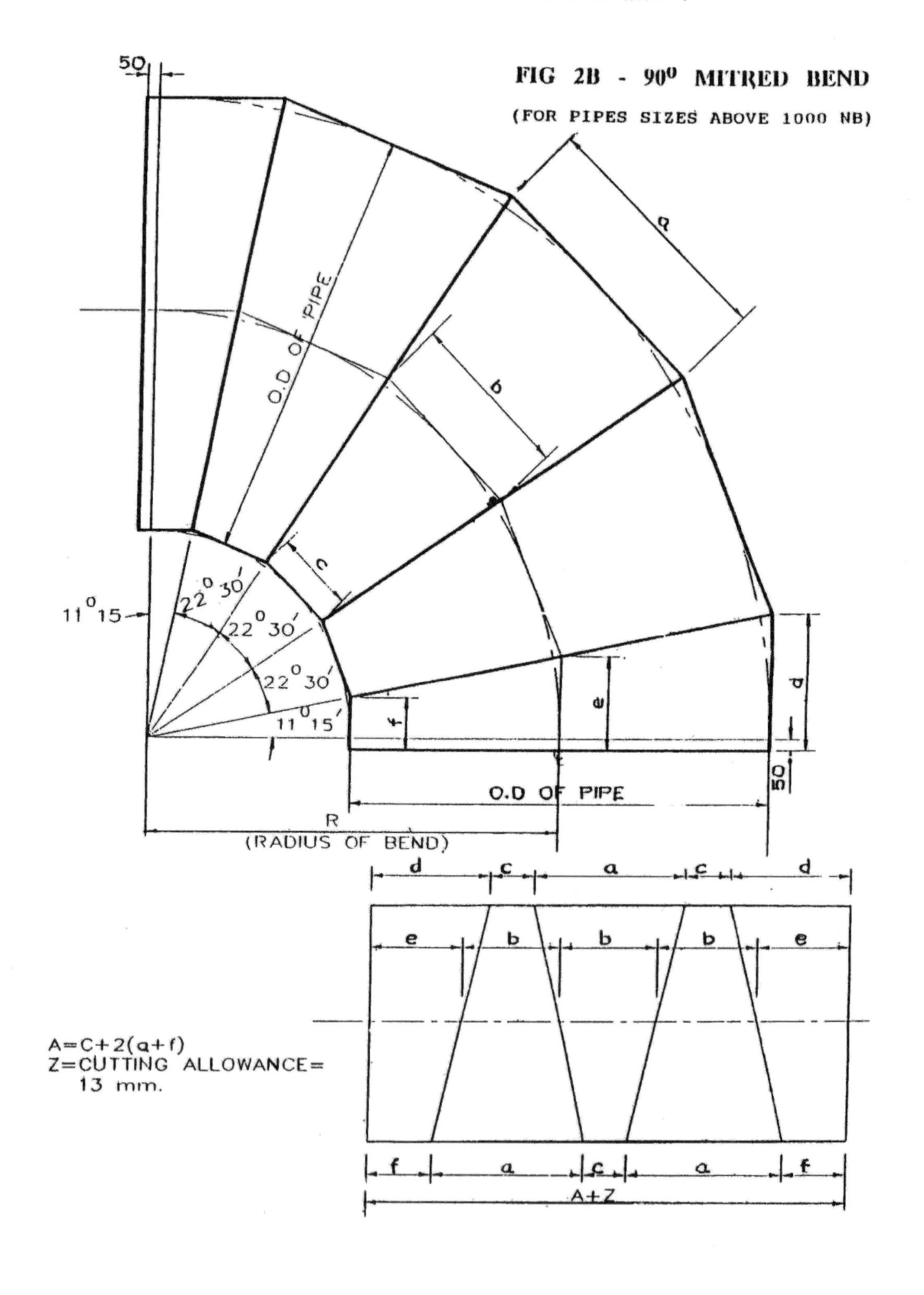

2.37 45° Mitres Bend一段式

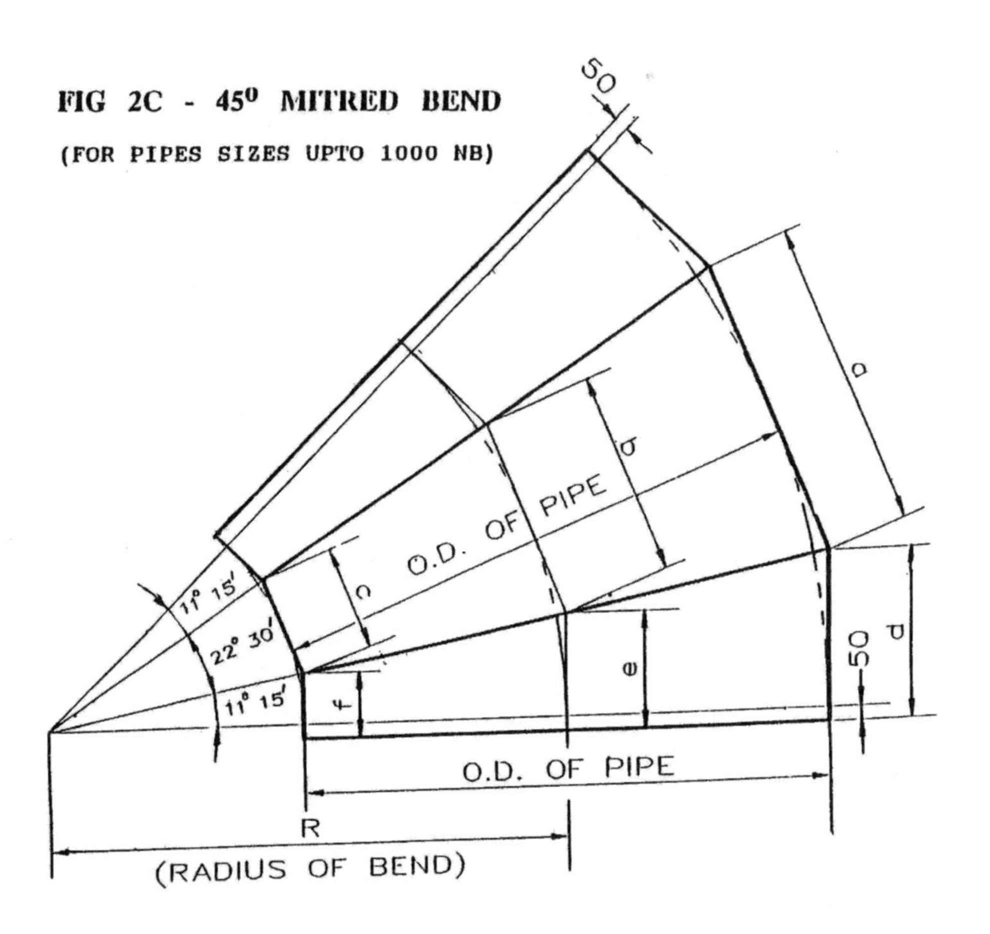

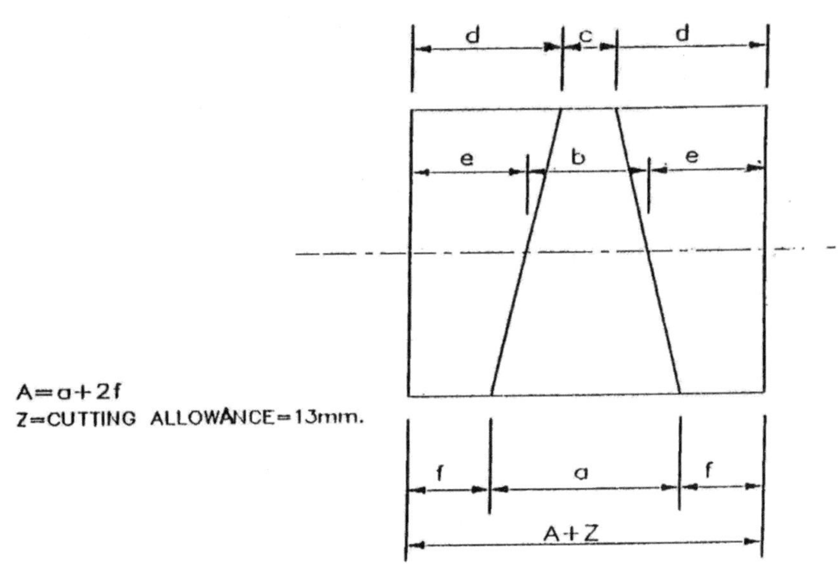

2.38 45° Mitres Bend二段式

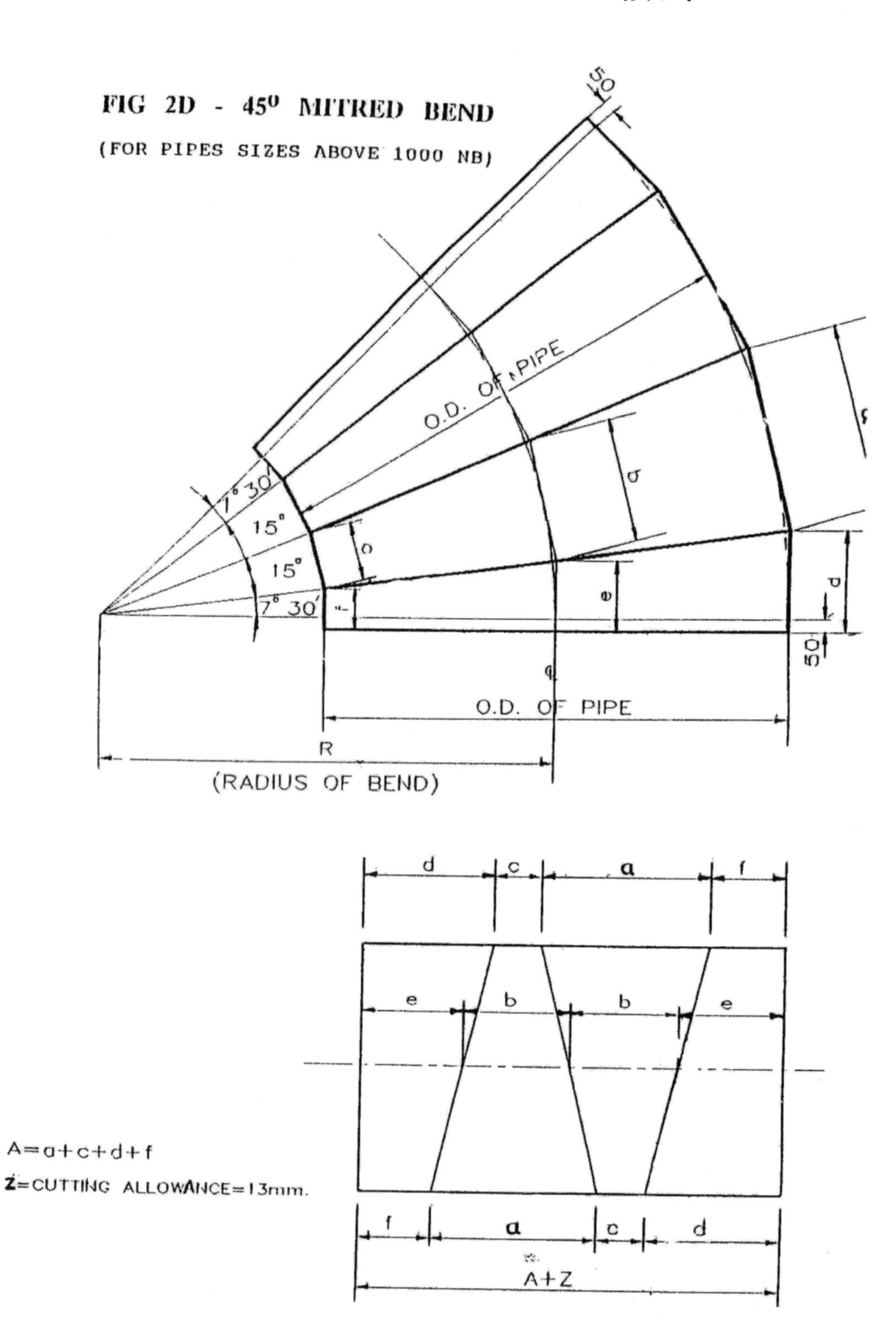

第 3 章

閥門與法蘭

閥門（Valve）是管道系統中基本的部件，控制流動的流體介質的流量、流向、壓力、溫度等的機械裝置。閥門管件在技術上與泵一樣，常常作爲一個單獨的類別進行討論。煤氣開關、水龍頭是常見最簡單的閥門，蝶形閥、球閥、閘閥、減壓閥、截止閥、安全閥、針型閥、逆止閥、過濾器、電磁閥、隔膜閥、排氣閥、流量計、衛生級閥門等等，也比較常見。

1.閥門有活門、龍頭、凡而等別名。

2.閥門的裝置費用約占工廠全部管線材料的25～30%，維修費用也達全廠的8%，故爲管路系統中極爲重要的一環。

3.閥的分類：閥可依照其功能分爲阻塞閥、節流閥、逆止閥及其他等四類，其包括的型式及功能如下表：

分類	型式	功能
阻塞閥（Stop Valve）	閘閥、柱塞閥、球閥	僅需全開或全關，使流體通過或阻斷
節流閥（Throttling Valve）	球塞閥、針閥、蝶形閥	可精確調節流量
逆止閥（Check Valve）	升舉式、搖枝式	阻止流體逆流
其他	安全閥、隔膜閥、控制閥、減壓閥	

3.1 重要的閥門

1.阻塞閥：阻塞閥（Stop Valve）是操作時僅需全開或全關，以使流體通過或阻斷的閥門。常用的阻塞閥有閘閥、柱塞閥及球閥等，其特點及圖形如下表：

名稱	特點	圖形
閘閥 （Gate Valve）	構造包括閥體、閘門、手輪與連桿等四個部分 閘閥的連桿有升桿式與不升桿式兩種 閘閥為一般化工廠中最常使用的阻塞閥 流體通過時摩擦損耗少，但調節流量的效果較差	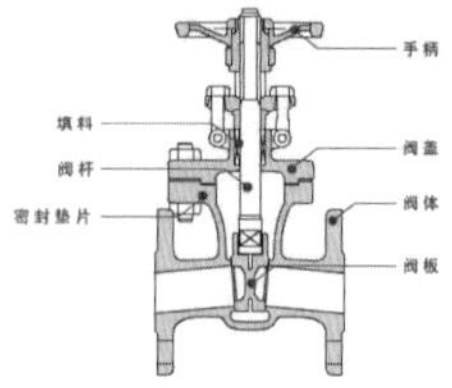
柱塞閥 （Plug Valve）	閥體內有一栓塞，栓塞的中間開一長方形通道，轉動栓塞，可使流體通過或阻斷，也有將通道製成三方向者，稱為三方柱塞閥，用於三支管子交會處的流向管制 柱塞閥可快速開與關，但節流效果較差 構造簡單，製造容易，價格便宜	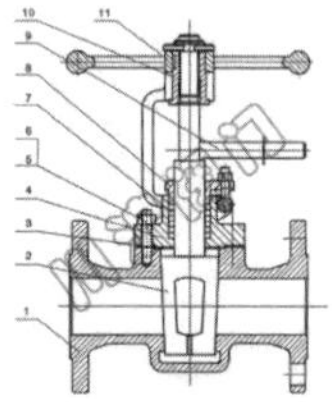
球閥 （Ball Valve）	構造原理近似柱塞閥，而以一留有通道的圓球代替栓塞。球閥除可快速開關流體外，也能作節流用，而阻力則遠小於球塞閥	

2.節流閥：節流閥（Throttling Valve）是用於精確調節流量的閥門，如球塞閥、針閥、蝶形閥，其特點及圖形如下表。常用的節流閥如下表：

名稱	特點	圖形
球塞閥 （Globe Valve）	閥體內有隔層分成上下兩室，隔層中間為一圓孔以供流體流通。以連桿控制一圓盤，改變圓盤與圓孔間的空隙，而調節流量 與閘閥比較，球塞閥的節流效果較佳，但是摩擦損失較大 球塞閥安裝時需注意流體方向，由隔層的下方進入，上方流出	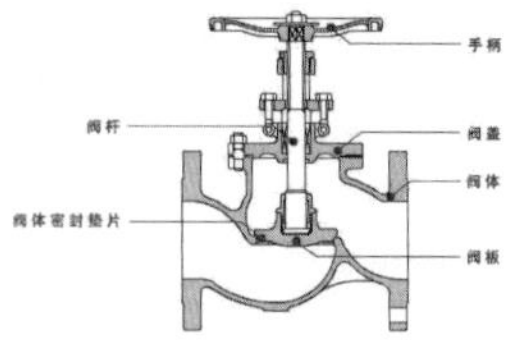

名稱	特點	圖形
針閥（Needle Valve）	構造的原理與球塞閥相同，但將圓盤改成針狀，可更精確地調節流量，應用於高壓氣體的微調	
蝶形閥（Butterfly Valve）	具有構造簡單、壓力損失小的優點，但密閉性差常用於大口徑管路或泥漿狀流體	

3.逆止閥：逆止閥（Check Valve）是阻止流體逆流的閥，也稱單向閥。常用的逆止閥有升舉式、搖板式等。逆止閥安裝時需注意流向。

4.其他類閥門：安全閥、隔膜閥、控制閥、減壓閥等。

種類	功能	圖形
安全閥（Safety Valve）	安裝於高壓容器。當壓力高於設定值時，安全閥內的彈簧會被壓縮而打開出口，自動排放內部流體，以免造成危險	
隔膜閥（Diaphragm Valve）	閥體內部襯一層耐蝕材料，而動作部分也以一特夫綸質隔膜隔開，故可用於腐蝕流體	
控制閥（Control Valve）	接收來自控制器的空氣或電子信號，使閥塞升降以控制流量而使程序自動化操作	
減壓閥（Pressure Reducing Valve）	降低高壓氣體的壓力，並使其壓力穩定	

3.2 法蘭

法蘭（Flange）又叫凸緣，使管子與管子相互連接的零件，連接於管端。法蘭上有孔眼，螺栓使兩法蘭緊連，法蘭間用襯墊密封。法蘭管件（Flanged Pipe Fittings）指帶有法蘭（凸緣或接盤）的管件，它可由澆鑄而成，也可由螺紋連接或焊接構成。法蘭連接（Flange Joint）由一對法蘭、一個墊片及若干個螺栓螺母組成。墊片放在兩法蘭密封面之間，擰緊螺母後，墊片表面上的比壓達到一定數値後產生變形，並塡滿密封面上凹凸不平處，使連接嚴密不漏。法蘭連接是一種可拆連接。

按所連接的部件可分爲容器法蘭及管法蘭。

按結構型式分，有整體法蘭（Welding Neck Flange，是屬於帶頸對焊鋼製管法蘭的一種）、活套法蘭（Lap Joint Flange）和螺紋法蘭（Screw Type Flange）。

常見的整體法蘭有平焊法蘭及對焊法蘭。平焊法蘭的剛性較差，適用於管壓力$p \leq 4MPa$的場合；對焊法蘭又稱高頸法蘭，剛性較大，適用於壓力溫度較高的場合。

法蘭面的型式一般常用的有下列數種：

1.平面型密封面（Flat Face），適用於壓力不高、介質無毒的場合。

2.凸面密封面（Raised Face），適用於易燃、易爆、有毒介質及壓力較高的場合。

3.環式接頭（Ring Type Joint），適用於高壓（Class 600psi以上）、高溫（4000℃以上）的場合。

4.榫槽密封面（Tongue-and-Groove, T&G）適用於高壓密封容器。

墊片是一種能產生塑性變形，並具有一定強度的材料製成的圓環。大多數墊片是從非金屬板裁下來的，或由專業工廠按規定尺寸製作，其材料爲石棉橡膠板、石棉板、聚乙烯板等；也有用薄金屬板（白鐵皮、不鏽鋼）將石棉等非金屬材料包裹起來製成的金屬包墊片；還有一種用薄鋼帶與石棉帶一起繞製而成的纏繞式墊片。

普通橡膠墊片適用於溫度低於120℃的場合；石棉橡膠墊片適用於對水蒸

氣溫度低於450℃、對油類溫度低於350℃、壓力低於5MPa的場合，對於一般的腐蝕性介質，最常用的是耐酸石棉板。在高壓設備及管道中，採用銅、鋁、10號鋼、不鏽鋼製成的透鏡型或其他形狀的金屬墊片，高壓墊片與密封面的接觸寬度非常窄（線接觸），密封面與墊片的加工光潔度較高。

法蘭分螺紋連接（絲接）法蘭和焊接法蘭。低壓小直徑有絲接法蘭，高壓和低壓大直徑都是使用焊接法蘭，不同壓力的法蘭盤的厚度和連接螺栓直徑和數量是不同的。

根據壓力的不同等級，法蘭墊也有不同材料，從低壓石棉墊、高壓石棉墊到金屬墊都有。

1.以材質劃分爲碳鋼、鑄鋼、合金鋼、不鏽鋼、銅、鋁合金、塑料等。

2.以製作方法劃分可分爲鍛造法蘭、鑄造法蘭、焊接法蘭、卷製法蘭（超大型號）。

3.以製造標準劃分可分爲國標（化工部標準、石油標準、電力標準）、美標、德標。

3.3 法蘭連接種類與規範

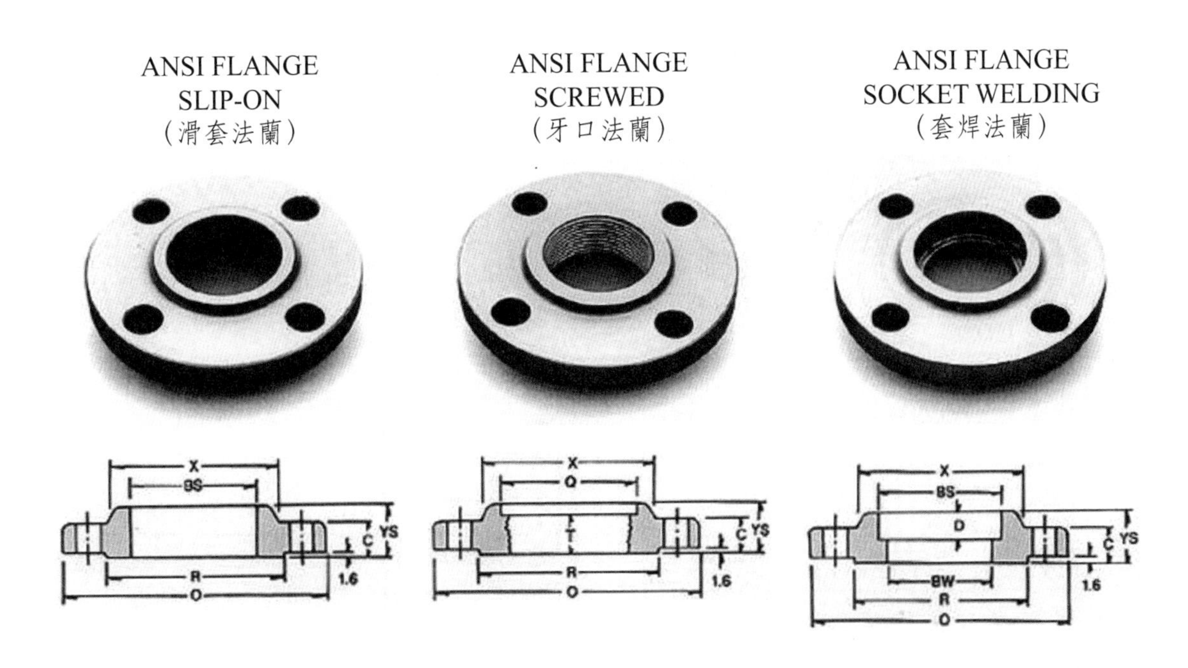

ANSI FLANGE
WELDING NECK
(焊頸法蘭)

ANSI FLANGE
LAP JOINT
(搭接法蘭)

ANSI FLANGE
BLIND
(盲法蘭)

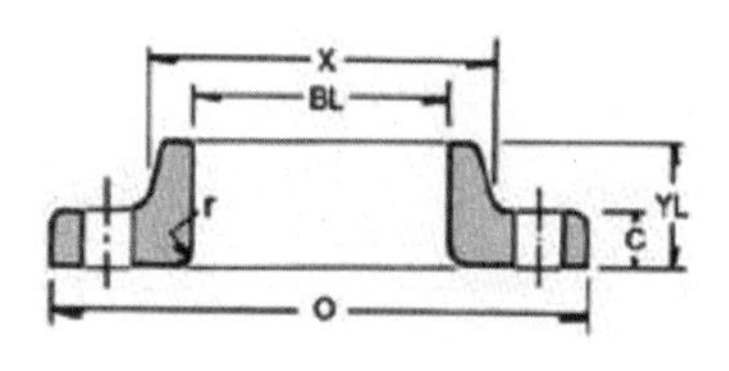

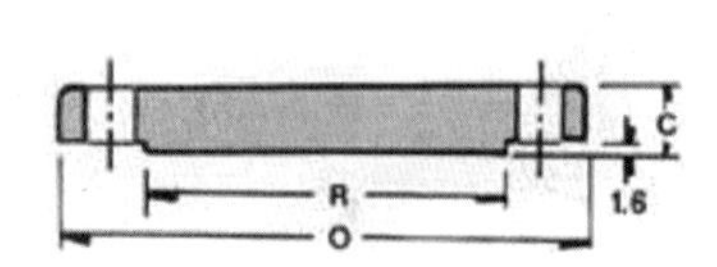

(Dimensions in mm)

Nominal size (B)	O	C	X	R	A	YS	YW	YL	BS	BW
1/2	88.9	11.2	30.2	34.9	21.3	15.9	47.6	15.9	22.4	15.7
3/4	98.4	12.7	38.1	42.9	26.7	15.9	52.4	15.9	27.7	20.8
1	108.0	14.3	49.2	50.8	33.5	17.5	55.6	17.5	34.5	26.7
1 1/4	117.5	15.9	58.7	63.5	42.2	20.6	57.2	20.6	43.2	35.1
1 1/2	127.0	17.5	65.1	73.0	48.3	22.2	61.9	22.2	49.5	40.9
2	152.4	19.1	77.8	92.1	60.5	25.4	63.5	25.4	62.0	52.6
2 1/2	177.8	22.3	90.5	104.8	73.2	28.6	69.9	28.6	74.7	62.7
3	190.5	23.9	108.0	127.0	88.9	30.2	69.9	30.2	90.7	78.0
3 1/2	215.9	23.9	122.2	139.7	101.6	31.8	71.4	31.8	103.4	90.2
4	228.6	23.9	134.9	157.2	114.3	33.3	76.2	33.3	116.1	102.4
5	254.0	23.9	163.5	185.7	141.2	36.5	88.9	36.5	143.8	128.3
6	279.4	25.4	192.1	215.9	168.4	39.7	88.9	39.7	170.7	154.2
8	342.9	28.6	246.1	269.9	219.2	44.5	101.6	44.5	221.5	202.7
10	406.4	30.2	304.8	323.9	273.1	49.2	101.6	49.2	276.4	254.5
12	482.6	31.8	365.1	381.0	323.9	55.6	114.3	55.6	327.2	304.8
14	533.4	35.0	400.1	412.8	355.6	57.2	127.0	79.4	359.2	336.6
16	596.9	36.6	457.2	469.9	406.4	63.5	127.0	87.3	410.5	387.4
18	635.0	39.7	504.8	533.4	457.2	68.3	139.7	96.8	461.8	438.2
20	698.5	42.9	558.8	584.2	508.0	73.0	144.5	103.2	513.1	489.0
24	812.8	47.7	663.6	692.2	609.6	82.6	152.4	111.1	616.0	590.6

TOP

BL	h	r	D	Diameter of Bolt Circle	Number of Bolts	Diameter of Bolts	Diameter of Bolt Holes	kg / pc			Nominal Size (B)
								SO	WN	BL	
22.9	9	3.2	9.5	60.3	4	1/2	15.9	0.4	0.5	0.5	1/2
28.2	9	3.2	11.1	69.9	4	1/2	15.9	0.6	0.8	0.9	3/4
35.1	9	3.2	12.7	79.4	4	1/2	15.9	0.8	1.1	0.9	1
43.7	9	4.8	14.3	88.9	4	1/2	15.9	1.0	1.4	1.4	1 1/4
50.0	9	6.4	15.9	98.4	4	1/2	15.9	1.3	1.9	1.8	1 1/2
62.5	9	7.9	17.5	120.7	4	5/8	19.1	2.1	2.8	2.3	2
75.4	12	7.9	19.1	139.7	4	5/8	19.1	3.2	4.3	3.2	2 1/2
91.4	12	9.5	20.6	152.4	4	5/8	19.1	3.9	5.2	4.1	3
104.1	12	9.5	22.2	177.8	8	5/8	19.1	4.9	6.6	5.9	3 1/2
116.8	14	11.1	23.8	190.5	8	5/8	19.1	5.3	7.4	7.7	4
144.5	16	11.1	23.8	215.9	8	3/4	22.2	6.8	9.7	9.7	5
171.5	18	12.7	27.0	241.3	8	3/4	22.2	7.7	12.1	11.8	6
222.3	20	12.7	31.8	298.5	8	3/4	22.2	12.5	20.1	20.4	8
277.4	20	12.7	33.3	362.0	12	7/8	25.4	17.5	28.3	31.8	10
328.2	25	12.7	39.7	431.8	12	7/8	25.4	27.4	43.0	49.9	12
360.2	25	12.7	41.3	476.3	12	1	28.6	34.7	56.2	63.5	14
411.2	25	12.7	44.5	539.8	16	1	28.6	44.4	73.2	81.6	16
462.3	30	12.7	49.2	577.9	16	1 1/8	31.8	51.9	86.1	99.8	18
514.4	30	12.7	54.0	635.0	20	1 1/8	31.8	61.7	109.7	129.3	20
616.0	30	12.7	63.5	749.3	20	1 1/4	34.9	87.4	157.5	195.0	24

ANSI FLANGE 300LB

ANSI FLANGE
SLIP-ON（滑套法蘭）

ANSI FLANGE
SCREWED（牙口法蘭）

ANSI FLANGE SOCKET
WELDING（套焊法蘭）

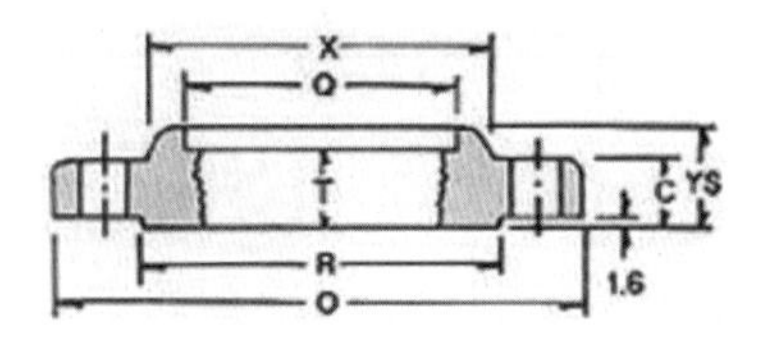

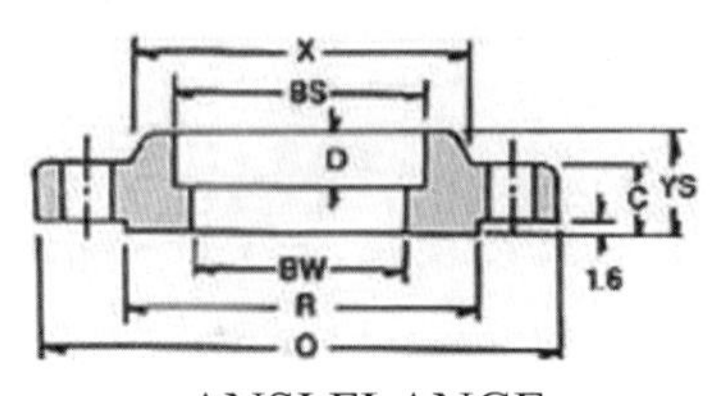

ANSI FLANGE WELDING
NECK（焊頸法蘭）

ANSI FLANGE
LAP JOINT（搭接法蘭）

ANSI FLANGE
BLIND（盲法蘭）

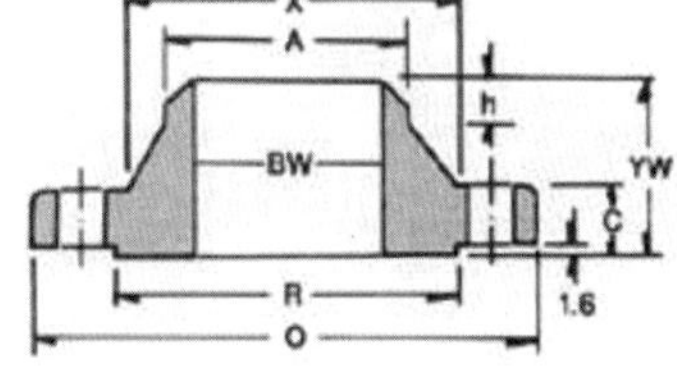

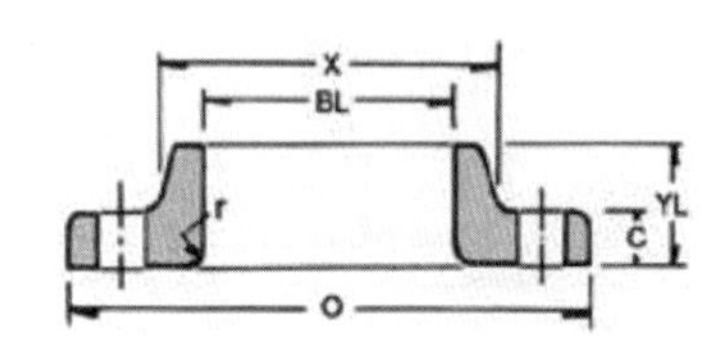

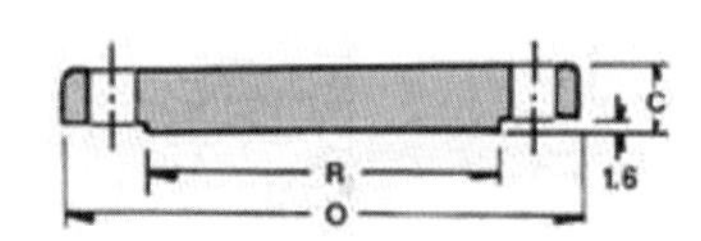

(Dimensions in mm)

Nominal size (B)	O	C	X	R	A	YS	YW	YL	BS	BW	BL
1/2	95.3	14.3	38.1	34.9	21.3	22.2	52.4	22.2	22.4	15.7	22.9
3/4	117.5	15.9	47.6	42.9	26.7	25.4	57.2	25.4	27.7	20.8	28.2
1	123.8	17.5	54.0	50.8	33.5	27.0	61.9	27.0	34.5	26.7	35.1
1 1/4	133.4	19.1	63.5	63.5	42.2	27.0	65.1	27.0	43.2	35.1	43.7
1 1/2	155.6	20.7	69.9	73.0	48.3	30.2	68.3	30.2	49.5	40.9	50.0
2	165.1	22.3	84.1	92.1	60.5	33.3	69.9	33.3	62.0	52.6	62.5
2 1/2	190.5	25.4	100.0	104.8	73.2	38.1	76.2	38.1	74.7	62.7	75.4
3	209.6	28.6	117.5	127.0	88.9	42.9	79.4	42.9	90.7	78.0	91.4
3 1/2	228.6	30.2	133.4	139.7	101.6	44.5	81.0	44.5	103.4	90.2	104.1
4	254.0	31.8	146.1	157.2	114.3	47.6	85.7	47.6	116.1	102.4	116.8
5	279.4	35.0	177.8	185.7	141.2	50.8	98.4	50.8	143.8	128.3	144.5
6	317.5	36.6	206.4	215.9	168.4	52.4	98.4	52.4	170.7	154.2	171.5
8	381.0	41.3	260.4	269.9	219.2	61.9	111.1	61.9	221.5	202.7	222.3
10	444.5	47.7	320.7	323.9	273.1	66.7	117.5	95.3	276.4	254.5	277.4
12	520.7	50.8	374.7	381.0	323.9	73.0	130.2	101.6	327.2	304.8	328.2
14	584.2	54.0	425.5	412.8	355.6	76.2	142.9	111.0	359.2	336.6	360.2
16	647.7	57.2	482.6	469.9	406.4	82.6	146.1	120.7	410.5	387.4	411.2
18	711.2	60.4	533.4	533.4	457.2	88.9	158.8	130.2	461.8	438.2	462.3
20	774.7	63.5	587.4	584.2	508.0	95.3	161.9	139.7	513.1	489.0	514.4
24	914.4	69.9	701.7	692.2	609.6	106.4	168.3	152.4	616.0	590.6	616.0

TOP

h	r	T	D	Diameter of Bolt Circle	Number of Bolts	Diameter of Bolts	Diameter of Bolt Holes	Q	kg / pc			Nominal Size (B)
									SO	WN	BL	
9	3.2	15.9	9.5	66.7	4	1/2	15.9	23.6	0.6	0.8	0.9	1/2
9	3.2	15.9	11.1	82.6	4	5/8	19.1	29.0	1.1	1.3	1.4	3/4
9	3.2	17.5	12.7	88.9	4	5/8	19.1	35.8	1.4	1.7	1.6	1
9	4.8	20.6	14.3	98.4	4	5/8	19.1	44.5	1.8	2.1	2.0	1 1/4
9	6.4	22.2	15.9	114.3	4	3/4	22.2	50.5	2.5	3.0	2.7	1 1/2
9	7.9	28.6	17.5	127.0	8	5/8	19.1	63.5	3.3	3.6	3.6	2
12	7.9	31.8	19.1	149.2	8	3/4	22.2	76.2	4.2	5.3	5.4	2 1/2
12	9.5	31.8	20.6	168.3	8	3/4	22.2	92.2	5.9	7.2	7.3	3
12	9.5	36.5	-	184.2	8	3/4	22.2	104.9	7.4	9.2	10.0	3 1/2
14	11.1	36.5	-	200.0	8	3/4	22.2	117.6	9.7	11.9	12.3	4
18	11.1	42.9	-	235.0	8	3/4	22.2	144.5	13.2	16.4	16.8	5
18	12.7	46.0	-	269.9	12	3/4	22.2	171.5	15.9	20.8	22.7	6
20	12.7	50.8	-	330.2	12	7/8	25.4	222.3	24.7	32.2	36.7	8
20	12.7	55.6	-	387.4	16	1	28.6	276.4	35.7	46.6	56.7	10
25	12.7	60.3	-	450.9	16	1 1/8	31.8	328.7	51.6	69.0	83.9	12
25	12.7	63.5	-	514.4	20	1 1/8	31.8	360.4	69.8	93.4	113.4	14
25	12.7	68.3	-	571.5	20	1 1/4	34.9	411.2	87.6	119.6	133.8	16
30	12.7	69.9	-	628.7	24	1 1/4	34.9	462.0	108.7	150.5	179.2	18
30	12.7	73.0	-	685.8	24	1 1/4	34.9	512.8	134.5	184.4	229.1	20
30	12.7	82.6	-	812.8	24	1 1/2	41.3	614.4	203.0	274.7	358.3	24

ANSI FLANGE 400LB

ANSI FLANGE
SLIP-ON（滑套法蘭）

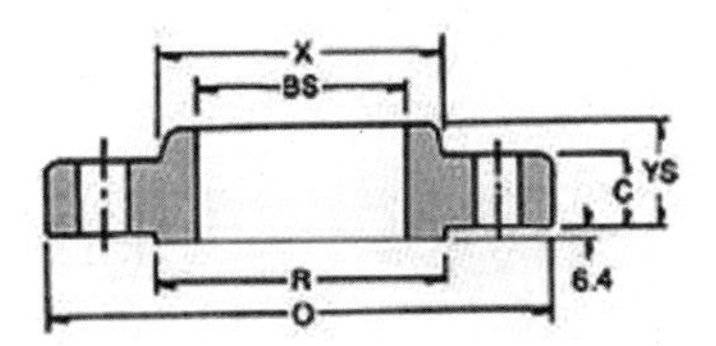

ANSI FLANGE
SCREWED（牙口法蘭）

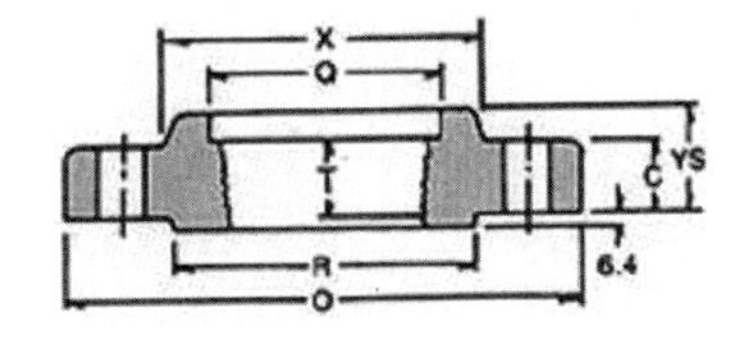

ANSI FLANGE
SOCKET WELDING（套焊法蘭）

X
BS
D
YS
C
BW
R
O
6.4

ANSI FLANGE
WELDING NECK
（焊頸法蘭）

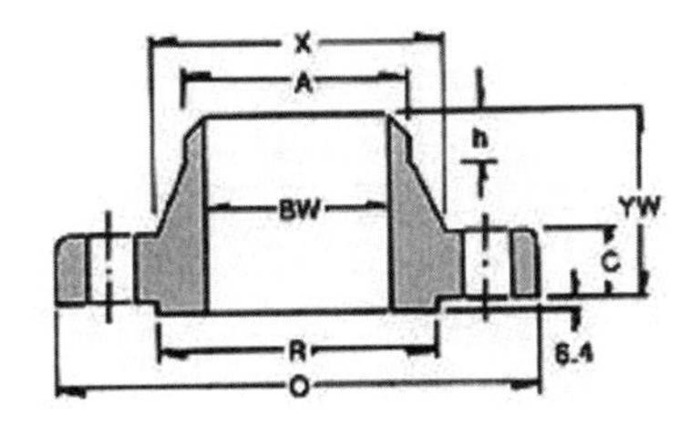

ANSI FLANGE
LAP JOINT（LOOSE FLANGE）
（搭接法蘭）

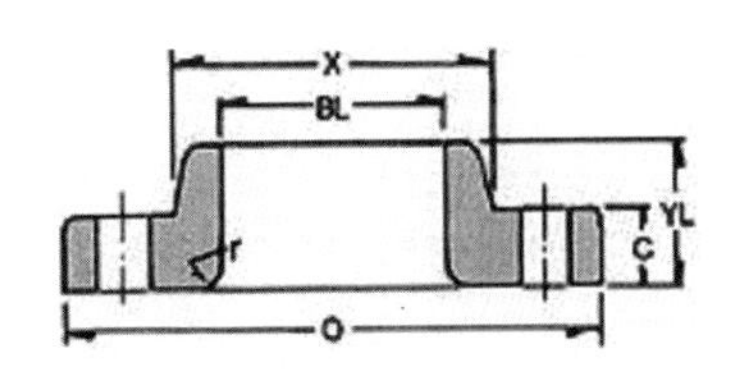

ANSI FLANGE
BLIND（盲法蘭）

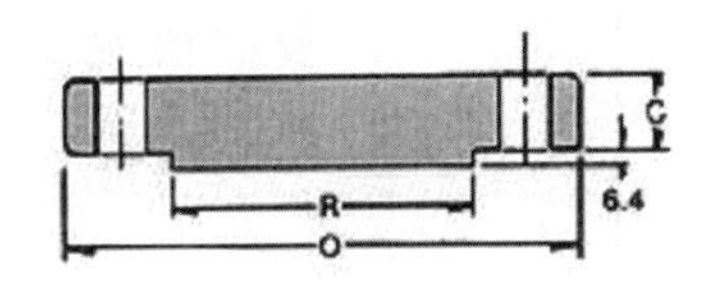

(Dimensions in mm)

Nominal size (B)	O	C	X	R	A	YS	YW	YL	BS	BW	BL
1/2	95.3	14.3	38.1	34.9	21.3	22.2	52.4	22.2	22.4	14.0	22.9
3/4	117.5	15.9	47.6	42.9	26.7	25.4	57.2	25.4	27.7	18.8	28.2
1	123.8	17.5	54.0	50.8	33.5	27.0	61.9	27.0	34.5	24.4	35.1
1 1/4	133.4	20.7	63.5	63.5	42.2	28.6	66.7	28.6	43.2	32.5	43.7
1 1/2	155.6	22.3	69.9	73.0	48.3	31.8	69.9	31.8	49.5	38.1	50.0
2	165.1	25.4	84.1	92.1	60.5	36.5	73.0	36.5	62.0	49.3	62.5
2 1/2	190.5	28.6	100.0	104.8	73.2	41.3	79.4	41.3	74.7	58.9	75.4
3	209.6	31.8	117.5	127.0	88.9	46.0	82.6	46.0	90.7	73.7	91.4
3 1/2	228.6	35.0	133.4	139.7	101.6	49.2	85.7	49.2	103.4	85.3	104.1
4	254.0	35.0	146.1	157.2	114.3	50.8	88.9	50.8	116.1	97.3	116.8
5	279.4	38.1	177.8	185.7	141.2	54.0	101.6	54.0	143.8	122.2	144.5
6	317.5	41.3	206.4	215.9	168.4	57.2	103.2	57.2	170.7	146.3	171.5
8	381.0	47.7	260.4	269.9	219.2	68.3	117.5	68.3	221.5	193.8	222.3
10	444.5	54.0	320.7	323.9	273.1	73.0	123.8	101.6	276.4	247.7	277.4
12	520.7	57.2	374.7	381.0	323.9	79.4	136.5	108.0	327.2	298.5	328.2
14	584.2	60.4	425.5	412.8	355.6	84.1	149.2	117.5	359.2	330.2	360.2
16	647.7	63.5	482.6	469.9	406.4	93.7	152.4	127.0	410.5	381.0	411.2
18	711.2	66.7	533.4	533.4	457.2	98.4	165.1	136.5	461.8	431.8	462.3
20	774.7	69.9	587.4	584.2	508.0	101.6	168.3	146.1	513.1	482.6	514.4
24	914.4	76.2	701.7	692.2	609.6	114.3	174.6	158.8	616.0	584.2	616.0

TOP

h	r	T	D	Diameter of Bolt Circle	Number of Bolts	Diameter of Bolts	Diameter of Bolt Holes	Q	kg / pc			Nominal Size (B)
									SO	WN	BL	
9	3.2	15.9	-	66.7	4	1/2	15.9	23.6	0.6	0.8	0.9	1/2
9	3.2	15.9	-	66.7	4	1/2	15.9	23.6	0.6	0.8	0.9	1/2
9	3.2	15.9	-	82.6	4	5/8	19.1	29.0	1.1	1.3	1.4	3/4
9	3.2	17.5	-	88.9	4	5/8	19.1	35.8	1.4	1.7	1.4	1
9	4.8	20.6	-	98.4	4	5/8	19.1	44.5	1.7	2.1	2.0	1 1/4
9	6.4	22.2	-	114.3	4	3/4	22.2	50.5	2.5	3.0	2.7	1 1/2
9	7.9	28.6	-	127.0	8	5/8	19.1	63.5	2.9	3.6	3.6	2
12	7.9	31.8	-	149.2	8	3/4	22.2	76.2	4.2	5.3	5.4	2 1/2
12	9.5	34.9	-	168.3	8	3/4	22.2	92.2	5.9	7.2	7.3	3
12	9.5	39.7	-	184.2	8	7/8	25.4	104.9	7.4	9.2	10.0	3 1/2
14	11.1	36.5	-	200.0	8	7/8	25.4	117.6	9.7	11.9	12.3	4
16	11.1	42.9	-	235.0	8	7/8	25.4	144.5	13.2	16.4	16.8	5
18	12.7	46.0	-	269.9	12	7/8	25.4	171.5	15.9	20.8	22.7	6
20	12.7	50.8	-	330.2	12	1	28.6	222.3	24.7	32.2	36.7	8
20	12.7	55.6	-	387.4	16	1 1/8	31.8	276.4	35.7	46.6	56.7	10
25	12.7	60.3	-	450.9	16	1 1/4	34.9	328.7	51.6	69.0	83.9	12
25	12.7	63.5	-	514.4	20	1 1/4	34.9	360.4	69.8	93.4	113.4	14
25	12.7	68.3	-	571.5	20	1 3/8	38.1	411.2	87.6	119.6	133.8	16
30	12.7	69.9	-	628.7	24	1 3/8	38.1	462.0	108.7	15.5	179.2	18
30	12.7	73.0	-	685.8	24	1 1/2	41.3	512.8	134.5	184.4	229.1	20
30	12.7	82.6	-	812.8	24	1 3/4	47.6	614.4	203.0	274.7	358.3	24

ANSI FLANGE 900LB

ANSI FLANGE
SLIP-ON（滑套法蘭）

ANSI FLANGE
SCREWED（牙口法蘭）

ANSI FLANGE
SOCKET WELDING
（套焊法蘭）

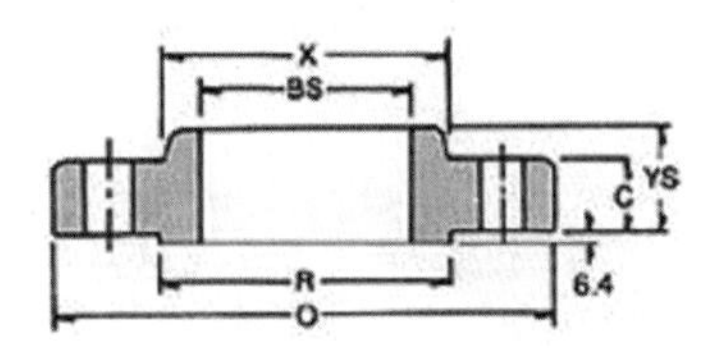

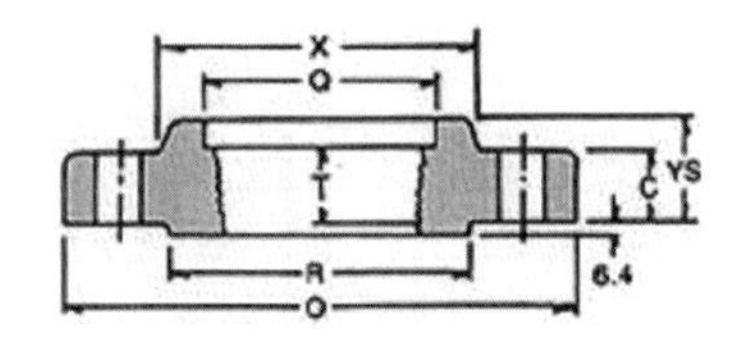

X
BS
D
YS
C
BW
R
O
6.4

ANSI FLANGE
WELDING NECK
（焊頸法蘭）

LAP JOINT
(LOOSE FLANGE)
（搭接法蘭）

ANSI FLANGE
BLIND（盲法蘭）

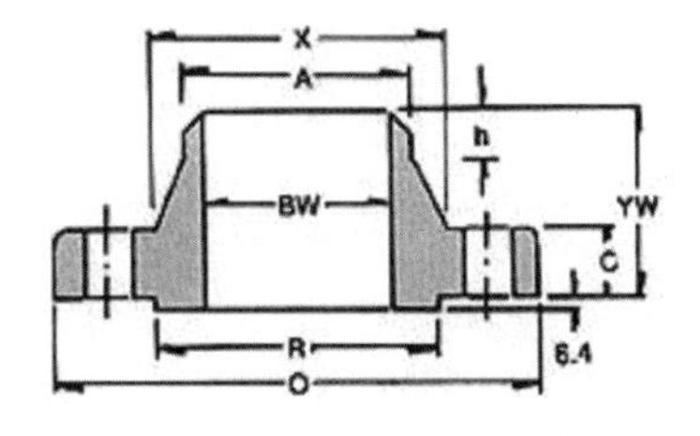

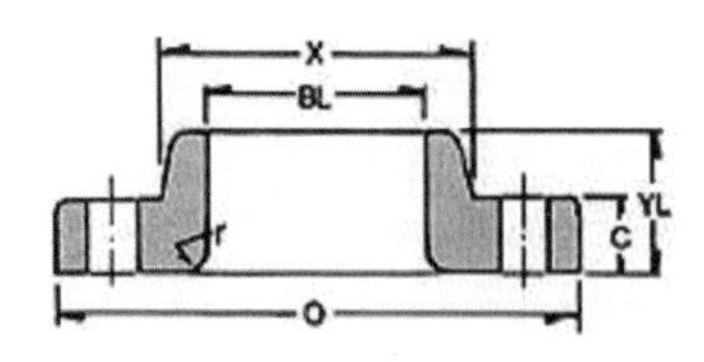

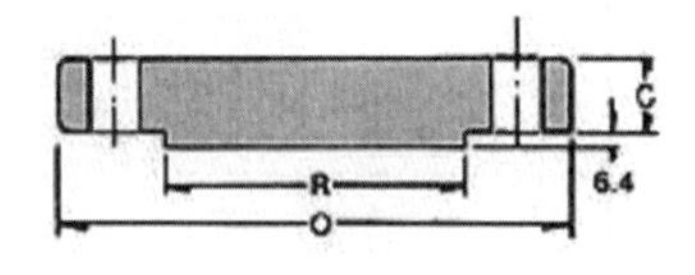

(Dimensions in mm)

Nominal size (B)	O	C	X	R	A	YS	YW	YL	BS	BW	BL
1/2	120.7	22.3	38.1	34.9	21.3	31.8	60.3	31.8	22.4		22.9
3/4	130.2	25.4	44.5	42.9	26.7	34.9	69.9	34.9	27.7		28.2
1	149.2	28.6	52.4	50.8	33.5	41.3	73.0	41.3	34.5		35.1
1 1/4	158.8	28.6	63.5	63.5	42.2	41.3	73.0	41.3	43.2		43.7
1 1/2	177.8	31.8	69.9	73.0	48.3	44.5	82.6	44.5	49.5		50.0
2	215.9	38.1	104.8	92.1	60.5	57.2	101.6	57.2	62.0		62.5
2 1/2	244.5	41.3	123.8	104.8	73.2	63.5	104.8	63.5	74.7		75.4
3	241.3	38.1	127.0	127.0	88.9	54.0	101.6	54.0	90.7		91.4
4	292.1	44.5	158.8	157.2	114.3	69.9	114.3	69.9	116.1		116.8
5	349.3	50.8	190.5	185.7	141.2	79.4	127.0	79.4	143.8		144.5
6	381.0	55.6	235.0	215.9	168.4	85.7	139.7	85.7	170.7		171.5
8	469.9	63.5	298.5	269.9	219.2	101.6	161.9	114.3	221.5		222.3
10	546.1	69.9	368.3	323.9	273.1	108.0	184.2	127.0	276.4		277.4
12	609.6	79.4	419.1	381.0	323.9	117.5	200.0	142.9	327.2		328.2
14	641.4	85.8	450.9	412.8	355.6	130.2	212.7	155.6	359.2		360.2
16	704.9	88.9	508.0	469.9	406.4	133.4	215.9	165.1	410.5		411.2
18	787.4	101.6	565.2	533.4	457.2	152.4	228.6	190.5	461.8		462.3
20	857.3	108.0	622.3	584.2	508.0	158.8	247.7	209.6	513.1		514.4
24	1041.4	139.7	749.3	692.2	609.6	203.2	292.1	266.7	616.0		616.0

TOP

h	r	T	D	Diameter of Bolt Circle	Number of Bolts	Diameter of Bolts	Diameter of Bolt Holes	Q	kg / pc			Nominal Size (B)
									SO	WN	BL	
9	3.2	22.2	-	82.6	4	3/4	22.2	23.6	1.8	1.9	1.8	1/2
9	3.2	25.4	-	88.9	4	3/4	22.2	29.0	2.3	3.1	2.7	3/4
9	3.2	28.6	-	101.6	4	7/8	25.4	35.8	3.4	3.8	3.6	1
9	4.8	30.2	-	111.1	4	7/8	25.4	44.5	4.0	4.4	4.7	1 1/4
9	6.4	31.8	-	123.8	4	1	28.6	50.5	5.4	6.0	5.9	1 1/2
9	7.9	38.1	-	165.1	8	7/8	25.4	63.5	10.0	11.0	11.3	2
12	7.9	47.6	-	190.5	8	1	28.6	76.2	13.6	15.2	15.9	2 1/2
12	9.5	41.3	-	190.5	8	7/8	25.4	92.2	11.7	13.9	13.2	3
14	11.1	47.6	-	235.0	8	1 1/8	31.8	117.6	19.9	22.8	24.5	4
18	11.1	54.0	-	279.4	8	1 1/4	34.9	144.5	37.0	39.0	40.0	5
18	12.7	57.2	-	317.5	12	1 1/8	31.8	171.5	41.8	48.4	52.2	6
22	12.7	63.5	-	393.7	12	1 3/8	38.1	222.3	72.3	83.3	90.7	8
24	12.7	71.4	-	469.9	16	1 3/8	38.1	276.4	102.7	123.8	131.5	10
28	12.7	76.2	-	533.4	20	1 3/8	38.1	328.7	136.7	166.9	188.3	12
30	12.7	82.6	-	558.8	20	1 1/2	41.3	360.4	153.9	189.3	235.9	14
34	12.7	85.7	-	616.0	20	1 5/8	44.5	411.2	184.8	234.7	272.2	16
36	12.7	88.9	-	685.8	20	1 7/8	50.8	462.0	261.2	318.9	385.6	18
42	12.7	92.1	-	749.3	20	2	54.0	512.8	317.9	399.3	487.6	20
48	12.7	101.6	-	901.7	20	2 1/2	66.7	614.4	607.7	730.5	918.3	24

ANSI FLANGE 1500LB

ANSI FLANGE
SLIP-ON（滑套法蘭）

ANSI FLANGE
SCREWED（牙口法蘭）

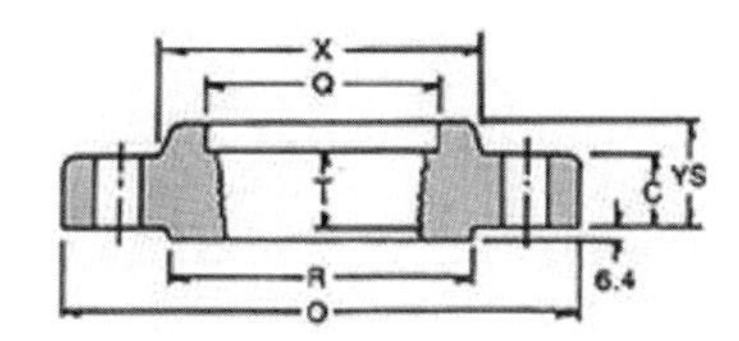

ANSI FLANGE
SOCKET WELDING
（套焊法蘭）

ANSI FLANGE
WELDING NECK
（焊頸法蘭）

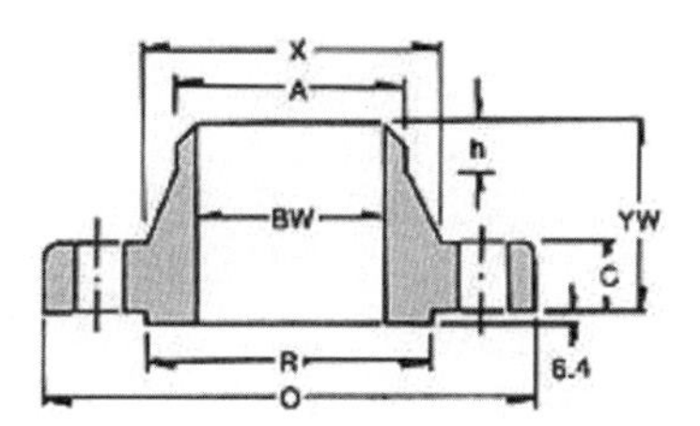

LAP JOINT
(LOOSE FLANGE)
（搭接法蘭）

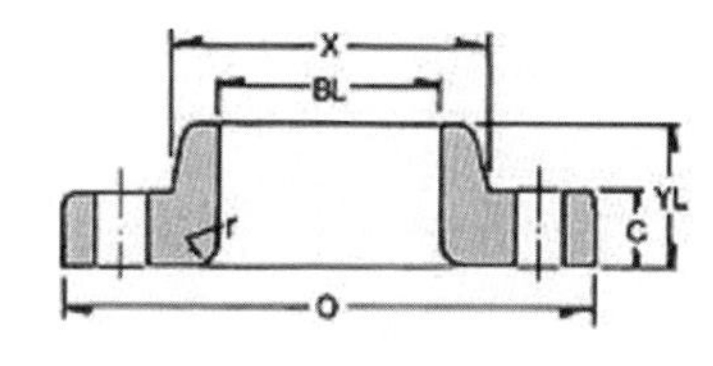

ANSI FLANGE
BLIND（盲法蘭）

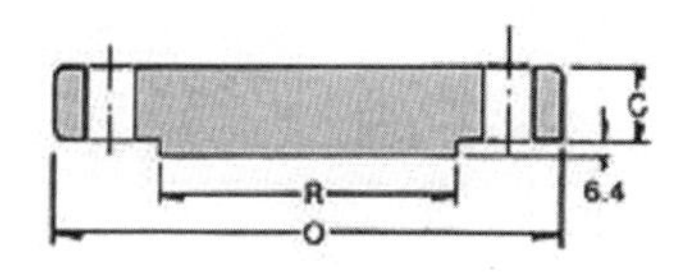

(Dimensions in mm)

Nominal size (B)	O	C	X	R	A	YS	YW	YL	BS	BW	BL
1/2	120.7	22.3	38.1	34.9	21.3	31.8	60.3	31.8	22.4		22.9
3/4	130.2	25.4	44.5	42.9	26.7	34.9	69.9	34.9	27.7		28.2
1	149.2	28.6	52.4	50.8	33.5	41.3	73.0	41.3	34.5		35.1
1 1/4	158.8	28.6	63.5	63.5	42.2	41.3	73.0	41.3	43.2		43.7
1 1/2	177.8	31.8	69.9	73.0	48.3	44.5	82.6	44.5	49.5		50.0
2	215.9	38.1	104.8	92.1	60.5	57.2	101.6	57.2	62.0		62.5
2 1/2	244.5	41.3	123.8	104.8	73.2	63.5	104.8	63.5	74.7		75.4
3	266.7	47.7	133.4	127.0	88.9	73.0	117.5	73.0	90.7		91.4
4	311.2	54.0	161.9	157.2	114.3	90.5	123.8	90.5	116.1		116.8
5	374.7	73.1	196.9	185.7	141.2	104.8	155.6	104.8	143.8		144.5
6	393.7	82.6	228.6	215.9	168.4	119.1	171.5	119.1	170.7		171.5
8	482.6	92.1	292.1	269.9	219.2	142.9	212.7	142.9	221.5		222.3
10	584.2	108.0	368.3	323.9	273.1	158.8	254.0	177.8	276.4		277.4
12	673.1	123.9	450.9	381.0	323.9	181.0	282.6	219.1	327.2		328.2
14	749.3	133.4	495.3	412.8	355.6	-	298.5	241.3	359.2		360.2
16	825.5	146.1	552.5	469.9	406.4	-	311.2	260.4	410.5		411.2
18	914.4	162.0	596.9	533.4	457.2	-	327.0	276.2	461.8		462.3
20	984.3	177.8	641.4	584.2	508.0	-	355.6	292.1	513.1		514.4
24	1168.4	203.2	762.0	692.2	609.6	-	406.4	330.2	616.0		616.0

TOP

h	r	T	D	Diameter of Bolt Circle	Number of Bolts	Diameter of Bolts	Diameter of Bolt Holes	Q	kg / pc			Nominal Size (B)
									SO	WN	BL	
9	3.2	22.2	9.5	82.6	4	3/4	22.2	23.6	1.8	1.9	1.8	1/2
9	3.2	25.4	11.1	88.9	4	3/4	22.2	29.0	2.3	3.1	2.7	3/4
9	3.2	28.6	12.7	101.6	4	7/8	25.4	35.8	3.4	3.8	3.6	1
9	4.8	30.2	14.3	111.1	4	7/8	25.4	44.5	4.0	4.4	4.7	1 1/4
9	6.4	31.8	15.9	123.8	4	1	28.6	50.5	5.4	6.0	5.9	1 1/2
9	7.9	38.1	17.5	165.1	8	7/8	25.4	63.5	10.0	11.0	11.3	2
12	7.9	47.6	19.1	190.5	8	1	28.6	76.2	13.6	15.2	15.9	2 1/2
12	9.5	50.8	-	203.2	8	1 1/8	31.8	92.2	18.0	20.1	21.8	3
14	11.1	57.2	-	241.3	8	1 1/4	34.9	117.6	27.8	30.0	33.1	4
18	11.1	63.5	-	292.1	8	1 1/2	41.3	144.5	59.0	60.0	64.0	5
18	12.7	69.9	-	317.5	12	1 3/8	38.1	171.5	62.2	69.0	72.6	6
22	12.7	76.2	-	393.7	12	1 5/8	44.5	222.3	104.5	118.4	136.1	8
24	12.7	84.1	-	482.6	12	1 7/8	50.8	276.4	178.6	208.2	231.3	10
28	12.7	92.1	-	571.5	16	2	54.0	328.7	267.8	312.1	313.0	12
30	12.7	-	-	635.0	16	2 1/4	60.3	360.4	-	406.5	442.3	14
34	12.7	-	-	704.9	16	2 1/2	66.7	411.2	-	525.0	589.7	16
36	12.7	-	-	774.7	16	2 3/4	73.0	462.0	-	687.2	793.7	18
42	12.7	-	-	831.9	16	3	79.4	512.8	-	852.6	1009.3	20
48	12.7	-	-	990.6	16	3 1/2	92.1	614.4	-	1366.8	1644.3	24

ANSI FLANGE 2500LB

ANSI FLANGE
SLIP-ON（滑套法蘭）

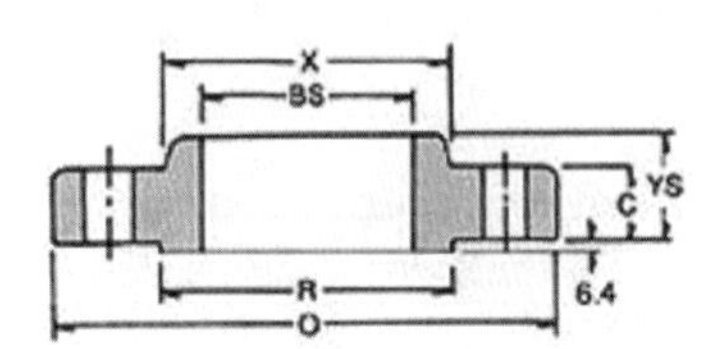

ANSI FLANGE
SCREWED（牙口法蘭）

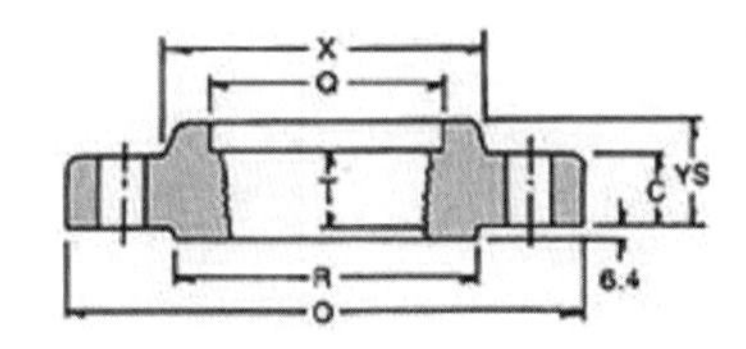

ANSI FLANGE
SOCKET WELDING
（套焊法蘭）

ANSI FLANGE
WELDING NECK
（焊頸法蘭）

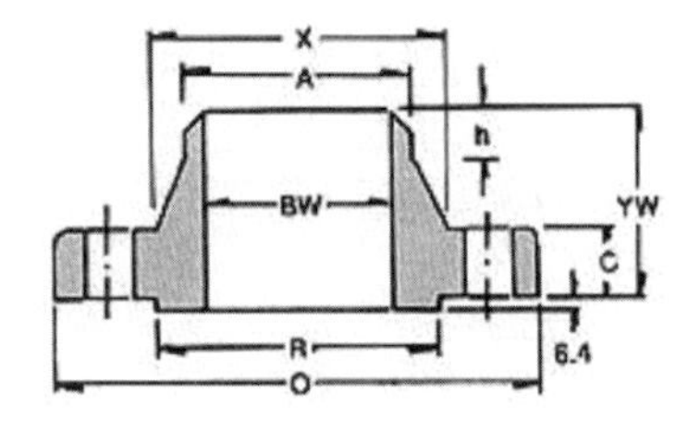

LAP JOINT
(LOOSE FLANGE)
（搭接法蘭）

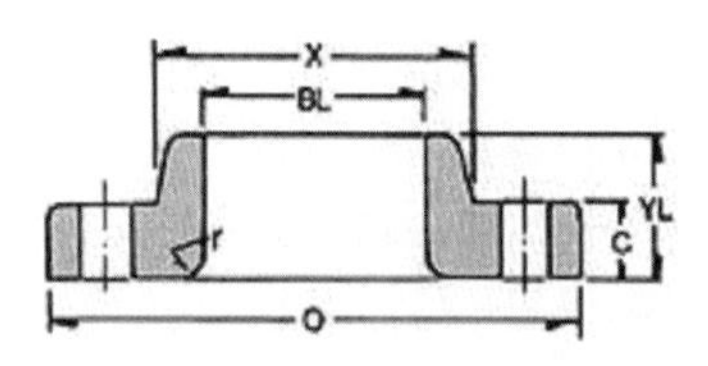

ANSI FLANGE
BLIND（盲法蘭）

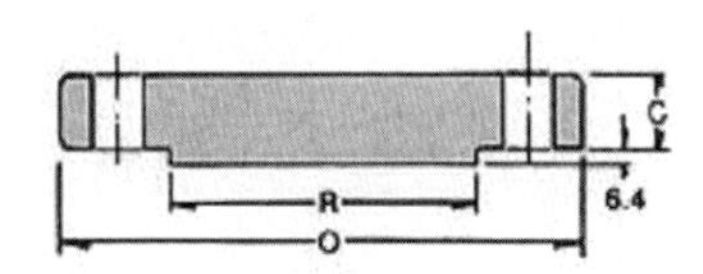

(Dimensions in mm)

Nominal size (B)	O	C	X	R	A	YS	YW	YL	BS	BW	BL
1/2	133.4	30.2	42.9	34.9	21.3	39.7	73.0	39.7	22.4		22.9
3/4	139.7	31.8	50.8	42.9	26.7	42.9	79.4	42.9	27.7		28.2
1	158.8	35.0	57.2	50.8	33.5	47.6	88.9	47.6	34.5		35.1
1 1/4	184.2	38.1	73.0	63.5	42.2	52.4	95.3	52.4	43.2		43.7
1 1/2	203.2	44.5	79.4	73.0	48.3	60.3	111.1	60.3	49.5		50.0
2	235.0	50.8	95.3	92.1	60.5	69.9	127.0	69.9	62.0		62.5
2 1/2	266.7	57.2	114.3	104.8	73.2	79.4	142.9	79.4	74.7		75.4
3	304.8	66.7	133.4	127.0	88.9	92.1	168.3	92.1	90.7		91.4
4	355.6	76.2	165.1	157.2	114.3	108.0	190.5	108.0	116.1		116.8
5	419.1	92.1	203.2	185.7	141.2	130.2	228.6	130.2	143.8		144.5
6	482.6	108.0	235.0	215.9	168.4	152.4	273.1	152.4	170.7		171.5
8	552.5	127.0	304.8	269.9	219.2	177.8	317.5	177.8	221.5		222.3
10	673.1	165.1	374.7	323.9	273.1	228.6	419.1	228.6	276.4		277.4
12	762.0	184.2	441.3	381.0	323.9	254.0	463.6	254.0	327.2		328.2

TOP

h	r	T	D	Diameter of Bolt Circle	Number of Bolts	Diameter of Bolts	Diameter of Bolt Holes	Q	kg / pc			Nominal Size (B)
									SO	WN	BL	
9	3.2	28.6	9.6	88.9	4	3/4	22.2	23.6	3.0	3.2	3.1	1/2
9	3.2	31.8	11.1	95.3	4	3/4	22.2	29.0	3.5	3.9	3.6	3/4
9	3.2	34.9	12.7	108.0	4	7/8	25.4	35.8	4.9	5.3	5.1	1
9	4.8	38.1	14.3	130.2	4	1	28.6	44.5	7.3	8.1	7.6	1 1/4
9	6.4	44.5	16.0	146.1	4	1 1/8	31.8	50.5	10.3	11.5	10.8	1 1/2
9	7.9	50.8	17.5	171.5	8	1	28.6	63.5	15.0	16.6	16.0	2
12	7.9	57.2	19.0	196.9	8	1 1/8	31.8	76.2	21.8	24.0	23.5	2 1/2
12	9.5	63.5	-	228.6	8	1 1/4	34.9	92.2	33.0	37.0	35.9	3
14	11.1	69.9	-	273.1	8	1 1/2	41.3	117.6	50.5	56.0	55.6	4
18	11.1	76.2	-	323.9	8	1 3/4	47.6	144.5	84.5	110.0	92.0	5
18	12.7	82.6	-	368.3	8	2	54.0	171.5	131.0	147.0	145.0	6
22	12.7	95.3	-	438.2	12	2	54.0	222.3	189.0	221.0	211.0	8
24	12.7	108.0	-	539.8	12	2 1/2	66.7	276.4	360.0	402.0	415.0	10
28	12.7	120.7	-	619.1	12	2 1/2						

3.4 閥門之連結

所提供之閥門應如管線接頭所規定，能與相鄰之管線適當接合。採用之閥門應與管線尺寸相同。

除非特別註明50mmφ及以下者採用螺牙或焊接接頭，65mmφ及以上者採用法蘭接頭，與銅管接合則以軟焊、銀硬焊或螺牙接頭方式，給水及排水管線用閥，除特別註明外應具10kgf/cm^2（150psi）（含）以上之壓力等級。

冷卻水管路之各式閥件，其所適用之耐壓等級需考量系統壓力，其中使用於聯開大樓屋頂之冷卻水塔區之冷卻水及給水補給水管路，其所使用各式閥件耐壓等級需為225psi（16kgf/cm^2）以上（含），管徑65公釐（含）以上時使用法蘭接頭，管徑小於50公釐（含）以下時使用螺牙接頭。

1. 閘閥（Gate Valve）

50mmφ及以下之閘閥為青銅製閥體，非升桿式或升桿式，實心楔片閥舌、管套節或閥蓋附螺牙接頭或軟焊接頭；65mmφ及以上之閘閥為鑄鐵閥體，升桿式，實心楔片閥舌，法蘭接頭。汙水／排水泵浦出口端之閘閥，無論尺寸大小都應採用升桿式。

2. 球閥（Ball Valve）

50mmφ及以下之閥門，一般為青銅閥體，螺牙接頭或軟焊接頭；65mm及以上之閥門，應為鑄鐵閥體，可更換式閥舌及閥座，螺栓閥蓋，法蘭接頭，操作快速、輕便、容易維護、密封性佳，防火及防靜電，因而廣泛使用。

3. 球塞閥（Globe Valve）

球塞閥因外形而稱之。除了具有開關、節流功能之外，最重要的是能夠避免流體的阻力和壓力下降。球型閥能夠減少流體對閥門的摩擦損耗，因而閥門和閥座都不易被侵蝕，相對耐用許多。

4. 蝶形閥（Butterfly Valve）

蝶形閥主要安裝在發電引水管道水輪機組蝸殼前的管段，當出現事故需關閉時作快速閘門使用。

5. 逆止閥（Check Valve）

50mmφ及以下之擺動式逆止閥應爲青銅螺牙或焊接接頭，附有可拆式絞鏈插銷，以及具有螺栓閥帽，適合在水平或垂直位置時操作；65mmφ及以上之擺動式逆止閥應爲鑄鐵閥體，法蘭接頭，具有可拆式絞鏈插銷以及螺栓固定式閥帽，適合在水平或垂直位置時操作。排水泵浦出口側需採無聲緩衝式逆止閥，以消除水錘現象及噪音之產生。

6. 針閥（Needle Valve）

這種閥類通常是用在儀器上面，而這種形式的閥門，運用於節流上相當準確（小流量），最重要的是針閥不能用於蒸氣與高溫中。

7. 柱塞閥（Plug Valve）

可用於節流、克服閘閥的問題。

8. Y型過濾器（Y-Strainer）

Y型過濾器本體爲鐵鑄，應裝置於每一泵浦之入口或施工圖圖示處，於螺紋管使用螺紋口過濾器，但需裝置由令以便拆卸維修，其他採用法蘭端。濾網之總孔面積至少應3倍於管內面積，約5公釐孔之不鏽鋼製濾網。所有過濾器之濾網層，可拆卸以便清洗。

3.5 閥門之外型尺寸圖

閥門在管線系統的應用，是處理容器與反應槽流量大小或反應器的控制。

3.5.1 閘閥（Gate Valve）

閘閥，是閥類中設計最爲簡單也最容易操作的閥門，價格也相對便宜。這種閥門通常應用在開關上，但不能用來調節流量。

1.50公釐以下閘閥如下圖：

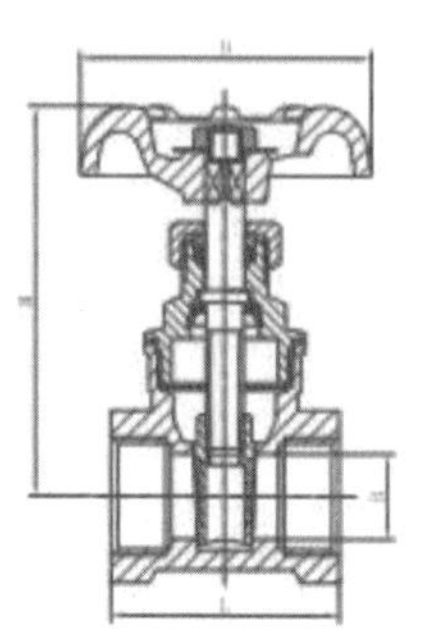

DN	SIZE	L	B	H	D
15	1/2	42	15	69	53.5
20	3/4	46	20	76.5	57.5
25	1	50	25	94.5	72
32	11/4	55	29	103.5	72
40	11/2	63	38	122	78
50	2	69.5	45	142.5	97

2.65公釐以上閘閥如下圖：

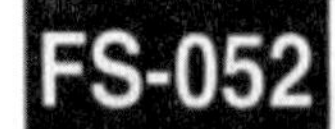

PN16 鑄鐵明桿式閘閥

CAST IRON GATE VALVE Outside screwed & yoke.

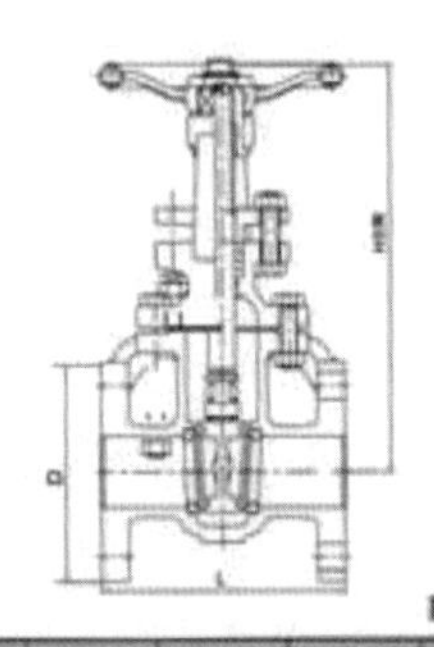

公稱壓力	最高使用壓力	試驗壓力（水壓）	
	80°C以下之水	閥體	閥座
1.6Mpa	1.6Mpa	2.4Mpa	1.76Mpa

零件PART	材質MATERIAL	
閥體 BODY	CAST IRON	FC20
閥蓋 BONNET	CAST IRON	FC20
閥桿 STEM	STAINLESS STEEL	SUS416
閥盤 DISC	CAST IRON	FC20
座環 SEAT RING	CAST BRONZE	BC6
壓板 GLAND	DUCTILE IRON	FCD45
迫緊 PACKING	ASBESTOS	
手輪 HANDWHEEL	CAST IRON	FC20

單位/mm

尺寸	2	2-1/2	3	4	5	6	8	10	12
L	178	190	203	229	254	267	292	330	356
H	267	280	300	405	460	560	705	880	1100
D	165	185	200	220	250	285	340	405	460

3.5.2 球閥（Ball Valve）

球閥是由柱塞閥（Plug Valve）修改而來的，但節流性差，無法用於節流。但因閥座爲特夫綸材質，其使用溫度受限於250℃以下。

1.50公釐以下球閥如下圖：

一片式牙口球塞閥

REDUCE PORT ONE-PIECE BALL VALVE SCREWED END
1000W.O.G./PN63

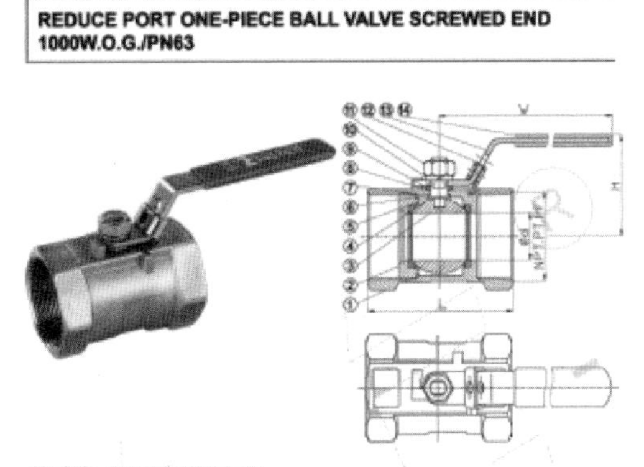

特徵 FEATURES:

- 管螺紋按照 PIPE THREAD IN ACCORDANCE:
  NPT, BSPT, DIN 259, DIN 2999, ISO 228 CLASS A
- 防爆軸心/減流量 BLOW-OUT PROOF STEM / REDUCE PORT
- 精密鑄造 INVESTMENT CASTING BODY
- 1000PSI(PN63)W.O.G.
- 掛鎖裝置 LOCKING DEVICE

尺寸表 DIMENSIONS:

SIZE DN	SIZE NPS	d	L	H	W	Cv FACTOR	TORQUE N.M
8	1/4"	5	39	34	69	4.0	3
10	3/8"	7	44	38	83	4.0	4
15	1/2"	10	59	41	96	4.5	5
20	3/4"	13	60	45	96	9.0	8
25	1"	16	72	52	116	16.0	10
32	11/4"	20	77	57	116	24.0	14
40	11/2"	25	84	62	158	37.0	18
50	2"	32	100	68	158	68.0	25

材質表 MATERIALS LIST:

NO.	部件名稱	PART NAME	材料 MATERIAL TC100	材料 MATERIAL TC112
1	閥體	BODY	WCB	CF8M
2	閥蓋	CAP	WCB	CF8M
3	鋼球	BALL	CF8M	
4	球墊	SEAT	PTFE	
5	軸心	STEM	SUS316	
6	大薄片	GASKET	PTFE	
7	小薄片	THRUST WASHER	PTFE	
8	中口	PACKING	PTFE	
9	墊片	WASHER	SUS304	
10	彈簧華司	SPRING WASHER	SUS304	
11	軸心螺母	STEM NUT	SUS304	
12	掛鎖裝置	LOCKING DEVICE	SUS304	
13	把手	HANDLE	SUS304	
14	把手套	PLASTIC COVER	PLASTIC	

2.法蘭型球閥如下圖：

BALL VALVE / FLANGED / 2-PC / FULL PORT
法蘭口二片式球塞閥（全流量型）

FIG：BF2F－10K /20K /150LB /300LB

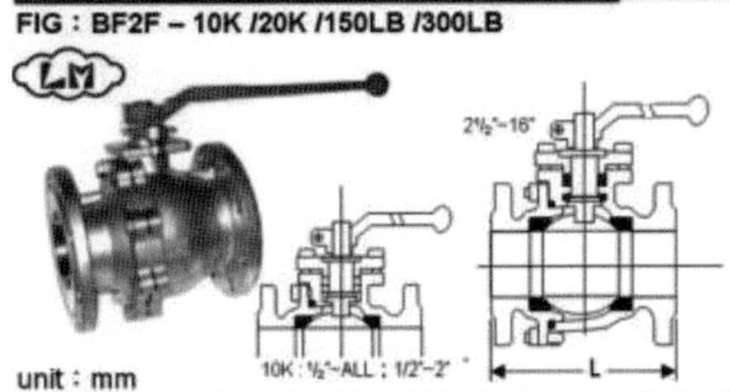

PARTS 零件		MATERIAL 材質 CF8M	CF8	WCB
BODY	閥體	CF8M	CF8	WCB
CAP	閥蓋	CF8M	CF8	WCB
BALL	閥球	CF8M	CF8	CF8
STEM	閥軸	CF8M	CF8	CF8
SEAT	球座	PTFE	PTFE	PTFE

	SIZE 尺寸	1/2"	3/4"	1"	1 1/2"	2"	2 1/2"	3"	4"	5"	6"	8"	10"	12"
L	10K	110	120	130	165	180	190	200	230	300	340	450	533	609
L	150LB	108	117	127	165	178	190	203	229	356	394	457	533	609
L	20K/300LB	140	152	165	190	216	241	283	305	381	403	502	568	647

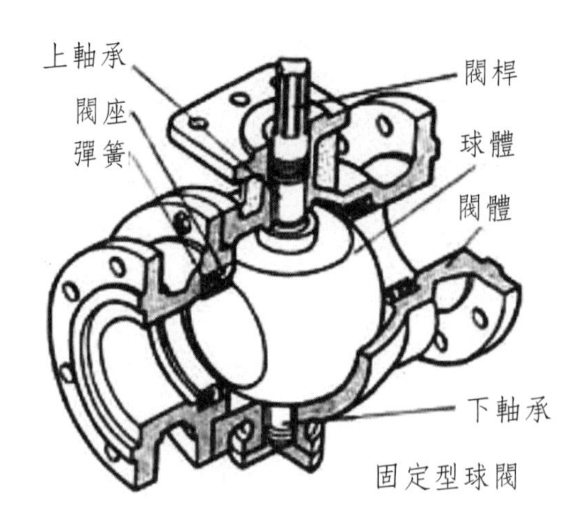

固定型球閥

3.5.3 球塞閥（Globe Valve）

球塞閥因外形而稱之。除了具有開關、節流功能之外，最重要的是能夠避免流體的阻力和壓力下降。球型閥能夠減少流體對閥門的摩擦和耗損，因而閥門和閥座都不易被侵蝕，相對耐用許多。

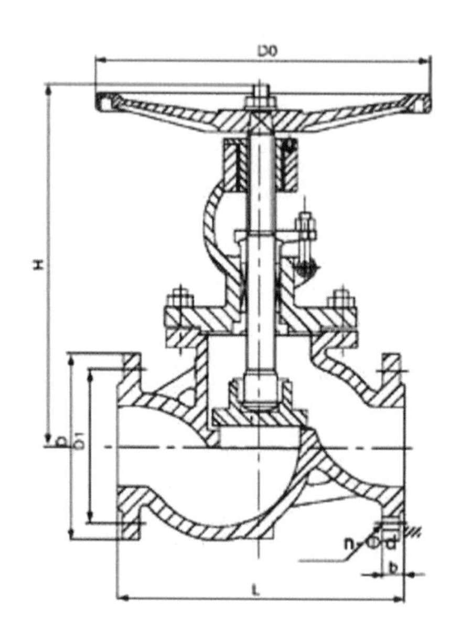

GLOBE VALVE

FULL PORT FLANGED GLOBE VALVE, ANSI 150/300 LB / JIS 10K/

Size	d	L			H		D1	
		150 LB / JIS 10K	300LB	PN16	150 LB / JIS 10K/PN16	300LB	150 LB / JIS 10K/ PN16	300LB
1/2"	15	108	152	130	172	188	100	100
3/4"	20	117	178	150	172	188	100	100
1"	25	127	203	160	175	190	100	100
1-1/4"	32	140	216	190	205	-	140	-
1-1/2"	40	165	229	200	207	236	140	160
2"	50	203	267	230	232	290	160	180
2-1/2"	65	216	292	290	273	298	180	200
3"	80	241	318	310	303	343	200	250
4"	100	292	356	350	340	398	224	300
5"	125	356	400	400	385	487	250	350
6"	150	406	444	480	448	558	300	400
8"	200	495	559	600				

3.5.4 蝶形閥（Butterfly Valve）

蝶形閥主要安裝在發電引水管道水輪機組蝸殼前的管段，當出現事故需關閉時作快速閘門使用。

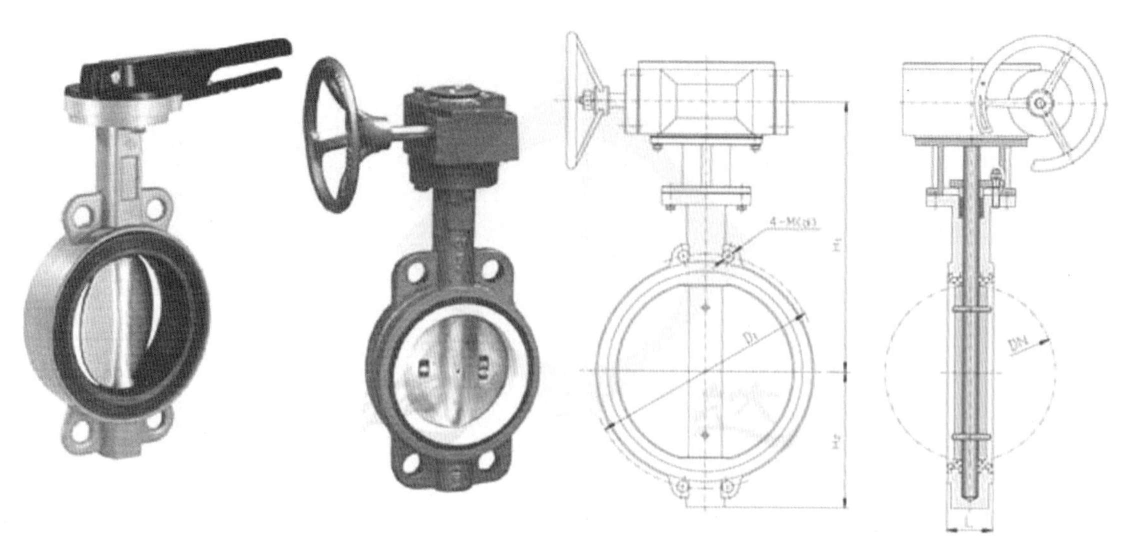

手動、蝸輪傳動、氣動、液動、電動

■主要外形和連接尺寸

公稱通徑		外形尺寸			連接尺寸							
					PN6 ①		PN10 ①		PN16 ①		Class 150 ②	
DN	NPS	L	H_1	H_2	D_1	4-M(d)	D_1	4-M(d)	D_1	4-M(d)	D_1	4-M(d)
50	2	43	160	80	110	4-ϕ14	125	4-ϕ19	125	4-ϕ19	120.5	4-ϕ19
65	2½	46	175	88	130	4-ϕ14	145	4-ϕ19	145	4-ϕ19	139.5	4-ϕ19
80	3	46	180	96	150	4-ϕ19	160	4-ϕ19	160	4-ϕ19	152.5	4-ϕ19
100	4	52	200	115	170	4-ϕ19	180	4-ϕ19	180	4-ϕ19	190.5	4-ϕ19
125	5	56	215	130	200	4-ϕ19	210	4-ϕ19	210	4-ϕ19	216	4-ϕ22
150	6	56	225	140	225	4-ϕ19	240	4-ϕ23	240	4-ϕ23	241.5	4-ϕ22
200	8	60	260	175	280	4-ϕ19	295	4-ϕ23	295	4-ϕ23	298.5	4-ϕ22
250	10	68	290	200	335	4-ϕ19	350	4-ϕ23	355	4-ϕ28	362	4-ϕ25
300	12	78	330	240	395	4-ϕ23	400	4-ϕ23	410	4-ϕ28	432	4-ϕ25
350	14	78	360	265	445	4-ϕ23	460	4-ϕ23	470	4-ϕ28	476	4-ϕ28
400	16	102	390	300	495	4-ϕ23	515	4-ϕ28	525	4-ϕ31	540	4-ϕ28
450	18	114	410	315	550	4-ϕ23	565	4-ϕ28	585	4-ϕ31	578	4-ϕ32
500	20	127	430	350	600	4-ϕ23	620	4-M24	650	4-M30	635	4-M30
600	24	154	490	400	705	4-ϕ26	725	4-M27	770	4-M33	749.5	4-M33
700	28	165	550	520	810	4-ϕ26	840	4-M27	840	4-M33	795.3	4-M20
800	32	190	610	590	920	4-ϕ31	950	4-M30	950	4-M36	900.2	4-M20
900	36	203	680	660	1020	4-M27	1050	4-M30	1050	4-M36	1009.7	4-M24
1000	40	216	730	670	1120	4-M27	1160	4-M33	1170	4-M39	1120.6	4-M27
1200	48	254	835	780	1340	4-M30	1380	4-M36	1390	4-M45	1335	4-M30

注：本表閥門高度尺寸供參考，法蘭尺寸①按GB/T9112～9124和HG20592～20614標準，法蘭尺寸②按ASME B16.5（NPS≤24），ASME B16.47 b（NPS>24）標準。根據用户的要求，法蘭尺寸也可按其他標準設計製造。

3.5.5 逆止閥（Check Valve）

逆止閥用在防止流體的逆流，只能使流體的單一流向固定，防止另一流向逆流的閥門。本體的閥座藉著流體的動力，而向上開啓；但當流體逆流時，閥座就依著回流壓力而自動關閉。安裝此閥門可以減少水表自轉的頻率。

1. 小型（小於2吋）逆止閥（例如熱水器使用逆止閥）

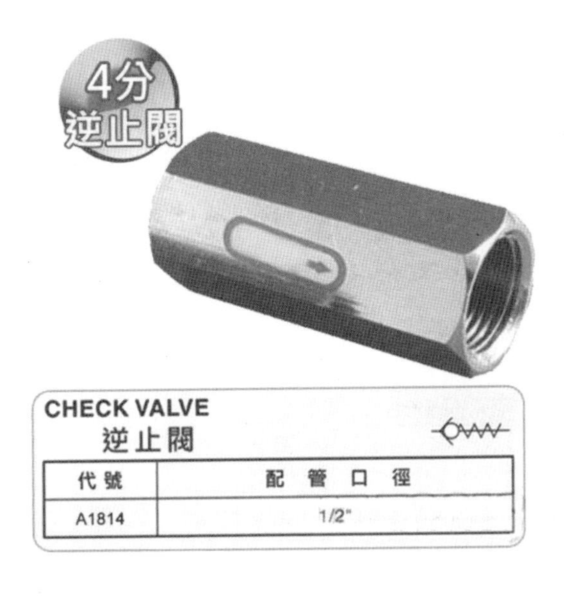

2. 法蘭型逆止閥

FS-073　JIS-10K 鑄鐵無聲逆止閥　**CAST IRON SILENT CHECK VALVE**

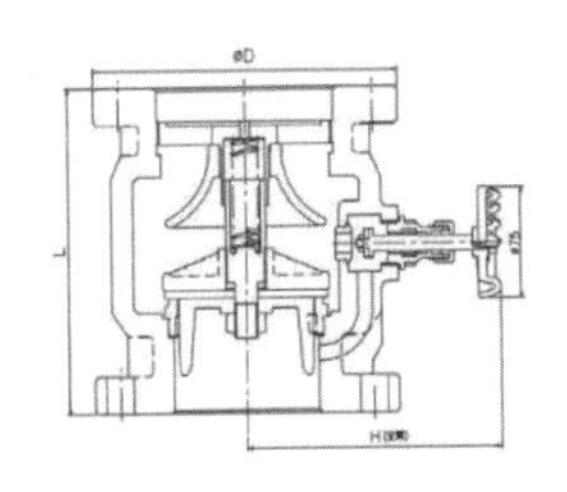

單位/mm

尺寸	2	21/2	3	4	5	6	8	10	12
L	187	200	210	218	255	279	415	555	615
H	163	173	180	190	210	225	245	285	310
D	155	175	185	210	250	280	330	400	445

最高使用壓力		試驗壓力(水壓)	
80°C以下之靜流水	80°C以下之脈動水	閥體	閥座
14.0kg f/cm²	10.0kg f/cm²	20.0kg f/cm²	15.0kg f/cm²

零件PART	材質MATERIAL	
閥　體 BODY	CAST IRON	FC20
軸　心 SPINDLE	BRASS	C3604B
閥　盤 DISC	CAST IRON	FC20
閥座橡皮 RUBBER SEAT	NBR	
止水座 GUIDE	CAST BRONZE	BC6
傘形緩衝器	CAST IRON	FC20

3.5.6 針閥（Needle Valve）

這種閥類通常是用在儀器上面，而這種形式的閥門，運用於節流上相當準確（小流量），最重要的是針閥不能用於蒸氣與高溫中。

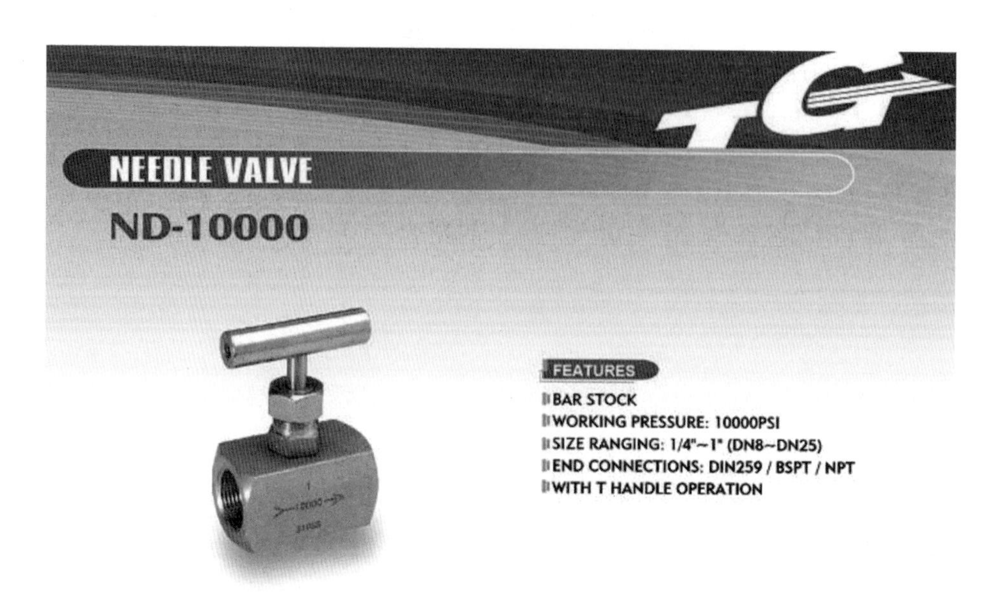

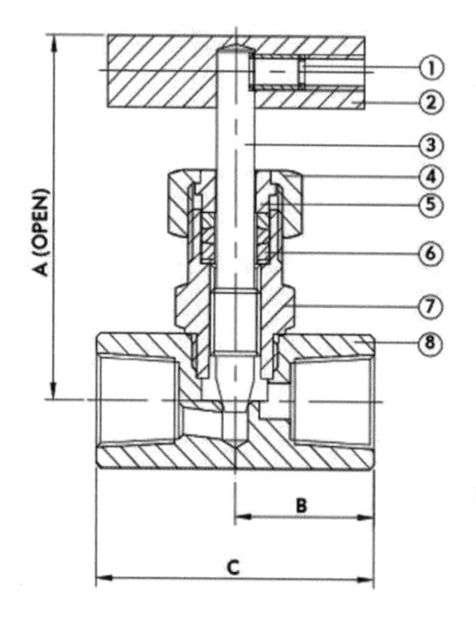

MATERIALS LIST

NO.	DESCRIPTION	Q'TY	MATERIAL
1	SET SCREW	1	SUS304
2	HANDLE	1	SUS410
3	STEM	1	SUS316
4	GLAND NUT	1	SUS304
5	GLAND	1	SUS304
6	PACKING	1 SET	TEFLON
7	BONNET	1	SUS316
8	BODY	1	SUS316

DIMENSION UNIT:MM

SIZE	A	B	C
1/8"	75	29	58
1/4"	75	29	58
3/8"	75	29	58
1/2"	87	32.5	65
3/4"	90	35	70
1"	103	40	80

3.5.7 柱塞閥（Plug Valve）

Plug Valve是柱塞形的旋轉閥，通過旋轉90度使閥塞上的通道口與閥體上的通道口相同或分開，實現開啓或關閉的一種閥門。金屬密封提升旋塞閥閥塞的形狀，可成圓柱形或圓錐形。在圓柱形閥塞中，通道一般成矩形；而在圓錐形閥塞中，通道成梯形。這些形狀使旋塞閥的結構變得輕巧，但同時也產生了一定的損失。旋塞閥最適於作爲切斷、接通介質及分流使用，但是依據適用的性質和密封面的耐沖蝕性，有時也可用於節流。

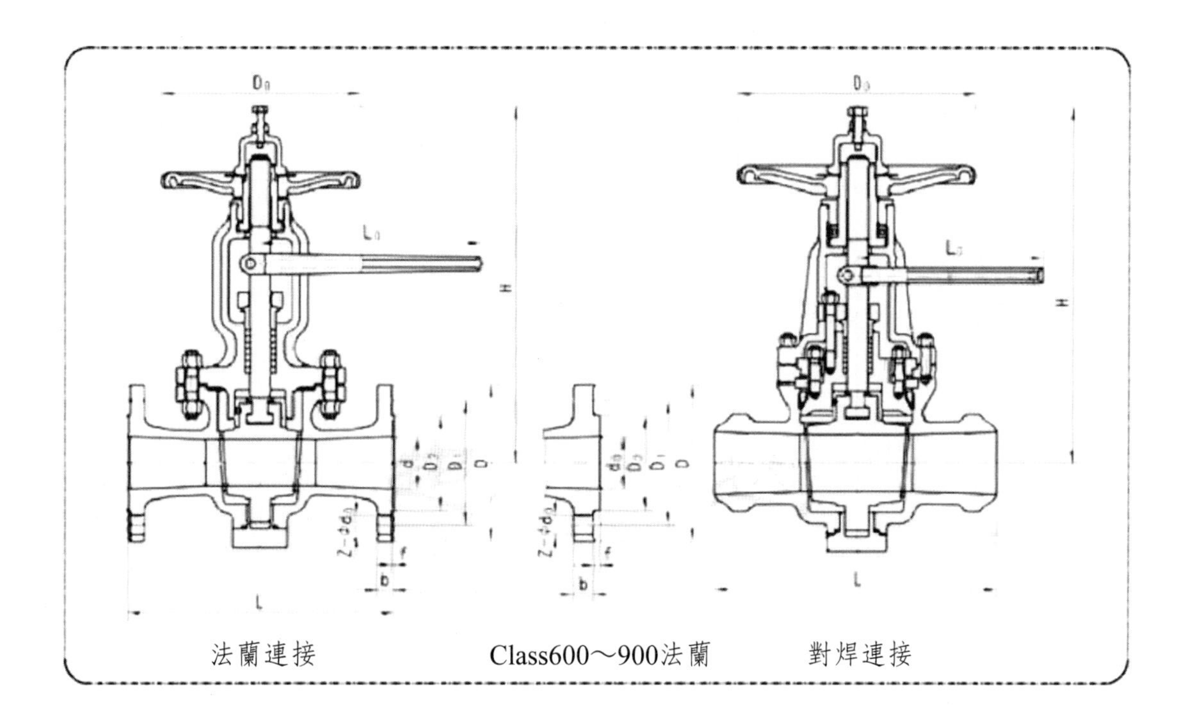

法蘭連接　　Class600～900法蘭　　對焊連接

壓力級	口徑		尺寸													重量 (Kg)
	DN (mm)	NPS (in)	L			d	D	D_1	D_2	b	Z-φd_0	f	L_0	H	D_0	
			RF	RJ	對焊											
Class150 PN2.0MPa	40	1½	222	235	222	38	127	98.5	73	14.5	4-15	1.6	200	210	200	10
	50	2	267	280	267	50	152	120.5	92	16	4-19	1.6	250	260	200	13
	65	2½	298	311	305	64	178	139.5	105	17.5	4-19	1.6	250	300	200	17
	80	3	343	356	330	76	190	152.5	127	19.5	4-19	1.6	300	330	250	23
	100	4	432	445	356	100	229	190.5	157	24	8-19	1.6	300	350	300	33
	125	5	508	521	381	125	254	216	186	24	8-22	1.6	330	370	300	62
	150	6	533	546	394	150	279	241.5	216	25.5	8-22	1.6	330	440	350	95
	200	8	635	648	457	201	343	298.5	270	29	8-22	1.6	350	550	350	160
	250	10	787	800	533	252	406	362	324	30.5	12-25	1.6	400	650	400	278
	300	12	914	927	610	303	483	432	381	32	12-25	1.6	450	750	400	430
	350	14	978	991	686	337	533	476	413	35	12-29	1.6	500	800	450	620
Class300 PN5.0MPa	40	1½	241	254	241	38	158	114.5	73	21	4-22	1.6	250	210	250	14
	50	2	283	299	267	50	165	127.0	92	22.5	8-19	1.6	300	260	250	20
	65	2½	330	346	305	64	190	149.0	105	25.5	8-22	1.6	350	300	300	25
	80	3	387	403	330	76	210	168.5	127	29	8-22	1.6	350	330	300	35
	100	4	457	473	356	100	254	200	157	32	8-22	1.6	350	350	350	52
	125	5	508	524	381	125	279	235	186	35	8-22	1.6	350	370	350	85

3.5.8 Y型過濾器（Y-Strainer）

是利用不鏽鋼網把配管中的異物（如土粒、鐵砂）去除，防止閥類或關聯機器受到流體中異物的損傷，以提高設備、裝置的安全性和耐久性。

使用材質：銅、展性鑄鐵、鑄鐵、不鏽鋼。過濾器可分「Y」型和「U」型。一般而言，若流體抵抗小，且安裝空間不大時，皆用「Y」型過濾器。

法蘭口Y型過濾器閥

Y – STRAINER / FLANGED

FIG：YF1F – 10K /150LB

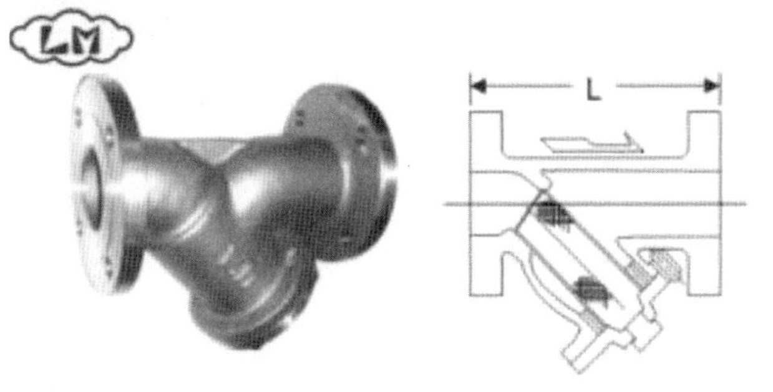

PARTS 零件		MATERIAL 材質		
		WCB	CF8	CF8M
BODY	閥體	WCB	CF8	CF8M
CAP	閥蓋	WCB	CF8	CF8M
SCREEN	過濾網	AISI 304		
GASKET	墊圈	TFE	TFE	TFE
NUT	螺帽	C.S.	SUS	

unit：mm

SIZE 尺寸		1/2"	3/4"	1"	1 1/2"	2"	2 1/2"	3"	4"	5"	6"	8"	10"	12"
L	10K/	120	140	150	190	210	250	280	340	380	420	500	700	780
	150LB	120	140	150	190	210	250	280	340	380	420	500	700	780

第 4 章

管線細部設計步驟

管線是依據P & ID爲主體及參照規範和標準的設計工程，正確畫法有平面圖及立面圖兩種設計。完善的規劃足以影響安裝的總成本，管道的設計、設備及設備管嘴的安排，不是教室裡或課本中可以一蹴即成的學科，優秀的設計師都是學術和實際工作經驗相互印證、結合。

經驗豐富的管線設計師需要有工廠布局、設備布置和系統功能之專業，再與一個或多個相關聯的工作經驗與知識互相運用。此外，設計師必須了解管線材料、閥門、泵、槽、壓力容器、換熱器、鍋爐、供應商提供之資料，以及其他機械、設備的實際應用和專案的需求。

4.1 管線設計相關之規範和標準

4.1.1 ASME（美國機械工程師協會），共分11卷

ASME 第Ⅰ卷 動力鍋爐（Power Boilers）

ASME 第Ⅱ卷 材料規範（Material Specifications）

A篇 鋼鐵材料

B篇　非鋼鐵材料

C篇　焊條、焊絲及填充金屬

D篇　材料性能

ASME 第Ⅲ卷 核設施部件建造規則（Rules for Construction of Nuclear Power Plant Components）

A篇　Nuclear Power Plant Components

B篇　Concrete Reactor Vessel and Containments

C篇　Containment Systems and Transport Packaging for Spent Nuclear

ASME 第Ⅳ卷 加熱鍋爐建造規則（Heating Boilers）

ASME 第Ⅴ卷 非破壞性檢測（Nondestructive Examination）

ASME 第Ⅵ卷 Recommended Rules for the Care and Operation of Heating Boilers

ASME 第Ⅶ卷 Recommended Guidelines for the Care of Power Boilers

ASME 第Ⅷ卷 壓力容器（Pressure Vessels）

1篇　壓力容器建造規則（Pressure Vessels）

2篇　壓力容器另一規則〔Pressure Vessels （Alternative Rules）〕

3篇　高壓容器建造規則（Alternative Rules for Construction of High-Pressure Vessels）

ASME 第Ⅸ卷 焊接和釬接品質規範（Welding, Brazing, and Fusing Qualifications）

ASME 第Ⅹ卷 玻璃纖維壓力容器規範（Fiber-Reinforced Plastic Pressure Vessels）

ASME 第Ⅺ卷 核電廠部件的在廠檢查規則（Rules for Inservice Inspection of Nuclear Power Plant Components）

ASMR 第Ⅻ卷 運輸罐建造和延續使用規則（Rules for Construction and Continued Service of Transport Tanks）

4.1.2 其他ASME/ANSI標準B16的管道和管件

ASME/ANSI B16.1 鑄鐵法蘭及法蘭管件，因溫度、壓力之額定質而分類，該標準類分25psi、125psi、250psi

ASME/ANSI B16.4 鑄鐵螺紋管件，因溫度，壓力之額定質而分類，該標準類分125psi、250psi

ASME/ANSI B16.3 可鍛鑄鐵螺紋管件，因溫度壓力之額定質而分類，該標準類分150psi，300psi

ASME/ANSI B16.5 鋼管法蘭及法蘭管件，因溫度，壓力之額定質而分類，該標準類分150psi、300psi、400psi、600psi、900 psi、1500psi、2500psi

ASME/ANSI B16.9 工廠製造的鍛鋼對焊件

ASME 31.1 動力管線系統有關的原料、設計、製造及鍋爐內部的管線等規範

ASME 31.3 製程管線系統有關的原料、設計、製造等規範

ASME B36.10M 焊接與無縫鍛造鋼管規範

ASME B36.19M 不鏽鋼管規範

4.2 管線設計相關之管材規範和標準

4.2.1 基本設計工程師（Process Engineer）所提供之配管材料規範（範例）

Piping Class	Rating & Facing	Base Material	Corro. Allow.	Design Press. (kg/cm^2g)	Design Temp (BC)	Service Fluid	Remark
A1A	CL 150RF/SF	C.S	2.0mm	11	40	Pulse Jet Air	B31.3
				4	40	Recycle Water	B31.3
				10	55	Raw Water	B31.3
				10	55	Fuel Oil	B31.3

Piping Class	Rating & Facing	Base Material	Corro. Allow.	Design Press. (kg/cm^2g)	Design Temp (BC)	Service Fluid	Remark
				11	130	Ash Conveying Air	B31.3
				10	55	Fire Water	B31.3
A2A	CL 150RF/SF	C.S	3.0mm	3	35	Organic Waste Water	B31.3
				1.8	35	Treated Water	B31.3
				3	35	Scum	B31.3
				3	35	Inorganic Waste Water	B31.3
				10	74	Cooling Water Supply	B31.3
				10	120	Cooling Water Return	B31.3
				6	35	Sludge	B31.3
				5.3	35	Refuse Water	B31.3
A3A	CL 150RF/SF	C.S	3.0mm	10.8	283	Low Pressure Steam	B31.1
				10.8	253	Condensate	B31.1
A4B	CL 150RF/SF	K.C.S	3.0mm	10	40	Caustic	B31.3
A5A	CL 150RF	C.S.GALV.	2.0mm	11	76	Instrument Air	B31.3
				11	76	Service Air	B31.3
				11	76	Fire Foam System	B31.3
A1H	CL 150RF/SF	304 S.S	0.0mm	10	55	De-mineralized Water	B31.3
				10	55	Chemical Injection	B31.3
A2H	CL 150RF/SF	304 S.S	4.0mm	10	70	Urea Solution	B31.3
A1L	CL 150FF	C.S (Rubber-lined)	0.0mm	10	55	HCl Acid	B31.3
A2L	CL 150FF	C.S (Rubber lined)	0.0mm	10	55	Slurry	B31.3

4.2.2 配管工程師再依上表之基本材料規範設計配管及材料規格表（Piping Material Class）（範例）

Class	: A1A	
Material	: Carbon steel	
Rating	: 150# RF/SF	
Design Press.	: 15kg/cm^{2}g	
Design Temp.	: 100BC	
Corr. Allow.	: 2.0mm	
Service	: Pulse Jet Air, Recycle Water, Raw Water, Fire Water, Fuel Oil, Ash Conveying Air	
Item	Size（inch）	Description
Pipes	0.5～2.0	Seamless, SCH.80, PE, ASTM A106 Gr.B
	3.0～6.0	Welded, SCH.40, BE, ASTM A53 Gr.B
	8.0～12	Welded, SCH.30, BE, ASTM A53 Gr.B
	14～24	Welded, SCH.20, BE, ASTM A53 Gr.B
Fittings	0.5～2.0	Forged Steel 3000# Socket Weld, ASTM A105
	3.0～24	Welded, Butt Weld, ASTM A234 Gr.WPB
		Schedule to Match Pipe
Flanges	0.5～2.0	150#RF/SF Socket Weld, ASTM A105, Bored to Match Pipe
	3.0～24	150#RF/SF Welding Neck, ASTM A105, Bored to
		Match Pipe
Blind Flanges	0.5～24	150# RF/SF ASTM A105
Orifice Flange	1.5～24	300# RF/SF Welding Neck, W/0.5” Scr'd Taps, ASTM
		A105, Bored to Match Pipe, per ASME B16.36
Plugs	0.5～2.0	Round Solid Scr'd ASTM A105
Gaskets	All	150# RF or 300#RF Spiral Wound 304 SS w/Graphite
		Filter Centering Ring API 601
Bolting	All	Studs Bolt ASTM A193 Gr.B7 w/2 Heavy Hex.nuts
		ASTM A194 Gr.2H
Run Joints	0.5～2.0	Socket Weld, Coupling
	3.0～24	Butt Weld, Except at Flanged Equipment Connection
Branch Connection		See Table I
Gate Valves	0.5～2.0	API 800# S.W. ASTM A105, B.B., OS & Y, Rising
		Stem, Trim 13% Cr.Stellited
	*0.5～2.0	API 800# S.W./Scr'd, ASTM A105, B.B., OS & Y,
		Rising Stem, Trim 13% Cr.Stellited
	3.0～12	150# RF/SF, ASTM A216 Gr.WCB, B.B., OS & Y
		Rising Stem, Trim 13% Cr.Stellited, Flexible Disc.
	14～24	Ditto, but Gear Operated

4.3 管線流程圖（P & ID）（範例）

依照PFD（Process Flow Diagram）及配管及材料規格表（Piping Material Class），完成管線流程圖（P & ID），詳細填入設備名稱、管線編號、儀表編號及控制線路。

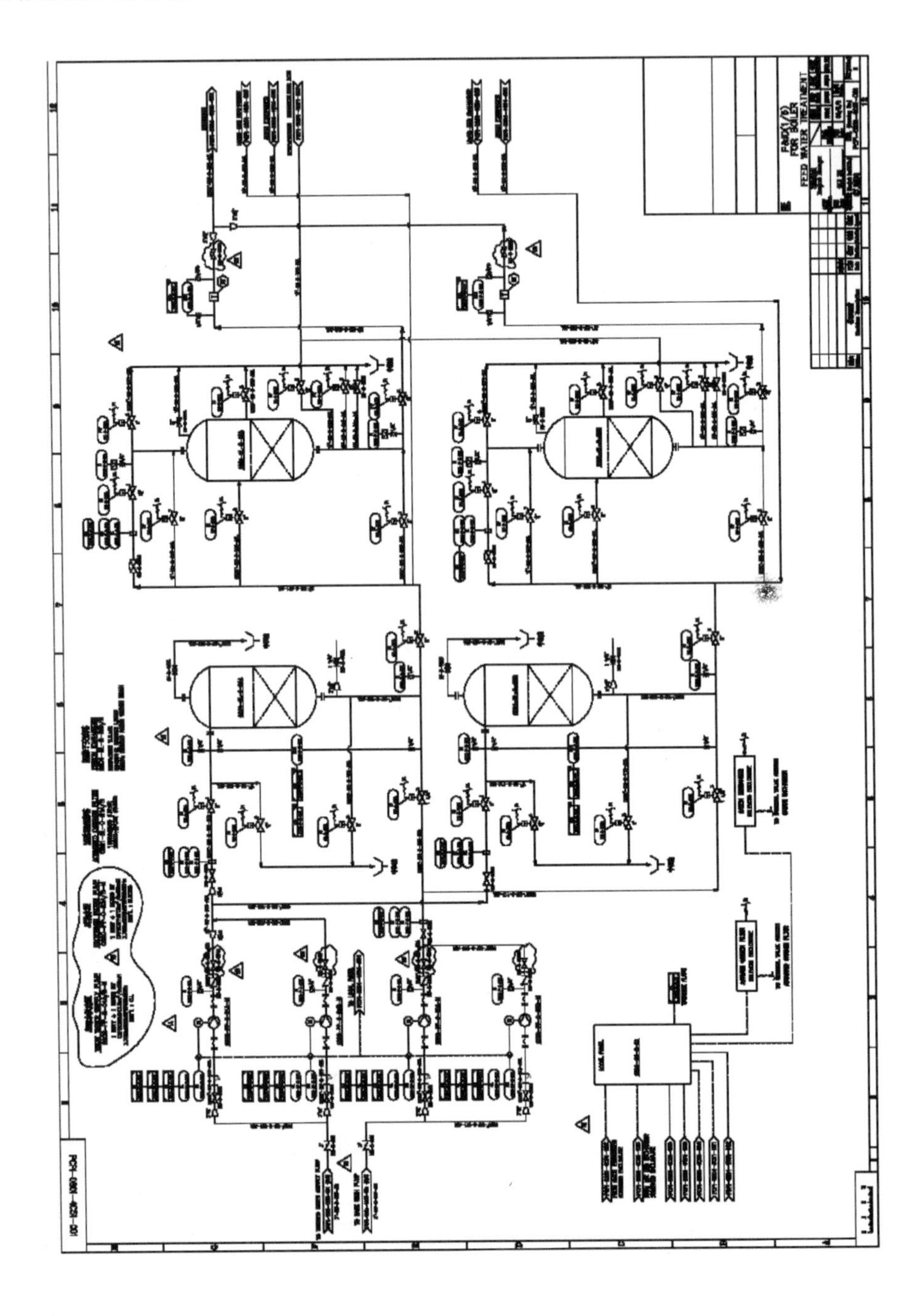

4.4 管線編號方法（範例）

004" – HS – 001 – C – H – 200

(1)　(2)　(3)　(4)　(5)　(6)

說明：

(1)管徑（使用英制或公制），(2)管內流體代碼，(3)管號（流水號），(4)材質壓力等級，(5)保溫情況，(6)保溫厚度

材質壓力等級代碼：

A：150lb　C：300lb　D：600lb　E：900lb　F：1500lb　S：Special

保溫情況代碼：

C：保冷（Cold Insulation），E：電纜追蹤保溫（Electric Traced），H：熱保護（Hot Insulation），P：人員保護保溫（Personnel Protection）。

4.5 設備總表（範例）

項次	設備名稱	設備編號	廠牌	型式	備註
1	焚化爐一次燃燒室爐體	CH-401	ENERWASTE	∮1372×2400L	操作溫度600℃～800℃
2	一次燃燒室燃燒機	BN-401	WEISHAUPT / 綸欣	LIZ-B	雙段式，柴油，6-30 kg/H
3	一次燃燒室輔助鼓風機	B-401	ENERWASTE	TURBO	1/4 HP-25 mmAq-500 M3/H-1750 RPM
4	一次燃燒室燃燒機溫度傳送器	TT-401 A/B	ENERWASTE	K-TYPE	0～1200℃（THERMAL COUPLE）
5	一次燃燒室燃燒機溫度指示器	TT-401 AA	TOHO	TTM-105	K TYPE/4～20mA
6	一次燃燒室風車溫度指示器	TIC-401 AB	TOHO	TTM-105	K TYPE/4～21mA
7	一次燃燒室爐壓壓力傳送器	PT-401	Honey well	STD-910	
8	一次燃燒室爐壓壓力傳送器	PIC-401	Honey well	DC-200C	
9	焚化爐二次燃燒室爐體	CH-402	ENERWASTE	∮1372×2400L	操作溫度900℃～1000℃

項次	設備名稱	設備編號	廠牌	型式	備註
10	二次燃燒室燃燒機	BN-402	WEISHAUPT / 綸欣	RL3-A	比例式，柴油，10-40 kg/H
11	二次燃燒室輔助鼓風機	B-402	ENERWASTE	TURBO	1/4 HP-25 mmAq-
12	二次燃燒室燃燒機溫度傳送器	TT-402 A/B	ENERWASTE	K-TYPE	0～1000℃（THERMAL COUPLE）
13	二次燃燒室燃燒機溫度指示器	TIC-402 AA	WEISHAUPT / 綸欣	KS-407	K TYPE/4～20mA
14	二次燃燒室燃燒機溫度指示器	TIC-402 AB	TOHO	TTM-105	K TYPE/4～21mA
15	空氣壓縮機	AC-401	復盛	H-100	10 HP-7 kg/cm^2-1485CFM
16	壓縮空氣儲槽	TK-401	復盛	立式600公升	附壓力容器工礦檢驗證明
17	焚化爐主控制盤	LCP-401 A/B/C	WEISHAUPT / 太和		
18	固體廢棄物進料器	HL-401	ENERWASTE	水平油壓推進系統	5 HP-0.5M3/charge

4.6 繪製設備位置平面圖（範例）

安排設備的位置，並繪製設備位置平面圖，圖紙比例：1/30或1/50。

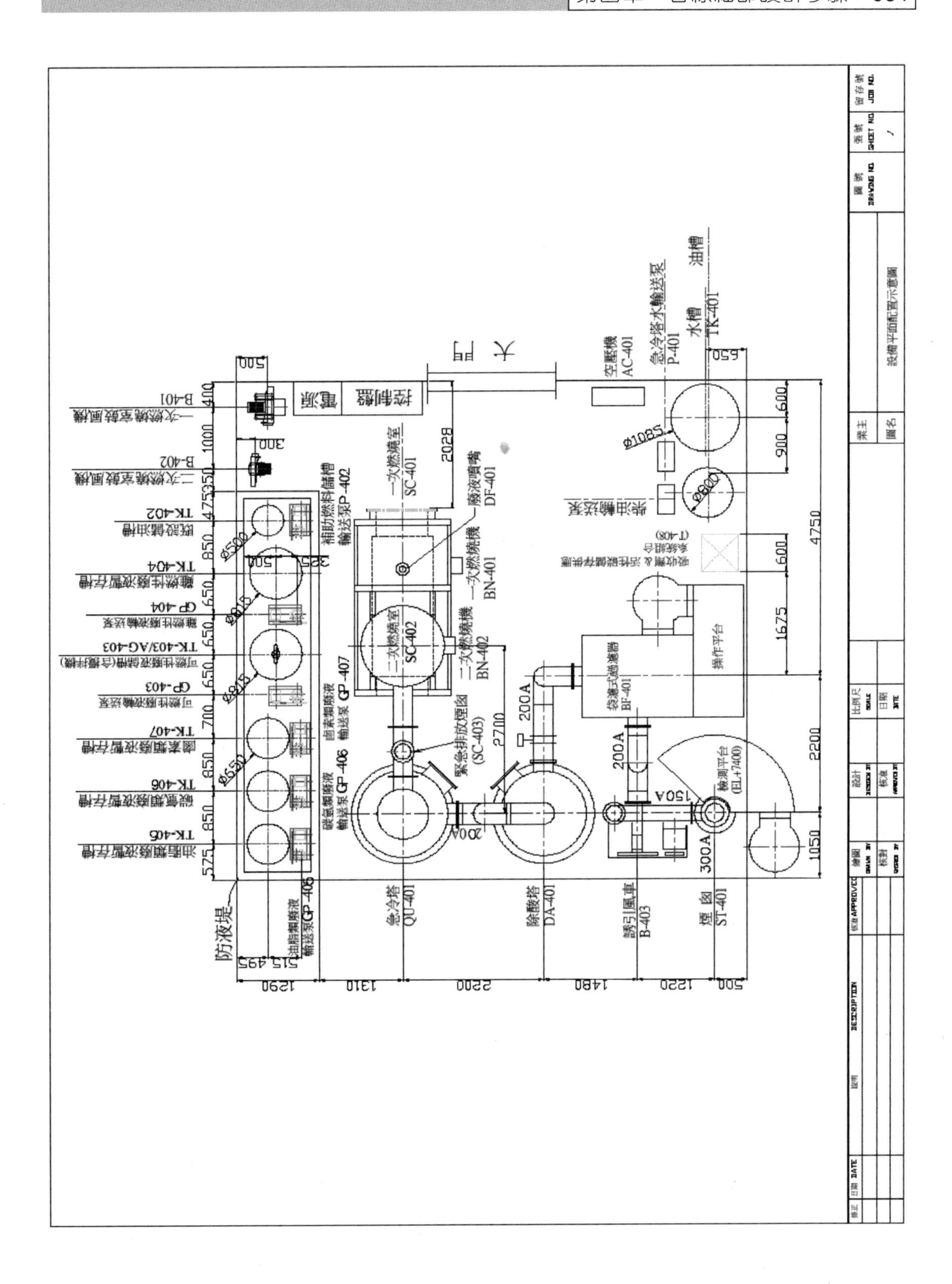

急冷塔
QU-401
除酸塔
DA-401
誘引風車
B-403
煙囪
ST-401
袋濾式過濾器
BF-401
操作平台
一次燃燒室
SC-401
二次燃燒室
SC-402
廢液噴霧
DF-401
一次燃燒機
BN-401
二次燃燒機
BN-402
緊急排放煙囪
(SC-403)
空壓機
AC-401
急冷塔水輸送泵
P-401
水槽
TK-401
油槽
控制盤
電源
大門
防液堤
設備平面配置示意圖

4.7 設備位置立面圖（範例）

依據設備的位置及高程，繪製設備立面圖，圖紙比例1/30或1/50。

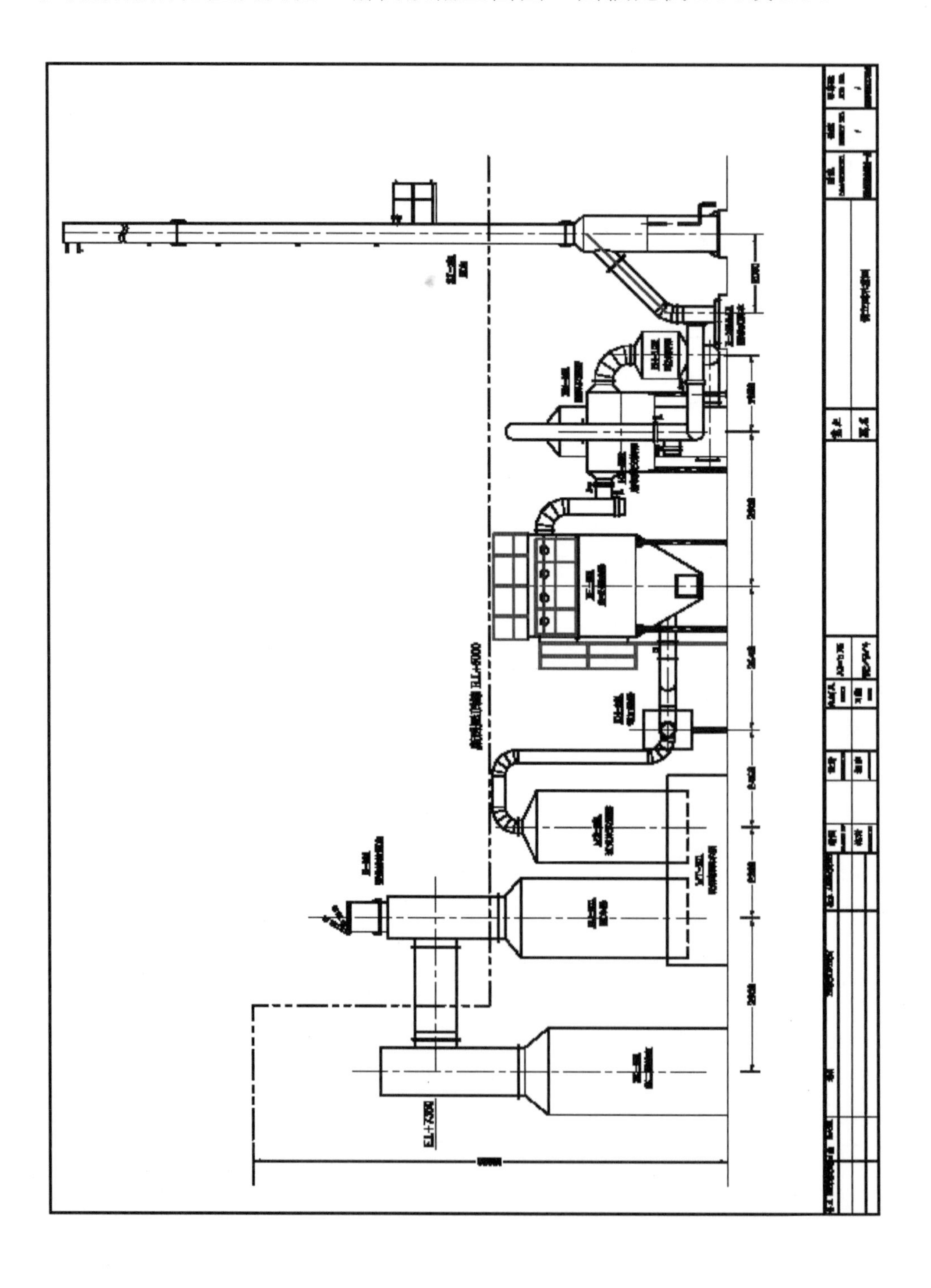

4.8 管線吊架間距及管線重量表

管徑	水管	蒸氣管或空氣管	管徑	水管	蒸氣管或空氣管
1”	2.1 M	2.7 M	12”	7.0 M	9.1 M
2”	3.0 M	4.0 M	16”	8.2 M	10.7 M
3”	3.7 M	4.6 M	20”	9.1 M	11.9 M
4”	4.3 M	5.2 M	24”	9.8 M	12.8 M
6”	5.2 M	6.4 M			
8”	5.8 M	7.3 M			

4.9 管線號碼表（流水號）（範例）

管線號碼表（範例）							
NO.	管線號碼	路徑	管內流體	管徑	管材	溫度	設計壓力
1	150A-CA-1001-A01	B-103A/B TO SC-101	AIR	150A(6”)	CS	25℃	650mmH_2O
2	100A-CA-1002-A01	150A-CA-1001-A05 TO BURNER	AIR	100A(4”)	CS	25℃	650mmH_2O
3	15A-CA-1003-A01	150A-CA-1001-A05 TO BURNER (MP-3T)	AIR	15A(1/2”)	CS	25℃	650mmH_2O
4	200A-CCW-1001-A05	CT-101 TO P-104A/B	CW	200A	GIP	35℃	2.25Kg/cm^2
5	150A-CCW-1002-A05	P-104A/B TO HX-101	CW	150A	GIP	35℃	2.25Kg/cm^2
6	150A-RCW-1001-A05	HX-101 TO CT-101	CW	150A	GIP	60℃	2.25Kg/cm^2
7	150A/100A-CLW-1001-A09	HX-101 TO WS-101/100A-CLW-1002-A01	LW	150A/100A	SUS316	35℃	3.0Kg/cm^2
8	100A/25A-CLW-1002-A09	150A-CLW-1001-A09 TO QU-101	LW	100A/25A	SUS316	35℃	3.0Kg/cm^2
9	150A/100A-RLW-1001-A09	WT-101 TO P-103A/B/C	LW	150A/100A	SUS316	60℃	3.0Kg/cm^2
10	150A/100A-RLW-1002-A09	P-103A/B/C TO HX-101	LW	150A/100A	SUS316	60℃	4.5Kg/cm^2
11	20A-RLW-1003-A09	100A-RLW-1002-A09 TO EV-101	LW	20A(3/4”)	SUS316	60℃	3.0Kg/cm^2
12	600A-FG-1001-A02-RF50/RFB50/Hr50/H50	電漿爐TO SC-101	FG	600A(24”)	CS(6t)	1200℃	13mmH_2O

4.10 管線平面、立面圖之表示法

管線平面、立面表示法(1)

sometric
(立體圖)

Side View
(側視圖表示法)

Top View
(上視圖表示法)

管線平面、立面表示法(2)

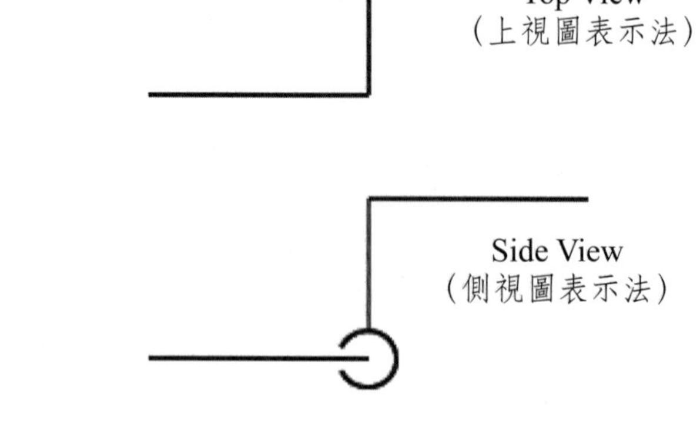

4.11 管線平面圖法蘭連結之表示法

管線法蘭連接平面圖表示法

（Piping Joints）

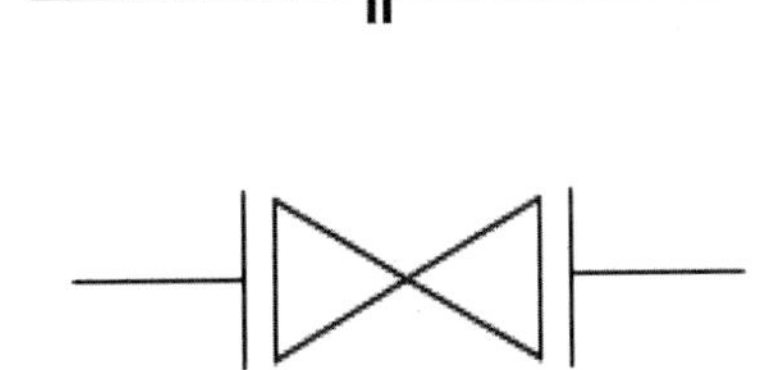

法蘭連接詳圖表示法

（Pipe-Flanged Connection）

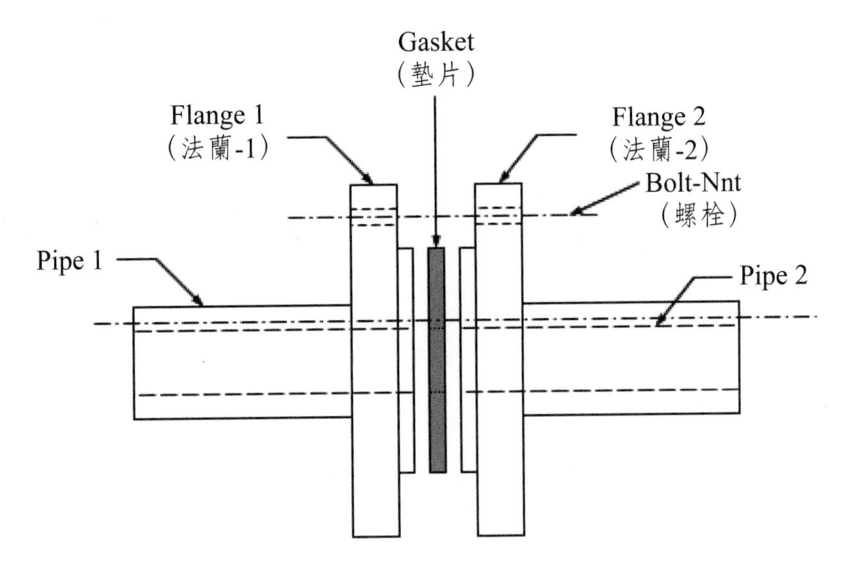

4.12 管線與閥門尺寸標示法

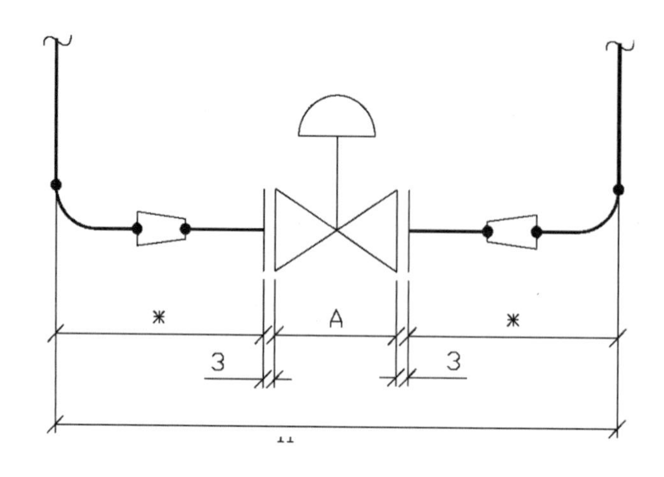

4.13 等角立體單線圖（ISO）

什麼是等角立體單線圖（Isometric Drawing）？

等角立體單線圖是一新型的繪圖方法，在一個視圖中可以看到物件的三個側面，在管線設計中ISO圖被用作製造圖及施工圖。

管線單線立體圖是管線設計過程鏈中的最後一道。管線單線立體圖是一份技術圖紙，以等距圖像的形式畫出，用於管線的設計和製造。管線單線圖顯示了管道的所有細節，以及長度寬度和高度的標註。

1.等角繪製在A3尺寸紙張（296公釐×210公釐），左上角是方位圖（北方）。

2.圖號和版本號在左上角框中顯示，也顯示在標題框。

3.底部的表框標示相關的P & ID圖號和平面布置圖（GA）的號碼。

4.物料清單出現在右上角。

轉作製造圖時，一般都以管段圖（Spool Drawing）呈現，管段圖詳細標示管道長度、管線中所有配件數量、位置和每個焊道類型，作為現場安裝或工廠預製之依據。

舉一般管段圖之畫法如下：

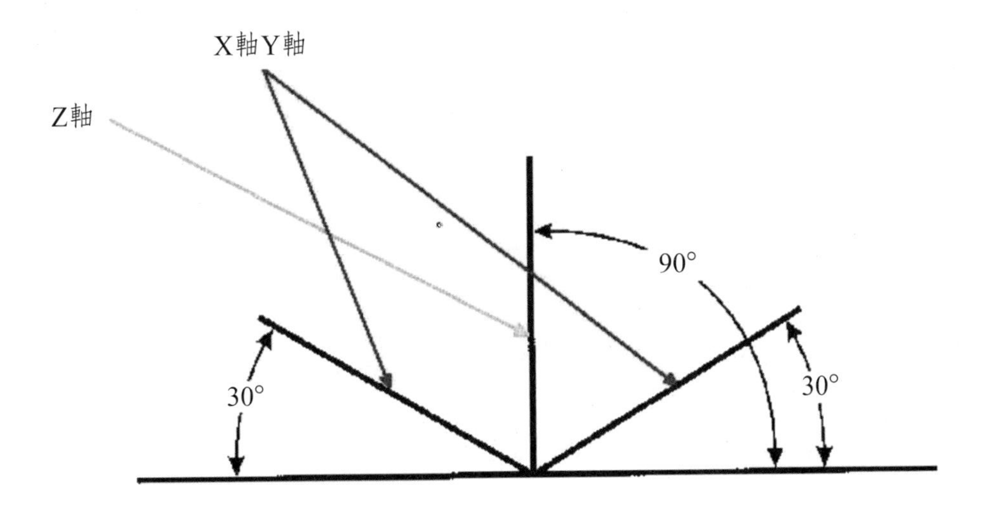

Isometri C立體圖之座標，平面之X軸Y軸各與水平成30°，Z軸成90°。

4.14 管段圖之畫法

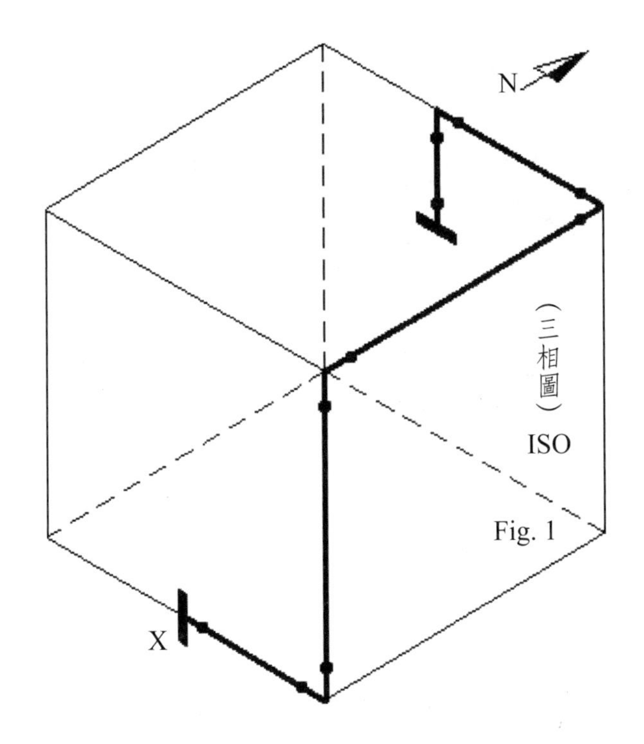

上圖表示出管道通過三個平面上運行。管線由起點「X」管道運行到東，管跑上管道運行到北，管道運行到西，管道跑下來。

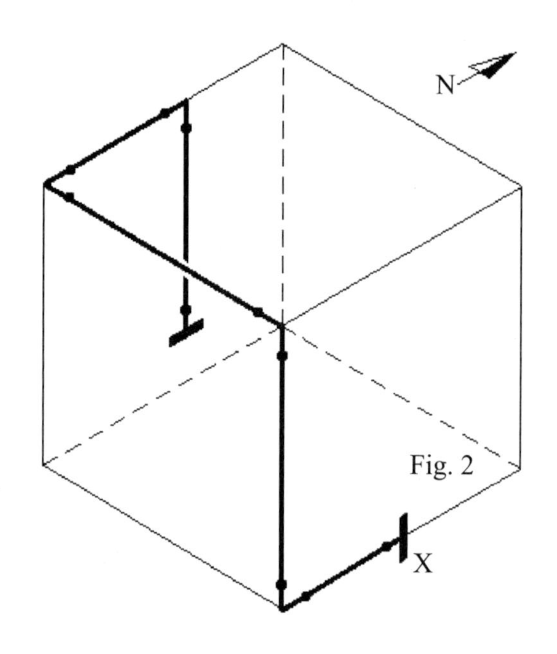

Fig. 2

此圖是幾乎等同於上面的圖，但以不同的角度表示。由於這種管在等距視圖，運行另一管的後面，這必須透過在線路斷路來指示。路由起點X管道運行到南，管跑上管道運行到西，管道運行到北管道跑下來。

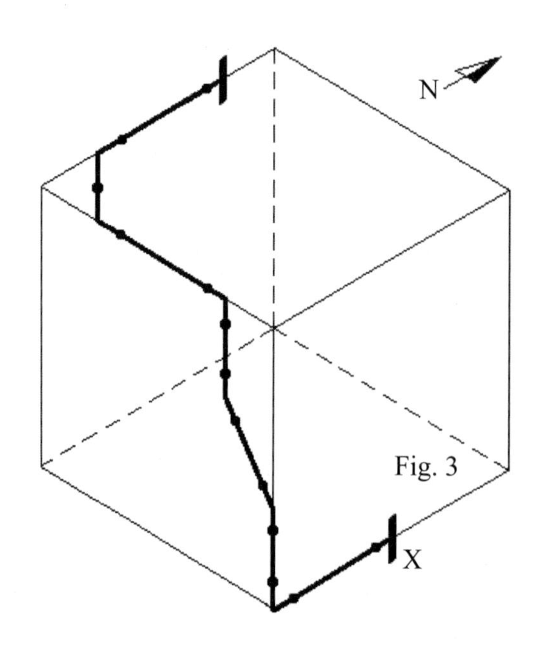

Fig. 3

上圖表示出管道通過三個平面中運行，管路由起點點X管道運行到南，穿越兩個平面到西，管跑上管道再運行到西，管再跑上管道運行到北。

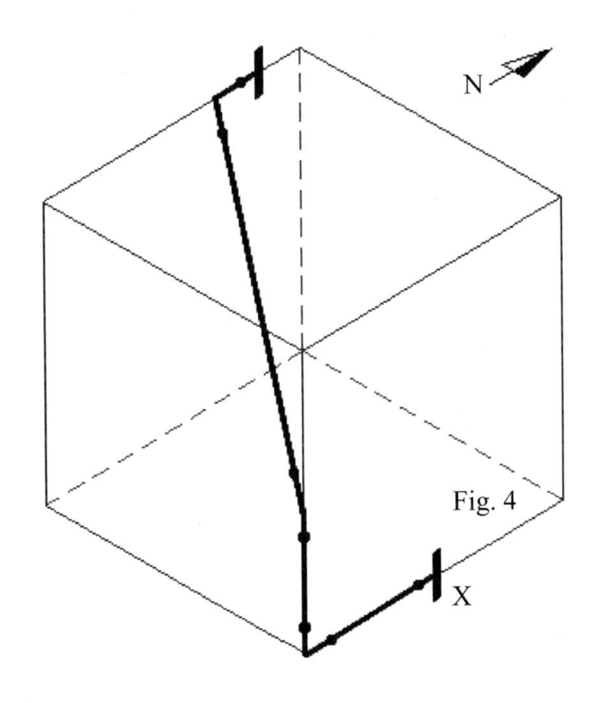

Fig. 4

上圖表示出管道通過三個平面上運行，從一個平面到相對面的管子。管路由起點點X管道運行到南，管跑上，管道運行向上和西北部管道運行到北。

4.15 平面配置圖實例

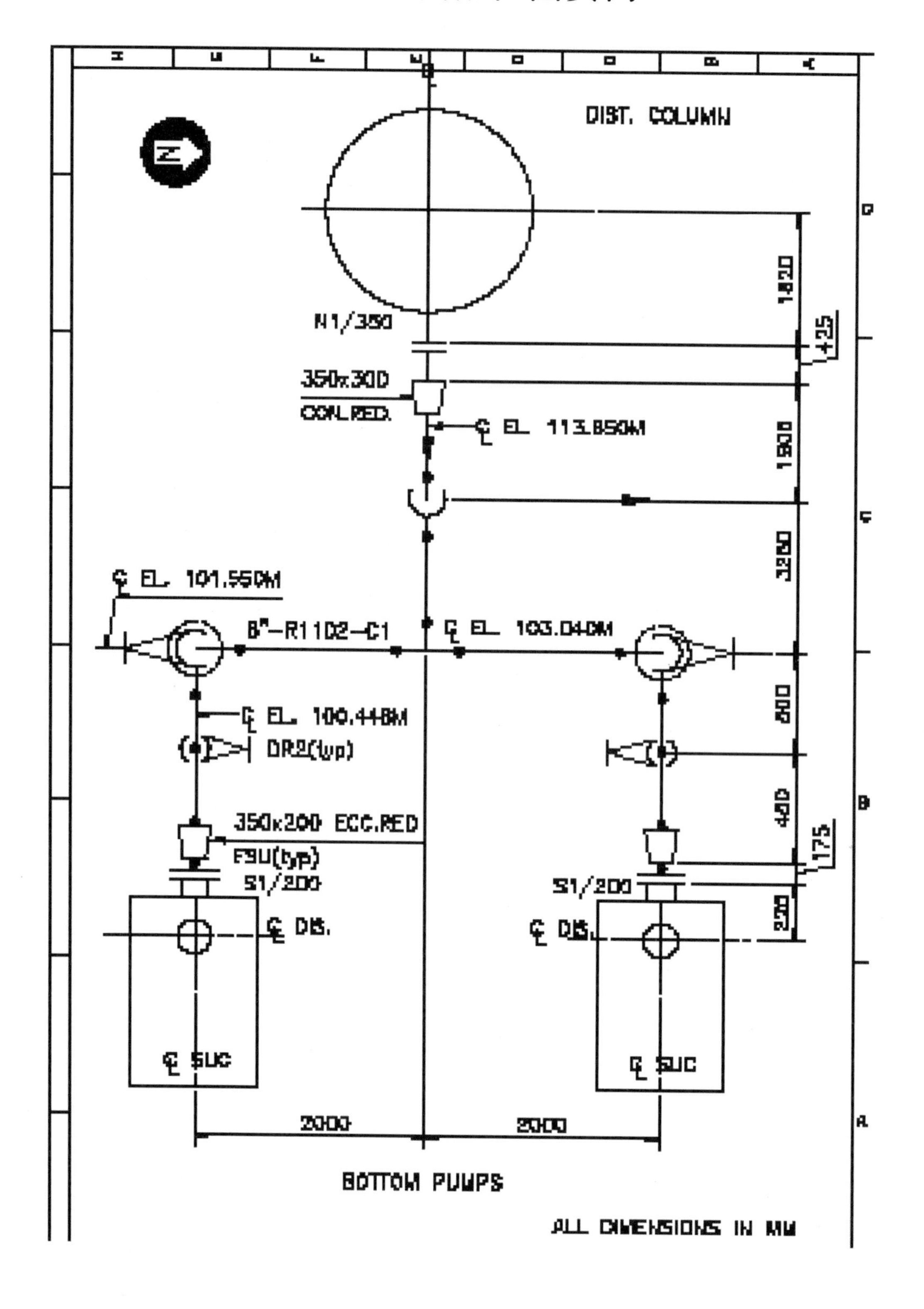

DIST. COLUMN
N1/350
350x300
CON.RED.
EL. 113.850M
1820
425
1900
3280
EL. 101.550M
8"-R1102-C1
EL. 103.040M
EL. 100.448M
DR2(typ)
800
450
175
350x200 ECC.RED
FSU(typ)
S1/200
220
DIS.
SUC
2000
2000
BOTTOM PUMPS
ALL DIMENSIONS IN MM

4.16 依上圖之平面配置圖所繪製之等角立體單線圖實例

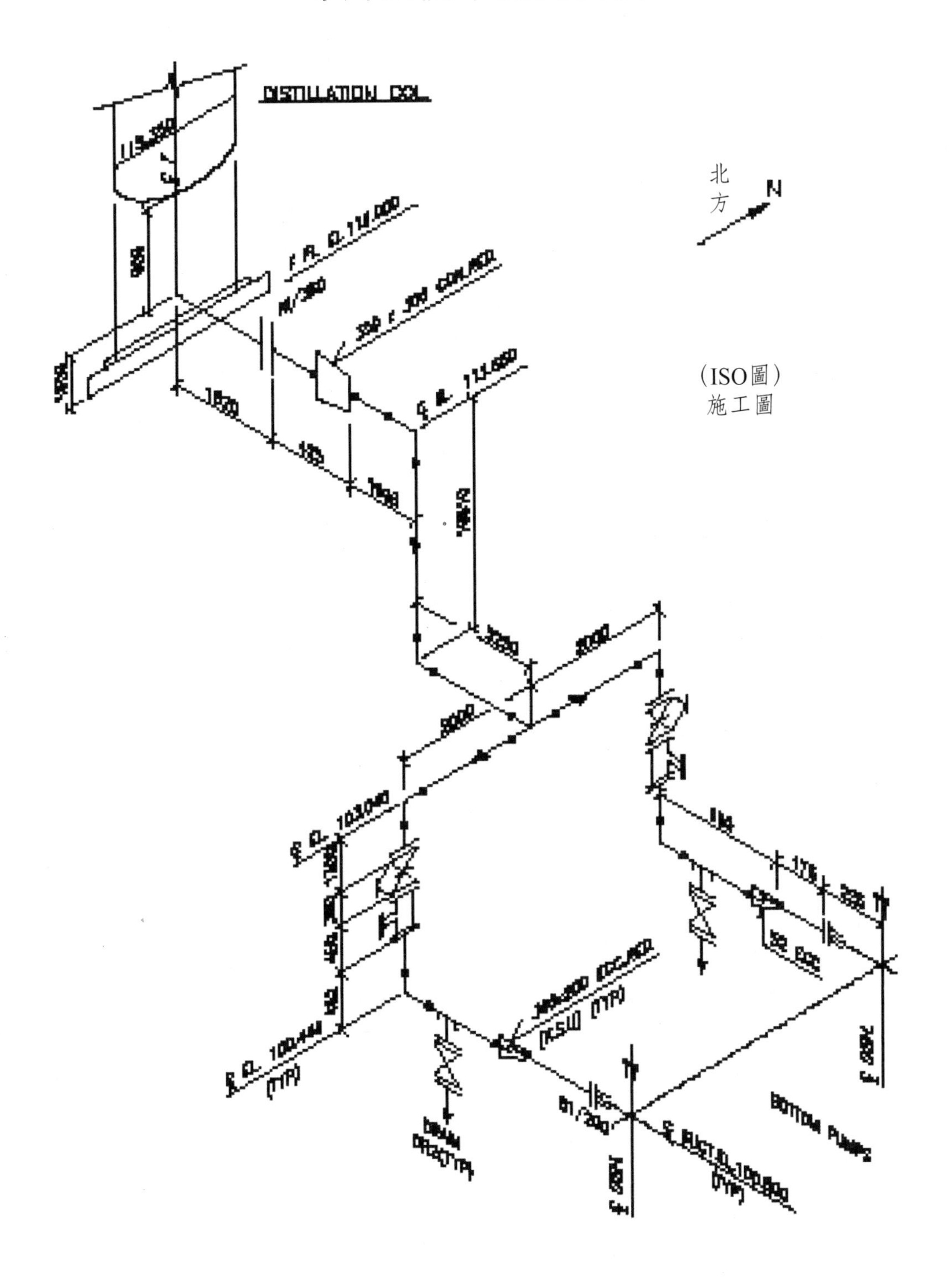

4.17 管件及閥門在平面圖之標示法

Image	Fittings	Butt weld Symbol	Socket Weld Symbol	Threaded Symbol	Fittings	Image
	Elbow 90°				Elbow 90°	
	Elbow 45°				Elbow 45°	
	Tee equal				Tee equal	
	Tee reducing				Tee reducing	
	Cap				Cap	
	Reducer concentric		...	...	Reducer concentric	...
	Reducer eccentric		...	...	Reducer eccentric	...
Image	Fittings	Butt weld Symbol	Socket Weld Symbol	Threaded Symbol	Fittings	Image

Image	Valves	Butt weld Symbol	Flanged Symbol	Socket or Threaded Symbol	Valves	Image
	Gate				Gate	
	Globe				Globe	
	Ball				Ball	
	Plug				Plug	
	Butterfly			...	Butterfly	
	Needle				Needle	
	Diaphragm	...			Diaphragm	
	Y-type				Y-type	

4.18 管路保溫

在管路系統中，流體如爲冷水或冰水時，因其溫度較管外爲低，管表面會凝結水珠造成不良滴水現象；若爲熱水或蒸汽，則管內溫度較管外高，損失熱量，浪費燃料費用，減低供給功能，因之需加保溫設施。選擇之保溫材料應具能耐使用溫度、不變質、不吸溼及熱傳導性小者。管路保溫係保持管內流體溫度之理想化，促進並發揮機械之工作效率，減少熱之損失，節省燃料、電力及能源費用，其主要目的如下：

1.減少機械因受熱所產生之熱應力。

2.維持管路流體原有之物理及化學性質。

3.穩定管路內所輸送之流體溫度。

4.防止管路凝結水珠，產生滴水之現象。

5.保持管內流體溫度之理想化，達到供需之要求。

6.控制作業環境或住屋之理想溫度，俾適應人與物之需求。

7.使冷凍庫、裝備及管路等之適合溫度，達到預期效果。

8.避免工作人員被燙傷，維護作業環境安全。

9.保溫施工一般通則：

(1)保溫完成後，其表面溫度不可大於55°C。

(2)保溫材料貯存，應放置在乾燥的室內環境，需有腳踏板墊高，並整齊排列其規格。

(3)保溫施工前，需先清潔設備／管線表面油垢、雜物，如有溼氣或水分，以棉布去除。

(4)保溫層數的規定（設備／管路）：

$\leq$ 75公釐爲單層保溫

$\geq$ 100公釐爲雙層保溫

$\geq$ 350公釐爲三層保溫

(5)以上厚度相對層數是不變的，唯考慮其方便及互通配置，施工廠商應於訂料之前依生產廠商製造規格。

(6)保溫施工完成後，經檢查確實密合並有依規定保溫厚度施作，始可按裝金屬護皮。

(7)金屬護皮按裝應注意外觀的整齊、美觀，並以最好品質製作。

(8)管線小於400A口徑時，均需使用成型管按裝。

(9)保溫材包紮之規原則：

單層保溫：按裝保溫管以緊縛材，每350公釐間距作絞緊，絞緊後接頭應埋入保溫材之內。

雙層保溫：當保溫厚度大於100m/mt應使用多層施工，並使接縫錯開按裝，以利保溫效果。

多層施工：多層施工時，緊縛材以300mm間距按裝，並確實絞緊，鐵管口徑大於400A（含）可使用保溫毯，並需外附龜甲網，所有龜甲網應確實結合絞緊，保溫毯不得有鬆動或塌落現象，需加裝緊縛材，200公釐間距作固定。

(10)保溫完成後外皮包覆材料厚度：

保溫完成後外徑 < 100公釐 外皮厚度 0.3公釐
保溫完成後外徑 < 400公釐 外皮厚度 0.4公釐
保溫完成後外徑 > 400公釐 外皮厚度 0.5公釐

4.19 配管平面圖設計

1.圖紙比例1/30或1/50。

2.確定每座設備管嘴之方位及高程，左上方需繪廠北標誌。

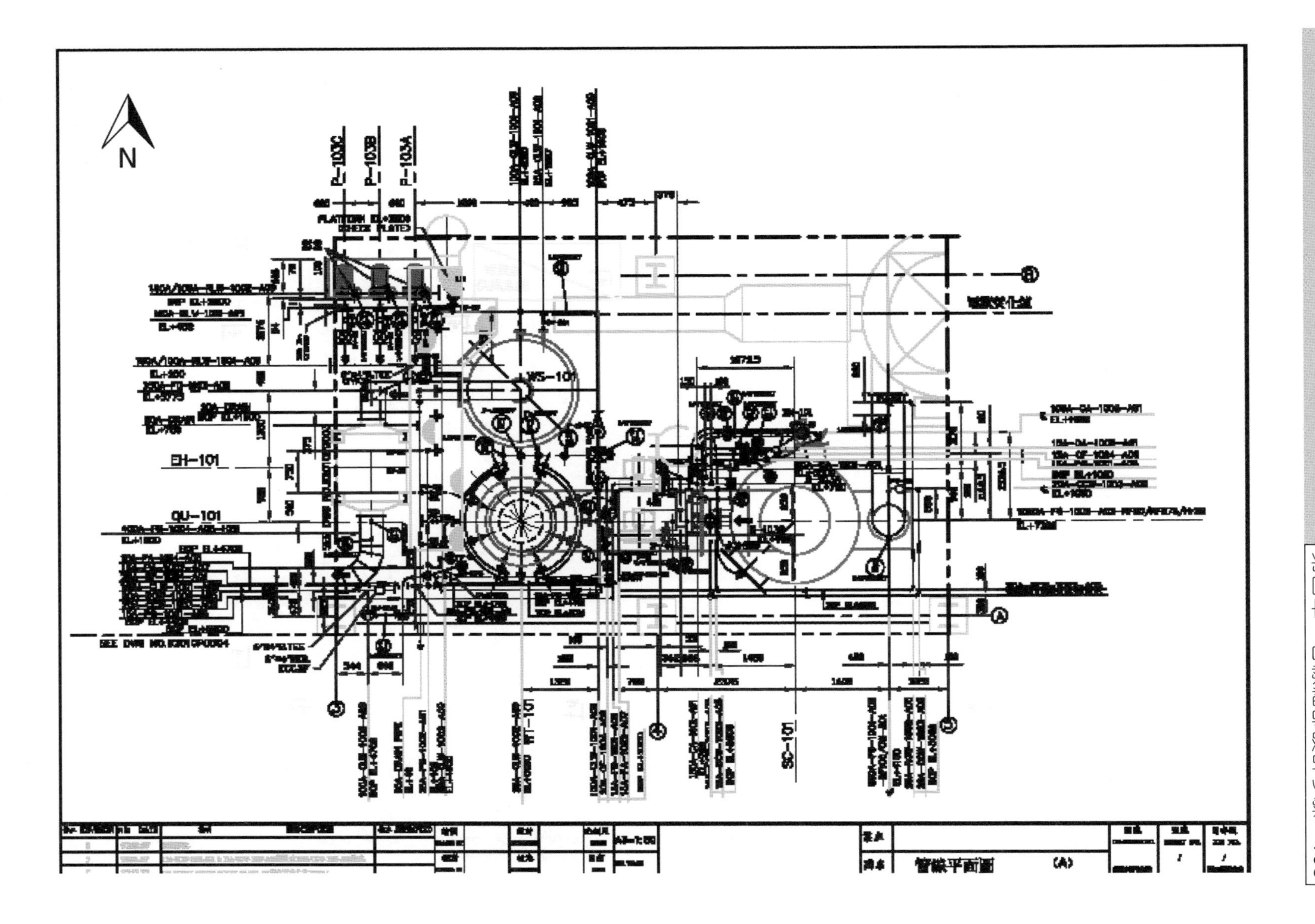
N
P-103C
P-103B
P-103A
WS-101
EH-101
QU-101
SC-101
管線平面圖　(A)

4.20 管線分歧表-I（CLASS RATING: CL150 & CL300, PIPE MATERIAL CLASS）

BRANCH SIZE 分支管	HEADER SIZE															
INCH	1/2	3/4	1	1.5	2	3	4	6	8	10	12	14	16	18	20	24
1/2	T	T	T	T	T											
3/4		T	T	T	T											
1			T	T	T											
1.5				T	T	T										
2					T	T	T									
3						T	T	T								
4							T	T	T							
6								T	T	T						
8									T	T	T	T				
10										T	T	T	T			
12											T	T	T	T		
14												T	T	T	T	
16													T	T	T	T
18														T	T	T
20															T	T
24																T

H: HALF COUPLING

N: STUB ON

T: TEE
H: HALF COUPLING
N: STUB ON （NOZZLE WELD）
STUB ON IN ACCORDANCE
WITH ASME B31.3
REINFORCED WHERE REQUIRED
EXCEPT BOILER PIPING SYSTEM
PER ASME B31.1

管線分歧表-II（CLASS RATING: CL600 and Above, PIPE MATERIAL）

HEADER SIZE（主管線）																
BRANCH SIZE分支管 INCH	1/2	3/4	1	1.5	2	3	4	6	8	10	12	14	16	18	20	24
1/2	T	T	T	T	T											
3/4		T	T	T	T											
1			T	T	T											
1.5				T	T	T										
2					T	T	T									
3						T	T	T								
4							T	T								
6								T	T	T						
8									T	T	T	T				
10										T	T	T	T			
12											T	T	T	T	N	
14												T	T	T	T	
16													T	T	T	T
18														T	T	T
20															T	T
24																T

S：SOCKOLET

O：WELDOLET

T: TEE

S: SOCKOLET (THREDOLET OR ELBOLET AS REQUIRED)

N: STUB ON (NOZZLE WELD)
STUB ON IN ACCORDANCE
WITH ASME B31.3
REINFORCED WHERE REQUIRED
EXCEPT BOILER PIPING SYSTEM
PER ASME B31.1

管線分歧表-III（CLASS RATING: CL150, PIPE MATERIAL）

	HEADER SIZE（主管線）														
BRANCH SIZE 分支管	INCH	1	1.5	2	3	4	6	8	10	12	14	16	18	20	24
	1	G	G	G	G	G	G	G	G	G	G	G	G	G	G
	1.5		G	G	G	G	G	G	G	G	G	G	G	G	G
	2			G	G	G	G	G	G	G	G	G	G	G	G
	3				G	G	G	G	G	G	G	G	G	G	G
	4					G	G	G	G	G	G	G	G	G	G
	6						G	G	G	G	G	G	G	G	G
	8							G	G	G	G	G	G	G	G
	10								G	G	G	G	G	G	G
	12									G	G	G	G	G	G
	14										G	G	G	G	G
	16											G	G	G	G
	18												G	G	G
	20													G	G
	24														G

G: FLANGED END TEE

4.21 焊接的定義與分類

將兩件或兩件以上的金屬或非金屬焊件，在其接合處加熱至適當溫度，使該接合部位之材料澈底熔化，並藉由添加填料或不添加填料，待焊件與填料冷卻凝固後而結合成一體；或者在半熔化狀態施加壓力；或是僅使填料熔化，而焊件本身並不熔化；或在焊件再結晶溫度以下施加壓力，使接合部位相互結合爲一體。

焊接的分類：

1.氣體焊接
2.遮蔽金屬電弧焊（手工電焊）
3.氣體保護電弧焊
4.氣體金屬極電弧焊
5.包藥電弧焊
6.潛弧焊
7.電離氣電弧焊
8.電阻焊
9.雷射焊接
10.鑞焊（軟焊和硬焊）
11.電熔渣焊接與電熱氣焊接
12.鋁熱料焊接

4.21.1 氣體焊接

1.空氣乙炔氣焊法（Air Acetylene Welding, AAW），利用乙炔與空氣混合燃燒所產生的火焰來施焊。

2.氧乙炔氣焊法（Oxy Acetylene Welding, OAW），利用氧氣和乙炔混合燃燒所產生的高溫火焰來施焊。

3.氫氧氣焊法（Oxy Hydrogen Welding, OHW），利用氫氣和氧氣混合燃燒所產生的高溫火焰來施焊。

4.壓力氣焊法（Pressure Gas Welding, PGW），利用其他的燃料氣體，包括：乙烯、煤氣、苯或是液化石油氣等。

5.氣焊具有下列之優點：

(1)設備費用低。

(2)設備簡單，移動方便，不需電力供應即可施焊。

(3)可以焊接較薄的工件。

(4)可焊接鑄鐵以及部分有色的金屬，用途很廣。

(5)熱量調節自由度很大。

6.氣焊亦有下列之缺點：

(1)熱量較不集中，造成焊件之熱影響區以及變形量較大。

(2)生產效率低且不適用於較厚的焊件。

(3)氣體有爆炸的危險，安全顧慮較大。

(4)火焰中的氧和氫等氣體會和熔化的金屬起反應，降低焊接品質。

(5)不易達成自動化。

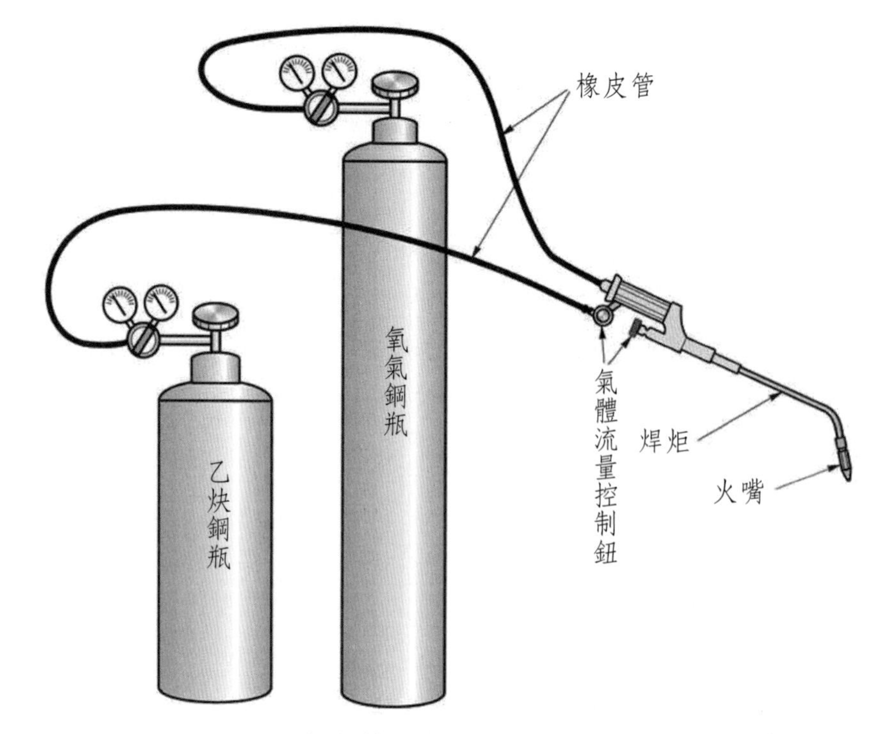

氧乙炔氣焊之主要設備

7.氧乙炔氣焊法（$2C_2H_2 + 5O_2 \rightarrow 4CO_2 + 2H_2O$ + 熱）

(1) 純乙炔焰：氧氣不足，因此燃燒不完全，溫度很低。

(2) 還原焰：乙炔供應量多於氧氣所形成的火焰，用於加熱，適合一般軟焊的加熱。

(3) 中性焰：氧氣和乙炔供應剛好達平衡時，氧—乙炔的比例是2.5：1，乙炔完全燃燒，用於輕金屬的硬焊與軟焊，以及鑄鋼、鉻鋼與鎳鉻鋼等的焊接。

(4) 氧化焰：再調大氧氣供應量，使火焰之白色內焰心變短，氧氣供應過剩，所以較少被採用。

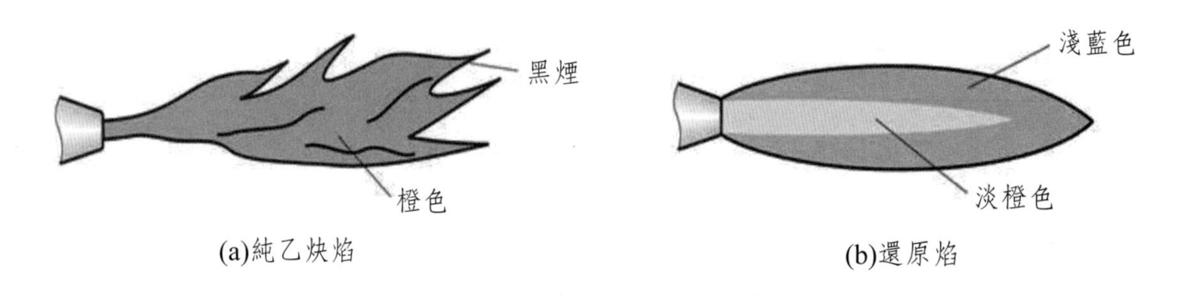

(a)純乙炔焰　　(b)還原焰

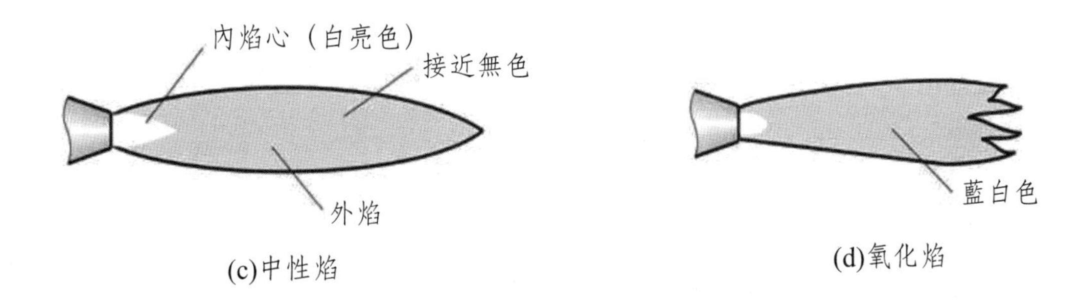

4.21.2 遮蔽金屬電弧焊（手工電弧焊）（SMAW）

手工電弧焊，也就是我們常說的「手把焊」。它是透過帶藥皮的焊條和被焊金屬間的電弧將被焊金屬加熱，從而達到焊接的目的。

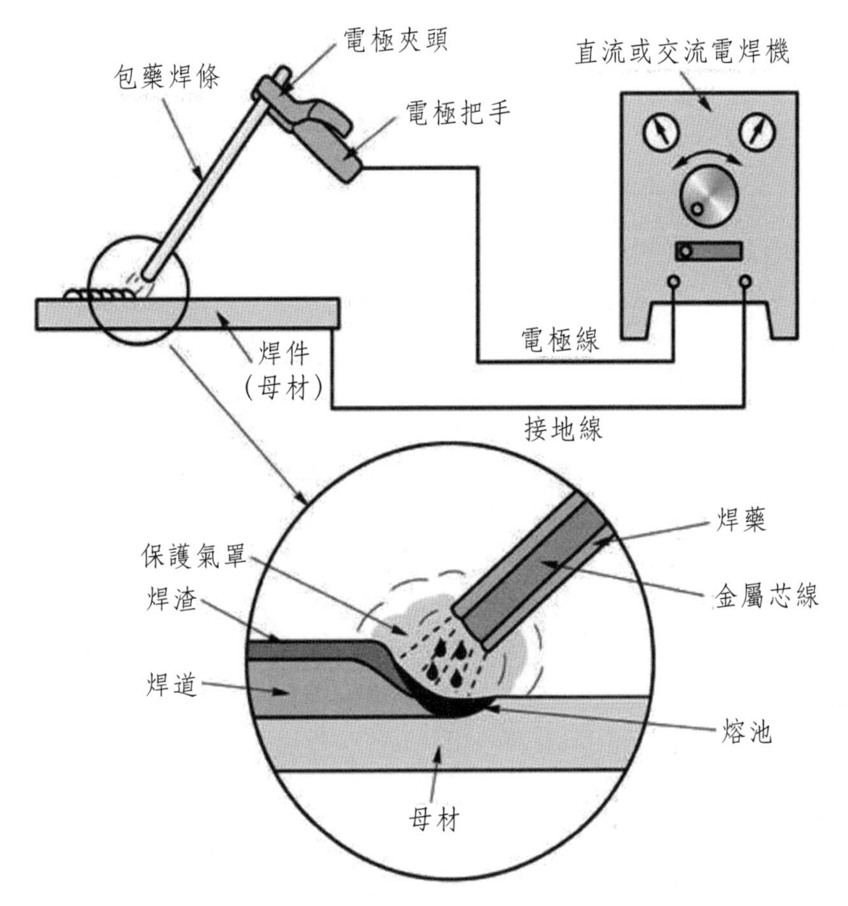

遮蔽金屬電弧焊（手工電弧焊）之原理與設備

4.21.3 氣體保護電弧焊（Arc Welding）

電弧焊（Arc Welding）最初在操作時是使用碳棒作爲電極，當二支碳棒以適當的電源接上時（最初是以直流電源爲主），連接於負極之碳棒，稱爲陰極（Cathode），連接於正極之碳棒則稱爲陽極（Anode）。當兩電極輕輕接觸後隨即分離一小段距離，兩電極間的空氣被電離而產生放電光束，稱之爲電弧（Arc），該電弧的溫度可達到3000℃以上，可用以將兩焊件之接合部位以及所加入之填料予以熔化，當凝固後形成焊道而達成接合。

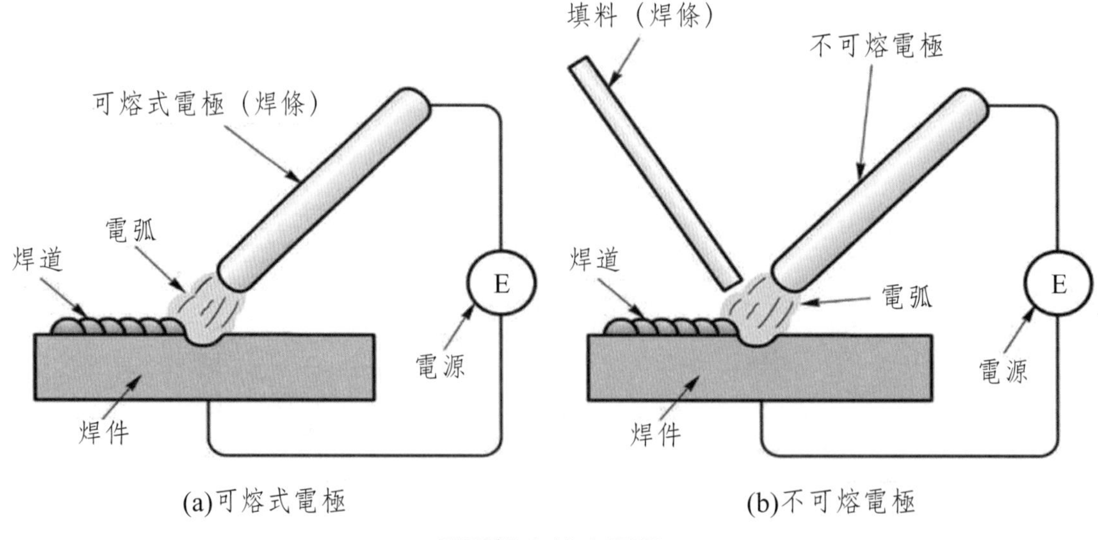

電弧焊之基本原理

國內目前最廣泛使用的電弧焊有氣護鎢極電焊（GTAW），俗稱氬焊（TIG）、二氧化碳半自動電焊（俗稱CO_2電焊）使用半自動電焊機，其他如氣體金屬電焊（GMAW），俗稱（MIG）、電漿電焊（PAW），漸廣被採用。

氣體保護電弧焊的主要特點是電弧可見，熔池較小，易於實現機械化和自動化，生產率高。

氣護鎢極電焊（Gas Tungsten Arc Welding, GTAW）是一種利用非消耗性的鎢棒作爲電極，與焊件之間產生電弧，藉以加熱焊件接合部位。同時於焊槍的噴嘴通出惰氣或惰性混合氣體（如氬、氦等惰性氣體），以保護熔融狀的熔池避免被氧化，待凝固後即形成焊道。在焊接厚板時，可添加填料（焊條）。

專供不鏽鋼、鋁與鋁合金、銅與銅合金、鈦與鋯、低合金鋼與低合金鋼管以及各種高壓管線等特殊金屬與非鐵金屬的焊接工作。

1. 氬焊的優點

(1) 比較穩定而安靜。
(2) 不會與焊件金屬反應，亦不會溶於焊道中。
(3) 不需使用焊藥。
(4) 電弧電壓較低，所產生的熱量較少。
(5) 不需昂貴的器材。
(6) 適用範圍廣且可得到良好的焊接品質。
(7) 施焊時受橫向風力及氣流的影響小。

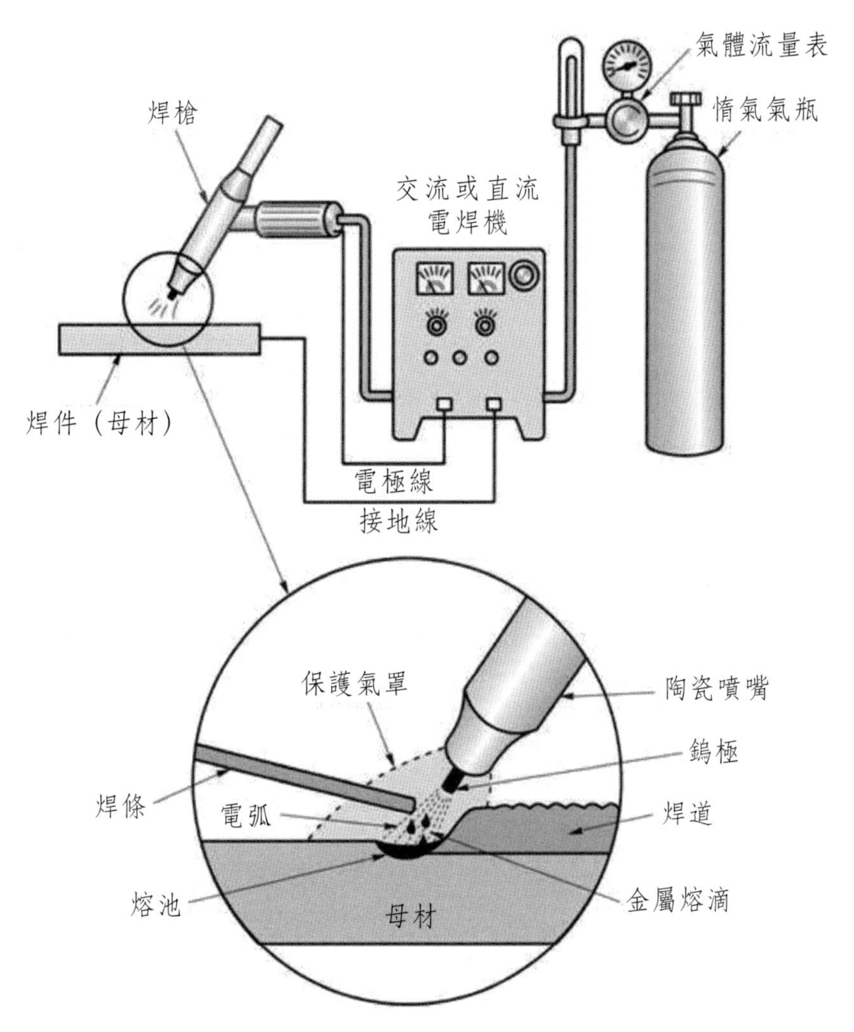

氣體鎢極電弧焊（氬焊）之原理與設備

2. 氬焊的限制

(1) 焊接堆積率低且速率慢，不適於厚板的焊接。

(2) 鎢棒電極容易沾上熔池的金屬，需拆下加以磨除或更換。

(3) 氬、氦等惰氣的價格較高。

(4) 不易達到自動化。

4.21.4 氣體金屬極電弧焊（GMAW）

一般又稱MIG製程，GMAW是結合以外部供應氣體遮護來進行連續固態耗材電極自動送料的電弧焊製程。此製程用於焊接大多數的商業用金屬，包括鋼、鋁、銅以及不鏽鋼。若選擇合適的焊接參數與設備，還可用於任意方位之焊接。GMAW使用直流電極正極（DCEP），而且由於設備提供自動電弧控制，唯一需要焊接人員手動控制的只有焊槍位置、導引與加工走速。

4.21.5 包藥電弧焊（FCAW）

FCAW是專爲碳鋼、不鏽鋼與低合金鋼鐵所設計的電弧焊製程。此製程使用電弧在連續管狀熔填金屬電極與基材之間產生接合；焊接時可視需要使用或不使用遮護氣體。若使用氣體遮護包藥焊線，則以包含在管狀電極中的助焊劑提供遮護媒介。由外部供應的遮護氣體可強化電極的核心要素，防止熔融金屬受到大氣汙染。若使用遮護氣體，使用的製程設備幾乎與氣體金屬極電弧焊（GMAW）無異。

若使用特殊的電壓感應送料器，則可用一致的電流焊接電源進行高品質的包藥焊接。此製程適用於所有使用正確熔填金屬選項的方位焊接。

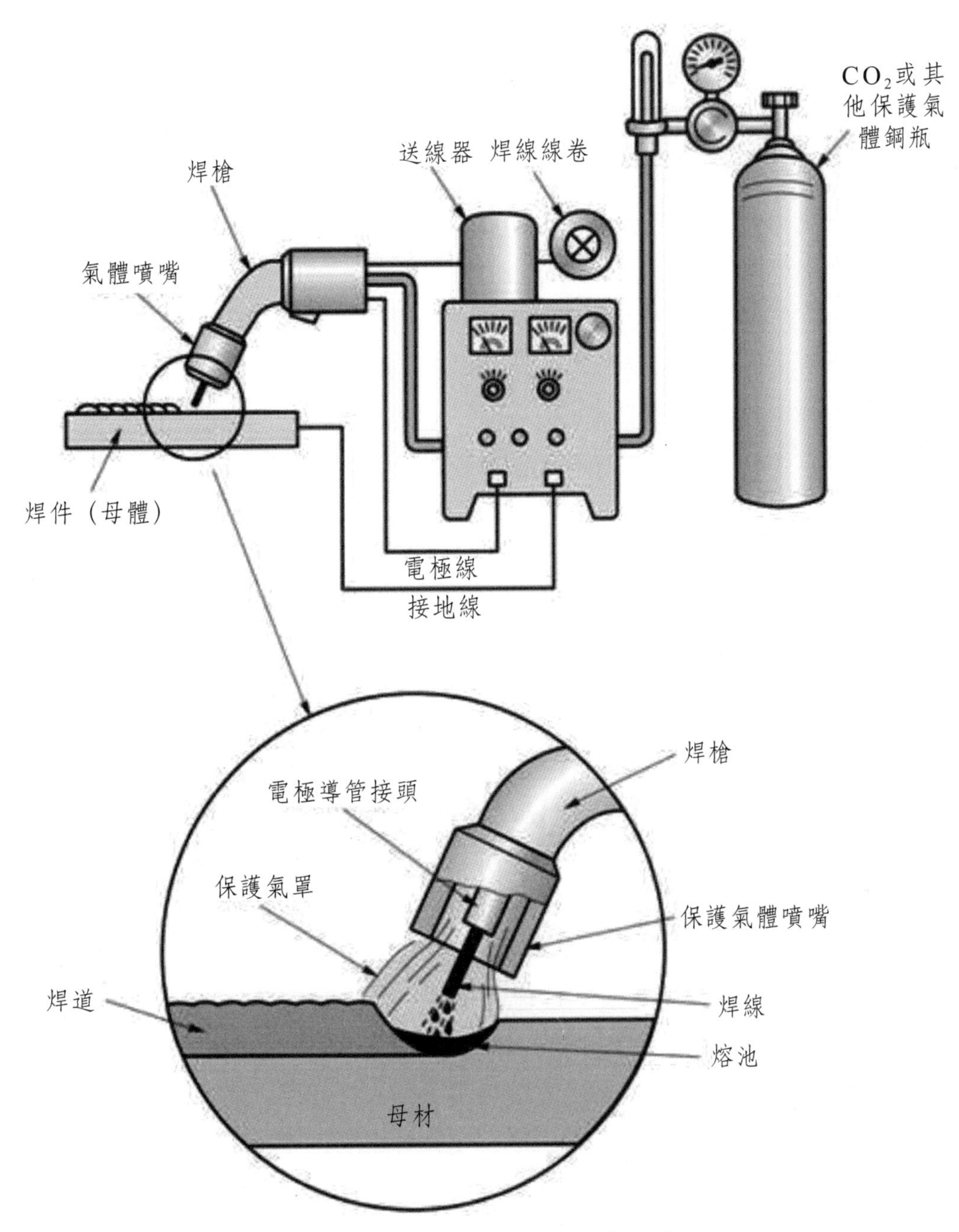

氣體金屬極電弧焊之原理與設備

4.21.6 潛弧焊（SAW）

SAW是透過裸電極與覆以助焊材質的基材間的電弧加熱金屬，此電焊法使用由助焊劑提供遮護的連續固態線電極。助焊劑用於在焊接期間穩定電弧，遮護熔池免受大氣汙染。此外也用於在冷卻期間包覆並保護焊接點，並可影響焊接組成及其屬性。

SAW是最普遍自動化的焊接法，但也有半自動系統。自動化系統的電流可為交流電或直流電，電極可為雙線或多重固態線或管線與條線。由於使用顆粒狀助焊劑，加上熔池具流動性，因此此焊接法僅可在平坦或水平方位執行。此電焊法可達高熔填率，並可用於焊接極厚與極薄的材料。

1. 潛弧焊的優點

(1) 可採用大電流施焊，以獲得高金屬堆積率。
(2) 無電弧強光及噴濺，因此不需穿防護衣和戴面罩。
(3) 可藉焊藥或焊線包藥方式，添加合金元素於焊道。
(4) 能施行單面焊接，滲透力強，焊道品質佳。
(5) 適合厚板焊接，接頭開槽較小，節省焊接材料。

2. 潛弧焊的缺點

(1) 只限於平焊及平角焊，當焊件縱向傾斜8°以上時，即無法施焊。
(2) 施焊時無法觀察到熔池，以致焊道的好壞無法即時察覺。
(3) 設備費用昂貴。
(4) 焊接電流密度高，入熱量大。
(5) 不適合焊接較薄的板件（厚度6公釐以下）。
(6) 焊藥容易受潮而產生氣孔，烘乾費時。
(7) 短焊道或構造複雜的焊件較難施焊。

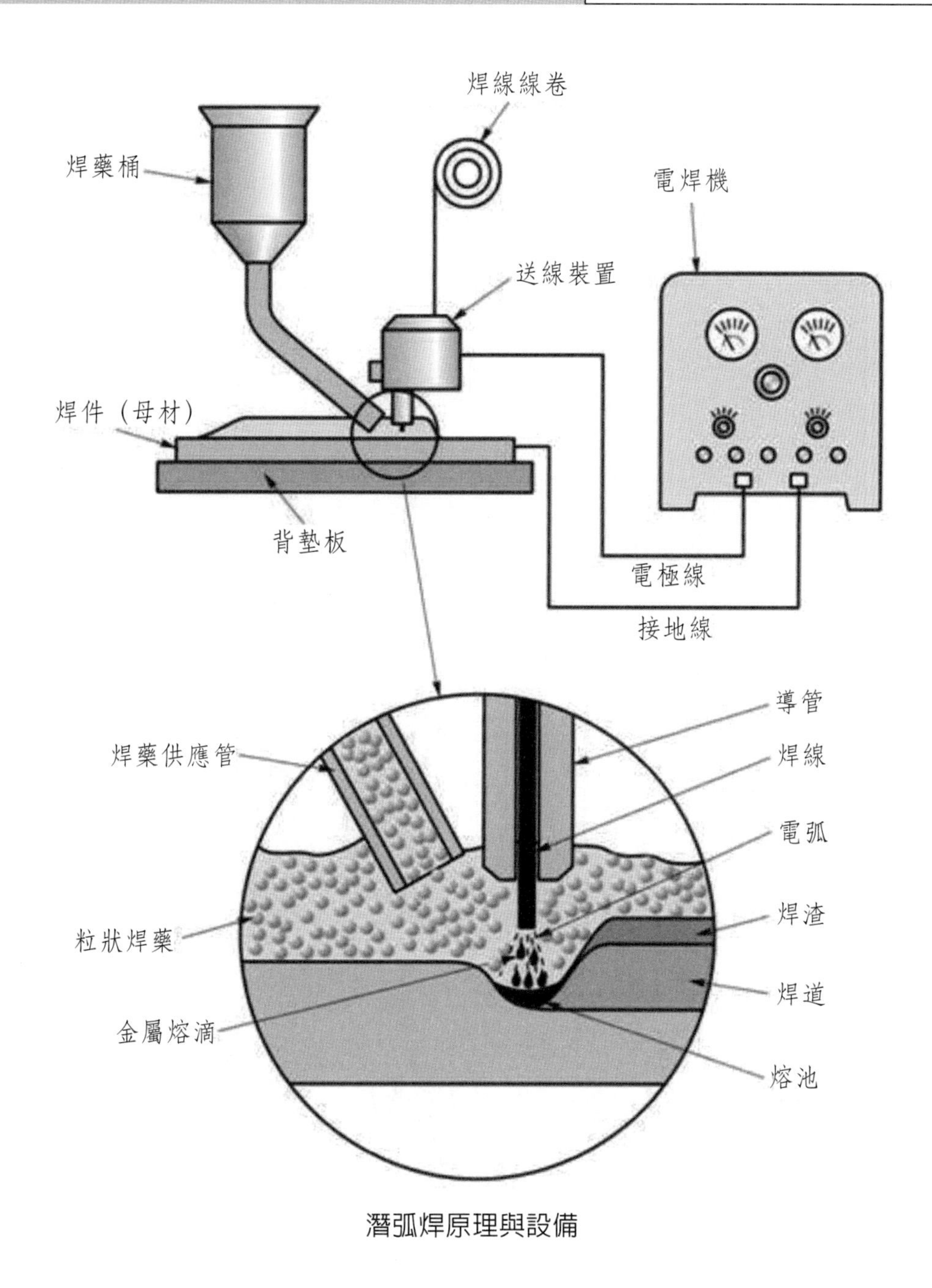

潛弧焊原理與設備

4.21.7 電離氣電弧焊（PAW）

電離氣（Plasma）又稱電漿，是氣體分子在高溫電弧中所形成的一種離子態氣體，其溫度可達24000℃，且熱傳導性甚高，被視爲物質的第四態。

利用電漿作爲熱源來施焊，其方式是將能夠電離的氣體（通常爲氬、氦或氫氣等），引導氣體流經焊槍噴嘴內正負兩極間的直流電弧。氣體分子受到電弧的高溫加熱而分裂成帶電的高溫高壓離子態的電離氣和電子，隨同電弧經焊槍噴嘴高速噴出至焊件表面，當電離氣和常溫的焊件接觸時，電離氣與電子再度結合爲氣體分子，並釋放大量的熱量，產生的高溫即可將焊件熔融而接合。

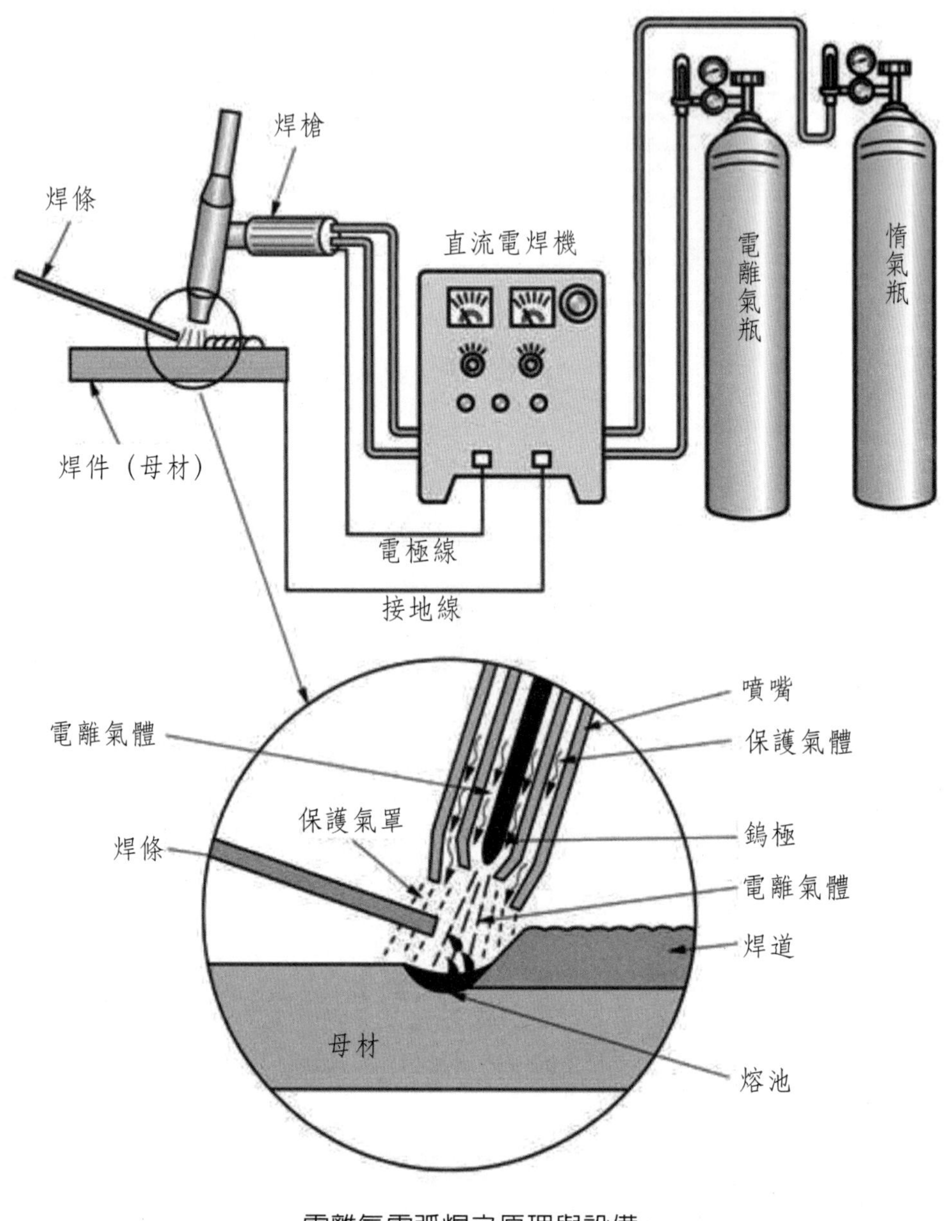

電離氣電弧焊之原理與設備

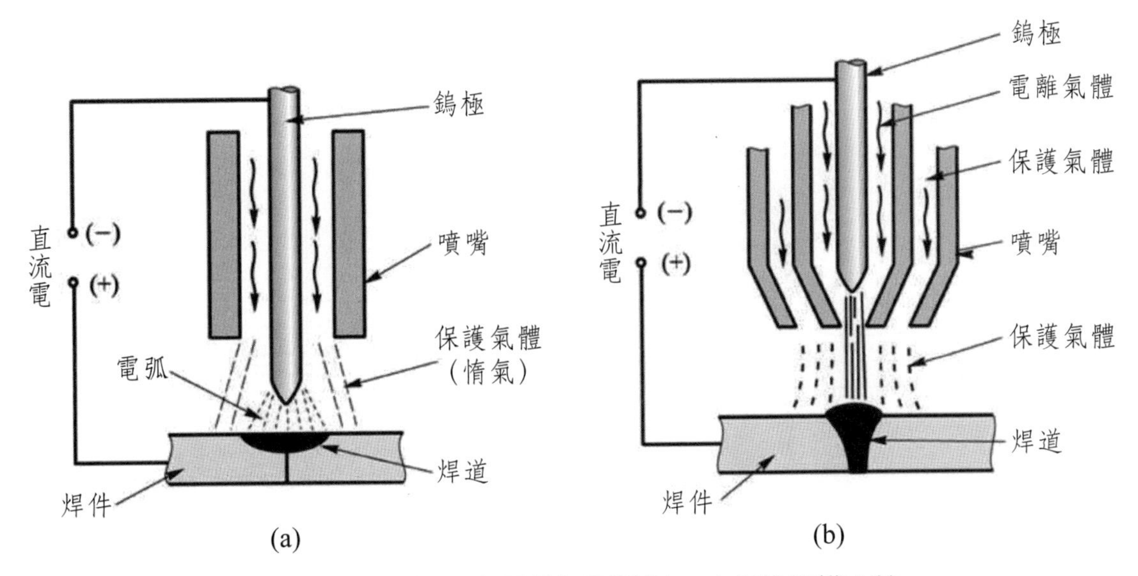

氣體鎢極電弧焊(a)與電離氣電弧焊(b)之焊槍結構比較

PAW的優點

(1) 電弧集中而穩定，熱效率高且滲透深，焊件之熱影響區小。
(2) 焊道較深且較窄，焊件變形較小。
(3) 更適合較薄的焊件。
(4) 鎢電極較不易接觸到焊件而沾染到焊件金屬。
(5) 電漿束方向可加以控制，保護氣體之效果優良。
(6) 一般都採用氬－氫混合氣或氦－氬混合氣，其中氫氣含量約為10%～35%。

4.21.8 電阻焊

電阻焊是將被焊工件壓緊於兩電極之間，並通以電流，利用電流流經工件接觸面及鄰近區域產生的電阻熱，將其加熱到熔化或塑性狀態，使之形成金屬結合的一種方法。

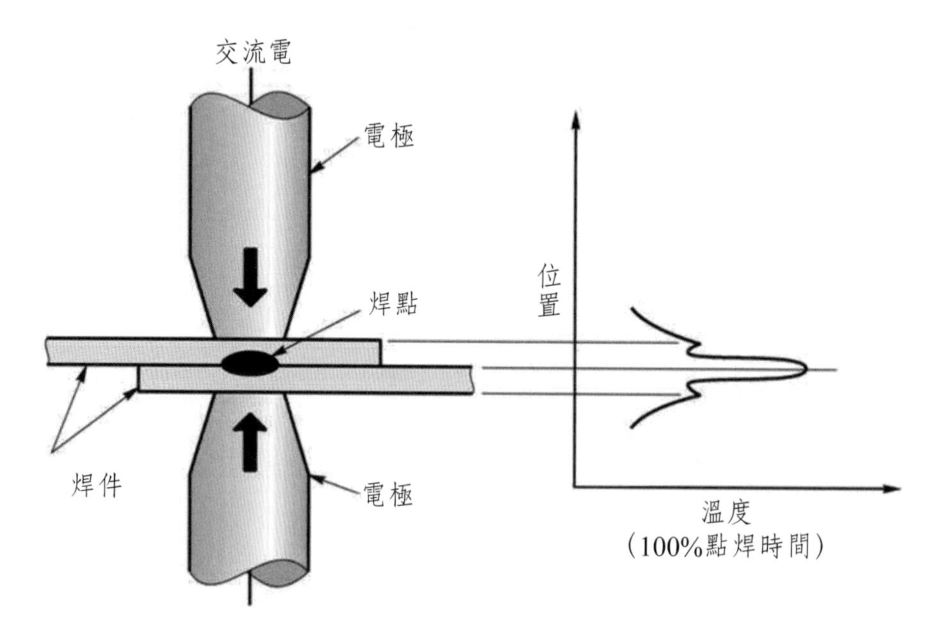

電阻焊原理示意圖

1. 電阻焊的優點

(1) 設備簡單且操作容易，適合大量生產製程。
(2) 不需添加填料與焊藥。
(3) 不會產生電弧和煙塵，較無汙染。
(4) 焊接速度快，焊件的熱變形與熱影響區均較小。
(5) 適用於薄板焊接，尤其板金工作。焊件精度較易控制。

2. 電阻點焊

電阻點焊法（Resistance Spot Welding, RSW）是電阻焊中最普遍的一種，主要應用在薄板金屬的接合，可取代鉚接、氣焊或其他的焊接方法。

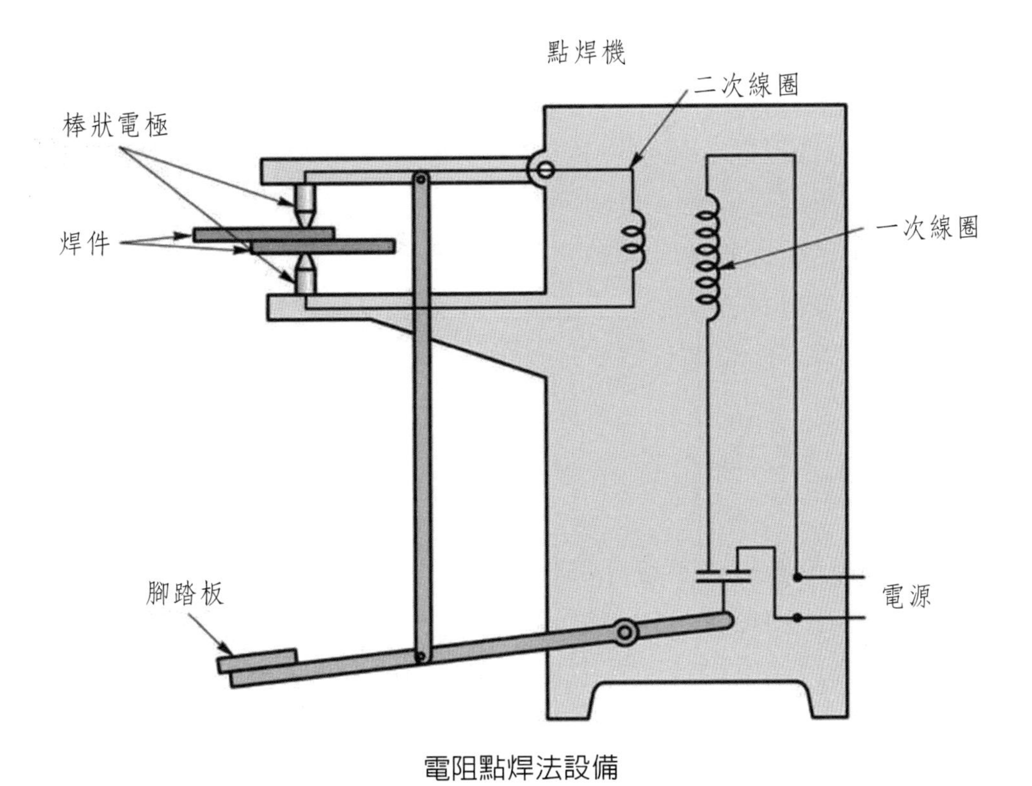

電阻點焊法設備

交流電

電極

焊件

凸點

電阻浮凸焊原理

4.21.9 雷射焊接（LBW）

LBW為自動化製程，使用一致光源的集中光束熱能接合兩個材質。此製程用於焊接所有商業用金屬，包括鋼、不鏽鋼、鋁、鈦、鎳以及銅，並且能夠提供高機械屬性與加工走速，同時又具備低變形率、無殘渣、無濺汙的特性。焊接可使用或不用熔填金屬加工，並可在許多應用中進行，期間會使用遮護氣體保護熔池。由於高速焊接以及使用雷射焊接的面積較小，因此使用的設備需要投入龐大的資金，作業員也必須具備純熟的操作技巧。

1. 雷射焊接的優點

(1) 不會產生煙塵，也不會有噴濺的情形。並可在大氣中施焊。
(2) 能焊接兩種物理特性相差很大的金屬。
(3) 能量不易因距離較遠而有所損失。
(4) 可焊微小以及薄的焊件。
(5) 不需添加填料。
(6) 可精確定位，容易焊接自動化。

2. 雷射焊接的限制：

(1) 焊件需要良好的密合，以致前置加工非常重要。
(2) 若工件的熱傳導性不佳，會使焊件表面蒸發或造成熱衝擊厚度受到限制。
(3) 設備非常昂貴且耗材費用高。
(4) 雷射光多為不可見光，必須注意工作環境的安全維護。
(5) 不適用於焊接對雷射光反射率高的金屬，如金、銀、銅以及鋁等。

4.21.10 鑞接（軟焊與硬焊）

將焊件與填料同時加熱至低於焊件熔點，但高於填料熔點的溫度。使填料熔化成液態，再利用毛細作用，填入接合面夾縫中，填料凝固後將焊件接合。軟焊與硬焊一般統稱為「鑞接」。軟焊與硬焊乃以施焊溫度來區分，溫度在

800℉（427℃）以下者，稱爲軟焊；溫度在800℉（427℃）以上者，稱爲硬焊。

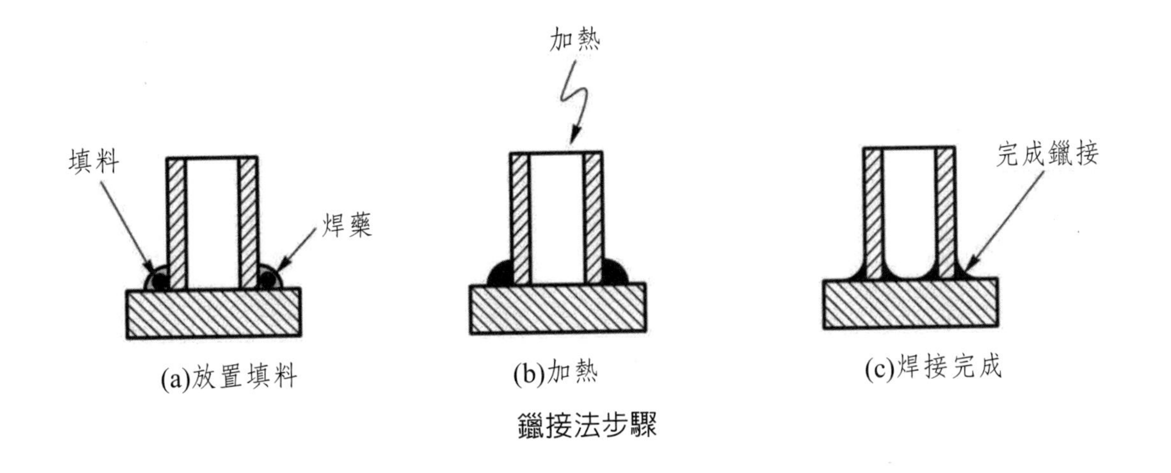

(a)放置填料　(b)加熱　(c)焊接完成

鑞接法步驟

4.21.10.a 軟焊

又稱爲「錫焊」，多應用於薄板金製成的日用器具、防漏修補、低電阻接頭、電子產品線路連接以及容器儲槽等。適用的焊件材料以鉛、鍍錫鐵皮（馬口鐵）、鍍鋅鐵皮、銅合金、鋁合金以及不鏽鋼等爲主。由於焊接溫度較低，所以焊件較不易變形，且防漏性高，但是焊接強度較弱。

包括：焊炬軟焊、電阻軟焊、爐式軟焊、感應軟焊、浸式軟焊、紅外線軟焊、烙鐵軟焊以及波動軟焊等。

4.21.10.b 硬焊

又稱爲「銅焊」或「銀焊」，操作溫度較高，接合強度亦較軟焊爲高，工業上常用的金屬都能適用。

依照不同熱源分爲十一類：電弧硬焊、焊炬硬焊、電阻硬焊、爐式硬焊、感應硬焊、浸式硬焊、紅外線硬焊、擴散硬焊、熱塊硬焊、流動硬焊以及電熔渣與電熱氣焊接。

4.21.11 電熔渣焊接與電熱氣焊接

電熔渣焊接（Electro Slag Welding, ESW）是一種焊件垂直焊接的焊法。其原理是利用兩直立焊件留有一直立縫隙，兩側以銅擋板（需通冷卻水）罩住，並於底部裝置墊板。施焊時先將焊劑填入焊縫，由上方送入可消耗式焊線作爲電極，在起焊後電極產生電弧，並將焊劑熔成熔渣，而後電流仍流經熔渣，並藉由熔渣之電阻熱進一步熔化焊線與母材，焊線持續地送入並熔化。

電熱氣焊接（Electro Gas Welding, EGW）之原理與電熔渣焊接大致相同，不同點僅在於電熱氣。

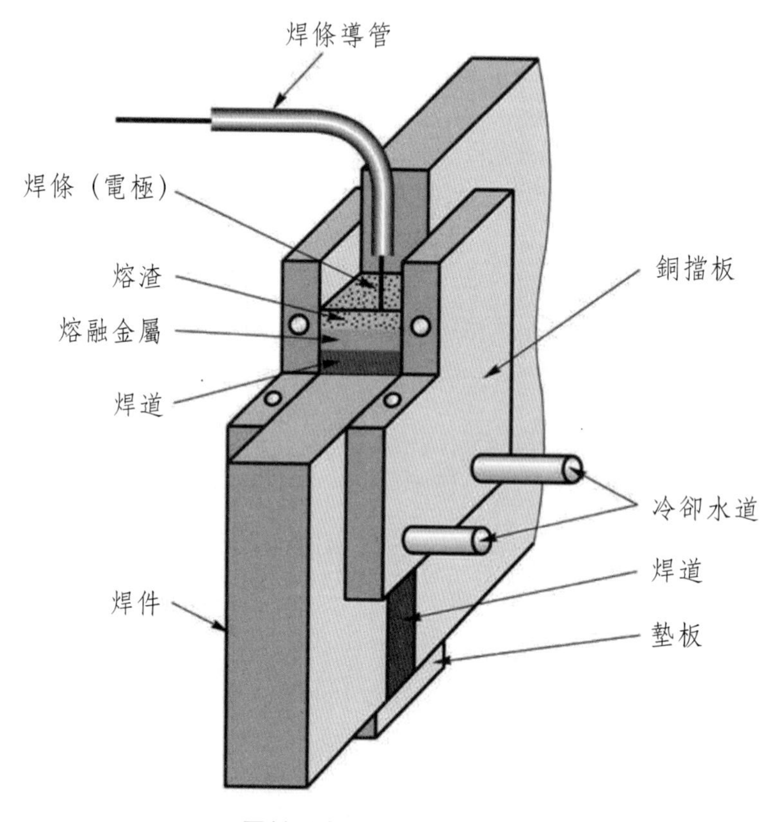

電熔渣焊接之原理與設備

4.21.12 鋁熱料焊接

鋁熱料焊接（Thermit Welding, TW）係利用熱料（通常爲鋁粉）與金屬氧化物（通常爲氧化鐵）在發生化學反應時，放熱並產生過熱金屬液，再將其填入焊件接縫中，達成接合目的。

$$8Al + 3Fe_3O_4 \rightarrow 9Fe + 4Al_2O_3 + \text{熱}$$

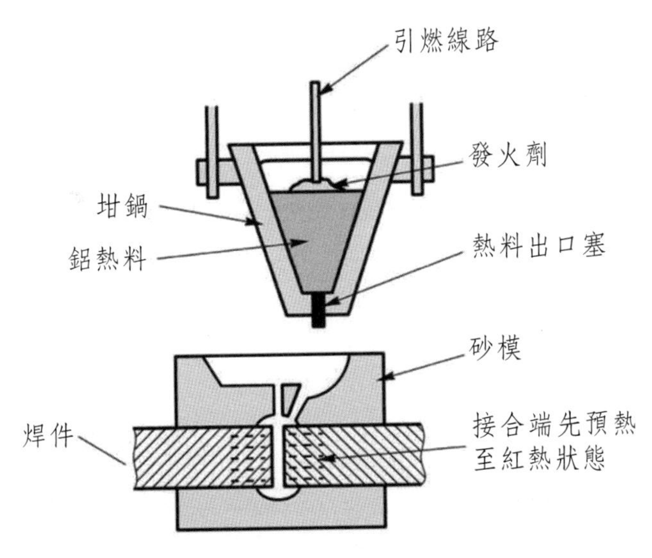

(a)引燃發火劑，促使鋁熱料起化學反應

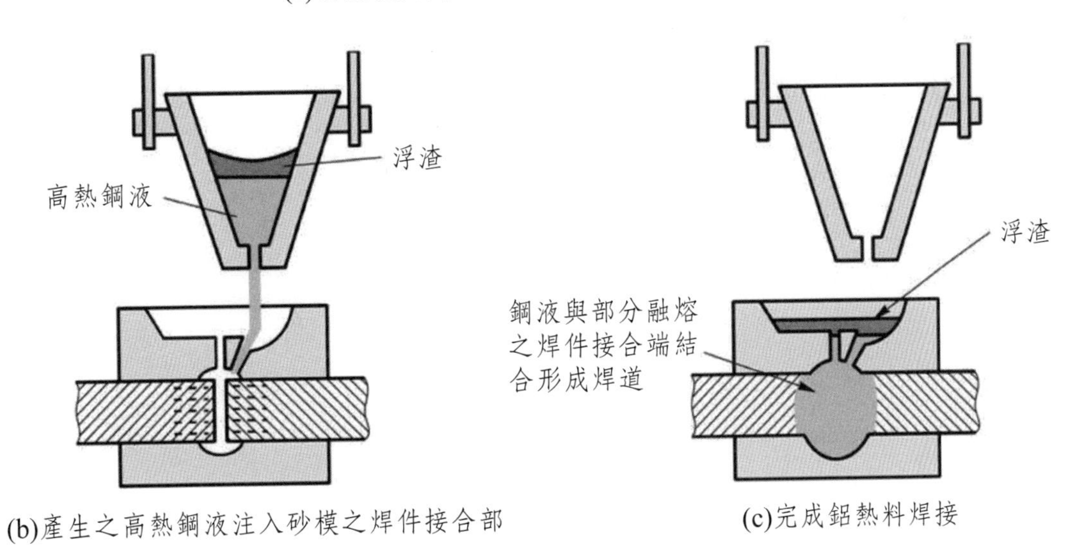

(b)產生之高熱鋼液注入砂模之焊件接合部

(c)完成鋁熱料焊接

鋁熱料焊接裝置與步驟

4.22 焊接符號之標註位置

標註示例	說明
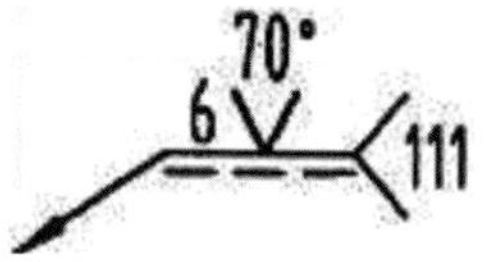 70° 6 111	V形焊縫，坡口角度70°，焊縫有效高度6公釐
 4	角焊縫，焊角高度4公釐，在現場沿工件周圍焊接
 5	角焊縫，焊角高度5公釐，三面焊接
 5 8X(10)	槽焊縫，槽寬（或直徑）5公釐，共8個焊縫，間距10公釐
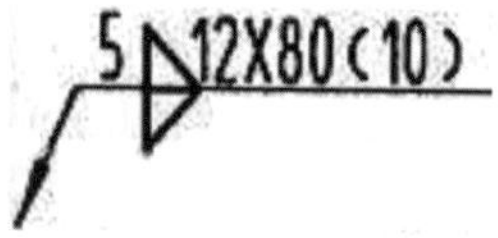 5 12X80(10)	斷續雙面角焊縫，焊角高度5公釐，共12段焊縫，每段80公釐，間隔30公釐
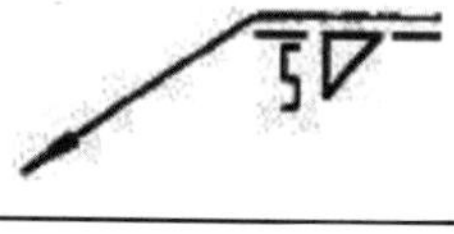 5	在箭頭所指的另一側焊接，連續角焊接，焊縫高度5公釐

4.23 焊接符號補充說明

示意圖	標註示例	說明
	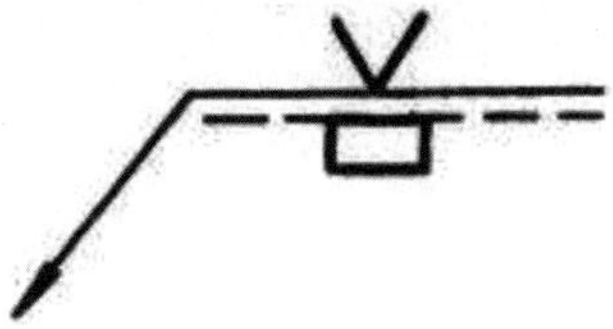	表示V形焊縫的背面底部有墊板
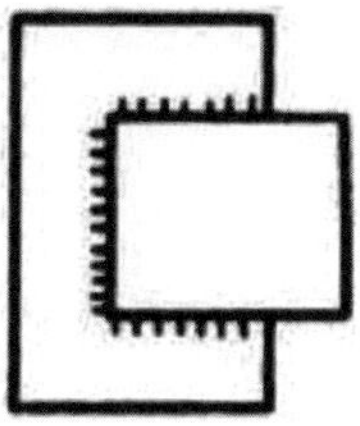	 111	工作三面帶有焊縫，焊接方法為焊條電弧焊
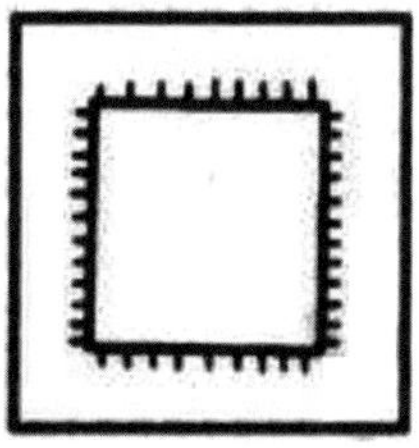	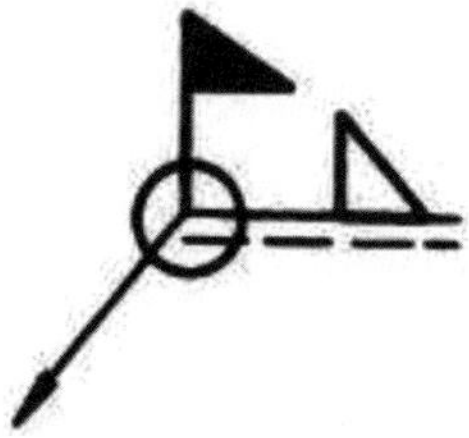	表示在現場沿焊件周圍施焊

4.24 配管安裝方法與要求

所有地面上／地面下管線應嚴格依照圖面施工，其尺寸誤差不得超出圖所示。圖上所指直線距離「A」其容許誤差如下規定：

1.直線距離（「A」）其容許誤差在標稱管徑10吋（含）以下管線不得超過±1/8吋（3.2公釐），標稱管徑12吋（含）以上至36吋管線不得超過±3/16吋（4.8公釐）

2.直線距離（「A」）在標稱管徑爲36吋以上管線時，每增加12吋其容許誤差隨之增加±1/32吋（0.8公釐）：

36吋以上～48吋容許誤差爲±（3/16+1/32=7/32吋）（5.6公釐）

48吋以上～60吋容許誤差爲±（7/32+1/32=1/4吋）（6.4公釐）

3.有縫鋼管其縱向焊縫必須互相錯開，且必須避開歧管接口。

4.歧接（Weldolet，Sockolet等）其開孔不得小於支管節相接端的內徑，但不得大於支管節內徑4.8公釐。

5.爲防止管線於電焊中變形，必要時在配接完成後，加裝定位焊接片（Tack Welded Lug）或臨時補強裝置，但必須在焊接完成後磨除。

6.預製管線時，應在現場焊接部位預留50公釐的長度，以供現場配接用。

7.除圖面表示需用彎管外，一律使用長徑彎頭。

8.對焊（B.W.）時焊縫間隙及斜角，需符合ANSI B16.25之規定。

9.鍍鋅管於焊接前，應先行除去焊口處至少50公釐之鍍鋅層，並不得有油脂殘渣粒。鍍鋅管應預製並留法蘭後再行鍍鋅，而在現場直接以法蘭連接，不可再焊接而破壞鍍鋅。

10.管線不直，管線兩端的高度誤差不得超過6.4公釐。

4.24.1 配管安裝前應做的預備工作

1.閥類（Valves）清洗時應使用高壓空氣吹洗，開始清洗時不可把閥門開啓，俟表面清洗乾淨後，再打開清洗內部，而後再關上。

2.檢查所要安裝的預製管線上的記號或管線，是否與設計圖或所做的紀錄相同，並檢查使用的材料是否與設計圖的要求相符。

3.清潔管線內部：使用木槌敲擊管線或利用高壓空氣吹洗內部，澈底將內部所有鐵屑、砂土、雜質等清除乾淨。

4.安裝前，應將所有法蘭面的鐵鏽及其他雜質清洗乾淨，接觸面如有碰傷應設法修補，修補後應再加工使表面平直而光滑。

4.24.2 安裝時應注意事項

1.注意閥門上的壓力規格及流體流向箭頭，切勿倒裝或誤裝。

2.熱膨脹接頭（Expansion Joint）應按照設計圖面及製造廠家所提供之安裝說明書安裝。

3.對於大管徑的鑄鐵閥門及鑄鐵管、鑄鐵管件，在安裝之前應先檢查與其所對接的法蘭面，是否有因焊接不當而變形。由於法蘭面的變形及螺絲鬆緊不均往往會將閥門、鑄鐵管及鑄鐵管件之法蘭鎖裂，此點應特別注意。

4.安裝時應謹慎從事，不可將已安裝妥當之機械設備（如泵浦等）及儀器設備（如壓力計等）碰壞。

5.現場焊接時，應注意附近有無其他人員在工作，有無可燃燒的器材如乙炔、橡皮管等，焊接前應先做好安全措施。如遇地下電纜或儀器電線，應使用石棉布或其他防火性材料臨時遮蓋，以防火花下濺導致危險。

6.管閥焊接時應注意管閥在關閉之位置，以避免封環（Seal）受熱變形及因空氣流通造成焊接部位冷卻作用影響品質。

7.與設備相連接的管線應特別注意，必須有適當的暫時支撐，避免設備因承受扭力、彎力及垂直力等之負荷，而影響到設備本身的運轉，甚至過度變形乃至破壞。

8.所有碳鋼及合金鋼螺絲在安裝時，應塗上防鏽塗料，若使用於高溫時，應將螺牙塗上複合油（Compound Oil），以免螺牙受損。

9.撓性管（Flexible Hose）安裝時，需注意不可使軟管有扭轉的趨向。

4.24.3 一般安裝要求與規定

1.地面上／地面下管線應確實按設計圖面安裝，管線是否水平或垂直，需使用水平尺、水平儀及鉛垂測定，必要時得使用經緯儀測定，以減少誤差。

2.管端的封蓋、法蘭面的保護物、機械設備上的封物等未安裝前絕不可去除。安裝於設備的管線，其內部應絕對清洗乾淨，並經業主檢驗合格後方可安裝。

3.法蘭鎖緊時應分數次對稱均勻施力，對於鑄鐵法蘭尤應注意，不可過度，以防崩裂。法蘭接頭應依據製造廠家所提供之扭力數據，以扭力扳手施工。

4.除另有規定外，法蘭面及密合墊圈（Gasket）不得擦拭黃油之類的氣密塗料。

5.管牙裝接時，應使用止漏膠帶（Tape Seal）或管牙膏（Thread Compound）

6.管線不得作為臨時支撐其他物件。管件安裝之臨時補強板等在管線安裝完後應立即拆除並將焊疤、焊渣剷除及修護，並用砂輪磨光。

4.24.4 管線與轉動機械連接之精密安裝

1.壓縮機及泵浦等轉動機械，其接嘴處法蘭之保護措施，應留到要安裝時才可取掉。

2.要安裝時取掉接嘴法蘭保護封蓋後，應即時以臨時鍍鋅薄片遮護，避免雜物進入，直至做好管線與機械之校心工作完成後，再以正式墊圈片取代，完成接合工作。

3.管線與轉動機械連接處法蘭的對正偏差尺寸，需依照原製造廠家之要求，做檢查及校正工作。

4.空壓機、泵浦等迴轉機械的管線，其法蘭面與機械設備上的法蘭尺寸誤差不得超過規定，以避免機械設備管嘴（Nozzle）因承受扭力、彎力及垂直壓力等之載荷，而影響到機械本身的運轉甚至過度變形乃至破壞。

4.24.5 管線清洗

1.除另有規定外，所有接受水壓試驗的管線，均應在試壓之前將管線內部用清水清洗乾淨（氣體試壓之管線使用空氣清洗）。

2.清洗前，應將不試壓部分隔離，嚴防試水進入設備內部。

3.用水沖洗應儘可能提高水的衝力。在沖洗時逐段實施。每遇有閥門之處，均應將閥門關上。將法蘭打開，讓水雜質及鐵渣由法蘭處流出，俟水中不含任何物質，經業主認可後封閉。

4.25 管線支撐之製作及安裝要點

1.管線支撐應依照設計圖所定尺寸確實製作，製作完成後之油漆施工，參照油漆施工之規定辦理。

2.製作完成的管線支撐，應將其焊疤、焊渣等鑿除。鋼板及型鋼若是用切割器切割，應使用砂輪整修邊緣。

3.支撐附件如螺桿、螺帽和螺絲等之螺牙（Threads）需依據ANSI B1.1之粗牙系（Coarse Thread Series）UNC 1A或2A配UNC 2B及八牙系列（Eight Thread Series）8N 2A配2B。（A表示外牙，B表示內牙）

4.桿或螺絲穿越孔的直徑為螺桿或螺絲的直徑再加1.5公釐，孔徑之容許裕度為孔徑＋0.5公釐。

5.製作完成的管線支架，應配掛附有管線名稱及支架編號之名牌，使容易區別。

6.安裝點之位置，應照設計圖所示做正確之安裝，除Field Run管線外，超出公差應修改設計並繪製施工圖送業主審核。

7.安裝時應注意與結構物（Structure）相連接端是否固定妥；與管線相連接端如使用管夾（Pipe Clamp）應注意是否鎖緊；安裝過程中及試壓時彈簧防震器等特殊裝置應做適當之保護措施，避免承受過重之負荷。

8.U-Bolt的螺帽應照圖面上所示的方式鎖定，應確定勿使可移動部分受到任何阻礙，以致無法發揮其應有之功能。拘束點（Restraint）之方向間隙（Clearance）與滑動面（Sliding Surface）應與圖面一致。

9.特殊滑動面例如不鏽鋼板、石墨板、特夫綸（Teflon）等配件，不可予以塗刷油漆，若遇到管線有冷拉（Cold Spring）的情況，應先將相關拘束安裝完成並經檢驗合格後，才予管線實施冷拉。

10.防震器（Snubber）和抗拉壓支桿（Sway Trust）之球面軸承，安裝時需確認其妥當性後，才施予正式焊接。

11.剛性吊架（Rigid Hanger）之桿，需處於「緊密結合」狀態。剛性支撐（Rigid Support）之支撐面需完全接觸，不可有間隙，以確保能支撐管線的重量。

4.26 管線支撐在安裝後，試壓前之檢查事項

1.每一組支撐均必須和圖面對照，要能確定所有元件（Components）均已被安裝，且都在其適當的位置。包括試壓用的臨時支撐（Temporary Support）。

2.每個支撐元件，具有螺紋的部分，應檢驗其可操作性或可能遭到的損壞，如已損壞者，應即換掉。

3.螺旋元件的螺母保險（Lock Nut）、開口梢（Cotter Pins）、臨時鎖緊裝置（Travel Stop）及其他附在彈簧支撐上的鎖緊附件，均需確實的檢查是否有適當的嚙合。

4.調整彈簧的方向，使它的負荷及移動刻度能朝向容易看到的位置。刻度表如有損壞應立即更換。但是在更換前，應先在彈簧外殼（Casing）上記下刻度表的正確位置，以便在更換後，新的刻度表能在其原來的位置。

5.對於某些滑動支撐（Sliding Support），其滑動表面係以特夫綸（Teflon），石墨、銅或鋼對鋼等製成，在安裝時，需嚴格要求按圖施工。尤其對於留有間隙及預先偏位（Pre-Offset）尺寸，更要特別注意。

4.27 管線支撐在試壓後之檢查事項

1.試壓後，所有為試壓而使用的裝置，例如彈簧支撐的鎖緊裝置及一些臨時支撐，應予移開。

2.彈簧支撐要檢查它的負荷－位移指示器（Load/Travel Indicator），是否接近原先設計的冷位置（Cold Position）以及管線是否在正確的高度上。

3.有拘束裝置的支撐，如防震器等，也要檢查它的位移指示器，是否在設定的冷位置。

4.在未操作前，彈簧支撐及拘束支撐之負荷和位移的實際位置，必須記錄在一份長久保存的表格上。

4.28 機械式防震器之檢查項目

1.是否使用能確保兩端球面軸承能具有適當容許回轉角之安裝方法。
2.行程指示器是否位於冷位置。
3.預設裝置是否已卸下。
4.潤滑貯油器的油量是否按規定加注。

4.29 剛性吊架及拘束支撐

1.是否使用圖面上所指定的螺桿尺寸。
2.螺桿之緊拉狀態是否良好，螺絲部分是否有良好的嚙合狀態。
3.拘束方向是否正確。
4.滑動面是否有熔接的焊渣物（Spatter）介入。
5.是否保有適當的間隙。

第 5 章

管道支撐架及吊架

管道支架的作用是支撐管道和限制管道的位移，支架承受著管道重力和由內壓、外載和溫度變化所引起的作用力，並將這些荷載傳遞到建築結構或地面的管道構件上。管道支架對供熱管道的運行有著重要影響，如果支架的構造形式選擇不當或支架位置確定不正確，都會產生嚴重的後果。根據支架對管道位移的限制情況不同，可分爲固定支架和活動支架。

5.1 支撐位置之確定

支撐位置依賴許多因素，如管道尺寸、管道結構、閥門的重量和管件的位置等屬於結構的一部分，儘可能將支撐設置在直管部分，而彎頭、管接頭、閥門、法蘭等不適宜或設置在負載敏感設備附近的管道（例如在泵的吸入口）。儘量少用彈簧吊架。

5.2 支撐架固定方式

管吊架（Hanjer）、托架（Bracket）、管座（Saddle）、管夾（Clamp）、U-Bolt以及其他支撐應有足夠強度與剛性，抵擋管線改變方向與管末端之水壓推力，以及管本身靜載重與活載重之負荷。需經過計算後，再選用角鐵、C型鋼或H型鋼設計吊架與支撐，以符合實際需要。

5.3 吊管架及支架間距（參考）

5.3.1 立管

鑄鐵管及鍍鋅鋼管每層／中央一處以上，塑膠管每1.2公尺以內一處。

5.3.2 橫管

鍍鋅鋼管及不鏽鋼管每：

1.管徑20公釐（3/4”）以下每1.8公尺以內一處。

2.管徑25～40公釐（1”～1-1/2”）每2.0公尺以內一處。

3.管徑50～80公釐（2”～3”）每3.0公尺以內一處。

4.管徑100～150公釐（4”～6”）每4.0公尺以內一處。

5.管徑200公釐（8”）以上5.0公尺以內一處。

5.3.3 塑膠管

1.管徑15公釐（1/2”）以下每0.75公尺以內一處。

2.管徑20～40公釐（3/4”～1-1/2”）每1.0公尺以內一處。

3.管徑50公釐（2”）每1.20公尺以內一處。

4.管徑65～150公釐（2-1/2”～6”）每1.50公尺以內一處。

5.管徑200公釐（8"）以上每2.0公尺以內一處。

5.4 管支撐架荷重計算

W =（管單位重（M）×總管長）+（容積（水）r×r×π×總管長）

5.5 配管注意事項

1.供水管管線距離若很長，需考慮在管道間適當位置安裝減壓閥組。

2.大型加壓馬達需考慮加裝水鎚吸收器及軟管以減低震動。

3.水塔供水管出口處需設計排氣管以防止氣鎖。

以上支撐爲一般工業用管線施作方式，若家庭管線則無需如此複雜，一般C型鋼及管夾施作既可，能計算更好。

5.6 各項支撐種類

下面列出各項支撐種類，可用於各種情況之配管，工程師可依管線周遭之變化選用，如何選擇適當的支撐應該是設計工程師的首要目標。

5.6.1 目錄S-01

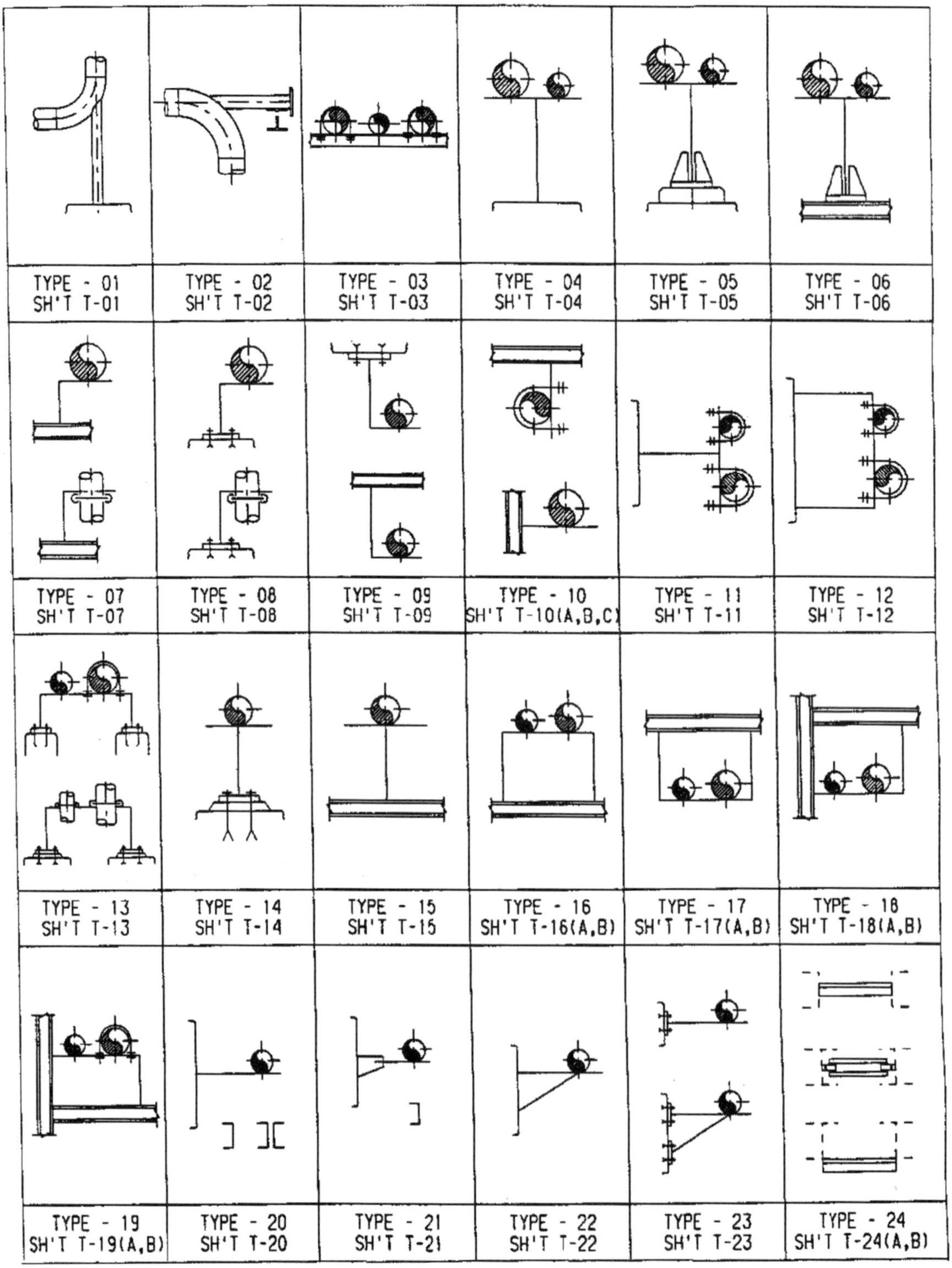

TYPE - 01 SH'T T-01	TYPE - 02 SH'T T-02	TYPE - 03 SH'T T-03	TYPE - 04 SH'T T-04	TYPE - 05 SH'T T-05	TYPE - 06 SH'T T-06
TYPE - 07 SH'T T-07	TYPE - 08 SH'T T-08	TYPE - 09 SH'T T-09	TYPE - 10 SH'T T-10(A,B,C)	TYPE - 11 SH'T T-11	TYPE - 12 SH'T T-12
TYPE - 13 SH'T T-13	TYPE - 14 SH'T T-14	TYPE - 15 SH'T T-15	TYPE - 16 SH'T T-16(A,B)	TYPE - 17 SH'T T-17(A,B)	TYPE - 18 SH'T T-18(A,B)
TYPE - 19 SH'T T-19(A,B)	TYPE - 20 SH'T T-20	TYPE - 21 SH'T T-21	TYPE - 22 SH'T T-22	TYPE - 23 SH'T T-23	TYPE - 24 SH'T T-24(A,B)

5.6.2 目錄S-02

HANGER		GUID	GUID		AXIAL RESTR.
TYPE - 25 SH'T T-25	TYPE - 26 SH'T T-26	TYPE - 27 SH'T T-27(A,B)	TYPE - 28 SH'T T-28	TYPE - 29 SH'T T-29	TYPE - 30 SH'T T-30
AXIAL RESTR.	INSERT PLATE	UNDER SUP'T	(COLD SUP'T) UNDER SUP'T	(COLD SUP'T) GUID	(COLD SUP'T) 3-WAY
TYPE - 31 SH'T T-31(A,B)	TYPE - 32 SH'T T-32	TYPE - 33 SH'T T-33	TYPE - 34 SH'T T-34	TYPE - 35 SH'T T-35	TYPE - 36 SH'T T-36
(COLD SUP'T) GUID	A.S. OR C.S. GUID		A.S. OR C.S. UNDER SUP'T	AXIAL RESTR.	Y-RESTR.
TYPE - 37 SH'T T-37	TYPE - 38 SH'T T-38	TYPE - 39 SH'T T-39	TYPE - 40 SH'T T-40	TYPE - 41 SH'T T-41	TYPE - 42 SH'T T-42
GUID					
TYPE - 43 SH'T T-43	TYPE - 44 SH'T T-44(A,B)	TYPE - 45 SH'T T-45	TYPE - 46 SH'T T-46	TYPE - 47 SH'T T-47	TYPE - 48 SH'T T-48

5.6.3 目錄S-03

T-001A

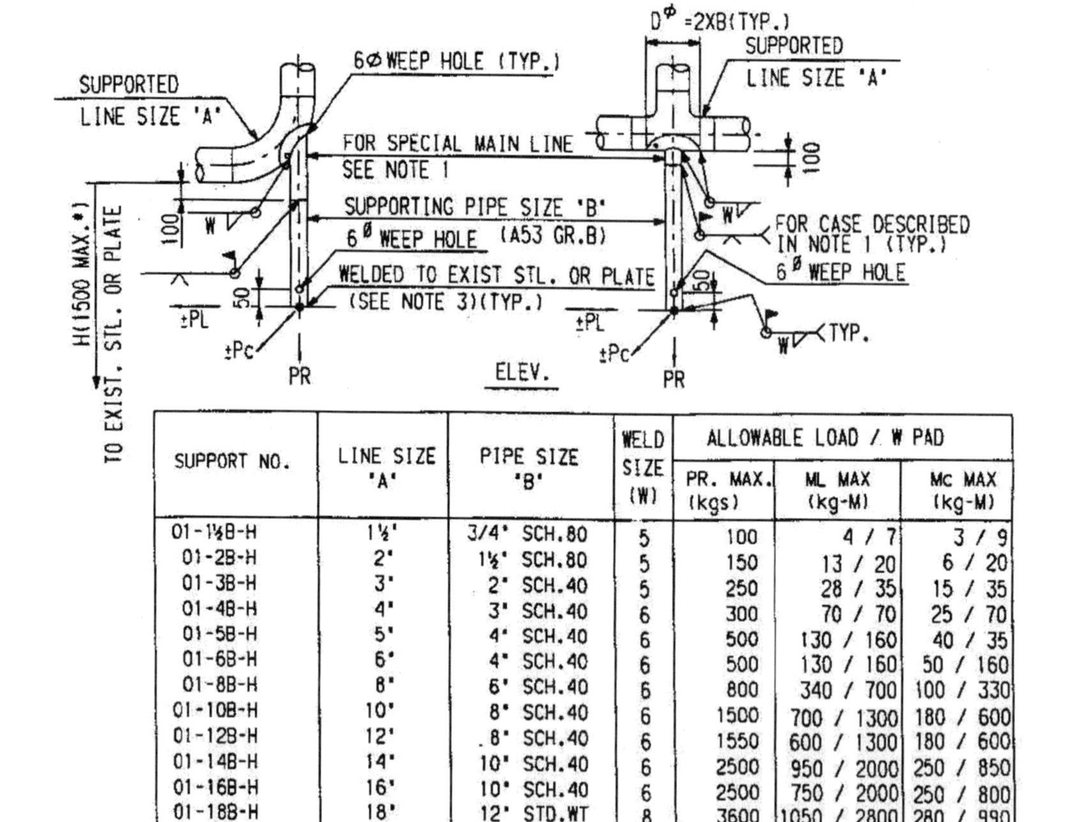

SUPPORT NO.	LINE SIZE 'A'	PIPE SIZE 'B'	WELD SIZE (W)	ALLOWABLE LOAD / W PAD		
				PR. MAX. (kgs)	ML MAX (kg-M)	Mc MAX (kg-M)
01-1½B-H	1½"	3/4" SCH.80	5	100	4 / 7	3 / 9
01-2B-H	2"	1½" SCH.80	5	150	13 / 20	6 / 20
01-3B-H	3"	2" SCH.40	5	250	28 / 35	15 / 35
01-4B-H	4"	3" SCH.40	6	300	70 / 70	25 / 70
01-5B-H	5"	4" SCH.40	6	500	130 / 160	40 / 35
01-6B-H	6"	4" SCH.40	6	500	130 / 160	50 / 160
01-8B-H	8"	6" SCH.40	6	800	340 / 700	100 / 330
01-10B-H	10"	8" SCH.40	6	1500	700 / 1300	180 / 600
01-12B-H	12"	8" SCH.40	6	1550	600 / 1300	180 / 600
01-14B-H	14"	10" SCH.40	6	2500	950 / 2000	250 / 850
01-16B-H	16"	10" SCH.40	6	2500	750 / 2000	250 / 800
01-18B-H	18"	12" STD.WT	8	3600	1050 / 2800	280 / 990
01-20B-H	20"	12" STD.WT	8	3600	900 / 2600	280 / 990

* 3/4" SCH.80 H=500mm (MAX.), 1 1/2" SCH.80 & 2" SCH.40 H=1000mm(MAX)

NOTES:

1. FOR ALLOY STEEL, STAINLESS STEEL & STRESS-RELIEF LINES, THE MATERIALS SHALL BE THE SAME AS THE MAIN LINE, AND IT SHALL BE FABRICATED TOGETHER WITH MAIN LINES IN SHOP.

2. DIMENSION "H" SHALL BE CUT TO SUIT IN FIELD

3. THIS TYPE MAY BE USED WITH SHT.C-17,18 TO DETERMINE THE LOWER COMPONENT TYPE. (LINE SIZE 18"-20",DON'T USE TYPE B, E,G)

4. DESIGNATION NUMBER,DENOTE AS FOLLOWS:

01-2B-H-B(R)
- (R) — DENOTE REINFORCED PAD IS PEQUIRED SEE NOTE 9
- B — DENOTE THE LOWER COMPONENT TYPE SEE C-17,18 & 19(BLANK FOR WELDED TO EXIST. STL. DIRECTLY)
- H — DENOTE DIMENSION "H"
- 2B — DENOTE SUPPORTED LINE SIZE 'A'
- 01 — DENOTE TYPE NO.

T-001B

5. $M_L = P_L x H$; $M_C = P_C x H$

6. $P_{L\ MAX} = \frac{(1 - P_R/P_{R\ MAX})(M_{L\ MAX})}{H}$

$P_{C\ MAX} = \frac{(1 - P_R/P_{R\ MAX})(M_{C\ MAX})}{H}$

7. THE FOLLOWING INTERACTION FORMULA MUST BE MET:

$\frac{P_L}{P_{L\ MAX}} + \frac{P_C}{P_{C\ MAX}} + \frac{P_R}{P_{R\ MAX}} \leqslant 1$

8. FOR NOTES 6 & 7 CAN BE COMBINED AS FOLLOWS:

$\frac{P_L\ xH}{M_{L\ MAX}} + \frac{P_C\ xH}{M_{C\ MAX}} \leqslant (1 - \frac{P_R}{P_{R\ MAX}})^2$

9. FOR PEINFORCED PAD'S MATERIAL , USE SAME OR EQUIVALENT PIPE'S MATERIAL THAT CUT FROM THE PIPE OR BEND PLATE PAD'S THICKNESS EQUAL TO PIPE'S THICKNESS.

T-002

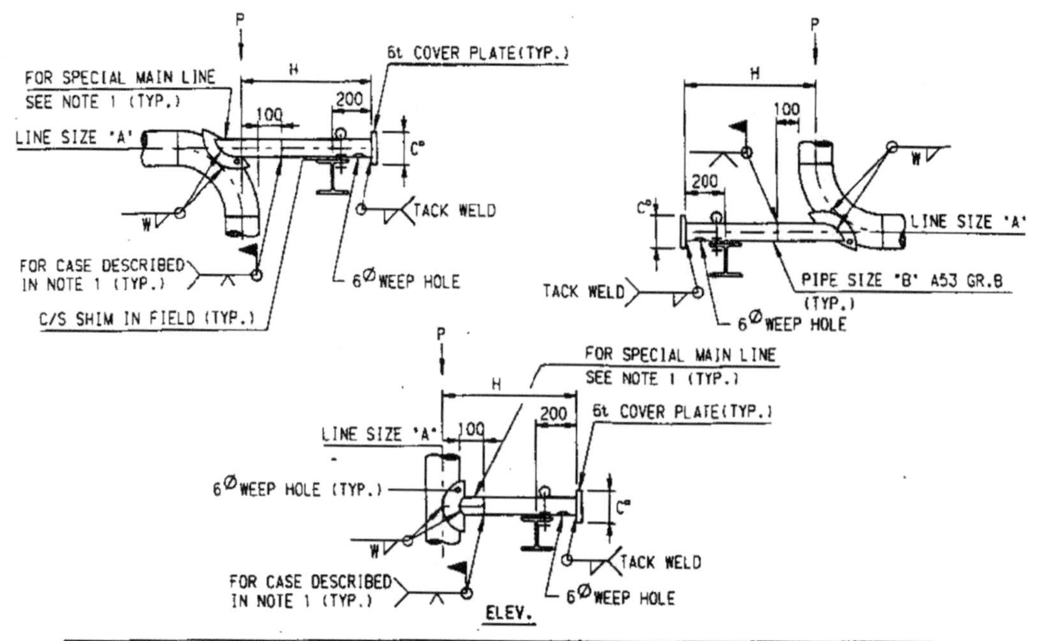

SUPPORT NO.	LINE SIZE 'A'	PIPE SIZE 'B'	C°	WELD SIZE (W)	VERTICAL ALLOWABLE LOAD (kgs) P		
					H=500	H=1000	REMARK
02- 2B- H	2"	1½"SCH.80	70	5	50	38	
02- 3B- H	3"	2"SCH.40	80	5	100	80	
02- 4B- H	4"	3"SCH.40	110	6	235	100	
02- 6B- H	6"	4"SCH.40	140	6	250	150	
02- 8B- H	8"	6"SCH.40	190	6	500	200	
02- 10B- H	10"	8"SCH.40	240	6	600	300	
02- 12B- H	12"	10"SCH.40	290	6	2350	875	
02- 14B- H	14"	12"STD.WT.	340	8	2350	1650	
02- 16B- H	16"	12"STD.WT.	340	8	6600	1650	
02- 18B- H	18"	14"STD.WT.	380	8	6600	3250	
02- 20B- H	20"	14"STD.WT.	380	8	9300	3250	
02- 24B- H	24"	16"STD.WT.	430	8	9300	3250	

NOTES:

1. FOR ALLOY STEEL, STAINLESS STEEL & STRESS-RELIEF LINES, THE MATERIALS SHALL BE THE SAME AS THE MAIN LINE, AND IT SHALL BE FABRICATED TOGETHER WITH MAIN LINE IN SHOP.
2. DIMENSION 'H' SHALL BE CUT TO SUIT IN FIELD.
3. DESIGNATION NUMBER, DENOTE AS FOLLOWS:

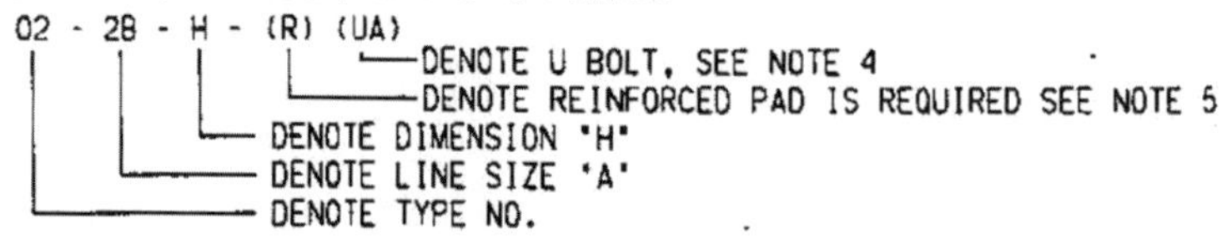

4. ONLY WHEN '(UA)' IS MARKED, ADDING U BOLT AS SHOWN IN FIG.-A OF SHEET T-29(PER PIPE SIZE 'B') MARK '(UB)' FOR FIG-B OF SHEET T-29, ETC.
5. FOR REINFORCED PAD'S MATERIAL, USE SAME OR EQUIVALENT PIPE'S MATERIAL THAT CUT FROM THE PIPE OR BEND PLATE.

T-003

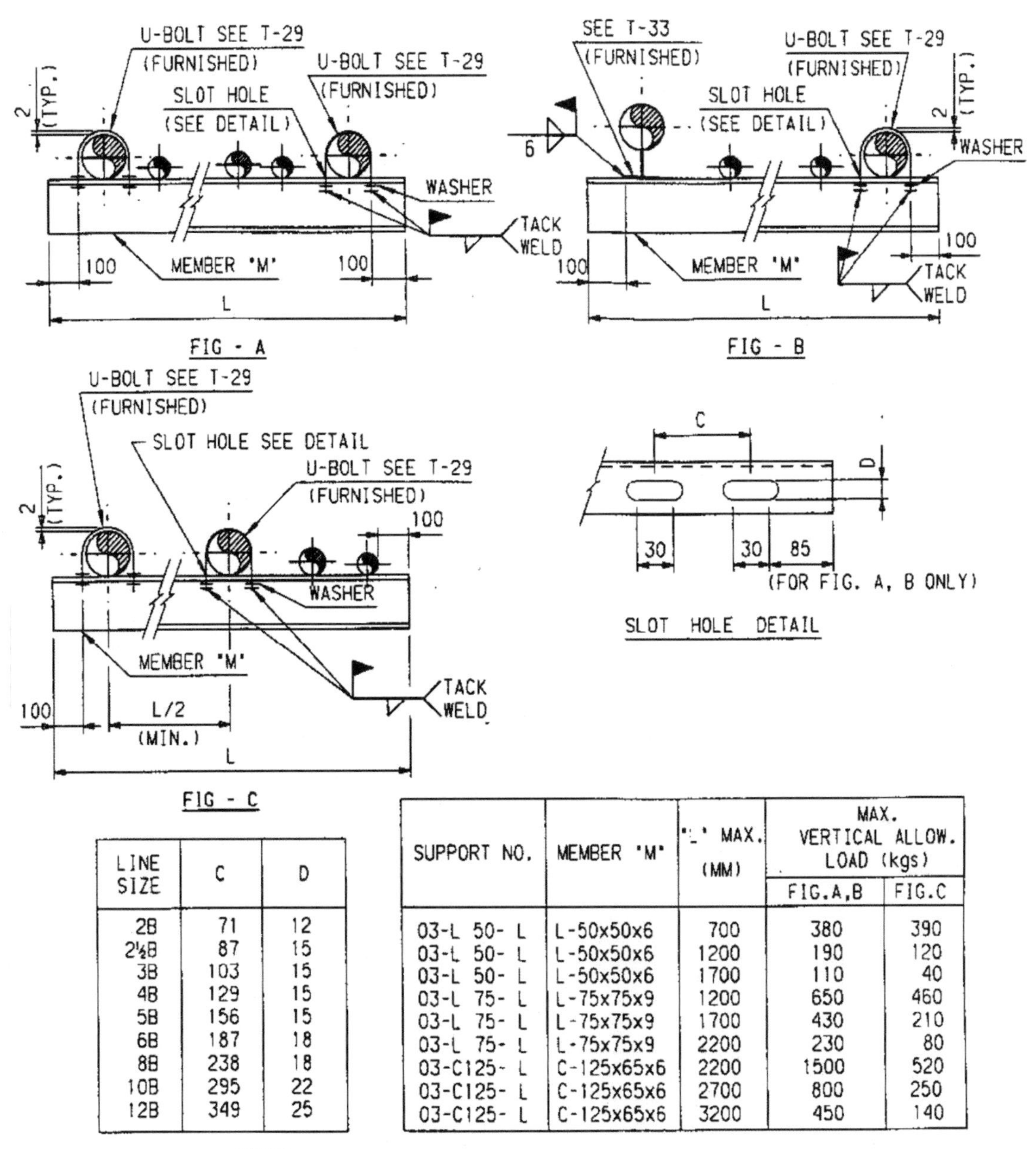

LINE SIZE	C	D
2B	71	12
2½B	87	15
3B	103	15
4B	129	15
5B	156	15
6B	187	18
8B	238	18
10B	295	22
12B	349	25

SUPPORT NO.	MEMBER "M"	"L" MAX. (MM)	MAX. VERTICAL ALLOW. LOAD (kgs)	
			FIG.A,B	FIG.C
03-L 50- L	L-50x50x6	700	380	390
03-L 50- L	L-50x50x6	1200	190	120
03-L 50- L	L-50x50x6	1700	110	40
03-L 75- L	L-75x75x9	1200	650	460
03-L 75- L	L-75x75x9	1700	430	210
03-L 75- L	L-75x75x9	2200	230	80
03-C125- L	C-125x65x6	2200	1500	520
03-C125- L	C-125x65x6	2700	800	250
03-C125- L	C-125x65x6	3200	450	140

NOTES:

1. DIMENSION "L" SHALL BE CUT TO SUIT IN FIELD.
2. DESIGNATION NUMBER, DENOTE AS FOLLOWS:

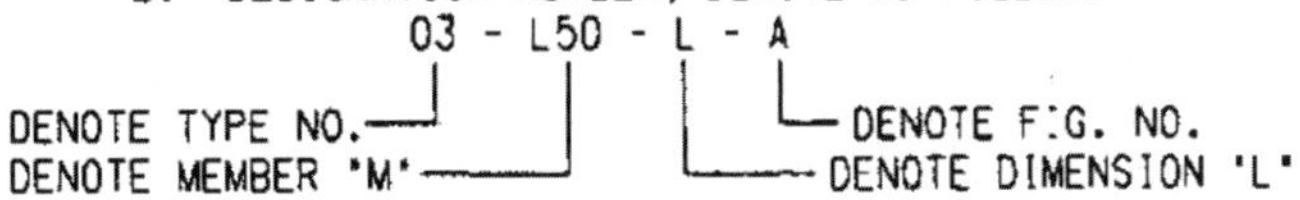

T-004

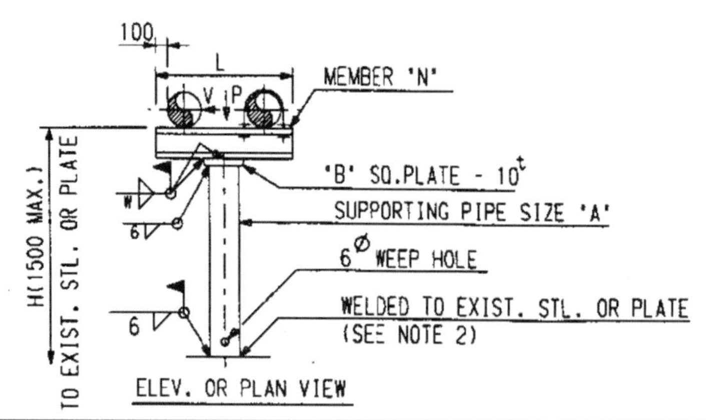

SUPPORT NO.	PIPE SIZE 'A'	L	H	B	MEMBER 'N'	WELD SIZE (W)	MAX. ALLOW. LOAD(kgs)	
							±P	± V
04-2B-L-H	2" SCH. 40	500	500	80	C-100x50x5	5	300	160
04-2B-L-H	2" SCH. 40	1000	500	80	C-100x50x5	5	200	65
04-2B-L-H	2" SCH. 40	500	1000	80	C-100x50x5	5	150	25
04-2B-L-H	2" SCH. 40	1000	1000	80	C-100x50x5	5	50	—
04-2B-L-H	2" SCH. 40	500	1500	80	C-100x50x5	5	95	—
04-3B-L-H	3" SCH. 40	500	500	110	C-100x50x5	5	800	440
04-3B-L-H	3" SCH. 40	1000	500	110	C-100x50x5	5	600	195
04-3B-L-H	3" SCH. 40	500	1000	110	C-100x50x5	5	300	180
04-3B-L-H	3" SCH. 40	1000	1000	110	C-100x50x5	5	200	120
04-3B-L-H	3" SCH. 40	500	1500	110	C-100x50x5	5	190	47
04-3B-L-H	3" SCH. 40	1000	1500	110	C-100x50x5	5	120	—
04-4B-L-H	4" SCH. 40	500	500	135	C-125x65x6	6	1400	680
04-4B-L-H	4" SCH. 40	1000	500	135	C-125x65x6	6	1000	300
04-4B-L-H	4" SCH. 40	500	1000	135	C-125x65x6	6	530	460
04-4B-L-H	4" SCH. 40	1000	1000	135	C-125x65x6	6	530	250
04-4B-L-H	4" SCH. 40	500	1500	135	C-125x65x6	6	410	110
04-4B-L-H	4" SCH. 40	1000	1500	135	C-125x65x6	6	260	65

NOTES:

1. DIMENSIONS 'H' & 'L' SHALL BE CUT TO SUIT IN FIELD.
2. THIS TYPE MAY BE USED WITH SHT.C-17,18 TO DETERMINE THE LOWER COMPONENT TYPE. IN THIS DETAIL, USE TYPE -G & J ONLY
3. DESIGNATION NUMBER,DENOTE AS FOLLOWS:

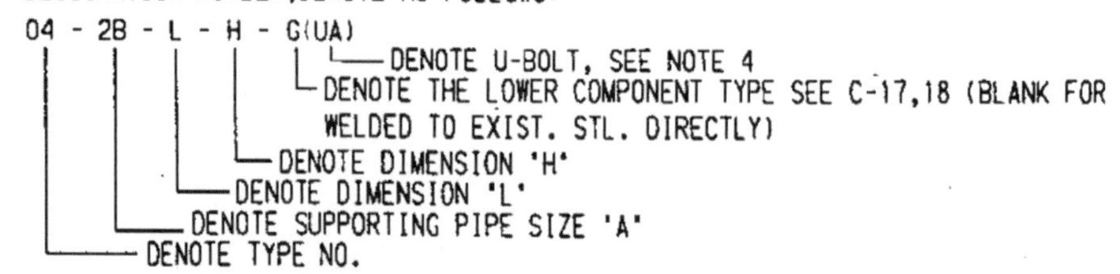

4. ONLY WHEN '(UA)'IS MARKED, ADDING U-BOLT AS SHOWN IN FIG.-A OF SHEET T-29, MARK '(UB)' FOR FIG.-B OF SHEET T-29, ETC.

T-005A

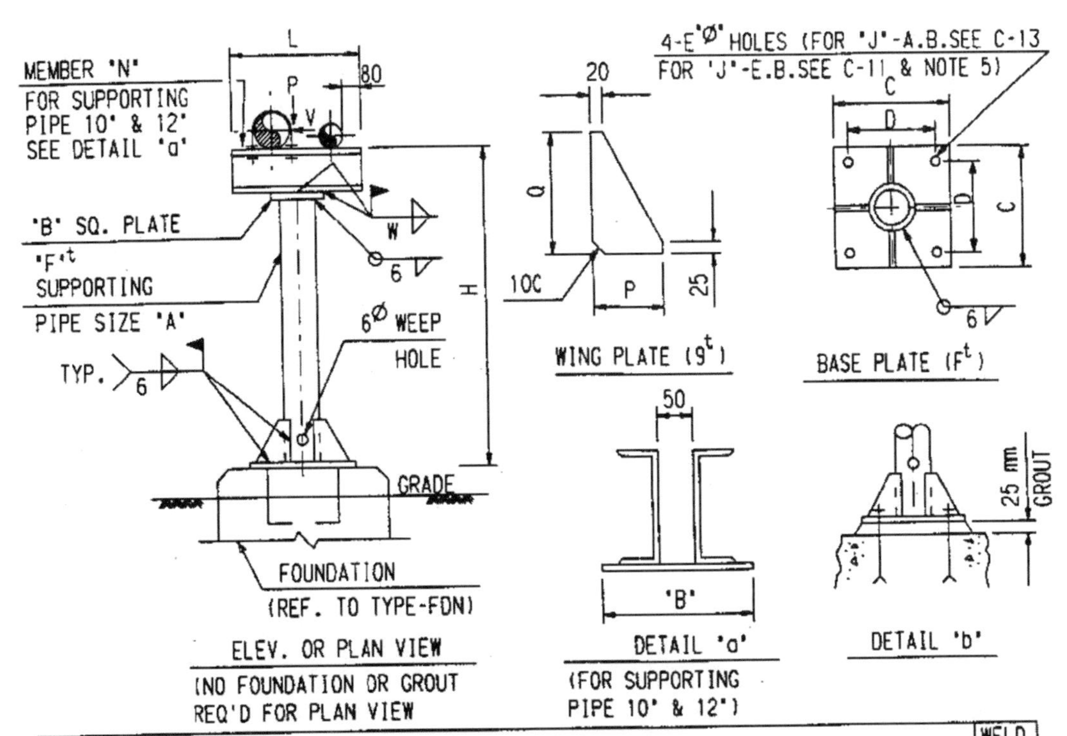

STANDARD DIMENSION LIST												WELD SIZE
A	C	D	E	F	K	M	P	Q	J	B	MEMBER 'N'	(W)
2"	220	160	19	12	70	160	60	150	5/8"	80	C-100x50x5	5
3"	220	160	19	12	70	160	85	160	5/8"	110	C-100x50x5	5
4"	260	200	19	12	85	185	73	170	5/8"	135	C-125x65x6	6
6"	260	200	19	12	95	210	105	190	5/8"	190	C-150x75x9	6
8"	380	300	24	16	110	260	80	210	3/4"	240	C-200x90x8	6
10"	380	300	24	16	250	260	85	220	3/4"	295	C-200x90x8	6
12"	560	470	36	16	250	260	88	240	1"	345	C-200x90x8	6

NOTES:

1. DIMENSIONS 'H' & 'L' SHALL BE CUT TO SUIT IN FIELD.
2. DESIGNATION NUMBER, DENOTE AS FOLLOWS:

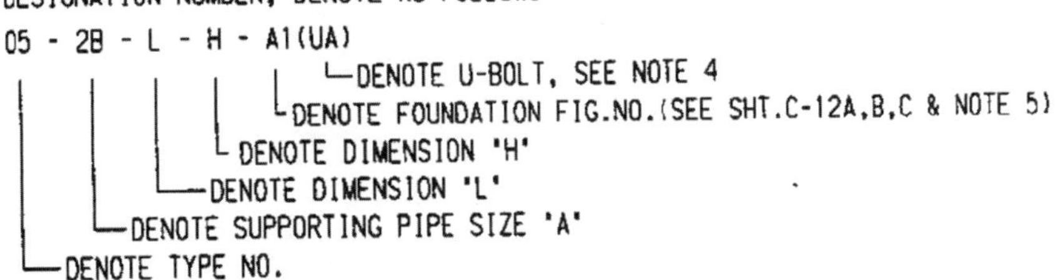

3. FOR DIMENSIONAL DATA , SEE SHEET T-05B
4. ONLY WHEN '(UA)'IS MARKED, ADDING U-BOLT AS SHOWN IN FIG.-A OF SHEET T-29, MARK '(UB)' FOR FIG.-B OF SHEET T-29, ETC.
5. BLANK FOR NO FOUNDATION REQ'D, ADD 25 mm GROUT BETWEEN BASE PLATE & CONCRETE FLOOR. (SEE C-11 & DETAIL 'b'.)

T-005B

SUPPORT NO.	SUP'TING PIPE SIZE 'A'	'L' MAX. (MM)	'H' MAX. (MM)	MAX. ALLOWABLE LOAD (kgs)	
				P	± V
05- 2B- L- H	2'SCH40	500	1000	100	55
05- 2B- L- H	2'SCH40	1000	500	240	67
05- 3B- L- H	3'SCH40	500	1500	160	70
05- 3B- L- H	3'SCH40	500	2000	160	—
05- 3B- L- H	3'SCH40	1000	1000	400	140
05- 4B- L- H	4'SCH40	500	2500	240	—
05- 4B- L- H	4'SCH40	500	3000	190	—
05- 4B- L- H	4'SCH40	1000	1500	300	100
05- 6B- L- H	6'SCH40	500	3500	400	—
05- 6B- L- H	6'SCH40	500	4000	400	—
05- 6B- L- H	6'SCH40	1000	2000	540	140
05- 6B- L- H	6'SCH40	1000	2500	350	70
05- 6B- L- H	6'SCH40	1000	3000	240	—
05- 6B- L- H	6'SCH40	1000	3500	200	—
05- 8B- L- H	8'SCH40	500	4000	500	—
05- 8B- L- H	8'SCH40	500	4500	400	—
05- 8B- L- H	8'SCH40	500	5000	350	—
05- 8B- L- H	8'SCH40	1000	4000	400	35
05- 8B- L- H	8'SCH40	1000	4500	350	—
05-10B- L- H	10'SCH40	500	4000	750	170
05-10B- L- H	10'SCH40	500	4500	700	110
05-10B- L- H	10'SCH40	500	5000	650	75
05-10B- L- H	10'SCH40	1000	4000	600	120
05-10B- L- H	10'SCH40	1000	4500	550	70
05-10B- L- H	10'SCH40	1000	5000	500	75
05-12B- L- H	12'STDWT	500	4000	1100	300
05-12B- L- H	12'STDWT	500	4500	1000	200
05-12B- L- H	12'STDWT	500	5000	900	145
05-12B- L- H	12'STDWT	1000	4000	1100	200
05-12B- L- H	12'STDWT	1000	4500	1000	120
05-12B- L- H	12'STDWT	1000	5000	900	75

T-006A

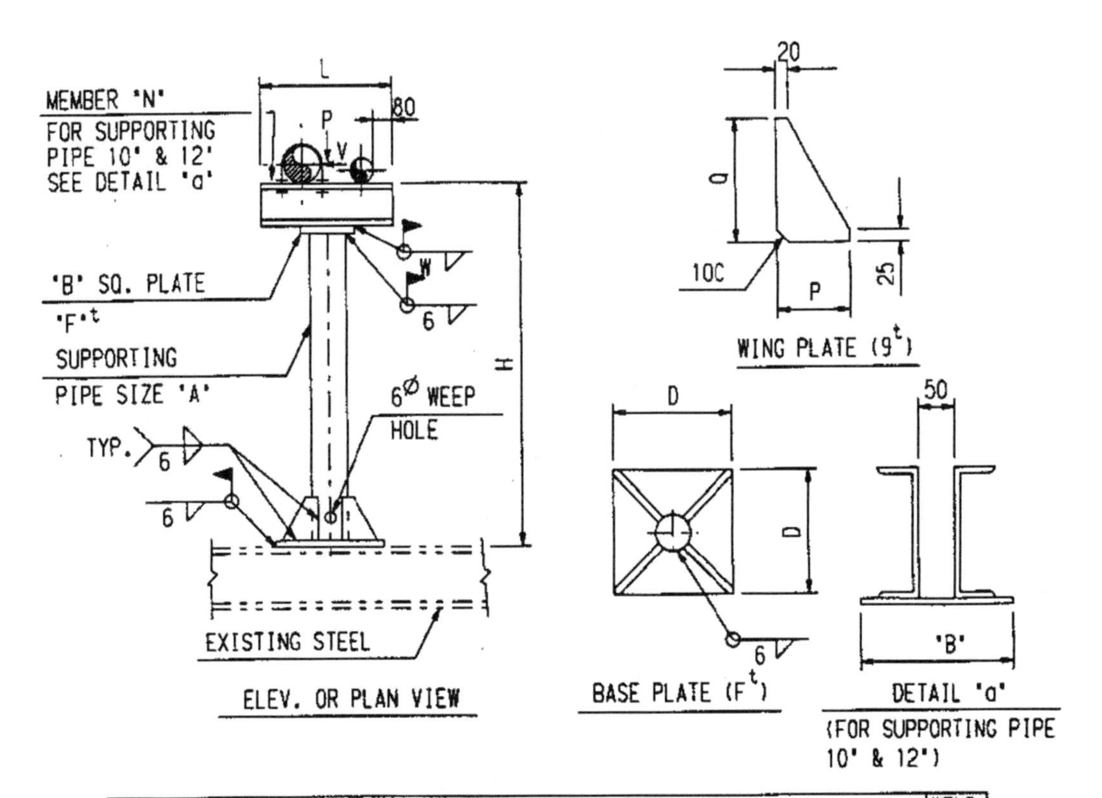

STANDARD DIMENSION LIST									WELD SIZE (W)
A	D	F	K	M	P	Q	B	MEMBER 'N'	
2'	190	12	70	160	95	150	80	C-100x50x5	5
3'	220	12	70	160	100	160	110	C-100x50x5	5
4'	250	12	85	185	110	170	135	C-125x65x6	6
6'	300	12	95	210	120	190	190	C-150x75x9	6
8'	350	16	110	260	130	210	240	C-200x90x8	6
10'	400	16	250	260	150	220	295	C-200x90x8	6
12'	470	16	250	260	170	240	345	C-200x90x8	6

NOTES:

1. DIMENSIONS 'H' & 'L' SHALL BE CUT TO SUIT IN FIELD.
2. DESIGNATION NUMBER, DENOTE AS FOLLOWS:

```
06 - 2B - L - H(UA)
|     |    |   |  └─DENOTE U-BOLT, SEE NOTE 4
|     |    |   └ DENOTE DIMENSION 'H'
|     |    └──DENOTE DIMENSION 'L'
|     └──DENOTE SUPPORTING PIPE SIZE 'A'
└──DENOTE TYPE NO.
```

3. FOR DIMENSIONAL DATA , SEE SHEET T-06B
4. ONLY WHEN '(UA)'IS MARKED, ADDING U-BOLT AS SHOWN IN FIG.-A OF SHEET T-29, MARK '(UB)' FOR FIG.-B OF SHEET T-29, ETC.

T-006B

SUPPORT NO.	SUP'TING PIPE SIZE 'A'	"L" MAX. (MM)	"H" MAX. (MM)	MAX. ALLOWABLE LOAD (kgs)	
				P	± V
06- 2B- L- H	2"SCH40	500	1000	100	55
06- 2B- L- H	2"SCH40	1000	500	240	67
06- 3B- L- H	3"SCH40	500	1500	160	70
06- 3B- L- H	3"SCH40	500	2000	160	—
06- 3B- L- H	3"SCH40	1000	1000	400	140
06- 4B- L- H	4"SCH40	500	2500	240	—
06- 4B- L- H	4"SCH40	500	3000	190	—
06- 4B- L- H	4"SCH40	1000	1500	300	100
06- 6B- L- H	6"SCH40	500	3500	400	—
06- 6B- L- H	6"SCH40	500	4000	400	—
06- 6B- L- H	6"SCH40	1000	2000	540	140
06- 6B- L- H	6"SCH40	1000	2500	350	70
06- 6B- L- H	6"SCH40	1000	3000	240	—
06- 6B- L- H	6"SCH40	1000	3500	200	—
06- 8B- L- H	8"SCH40	500	4000	500	70
06- 8B- L- H	8"SCH40	500	4500	400	45
06- 8B- L- H	8"SCH40	500	5000	350	—
06- 8B- L- H	8"SCH40	1000	4000	400	—
06- 8B- L- H	8"SCH40	1000	4500	350	—
06-10B- L- H	10"SCH40	500	4000	750	170
06-10B- L- H	10"SCH40	500	4500	700	110
06-10B- L- H	10"SCH40	500	5000	650	75
06-10B- L- H	10"SCH40	1000	4000	600	120
06-10B- L- H	10"SCH40	1000	4500	550	—
06-10B- L- H	10"SCH40	1000	5000	500	75
06-12B- L- H	12"STDWT	500	4000	1100	300
06-12B- L- H	12"STDWT	500	4500	1000	200
06-12B- L- H	12"STDWT	500	5000	900	145
06-12B- L- H	12"STDWT	1000	4000	1100	200
06-12B- L- H	12"STDWT	1000	4500	1000	120
06-12B- L- H	12"STDWT	1000	5000	900	75

T-007

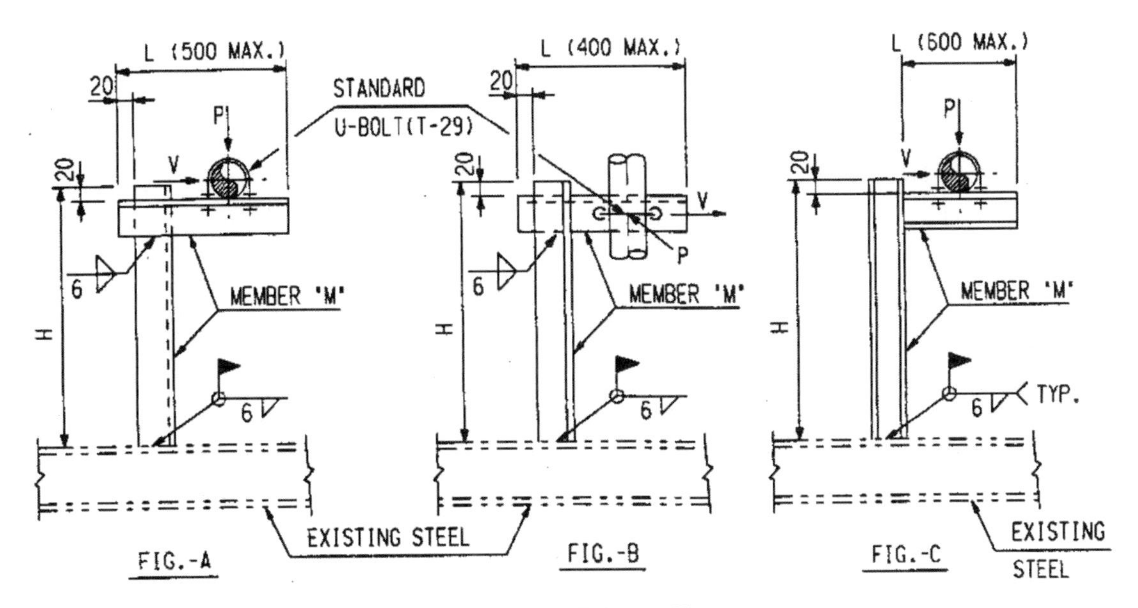

ELEV. OR PLAN VIEW

* SEE NOTE 4

SUPPORT NO.	MEMBER "M"	"H" MAX. (MM) FLG.-A,-C	"H" MAX. (MM) FLG.-B	MAX. ALLOWABLE LOAD (kgs)*	
				P	± V
07A-L50-L-H	L-50X50X6	500	470	35	20
07A-L50-L-H	L-50X50X6	900	630	25	—
07A-L75-L-H	L-75X75X9	500	470	150	40
07A-L75-L-H	L-75X75X9	1000	620	120	50
07A-L75-L-H	L-75X75X9	1300	920	90	—
07A-L100-L-H	L-100X100X10	1000	600	300	130
07A-L100-L-H	L-100X100X10	1500	1100	200	40
07A-H100-L-H	H-100X100X6X8	1000	-	700	350
07A-H100-L-H	H-100X100X6X8	1500	-	500	100
07A-H100-L-H	H-100X100X6X8	2000	-	300	40

NOTES:

1. DIMENSIONS "H" & "L" SHALL BE CUT TO SUIT IN FIELD.
2. DESIGNATION NUMBER, DENOTE AS FOLLOWS:

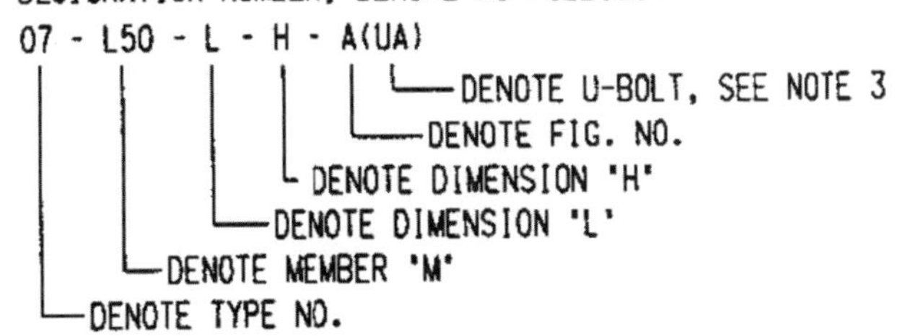

3. ONLY WHEN "(UA)" IS MARKED, ADDING U-BOLT AS SHOWN IN FIG.-A OF SHEET T-29, MARK "(UB)" FOR FIG.-B OF SHEET T-29, ETC.
4. THE ALLOW. LOAD TABLE (P LOAD) IS NOT APPLICABLE FOR SUPPORT TYPE FIG.-B .

T-008

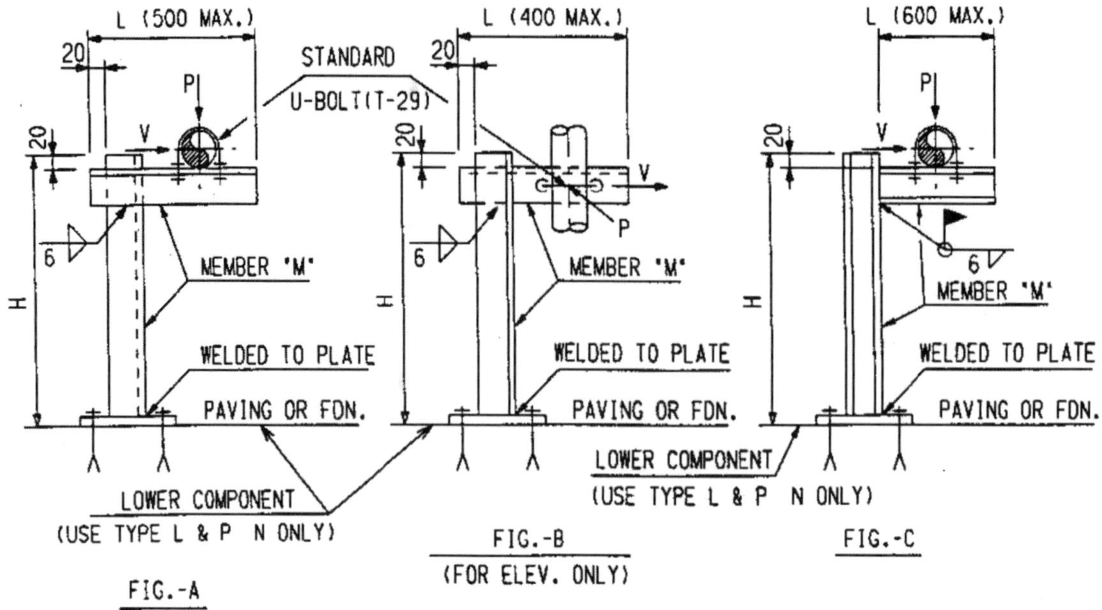

* SEE NOTE 4

SUPPORT NO.	MEMBER "M"	"H" MAX. (MM) FLG.-A,-C	"H" MAX. (MM) FLG.-B	MAX. ALLOWABLE LOAD (kgs)*	
				P	± V
08-L50-L-H	L-50X50X6	500	470	35	20
08-L50-L-H	L-50X50X6	900	900	25	—
08-L75-L-H	L-75X75X9	500	500	150	40
08-L75-L-H	L-75X75X9	1000	700	120	50
08-L75-L-H	L-75X75X9	1300	1080	90	—
08-L100-L-H	L-100X100X10	1000	600	300	130
08-L100-L-H	L-100X100X10	1500	1100	200	40
08-H100-L-H	H-100X100X6X8	1000	-	700	350
08-H100-L-H	H-100X100X6X8	1500	-	500	100
08-H100-L-H	H-100X100X6X8	2000	-	300	40

NOTES: 1. DIMENSIONS "H" & "L" SHALL BE CUT TO SUIT IN FIELD.

2. DESIGNATION NUMBER, DENOTE AS FOLLOWS:

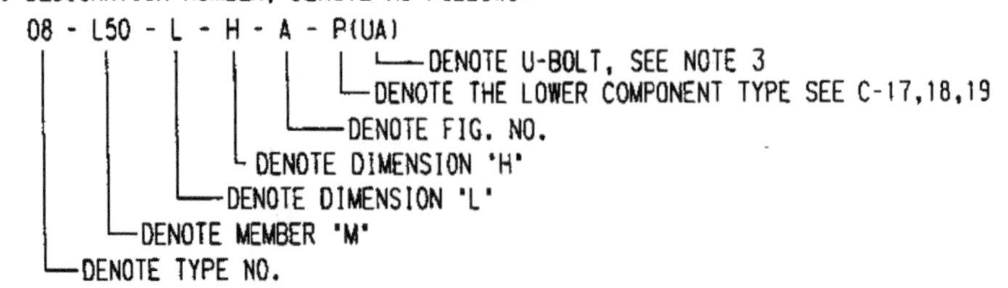

3. ONLY WHEN "(UA)"IS MARKED, ADDING U-BOLT AS SHOWN IN FIG.-A OF SHEET T-29, MARK "(UB)" FOR FIG.-B OF SHEET T-29, ETC.

4. THE ALLOW. LOAD TABLE (P FORCE) IS NOT APPLICABLE FOR SUPPORT TYPE FIG.-B .

T-009

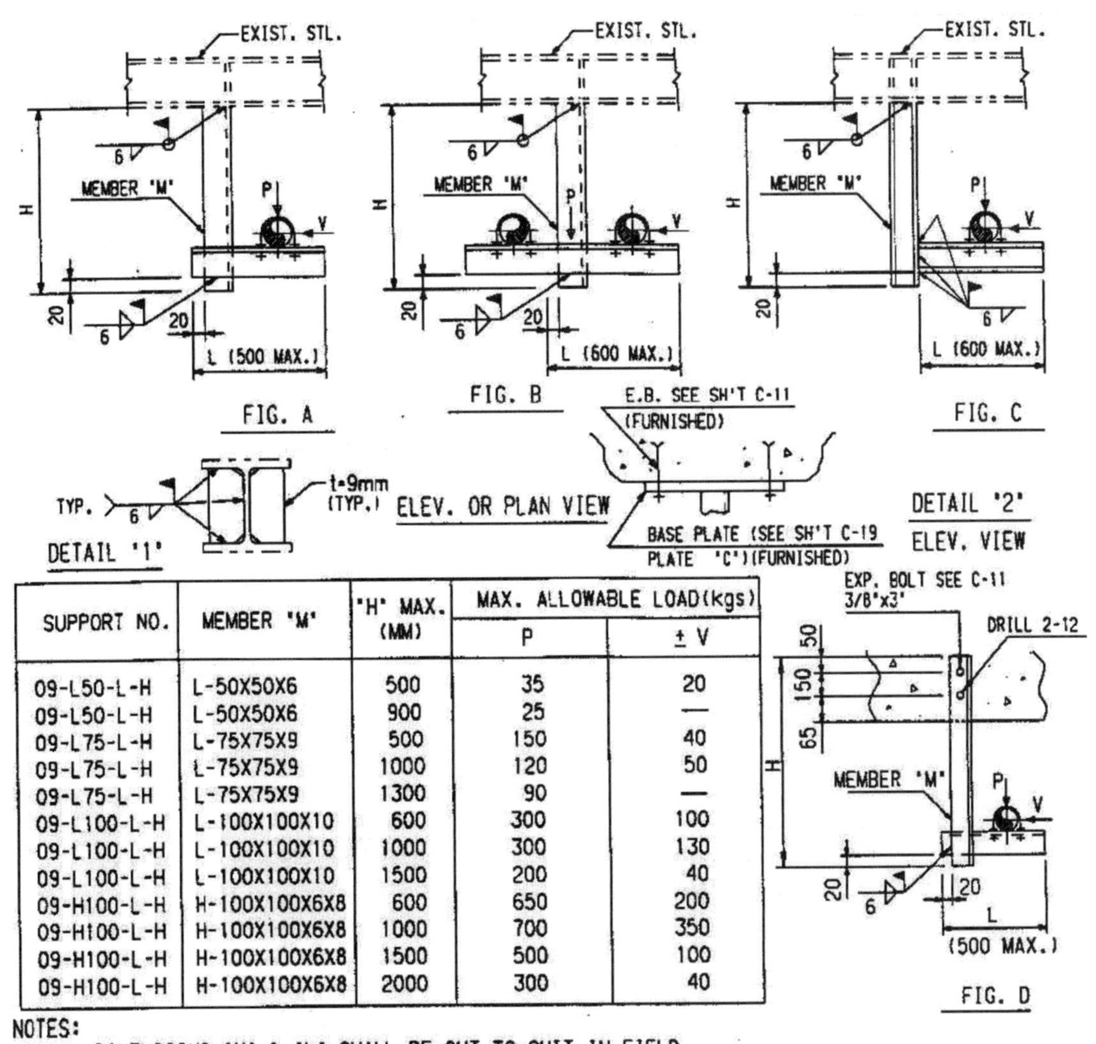

SUPPORT NO.	MEMBER "M"	"H" MAX. (MM)	MAX. ALLOWABLE LOAD(kgs)	
			P	± V
09-L50-L-H	L-50X50X6	500	35	20
09-L50-L-H	L-50X50X6	900	25	—
09-L75-L-H	L-75X75X9	500	150	40
09-L75-L-H	L-75X75X9	1000	120	50
09-L75-L-H	L-75X75X9	1300	90	—
09-L100-L-H	L-100X100X10	600	300	100
09-L100-L-H	L-100X100X10	1000	300	130
09-L100-L-H	L-100X100X10	1500	200	40
09-H100-L-H	H-100X100X6X8	600	650	200
09-H100-L-H	H-100X100X6X8	1000	700	350
09-H100-L-H	H-100X100X6X8	1500	500	100
09-H100-L-H	H-100X100X6X8	2000	300	40

NOTES:

1. DIMENSIONS 'H' & 'L' SHALL BE CUT TO SUIT IN FIELD.
2. DESIGNATION NUMBER, DENOTE AS FOLLOWS:

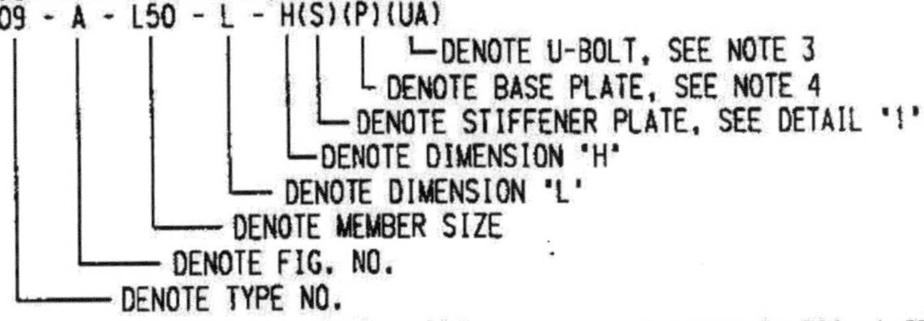

3. ONLY WHEN '(UA)' IS MARKED, ADDING U-BOLT AS SHOWN IN FIG.-A OF SHEET T-29, MARK '(UB)' FOR FIG.-B OF SHEET T-29, ETC.
4. ONLY WHEN 'P' IS MARKED, ADDING BASE PLATE AS SHOWN AS DETAIL '2'.
5. THE MAX. ALLOWABLE LOADS LISTED IN ABOVE TABLE ARE FOR STEEL STRUCTURE ONLY FOR BASE PLATE AND EXPANSION BOLTS, EXTRA EVALUATIONS BY SUPPORT'S DESIGNER ARE REQUIRED.

T-010A

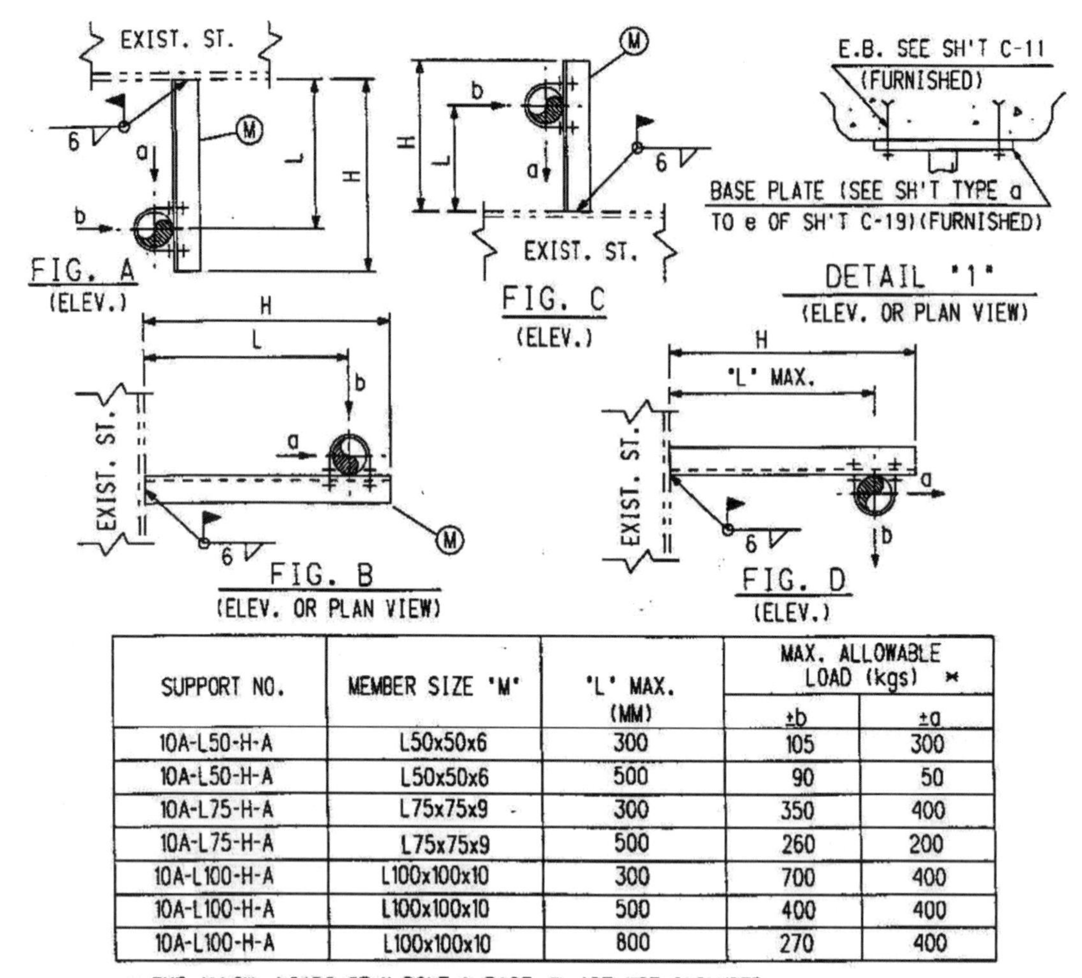

SUPPORT NO.	MEMBER SIZE "M"	"L" MAX. (MM)	MAX. ALLOWABLE LOAD (kgs) ⋈	
			±b	±a
10A-L50-H-A	L50x50x6	300	105	300
10A-L50-H-A	L50x50x6	500	90	50
10A-L75-H-A	L75x75x9	300	350	400
10A-L75-H-A	L75x75x9	500	260	200
10A-L100-H-A	L100x100x10	300	700	400
10A-L100-H-A	L100x100x10	500	400	400
10A-L100-H-A	L100x100x10	800	270	400

⋈ THE ALLOW. LOADS OF U-BOLT & BASE ℞ ARE NOT INCLUDED.

NOTES:

1. DIMENSIONS "H" & "L" SHALL BE CUT TO SUIT IN FIELD.
2. DESIGNATION NUMBER, DENOTE AS FOLLOWS:

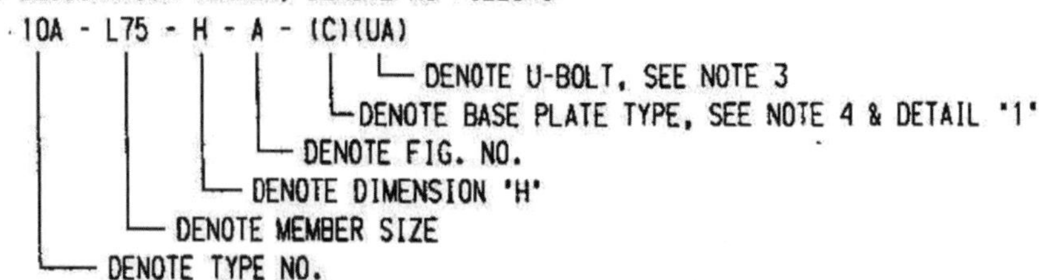

3. ONLY WHEN "(UA)"IS MARKED, ADDING U-BOLT AS SHOWN IN FIG.-A OF SHEET T-29, MARK "(UB)" FOR FIG.-B OF SHEET T-29, ETC.
4. ONLY WHEN "(C)"IS MARKED, ADDING BASE PLATE TYPE "C" OF SH'T C-19 AS SHOWN AS DETAIL "1"

T-010B

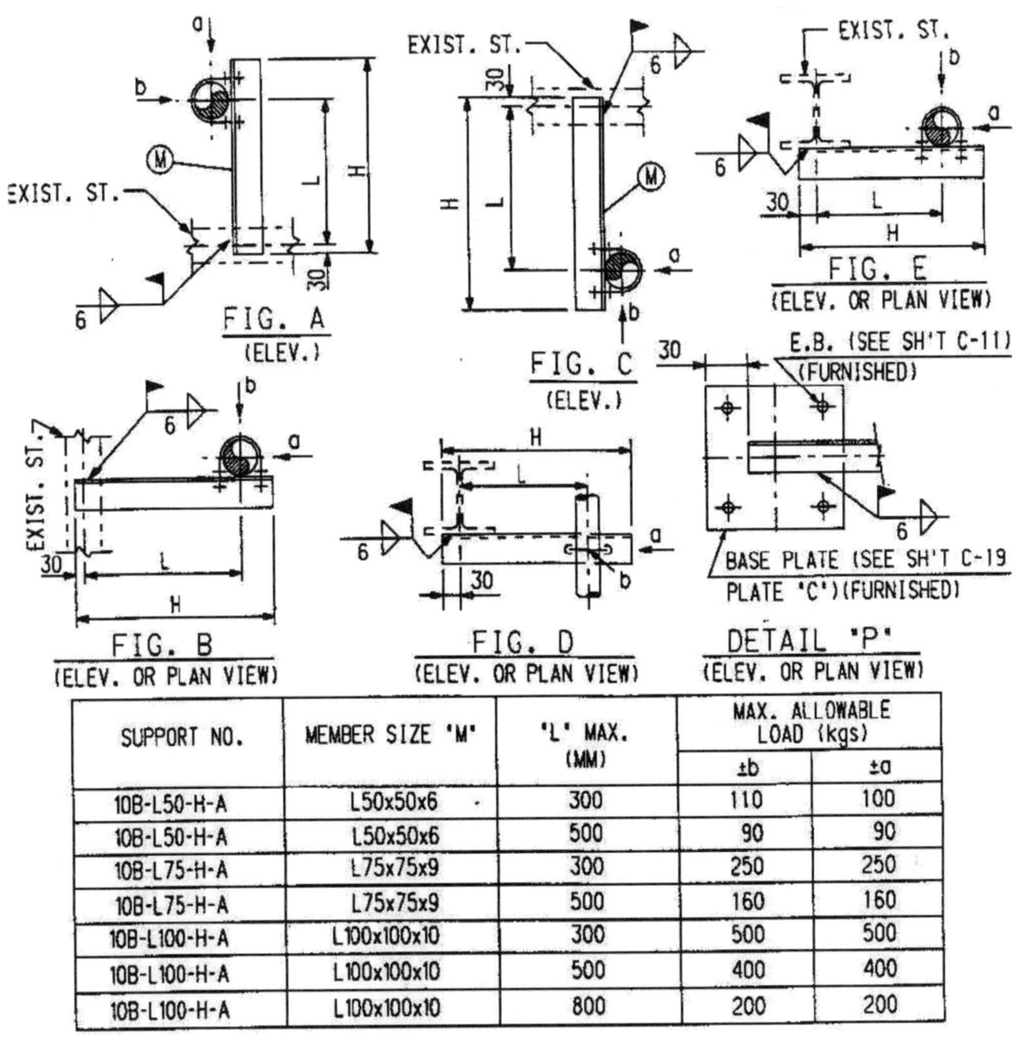

SUPPORT NO.	MEMBER SIZE 'M'	'L' MAX. (MM)	MAX. ALLOWABLE LOAD (kgs)	
			±b	±a
10B-L50-H-A	L50x50x6	300	110	100
10B-L50-H-A	L50x50x6	500	90	90
10B-L75-H-A	L75x75x9	300	250	250
10B-L75-H-A	L75x75x9	500	160	160
10B-L100-H-A	L100x100x10	300	500	500
10B-L100-H-A	L100x100x10	500	400	400
10B-L100-H-A	L100x100x10	800	200	200

NOTES:

1. DIMENSIONS 'H' & 'L' SHALL BE CUT TO SUIT IN FIELD.
2. DESIGNATION NUMBER, DENOTE AS FOLLOWS:

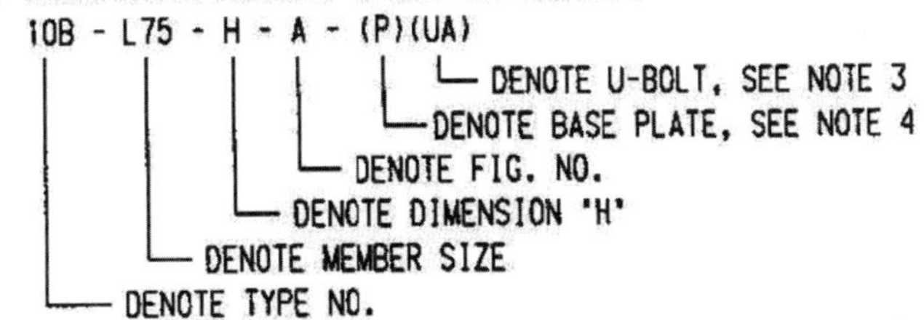

3. ONLY WHEN '(UA)'IS MARKED, ADDING U-BOLT AS SHOWN IN FIG.-A OF SHEET T-29, MARK '(UB)' FOR FIG.-B OF SHEET T-29, ETC.
4. ONLY WHEN '(P)'IS MARKED, ADDING BASE PLATE AS SHOWN AS DETAIL 'P' AND IGNORED THE FOUNDATION IN THE TABLE OF SH'T C-19

T-011

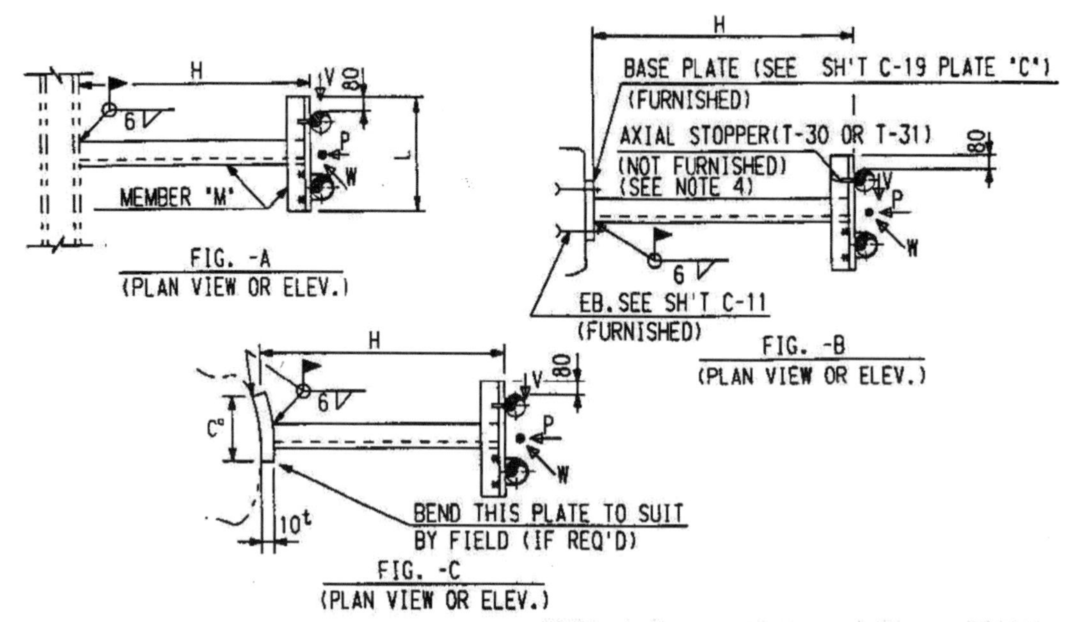

SUPPORT NO.	MEMBER 'M'	C°	'L' MAX. (MM)	'H' MAX. (MM)	MAX. ALLOWABLE LOAD (kgs)		
					± P	± V	± W
11-L50	L-50x50x6	80	500	500	100	50	50
11-L50	L-50x50x6	80	900	500	100	50	50
11-L65	L-65x65x6	100	500	500	160	80	80
11-L65	L-65x65x6	100	1000	500	120	80	80
11-L75	L-75x75x9	110	500	1000	115	30	30
11-L75	L-75x75x9	110	500	1300	50	15	15
11-L75	L-75x75x9	110	1000	1000	115	15	15
11-L75	L-75x75x9	110	1000	1300	50	15	15
11-L100	L-100x100x10	130	500	500	650	320	320
11-L100	L-100x100x10	130	500	1500	500	50	50
11-L100	L-100x100x10	130	1000	1000	650	130	130
11-L100	L-100x100x10	130	1000	1500	500	90	90

NOTES:

1. DIMENSIONS 'H' & 'L' SHALL BE CUT TO SUIT IN FIELD.

2. DESIGNATION NUMBER,DENOTE AS FOLLOWS:

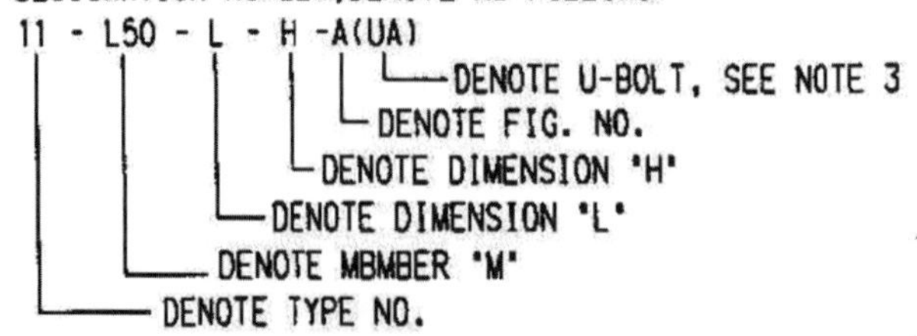

3. ONLY WHEN '(UA)'IS MARKED. ADDING U-BOLT AS SHOWN IN FIG.-A OF SHEET T-29, MARK '(UB)' FOR FIG.-B OF SHEET T-29, ETC.

4. USE ONE PIPE LUG FOR VERTICAL PIPE & TWO LUGS FOR HORIZONTAL PIPE.

T-012A

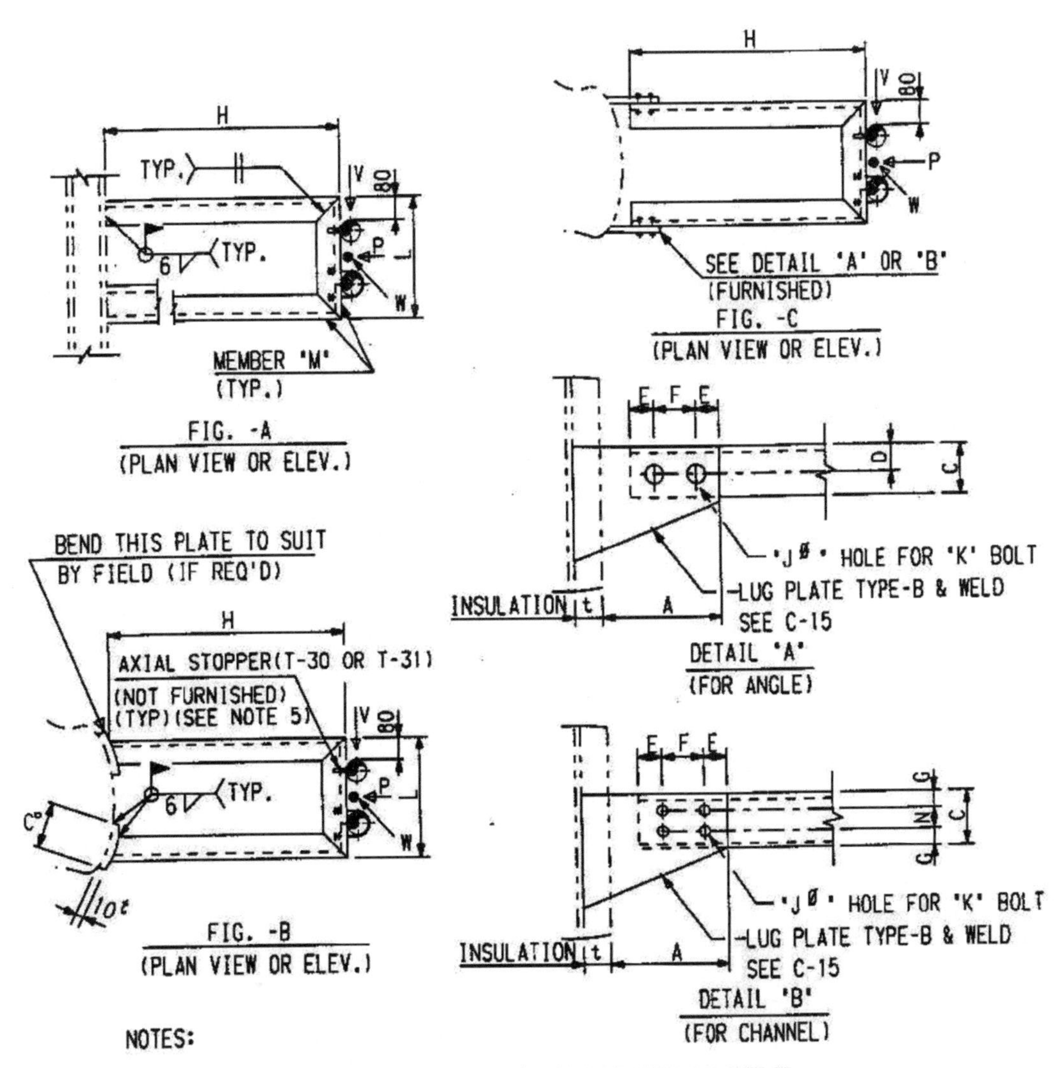

NOTES:

1. DIMENSIONS "H" & "L" SHALL BE CUT TO SUIT IN FIELD.
2. DESIGNATION NUMBER, DENOTE AS FOLLOWS:

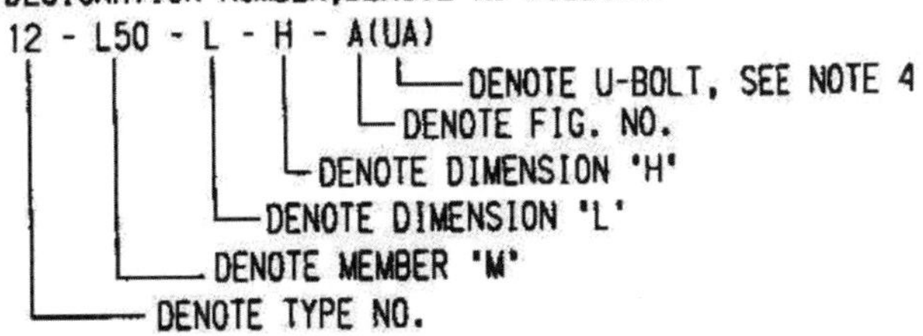

3. FOR DIMENSIONAL DATA, SEE SHEET T-12B
4. ONLY WHEN "(UA)" IS MARKED, ADDING U-BOLT AS SHOWN IN FIG.-A OF SHEET T-29, MARK "(UB)" FOR FIG.-B OF SHEET T-29, ETC.
5. USE ONE PIPE LUG FOR VERTICAL PIPE & TWO LUGS FOR HORIZONTAL PIPE.

T-012B

SUPPORT NO.	MEMBER "M"	C° (MM)	"L" MAX. (MM)	"H" MAX. (MM)	MAX. ALLOWABLE LOAD (kgs)		
					± P	± V	± W
12-L50-L-H	L-50X50X6	80	500	500	300	100	100
12-L50-L-H	L-50X50X6	80	500	1000	150	50	30
12-L50-L-H	L-50X50X6	80	900	500	200	30	30
12-L50-L-H	L-50X50X6	80	1000	1000	150	50	30
12-L65-L-H	L-65X65X6	100	500	500	500	150	100
12-L65-L-H	L-65X65X6	100	500	1000	200	100	80
12-L65-L-H	L-65X65X6	100	1000	500	310	0	0
12-L65-L-H	L-65X65X6	100	1000	1000	200	50	50
12-L75-L-H	L-75X75X9	110	500	1000	350	150	150
12-L75-L-H	L-75X75X9	110	500	1300	200	100	100
12-L75-L-H	L-75X75X9	110	1000	1000	350	50	50
12-L75-L-H	L-75X75X9	110	1000	1300	300	100	80
12-C125-L-H	C-125X65X6	150	500	500	800	300	200

MEMBER "M"	A	C	D	E	F	G	N	JØ	K	
									BOLT SIZE	NO. REQ'D
L-50X50X6	150	50	30	30	60	-	-	18	M16x40L	2
L-65X65X6	160	65	35	30	70	-	-	22	M20x45L	2
L-75X75X9	160	75	40	30	70	-	-	22	M20x45L	2
C-125X65X6	170	125	-	30	80	35	55	22	M20x45L	4

T-013A

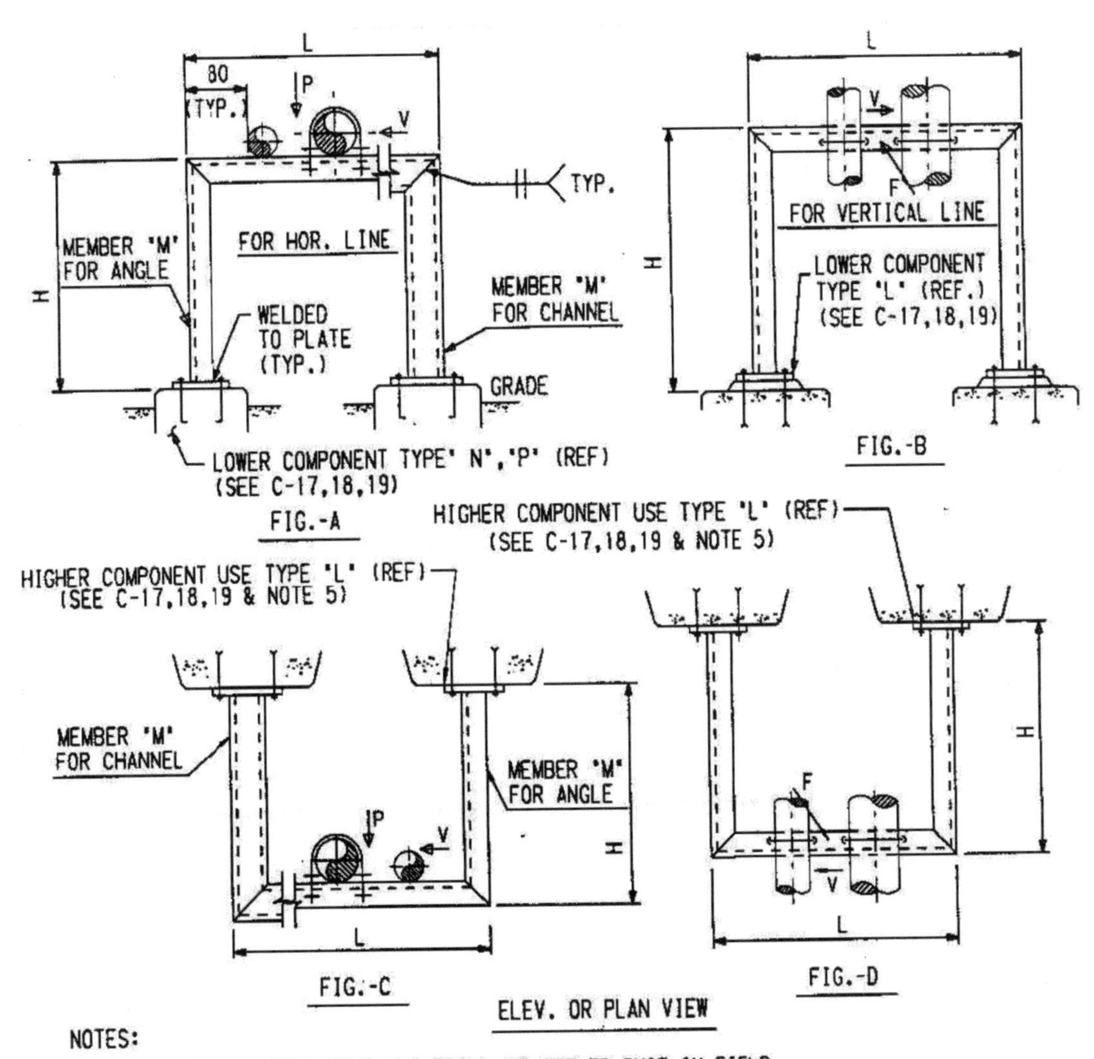

NOTES:

1. DIMENSIONS "H" & "L" SHALL BE CUT TO SUIT IN FIELD.
2. DESIGNATION NUMBER, DENOTE AS FOLLOWS:

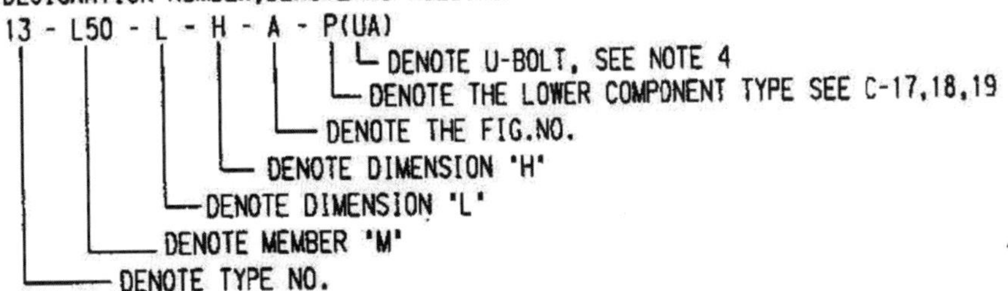

3. FOR DIMENSIONAL DATA, SEE SHEET T-13B
4. ONLY WHEN "(UA)" IS MARKED, ADDING U-BOLT AS SHOWN IN FIG.-A OF SHEET T-29, MARK "(UB)" FOR FIG.-B OF SHEET T-29, ETC.
5. NO GROUT OR FUNDATION REQ'D FOR CONCRETE WALL OR CEILIING.

T-013B

SUPPORT NO.	"L" MAX. (MM)	"H" MAX. (MM)	MEMBER "M"	MAX. VERTICAL LOAD (kgs) P	MAX. FORCE (kgs) V	MAX. FORCE (kgs) F
13-L50-L-H	500	500	L-50X50X6	240	140	130
13-L50-L-H	1000	500	L-50X50X6	155	140	100
13-L75-L-H	500	500	L-75X75X9	735	480	300
13-L75-L-H	1000	500	L-75X75X9	540	480	280
13-L75-L-H	500	1000	L-75X75X9	500	240	100
13-L75-L-H	1000	1000	L-75X75X9	400	250	90
13-L75-L-H	500	1500	L-75X75X9	250	150	70
13-L75-L-H	1000	1500	L-75X75X9	300	150	60
13-L100-L-H	500	500	L-100X100X10	900	550	735
13-L100-L-H	1000	500	L-100X100X10	1000	600	700
13-L100-L-H	500	1000	L-100X100X10	800	500	300
13-L100-L-H	1000	1000	L-100X100X10	600	400	300
13-L100-L-H	1500	1000	L-100X100X10	400	300	250
13-L100-L-H	1000	1500	L-100X100X10	400	200	150
13-L100-L-H	1500	1500	L-100X100X10	300	200	120
13-C125-L-H	500	500	C-125X65X6	1500	800	800
13-C125-L-H	1000	500	C-125X65X6	1200	800	650
13-C125-L-H	1500	500	C-125X65X6	1000	400	450
13-C125-L-H	500	1000	C-125X65X6	800	500	200
13-C125-L-H	1000	1000	C-125X65X6	700	400	300
13-C125-L-H	1500	1000	C-125X65X6	500	300	250
13-C125-L-H	500	1500	C-125X65X6	700	300	120
13-C125-L-H	1000	1500	C-125X65X6	400	200	100
13-C125-L-H	1500	1500	C-125X65X6	300	150	100
13-C150-L-H	500	500	C-150X75X6.5	1500	1000	1000
13-C150-L-H	1000	500	C-150X75X6.5	1500	1000	900
13-C150-L-H	1500	500	C-150X75X6.5	1200	600	750
13-C150-L-H	500	1000	C-150X75X6.5	1500	900	575
13-C150-L-H	1000	1000	C-150X75X6.5	1000	600	615
13-C150-L-H	1500	1000	C-150X75X6.5	900	400	465
13-C150-L-H	500	1500	C-150X75X6.5	950	400	200
13-C150-L-H	1000	1500	C-150X75X6.5	700	350	200
13-C150-L-H	1500	1500	C-150X75X6.5	600	200	150

T-014

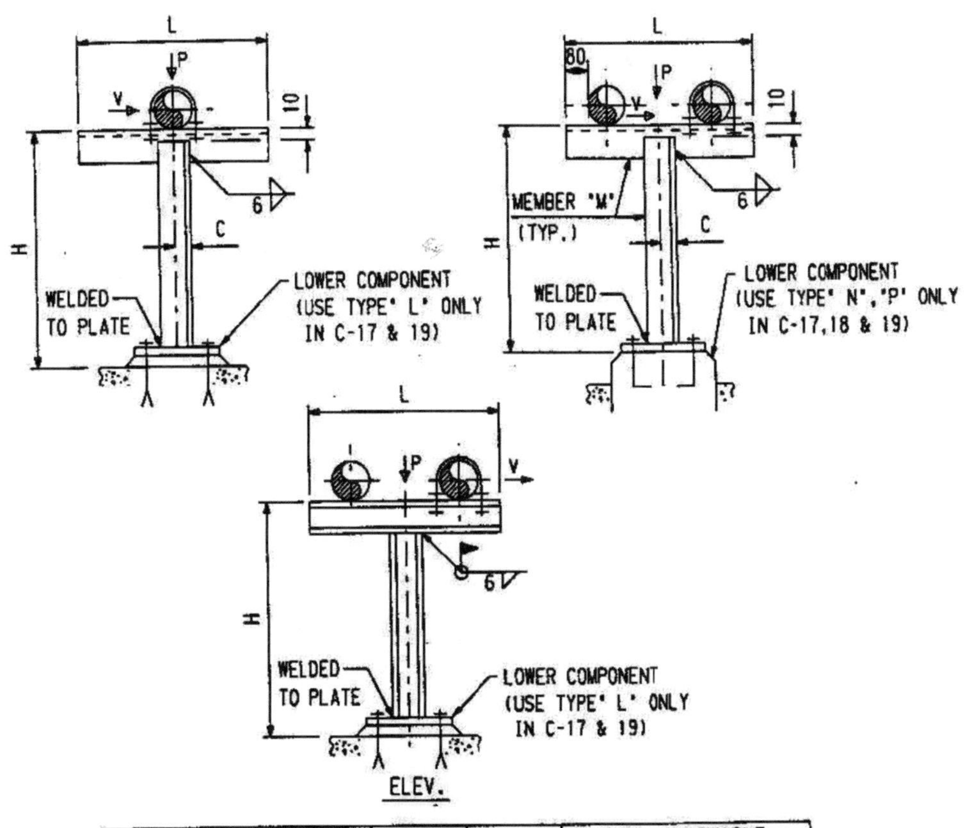

MEMBER "M"	"L" MAX. (MM)	"H" MAX. (MM)	C	MAX. ALLOWABLE LOAD (kgs)	
				±P	±V
L50X50X6	400	400	25	150	115
L75X75X9	500	500	35	400	315
L100X100X10	700	1000	50	650	310
H100X100X6X8	700	1000	50	1000	500
H100X100X6X8	700	1500	50	850	200
H100X100X6X8	700	2000	50	850	80

NOTES:

1. DIMENSIONS "H" & "L" SHALL BE CUT TO SUIT IN FIELD.
2. DESIGNATION NUMBER, DENOTE AS FOLLOWS:

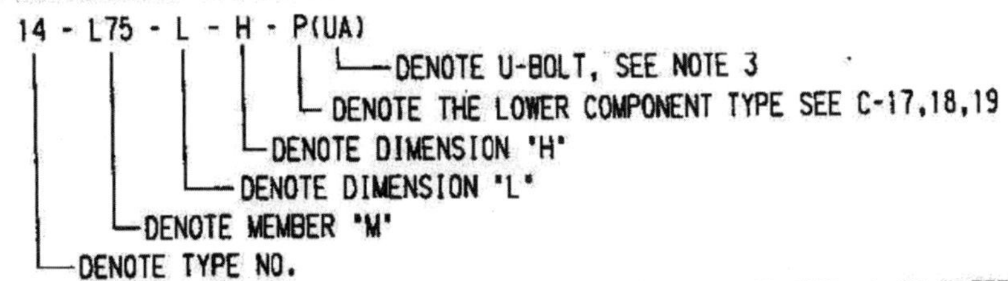

3. ONLY WHEN "(UA)" IS MARKED, ADDING U-BOLT AS SHOWN IN FIG.-A OF SHEET T-29, MARK "(UB)" FOR FIG.-B OF SHEET T-29, ETC.

T-015

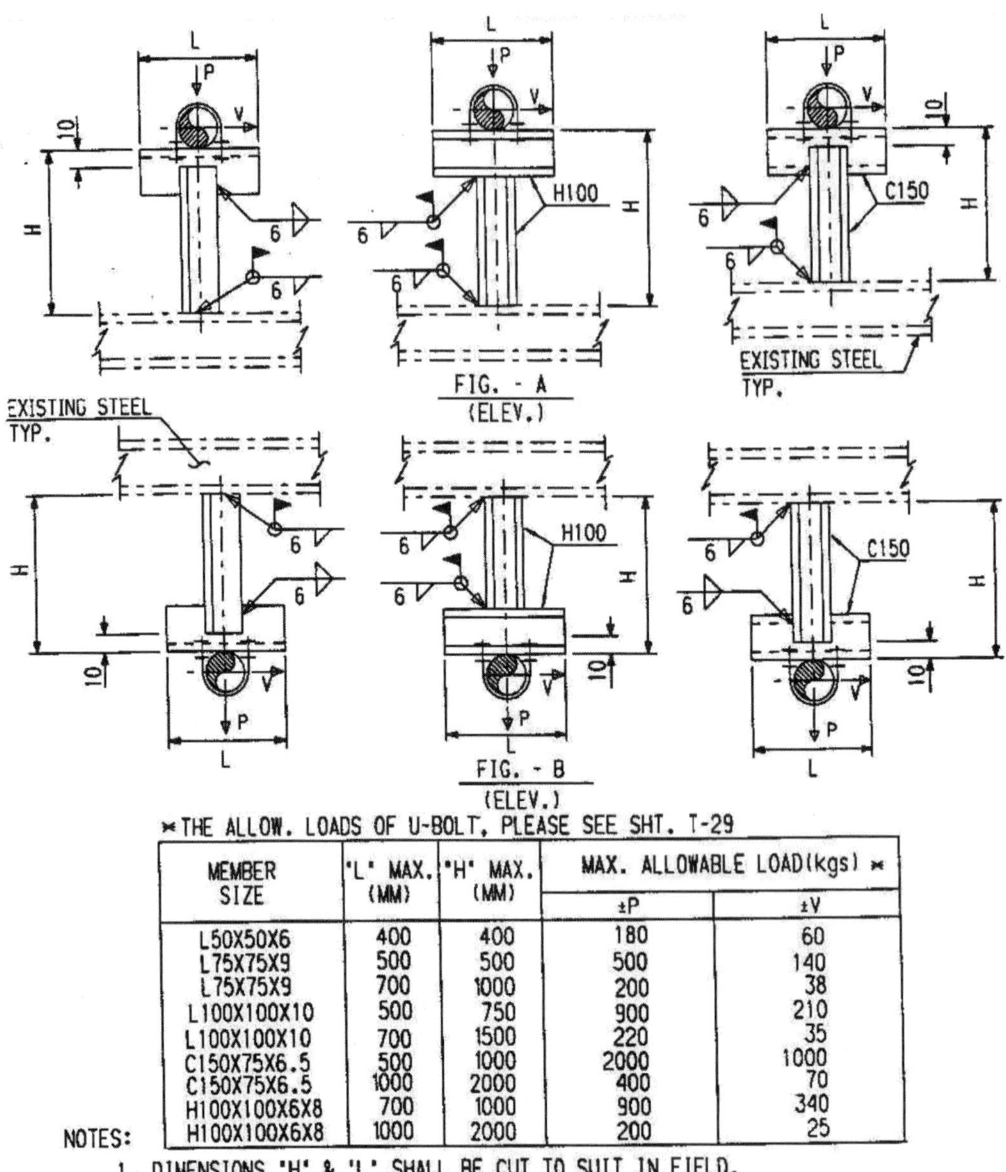

※THE ALLOW. LOADS OF U-BOLT, PLEASE SEE SHT. T-29

MEMBER SIZE	"L" MAX. (MM)	"H" MAX. (MM)	MAX. ALLOWABLE LOAD(kgs) ※	
			±P	±V
L50X50X6	400	400	180	60
L75X75X9	500	500	500	140
L75X75X9	700	1000	200	38
L100X100X10	500	750	900	210
L100X100X10	700	1500	220	35
C150X75X6.5	500	1000	2000	1000
C150X75X6.5	1000	2000	400	70
H100X100X6X8	700	1000	900	340
H100X100X6X8	1000	2000	200	25

NOTES:

1. DIMENSIONS "H" & "L" SHALL BE CUT TO SUIT IN FIELD.
2. DESIGNATION NUMBER, DENOTE AS FOLLOWS:

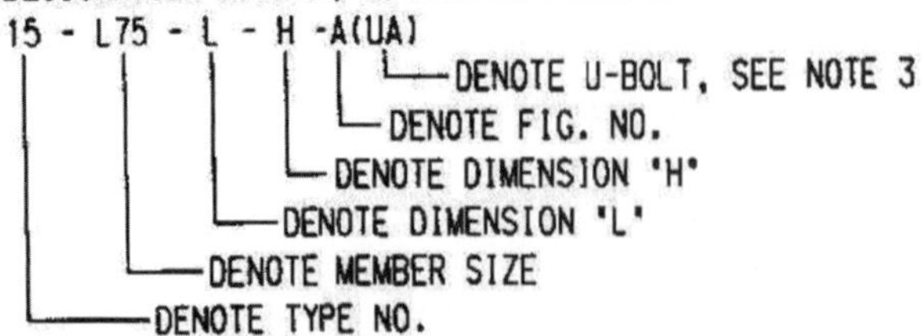

3. ONLY WHEN "(UA)" IS MARKED, ADDING U-BOLT AS SHOWN IN FIG.-A OF SHEET T-29, MARK "(UB)" FOR FIG.-B OF SHEET T-29, ETC.

T-016A

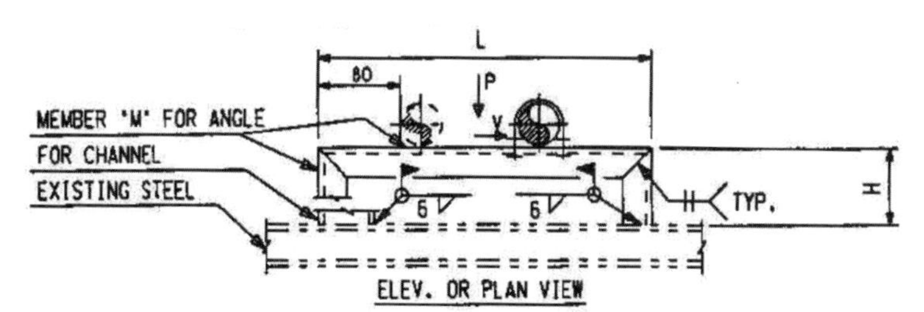

SUPPORT NO.	'L' MAX. (MM)	'H' MAX. (MM)	MEMBER 'M'	MAX. ALLOWABLE LOAD (kgs)	
				±P	±V
16A-L50-L-H	500	500	L-50X50X6	240	140
16A-L50-L-H	1000	500	L-50X50X6	155	140
16A-L50-L-H	500	1000	L-50X50X6	100	80
16A-L50-L-H	1000	1000	L-50X50X6	85	70
16A-L75-L-H	500	500	L-75X75X9	735	480
16A-L75-L-H	1000	500	L-75X75X9	540	480
16A-L75-L-H	500	1000	L-75X75X9	500	240
16A-L75-L-H	1000	1000	L-75X75X9	400	250
16A-L75-L-H	500	1500	L-75X75X9	250	150
16A-L75-L-H	1000	1500	L-75X75X9	300	150
16A-L100-L-H	500	500	L-100X100X10	900	550
16A-L100-L-H	1000	500	L-100X100X10	1000	600
16A-L100-L-H	500	1000	L-100X100X10	800	500
16A-L100-L-H	1000	1000	L-100X100X10	600	400
16A-L100-L-H	1500	1000	L-100X100X10	400	300
16A-L100-L-H	1000	1500	L-100X100X10	400	200
16A-L100-L-H	1500	1500	L-100X100X10	300	200
16A-C125-L-H	500	500	C-125X65X6	1500	800
16A-C125-L-H	1000	500	C-125X65X6	1200	800
16A-C125-L-H	1500	500	C-125X65X6	1000	400
16A-C125-L-H	500	1000	C-125X65X6	800	500
16A-C125-L-H	1000	1000	C-125X65X6	700	400
16A-C125-L-H	1500	1000	C-125X65X6	500	300
16A-C125-L-H	500	1500	C-125X65X6	700	300
16A-C125-L-H	1000	1500	C-125X65X6	400	200
16A-C125-L-H	1500	1500	C-125X65X6	300	150
16A-C150-L-H	500	500	C-150X75X6.5	1500	1000
16A-C150-L-H	1000	500	C-150X75X6.5	1500	1000
16A-C150-L-H	1500	500	C-150X75X6.5	1200	600
16A-C150-L-H	500	1000	C-150X75X6.5	1500	900
16A-C150-L-H	1000	1000	C-150X75X6.5	1000	600
16A-C150-L-H	1500	1000	C-150X75X6.5	900	400
16A-C150-L-H	500	1500	C-150X75X6.5	950	400
16A-C150-L-H	1000	1500	C-150X75X6.5	700	350
16A-C150-L-H	1500	1500	C-150X75X6.5	600	200

NOTES:

1. DIMENSIONS 'H' & 'L' SHALL BE CUT TO SUIT IN FIELD.
2. DESIGNATION NUMBER, DENOTE AS FOLLOWS:

```
16A- L50 - L - H (UA)
 |    |    |   |  └──DENOTE U-BOLT, SEE NOTE 3
 |    |    |   └─DENOTE DIMENSION 'H'
 |    |    └─DENOTE DIMENSION 'L'
 |    └─DENOTE MEMBER SIZE
 └─DENOTE TYPE NO.
```

3. ONLY WHEN '(UA)' IS MARKED, ADDING U-BOLT AS SHOWN IN FIG.-A OF SHEET T-29, MARK '(UB)' FOR FIG.-B OF SHEET T-29, ETC.

T-016B

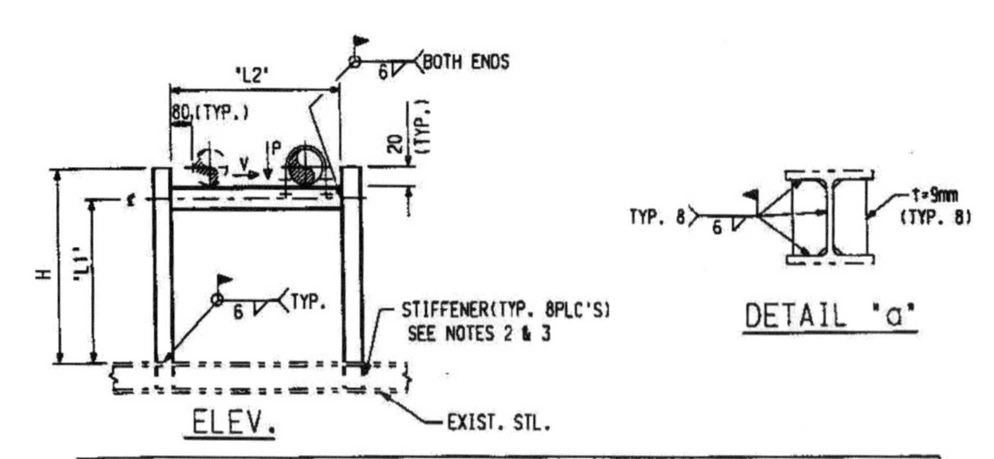

SUPPORT NO.	MEMBER SIZE	"L1" MAX. (mm)	"L2" MAX. (mm)	MAX. ALLOWABLE LOAD (kgs)	
				±P	±V
16B-H100-L2-H(S)	H100x100x6x8	500	1000	3000	2500
16B-H100-L2-H(S)	H100x100x6x8	1000	1000	3000	1200
16B-H100-L2-H(S)	H100x100x6x8	1000	1500	2000	1200
16B-H100-L2-H(S)	H100x100x6x8	1500	1500	2000	700
16B-H100-L2-H(S)	H100x100x6x8	1500	2000	1500	650
16B-H100-L2-H(S)	H100x100x6x8	2000	2000	1500	300
16B-H150-L2-H(S)	H150x75x5x7	500	1000	4000	2500
16B-H150-L2-H(S)	H150x75x5x7	700	1000	3000	1500
16B-H150-L2-H(S)	H150x75x5x7	3000	1000	2500	250
16B-H200-L2-H(S)	H200x150x6x9	500	1000	5000	5000
16B-H200-L2-H(S)	H200x150x6x9	700	1000	5000	5000
16B-H200-L2-H(S)	H200x150x6x9	1000	1000	5000	3000
16B-H200-L2-H(S)	H200x150x6x9	3000	1500	4500	500

NOTES:

1. DIMENSIONS "H" & "L2" SHALL BE CUT TO SUIT IN FIELD.
2. DESIGNATION NUMBER,DENOTE AS FOLLOWS:

   16B-H150-L2-H (S)(UA)
   - (UA) — DENOTE U-BOLT, SEE NOTE 4
   - (S) — DENOTE STIFFENER SEE NOTE 3
   - H — DENOTE DIMENSION "H"
   - L2 — DENOTE DIMENSION "L2"
   - H150 — DENOTE MEMBER SIZE
   - 16B — DENOTE TYPE NO.

3. ONLY WHEN "S" IS MARKED, ADDING STIFFENERS AS SHOWN IN DETAIL "a".
4. ONLY WHEN "(UA)" IS MARKED, ADDING U-BOLT AS SHOWN IN FIG.-A OF SHEET T-29, MARK "(UB)" FOR FIG.-B OF SHEET T-29, ETC.

T-017A

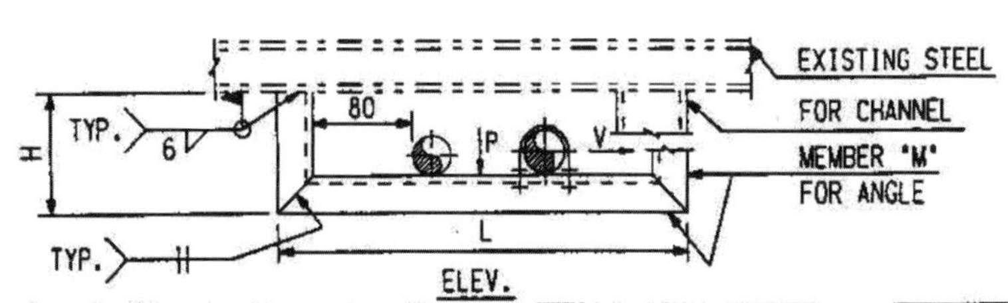

SUPPORT NO.	"L" MAX. (MM)	"H" MAX. (MM)	MEMBER "M"	MAX. ALLOWABLE LOAD (kgs)	
				±P	±V
17A-L50-L-H	500	500	L-50X50X6	240	140
17A-L50-L-H	1000	500	L-50X50X6	155	140
17A-L50-L-H	500	1000	L-50X50X6	100	80
17A-L50-L-H	1000	1000	L-50X50X6	85	70
17A-L75-L-H	500	500	L-75X75X9	735	480
17A-L75-L-H	1000	500	L-75X75X9	540	480
17A-L75-L-H	500	1000	L-75X75X9	500	240
17A-L75-L-H	1000	1000	L-75X75X9	400	250
17A-L75-L-H	500	1500	L-75X75X9	250	150
17A-L75-L-H	1000	1500	L-75X75X9	300	150
17A-L100-L-H	500	500	L-100X100X10	900	550
17A-L100-L-H	1000	500	L-100X100X10	1000	600
17A-L100-L-H	500	1000	L-100X100X10	800	500
17A-L100-L-H	1000	1000	L-100X100X10	600	400
17A-L100-L-H	1500	1000	L-100X100X10	400	300
17A-L100-L-H	1000	1500	L-100X100X10	400	200
17A-L100-L-H	1500	1500	L-100X100X10	300	200
17A-C125-L-H	500	500	C-125X65X6	1500	800
17A-C125-L-H	1000	500	C-125X65X6	1200	800
17A-C125-L-H	1500	500	C-125X65X6	1000	400
17A-C125-L-H	500	1000	C-125X65X6	800	500
17A-C125-L-H	1000	1000	C-125X65X6	700	400
17A-C125-L-H	1500	1000	C-125X65X6	500	300
17A-C125-L-H	500	1500	C-125X65X6	700	300
17A-C125-L-H	1000	1500	C-125X65X6	400	200
17A-C125-L-H	1500	1500	C-125X65X6	300	150
17A-C150-L-H	500	500	C-150X75X6.5	1500	1000
17A-C150-L-H	1000	500	C-150X75X6.5	1500	1000
17A-C150-L-H	1500	500	C-150X75X6.5	1200	600
17A-C150-L-H	500	1000	C-150X75X6.5	1500	900
17A-C150-L-H	1000	1000	C-150X75X6.5	1000	600
17A-C150-L-H	1500	1000	C-150X75X6.5	900	400
17A-C150-L-H	500	1500	C-150X75X6.5	950	400
17A-C150-L-H	1000	1500	C-150X75X6.5	700	350
17A-C150-L-H	1500	1500	C-150X75X6.5	600	200

NOTES:

1. DIMENSIONS "H" & "L" SHALL BE CUT TO SUIT IN FIELD
2. DESIGNATION NUMBER, DENOTE AS FOLLOWS:

```
17A-L50-L-H(UA)
 |   |  | | └─DENOTE U-BOLT, SEE NOTE 3
 |   |  | └──DENOTE DIMENSION "H"
 |   |  └───DENOTE DIMENSION "L"
 |   └────DENOTE MEMBER SIZE
 └─DENOTE TYPE NO.
```

3. ONLY WHEN "(UA)" IS MARKED, ADDING U-BOLT AS SHOWN IN FIG.-A OF SHEET T-29, MARK "(UB)" FOR FIG.-B OF SHEET T-29, ETC.

T-017B

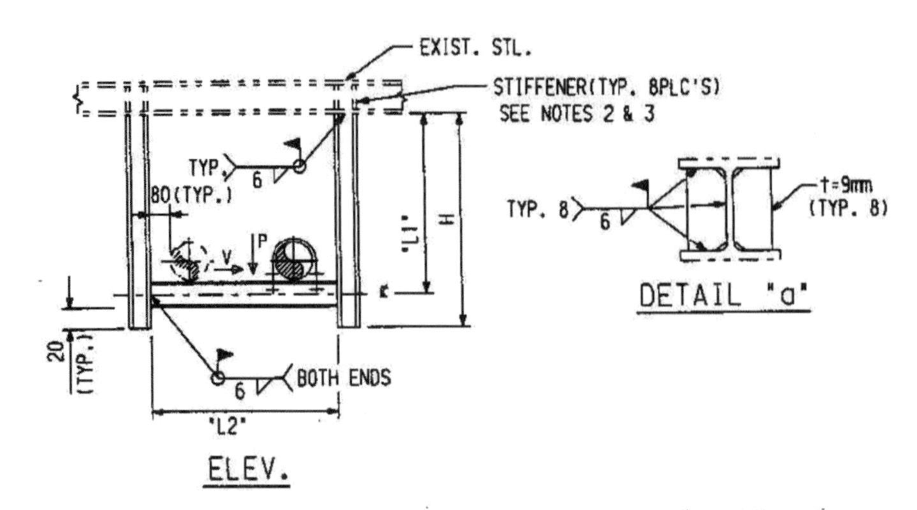

SUPPORT NO.	MEMBER SIZE	"L1" MAX. (mm)	"L2" MAX. (mm)	MAX. ALLOWABLE LOAD (kgs)	
				±P	±V
17B-H100-L2-H(S)	H100x100x6x8	500	1000	3000	2500
17B-H100-L2-H(S)	H100x100x6x8	1000	1000	3000	1200
17B-H100-L2-H(S)	H100x100x6x8	1000	1500	2000	1200
17B-H100-L2-H(S)	H100x100x6x8	1500	1500	2000	700
17B-H100-L2-H(S)	H100x100x6x8	1500	2000	1500	650
17B-H100-L2-H(S)	H100x100x6x8	2000	2000	1500	300
17B-H150-L2-H(S)	H150x75x5x7	500	1000	4000	2500
17B-H150-L2-H(S)	H150x75x5x7	700	1000	3000	1500
17B-H150-L2-H(S)	H150x75x5x7	3000	1000	2500	250
17B-H200-L2-H(S)	H200x150x6x9	500	1000	5000	5000
17B-H200-L2-H(S)	H200x150x6x9	700	1000	5000	5000
17B-H200-L2-H(S)	H200x150x6x9	1000	1000	5000	3000
17B-H200-L2-H(S)	H200x150x6x9	3000	1500	4500	500

NOTES:

1. DIMENSIONS "H" & "L2" SHALL BE CUT TO SUIT IN FIELD.
2. DESIGNATION NUMBER,DENOTE AS FOLLOWS:

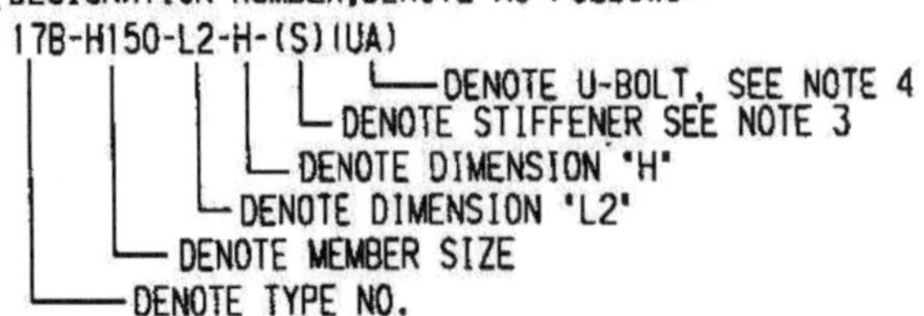

3. ONLY WHEN "S" IS MARKED, ADDING STIFFENERS AS SHOWN IN DETAIL "a" .
4. ONLY WHEN "(UA)"IS MARKED, ADDING U-BOLT AS SHOWN IN FIG.-A OF SHEET T-29, MARK "(UB)" FOR FIG.-B OF SHEET T-29, ETC.

T-018A

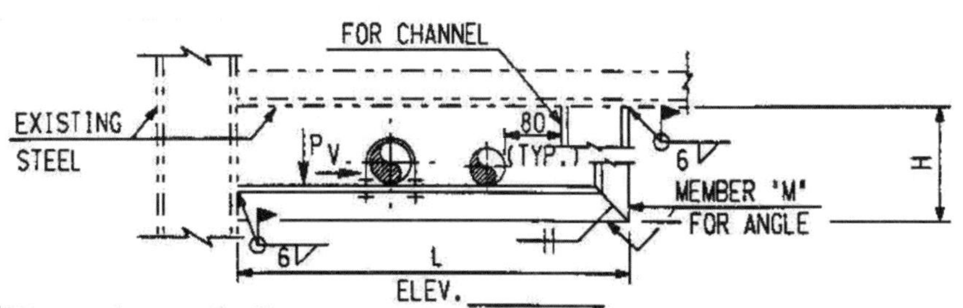

SUPPORT NO.	'L' MAX. (MM)	'H' MAX. (MM)	MEMBER 'M'	MAX. ALLOWABLE LOAD (kgs)	
				+P	±V
18A-L50-L-H	500	500	L-50X50X6	300	350
18A-L50-L-H	1000	500	L-50X50X6	160	260
18A-L50-L-H	500	1000	L-50X50X6	200	150
18A-L50-L-H	1000	1000	L-50X50X6	100	150
18A-L75-L-H	500	500	L-75X75X9	800	750
18A-L75-L-H	1000	500	L-75X75X9	550	600
18A-L75-L-H	500	1000	L-75X75X9	600	350
18A-L75-L-H	1000	1000	L-75X75X9	500	500
18A-L75-L-H	500	1500	L-75X75X9	300	200
18A-L75-L-H	1000	1500	L-75X75X9	500	300
18A-L100-L-H	500	500	L-100X100X10	800	750
18A-L100-L-H	1000	500	L-100X100X10	800	750
18A-L100-L-H	500	1000	L-100X100X10	800	350
18A-L100-L-H	1000	1000	L-100X100X10	600	600
18A-L100-L-H	1500	1000	L-100X100X10	500	400
18A-L100-L-H	1000	1500	L-100X100X10	800	500
18A-L100-L-H	1500	1500	L-100X100X10	500	500
18A-C125-L-H	500	500	C-125X65X6	3000	5000
18A-C125-L-H	1000	500	C-125X65X6	2000	3000
18A-C125-L-H	1500	500	C-125X65X6	1000	1500
18A-C125-L-H	500	1000	C-125X65X6	2500	1500
18A-C125-L-H	1000	1000	C-125X65X6	2000	800
18A-C125-L-H	1500	1000	C-125X65X6	800	600
18A-C125-L-H	500	1500	C-125X65X6	2000	1000
18A-C125-L-H	1000	1500	C-125X65X6	1500	800
18A-C125-L-H	1500	1500	C-125X65X6	1000	600
18A-C150-L-H	500	500	C-150X75X6.5	4000	3500
18A-C150-L-H	1000	500	C-150X75X6.5	3500	3500
18A-C150-L-H	1500	500	C-150X75X6.5	2000	2500
18A-C150-L-H	500	1000	C-150X75X6.5	4000	2000
18A-C150-L-H	1000	1000	C-150X75X6.5	3000	2000
18A-C150-L-H	1500	1000	C-150X75X6.5	1500	2000
18A-C150-L-H	500	1500	C-150X75X6.5	3500	2000
18A-C150-L-H	1000	1500	C-150X75X6.5	3000	1200
18A-C150-L-H	1500	1500	C-150X75X6.5	2000	800

NOTES:

1. DIMENSIONS 'H' & 'L' SHALL BE CUT TO SUIT IN FIELD
2. DESIGNATION NUMBER,DENOTE AS FOLLOWS:

```
18A-L50-L-H(UA)
|   |   | |  └─DENOTE U-BOLT, SEE NOTE 3
|   |   | └─DENOTE DIMENSION 'H'
|   |   └─DENOTE DIMENSION 'L'
|   └─DENOTE MEMBER SIZE
└─DENOTE TYPE NO.
```

3. ONLY WHEN '(UA)'IS MARKED, ADDING U-BOLT AS SHOWN IN FIG.-A OF SHEET T-29, MARK '(UB)' FOR FIG.-B OF SHEET T-29, ETC.

T-018B

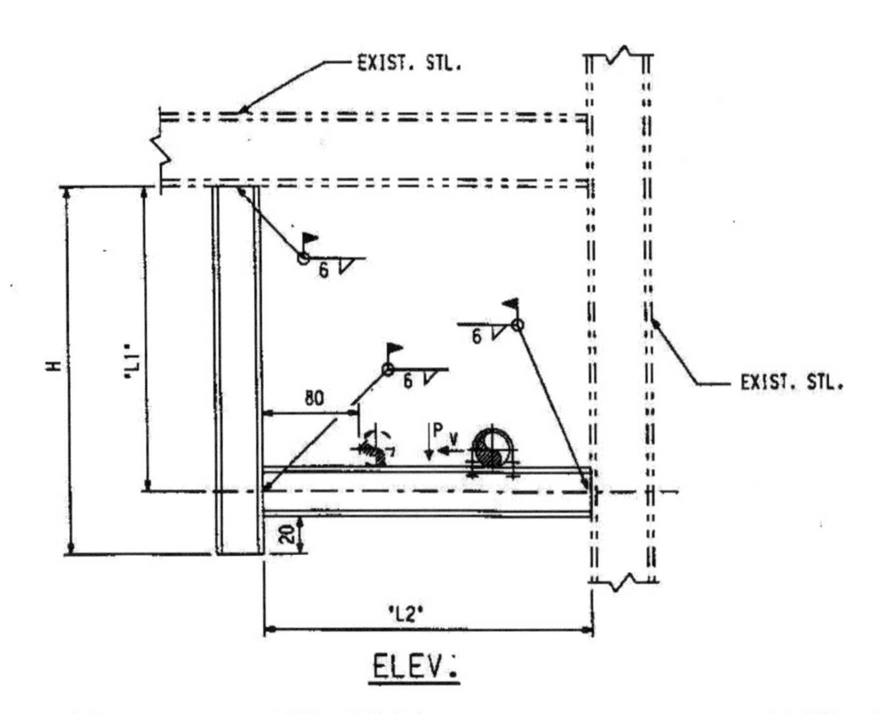

SUPPORT NO.	MEMBER SIZE	'L1' MAX. (mm)	'L2' MAX. (mm)	MAX. ALLOWABLE LOAD (kgs)	
				±P	±V
18B-H100-L2-H	H100x100x6x8	1000	1000	3000	2500
18B-H100-L2-H	H100x100x6x8	2000	1000	3000	2000
18B-H100-L2-H	H100x100x6x8	2000	2000	1500	1500
18B-H150-L2-H	H150x75x5x7	1000	1000	2500	3475
18B-H150-L2-H	H150x75x5x7	3000	1000	2500	3000
18B-H200-L2-H	H200x150x6x9	1000	1000	4450	5275
18B-H200-L2-H	H200x150x6x9	3000	2000	1800	3000

NOTES:

1. DIMENSIONS 'H' & 'L2' SHALL BE CUT TO SUIT IN FIELD.
2. DESIGNATION NUMBER, DENOTE AS FOLLOWS:

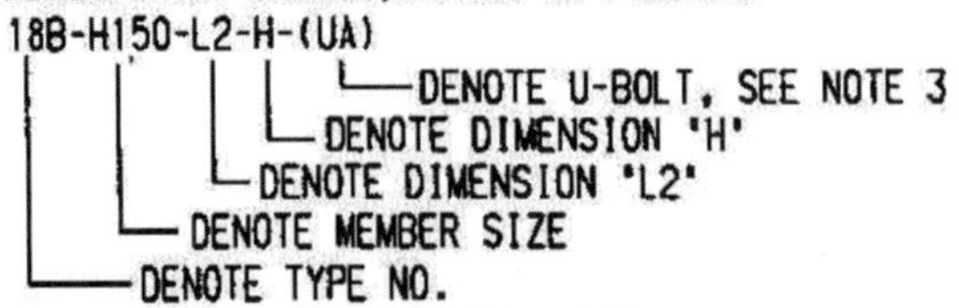

3. ONLY WHEN '(UA)' IS MARKED, ADDING U-BOLT AS SHOWN IN FIG.-A OF SHEET T-29, MARK '(UB)' FOR FIG.-B OF SHEET T-29, ETC.

T-019A

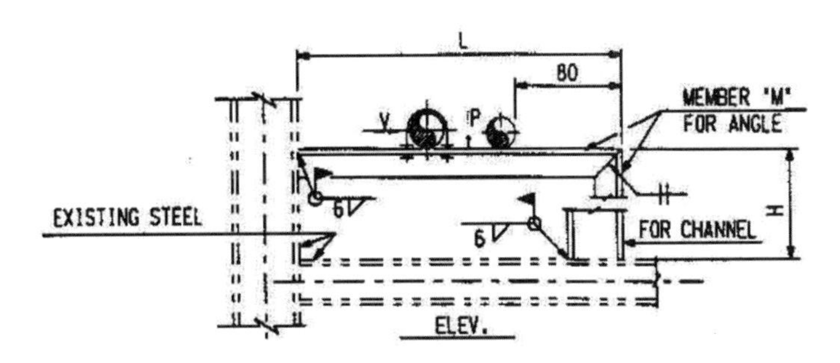

SUPPORT NO.	"L" MAX. (MM)	"H" MAX. (MM).	MEMBER "M"	MAX. ALLOWABLE LOAD (kgs)	
				±P	±V
19A-L50-L-H	500	500	L-50X50X6	300	350
19A-L50-L-H	1000	500	L-50X50X6	160	260
19A-L50-L-H	500	1000	L-50X50X6	200	150
19A-L50-L-H	1000	1000	L-50X50X6	100	150
19A-L75-L-H	500	500	L-75X75X9	800	750
19A-L75-L-H	1000	500	L-75X75X9	550	600
19A-L75-L-H	500	1000	L-75X75X9	600	350
19A-L75-L-H	1000	1000	L-75X75X9	500	500
191-L75-L-H	500	1500	L-75X75X9	300	200
19A-L75-L-H	1000	1500	L-75X75X9	500	300
19A-L100-L-H	500	500	L-100X100X10	800	750
19A-L100-L-H	1000	500	L-100X100X10	800	750
19A-L100-L-H	500	1000	L-100X100X10	800	350
19A-L100-L-H	1000	1000	L-100X100X10	600	600
19A-L100-L-H	1500	1000	L-100X100X10	500	400
19A-L100-L-H	1000	1500	L-100X100X10	800	500
19A-L100-L-H	1500	1500	L-100X100X10	500	500
19A-C125-L-H	500	500	C-125X65X6	3000	5000
19A-C125-L-H	1000	500	C-125X65X6	2000	3000
19A-C125-L-H	1500	500	C-125X65X6	1000	1500
19A-C125-L-H	500	1000	C-125X65X6	2500	1500
19A-C125-L-H	1000	1000	C-125X65X6	2000	800
19A-C125-L-H	1500	1000	C-125X65X6	800	600
19A-C125-L-H	500	1500	C-125X65X6	2000	1000
19A-C125-L-H	1000	1500	C-125X65X6	1500	800
19A-C125-L-H	1500	1500	C-125X65X6	1000	600
19A-C150-L-H	500	500	C-150X75X6.5	4000	3500
191-C150-L-H	1000	500	C-150X75X6.5	3500	3500
19A-C150-L-H	1500	500	C-150X75X6.5	2000	2500
19A-C150-L-H	500	1000	C-150X75X6.5	4000	2000
19A-C150-L-H	1000	1000	C-150X75X6.5	3000	2000
19A-C150-L-H	1500	1000	C-150X75X6.5	1500	2000
19A-C150-L-H	500	1500	C-150X75X6.5	3500	2000
19A-C150-L-H	1000	1500	C-150X75X6.5	3000	1200
19A-C150-L-H	1500	1500	C-150X75X6.5	2000	800

NOTES:

1. DIMENSIONS 'H' & 'L' SHALL BE CUT TO SUIT IN FIELD.
2. DESIGNATION NUMBER, DENOTE AS FOLLOWS:

   19A-L50-L-H(UA)
   - (UA) — DENOTE U-BOLT, SEE NOTE 3
   - H — DENOTE DIMENSION 'H'
   - L — DENOTE DIMENSION 'L'
   - L50 — DENOTE MEMBER SIZE
   - 19A — DENOTE TYPE NO.
3. ONLY WHEN '(UA)' IS MARKED, ADDING U-BOLT AS SHOWN IN FIG.-A OF SHEET T-29, MARK '(UB)' FOR FIG.-B OF SHEET T-29, ETC.

T-019B

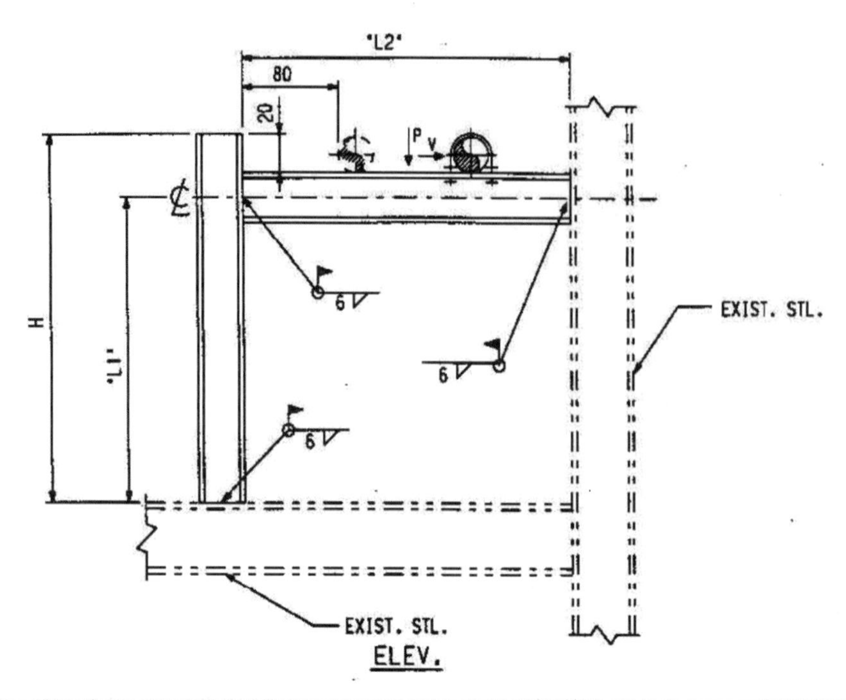

SUPPORT NO.	MEMBER SIZE	"L1" MAX. (mm)	"L2" MAX. (mm)	MAX. ALLOWABLE LOAD (kgs)	
				±P	±V
19B-H100-L2-H	H100x100x6x8	1000	1000	3000	2500
19B-H100-L2-H	H100x100x6x8	2000	1000	3000	2000
19B-H100-L2-H	H100x100x6x8	2000	2000	1500	1500
19B-H150-L2-H	H150x75x5x7	1000	1000	2500	3475
19B-H150-L2-H	H150x75x5x7	3000	1000	2500	3000
19B-H200-L2-H	H200x150x6x9	1000	1000	4450	5275
19B-H200-L2-H	H200x150x6x9	3000	2000	1800	3000

NOTES:

1. DIMENSIONS 'H' & 'L2' SHALL BE CUT TO SUIT IN FIELD.
2. DESIGNATION NUMBER, DENOTE AS FOLLOWS:

   19B-H150-L2-H(UA)
   - (UA) — DENOTE U-BOLT, SEE NOTE 3
   - H — DENOTE DIMENSION 'H'
   - L2 — DENOTE DIMENSION 'L2'
   - H150 — DENOTE MEMBER SIZE
   - 19B — DENOTE TYPE NO.
3. ONLY WHEN '(UA)' IS MARKED, ADDING U-BOLT AS SHOWN IN FIG.-A OF SHEET T-29, MARK '(UB)' FOR FIG.-B OF SHEET T-29, ETC.

T-020

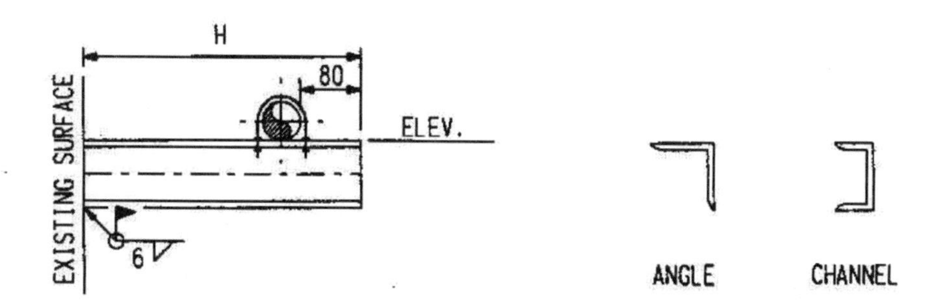

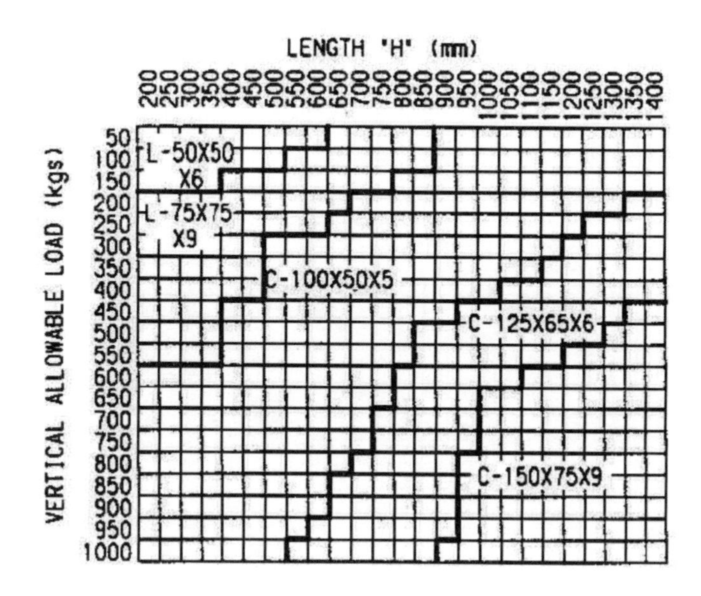

NOTES:

1. DIMENSION "H" SHALL BE CUT TO SUIT IN FIELD.
2. DESIGNATION NUMBER, DENOTE AS FOLLOWS:

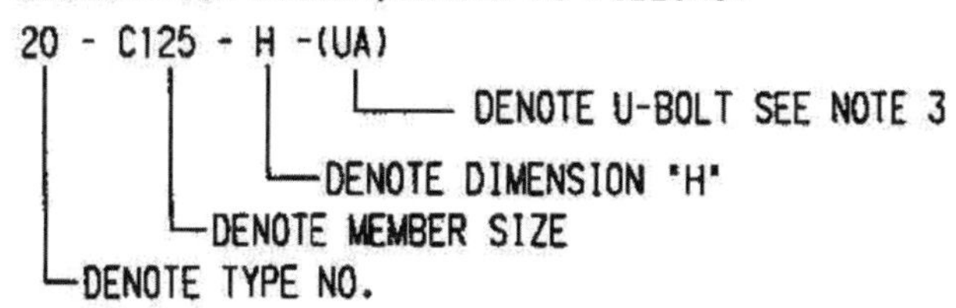

3. ONLY WHEN "(UA)" IS MARKED, ADDING U-BOLT AS SHOWN IN FIG.-A OF SHEET T-29, MARK "(UB)" FOR FIG.-B OF SHEET T-29, ETC.

T-021

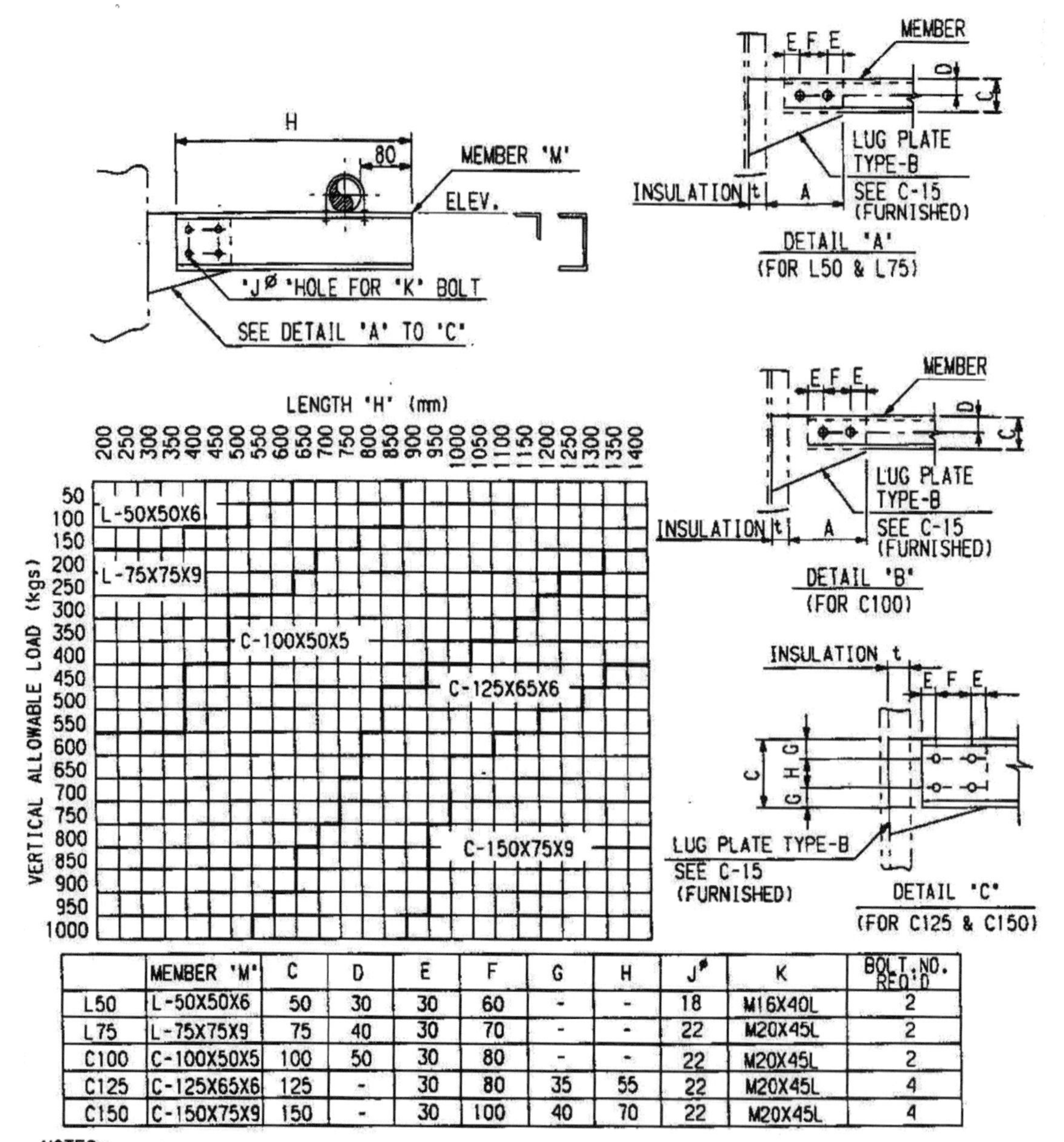

	MEMBER 'M'	C	D	E	F	G	H	JØ	K	BOLT NO. REQ'D
L50	L-50X50X6	50	30	30	60	-	-	18	M16X40L	2
L75	L-75X75X9	75	40	30	70	-	-	22	M20X45L	2
C100	C-100X50X5	100	50	30	80	-	-	22	M20X45L	2
C125	C-125X65X6	125	-	30	80	35	55	22	M20X45L	4
C150	C-150X75X9	150	-	30	100	40	70	22	M20X45L	4

NOTES:

1. DIMENSION 'H' SHALL BE CUT TO SUIT IN FIELD.
2. DESIGNATION NUMBER, DENOTE AS FOLLOWS:

   21 -C125- H(UA)
   - (UA) — DENOTE U-BOLT, SEE NOTE 3
   - H — DENOTE DIMENSION 'H'
   - C125 — DENOTE MEMBER 'M'
   - 21 — DENOTE TYPE NO.

3. ONLY WHEN '(UA)' IS MARKED, ADDING U-BOLT AS SHOWN IN FIG.-A OF SHEET T-29, MARK '(UB)' FOR FIG.-B OF SHEET T-29, ETC.

T-022A

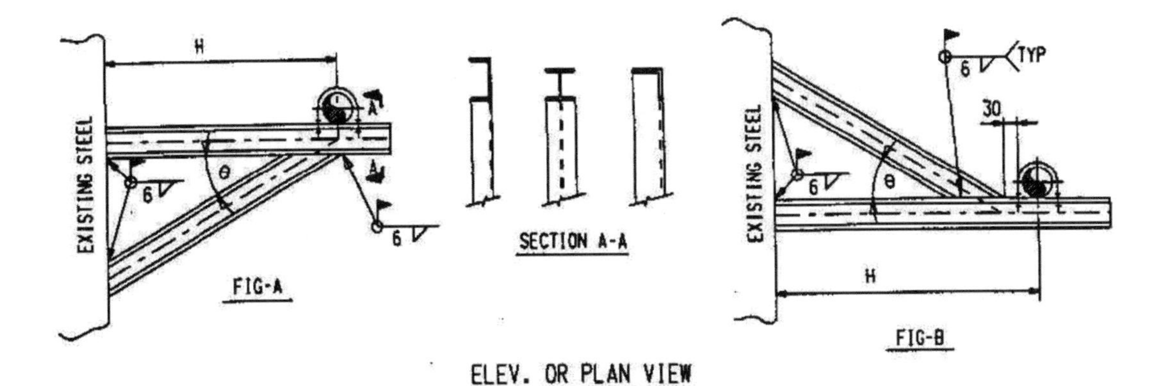

ELEV. OR PLAN VIEW

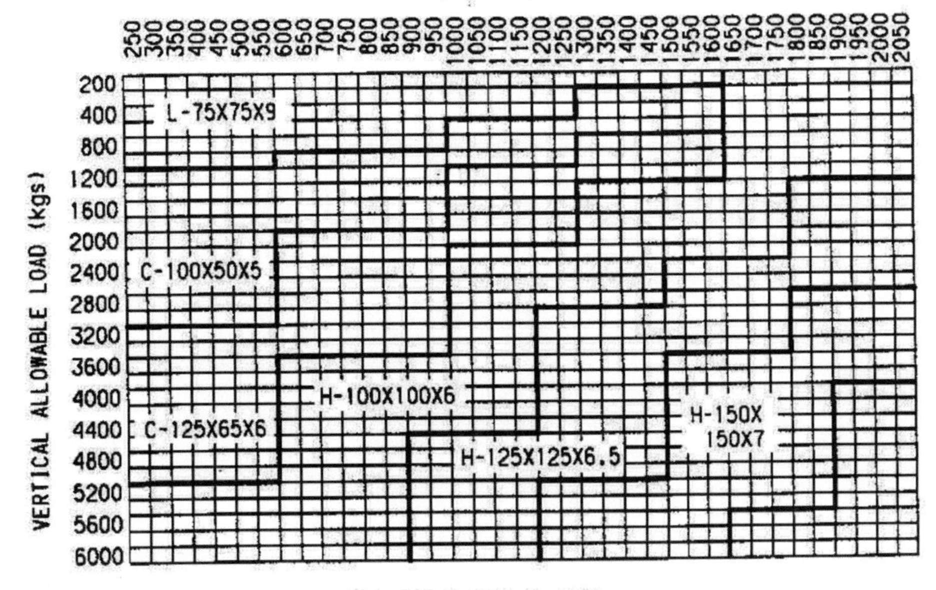

LOAD TABLE FOR θ =30°
(FOR θ =45° SEE SH'T T-22B)

NOTES:

1. DIMENSION "H" SHALL BE CUT TO SUIT IN FIELD.
2. DESIGNATION NUMBER, DENOTE AS FOLLOWS:

   22 - C125 - H - A -B(UA)
   - (UA) DENOTE U-BOLT, SEE NOTE 4
   - B SEE NOTE 3
   - A DENOTE FIG.NO.
   - H DENOTE LENGTH "H"
   - C125 DENOTE MEMBER SIZE
   - 22 DENOTE TYPE NO.

3. A: FOR θ =30°　B: FOR θ =45°
4. ONLY WHEN "(UA)" IS MARKED, ADDING U-BOLT AS SHOWN IN FIG.-A OF SHEET T-29, MARK "(UB)" FOR FIG.-B OF SHEET T-29, ETC.

T-022B

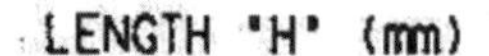

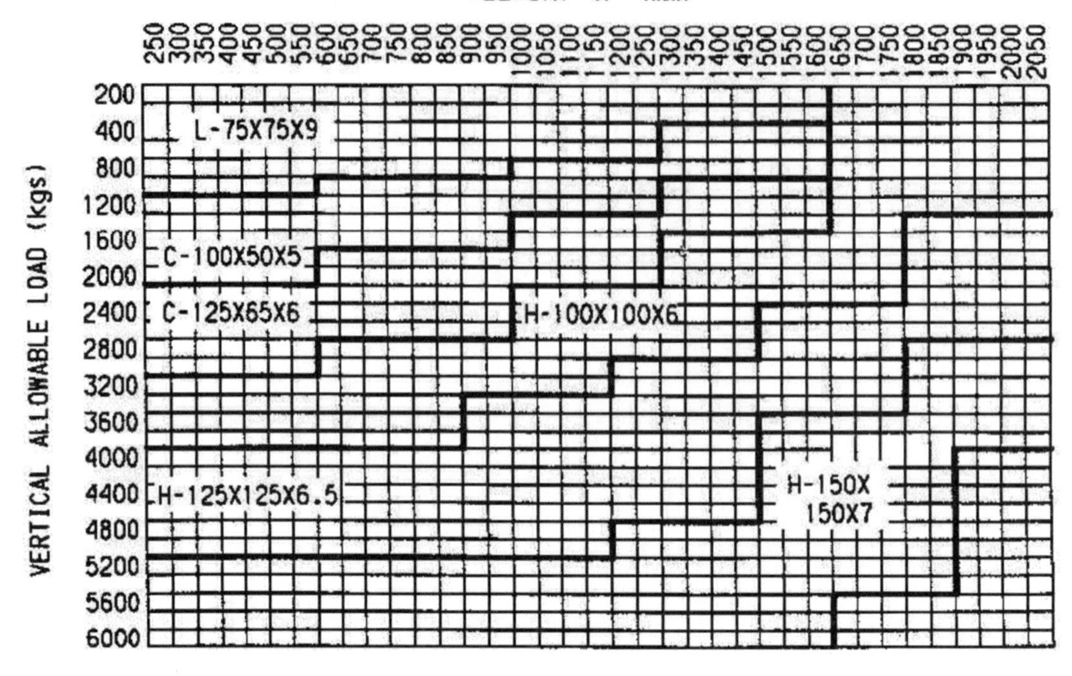

LOAD TABLE FOR θ =45°

T-023

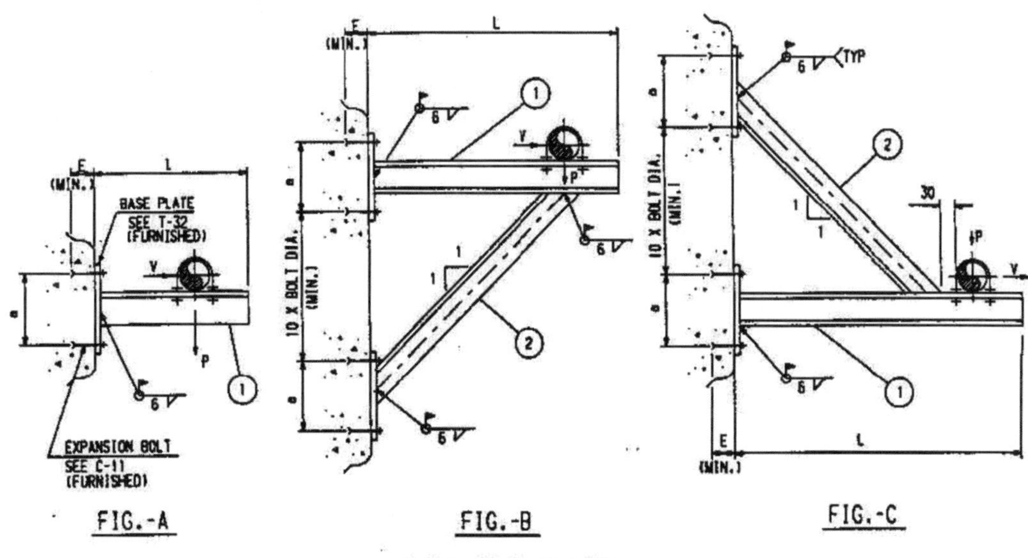

ELEV. OR PLAN VIEW

SUPPORT NO.	'L' MAX. (mm)	MEMBER		BASE * PLATE TH'K (MM)	EXP. BOLT *			MAX. ALLOW LOAD (kgs)	
		1	2		DIA (IN.)	E	DIST. 'a'	±P	±V
23-1	400	L50X50X6	-	12	M12(1/2")	80	160	110	220
23-2	600	L75X75X9	-	12	M16(5/8")	100	200	250	250
23-3	800	L100X100X10	-	16	M20(3/4")	120	240	300	300
23-3A	800	L100X100X10	-	16	M16(5/8")	100	200	270	270
23-4	800	H100X100X6	-	16	M20(3/4")	120	300	700	700
23-4A	800	H100X100X6	-	16	M16(5/8")	100	200	500	500
23-5	1000	H150X150X7	-	25	M24(1")	155	470	1200	1000
23-5A	1000	H150X150X7	-	16	M20(3/4")	120	300	700	580
23-6	1000	H100X100X6	L75X75X9	12	M20(3/4")	120	240	2000	1500
23-6A	1000	H100X100X6	L75X75X9	12	M16(5/8")	100	200	1680	1260
23-7	1400	H100X100X6	L75X75X9	12	M20(3/4")	120	240	2250	1500
23-8	1000	H100X100X6	L75X75X9	16	M20(3/4")	120	240	2500	1500
23-8A	1000	H100X100X6	L75X75X9	16	M16(5/8")	100	200	2100	1260
23-9	1400	H100X100X6	L75X75X9	16	M20(3/4")	120	240	2500	1500

* SEE SHEET C-11 & T-32

NOTES:

1. DEMINSION 'L' SHALL BE CUT TO SUIT IN FIELD.
2. DESIGNATION NUMBER, DENOTE AS FOLLOWS:

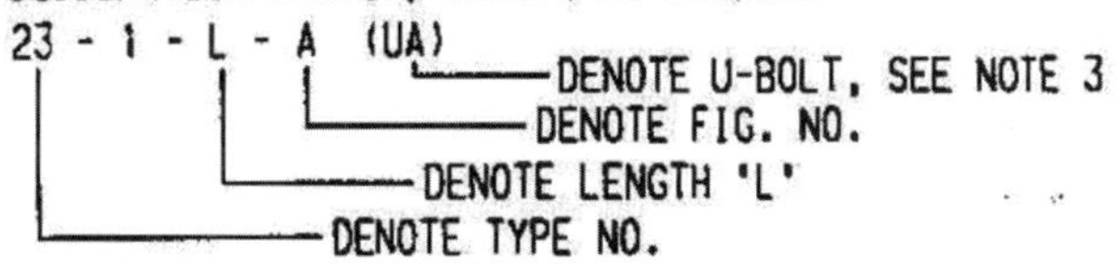

3. ONLY WHEN "(UA)"IS MARKED, ADDING U-BOLT AS SHOWN IN FIG.-A OF SHEET T-29, MARK "(UB)" FOR FIG.-B OF SHEET T-29, ETC.
4. FOR WELDING SIZE REF. TO PAGE S-5 SECT 4.2 OF THIS SPEC.

T-024A

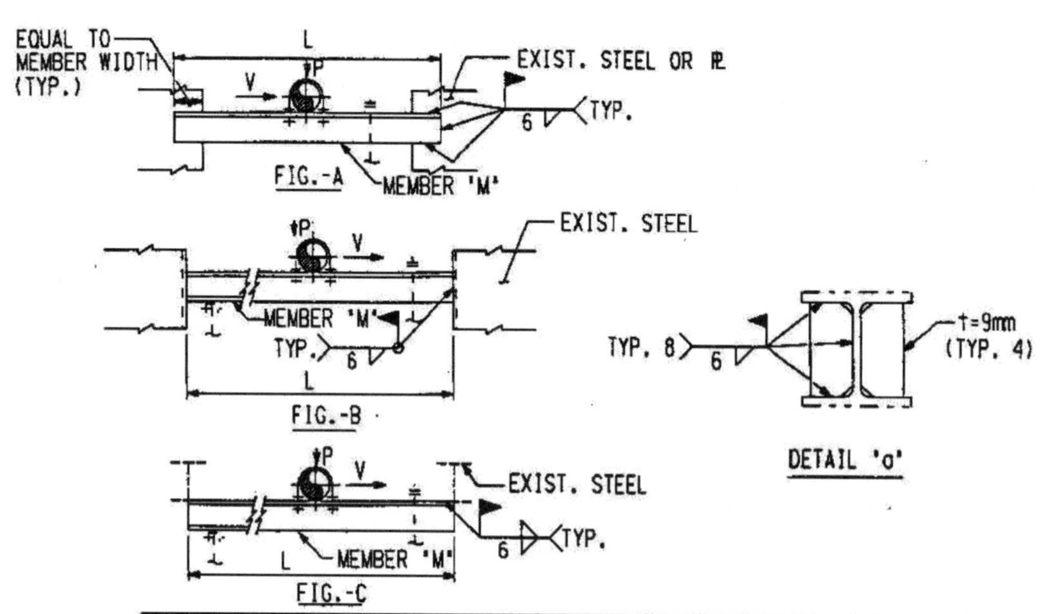

SUPPORT NO.	MEMBER 'M'	L(MAX) (MM)	MAX. ALLOWABLE LOAD (kgs)	
			± P	± V
24A-L50-L-A	L50X50X6	1000	300	450
24A-L50-L-A	L50X50X6	1500	200	300
24A-L50-L-A	L50X50X6	2000	150	250
24A-L75-L-A	L75X75X9	1000	1100	1200
24A-L75-L-A	L75X75X9	1500	700	1100
24A-L75-L-A	L75X75X9	2000	550	900
24A-L100-L-A	L100X100X10	1000	2100	2300
24A-L100-L-A	L100X100X10	1500	1500	1600
24A-L100-L-A	L100X100X10	2000	1100	1360
24A-H100-L-C	H100X100X6X8	1000	5900	6000
24A-H100-L-C	H100X100X6X8	1500	4200	4300
24A-H100-L-C	H100X100X6X8	2000	3200	3300
24A-H150-L-C	H150X150X7X10	1500	12700	6350
24A-H150-L-C	H150X150X7X10	2000	9900	5000
24A-H200-L-C	H200X150X6X9	2000	12000	6000
24A-H200-L-C	H200X150X6X9	2500	9700	5000

NOTES:

1. DIMENSION 'L' SHALL BE CUT TO SUIT IN FIELD.
2. DESIGNATION NUMBER, DENOTE AS FOLLOWS:

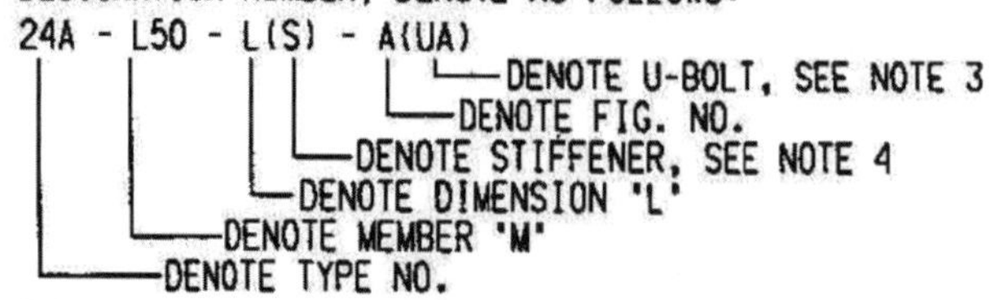

3. ONLY WHEN '(UA)' IS MARKED, ADDING U-BOLT AS SHOWN IN FIG.-A OF SHEET T-29, MARK '(UB)' FOR FIG.-B OF SHEET T-29, ETC.
4. ONLY WHEN 'S' IS MARKED, ADDING STIFFENERS AS SHOWN IN DETAIL 'a'

T-024B

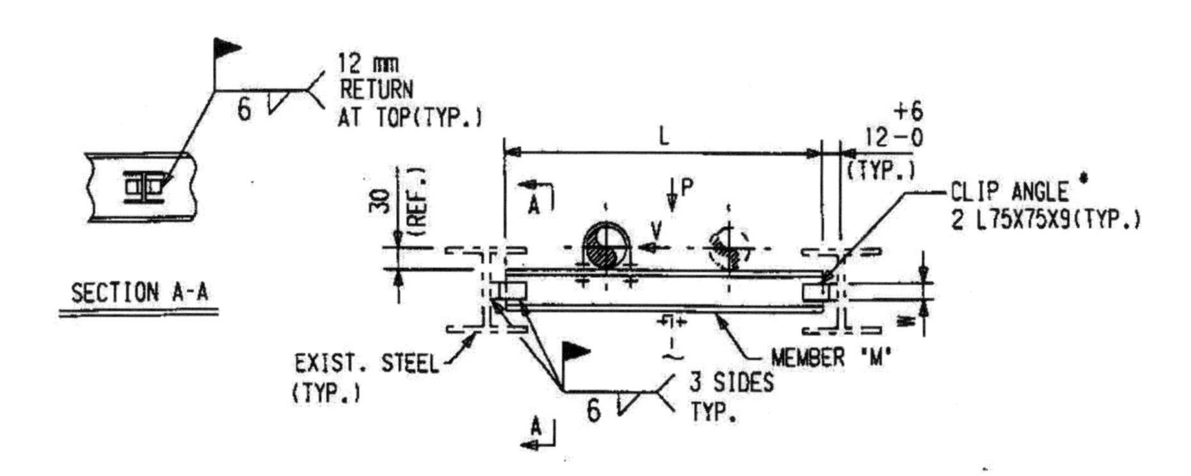

* ONE CLIP ANGLE FOR EACH SIDE OF L100X100X10 OF MEMBER "M"

SUPPORT NO.	MEMBER "M"	L(MAX) (MM)	W (MM)	MAX. ALLOWABLE LOAD (kgs) ± P	± V
24B-L100-L-A	L100X100X10	1500	60	450	800
24B-H100-L-A	H100X100X6X8	1000	60	3000	1200
24B-H100-L-A	H100X100X6X8	1500	60	2000	1200
24B-H100-L-A	H100X100X6X8	2000	60	1100	900
24B-H150-L-A	H150X150X7X10	1500	110	5900	2000
24B-H150-L-A	H150X150X7X10	2000	110	4300	2000
24B-H200-L-A	H200X150X6X9	2000	150	5300	3000
24B-H200-L-A	H200X150X6X9	2500	150	4000	2600

NOTES:

1. DIMENSION "L" SHALL BE CUT TO SUIT IN FIELD.
2. DESIGNATION NUMBER, DENOTE AS FOLLOWS:

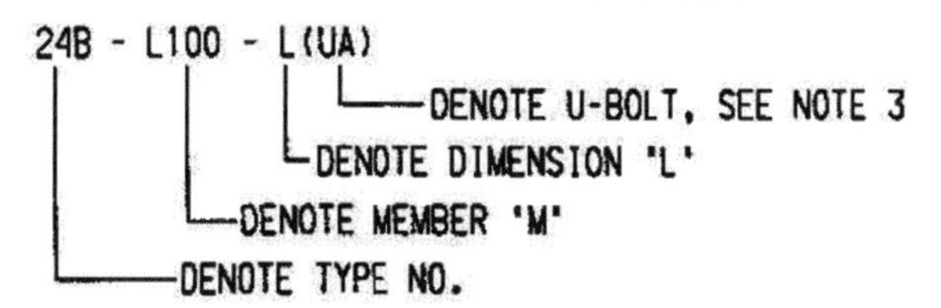

3. ONLY WHEN "(UA)" IS MARKED, ADDING U-BOLT AS SHOWN IN FIG.-A OF SHEET T-29, MARK "(UB)" FOR FIG.-B OF SHEET T-29, ETC.

T-025

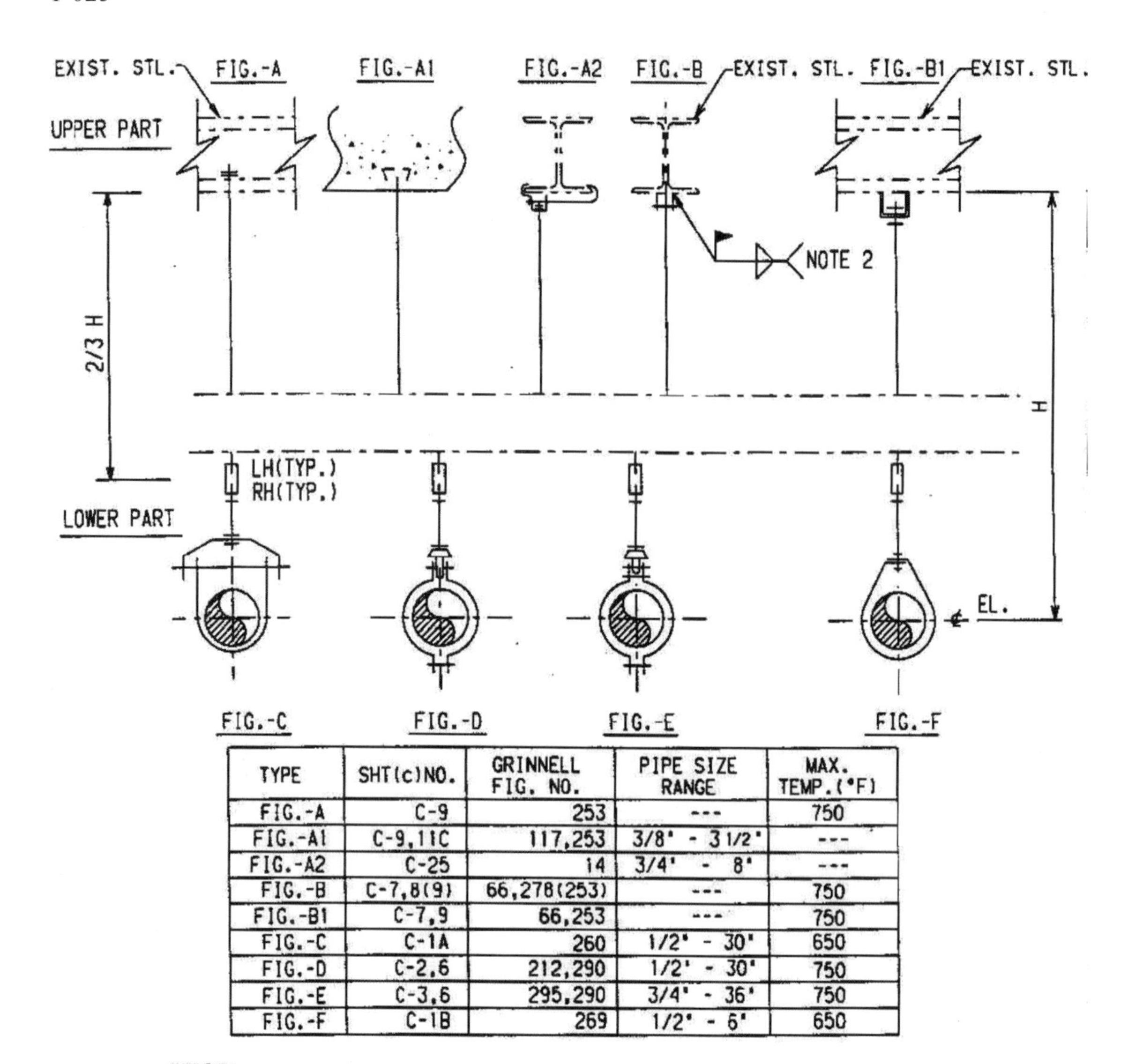

TYPE	SHT(c)NO.	GRINNELL FIG. NO.	PIPE SIZE RANGE	MAX. TEMP.(°F)
FIG.-A	C-9	253	---	750
FIG.-A1	C-9,11C	117,253	3/8" - 3 1/2"	---
FIG.-A2	C-25	14	3/4" - 8"	---
FIG.-B	C-7,8(9)	66,278(253)	---	750
FIG.-B1	C-7,9	66,253	---	750
FIG.-C	C-1A	260	1/2" - 30"	650
FIG.-D	C-2,6	212,290	1/2" - 30"	750
FIG.-E	C-3,6	295,290	3/4" - 36"	750
FIG.-F	C-1B	269	1/2" - 6"	650

NOTES:

1. DESIGNATION NUMBER, DENOTE AS FOLLOWS:

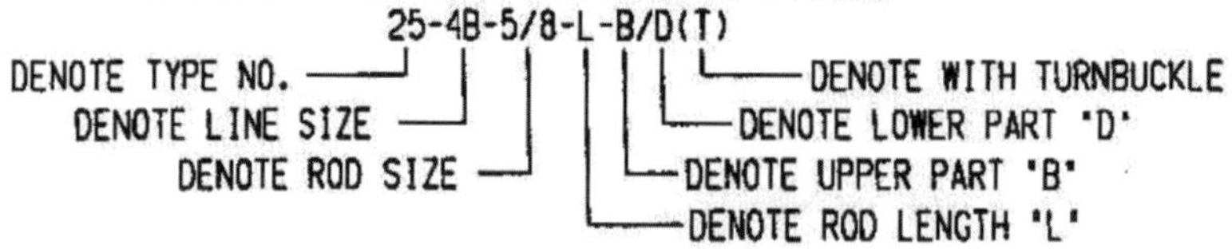

2. FOR WELDING SIZE, SEE C-7.
3. TURNBUCKLE (C-10) SHALL BE USED IN CASE OF DIM. "H" LARGER THAN 2000 MM.
4. FOR MAX. ALLOWABLE LOAD, PL'S REFER TO C-1,2,3,6,7,8,10 & 25

T-026

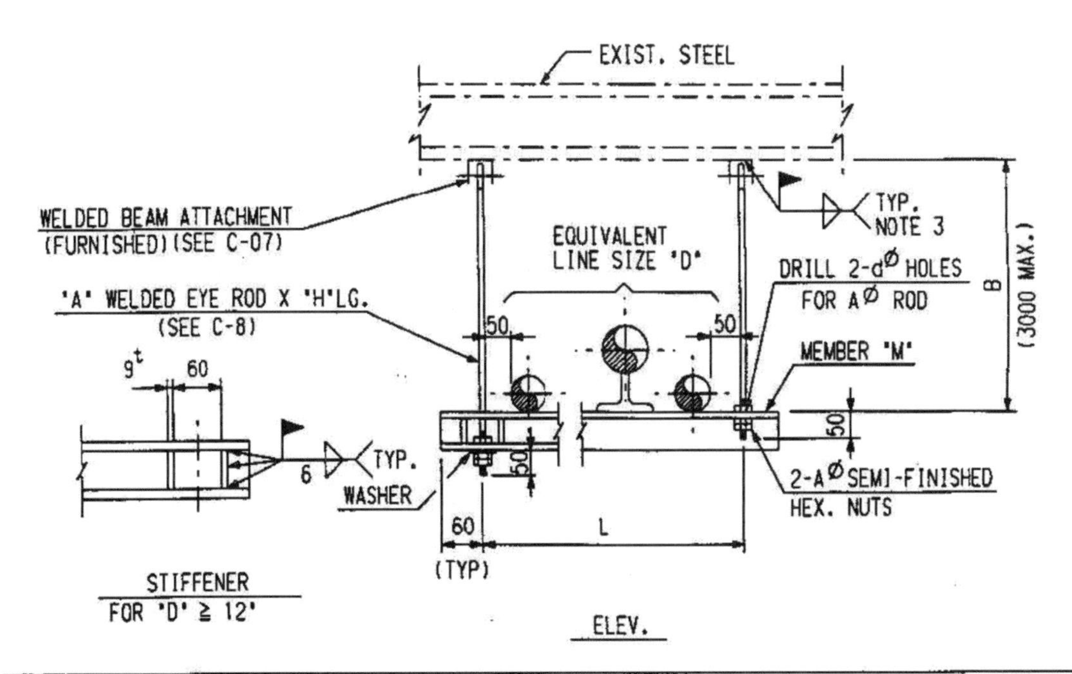

SUPPORT NO.	"D"	ROD SIZE "A"	dØ (mm)	MEMBER "M" L=500	L=1000	L=1500	L=2000	L=2500	MAX. ALLOWABLE LOAD (Kgs)
26- 1-L-H	2"	3/8"	11	L65X65X8	L65X65X8	L75X75X9	L90X90X10	L90X90X10	100
26- 2-L-H	3"	3/8"	11	L65X65X8	L75X75X9	L90X90X10	C100X50X5	C100X50X5	170
26- 3-L-H	4"	3/8"	11	L75X75X9	L90X90X10	C100X50X5	C100X50X5	C100X50X5	250
26- 4-L-H	6"	1/2"	15	L90X90X10	C100X50X5	C100X50X5	C100X50X5	C100X50X5	470
26- 5-L-H	8"	5/8"	18	C100X50X5	C100X50X5	C100X50X5	C100X50X5	C150X75X6.5	750
26- 6-L-H	10"	5/8"	18	C100X50X5	C100X50X5	C100X50X5	C150X75X6.5	C150X75X6.5	820
26- 7-L-H	12"	3/4"	21	C100X50X5	C100X50X5	C150X75X6.5	C150X75X6.5	C150X75X6.5	1230
26- 8-L-H	14"	3/4"	21	C100X50X5	C100X50X5	C150X75X6.5	C150X75X6.5	C180X75X7	1230
26- 9-L-H	16"	7/8"	24	C100X50X5	C100X50X5	C150X75X6.5	C150X75X6.5	C180X75X7	1710
26-10-L-H	18"	7/8"	24	C100X50X5	C100X50X5	C150X75X6.5	C180X75X7	C200X90X8	1710
26-11-L-H	20"	1"	28	C100X50X5	C100X50X5	C150X75X6.5	C180X75X7	C200X90X8	2250
26-12-L-H	24"	1-1/4"	34	C100X50X5	C150X75X6.5	C150X75X6.5	C200X90X8	C200X90X8	3630

NOTES:

1. DIMENSION "L" SHALL BE CUT TO SUIT IN FIELD.
2. DESIGNATION NUMBER, DENOTE AS FOLLOWS:

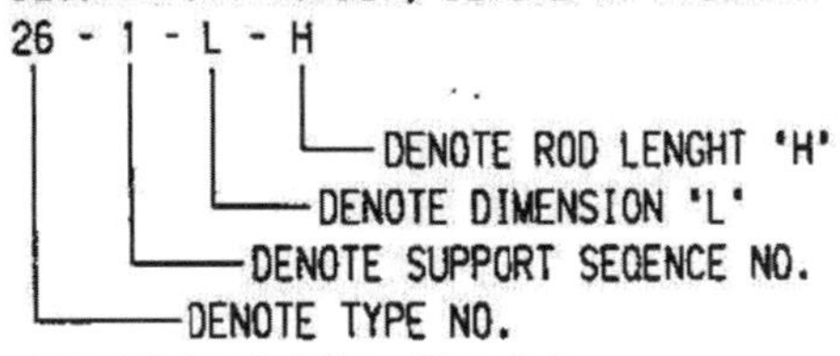

3. FOR WELDING SIZE, SEE C-7

T-027A

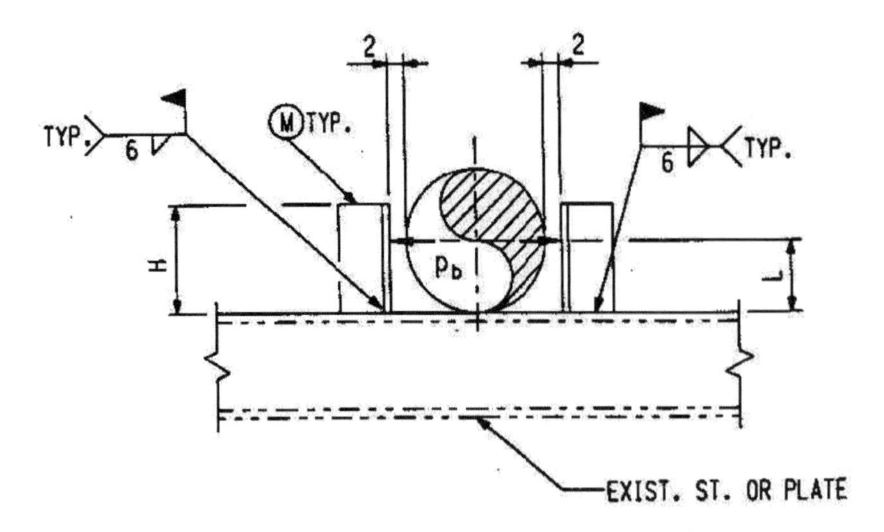

SUPPORT NO.	MEMBER SIZE 'M'	'L' MAX. (mm)	MAX. ALLOWABLE LOAD (kgs)
			±Pb
27A-L50-H	L50x50x6	57	500
27A-L75-H	L75x75x9	84	760
27A-L100-H	L100x100x10	109	1090
27A-L100-H	L100x100x10	136	880
27A-L100-H	L100x100x10	161	740

NOTES:

1. DIMENSION 'H' SHALL BE CUT TO SUIT IN FIELD.
2. DESIGNATION NUMBER.DENOTE AS FOLLOWS:

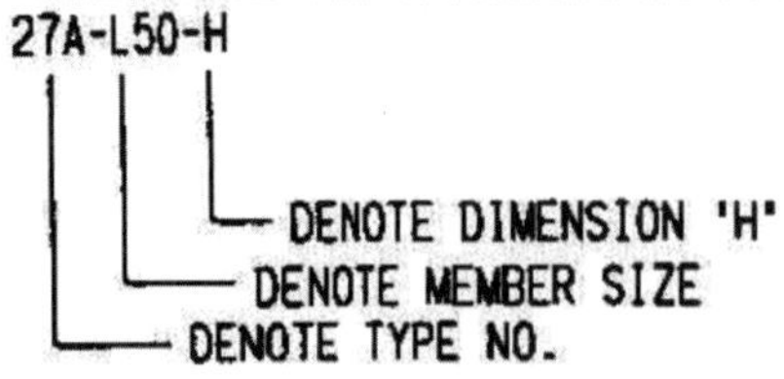

T-027B

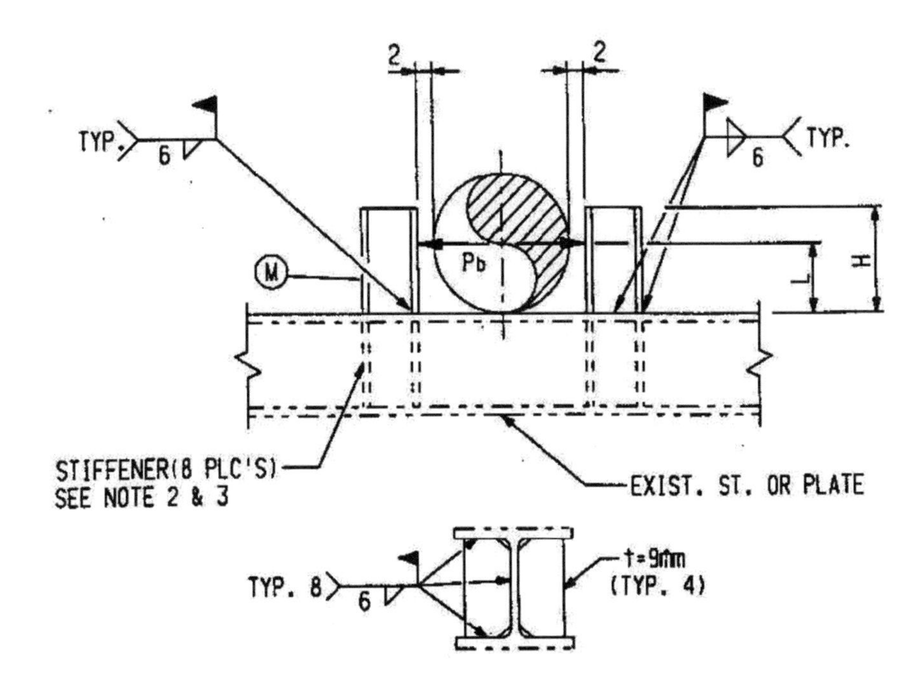

SUPPORT NO.	MEMBER SIZE "M"	"L" MAX. (mm)	⋇ MAX. ALLOWABLE LOAD (kgs)
			±Pb
27B-H100-H(S)	H100x100x6x8	161	6760
27B-H150-H(S)	H150x150x7x10	203	5885
27B-H200-H(S)	H200x150x6x9	304	12240
27B-H100-H(S)	H100x100x6x8	304	3380

⋇ SEE NOTE4

NOTES:

1. DIMENSION "H" SHALL BE CUT TO SUIT IN FIELD.
2. DESIGNATION NUMBER, DENOTE AS FOLLOWS:

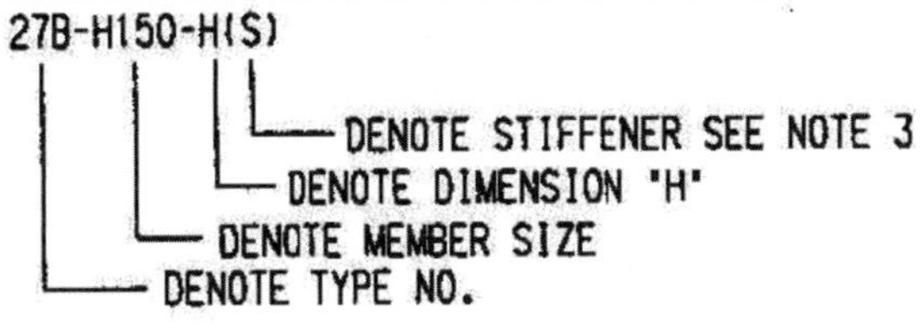

3. ONLY WHEN S IS MARKED, ADDING STIFFENERS AS SHOWN IN DETAIL "a".
4. MAX. ALLOWABLE LOADS JUST CHECK MEMBER M ONLY, EXISTING STEEL NOT INCLUDED

T-028A

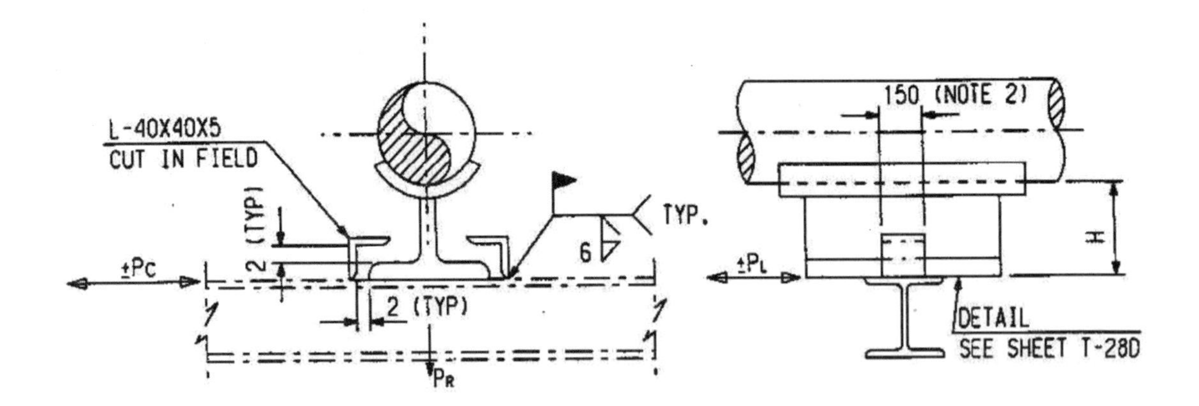

TYPE 28A (8" & SMALLER)

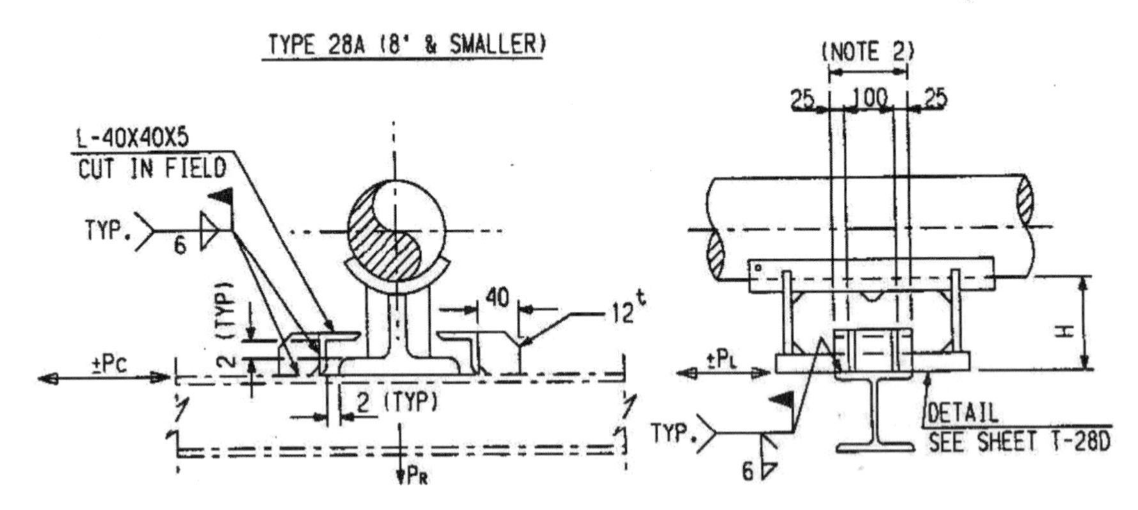

TYPE 28A (10" TO 24")

ELEV. OR PLAN VIEW

T-028B

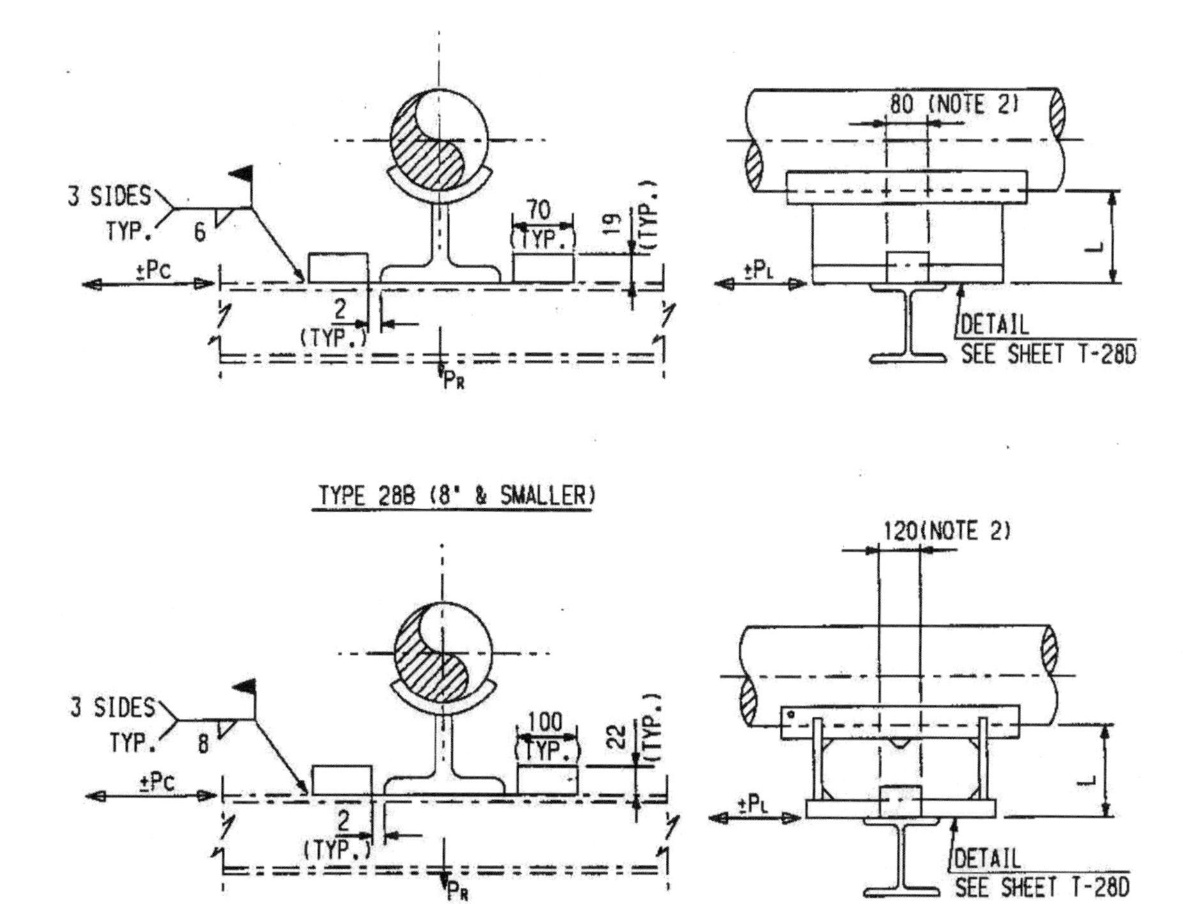
3 SIDES
TYP.
6
±Pc
70
(TYP.)
19
(TYP.)
2
(TYP.)
PR
80 (NOTE 2)
L
±PL
DETAIL
SEE SHEET T-28D
TYPE 28B (8" & SMALLER)
120(NOTE 2)
3 SIDES
TYP.
8
±Pc
100
(TYP.)
22
(TYP.)
2
(TYP.)
PR
L
±PL
DETAIL
SEE SHEET T-28D
TYPE 28B (10" TO 24")
ELEV. OR PLAN VIEW

T-028C

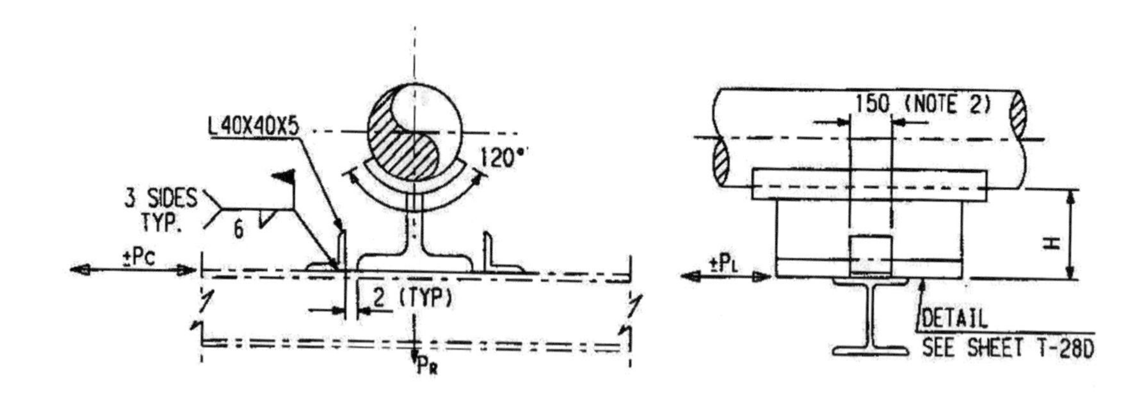

TYPE 28A (8" & SMALLER)

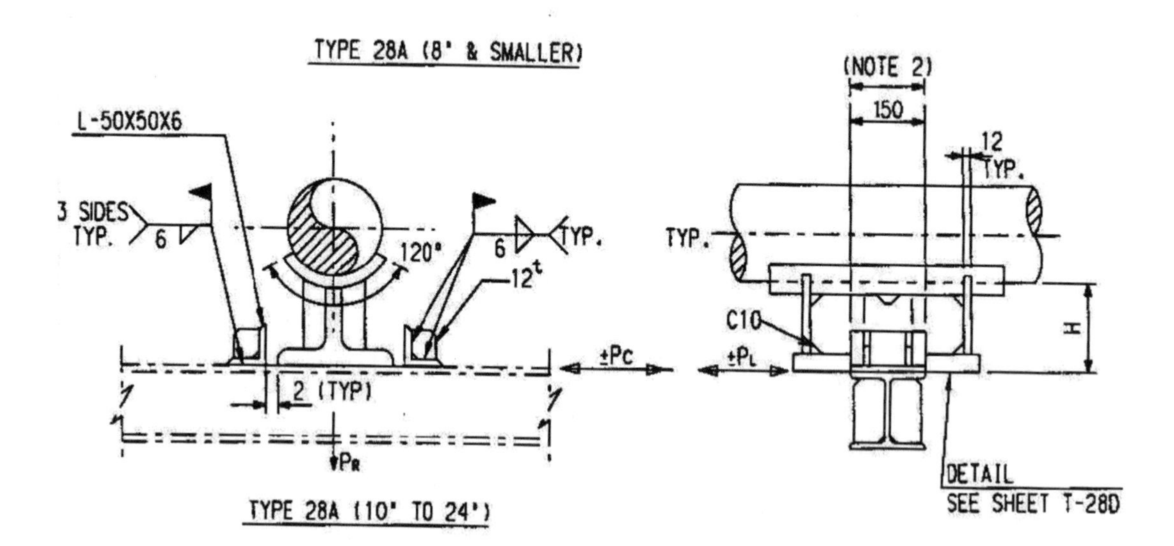

TYPE 28A (10" TO 24")

ELEV. OR PLAN VIEW

T-028D

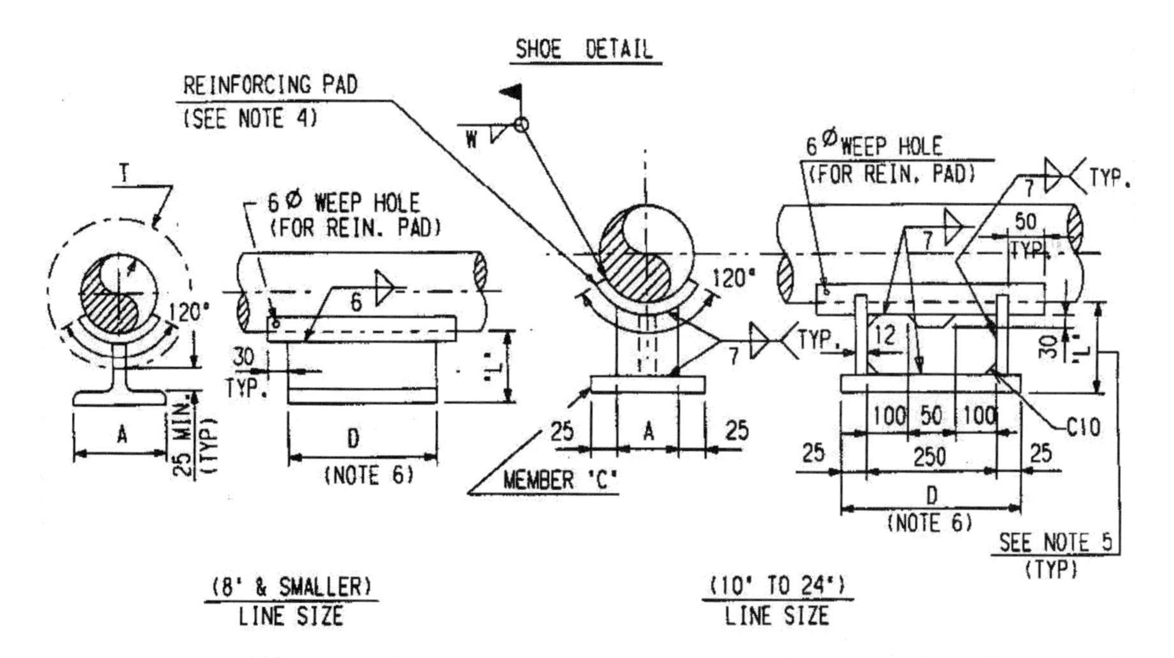

SUPPORT NO.	A	C (SEE NOTE 3)	D	W	ALLOWABLE LOAD/W PAD		
					P_R MAX. (kgs)	M_L MAX. (kg-cm)	M_C MAX. (kg-cm)
28*- 3/4B	100	CUT FROM H-200X100X5.5X8	150	4	270 / 505	640 / 650	80 / 255
28*- 1B	100	CUT FROM H-200X100X5.5X8	150	4	295 / 665	1135 / 1150	150 / 350
28*-1 1/2B	100	CUT FROM H-200X100X5.5X8	150	4	230 / 660	1365 / 1630	130 / 435
28*- 2B	100	CUT FROM H-200X100X5.5X8	150	4	200 / 590	1360 / 2710	145 / 495
28*-2 1/2B	100	CUT FROM H-200X100X5.5X8	150	5	280 / 800	1915 / 4050	240 / 840
28*- 3B	100	CUT FROM H-200X100X5.5X8	250	5	350 / 1015	3725 / 7980	325 / 1150
28*- 4B	100	CUT FROM H-200X100X5.5X8	250	6	350 / 1034	4320 / 10145	390 / 1400
28*- 5B	100	CUT FROM H-200X100X5.5X8	250	6	360 / 1065	4370 / 10800	450 / 1660
28*- 6B	100	CUT FROM H-200X100X5.5X8	250	6	375 / 1140	4335 / 11750	530 / 1960
28*- 8B	100	CUT FROM H-200X100X5.5X8	250	6	415 / 1315	4645 / 14100	700 / 2610
28*- 10B	150	FAB. FROM 12^t PLATE	300	6	570 / 1805	8155 / 24230	1235 / 4630
28*- 12B	150	FAB. FROM 12^t PLATE	300	6	655 / 1780	7880 / 24700	1300 / 4945
28*- 14B	150	FAB. FROM 12^t PLATE	300	6	615 / 1990	9810 / 29710	1730 / 6575
28*- 16B	250	FAB. FROM 12^t PLATE	300	6	570 / 1890	9290 / 28625	1705 / 6640
28*- 18B	250	FAB. FROM 12^t PLATE	300	6	535 / 1800	8740 / 27965	1680 / 6690
28*- 20B	250	FAB. FROM 12^t PLATE	300	6	520 / 1670	8370 / 27340	1670 / 6770
28*- 24B	250	FAB. FROM 12^t PLATE	300	6	485 / 1645	7825 / 26640	1645 / 6785

T-028E

NOTES:

1. DESIGNATION NUMBER, DENOTE AS FOLLOWS:

28A - 2B(P) - L(A)

- (A) — DENOTE SYMBOL (SEE TABLE 'B')
- L — DENOTE DIMENSION 'L' (REF. TO TABLE 'A')
- (P) — DENOTE REIN. PAD IS REQ'D
- 2B — DENOTE LINE SIZE
- 28A — DENOTE TYPE NO. (28A , 28B OR 28C)

2. THE MAX. LENGTH OF THIS MEMBER SHALL NOT EXCESS THE WIDTH OF BEAM.
3. SHOES FOR PIPES 1 1/2" & SMALLER MAY BE FABRICATED FROM 6t PLATE, 2" THRU. 12" FROM 9t PLATE.
4. FOR PADS MATERIAL USE PIPE MATERIAL THAT CUT FROM THE PIPE OR EQUIVALENT TO THE PIPE.
PAD'S THICKNESS EQUAL TO PIPE'S THICKNESS.
5. TABLE 'A'

INSULATION TH'K	'L' ** (MM)
75MM & LESSER	100
80MM THRU. 125MM	150
130MM THRU. 175MM	200
180MM THRU. 200MM	220

TABLE 'B'

MAT'L OF SHOES	FABRICATED FROM	SYMBOL
CARBON STEEL	SHAPE STEEL OR C/S PLATE (*)	NONE
ALLOY STEEL	A/S PLATE (*)	(A)
STAINLESS STEEL	S/S PLATE (*)	(S)

(*) SEE NOTE: 1

6. LONGITUDINAL LENGTH OF SHOE SHALL BE CALCULATED BASED ON PIPE MOVEMENT.
7. $M_C = P_C \times L$; $M_L = P_L \times L$
8. $P_{L\ MAX} = \frac{(1 - P_R/P_{R\ MAX})(M_{L\ MAX})}{L}$; $P_{C\ MAX} = \frac{(1 - P_R/P_{R\ MAX})(M_{C\ MAX})}{L}$
9. THE FOLLOWING INTERACTION FORMULA MUST BE MET:

$$\frac{P_L}{P_{L\ MAX}} + \frac{P_C}{P_{C\ MAX}} + \frac{P_R}{P_{R\ MAX}} \leq 1$$

10. FOR NOTES 8 & 9 CAN BE COMBINED AS FOLLOWS:

$$\frac{P_L\ xL}{M_{L\ MAX}} + \frac{P_C\ xL}{M_{C\ MAX}} \leq (1 - \frac{P_R}{P_{R\ MAX}})^2$$

** FOR REFERENCE ONLY & TO BE CUT TO SUIT BY FIELD IF REQUIRED.

T-029

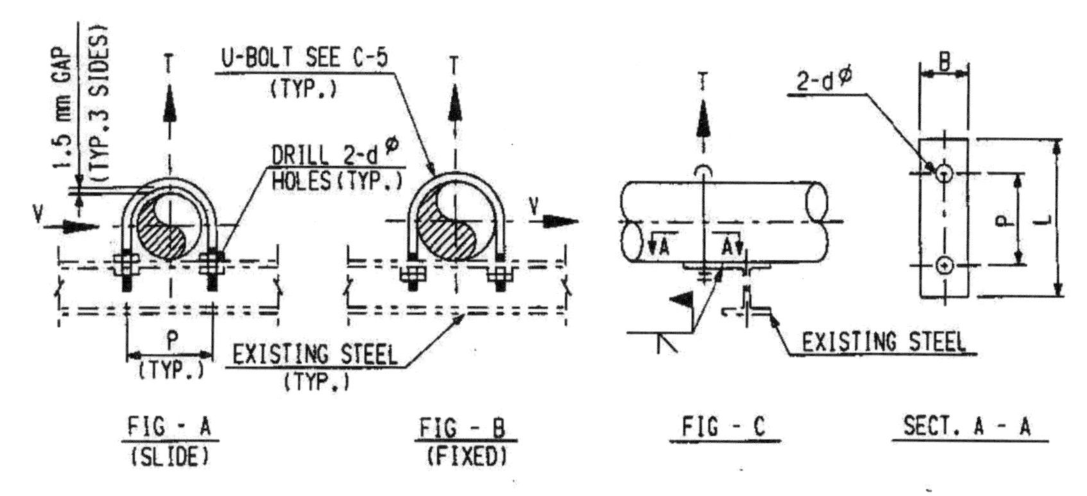

FIG - A (SLIDE)　FIG - B (FIXED)　FIG - C　SECT. A - A

ELEV. OR PLAN VIEW

SUPPORT NO.	ROD SIZE	dφ (mm)	P (mm)	U-BOLT SEE C-5	MAX. ALLOW. LOAD(kgs) TENSILE (T) 350°C	MAX. ALLOW. LOAD(kgs) TENSILE (T) 400°C	MAX. ALLOW. LOAD(kgs) LATERAL (V) 350°C&400°C	BXTXL (mm)	MAX.ALLOW. TENSILE(T) OF FIG.C
29- 1/2B-A(B)	1/4"	8	30	UB- 1/2B	220	200	45	50x 6x 90	70
29- 3/4B-A(B)	1/4"	8	35	UB- 3/4B	220	200	40	50x 6x 90	70
29- 1B-A(B)	1/4"	8	41	UB- 1B	220	200	30	50x 6x 90	70
29-1 1/4B-A(B)	3/8"	11	52	UB-1 1/4B	555	495	90	50x 6x 90	70
29-1 1/2B-A(B)	3/8"	11	60	UB-1 1/2B	555	495	80	50x 9x 120	385
29- 2B-A(B)	3/8"	11	71	UB- 2B	555	495	65	50x 9x 120	385
29-2 1/2B-A(B)	1/2"	14	87	UB-2 1/2B-	1025	920	130	50x 9x 150	480
29- 3B-A(B)	1/2"	14	103	UB- 3B	1025	920	105	50x 9x 180	580
29-3 1/2B-A(B)	1/2"	14	116	UB-3 1/2B	1025	920	90	50x 9x 180	580
29- 4B-A(B)	1/2"	14	129	UB- 4B	1025	920	75	65x 9x 200	495
29- 5B-A(B)	1/2"	14	156	UB- 5B	1025	920	60	65x 9x 230	570
29- 6B-A(B)	5/8"	17	187	UB- 6B	1645	1470	100	65x 9x 250	620
29- 8B-A(B)	5/8"	17	238	UB- 8B	1645	1470	75	65x 9x 320	790
29- 10B-A(B)	3/4"	21	295	UB- 10B	2460	2195	110	90x12x 370	1495
29- 12B-A(B)	7/8"	24	349	UB- 12B	3425	3060	155	90x12x 450	1810
29- 14B-A(B)	7/8"	24	381	UB- 14B	3425	3060	130	90x12x 500	2020
29- 16B-A(B)	7/8"	24	432	UB- 16B	3425	3060	110	90x12x 550	2220
29- 18B-A(B)	1"	27	486	UB- 18B	4500	4020	160	90x12x 600	2410
29- 20B-A(B)	1"	27	537	UB- 20B	4500	4020	140	100x12x 650	2350
29- 24B-A(B)	1"	27	638	UB- 24B	4500	4020	115	100x12x 750	2720
29- 30B-A(B)	1"	27	791	UB- 30B	4500	4020	90	100x12x 950	3400
29- 36B-A(B)	1"	27	943	UB- 36B	4500	4020	70	100x12x 1100	4000

NOTES:

1. DESIGNATION NUMBER, DENOTE AS FOLLOWS:

29 - 2B - A
- A — DENOTE FIG. NO.
- 2B — DENOTE LINE SIZE
- 29 — DENOTE TYPE NO.

T-030

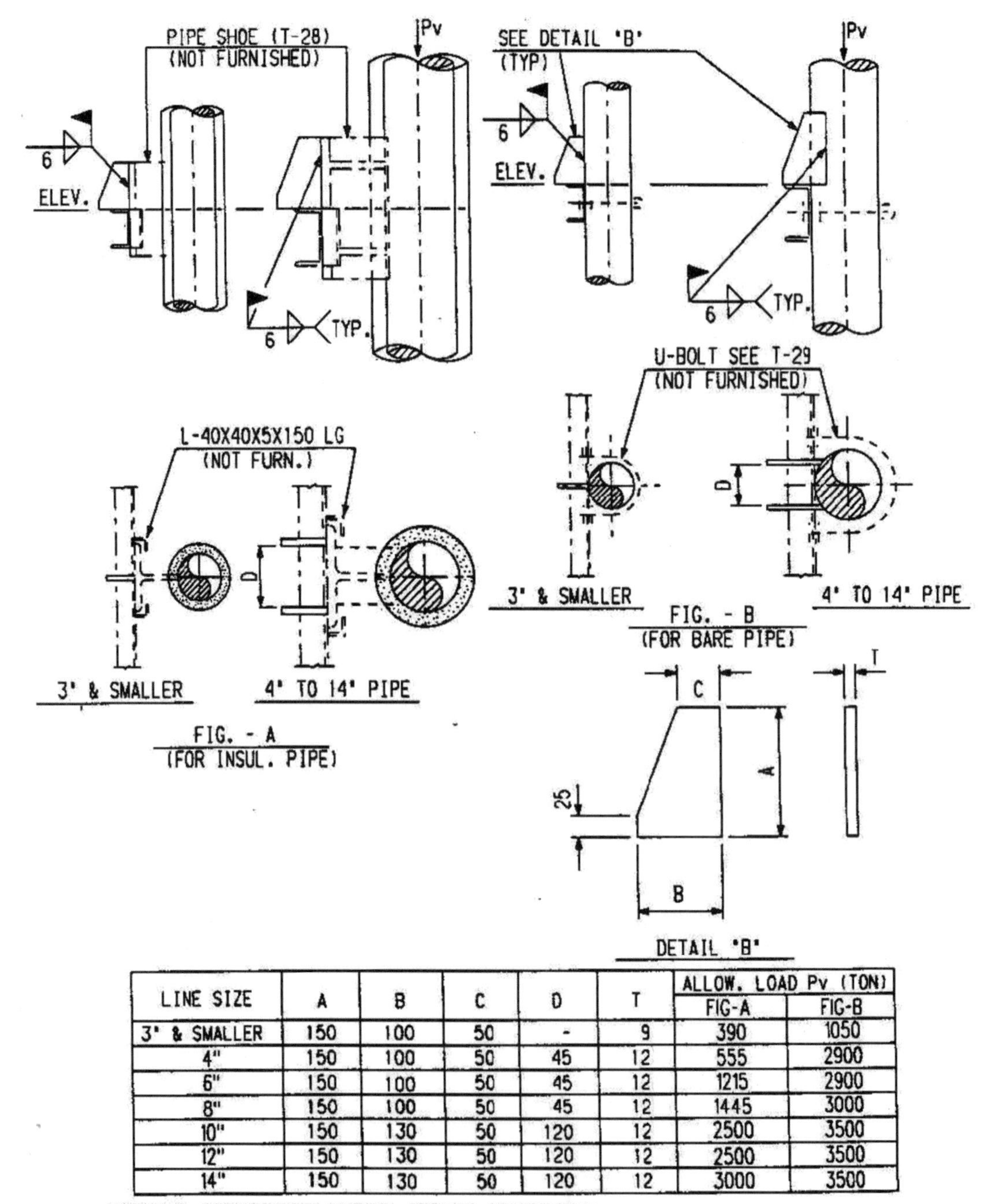

LINE SIZE	A	B	C	D	T	ALLOW. LOAD Pv (TON)	
						FIG-A	FIG-B
3' & SMALLER	150	100	50	-	9	390	1050
4"	150	100	50	45	12	555	2900
6"	150	100	50	45	12	1215	2900
8"	150	100	50	45	12	1445	3000
10"	150	130	50	120	12	2500	3500
12"	150	130	50	120	12	2500	3500
14"	150	130	50	120	12	3000	3500

NOTES: 1. DESIGNATION NUMBER, DENOTE AS FOLLOWS:

30 - 14B - A

- A — DENOTE FIG. NO.
- 14B — DENOTE LINE SIZE
- 30 — DENOTE TYPE NO.

T-031A

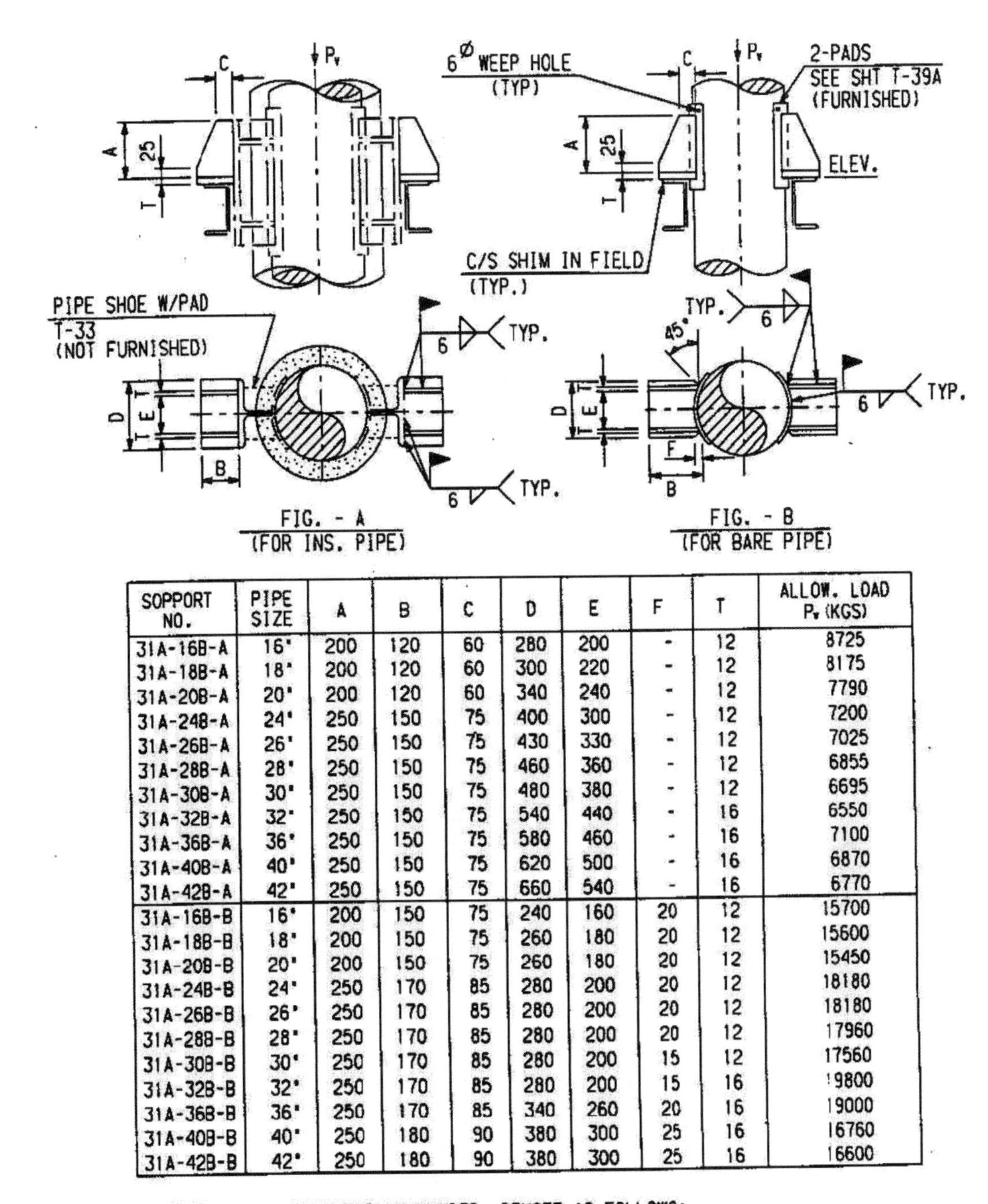

SOPPORT NO.	PIPE SIZE	A	B	C	D	E	F	T	ALLOW. LOAD P_v (KGS)
31A-16B-A	16"	200	120	60	280	200	-	12	8725
31A-18B-A	18"	200	120	60	300	220	-	12	8175
31A-20B-A	20"	200	120	60	340	240	-	12	7790
31A-24B-A	24"	250	150	75	400	300	-	12	7200
31A-26B-A	26"	250	150	75	430	330	-	12	7025
31A-28B-A	28"	250	150	75	460	360	-	12	6855
31A-30B-A	30"	250	150	75	480	380	-	12	6695
31A-32B-A	32"	250	150	75	540	440	-	16	6550
31A-36B-A	36"	250	150	75	580	460	-	16	7100
31A-40B-A	40"	250	150	75	620	500	-	16	6870
31A-42B-A	42"	250	150	75	660	540	-	16	6770
31A-16B-B	16"	200	150	75	240	160	20	12	15700
31A-18B-B	18"	200	150	75	260	180	20	12	15600
31A-20B-B	20"	200	150	75	260	180	20	12	15450
31A-24B-B	24"	250	170	85	280	200	20	12	18180
31A-26B-B	26"	250	170	85	280	200	20	12	18180
31A-28B-B	28"	250	170	85	280	200	20	12	17960
31A-30B-B	30"	250	170	85	280	200	15	12	17560
31A-32B-B	32"	250	170	85	280	200	15	16	19800
31A-36B-B	36"	250	170	85	340	260	20	16	19000
31A-40B-B	40"	250	180	90	380	300	25	16	16760
31A-42B-B	42"	250	180	90	380	300	25	16	16600

NOTES: 1. DESIGNATION NUMBER, DENOTE AS FOLLOWS:

31A - 16B - A

- A — DENOTE FIG. NO.
- 16B — DENOTE LINE SIZE
- 31A — DENOTE TYPE NO.

T-031B

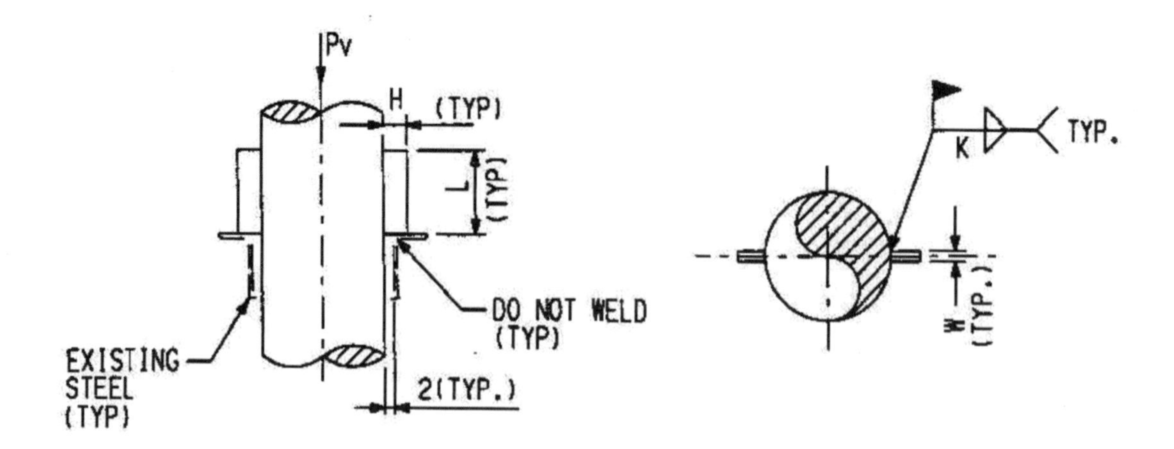

SUPPORT NO.	LINE SIZE (IN.)	SCH.	LUG SIZE H X W X L (mm)	WELD K (mm)	ALLOW. LOAD Pv (kgs)
31B-1B-S-L	1	STD	19.0X10.0X50	5	235
		80	50	5	225
31B-1½B-S-L	1-1/2	STD	19.0X10.0X50	5	260
		80	50	5	395
31B-2B-S-L	2	STD	19.0X15.0X50	5	340
		80	50	5	550
31B-2½B-S-L	2-1/2	STD	19.0X15.0X50	5	475
		STD	100	5	1160
		80	50	5	730
		80	100	5	1745
31B-3B-S-L	3	STD	19.0X15.0X50	5	490
		STD	100	5	1195
		80	50	5	800
		80	100	5	1870
31B-4B-S-L	4	STD	19.0X25.0X100	6	1905
		STD	150	6	3305
		80	100	6	2815
		80	150	6	4790
31B-6B-S-L	6	10S	19.0X25.0X100	3	614
		STD	100	6	1865
		STD	150	6	3390
		80	100	6	3585
		80	150	6	5970

T-031C

SUPPORT NO.	LINE SIZE (IN.)	SCH.	LUG SIZE H X W X L (mm)	WELD K (mm)	ALLOW. LOAD Pv (kgs)
31B-8B-S-L	8	5S	25.0X50.0X100	3	448
		STD	100	8	2385
		STD	150	8	4370
		80	100	8	4730
		80	150	8	8160
31B-10B-S-L	10	STD	25.0X50.0X100	8	2605
		STD	180	8	5835
		80	100	8	5835
		80	180	8	11940
31B-12B-S-L	12	STD	25.0X50.0X100	8	2570
		STD	180	8	5540
		40	100	8	2905
		40	180	8	6105
		80	100	8	7205
		80	180	8	13790
31B-14B-S-L	14	STD	25.0X50.0X100	8	2515
		STD	180	8	5225
		40	100	8	3210
		40	180	8	6500
		80	100	8	8160
		80	180	8	15090
31B-16B-S-L	16	STD	25.0X80.0X200	8	7615
		STD	250	8	10810
		40	200	8	11590
		40	250	8	16325
		80	200	10	24240
		80	250	10	29630
31B-18B-S-L	18	STD	25.0X80.0X200	8	6955
		STD	250	8	9755
		40	200	8	13115
		40	250	8	17775
		80	200	10	26665
		80	250	10	33330

T-031D

SUPPORT NO.	LINE SIZE (IN.)	SCH.	LUG SIZE H X W X L (mm)	WELD K (mm)	ALLOW. LOAD Pv (kgs)
31B - 20B-S-L	20	STD	25.0X80.0X200	8	6610
		STD	250	8	8885
		40	200	8	13555
		40	250	8	18180
		80	200	10	29630
		80	250	10	36360
31B - 24B-S-L	24	STD	25.0X80.0X200	8	6200
		STD	250	8	8245
		40	200	8	16000
		40	250	8	21050
		80	200	10	34780
		80	250	10	44440

NOTES:

1. DESIGNATION NUMBER, DENOTE AS FOLLOWS:

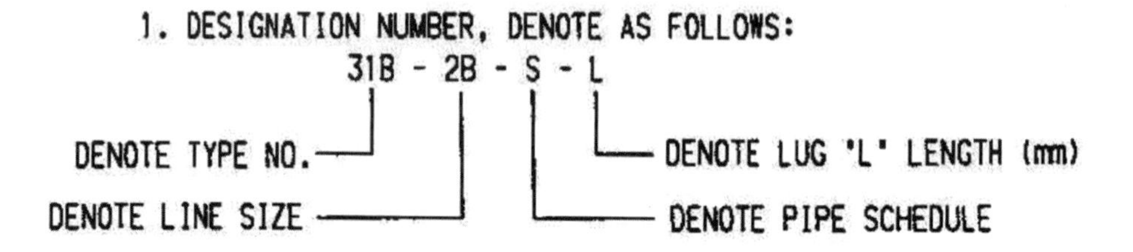

T-032

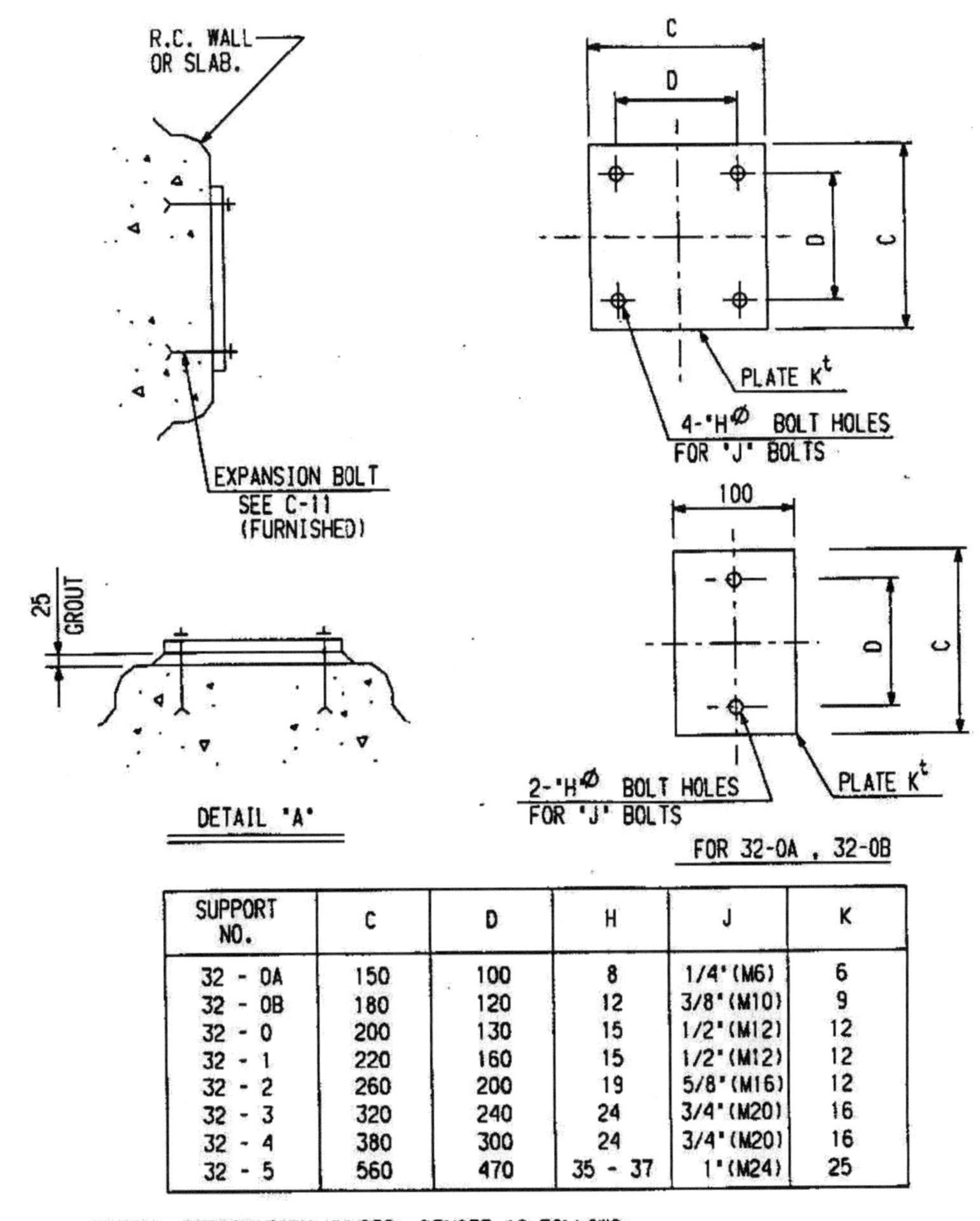

SUPPORT NO.	C	D	H	J	K
32 - 0A	150	100	8	1/4"(M6)	6
32 - 0B	180	120	12	3/8"(M10)	9
32 - 0	200	130	15	1/2"(M12)	12
32 - 1	220	160	15	1/2"(M12)	12
32 - 2	260	200	19	5/8"(M16)	12
32 - 3	320	240	24	3/4"(M20)	16
32 - 4	380	300	24	3/4"(M20)	16
32 - 5	560	470	35 - 37	1"(M24)	25

NOTES: DESIGNATION NUMBER, DENOTE AS FOLLOWS:

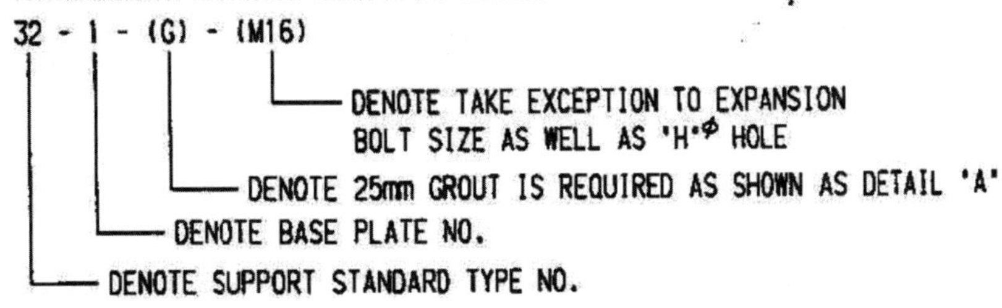

T-033A

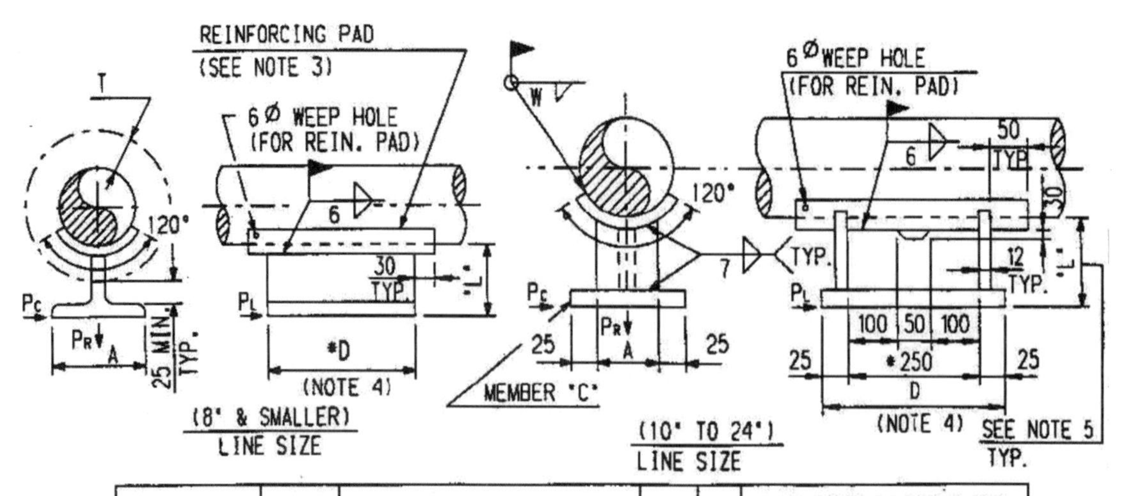

SUPPORT NO.	A	C (SEE NOTE 3)	D	W	ALLOWABLE LOAD/W PAD P_R MAX. (kgs)
33 - 3/4B	100	CUT FROM H-200X100X5.5X8	150	4	270 / 505
33 - 1B	100	CUT FROM H-200X100X5.5X8	150	4	295 / 665
33 -1 1/2B	100	CUT FROM H-200X100X5.5X8	150	4	230 / 660
33 - 2B	100	CUT FROM H-200X100X5.5X8	150	4	200 / 590
33 -2 1/2B	100	CUT FROM H-200X100X5.5X8	150	5	280 / 800
33 - 3B	100	CUT FROM H-200X100X5.5X8	250	5	350 / 1015
33 - 4B	100	CUT FROM H-200X100X5.5X8	250	6	350 / 1034
33 - 5B	100	CUT FROM H-200X100X5.5X8	250	6	360 / 1065
33 - 6B	100	CUT FROM H-200X100X5.5X8	250	6	375 / 1140
33 - 8B	100	CUT FROM H-200X100X5.5X8	250	6	415 / 1315
33 - 10B	150	FAB. FROM 12^t PLATE	300	6	570 / 1805
33 - 12B	150	FAB. FROM 12^t PLATE	300	6	655 / 1780
33 - 14B	150	FAB. FROM 12^t PLATE	300	6	615 / 1990
33 - 16B	250	FAB. FROM 12^t PLATE	300	6	570 / 1890
33 - 18B	250	FAB. FROM 12^t PLATE	300	6	535 / 1800
33 - 20B	250	FAB. FROM 12^t PLATE	300	6	520 / 1670
33 - 24B	250	FAB. FROM 12^t PLATE	300	6	485 / 1645

NOTES:

1. SHOES FOR PIPES 1 1/2" & SMALLER MAY BE FABRICATED FROM 6t PLATE, 2" THRU. 12" FROM 9t PLATE.
2. DESIGNATION NUMBER, DENOTE T-33B TABLE "B"

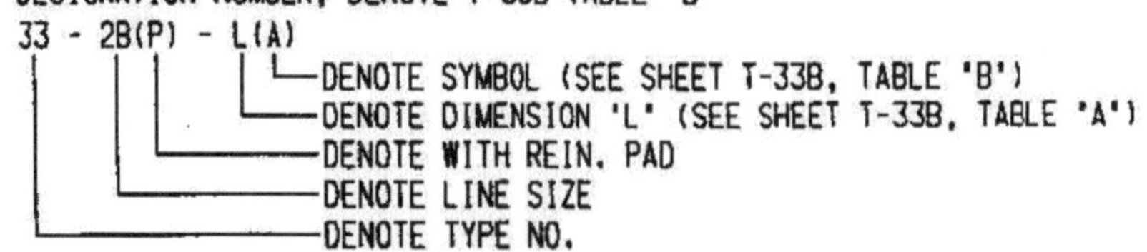

3. FOR PADS MATERIAL USE PIPE MATERIAL THAT CUT FROM THE PIPE OR EQUIVALENT TO THE PIPE.
   PAD'S THICKNESS EQUAL TO PIPE'S THICKNESS.
4. LONGITUDINAL LENGTH OF SHOE (MARK *D & *250) SHALL BE CALCULATED BASED ON PIPE MOVEMENT.

T-033B

NOTES: (CONTINUED)

5.

TABLE 'A'

INSULATION TH'K	'L' ** (MM)
75MM & LESSER	100
80MM THRU. 125MM	150
130MM THRU. 175MM	200
180MM THRU. 200MM	220

TABLE 'B'

MAT'L OF SHOES	FABRICATED FROM	SYMBOL
CARBON STEEL	SHAPE STEEL OR C/S PLATE (*)	NONE
ALLOY STEEL	A/S PLATE (*)	(A)
STAINLESS STEEL	S/S PLATE (*)	(S)

(*) SEE NOTE: 1

6. $M_L = P_L \times L$; $M_C = P_C \times L$

7. $$P_{L\ MAX} = \frac{(1 - P_R/P_{R\ MAX})(M_{L\ MAX})}{L}$$

$$P_{C\ MAX} = \frac{(1 - P_R/P_{R\ MAX})(M_{C\ MAX})}{L}$$

8. THE FOLLOWING INTERACTION FORMULA MUST BE MET:

$$\frac{P_L}{P_{L\ MAX}} + \frac{P_C}{P_{C\ MAX}} + \frac{P_R}{P_{R\ MAX}} \leqslant 1$$

9. FOR NOTES 7 & 8 CAN BE COMBINED AS FOLLOWS:

$$\frac{P_L \times L}{M_{L\ MAX}} + \frac{P_C \times L}{M_{C\ MAX}} \leqslant \left(1 - \frac{P_R}{P_{R\ MAX}}\right)^2$$

** FOR REFERENCE ONLY & TO BE CUT TO SUIT BY FIELD IF REQUIRED

T-034A

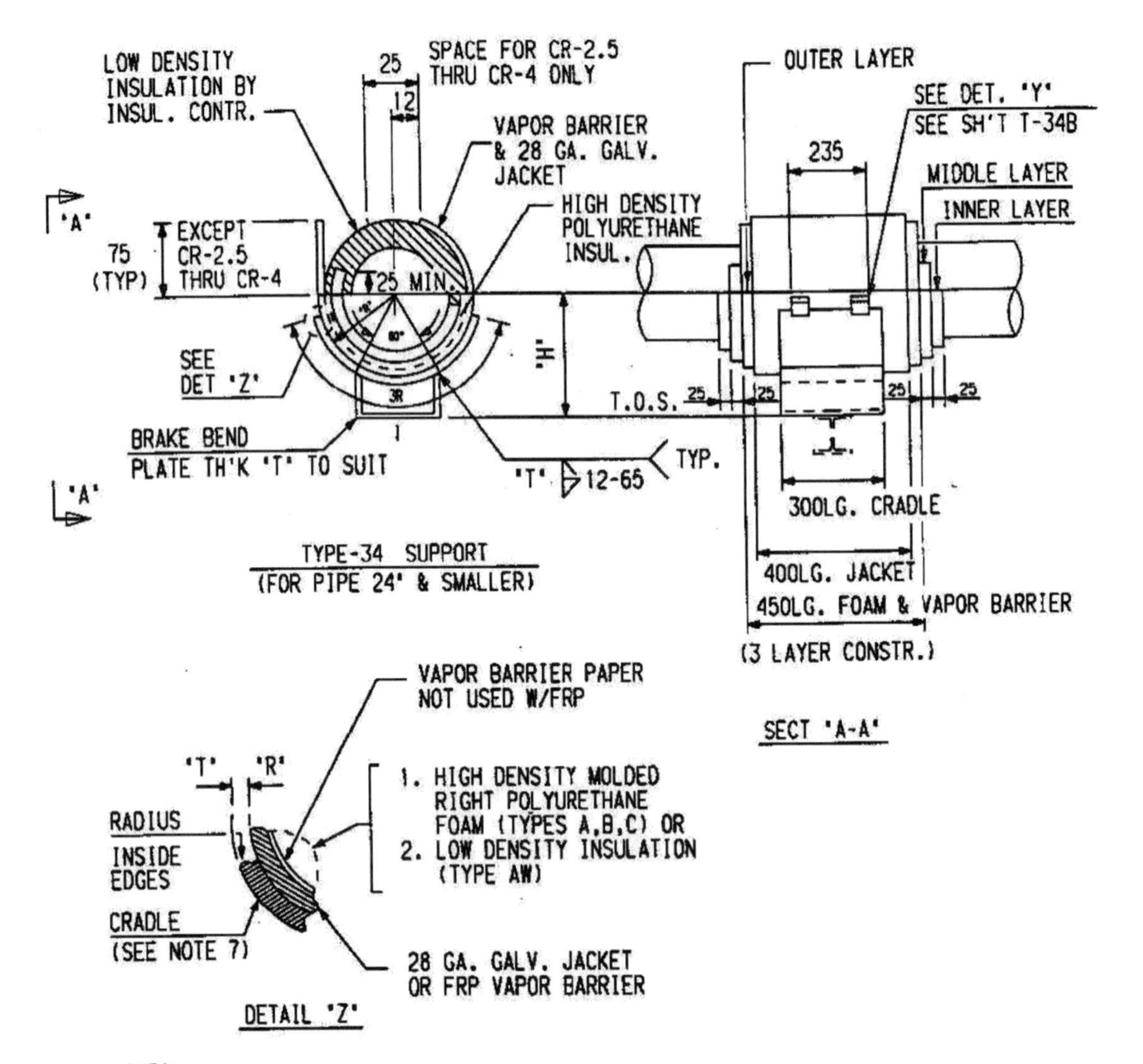

NOTES:

1. FOR DIMENSIONAL DATA SEE SHEET C-23A
2. FOR TABULATION OF 'H' SEE SHEET T-34C TO T-34E
3. DESIGNATION NUMBER, DENOTE AS FOLLOWS:

   34 - CR12 - 8B

   - 8B — DENOTE PIPE SIZE
   - CR12 — DENOTE CRADLE NO.
   - 34 — DENOTE TYPE NO.

4. FOR INSUL. LAYER THK. SEE SHEET C-23B
5. FOR SINGLE AND DOUBLE LAYER INSULATION CONSTRUCTION SEE SHEET C-23C
6. FOR INSULATION PROTECTION SHIELD SEE SHEET C-23D,23E
7. THE COMPONENT OF CRADLE WILL BE APPROVED BY VENDOR EXCLUDED IN THE BILL OF MATERIAL

T-034B

PIPE SIZE	T_1	J	A	H_1
1/2" - 8"	3	W1/4 X 40	25	8
10" - 14"	6	W3/8 X 40	40	12
16" - 24"	10	W1/2 X 50	50	15

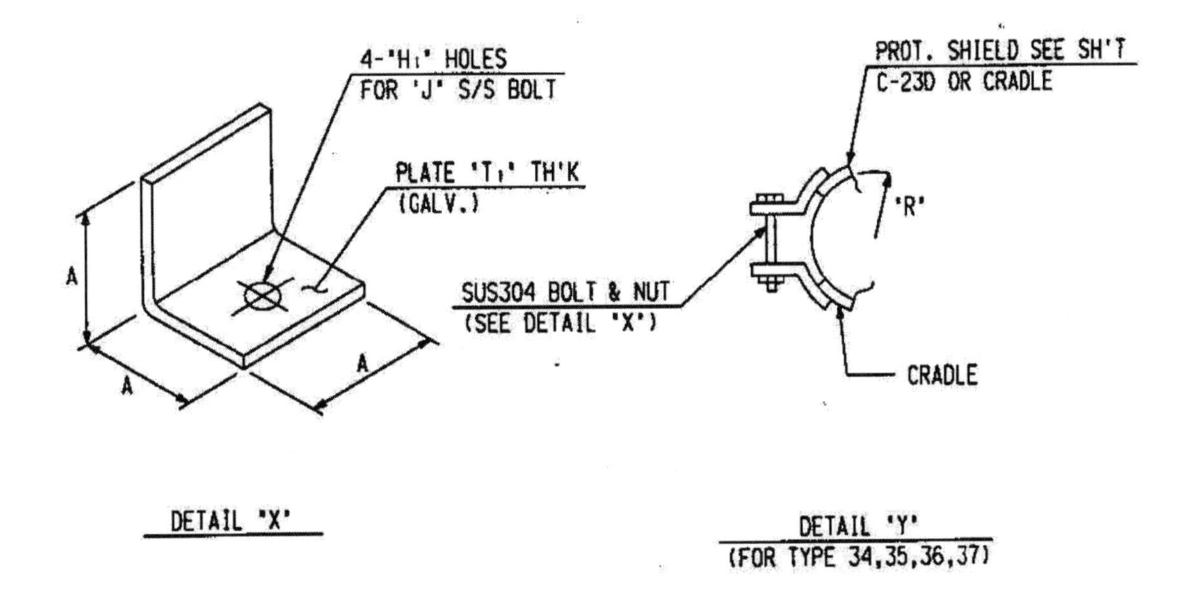

DETAIL "X"

DETAIL 'Y'
(FOR TYPE 34,35,36,37)

T-034C

"H" DIMENSION IN mm

TYPE "34", "35" AND "36" SUPPORTS												
PIPE SIZE	*MAX. ALLOW LOAD (KG)	INSULATION THICKNESS										PIPE SIZE
		25		38		51		64		76		
		MARK NO.	H	MARK NO.	H	MARK NO.	H	MARK NO.	H	MARK NO.	H	
1/2	65	CR2.5.1/2"	79	CR3.5.1/2"	94	CR4.5.1/2"	107	CR5.1/2"	113	CR6.1/2"	129	1/2
3/4	80	CR2.5.3/4"	79	CR3.5.3/4"	94	CR4.5.3/4"	107	CR5.3/4"	113	CR6.3/4"	129	3/4
1	100	CR3.1"	87	CR4.1"	100	CR5.1"	113	CR6.1"	129	CR7.1"	142	1
1-1/2	145	CR3.5.1-1/2"	94	CR4.5.1-1/2"	107	CR5.1-1/2"	113	CR6.1-1/2"	129	CR7.1-1/2"	142	1-1/2
2	180	CR4.2"	100	CR5.2"	113	CR6.2"	129	CR7.2"	142	CR8.2"	154	2
3	265	CR5.3"	113	CR6.3"	129	CR7.3"	142	CR8.3"	154	CR9.3"	167	3
4	345	CR6.4"	129	CR7.4"	142	CR8.4"	154	CR9.4"	167	CR10.4"	183	4
6	510	CR8.6"	154	CR9.6"	167	CR10.6"	183	CR11.6"	195	CR12.8"	208	6
8	1745	CR10.8"	183	CR11.8"	195	CR12.8"	208	CR14.8"	224	CR15.8"	237	8
10	2175	CR12.10"	208	CR14.10"	224	CR15.10"	237	CR16.10"	249	CR17.10"	262	10
12	2580	CR14.12"	224	CR16.12"	249	CR17.12"	262	CR18.12"	275	CR19.12"	287	12
14	2830	CR16.14"	249	CR17.14"	262	CR18.14"	275	CR19.14"	287	CR20.14"	304	14
16	3235	CR18.16"	275	CR19.16"	287	CR20.16"	304	CR21.16"	316	CR22.16"	329	16
18	3640	CR20.18"	304	CR21.18"	316	CR22.18"	329	CR23.18"	342	CR24.18"	354	18
20	4045	CR22.20"	329	CR23.20"	342	CR24.20"	354	CR25.20"	367	CR26.20"	380	20
24	4855	CR26.24"	380	CR27.24"	392	CR28.24"	405	CR29.24"	418	CR30.24"	431	24

NOTES:

1. *MAX. ALLOWABLE LOAD FOR A STANDARD TYPE "34" SUPPORT (POLYURETHANE DENSITY 160 KGS/M^3 FOR PIPE SIZE 6" & SMALLER; 224 KGS/M^3 FOR PIPE SIZE 8" & LARGER) AT A SUPPORT POINT.

2. FOR CONTINUATION OF TABULATION SEE SHEETS T-34D & T-34E

3. FOR HYDROTEST THE MAX. ALLOWABLE LOADING ON SUCH A STANDARD TYPE SUPPORT WILL BE (1.7) TIMES TABULATED VALUE FOR SAME SIZE SUPPORT.

T-034D

"H" DIMENSION IN mm

TYPE "34","35" AND "36" SUPPORTS												
PIPE SIZE	*MAX. ALLOW LOAD (KG)	INSULATION THICKNESS										PIPE SIZE
		89		102		115		120		140		
		MARK NO.	H	MARK NO.	H	MARK NO.	H	MARK NO.	H	MARK NO.	H	
1/2	65	CR7.1/2"	142	CR8.1/2"	154							1/2
3/4	80	CR7.3/4"	142	CR8.3/4"	154							3/4
1	100	CR8.1"	154	CR9.1"	167	CR10.1"	183					1
1-1/2	145	CR8.1-1/2"	154	CR9.1-1/2"	167	CR10.1-1/2"	183					1-1/2
2	180	CR9.2"	167	CR10.2"	183	CR11.2"	195	CR12.2"	208			2
3	265	CR10.3"	183	CR11.3"	195	CR12.3"	208	CR14.3"	224	CR15.3"	237	3
4	345	CR11.4"	195	CR12.4"	208	CR14.4"	224	CR15.4"	237	CR16.4"	249	4
6	510	CR14.6"	224	CR15.6"	237	CR16.6"	249	CR17.6"	262	CR18.6"	275	6
8	1745	CR16.8"	249	CR17.8"	262	CR18.8"	275	CR19.8"	287	CR20.8"	304	8
10	2175	CR18.10"	276	CR19.10"	287	CR20.10"	304	CR21.10"	310	CR22.10"	329	10
12	2580	CR20.12"	304	CR21.12"	316	CR22.12"	328	CR23.12"	312	CR24.12"	354	12
14	2830	CR21.14"	316	CR22.14"	329	CR23.14"	342	CR24.14"	354	CR25.14"	367	14
16	3235	CR23.16"	342	CR24.16"	354	CR25.16"	367	CR26.16"	380	CR27.16"	392	16
18	3640	CR25.18"	367	CR26.18"	380	CR27.18"	392	CR28.18"	405	CR29.18"	418	18
20	4045	CR27.20"	392	CR28.20"	409	CR29.20"	418	CR30.20"	431	CR31.20"	446	20
24	4855	CR31.24"	446	CR32.24"	450	CR33.24"	471	CR34.24"	485	CR35.24"	497	24

T-034E

"H" DIMENSITION IN mm

TYPE '34','35',AND '36' SUPPORTS												
PIPE SIZE	* MAX. ALLOW. LOAD (KG)	INSULATION THICKNESS										PIPE SIZE
		152		166		179		192		203		
		MARK NO.	H	MARK NO.	H	MARK NO.	H	MARK NO.	H	MARK NO.	H	
1/2	65											1/2
3/4	80											3/4
1	100											1
1-1/2	145											1-1/2
2	180											2
3	265											3
4	345											4
6	510	CR19.06'	287	CR20.06'	304							6
8	1745	CR21.08'	316	CR22.08'	329							8
10	2175	CR23.10'	342	CR24.10'	354	CR25.10'	367					10
12	2580	CR25.12'	367	CR26.12'	380	CR27.12'	392					12
14	2830	CR26.14'	380	CR27.14'	392	CR28.14'	405	CR29.14'	418			14
16	3235	CR28.16'	405	CR29.16'	418	CR30.16'	431	CR31.16'	446			16
18	3640	CR30.18'	431	CR31.18'	446	CR32.18'	459	CR33.18'	471			18
20	4045	CR32.20'	459	CR33.20'	471	CR34.20'	485	CR35.20'	497	CR36.20'	610	20
24	4855	CR36.24'	510	CR37.24'	523	CR38.24'	635	CR39.24'	648	CR40.24'	661	24

T-035

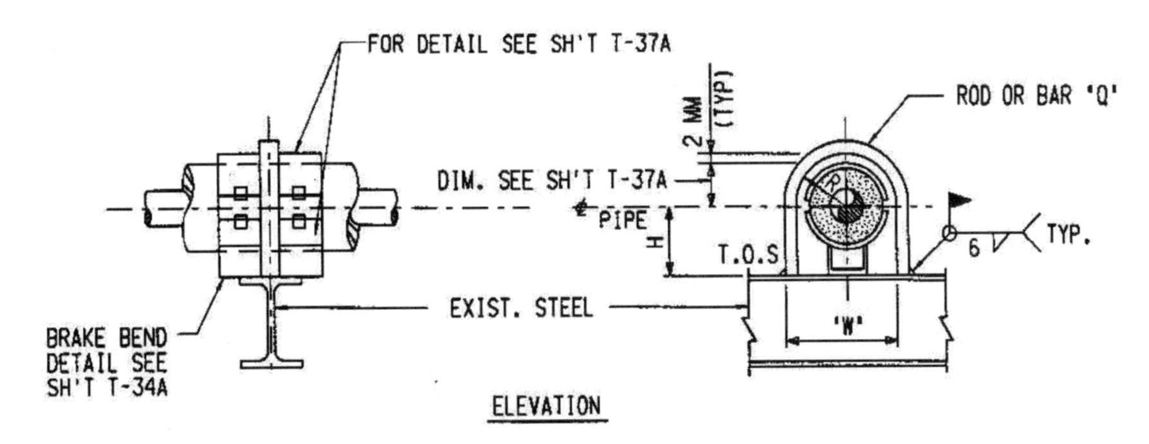

ELEVATION

STANDARD GUIDE
FOR HORIZONTAL COLD INSULATION PIPE
(GCR 2.5 TO GCR 12)

CRADLE NO.	BAR 'Q'	'R'	'H'	'W'
GCR 2.5	Ø 1/4" ROD	42	79	90
GCR 3	Ø 1/4" ROD	50	87	106
GCR 3.5	Ø 1/4" ROD	57	94	120
GCR 4	Ø 1/4" ROD	63	100	132
GCR 4.5	Ø 1/4" ROD	70	107	146
GCR 5	75X10	76	113	162
GCR 6	75X10	92	129	194
GCR 7	75X10	105	142	220
GCR 8	75X10	117	154	244
GCR 9	75X10	130	167	270
GCR 10	75X10	146	183	302
GCR 11	75X10	158	195	326
GCR 12	75X10	171	208	352

NOTES:

1. ALL DIMENSIONS ARE IN MILLIMETERS.

2. MATERIAL: ROD OR BAR: ASTM A-36 HOT ROLLED.

3. DESIGNATION NUMBER, DENOTE AS FOLLOWS:

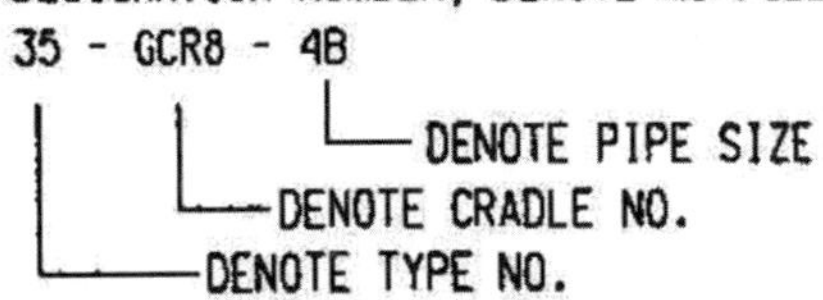

4. THE COMPONENT OF CRADLE WILL BE APPROVED BY VENDOR EXCLUDED IN THE BILL OF MATERIAL.

5. CRADLE NUMBER ARE A FUNCTION OF INSULATION SIZE, SEE SHEET T-34C TO T-34E.

T-036

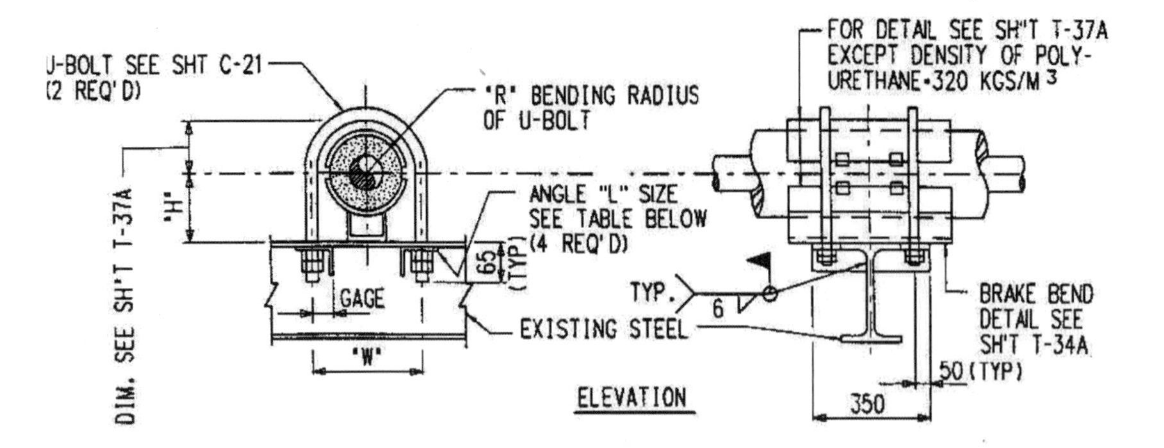

ANCHOR FOR HORIZONTAL COLD INSULATION PIPE
(GCR 2.5 TO GCR 12)

CRADLE NO.	ØU-BOLT	'R'	'W'	'H'	'L' SIZE	REMARK
GCR 2.5	1/4"	39	84	79	65X65X8	
GCR 3	1/4"	47	100	87	65X65X8	
GCR 3.5	1/4"	54	114	94	65X65X8	
GCR 4	1/4"	60	126	100	65X65X8	
GCR 4.5	1/4"	67	140	107	65X65X8	
GCR 5	3/8"	73	156	113	75X75X12	
GCR 6	3/8"	89	188	129	75X75X12	
GCR 7	3/8"	102	214	142	75X75X12	
GCR 8	3/8"	114	238	154	75X75X12	
GCR 9	3/8"	127	264	167	75X75X12	
GCR 10	3/8"	143	296	183	75X75X12	
GCR 11	3/8"	155	320	195	75X75X12	
GCR 12	3/8"	168	346	208	75X75X12	

NOTES:

1. ALL DIMENSIONS ARE IN MILLIMETERS.

2. THE COMPONENT OF CRADLE WILL BE APPROVED BY VENDOR EXCLUDED IN THE BILL OF MATERIAL.

3. DESIGNATION NUMBER, DENOTE AS FOLLOWS:
   36 - GCR8 - 4B
   - 4B — DENOTE PIPE SIZE
   - GCR8 — DENOTE CRADLE NO.
   - 36 — DENOTE TYPE NO.

4. CRADLE NUMBER ARE A FUNCTION OF INSULATION SIZE, SEE SHEET T-34C TO T-34E.

T-037A

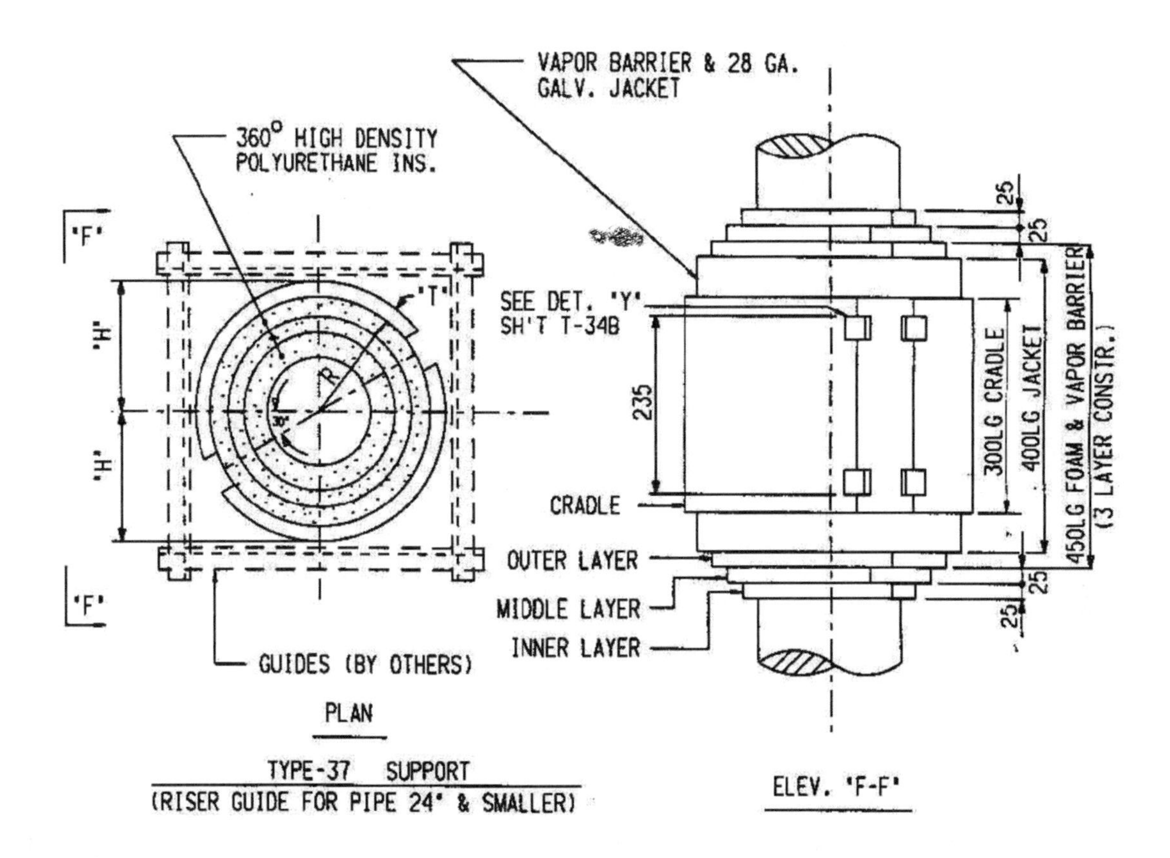

NOTES:

1. FOR TABULATION OF 'R' & 'T' SEE SHEET C-23A.

2. FOR TABULATION OF 'H' SEE SHEETS T-37B TO T-37D.

3. DESIGNATION NUMBER, DENOTE AS FOLLOWS:
   37 - CR12 - 8B
   - 8B — DENOTE PIPE SIZE
   - CR12 — DENOTE CRADLE NO.
   - 37 — DENOTE TYPE NO.

4. FOR INSUL. LAYER THK. SEE SHEET C-23B.

5. FOR SINGLE AND DOUBLE LAYER INSULATION CONSTRUCTION SEE SHEET C-23C.

6. FOR DIMENSIONS AND INFORMATION NOT SHOWN ON TYPE '37' SUPPORT SEE SHEET T-34A.

T-037B

"H" DIMENSITION IN mm

TYPE "37" SUPPORTS												
PIPE SIZE	* MAX. ALLOW. LOAD (KG)	INSULATION THICKNESS										PIPE SIZE
		25		38		51		64		76		
		MARK NO.	H	MARK NO.	H	MARK NO.	H	MARK NO.	H	MARK NO.	H	
1/2	65	CR2.5.1/2"	39	CR3.5.1/2"	54	CR4.5.1/2"	67	CR5. 1/2"	73	CR6. 1/2"	89	1/2
3/4	80	CR2.5.3/4"	39	CR3.5.3/4"	54	CR4.5.3/4"	67	CR5. 3/4"	73	CR6. 3/4"	89	3/4
1	100	CR3.1"	47	CR4.1"	60	CR5.1"	73	CR6.1"	89	CR7.1"	102	1
1-1/2	145	CR3.5.1-1/2"	54	CR4.5.1-1/2"	67	CR5.1-1/2"	73	CR6.1-1/2"	89	CR7.1-1/2"	102	1-1/2
2	180	CR4.2"	60	CR5.2"	73	CR6.2"	89	CR7.2"	102	CR8.2"	114	2
3	265	CR5.3"	73	CR6.3"	89	CR7.3"	102	CR8.3"	114	CR9.3"	127	3
4	345	CR6.4"	89	CR7.4"	102	CR8.4"	114	CR9.4"	127	CR10.4"	143	4
6	510	CR8.6"	114	CR9.6"	127	CR10.6"	143	CR11.6"	155	CR12.6"	168	6
8	1745	CR10.8"	143	CR11.8"	155	CR12.8"	168	CR14.8"	184	CR15.8"	197	8
10	2175	CR12.10"	168	CR14.10"	184	CR15.10"	197	CR16.10"	209	CR17.10"	222	10
12	2580	CR14.12"	184	CR16.12"	209	CR17.12"	222	CR18.12"	235	CR19.12"	247	12
14	2830	CR16.14"	209	CR17.14"	222	CR18.14"	235	CR19.14"	247	CR20.14"	264	14
16	3235	CR18.16"	235	CR19.16"	247	CR20.16"	264	CR21.16"	278	CR22.16"	289	16
18	3640	CR20.18"	264	CR21.18"	276	CR22.18"	289	CR23.18"	302	CR23.18"	314	18
20	4045	CR22.20"	289	CR23.20"	302	CR24.20"	314	CR25.20"	327	CR26.20"	340	20
24	4855	CR26.24"	340	CR27.24"	352	CR28.24"	365	CR29.24"	378	CR30.24"	391	24

NOTES:

1. *MAX. ALLOWABLE LOAD FOR A STANDARD TYPE "37" SUPPORT (POLYURETHANE DENSITY 160KGS/M^3 FOR PIPE SIZE 6" & SMALLER; 224KGS/M^3 FOR PIPE STZE 8" & LARGER) AT A SUPPORT POINT.

2. FOR CONTINUATION OF TABULATION SEE SHEET T-37C & T-37D.

3. FOR HYDROTEST THE MAX. ALLOWABLE LOADING ON SUCH A STANDARD TYPE SUPPORT WILL BE (1.7) TIMES TABULATION VALUE FOR SAME SIZE SUPPORT.

T-037C

"H" DIMENSITION IN mm

TYPE "37" SUPPORTS												
PIPE SIZE	* MAX. ALLOW. LOAD (KG)	INSULATION THICKNESS										PIPE SIZE
		89		102		115		128		140		
		MARK NO.	H	MARK NO.	H	MARK NO.	H	MARK NO.	H	MARK NO.	H	
1/2	65	CR7. 1/2"	102	CR8. 1/2"	114							1/2
3/4	80	CR7. 3/4"	102	CR8. 3/4"	114							3/4
1	100	CR8.1"	114	CR9.1"	127	CR10.1"	143					1
1-1/2	145	CR8. 1-1/2"	114	CR9. 1-1/2"	127	CR10.1-1/2"	143					1-1/2
2	180	CR9.2"	127	CR10.2"	143	CR11.2"	155	CR12.2"	168			2
3	265	CR10.3"	143	CR11.3"	155	CR12.3"	168	CR14.3"	184	CR15.3"	197	3
4	345	CR11.4"	155	CR12.4"	168	CR14.4"	184	CR15.4"	197	CR16.4"	209	4
6	510	CR14.6"	184	CR15.6"	197	CR16.6"	209	CR17.6"	222	CR18.6"	235	6
8	1745	CR16.8"	209	CR17.8"	222	CR18.8"	235	CR19.8"	247	CR20.8"	264	8
10	2175	CR18.10"	235	CR19.10"	247	CR20.10"	264	CR21.10"	276	CR22.10"	289	10
12	2580	CR20.12"	264	CR21.12"	276	CR22.12"	289	CR23.12"	302	CR24.12"	314	12
14	2830	CR21.14"	276	CR22.14"	289	CR23.14"	302	CR24.14"	314	CR25.14"	327	14
16	3235	CR23.16"	302	CR24.16"	314	CR25.16"	327	CR26.16"	340	CR27.16"	352	16
18	3640	CR25.18"	327	CR26.18"	340	CR27.18"	352	CR28.18"	365	CR29.18"	378	18
20	4045	CR27.20"	352	CR28.20"	365	CR29.20"	378	CR30.20"	391	CR31.20"	406	20
24	4855	CR31.24"	406	CR32.24"	419	CR33.24"	432	CR34.24"	445	CR35.24"	457	24

T-037D

"H" DIMENSITION IN mm

TYPE "37" SUPPORTS											
PIPE SIZE	* MAX. ALLOW. LOAD (KG)	INSULATION THICKNESS									PIPE SIZE
		152		166		179		192		203		
		MARK NO.	H	MARK NO.	H	MARK NO.	H	MARK NO.	H	MARK NO.	H	
1/2	65											1/2
3/4	80											3/4
1	100											1
1-1/2	145											1-1/2
2	180											2
3	265											3
4	345											4
6	510	CR19.6"	247	CR20.6"	264							6
8	1745	CR21.8"	276	CR22.8"	289							8
10	2175	CR23.10"	302	CR24.10"	314	CR25.10"	327					10
12	2580	CR25.12"	327	CR26.12"	340	CR27.12"	352					12
14	2830	CR26.14"	340	CR27.14"	352	CR28.14"	365	CR29.14"	378			14
16	3235	CR28.16"	365	CR29.16"	378	CR30.16"	391	CR31.16"	406			16
18	3640	CR30.18"	391	CR31.18"	406	CR32.18"	419	CR33.18"	432			18
20	4045	CR32.20"	419	CR33.20"	432	CR34.20"	445	CR35.20"	457	CR38.20"	470	20
24	4855	CR36.24"	470	CR37.24"	483	CR38.24"	495	CR39.24"	608	CR40.24"	521	24

T-038A

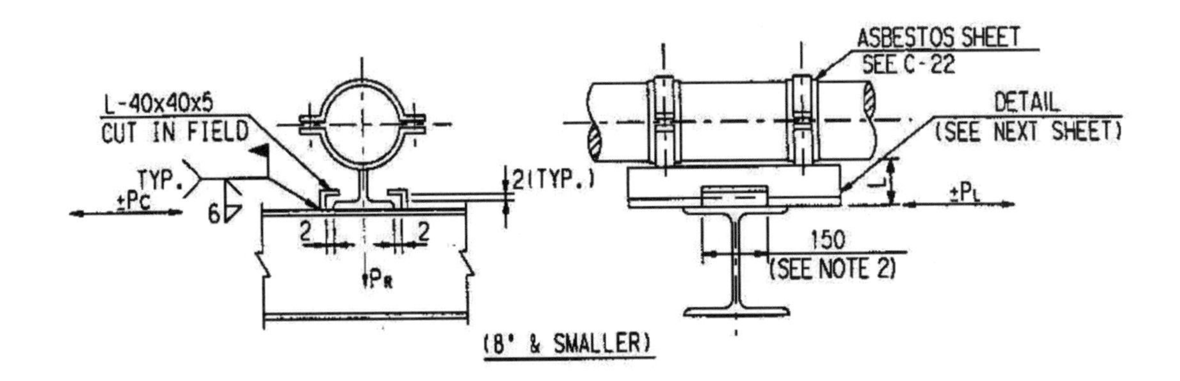
L-40x40x5
CUT IN FIELD
TYP.
±Pc
6
2(TYP.)
2
2
PR
ASBESTOS SHEET
SEE C-22
DETAIL
(SEE NEXT SHEET)
±PL
150
(SEE NOTE 2)
(8" & SMALLER)

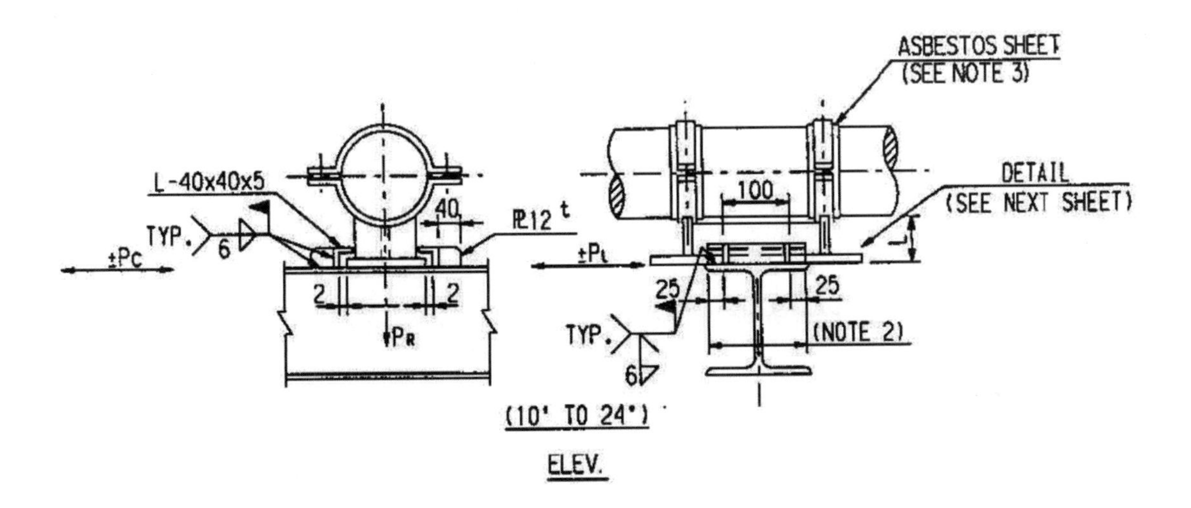
ASBESTOS SHEET
(SEE NOTE 3)
L-40x40x5
40
PL12 t
TYP.
6
±Pc
2
2
PR
DETAIL
(SEE NEXT SHEET)
100
±PL
25
25
TYP.
6
(NOTE 2)
(10" TO 24")
ELEV.

T-038B

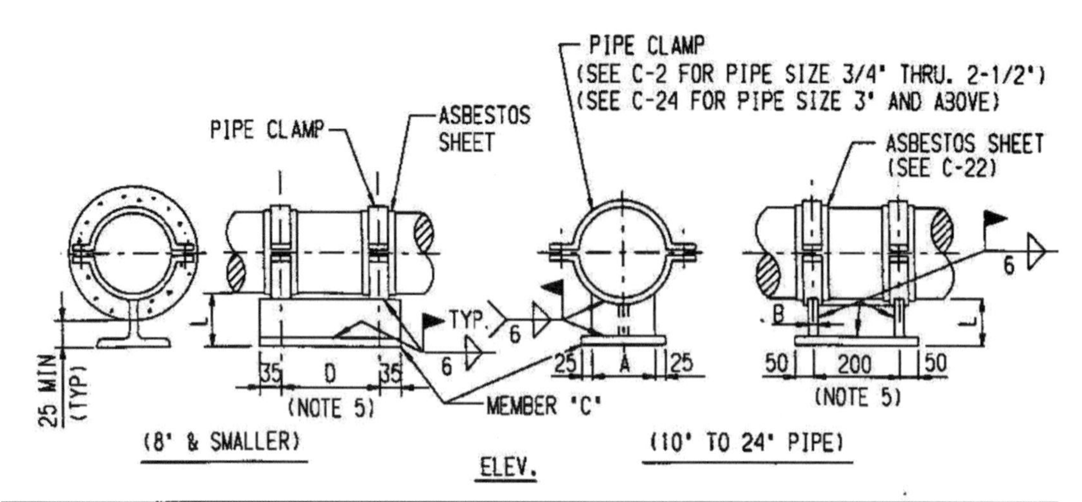

SUPPORT NO.	LINE SIZE	A	B	C	PIPE CLAMP TYPE	D(2)	W	ALLOWABLE LOAD		
								P_R MAX. (kgs)	M_L MAX. (kg-cm)	M_C MAX. (kg-cm)
38 - ¾B	¾"	100	-	CUT FROM	PCL-A- ¾B	80	4	500	700	110
- 1B	1"		-	H-200X100X5.5X8	A- 1B		4	530	1600	200
- 1½B	1½"		-		A- 1½B		4	400	1900	220
- 2B	2"		-		A- 2B		6	360	2000	250
- 2½B	2½"		-		A- 2½B		6	450	3000	400
- 3B	3"		-		C- 3B	180	6	590	5500	600
- 4B	4"		-		C- 4B		6	560	7000	700
- 5B	5"		-		C- 5B		6	550	8000	800
- 6B	6"		-		C- 6B		6	550	8000	800
- 8B	8"		-		C- 8B	200	6	550	8000	800
- 10B	10"	150	12	CUT FROM	C- 10B		6	1700	14000	6000
- 12B	12"			H-200X200X8X12	C- 12B		6	1700	17000	7000
- 14B	14"				C- 14B		6	2200	18000	9000
- 16B	16"	250		FAB.FROM 12^t PL	C- 16B		6	1930	16000	9000
- 18B	18"				C- 18B		6	1730	15000	9000
- 20B	20"				C- 20B		8	1570	14000	9000
- 24B	24"	300			C- 24B		8	1350	13000	9000

NOTES:

1. DESIGNATION NUMBER, DENOTE AS FOLLOWS:
   38 - 2B - L
   - L — DENOTE DIMENSION "L" (REF. TO SHEET T-38C, TABLE "A")
   - 2B — DENOTE LINE SIZE
   - 38 — DENOTE TYPE NO.

2. THE MAX. LENGTH OF THIS MEMBER SHALL NOT EXCESS THE WIDTH OF BEAM.

3. THIS TYPE IS USUALLY USED FOR ALLOY STEEL AND STAINLESS STEEL LINES (MAX. LINE TEMP. : 750°F)

T-038C

4.

TABLE 'A'

INSULATION TH'K	'L' * (MM)
75MM & LESSER	100
80MM THRU. 125MM	150
130MM THRU. 175MM	200
180MM THRU. 200MM	220

5. LONGITUDINAL LENGTH OF SHOE SHALL BE CALCULATED BASED ON PIPE MOVEMENT.

6. $M_C = P_C \times L$; $M_L = P_L \times L$

7. $P_{L\ MAX} = \frac{(1 - P_R/P_{R\ MAX})(M_{L\ MAX})}{L}$; $P_{C\ MAX} = \frac{(1 - P_R/P_{R\ MAX})(M_{C\ MAX})}{L}$

8. THE FOLLOWING INTERACTION FORMULA MUST BE MET:

$$\frac{P_L}{P_{L\ MAX}} + \frac{P_C}{P_{C\ MAX}} + \frac{P_R}{P_{R\ MAX}} \leq 1$$

9. FOR NOTES 7 & 8 CAN BE COMBINED AS FOLLOWS:

$$\frac{P_L \times L}{M_{L\ MAX}} + \frac{P_C \times L}{M_{C\ MAX}} \leq \left(1 - \frac{P_R}{P_{R\ MAX}}\right)^2$$

* FOR REFERENCE ONLY & TO BE CUT TO SUIT BY FIELD IF REQUIRED

T-039A

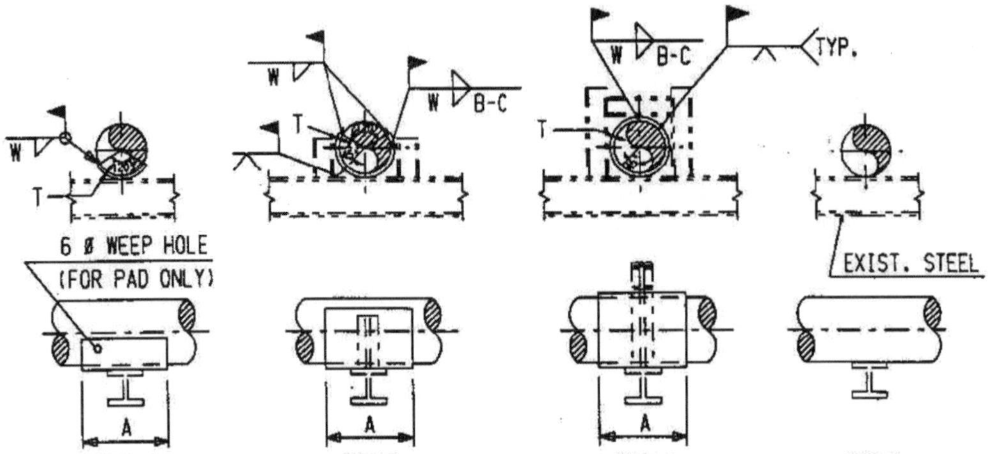

W
T
6 ø WEEP HOLE
(FOR PAD ONLY)
A
FIG.A

W
W B-C
T
A
FIG.B

W B-C
TYP.
T
A
FIG.C

EXIST. STEEL
FIG.D

SUPPORT NO.	LINE SIZE (SCH. STD.) (IN)	A (mm)	B	C	W	PAD THK T
39- 3/4B-A	3/4	150	12	24	3	3
39- 1B-	1	150	12	24	3	3
39-1 1/2B-	1-1/2	150	12	24	3	4
39- 2B-	2	150	12	24	3	4
39-2 1/2B-	2-1/2	150	12	24	3	6
39- 3B-	3	250	12	24	3	6
39- 4B-	4	250	20	40	5	6
39- 5B-	5	250	20	40	5	6
39- 6B-	6	250	20	40	5	6
39- 8B-	8	250	20	70	5	9
39- 10B-	10	300	20	70	5	9
39- 12B-	12	300	24	110	6	9
39- 14B-	14	300	24	110	6	9
39- 16B-	16	300	24	110	6	9
39- 18B-	18	300	24	110	6	9
39- 20B-	20	300	24	180	6	9
39- 24B-	24	300	24	180	6	9
39- 26B-	26	310	24	180	6	9

NOTES:

1. DESIGNATION NUMBER,DENOTE AS FOLLOWS:
   39- 2B-A-DENOTE FIG. NO.
   └── DENOTE LINE SIZE
   └── DENOTE TYPE NO.
2. FOR PAD'S MATERIAL USE PIPE MATERIAL THAT CUT FROM THE PIPE OR EQUIVALENT TO THE PIPE
3. FOR ALLOWABLE BEARING LOAD ON PIPE WITH NO WEAR PLATE SEE TABLE B
4. FOR 28" TO 42" PIPE , USE A=400 mm ,T=12 mm PAD.

T-039B

TABLE B

ALLOWABLE BEARING LOAD ON PIPE WITH NO WEAR PLATE

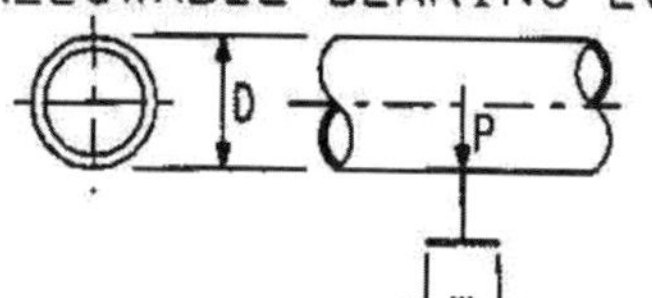

SYMBOLS:

P - Allowable load applied to the pipe wall

W - Bearing length of supporting steel structure

D - Pipe outside diameter

LINE SIZE		MAX. ALLOWABLE BEARING LOAD P (kgs)							
N.P.S. (in.)	SCH.	W/D = .25	W/D = .33	W/D = .50	W = 101.6 (MM)	W = 152.4 (MM)	W = 203.2 (MM)	W = 254 (MM)	W = 304.8 (MM)
2-1/2	40	292	362	468	780	960	-	-	-
	80	491	605	807	1346	1649	-	-	-
3	40	351	428	547	827	1013	-	-	-
	80	604	742	978	1479	1811	-	-	-
4	40	446	543	683	911	1116	1289	-	-
	80	798	979	1273	1697	2097	2400	-	-
6	40	672	814	1005	1105	1375	1562	1747	1913
	80	1377	1684	2160	2374	3357	5348	3753	4111
8	40	926	1113	1370	-	1615	1865	2085	2285
	80	1920	2340	2974	-	3508	4051	4529	4960
10	40	1229	1463	1800	-	-	2197	2468	2690
	80	2750	3350	4233	-	-	5164	5773	6325
12	STD	1361	1644	1968	-	-	2204	2464	2654
	40	1554	1838	2262	-	-	2535	3743	4013
	80	3720	4530	5712	-	-	6399	7045	8626
14	STD	1404	1676	2010	-	-	2152	2406	2635
	40	1812	2140	2629	-	-	2815	4057	3449
	80	4443	5408	6814	-	-	8197	8149	8926
16	STD	1467	1689	2079	-	-	-	2325	2547
	40	2371	2800	3447	-	-	-	3854	4220
	80	5645	6870	8647	-	-	-	9668	10564
18	STD	1513	1739	2140	-	-	-	2256	2471
	40	3901	3539	4356	-	-	-	4591	5030
	80	7004	8521	10722	-	-	-	11293	12371
20	STD	1552	1784	2196	-	-	-	-	2450
	40	3395	3990	4910	-	-	-	-	5379
	80	8508	10349	13000	-	-	-	-	14241
24	STD	1669	1866	2296	-	-	-	-	-
	40	4610	5400	6647	-	-	-	-	-
	80	12847	14517	18221	-	-	-	-	-
26	STD	1747	1903	-	-	-	-	-	1639
28	STD	1687	1938	-	-	-	-	-	2213
30	40	5745	6742	-	-	-	-	-	7323

T-040A

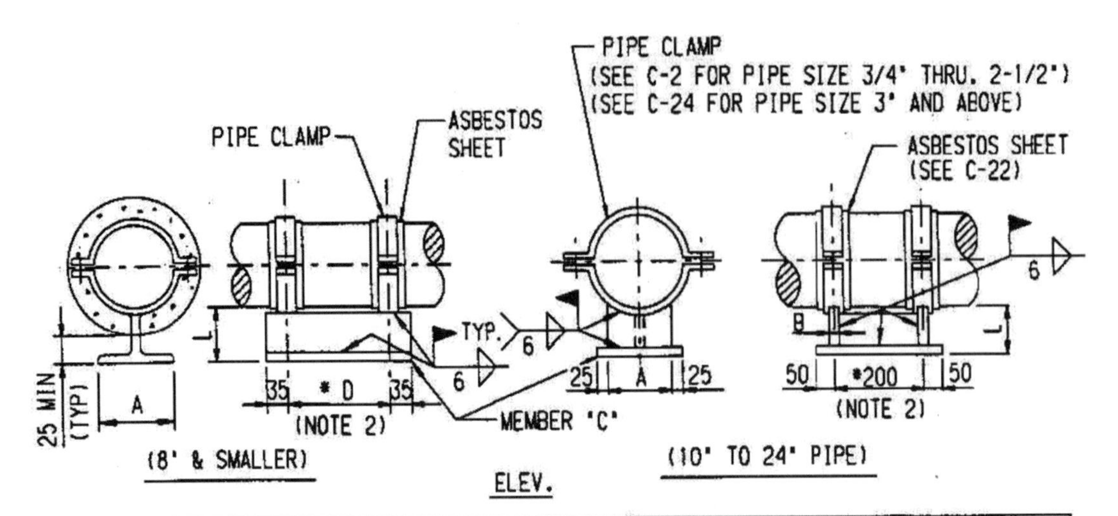

SUPPORT NO.	LINE SIZE	A	B	C	PIPE CLAMP TYPE	D(2)	ALLOWABLE LOAD		
							PR MAX. (kgs)	ML MAX. (kg-cm)	Mc MAX. (kg-cm)
40 - ¾B	¾"	100	-	CUT FROM H-200X100X5.5X8	PCL-A- ¾B	80	500	700	110
- 1B	1"		-		A- 1B		530	1600	200
- 1½B	1½"		-		A- 1½B		400	1900	220
- 2B	2"		-		A- 2B		360	2000	250
- 2½B	2½"		-		A- 2½B		450	3000	400
- 3B	3"		-		C- 3B	180	590	5500	600
- 4B	4"		-		C- 4B		560	7000	700
- 5B	5"		-		C- 5B		550	8000	800
- 6B	6"		-		C- 6B		550	8000	800
- 8B	8"		-		C- 8B	200	550	8000	800
- 10B	10"	150	12	CUT FROM H-200X200X8X12	C- 10B		1700	14000	6000
- 12B	12"				C- 12B		1700	17000	7000
- 14B	14"				C- 14B		2200	18000	9000
- 16B	16"	250		FAB. FROM 12^t PL	C- 16B		1930	16000	9000
- 18B	18"				C- 18B		1730	15000	9000
- 20B	20"				C- 20B		1570	14000	9000
- 24B	24"	300			C- 24B		1350	13000	9000

NOTES:

1. DESIGNATION NUMBER, DENOTE AS FOLLOWS:

   40 - 3/4B - L
   - L — DENOTE DIMENSION "L" (SEE NOTE 4)
   - 3/4B — DENOTE LINE SIZE
   - 40 — DENOTE TYPE NO.

2. LONGITUDINAL LENGTH OF SHOE (MARK *D & *200) SHALL BE CALCULATED BASED ON PIPE MOVEMENT.
3. THIS TYPE IS USUALLY USED FOR ALLOY STEEL AND STAINLESS STEEL LINES (MAX. LINE TEMP. : 750°F)
4. REF. SH'T T-38C TABLE "A"

T-040B

5. $M_C = P_C \times L$; $M_L = P_L \times L$

6. $P_{L\ MAX} = \frac{(1-P_R/P_{R\ MAX})(M_{L\ MAX})}{L}$; $P_{C\ MAX} = \frac{(1-P_R/P_{R\ MAX})(M_{C\ MAX})}{L}$

7. THE FOLLOWING INTERACTION FORMULA MUST BE MET:

$$\frac{P_L}{P_{L\ MAX}} + \frac{P_C}{P_{C\ MAX}} + \frac{P_R}{P_{R\ MAX}} \leqslant 1$$

8. FOR NOTES 6 & 7 CAN BE COMBINED AS FOLLOWS:

$$\frac{P_L\ x L}{M_{L\ MAX}} + \frac{P_C\ x L}{M_{C\ MAX}} \leqslant (1 - \frac{P_R}{P_{R\ MAX}})^2$$

T-041A

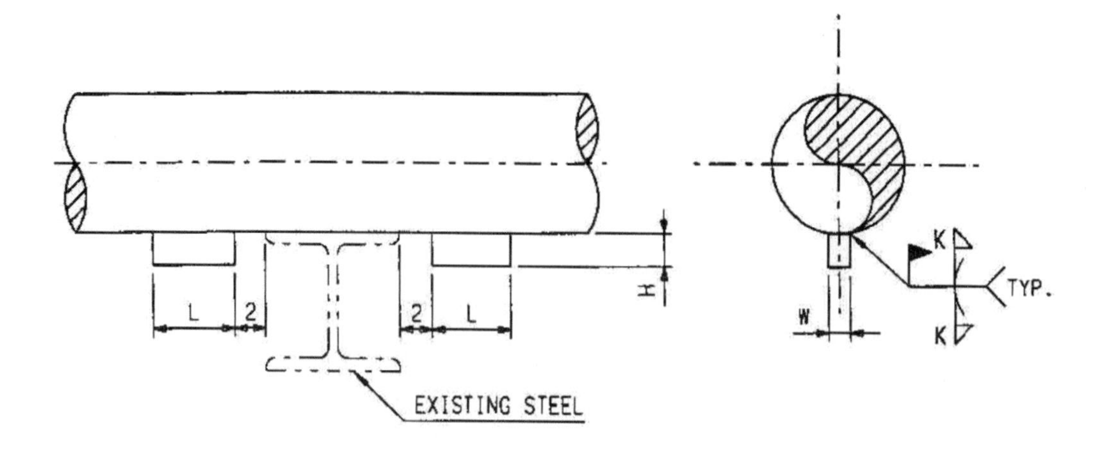

SUPPORT NO.	LINE SIZE (in.)	SCH.	LUG SIZE H x W x L (mm)	WELD K (mm)	ALLOW. LOAD P (kgs)
41-1B-S-L	1	STD	19.0x10.0x50	5	235
		80	50	5	225
41-1½B-S-L	1½	STD	19.0x10.0x50	5	260
		80	50	5	395
41-2B-S-L	2	STD	19.0x15.0x50	5	340
		80	50	5	550
41-2½B-S-L	2½	STD	19.0x15.0x50	5	475
		STD	100	5	1160
		80	50	5	730
		80	100	5	1745
41-3B-S-L	3	STD	19.0x15.0x50	5	490
		STD	100	5	1195
		80	50	5	800
		80	100	5	1870
41-4B-S-L	4	STD	19.0x25.0x100	6	1905
		STD	150	6	3305
		80	100	6	2815
		80	150	6	4790
41-6B-S-L	6	10S	19.0x25.0x100	3	614
		STD	100	6	1865
		STD	150	6	3390
		80	100	6	3585
		80	150	6	5970

T-041B

SUPPORT NO.	LINE SIZE (in.)	SCH.	LUG SIZE H x W x L (mm)	WELD K (mm)	ALLCW. LOAD P (kgs)
41-8B-S-L	8	5S	25.0x50.0x100	3	448
		STD	100	8	2385
		STD	150	8	4370
		80	100	8	4730
		80	150	8	8160
41-10B-S-L	10	STD	25.0x50.0x100	8	2605
		STD	180	8	5835
		80	100	8	5835
		80	180	8	11940
41-12B-S-L	12	STD	25.0x50.0x100	8	2570
		STD	180	8	5440
		40	100	8	2905
		40	180	8	6105
		80	100	8	7205
		80	180	8	13790
41-14B-S-L	14	STD	25.0x50.0x100	8	2515
		STD	180	8	5225
		40	100	8	3210
		40	180	8	6500
		80	100	8	8160
		80	180	8	15090
41-16B-S-L	16	STD	25.0x80.0x200	8	7615
		STD	250	8	10810
		40	200	8	11590
		40	250	8	16325
		80	200	10	24240
		80	250	10	29630
41-18B-S-L	18	STD	25.0x80.0x200	8	6955
		STD	250	8	9755
		40	200	8	13115
		40	250	8	17775
		80	200	10	26665
		80	250	10	33330

T-041C

SUPPORT NO.	LINE SIZE (in.)	SCH.	LUG SIZE H x W x L (mm)	WELD K (mm)	ALLOW. LOAD P (kgs)
41-20B-S-L	20	STD	25.0x80.0x200	8	6610
		STD	250	8	8885
		40	200	8	13555
		40	250	8	18180
		80	200	10	29630
		80	250	10	36360
41-24B-S-L	24	STD	25.0x80.0x200	8	6200
		STD	250	8	8245
		40	200	8	16000
		40	250	8	21050
		80	200	10	34780
		80	250	10	44440

NOTES:

1. DESIGNATION NUMBER, DENOTE AS FOLLOWS:

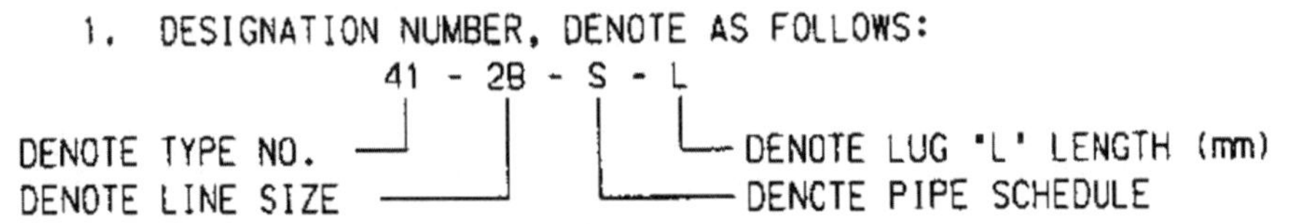

T-042A

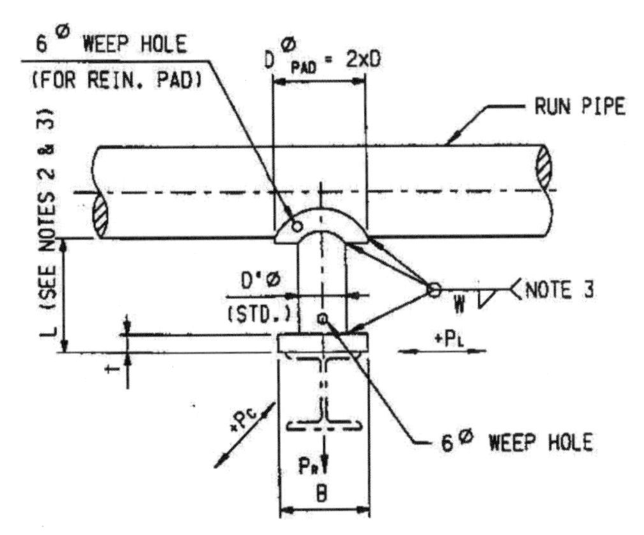

NOTES: 1. DESIGNATION NUMBER, DENOTE AS FOLLOWS:

42 - 4B(P)-L (A)— DENOTE SYMBOL (SEE NOTE 2 TABLE B)
- L — DENOTE DIMENSION 'L'
- (P) — DENOTE REIN. PAD IS REQ'D (SEE NOTE 4)
- 4B — DENOTE LINE SIZE
- 42 — DENOTE TYPE NO.

2. TABLE 'A'

INSULATION TH'K	'L' * (mm)
75MM & LESSER	100
80MM THRU. 125MM	150
130MM THRU. 175MM	200
180MM THRU. 200MM	220

TABLE 'B'

PIPE MAT'L	SHOE FABRICATED FROM	SYMBOL
CARBON STEEL	C/S PIPE	NONE
ALLOY STEEL	A/S PIPE	(A)
STAINLESS STEEL	S/S PIPE	(S)

3. FOR ALLOY STEEL, STAINLESS STELL & STRESS RELIEF LINES, THE MATERIAL SHALL BE SAME MATERIAL AS MAIN LINE, AND IT SHALL BE FABRICATED TOGETHER WITH MAIN LINE IN SHOP.

4. FOR PAD'S MATERIAL, USE PIPE MATERIAL THAT CUT FROM THE PIPE OR EQUIVALENT TO THE PIPE. PAD'S THICKNESS EQUAL TO PIPE'S THICKNESS.

5. $M_L = P_L \times L$; $M_C = P_C \times L$

6. $P_{L\,MAX} = \frac{(1-P_R/P_{R\,MAX})(M_{L\,MAX})}{L}$; $P_{C\,MAX} = \frac{(1-P_R/P_{R\,MAX})(M_{C\,MAX})}{L}$

7. THE FOLLOWING INTERACTION FORMULA MUST BE MET:

$$\frac{P_L}{P_{L\,MAX}} + \frac{P_C}{P_{C\,MAX}} + \frac{P_R}{P_{R\,MAX}} \leq 1$$

8. FOR NOTES 6 & 7 CAN BE COMBINED AS FOLLOWS:

$$\frac{P_L \times L}{M_{L\,MAX}} + \frac{P_C \times L}{M_{C\,MAX}} \leq (1-\frac{P_R}{P_{R\,MAX}})^2$$

* FOR REFERENCE ONLY & TO BE CUT TO SUIT BY FIELD IF REQUIRED

T-042B

SUPPORT NO.	LINE SIZE		STUB D$^{\varnothing}$	END PLATE DIM.			ALLOW. LOAD			ALLOW. LOAD / W PAD		
	N.P.S (in.)	SCH.	N.P.S. (in.) (STD)	B (mm)	t (mm)	W (mm)	P_RMAX (kgs)	M_LMAX (kg-cm)	M_CMAX (kg-cm)	P_RMAX (kgs)	M_LMAX (kg-cm)	M_CMAX (kg-cm)
42 - 2B	2	STD	1½	148	9	5	585	1280	562	1600	3200	1880
		80	1½	148	9	5	1050	2150	1035	2800	4000	3407
42 - 2½B	2½	STD	1½	148	9	5	720	1775	915	2000	4740	3100
		80	1½	148	9	5	1185	2790	1575	3400	6750	5300
42 - 3B	3	STD	2	160	9	6	890	2790	1355	2600	7740	4550
		80	2	160	9	6	1530	4500	2405	4350	11150	8090
42 - 4B	4	STD	3	189	9	6	1650	6825	2600	4150	16450	8650
		80	3	189	9	6	2565	10280	4770	7200	23750	15840
42 - 5B	5	STD	4	214	12	6	2190	12890	4760	5000	28700	15740
		80	4	214	12	6	3495	20445	10155	10000	49000	33400
42 - 6B	6	STD	4	214	12	6	2190	12890	4760	5100	29500	16000
		80	4	214	12	6	3495	20445	10155	10000	54700	34000
42 - 8B	8	STD	6	268	12	6	4140	34175	10080	8700	69000	33000
		80	6	268	12	6	6410	50715	21315	17400	129000	70700
42 - 10B	10	STD	6	268	12	6	3600	33180	12260	8200	76000	41350
		80	6	268	12	6	6540	59730	28605	17700	153100	96500
42 - 12B	12	STD	8	319	12	6	5175	57300	17850	11150	128000	60000
		40	8	319	12	6	5640	65315	20750	12000	138600	69000
		80	8	319	12	6	10475	117870	51480	27700	295000	173000
42 - 14B	14	STD	8	319	16	8	4605	50415	17475	10550	127000	60000
		40	8	319	16	8	5505	64965	23280	12400	150000	78500
		80	8	319	16	8	10770	127790	59940	29000	325000	204000
42 - 16B	16	STD	10	373	16	8	6255	76140	22740	13700	197000	78700
		40	10	373	16	8	8580	122820	39210	18400	265000	131000
		80	10	373	16	8	15930	224715	96930	42000	560000	325000
42 - 18B	18	STD	12	424	16	8	7770	103085	27720	16800	278000	98500
		40	12	424	16	8	12165	202350	60000	25300	419000	199000
		80	12	424	16	8	21855	353970	144570	55000	865000	485900
42 - 20B	20	STD	12	424	16	8	6735	89550	27247	14800	260000	98100
		40	12	424	16	8	11340	190470	64545	25200	442900	218000
		80	12	424	16	8	22260	384615	170450	58000	958500	577800
42 - 22B	22	STD	14	456	16	8	7300	103000	30300	16160	310200	110600
		40	14	456	16	8	19910	375760	144200	48550	888200	487400
		80	14	456	16	8	26600	505138	223000	73460	127700	755210
42 - 24B	24	STD	16	506	16	8	8325	133035	35225	18600	397000	130500
		40	16	506	16	8	17235	350870	40900	37700	808000	374000
		80	16	506	16	8	33975	718560	303030	87000	1763000	1027000

T-043A

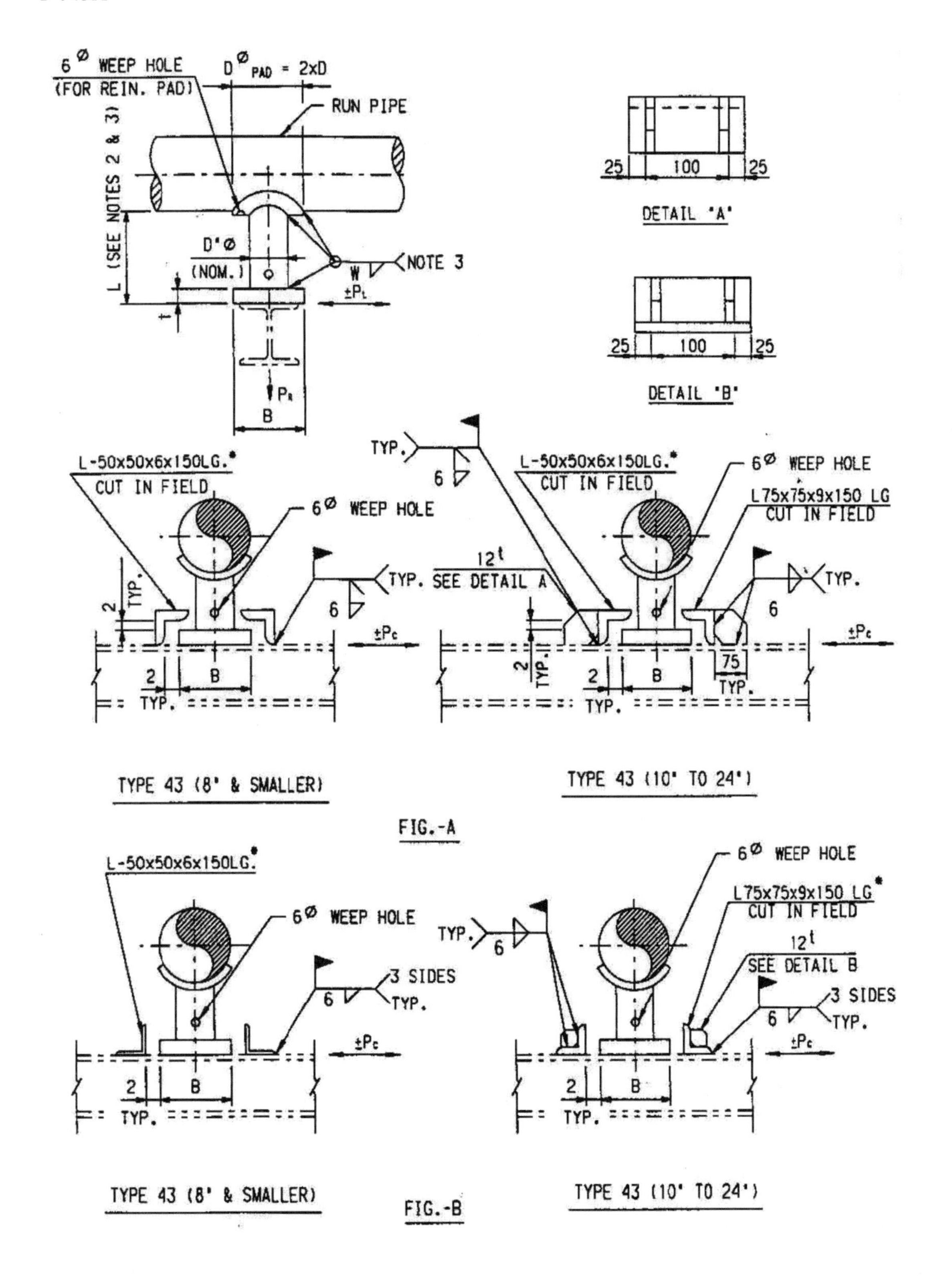
6 Ø WEEP HOLE
(FOR REIN. PAD)
D Ø PAD = 2xD
RUN PIPE
L (SEE NOTES 2 & 3)
D' Ø
(NOM.)
W
NOTE 3
±PL
t
PR
B
DETAIL 'A'
25
100
25
DETAIL 'B'
L-50x50x6x150LG.*
CUT IN FIELD
6Ø WEEP HOLE
TYP.
6
12t
SEE DETAIL A
L75x75x9x150 LG
CUT IN FIELD
±Pc
2
B
75
TYP 43 (8" & SMALLER)
TYPE 43 (10" TO 24")
FIG.-A
3 SIDES
SEE DETAIL B
TYPE 43 (8" & SMALLER)
FIG.-B
TYPE 43 (10" TO 24")

T-043B

* THE MAX. LENGTH OF THIS MEMBER SHALL NOT EXCEED THE WIDTH OF BEAM.

** FOR REFERENCE ONLY & TO BE CUT TO SUIT BY FIELD IF REQUIRED

NOTES: 1. DESIGNATION NUMBER, DENOTE AS FOLLOWS:

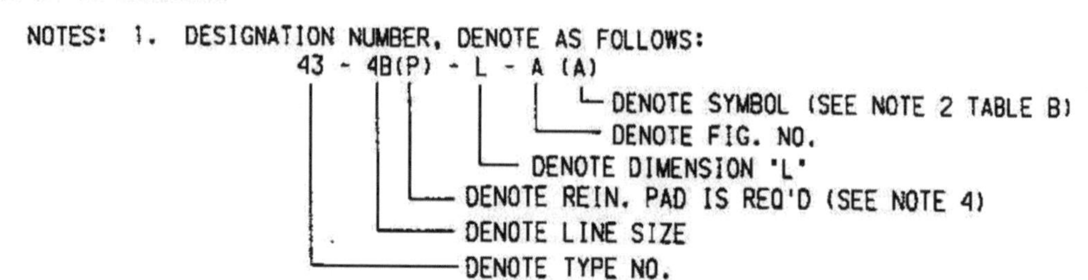

2. TABLE 'A'

INSULATION TH'K	'L' ** (MM)
75mm & LESSER	100
80mm THRU. 125mm	150
130mm THRU. 175mm	200
180mm THRU. 200mm	220

TABLE 'B'

PIPE MAT'L	SHOE FABRICATED FROM	SYMBOL
CARBON STEEL	C/S PIPE	NONE
ALLOY STEEL	A/S PIPE	(A)
STAINLESS STEEL	S/S PIPE	(S)

3. FOR ALLOY STEEL, STAINLESS STEEL & STRESS RELIEF LINES, THE MATERIAL SHALL BE SAME MATERIAL AS MAIN LINE, AND IT SHALL BE FABRICATED TOGETHER WITH MAIN LINE IN SHOP.

4. FOR PAD'S MATERIAL, USE PIPE MATERIAL THAT CUT FROM THE PIPE OR EQUIVALENT TO THE PIPE. PAD'S THICKNESS EQUAL TO PIPE'S THICKNESS.

5. $M_L = P_L \times L$; $M_C = P_C \times L$

6. $P_{L\,MAX} = \frac{(1 - P_R/P_{R\,MAX})(M_{L\,MAX})}{L}$; $P_{C\,MAX} = \frac{(1 - P_R/P_{R\,MAX})(M_{C\,MAX})}{L}$

7. THE FOLLOWING INTERACTION FORMULA MUST BE MET:

$$\frac{P_L}{P_{L\,MAX}} + \frac{P_C}{P_{C\,MAX}} + \frac{P_R}{P_{R\,MAX}} \leq 1$$

8. FOR NOTES 6 & 7 CAN BE COMBINED AS FOLLOWS:

$$\frac{P_L \times L}{M_{L\,MAX}} + \frac{P_C \times L}{M_{C\,MAX}} \leq \left(1 - \frac{P_R}{P_{R\,MAX}}\right)^2$$

T-043C

SUPPORT NO.	LINE SIZE		STUB D⌀	END PLATE DIM.			ALLOW. LOAD			ALLOW. LOAD / W PAD		
	N.P.S. (in.)	SCH.	N.P.S. (in.) (STD)	B (mm)	t (mm)	W (mm)	P_RMAX (kgs)	M_LMAX (kg-cm)	M_CMAX (kg-cm)	P_RMAX (kgs)	M_LMAX (kg-cm)	M_CMAX (kg-cm)
43 - 2B	2	STD	1½	148	9	5	585	1280	562	1600	3200	1880
		80	1½	148	9	5	1050	2150	1035	2800	4000	3407
43 - 2½B	2½	STD	1½	148	9	5	720	1775	915	2000	4740	3100
		80	1½	148	9	5	1185	2790	1575	3400	6750	5300
43 - 3B	3	STD	2	160	9	6	890	2790	1355	2600	7740	4550
		80	2	160	9	6	1530	4500	2405	4350	11150	8090
43 - 4B	4	STD	3	189	9	6	1650	6825	2600	4150	16450	8650
		80	3	189	9	6	2565	10280	4770	7200	23750	15840
43 - 5B	5	STD	4	214	12	6	2190	12890	4760	5000	28700	15740
		80	4	214	12	6	3495	20445	10155	10000	49000	33400
43 - 6B	6	STD	4	214	12	6	2190	12890	4760	5100	29500	16000
		80	4	214	12	6	3495	20445	10155	10000	54700	34000
43 - 8B	8	STD	6	268	12	6	4140	34175	10080	8700	69000	33000
		80	6	268	12	6	6410	50715	21315	17400	129000	70700
43 - 10B	10	STD	6	268	12	6	3600	33180	12260	8200	76000	41350
		80	6	268	12	6	6540	59730	28605	17700	153100	96500
43 - 12B	12	STD	8	319	12	6	5175	57300	17850	11150	128000	60000
		40	8	319	12	6	5640	65315	20750	12000	138500	69000
		80	8	319	12	6	10475	117870	51480	27700	295000	173000
43 - 14B	14	STD	8	319	16	8	4605	50415	17475	10550	127000	60000
		40	8	319	16	8	5505	64965	23280	12400	150000	78500
		80	8	319	16	8	10770	127790	59940	29000	325000	204000
43 - 16B	16	STD	10	373	16	8	6255	76140	22740	13700	197000	78700
		40	10	373	16	8	8580	122820	39210	18400	265000	131000
		80	10	373	16	8	15930	224715	96930	42000	560000	325000
43 - 18B	18	STD	12	424	16	8	7770	103085	27720	16800	278000	98500
		40	12	424	16	8	12165	202350	60000	25300	419000	199000
		80	12	424	16	8	21855	353970	144570	55000	865000	485900
43 - 20B	20	STD	12	424	16	8	6735	89550	27247	14800	260000	98100
		40	12	424	16	8	11340	190470	64545	25200	442900	218000
		80	12	424	16	8	22260	384615	170450	58000	958500	577800
43 - 22B	22	STD	14	456	16	8	7300	103000	30300	16160	310200	110600
		60	14	456	16	8	19910	375760	144200	48550	888200	487400
		80	14	456	16	8	26600	505138	223000	73460	127700	755210
43 - 24B	24	STD	16	506	16	8	8325	133035	35225	18600	397000	130500
		40	16	506	16	8	17235	350870	40900	37700	808000	374000
		80	16	506	16	8	33975	718560	303030	87000	1763000	1027000

T-044A

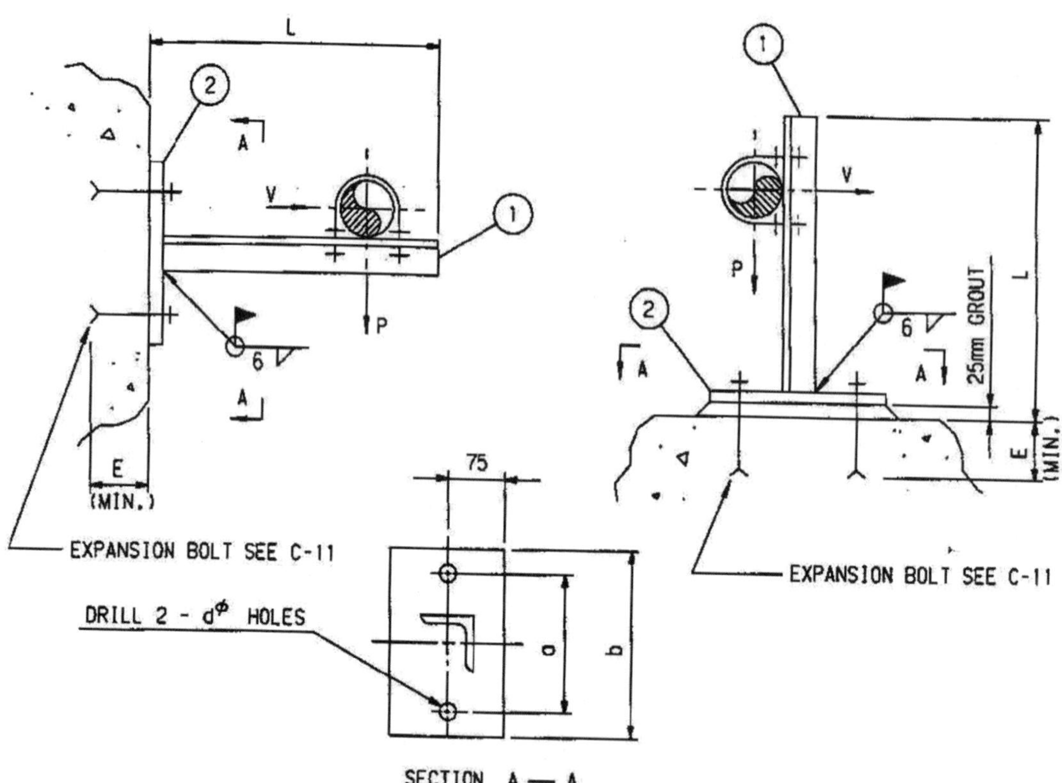

SUPPORT NO.	'L' MAX. (mm)	MEMBER		DIMENSION	EXP. BOLT			MAX. ALLOW. LOAD(kgs)		dφ
		1	2	'b'	DIA. (In)	E (mm)	DIST. 'a'	±P	±V	(mm)
44A-0	250	L40x40x3	PL6x75x150	150	M6(1/4")	50	100	70	70	8
44A-0A	300	L40x40x3	PL9x100x180	180	M10(3/8")	60	120	90	90	12
44A-1	300	L50x50x6	PL12x150x220	220	M12(1/2")	80	160	110	110	15
44A-2	600	L75x75x9	PL19x150x260	260	M16(5/8")	100	200	110	110	19
44A-3	600	L75x75x9	PL22x150x310	310	M20(3/4")	120	240	220	220	24

NOTES:

1. DIMENSION 'L' SHALL BE CUT TO SUIT IN FIELD.
2. DESIGNATION NUMBER, DENOTE AS FOLLOWS:

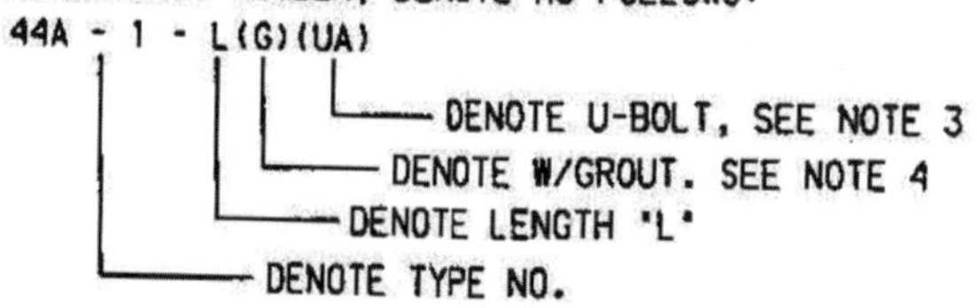

3. ONLY WHEN '(UA)'IS MARKED, ADDING U-BOLT AS SHOWN IN FIG.-A OF SHEET T-29, MARK '(UB)' FOR FIG.-B OF SHEET T-29, ETC.
4. ADDING 25mm GROUT ONLY WHEN (G) IS MARKED.
5. FOR WELDING SIZE REF. TO PAGE S-5 SECT. 4.2 OF THIS CALC.

T-044B

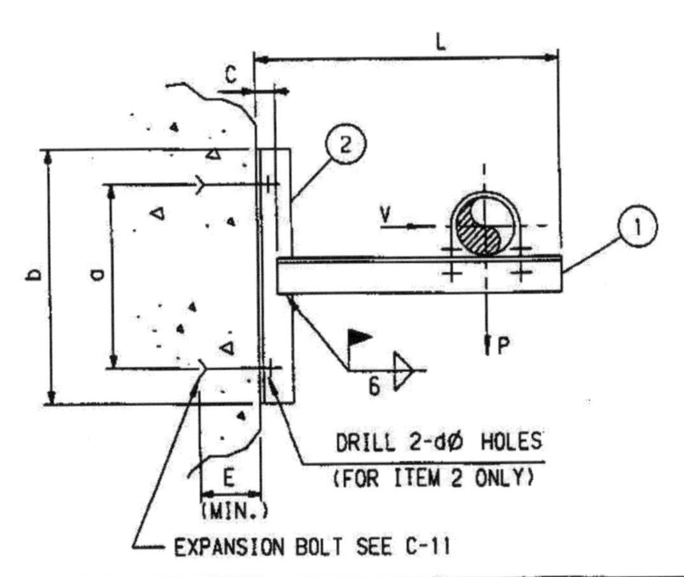

SUPPORT NO.	'L' MAX. (mm)	MEMBER		DIMENSION		EXP. BOLT			MAX. ALLOW. LOAD(kgs)		dØ
		1	2	'b'	'c'	DIA. (in)	E (mm)	DIST. 'a'	±P	±V	(mm)
44B-0	250	L40x40x3	L40x40x3	180	10	M6(1/4")	50	100	70	70	8
44B-0A	300	L40x40x3	L40x40x3	220	10	M10(3/8")	60	120	90	90	12
44B-1	300	L50x50x6	L50x50x6	250	15	M12(1/2")	80	160	110	110	15
44B-2	600	L75x75x9	L75x75x9	300	20	M16(5/8")	100	200	110	110	19
44B-3	800	L100x100x10	L100x100x10	350	25	M20(3/4")	120	240	110	110	24

NOTES:

1. DIMENSION 'L' SHALL BE CUT TO SUIT IN FIELD.
2. DESIGNATION NUMBER, DENOTE AS FOLLOWS:

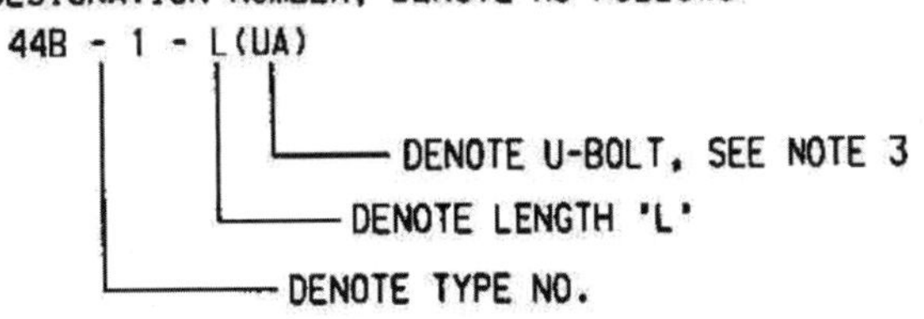

3. ONLY WHEN '(UA)'IS MARKED, ADDING U-BOLT AS SHOWN IN FIG.-A OF SHEET T-29, MARK '(UB)' FOR FIG.-B OF SHEET T-29, ETC.

T-045

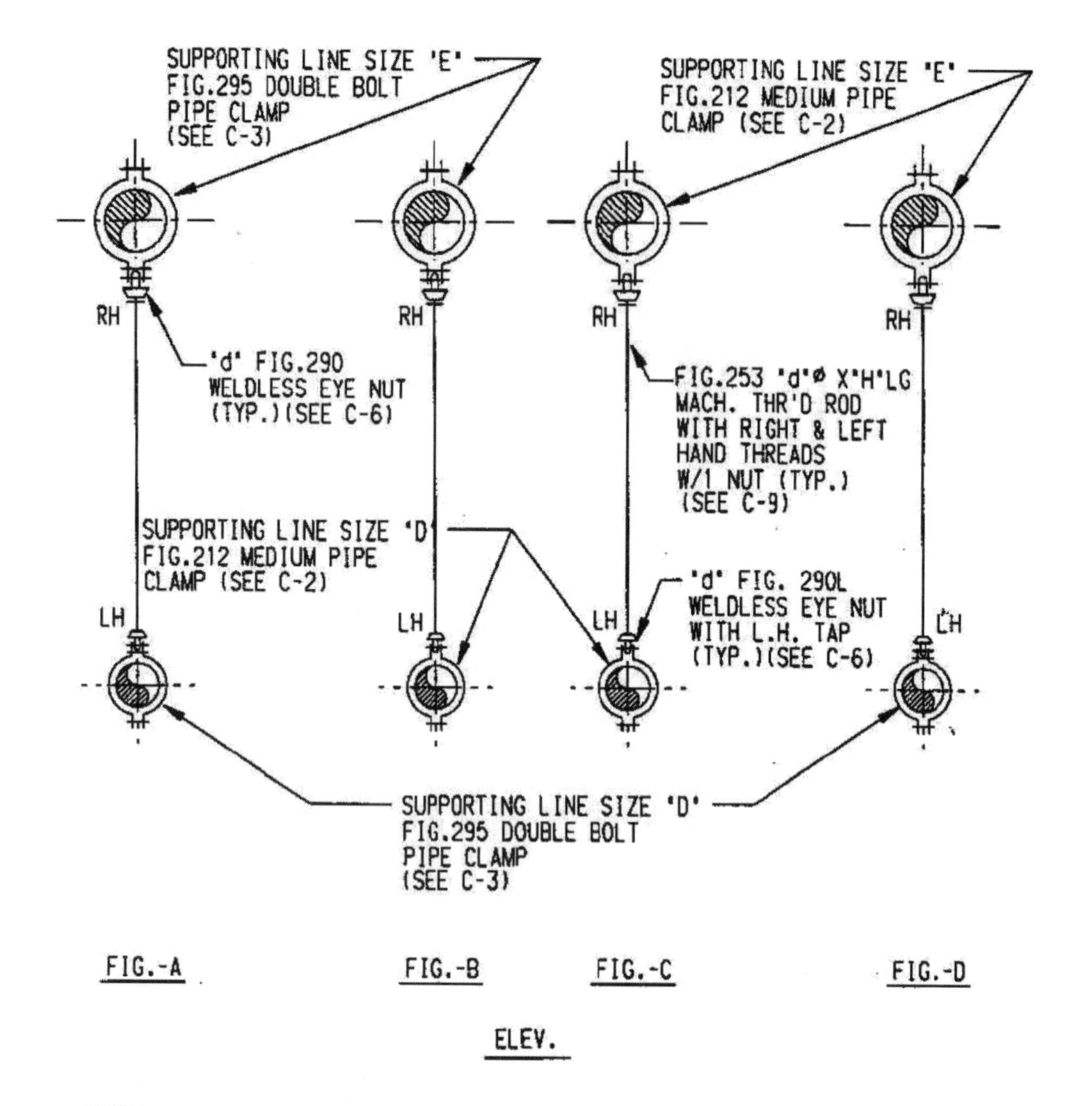

FIG.-A FIG.-B FIG.-C FIG.-D

ELEV.

NOTES:

1. DESIGNATION NUMBER, DENOTE AS FOLLOWS:

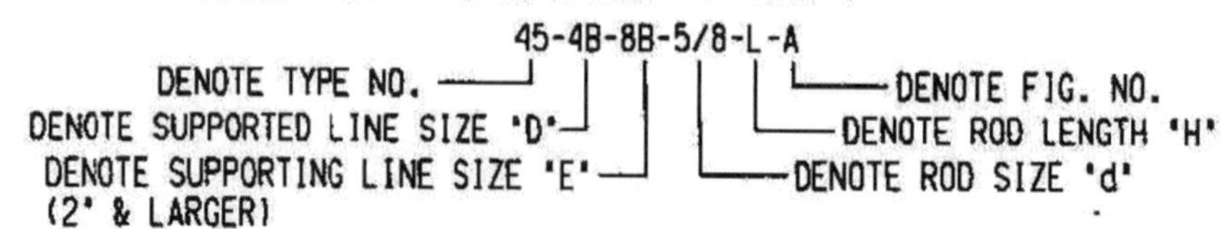

2. FOR ALLOWABLE LOAD, SEE C-2,3,6,9
3. THE IMPACT OF LARGER BORE PIPE'S MOVEMENTS SHOULD BE CONSIDERED
4. SUPPORTING LINE SIZE 'E' MUST BE STRONG ENOUGH TO CARRY TOTAL SUPPORTED LOAD.

T-046

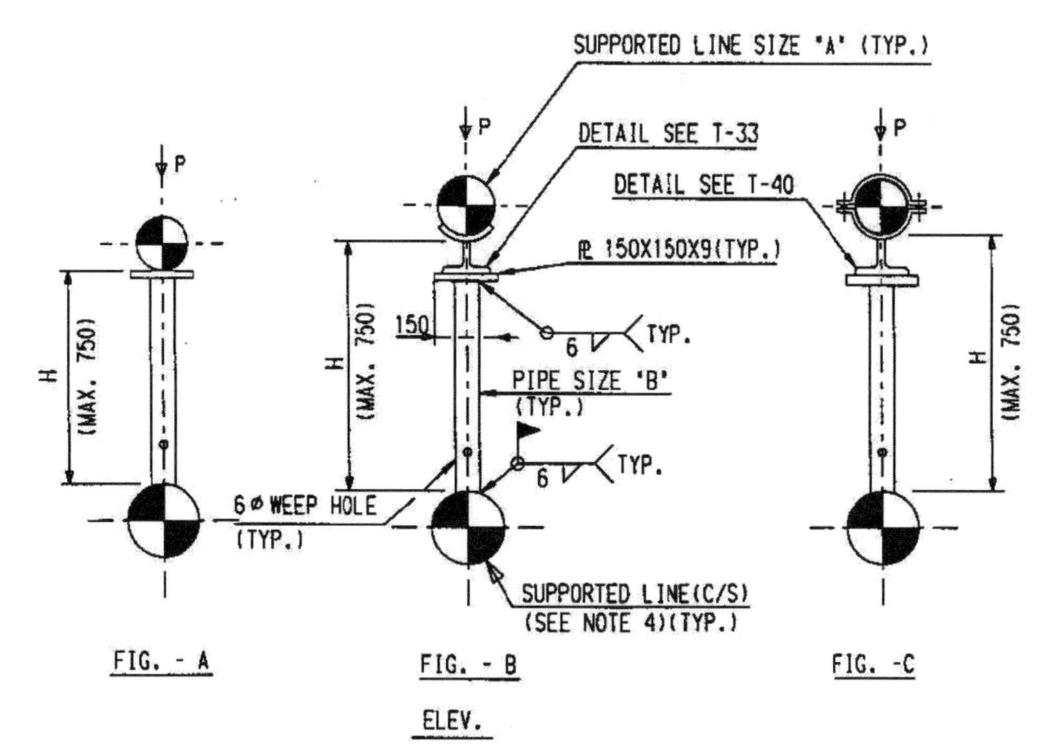

SUPPORT NO. SIZE	LINE SIZE "A"	PIPE SIZE "B"	ALLOW LOAD P(KG) *
46-½B-H-A	½"	2" SCH.40	590
46-¾B-H-A(B,C)	¾"	2" SCH.40	590
46-1B-H-A(B,C)	1"	2" SCH.40	590
46-1½B-H-A(B,C)	1½"	2" SCH.40	590
46-2B-H-A(B,C)	2"	2" SCH.40	590
46-2½B-H-A(B,C)	2½"	2" SCH.40	590
46-3B-H-A(B,C)	3"	3" SCH.40	880
46-4B-H-A(B,C)	4"	4" SCH.40	880

*SEE NOTE 4

NOTES:

1. DESIGNATION NUMBER, DENOTE AS FOLLOWS:

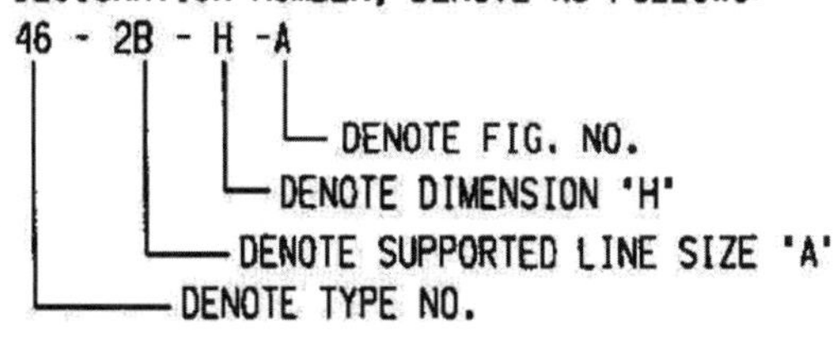

2. DIMENSION "H" SHALL BE CUT TO SUIT IN FIELD
3. THE IMPACT OF LARGER BORE PIPE'S MOVEMENTS SHOULD BE CONSIDERED
4. SUPPORTING LINE SIZE MUST BE STRONG ENOUGH TO CARRY TOTAL SUPPORTED LOAD (THE ALLOWABLE LOAD IS BASED ON LOCAL STRESS CALC.IN LARGE PIPE.)

T-047

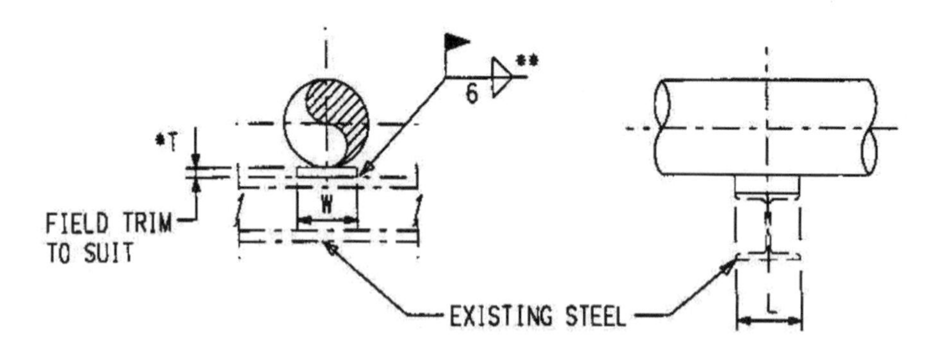

* : MAX. THICKNESS LIMITED TO 25mm

** : THE WELD HAS TO MEET BOTH THE WELD SHOWN IN THE ABOVE FIGURE AND AISC MIN. WELD REQUIREMENT.

SUPPORT NO.	LINE SIZE (in)	W (mm)	MAX. ALLOW. LOAD (kgs) @ 343°C
47-¾B-T-L-S	¾B	25	SEE PIPE SUPPORT STD. TYPE-39
47-1B-T-L-S	1B	25	
47-1½B-T-L-S	1½B	30	
47-2B-T-L-S	2B	30	
47-2½B-T-L-S	2½B	60	
47-3B-T-L-S	3B	60	
47-4B-T-L-S	4B	60	
47-5B-T-L-S	5B	80	
47-6B-T-L-S	6B	100	
47-8B-T-L-S	8B	100	
47-10B-T-L-S	10B	120	
47-12B-T-L-S	12B	120	
47-14B-T-L-S	14B	150	
47-16B-T-L-S	16B	200	
47-18B-T-L-S	18B	200	
47-20B-T-L-S	20B	250	
47-24B-T-L-S	24B	250	
47-26B-T-L-S	26B	250	

TABLE 'A'

MAT'L OF PLATE	SYMBOL
CARBON STEEL	NONE
ALLOY STEEL	A
STAINLESS STEEL	S

NOTES:

1. DESIGNATION NUMBER, DENOTE AS FOLLOWS:

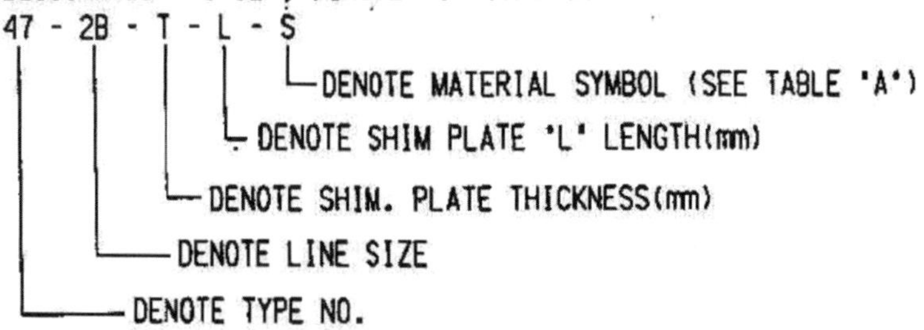

T-048

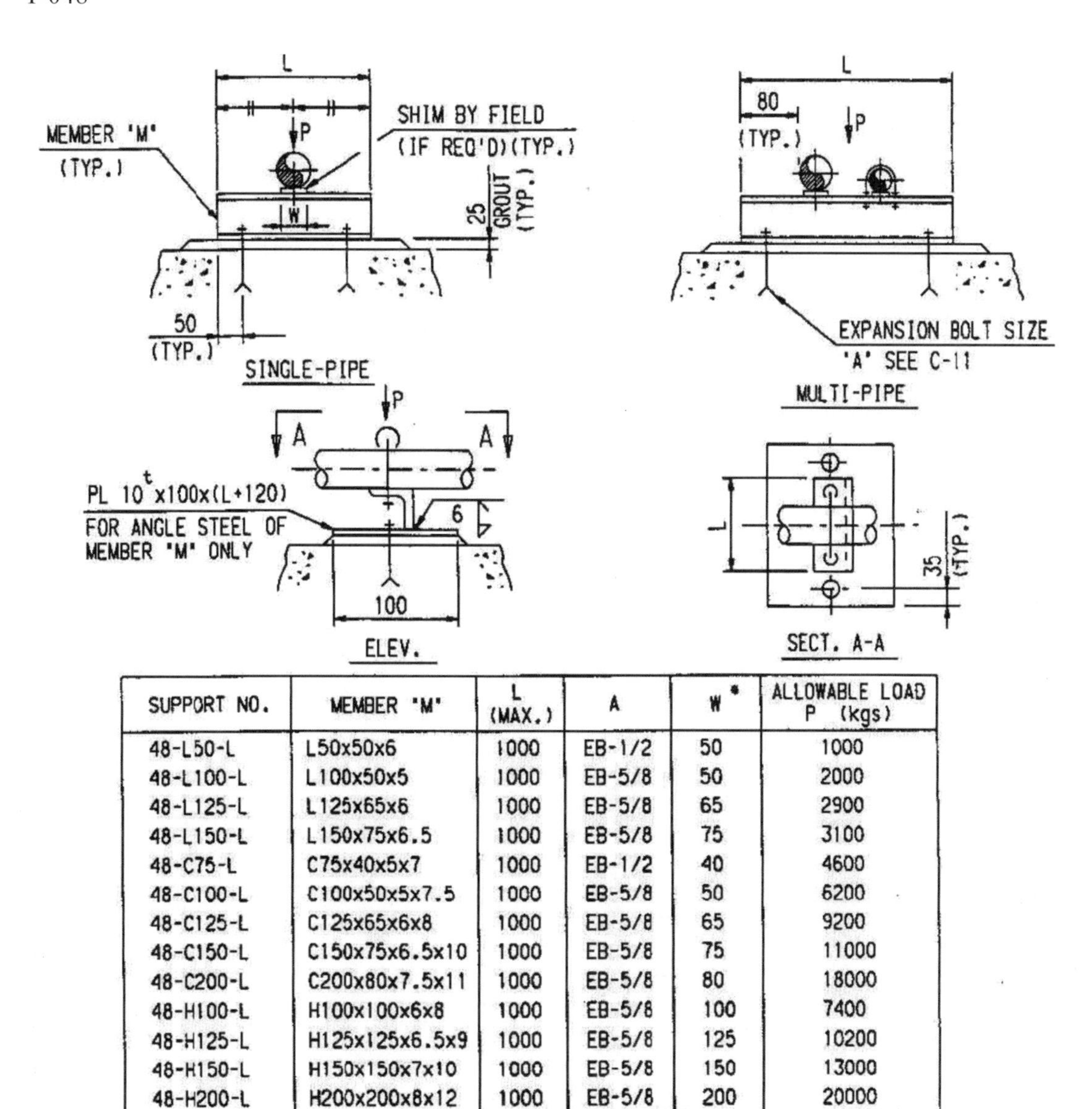

SUPPORT NO.	MEMBER "M"	L (MAX.)	A	W *	ALLOWABLE LOAD P (kgs)
48-L50-L	L50x50x6	1000	EB-1/2	50	1000
48-L100-L	L100x50x5	1000	EB-5/8	50	2000
48-L125-L	L125x65x6	1000	EB-5/8	65	2900
48-L150-L	L150x75x6.5	1000	EB-5/8	75	3100
48-C75-L	C75x40x5x7	1000	EB-1/2	40	4600
48-C100-L	C100x50x5x7.5	1000	EB-5/8	50	6200
48-C125-L	C125x65x6x8	1000	EB-5/8	65	9200
48-C150-L	C150x75x6.5x10	1000	EB-5/8	75	11000
48-C200-L	C200x80x7.5x11	1000	EB-5/8	80	18000
48-H100-L	H100x100x6x8	1000	EB-5/8	100	7400
48-H125-L	H125x125x6.5x9	1000	EB-5/8	125	10200
48-H150-L	H150x150x7x10	1000	EB-5/8	150	13000
48-H200-L	H200x200x8x12	1000	EB-5/8	200	20000

* FOR REFERENCE ONLY AND SHALL NOT EXCESS THE O.D. OF PIPE.

NOTES: 1. DIMENSION SHALL BE CUT TO SUIT IN FIELD.

2. DESIGNATION NUMBER DENOTE AS FOLLOW:

48 - C100 -L(G)(UA)

- (UA) — DENOTE U-BOLT, SEE NOTE 3
- (G) — DENOTE GROUT.
- L — DENOTE DIMENSION 'L'
- C100 — DENOTE MEMBER 'M'
- 48 — DENOTE TYPE NO.

3. ONLY WHEN '(UA)' IS MARKED, ADDING U-BOLT AS SHOWN IN FIG.-A OF SHEET T-29, MARK '(UB)' FOR FIG.-B OF SHEET T-29, ETC.

4. CUT THE ANGLE STEEL BY FIELD IF REQUIRED.

T-049A

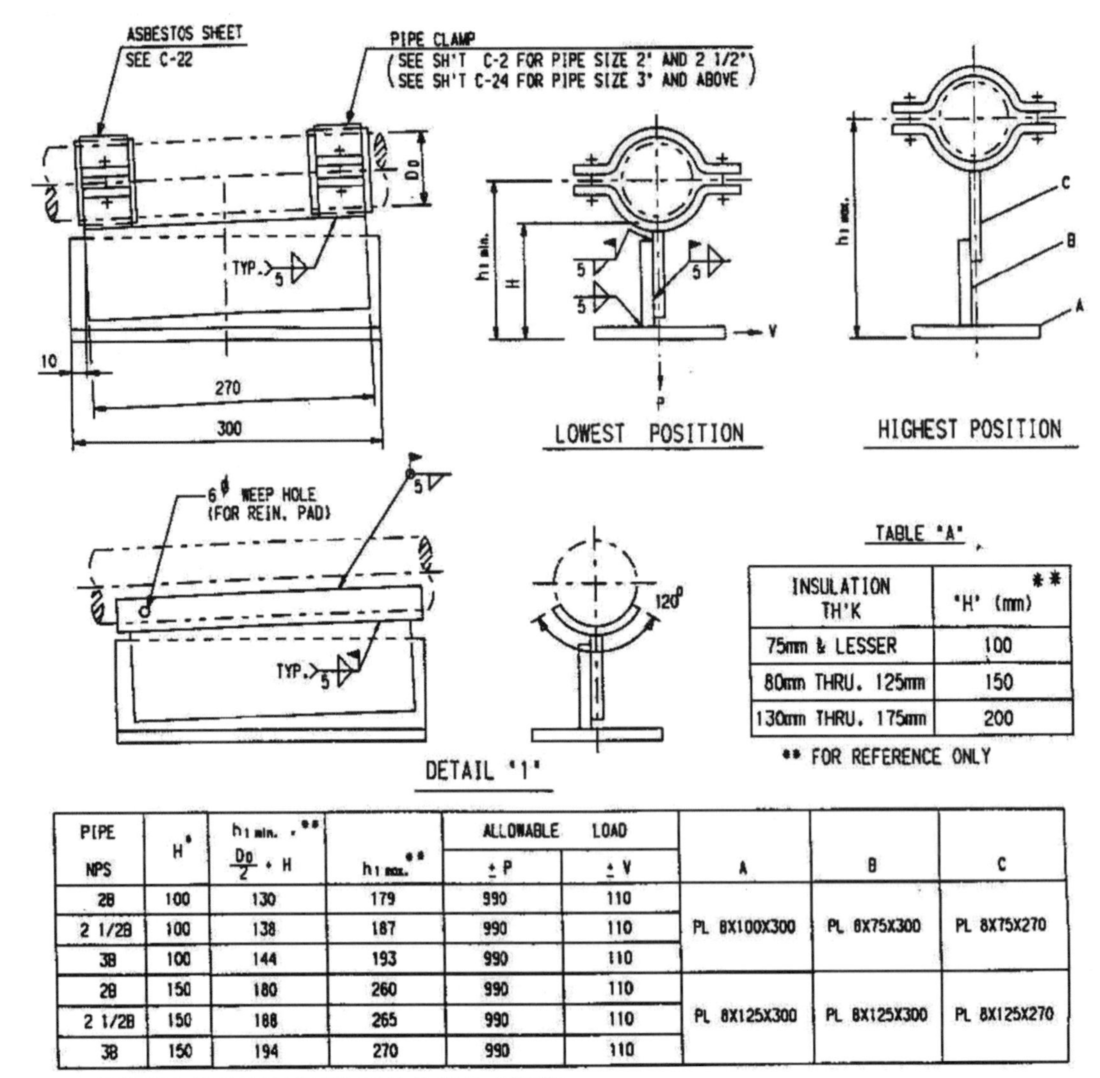

TABLE "A"

INSULATION TH'K	"H" (mm) **
75mm & LESSER	100
80mm THRU. 125mm	150
130mm THRU. 175mm	200

** FOR REFERENCE ONLY

PIPE NPS	H*	h1 min. ** $\frac{Do}{2}$ + H	h1 max.**	ALLOWABLE LOAD ± P	ALLOWABLE LOAD ± V	A	B	C
2B	100	130	179	990	110	PL 8X100X300	PL 8X75X300	PL 8X75X270
2 1/2B	100	138	187	990	110			
3B	100	144	193	990	110			
2B	150	180	260	990	110	PL 8X125X300	PL 8X125X300	PL 8X125X270
2 1/2B	150	188	265	990	110			
3B	150	194	270	990	110			

* SEE TABLE "A" & TO BE CUT TO SUIT BY FIELD IF REQUIRED.

NOTES:

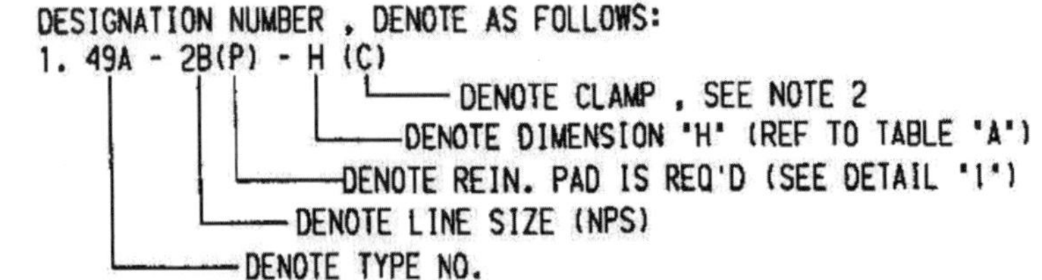
DESIGNATION NUMBER , DENOTE AS FOLLOWS:

1. 49A - 2B(P) - H (C)
   - (C) — DENOTE CLAMP , SEE NOTE 2
   - H — DENOTE DIMENSION "H" (REF TO TABLE "A")
   - (P) — DENOTE REIN. PAD IS REQ'D (SEE DETAIL "1")
   - 2B — DENOTE LINE SIZE (NPS)
   - 49A — DENOTE TYPE NO.

2. ONLY WHEN "C" IS MARKED , ADDING TWO CLAMPS PER SH'T C-2 OR C-24. BLANK FOR NO CLAMP REQ'D , WELD T SHOE TO PIPE.
3. FOR PADS MATERIAL, USE PIPE MATERIAL THAT CUT FROM THE PIPE OR EQUIVALENT TO THE PIPE. PAD'S THICKNESS EQUAL TO PIPE'S THICKNESS.

T-049B1

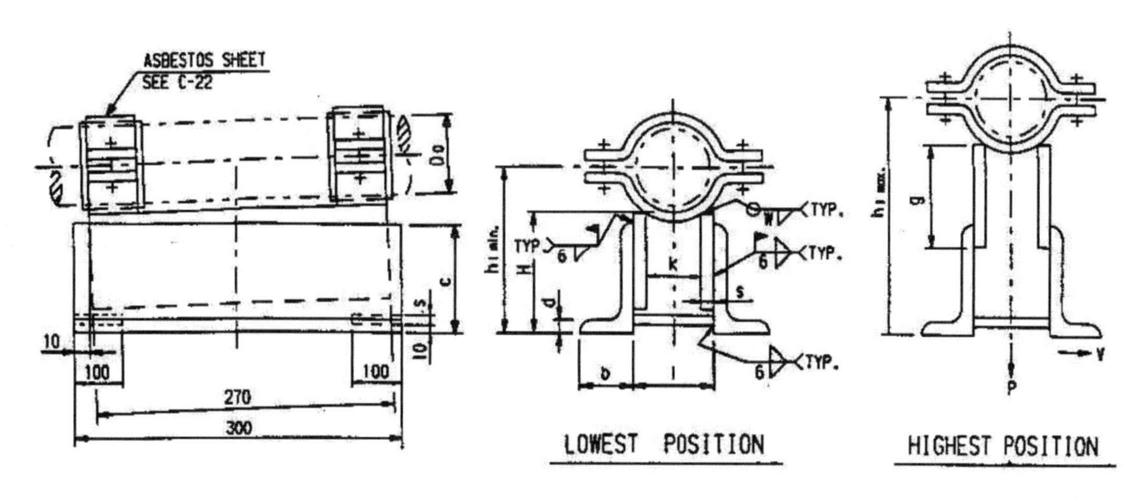

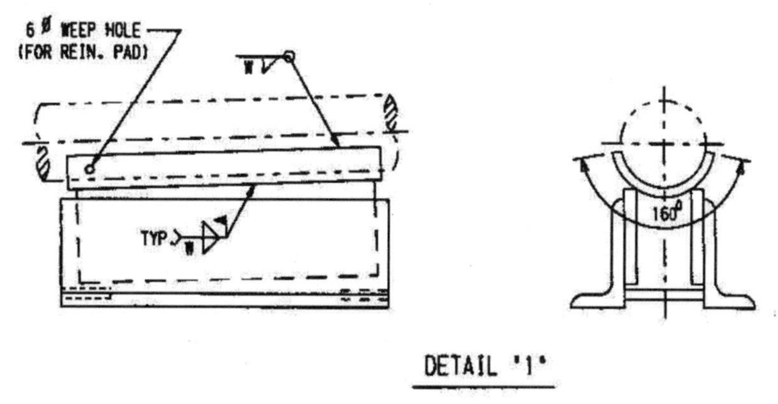

DETAIL '1'

NOTES: DESIGNATION NUMBER , DENOTE AS FOLLOW :

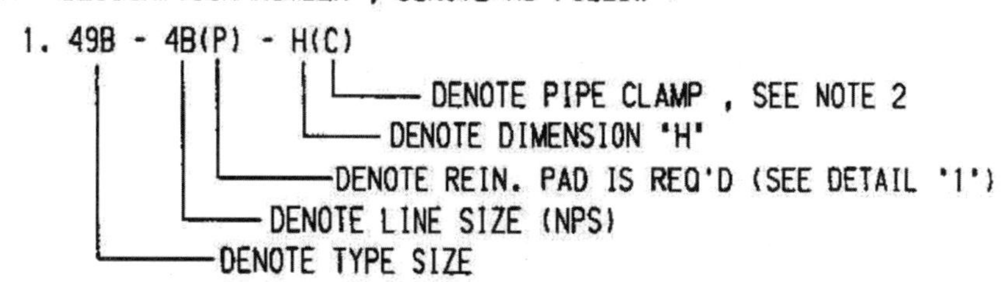

2. ONLY WHEN 'C' IS MARKED , ADDING TWO CLAMPS PER SH'T C-24.
   BLANK FOR NO CLAMP REQ'D , WELD SHOE TO PIPE.

3. FOR PADS MATERIAL, USE PIPE MATERIAL THAT CUT FROM THE PIPE OR
   EQUIVALENT TO THE PIPE.
   PAD'S THICKNESS EQUAL TO PIPE'S THICKNESS.

T-049B2

* FOR REFERENCE ONLY, ** CUT FROM L 200 x 200 x 15

PIPE NPS	b	c	d	g	k	l	s	$h_{1\,min.}$ * $\frac{Do}{2}+100$	$h_{1\,max.}$ *	ALLOWABLE LOAD ± P	ALLOWABLE LOAD ± V	H	W
3 1/2B	75	90	9	80	59	75	8	151	205	2500	650	100	6
4B					64	80		157	215	2500	650	110	6
5B	75	100	10	90	79	95		170	235	2500	650	110	6
6B					104	120		184	240	3600	800	110	6
8B					150	170	10	210	270	3800	800	110	6
10B	75	125	10	115	200	220		237	315	3800	800	135	6
12B					230	250		262	345	4000	950	135	6
14B					240	260		278	360	5000	1100	135	6
16B	90	125	13	110	281	305	12	303	390	5000	1100	135	6
18B	100	150	15	135	356	380		329	420	5000	1200	160	6
20B					396	420		354	445	5000	1200	160	8
22B					410	440		379	470	5000	1200	160	8

PIPE NPS	b	c	d	g	k	l	s	$h_{1\,min.}$ * $\frac{Do}{2}+150$	$h_{1\,max.}$ *	ALLOWABLE LOAD ± P	ALLOWABLE LOAD ± V	H	W
3 1/2B	75	125	10	115	59	75	8	201	290	2500	650	135	6
4B					69	85		207	295	2500	650	135	6
5B					74	90		220	310	2500	650	135	6
6B					80	100	10	234	320	3600	800	135	6
8B					120	140		260	345	3800	800	135	6
10B	100	150	15	135	166	190	12	287	390	3800	800	160	6
12B					196	220		312	410	4000	950	160	6
14B					206	230		328	430	5000	1100	160	6
16B					226	250		353	455	5000	1100	160	6
18B	** 100	200	15	180	342	370	15	379	510	5000	1200	210	6
20B					392	420		404	535	5000	1200	210	8
22B					422	450		429	560	5000	1200	210	8

T-049C

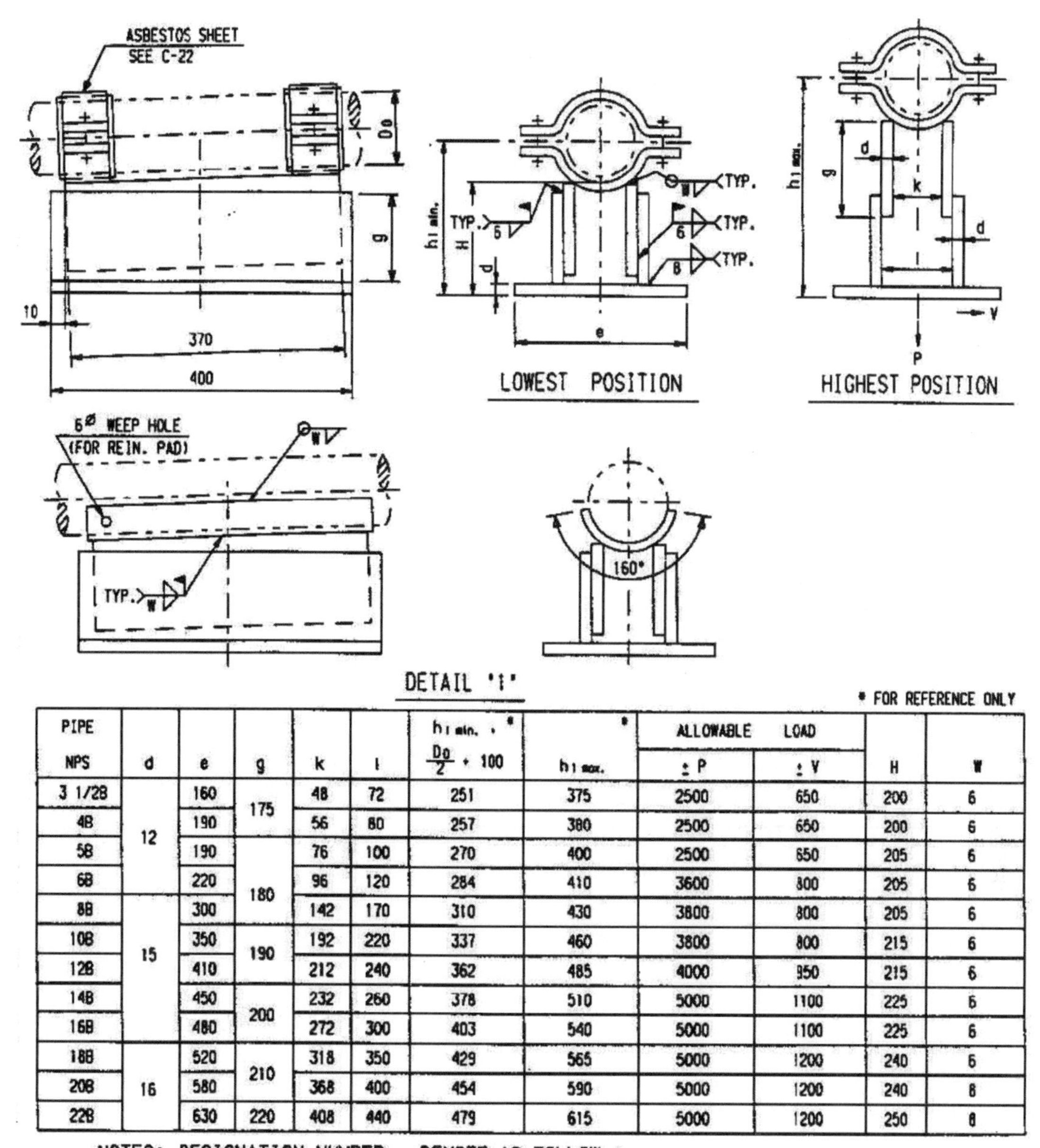

PIPE NPS	d	e	g	k	l	h1 min. * $\frac{Do}{2}$ + 100	h1 max. *	ALLOWABLE LOAD ± P	ALLOWABLE LOAD ± V	H	W
3 1/2B	12	160	175	48	72	251	375	2500	650	200	6
4B		190		56	80	257	380	2500	650	200	6
5B		190	180	76	100	270	400	2500	650	205	6
6B		220		96	120	284	410	3600	800	205	6
8B	15	300		142	170	310	430	3800	800	205	6
10B		350	190	192	220	337	460	3800	800	215	6
12B		410		212	240	362	485	4000	850	215	6
14B		450	200	232	260	378	510	5000	1100	225	6
16B		480		272	300	403	540	5000	1100	225	6
18B	16	520	210	318	350	429	565	5000	1200	240	6
20B		580		368	400	454	590	5000	1200	240	8
22B		630	220	408	440	479	615	5000	1200	250	8

NOTES: DESIGNATION NUMBER , DENOTE AS FOLLOW :

1. 49C - 4B(P) - H(C)
   - (C) — DENOTE PIPE CLAMP , SEE NOTE 2
   - H — DENOTE DIMENSION "H"
   - (P) — DENOTE REIN. PAD IS REQ'D (SEE DETAIL '1')
   - 4B — DENOTE LINE SIZE (NPS)
   - 49C — DENOTE TYPE SIZE
2. ONLY WHEN 'C' IS MARKED , ADDING TWO CLAMPS PER SH'T C-24.
   BLANK FOR NO CLANP REQ'D, WELD SHOE TO PIPE.
3. FOR PADS MATERIAL, USE PIPE MATERIAL THAT CUT FROM THE PIPE OR EQUIVALENT
   TO THE PIPE. PAD'D THICKNESS EQUAL TO PIPE'S THICKNESS.

T-050A

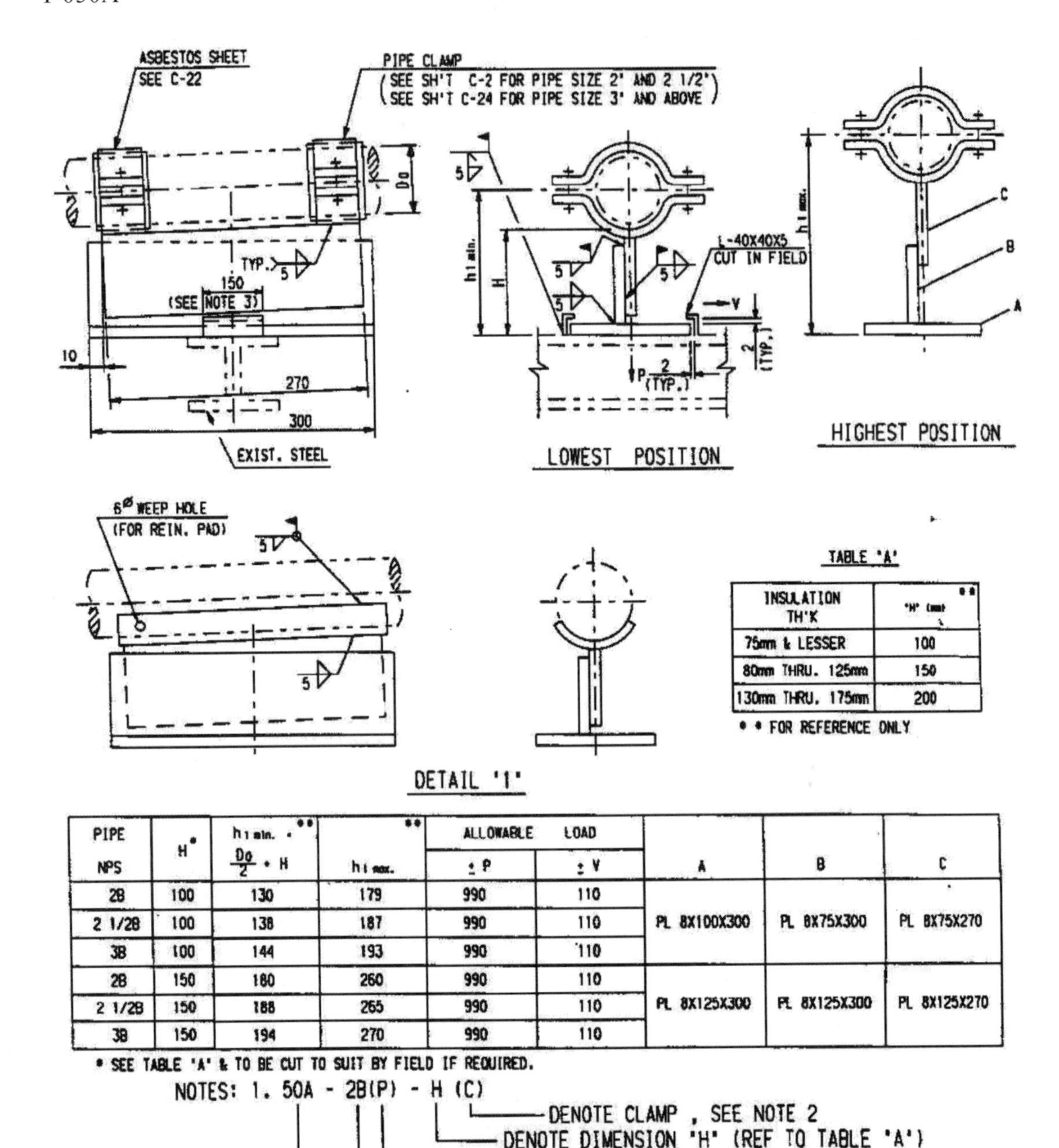

PIPE NPS	H*	h1 min. ** $\frac{Do}{2}$ + H	h1 max. **	ALLOWABLE LOAD ± P	ALLOWABLE LOAD ± V	A	B	C
2B	100	130	179	990	110	PL 8X100X300	PL 8X75X300	PL 8X75X270
2 1/2B	100	138	187	990	110			
3B	100	144	193	990	110			
2B	150	180	260	990	110	PL 8X125X300	PL 8X125X300	PL 8X125X270
2 1/2B	150	188	265	990	110			
3B	150	194	270	990	110			

* SEE TABLE 'A' & TO BE CUT TO SUIT BY FIELD IF REQUIRED.

NOTES: 1. 50A - 2B(P) - H (C)

- (C) — DENOTE CLAMP , SEE NOTE 2
- H — DENOTE DIMENSION "H" (REF TO TABLE 'A')
- (P) — DENOTE REIN. PAD IS REQ'D (SEE DETAIL '1')
- 2B — DENOTE LINE SIZE (NPS)
- 50A — DENOTE TYPE NO.

2. ONLY WHEN 'C' IS MARKED , ADDING TWO CLAMPS PER SH'T C-2 OR C-24. BLANK FOR NO CLAMPS REQ'D , WELD T SHOE TO PIPE.
3. THE MAX. LENGTH OF THIS MEMBER SHALL NOT EXCEED THE WIDTH OF BEAM.
4. FOR PADS MATERIAL, USE PIPE MATERIAL THAT CUT FROM THE PIPE OR EQUIVALENT TO THE PIPE.

T-050B1

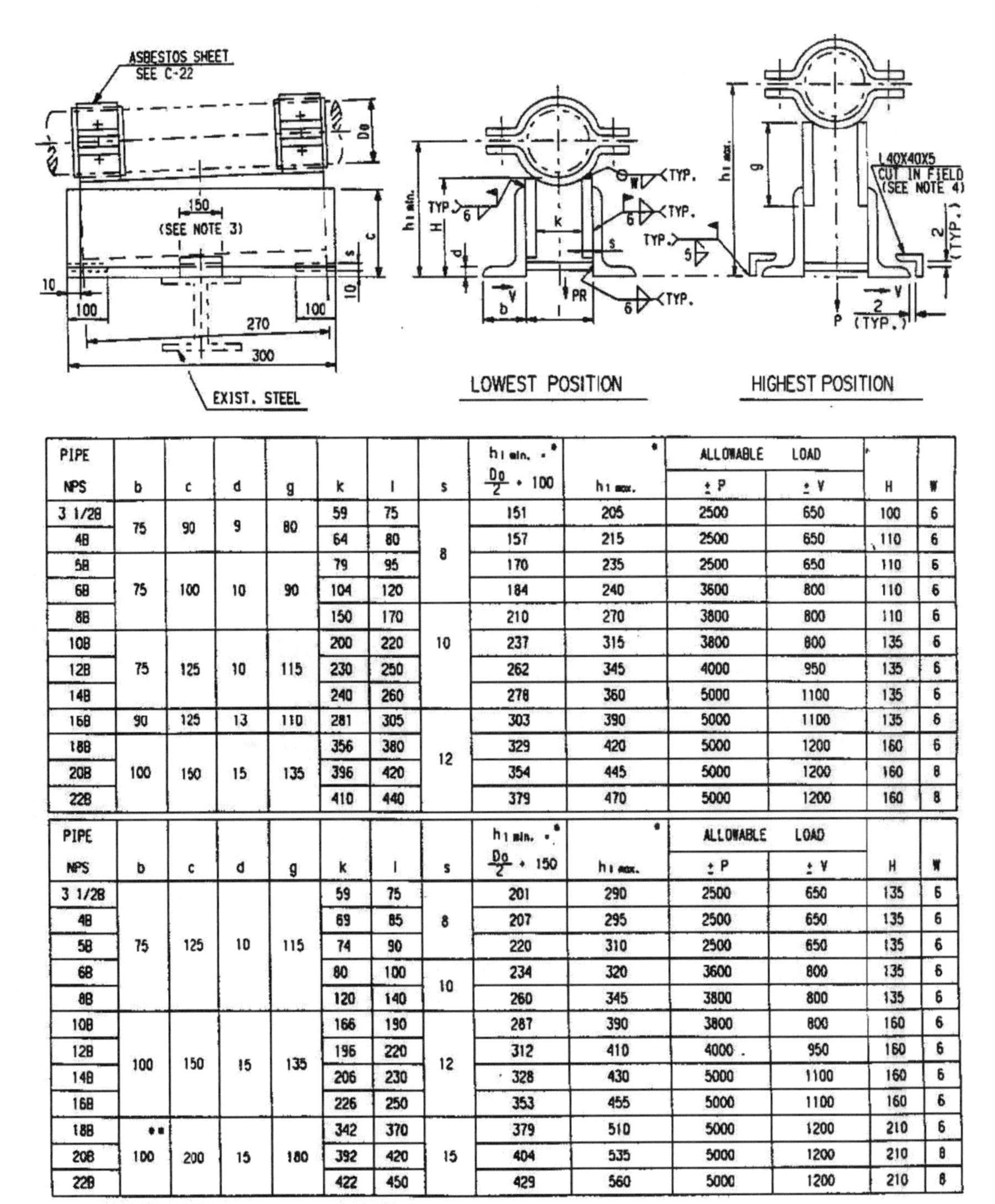

PIPE NPS	b	c	d	g	k	l	s	h1 min. * = Do/2 + 100	h1 max. *	ALLOWABLE LOAD ± P	ALLOWABLE LOAD ± V	H	W
3 1/2B	75	90	9	80	59	75	8	151	205	2500	650	100	6
4B					64	80		157	215	2500	650	110	6
5B	75	100	10	90	79	95		170	235	2500	650	110	6
6B					104	120		184	240	3600	800	110	6
8B					150	170	10	210	270	3800	800	110	6
10B	75	125	10	115	200	220		237	315	3800	800	135	6
12B					230	250		262	345	4000	950	135	6
14B					240	260		278	360	5000	1100	135	6
16B	90	125	13	110	281	305	12	303	390	5000	1100	135	6
18B	100	150	15	135	356	380		329	420	5000	1200	160	6
20B					396	420		354	445	5000	1200	160	8
22B					410	440		379	470	5000	1200	160	8

PIPE NPS	b	c	d	g	k	l	s	h1 min. * = Do/2 + 150	h1 max. *	ALLOWABLE LOAD ± P	ALLOWABLE LOAD ± V	H	W
3 1/2B	75	125	10	115	59	75	8	201	290	2500	650	135	6
4B					69	85		207	295	2500	650	135	6
5B					74	90		220	310	2500	650	135	6
6B					80	100	10	234	320	3600	800	135	6
8B					120	140		260	345	3800	800	135	6
10B	100	150	15	135	166	190	12	287	390	3800	800	160	6
12B					196	220		312	410	4000	950	160	6
14B					206	230		328	430	5000	1100	160	6
16B					226	250		353	455	5000	1100	160	6
18B	** 100	200	15	180	342	370	15	379	510	5000	1200	210	6
20B					392	420		404	535	5000	1200	210	8
22B					422	450		429	560	5000	1200	210	8

* FOR REFERENCE ONLY , ** CUT FROM L 200 x 200 x 15

T-050B2

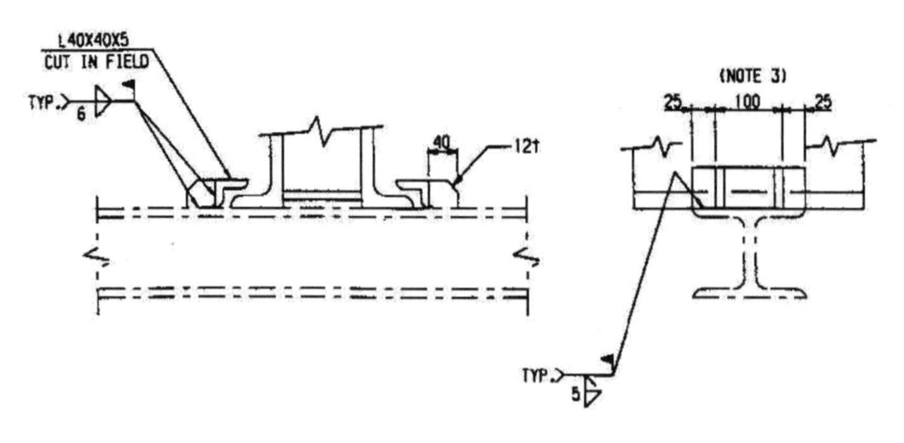

DETAIL "1"
(FOR PIPE SIZE 10" AND ABOVE)

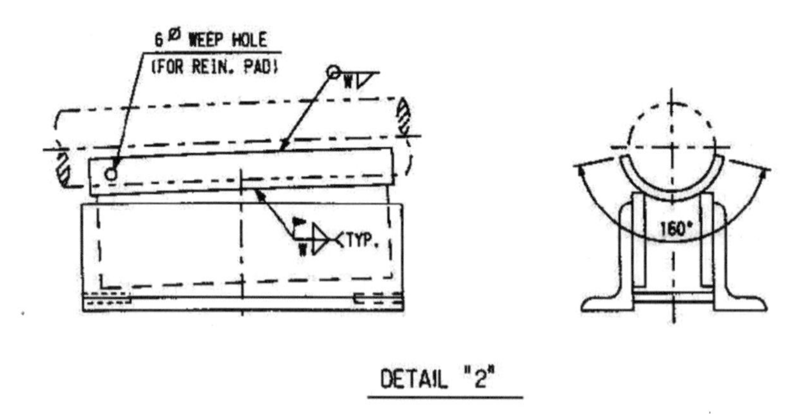

DETAIL "2"

NOTES :

1. DESIGNATION NUMBER , DENOTE AS FOLLOW :
   50B - 4B(P) - H(C)
   - (C) DENOTE PIPE CLAMP , SEE NOTE 2
   - H DENOTE DIMENSION "H"
   - (P) DENOTE REIN. PAD IS REQ'D (SEE DETAIL "2")
   - 4B DENOTE LINE SIZE (NPS)
   - 50B DENOTE TYPE SIZE
2. ONLY WHEN "C" IS MARKED , ADDING TWO CLAMPS PER SH'T C-24. BLANK FOR NO CLAMP REQ'D. WELD SHOE TO PIPE.
3. THE MAX. LENGTH OF THIS MEMBER SHALL NOT EXCESS THE WIDTH OF BEAM.
4. FOR PIPE SIZE 10" AND ABOVE , ADDING STIFFENER PLATE AS SHOWN AS DETAIL "1".
5. FOR PADS MATERIAL, USE PIPE MATERIAL THAT CUT FROM THE PIPE OR EQUIVALENT TO THE PIPE. PAD'S THICKNESS EQUAL TO PIPE'S THICKNESS.

T-050C

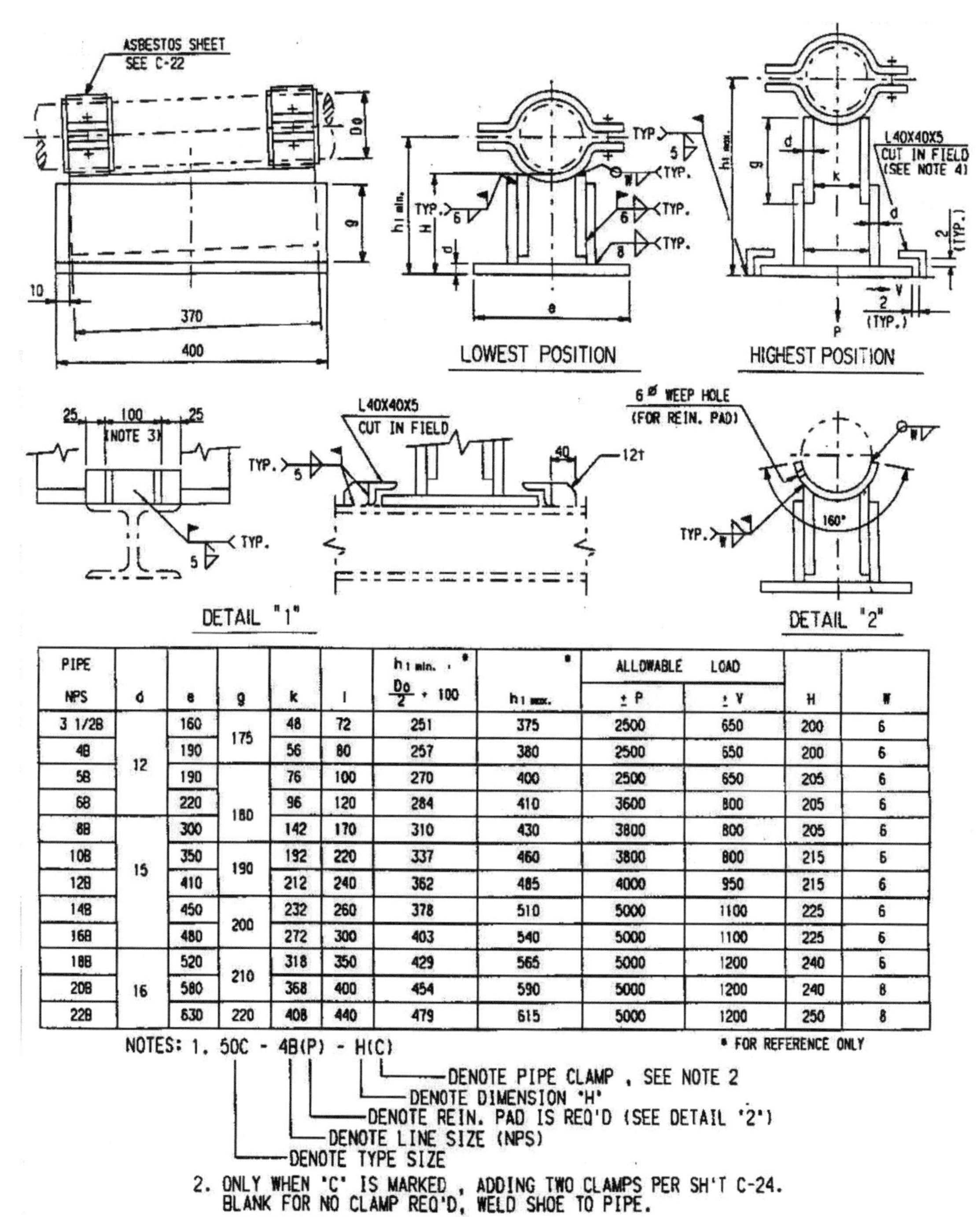

PIPE NPS	d	e	g	k	l	h1 min. = Do/2 + 100 *	h1 max. *	ALLOWABLE LOAD ± P	± V	H	W
3 1/2B	12	160	175	48	72	251	375	2500	650	200	6
4B		190		56	80	257	380	2500	650	200	6
5B		190	180	76	100	270	400	2500	650	205	6
6B		220		96	120	284	410	3600	800	205	6
8B	15	300		142	170	310	430	3800	800	205	6
10B		350	190	192	220	337	460	3800	800	215	6
12B		410		212	240	362	485	4000	950	215	6
14B		450	200	232	260	378	510	5000	1100	225	6
16B		480		272	300	403	540	5000	1100	225	6
18B	16	520	210	318	350	429	565	5000	1200	240	6
20B		580		368	400	454	590	5000	1200	240	8
22B		630	220	408	440	479	615	5000	1200	250	8

* FOR REFERENCE ONLY

NOTES: 1. 50C - 4B(P) - H(C)

- (C) —DENOTE PIPE CLAMP , SEE NOTE 2
- H —DENOTE DIMENSION "H"
- (P) —DENOTE REIN. PAD IS REQ'D (SEE DETAIL "2")
- 4B —DENOTE LINE SIZE (NPS)
- 50C —DENOTE TYPE SIZE

2. ONLY WHEN "C" IS MARKED , ADDING TWO CLAMPS PER SH'T C-24. BLANK FOR NO CLAMP REQ'D, WELD SHOE TO PIPE.
3. THE MAX. LENGTH OF THIS MEMBER SHALL NOT EXCEED THE WIDTH OF BEAM.
4. FOR PIPE SIZE 10" AND ABOVE, ADDING STIFFENER PLATE AS SHOWN AS DETAIL "1".
5. FOR PADS MATERIAL, USE PIPE MATERIAL THAT CUT FROM THE PIPE OR EQUIVALENT TO THE PIPE. PAD'S THICKNESS EQUAL TO PIPE'S THICKNESS.

T-051A

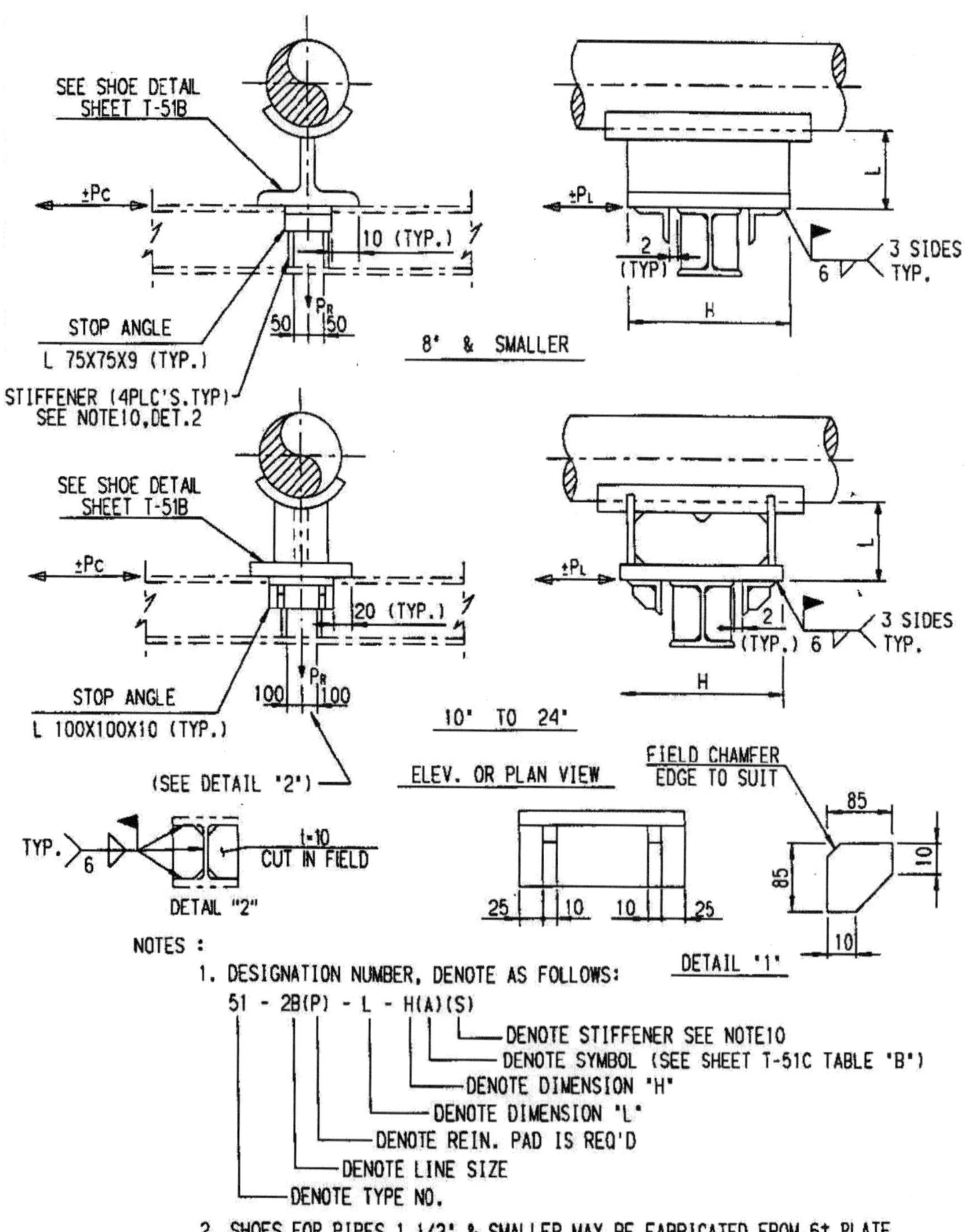

NOTES :

1. DESIGNATION NUMBER, DENOTE AS FOLLOWS:

   51 - 2B(P) - L - H(A)(S)

   - (S) DENOTE STIFFENER SEE NOTE10
   - (A) DENOTE SYMBOL (SEE SHEET T-51C TABLE "B")
   - H DENOTE DIMENSION "H"
   - L DENOTE DIMENSION "L"
   - (P) DENOTE REIN. PAD IS REQ'D
   - 2B DENOTE LINE SIZE
   - 51 DENOTE TYPE NO.

2. SHOES FOR PIPES 1 1/2" & SMALLER MAY BE FABRICATED FROM 6t PLATE, 2" THRU. 12" FROM 9t PLATE.

(NOTE : 3 - 10 SEE SHEET T - 51C)

T-051B

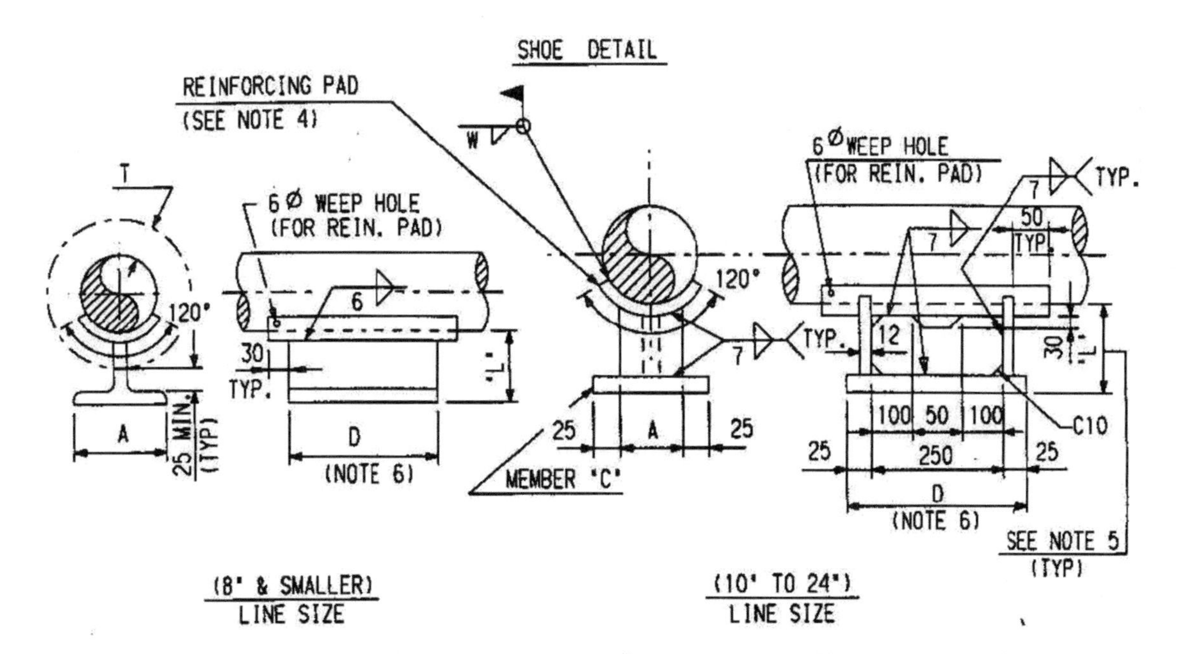

SUPPORT NO.	A	C (SEE NOTE 3)	D	W	ALLOWABLE LOAD/W PAD		
					P_R MAX. (kgs)	M_L MAX. (kg-cm)	M_C MAX. (kg-cm)
51- 3/4B	100	CUT FROM H-200X100X5.5X8	150	4	270 / 505	640 / 650	80 / 255
51- 1B	100	CUT FROM H-200X100X5.5X8	150	4	295 / 665	1135 / 1150	150 / 350
51-1 1/2B	100	CUT FROM H-200X100X5.5X8	150	4	230 / 660	1365 / 1630	130 / 435
51- 2B	100	CUT FROM H-200X100X5.5X8	150	4	200 / 590	1360 / 2710	145 / 495
51-2 1/2B	100	CUT FROM H-200X100X5.5X8	150	5	280 / 800	1915 / 4050	240 / 840
51- 3B	100	CUT FROM H-200X100X5.5X8	250	5	350 / 1015	3725 / 7980	325 / 1150
51- 4B	100	CUT FROM H-200X100X5.5X8	250	6	350 / 1034	4320 / 10145	390 / 1400
51- 5B	100	CUT FROM H-200X100X5.5X8	250	6	360 / 1065	4370 / 10800	450 / 1660
51- 6B	100	CUT FROM H-200X100X5.5X8	250	6	375 / 1140	4335 / 11750	530 / 1960
51- 8B	100	CUT FROM H-200X100X5.5X8	250	6	415 / 1315	4645 / 14100	700 / 2610
51- 10B	150	FAB. FROM 12^t PLATE	300	6	570 / 1805	8155 / 24230	1235 / 4630
51- 12B	150	FAB. FROM 12^t PLATE	300	6	655 / 1780	7880 / 24700	1300 / 4945
51- 14B	150	FAB. FROM 12^t PLATE	300	6	615 / 1990	9810 / 29710	1730 / 6575
51- 16B	250	FAB. FROM 12^t PLATE	300	6	570 / 1890	9290 / 28625	1705 / 6640
51- 18B	250	FAB. FROM 12^t PLATE	300	6	535 / 1800	8740 / 27965	1680 / 6690
51- 20B	250	FAB. FROM 12^t PLATE	300	6	520 / 1670	8370 / 27340	1670 / 6770
51- 24B	250	FAB. FROM 12^t PLATE	300	6	485 / 1645	7825 / 26640	1645 / 6785

T-051C

NOTES: (CONTINUED)

3. FOR PADS MATERIAL USE PIPE MATERIAL THAT CUT FROM THE PIPE OR EQUIVALENT TO THE PIPE.
   PAD'S THICKNESS EQUAL TO PIPE'S THICKNESS.

4.

TABLE 'A' (FOR REFERENCE ONLY)

INSULATION TH'K	'L' ** (MM)
75MM & LESSER	100
80MM THRU. 125MM	150
130MM THRU. 175MM	200
180MM THRU. 200MM	220

** FOR REFERENCE ONLY AND TO BE CUT TO SUIT BY FIELD IF REQUIRED.

TABLE 'B'

MAT'L OF SHOES	FABRICATED FROM	SYMBOL
CARBON STEEL	SHAPE STEEL OR C/S PLATE (*)	NONE
ALLOY STEEL	A/S PLATE (*)	(A)
STAINLESS STEEL	S/S PLATE (*)	(S)

(*) SEE NOTE: 1

5. LONGITUDINAL LENGTH OF SHOE SHALL BE CALCULATED BASED ON PIPE MOVEMENT.

6. $M_L = P_L \times L$; $M_C = P_C \times L$

7. $$P_{L\ MAX} = \frac{(1 - P_R/P_{R\ MAX})(M_{L\ MAX})}{L}$$

   $$P_{C\ MAX} = \frac{(1 - P_R/P_{R\ MAX})(M_{C\ MAX})}{L}$$

8. THE FOLLOWING INTERACTION FORMULA MUST BE MET:

   $$\frac{P_L}{P_{L\ MAX}} + \frac{P_C}{P_{C\ MAX}} + \frac{P_R}{P_{R\ MAX}} \leqslant 1$$

9. FOR NOTES 8 & 9 CAN BE COMBINED AS FOLLOWS:

   $$\frac{P_L \times L}{M_{L\ MAX}} + \frac{P_C \times L}{M_{C\ MAX}} \leqslant \left(1 - \frac{P_R}{P_{R\ MAX}}\right)^2$$

10. ONLY WHEN 'S' IS MARKED , ADDING 4 PLC'S STIFFENERS IN EXISTING STEEL

T-052A

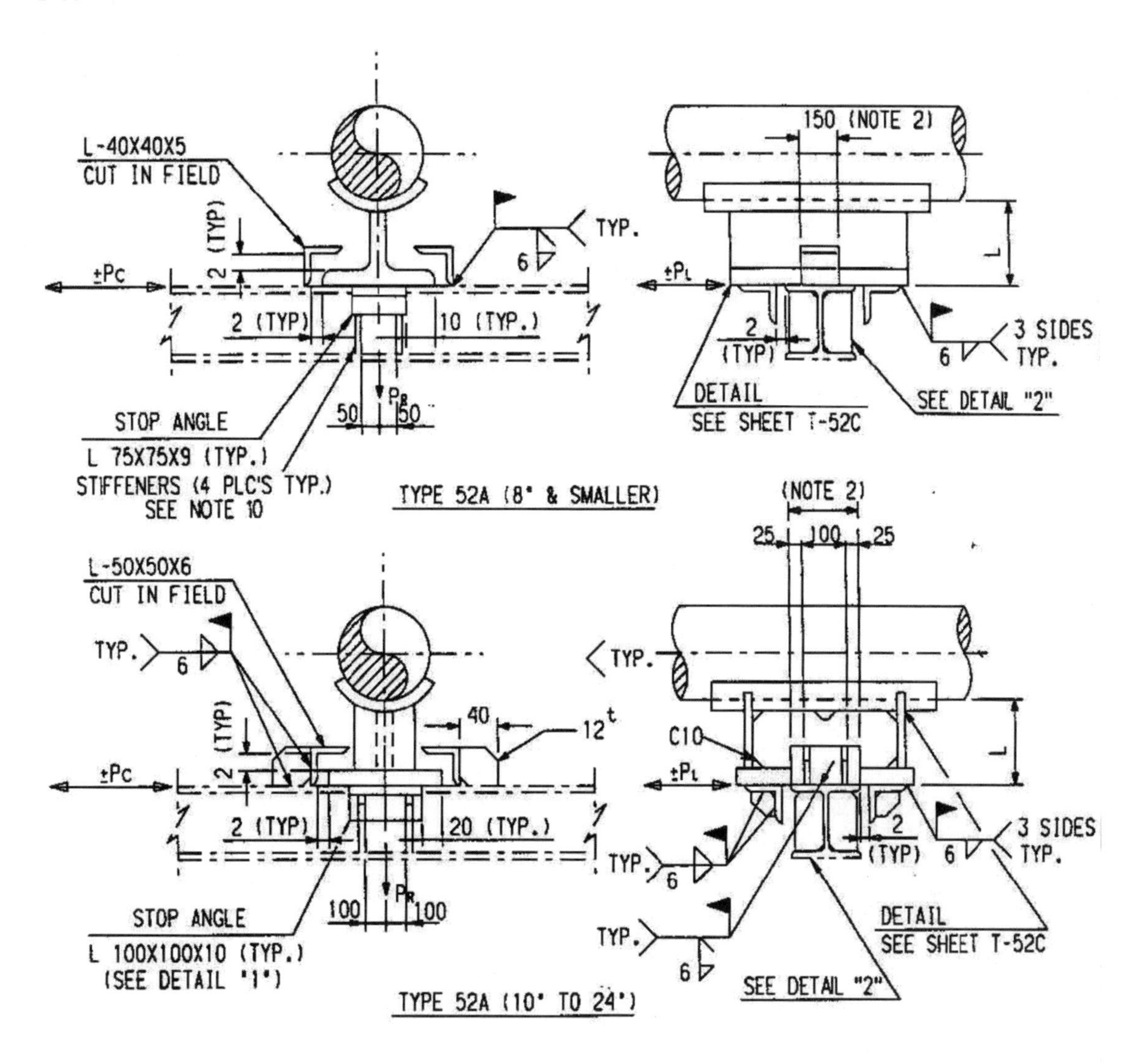
L-40X40X5
CUT IN FIELD
2 (TYP)
±Pc
TYP.
6
150 (NOTE 2)
L
±PL
2 (TYP)
10 (TYP.)
2
(TYP)
3 SIDES
TYP.
6
50
50
DETAIL
SEE SHEET T-52C
SEE DETAIL "2"
STOP ANGLE
L 75X75X9 (TYP.)
STIFFENERS (4 PLC'S TYP.)
SEE NOTE 10
TYPE 52A (8" & SMALLER)
(NOTE 2)
25
100
25
L-50X50X6
CUT IN FIELD
TYP.
6
TYP.
40
12t
C10
±PL
±Pc
2 (TYP)
20 (TYP.)
2
(TYP)
6
3 SIDES
TYP.
TYP.
6
100
100
STOP ANGLE
L 100X100X10 (TYP.)
(SEE DETAIL "1")
DETAIL
SEE SHEET T-52C
TYP.
6
SEE DETAIL "2"
TYPE 52A (10" TO 24")
ELEV. OR PLAN VIEW

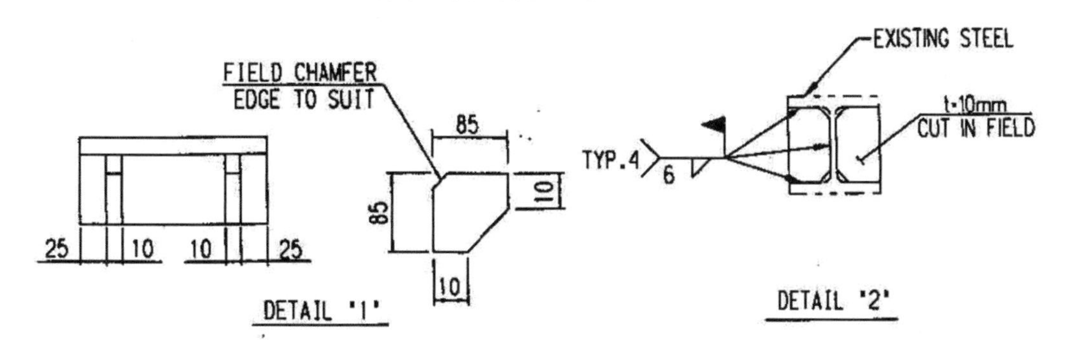
FIELD CHAMFER
EDGE TO SUIT
85
85
10
10
25
10
10
25
DETAIL "1"
EXISTING STEEL
TYP.4
6
t=10mm
CUT IN FIELD
DETAIL "2"

T-052B

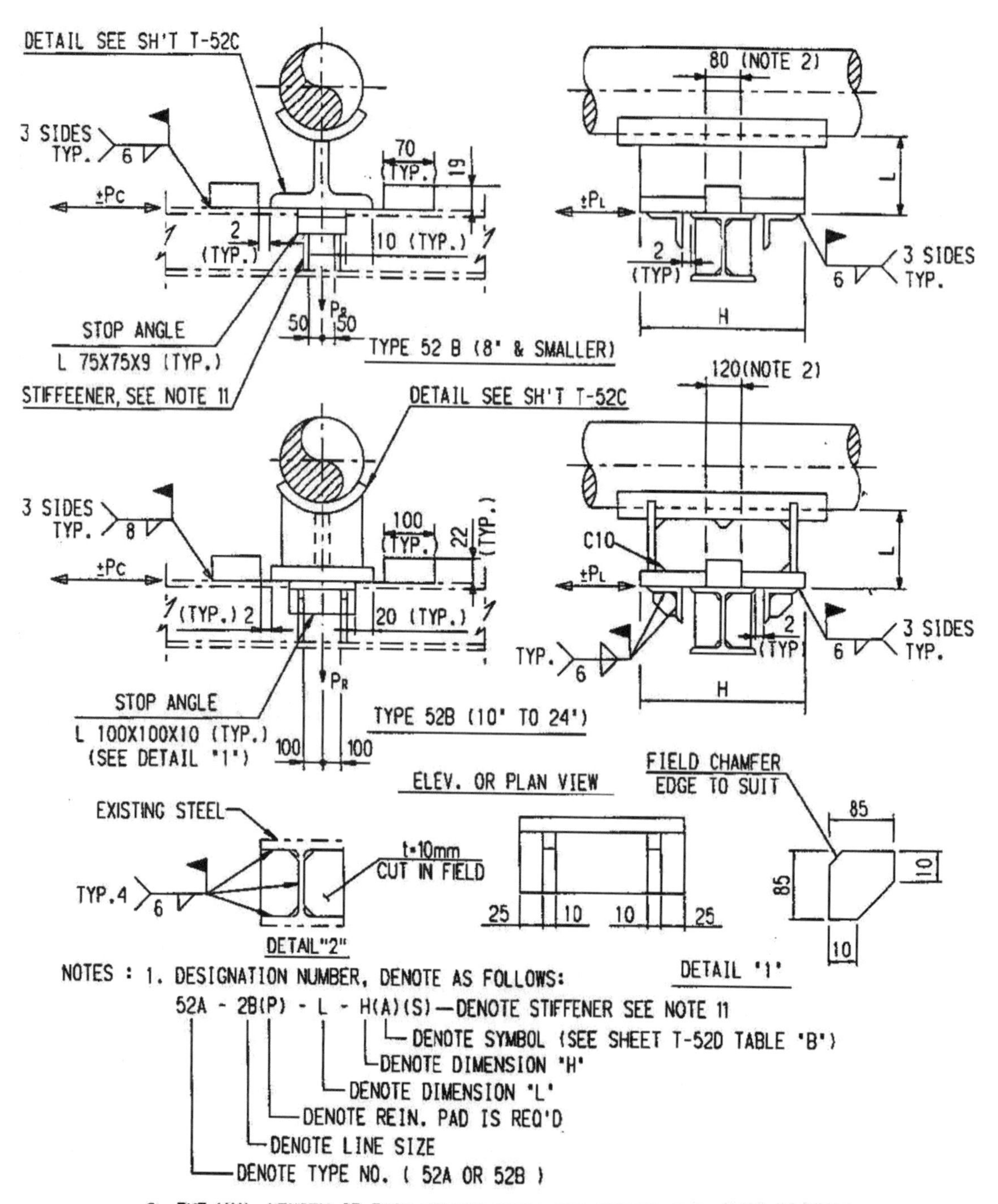

NOTES : 1. DESIGNATION NUMBER, DENOTE AS FOLLOWS:

52A - 2B(P) - L - H(A)(S) — DENOTE STIFFENER SEE NOTE 11
- (A) — DENOTE SYMBOL (SEE SHEET T-52D TABLE "B")
- H — DENOTE DIMENSION "H"
- L — DENOTE DIMENSION "L"
- (P) — DENOTE REIN. PAD IS REQ'D
- 2B — DENOTE LINE SIZE
- 52A — DENOTE TYPE NO. (52A OR 52B)

2. THE MAX. LENGTH OF THIS MEMBER SHALL NOT EXCEED THE WIDTH OF BEAM.
3. SHOES FOR PIPES 1 1/2" & SMALLER MAY BE FABRICATED FROM 6t PLATE, 2" THRU. 12" FROM 9t PLATE. (NOTE : 4 - 10 SEE SHEET T - 52D)

T-052C

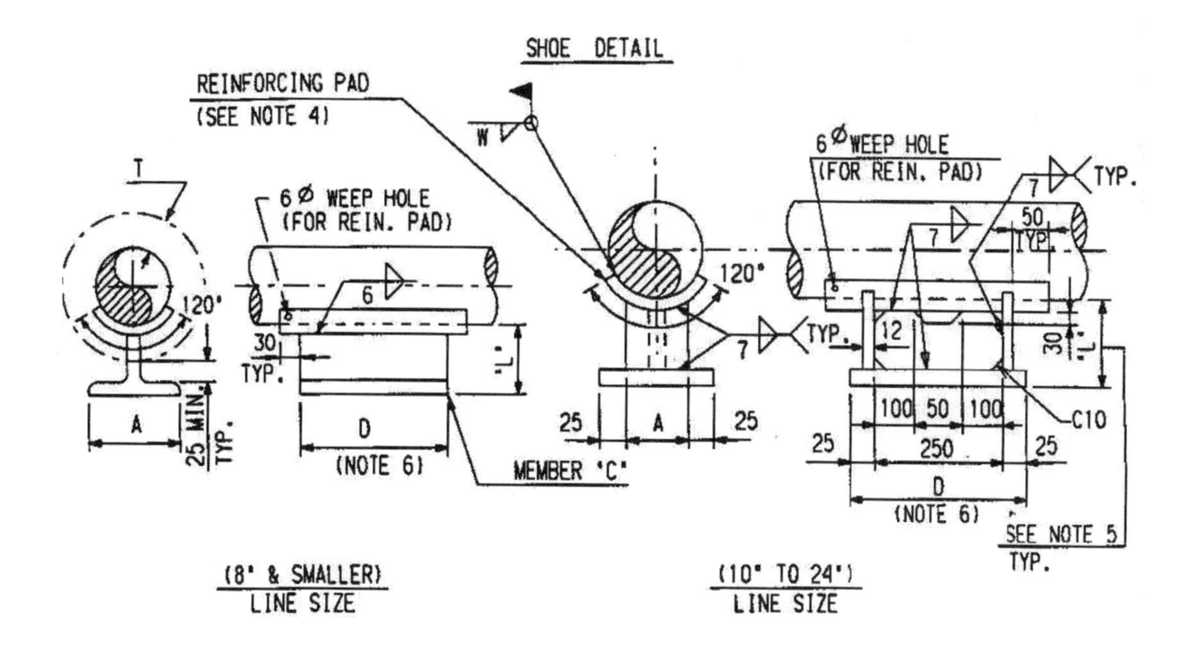

SUPPORT NO.	A	C (SEE NOTE 3)	D	W	ALLOWABLE LOAD/W PAD		
					PR MAX. (kgs)	ML MAX. (kg-cm)	MC MAX. (kg-cm)
52- 3/4B	100	CUT FROM H-200X100X5.5X8	150	4	270 / 505	640 / 650	80 / 255
52- 1B	100	CUT FROM H-200X100X5.5X8	150	4	295 / 665	1135 / 1150	150 / 350
52-1 1/2B	100	CUT FROM H-200X100X5.5X8	150	4	230 / 660	1365 / 1630	130 / 435
52- 2B	100	CUT FROM H-200X100X5.5X8	150	4	200 / 590	1360 / 2710	145 / 495
52-2 1/2B	100	CUT FROM H-200X100X5.5X8	150	5	280 / 800	1915 / 4050	240 / 840
52- 3B	100	CUT FROM H-200X100X5.5X8	250	5	350 / 1015	3725 / 7980	325 / 1150
52- 4B	100	CUT FROM H-200X100X5.5X8	250	6	350 / 1034	4320 / 10145	390 / 1400
52- 5B	100	CUT FROM H-200X100X5.5X8	250	6	360 / 1065	4370 / 10800	450 / 1660
52- 6B	100	CUT FROM H-200X100X5.5X8	250	6	375 / 1140	4335 / 11750	530 / 1960
52- 8B	100	CUT FROM H-200X100X5.5X8	250	6	415 / 1315	4645 / 14100	700 / 2610
52- 10B	150	FAB. FROM 12^t PLATE	300	6	570 / 1805	8155 / 24230	1235 / 4630
52- 12B	150	FAB. FROM 12^t PLATE	300	6	655 / 1780	7880 / 24700	1300 / 4945
52- 14B	150	FAB. FROM 12^t PLATE	300	6	615 / 1990	9810 / 29710	1730 / 6575
52- 16B	250	FAB. FROM 12^t PLATE	300	6	570 / 1890	9290 / 28625	1705 / 6640
52- 18B	250	FAB. FROM 12^t PLATE	300	6	535 / 1800	8740 / 27965	1680 / 6690
52- 20B	250	FAB. FROM 12^t PLATE	300	6	520 / 1670	8370 / 27340	1670 / 6770
52- 24B	250	FAB. FROM 12^t PLATE	300	6	485 / 1645	7825 / 26640	1645 / 6785

T-052D

NOTES: (CONTINUED)

4. FOR PADS MATERIAL USE PIPE MATERIAL THAT CUT FROM THE PIPE OR EQUIVALENT TO THE PIPE.
   PAD'S THICKNESS EQUAL TO PIPE'S THICKNESS.

5.

TABLE 'A' (FOR REFERENCE ONLY)

INSULATION TH'K	'L' ** (MM)
75MM & LESSER	100
80MM THRU. 125MM	150
130MM THRU. 175MM	200
180MM THRU. 200MM	220

** FOR REFERENCE ONLY AND TO BE CUT TO SUIT BY FIELD IF REQUIRED.

TABLE 'B'

MAT'L OF SHOES	FABRICATED FROM	SYMBOL
CARBON STEEL	SHAPE STEEL OR C/S PLATE (*)	NONE
ALLOY STEEL	A/S PLATE (*)	(A)
STAINLESS STEEL	S/S PLATE (*)	(S)

(*) SEE NOTE: 1

6. LONGITUDINAL LENGTH OF SHOE SHALL BE CALCULATED BASED ON PIPE MOVEMENT.

7. $M_L = P_L \times L$; $M_C = P_C \times L$

8. $$P_{L\ MAX} = \frac{(1 - P_R/P_{R\ MAX})(M_{L\ MAX})}{L}$$

$$P_{C\ MAX} = \frac{(1 - P_R/P_{R\ MAX})(M_{C\ MAX})}{L}$$

9. THE FOLLOWING INTERACTION FORMULA MUST BE MET:

$$\frac{P_L}{P_{L\ MAX}} + \frac{P_C}{P_{C\ MAX}} + \frac{P_R}{P_{R\ MAX}} \leq 1$$

10. FOR NOTES 8 & 9 CAN BE COMBINED AS FOLLOWS:

$$\frac{P_L \times L}{M_{L\ MAX}} + \frac{P_C \times L}{M_{C\ MAX}} \leq \left(1 - \frac{P_R}{P_{R\ MAX}}\right)^2$$

11. ONLY WHEN 'S' IS MARKED , ADDING 4 PLC'S STIFFENERS IN EXISTING STEEL

T-053A

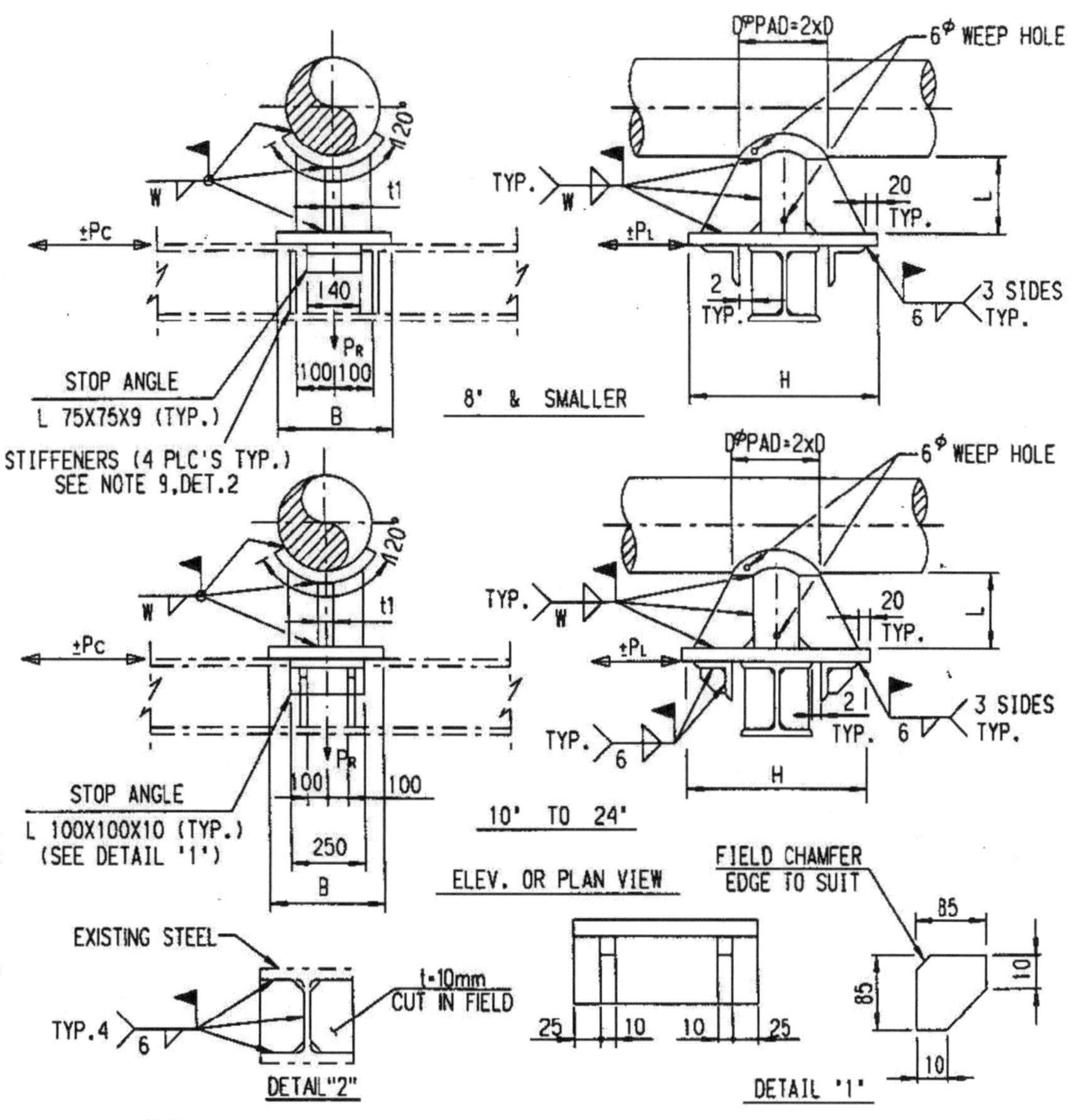

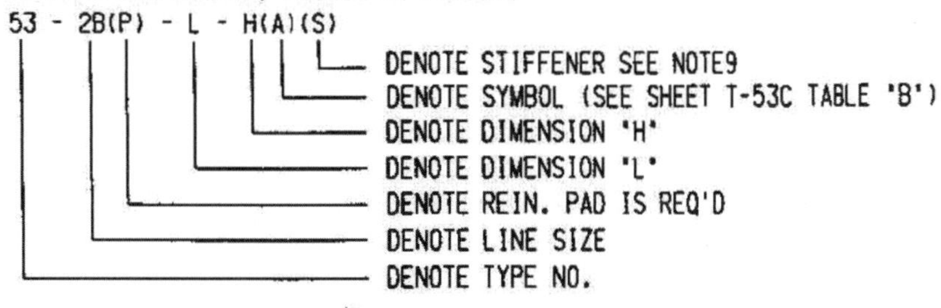

(NOTE : 2 - 9 SEE SHEET T - 53C)

T-053B

SUPPORT NO.	LINE SIZE N.P.S. (in.)	LINE SIZE SCH.	STUB D N.P.S. (in.) (STD)	END PLATE DIM. B (mm)	END PLATE DIM. t (mm)	END PLATE DIM. W (mm)	END PLATE DIM. t1 (mm)	ALLOW. LOAD P_RMAX (kgs)	ALLOW. LOAD M_LMAX (kg-cm)	ALLOW. LOAD M_CMAX (kg-cm)	ALLOW. LOAD / W PAD P_RMAX (kgs)	ALLOW. LOAD / W PAD M_LMAX (kg-cm)	ALLOW. LOAD / W PAD M_CMAX (kg-cm)
53 - 2B	2	STD	1½	148	9	5	9	585	1280	562	1600	3200	1880
		80	1½	148	9	5	9	1050	2150	1035	2800	4000	3407
53 - 2½B	2½	STD	1½	148	9	5	9	720	1775	915	2000	4740	3100
		80	1½	148	9	5	9	1185	2790	1575	3400	6750	5300
53 - 3B	3	STD	2	160	9	6	9	890	2790	1355	2600	7740	4550
		80	2	160	9	6	9	1530	4500	2405	4350	11150	8090
53 - 4B	4	STD	3	189	9	6	9	1650	6825	2600	4150	16450	8650
		80	3	189	9	6	9	2565	10280	4770	7200	23750	15840
53 - 5B	5	STD	4	214	12	6	10	2190	12890	4760	5000	28700	15740
		80	4	214	12	6	10	3495	20445	10155	10000	49000	33400
53 - 6B	6	STD	4	214	12	6	10	2190	12890	4760	5100	29500	16000
		80	4	214	12	6	10	3495	20445	10155	10000	54700	34000
53 - 8B	8	STD	6	268	12	6	10	4140	34175	10080	8700	69000	33000
		80	6	268	12	6	10	6410	50715	21315	17400	129000	70700
53 - 10B	10	STD	6	268	12	6	10	3600	33180	12260	8200	76000	41350
		80	6	268	12	6	10	6540	59730	28605	17700	153100	96500
53 - 12B	12	STD	8	319	12	6	10	5175	57300	17850	11150	128000	60000
		40	8	319	12	6	10	5640	65315	20750	12000	138600	69000
		80	8	319	12	6	10	10475	117870	51480	27700	295000	173000
53 - 14B	14	STD	8	319	16	8	12	4605	50415	17475	10550	127000	60000
		40	8	319	16	8	12	5505	64965	23280	12400	150000	78500
		80	8	319	16	8	12	10770	127790	59940	29000	325000	204000
53 - 16B	16	STD	10	373	16	8	12	6255	76140	22740	13700	197000	78700
		40	10	373	16	8	12	8580	122820	39210	18400	265000	131000
		80	10	373	16	8	12	15930	224715	96930	42000	560000	325000
53 - 18B	18	STD	12	424	16	8	12	5300	65140	22200	12250	185700	78600
		40	12	424	16	8	12	8580	127360	47400	19660	300800	161000
		80	12	424	16	8	12	16430	246880	116400	43710	629200	397400
53 - 20B	20	STD	12	424	16	8	12	6735	89550	27247	14800	260000	98100
		40	12	424	16	8	12	11340	190470	64545	25200	442900	218000
		80	12	424	16	8	12	22260	384615	170450	58000	958500	577800
53 - 22B	22	STD	14	456	16	8	12	7300	103000	30300	16160	310200	110600
		60	14	456	16	8	12	19910	375760	144200	48550	888200	487400
		80	14	456	16	8	12	26600	505138	223000	73460	127700	755210
53 - 24B	24	STD	16	506	16	8	12	6460	94350	30000	14380	279300	108900
		40	16	506	16	8	12	13150	246000	93000	30700	618200	318000
		80	16	506	16	8	12	27400	541790	255990	72480	1378500	868800

T-053C

NOTES: (CONTINUED)

2. FOR PADS MATERIAL USE PIPE MATERIAL THAT CUT FROM THE PIPE OR EQUIVALENT TO THE PIPE.
   PAD'S THICKNESS EQUAL TO PIPE'S THICKNESS.

3.

TABLE 'A' (FOR REFERENCE ONLY)

INSULATION TH'K	'L' ** (MM)
75MM & LESSER	100
80MM THRU. 125MM	150
130MM THRU. 175MM	200
180MM THRU. 200MM	220

** FOR REFERENCE ONLY AND TO BE CUT TO SUIT BY FIELD IF REQUIRED.

TABLE 'B'

MAT'L OF SHOES	FABRICATED FROM	SYMBOL
CARBON STEEL	SHAPE STEEL OR C/S PLATE (*)	NONE
ALLOY STEEL	A/S PLATE (*)	(A)
STAINLESS STEEL	S/S PLATE (*)	(S)

(*) SEE NOTE: 1

4. LONGITUDINAL LENGTH OF SHOE SHALL BE CALCULATED BASED ON PIPE MOVEMENT.

5. $M_L = P_L x L$; $M_C = P_C x L$

6. $$P_{L\ MAX} = \frac{(1 - P_R/P_{R\ MAX})(M_{L\ MAX})}{L}$$

$$P_{C\ MAX} = \frac{(1 - P_R/P_{R\ MAX})(M_{C\ MAX})}{L}$$

7. THE FOLLOWING INTERACTION FORMULA MUST BE MET:

$$\frac{P_L}{P_{L\ MAX}} + \frac{P_C}{P_{C\ MAX}} + \frac{P_R}{P_{R\ MAX}} \leqslant 1$$

8. FOR NOTES 6 & 7 CAN BE COMBINED AS FOLLOWS:

$$\frac{P_L\ xL}{M_{L\ MAX}} + \frac{P_C\ xL}{M_{C\ MAX}} \leqslant \left(1 - \frac{P_R}{P_{R\ MAX}}\right)^2$$

9. ONLY WHEN 'S' IS MARKED, ADDING 4 PLC'S STIFFENERS IN EXISTING STEEL

T-054A

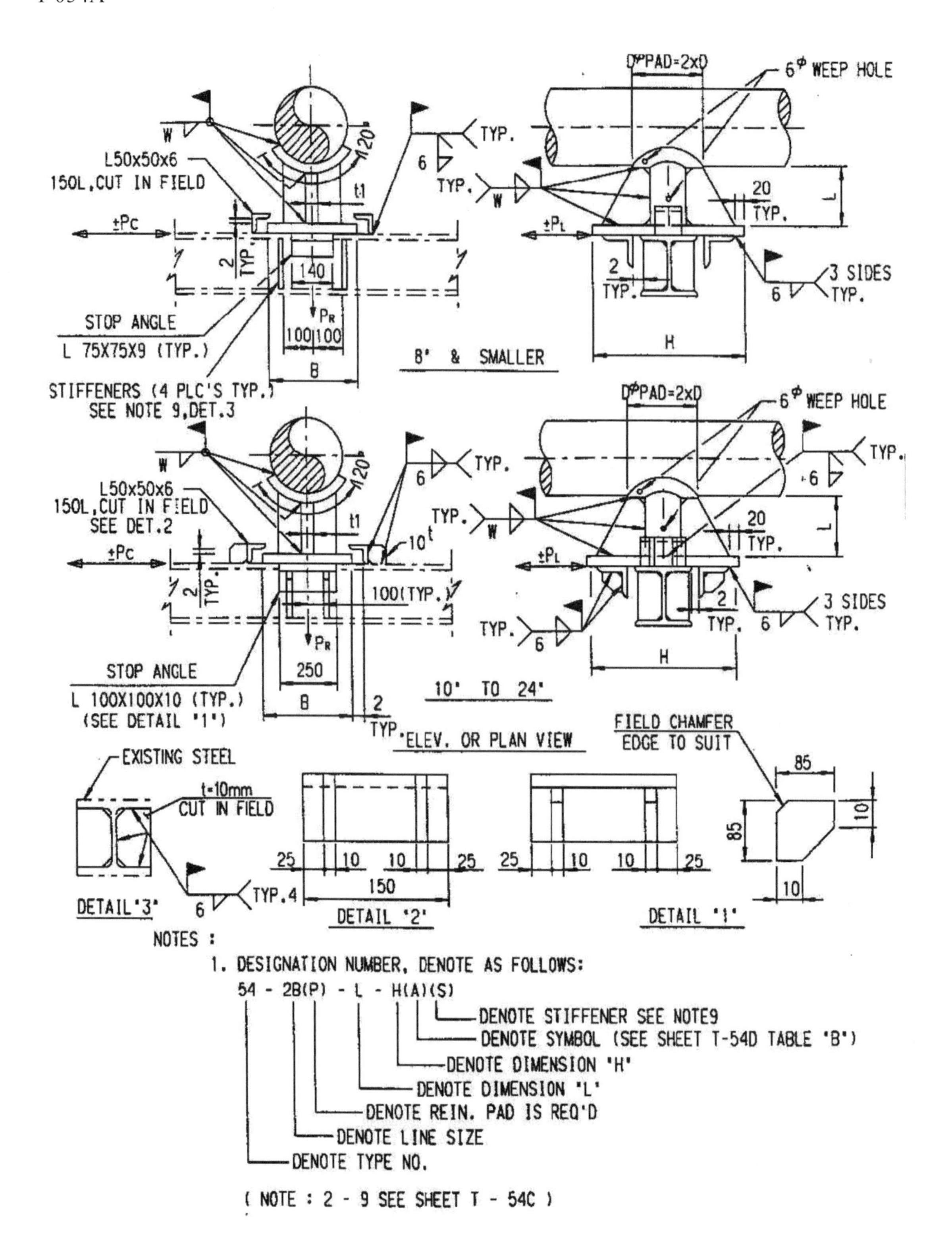

D ΦPAD=2xD
6Φ WEEP HOLE
W
TYP.
L50x50x6
150L,CUT IN FIELD
t1
20
TYP.
±Pc
±PL
2
TYP.
140
3 SIDES
TYP.
PR
STOP ANGLE
L 75X75X9 (TYP.)
100 100
B
8" & SMALLER
H
STIFFENERS (4 PLC'S TYP.)
SEE NOTE 9,DET.3
L50x50x6
150L,CUT IN FIELD
SEE DET.2
10t
100(TYP.)
STOP ANGLE
L 100X100X10 (TYP.)
(SEE DETAIL "1")
250
10" TO 24"
ELEV. OR PLAN VIEW
FIELD CHAMFER
EDGE TO SUIT
EXISTING STEEL
t=10mm
CUT IN FIELD
85
10
25 10 10 25
150
TYP.4
DETAIL "3"
DETAIL "2"
DETAIL "1"
NOTES :
1. DESIGNATION NUMBER, DENOTE AS FOLLOWS:
54 - 2B(P) - L - H(A)(S)
DENOTE STIFFENER SEE NOTE9
DENOTE SYMBOL (SEE SHEET T-54D TABLE "B")
DENOTE DIMENSION "H"
DENOTE DIMENSION "L"
DENOTE REIN. PAD IS REQ'D
DENOTE LINE SIZE
DENOTE TYPE NO.
(NOTE : 2 - 9 SEE SHEET T - 54C)

T-054B

SUPPORT NO.	LINE SIZE		STUB DØ	END PLATE DIM.				ALLOW. LOAD			ALLOW. LOAD / W PAD		
	N.P.S. (In.)	SCH.	N.P.S. (in.) (STD)	B (mm)	t (mm)	W (mm)	t1 (mm)	P_R MAX (kgs)	M_L MAX (kg-cm)	M_C MAX (kg-cm)	P_R MAX (kgs)	M_L MAX (kg-cm)	M_C MAX (kg-cm)
54 - 2B	2	STD	1½	148	9	5	9	585	1280	562	1600	3200	1880
		80	1½	148	9	5	9	1050	2150	1035	2800	4000	3407
54 - 2½B	2½	STD	1½	148	9	5	9	720	1775	915	2000	4740	3100
		80	1½	148	9	5	9	1185	2790	1575	3400	6750	5300
54 - 3B	3	STD	2	160	9	6	9	890	2790	1355	2600	7740	4550
		80	2	160	9	6	9	1530	4500	2405	4350	11150	8090
54 - 4B	4	STD	3	189	9	6	9	1650	6825	2600	4150	16450	8650
		80	3	189	9	6	9	2565	10280	4770	7200	23750	15840
54 - 5B	5	STD	4	214	12	6	10	2190	12890	4760	5000	28700	15740
		80	4	214	12	6	10	3495	20445	10155	10000	49000	33400
54 - 6B	6	STD	4	214	12	6	10	2190	12890	4760	5100	29500	16000
		80	4	214	12	6	10	3495	20445	10155	10000	54700	34000
54 - 8B	8	STD	6	268	12	6	10	4140	34175	10080	8700	69000	33000
		80	6	268	12	6	10	6410	50715	21315	17400	129000	70700
54 - 10B	10	STD	6	268	12	6	10	3600	33180	12260	8200	76000	41350
		80	6	268	12	6	10	6540	59730	28605	17700	153100	96500
54 - 12B	12	STD	8	319	12	6	10	5175	57300	17850	11150	128000	60000
		40	8	319	12	6	10	5640	65315	20750	12000	138600	69000
		80	8	319	12	6	10	10475	117870	51480	27700	295000	173000
54 - 14B	14	STD	8	319	16	8	12	4605	50415	17475	10550	127000	60000
		40	8	319	16	8	12	5505	64965	23280	12400	150000	78500
		80	8	319	16	8	12	10770	127790	59940	29000	325000	204000
54 - 16B	16	STD	10	373	16	8	12	6255	76140	22740	13700	197000	78700
		40	10	373	16	8	12	8580	122820	39210	18400	265000	131000
		80	10	373	16	8	12	15930	224715	96930	42000	560000	325000
54 - 18B	18	STD	12	424	16	8	12	5300	65140	22200	12250	185700	78600
		40	12	424	16	8	12	8580	127360	47400	19660	300800	161000
		80	12	424	16	8	12	16430	246880	116400	43710	629200	397400
54 - 20B	20	STD	12	424	16	8	12	6735	89550	27247	14800	260000	98100
		40	12	424	16	8	12	11340	190470	64545	25200	442900	218000
		80	12	424	16	8	12	22260	384615	170450	58000	958500	577800
54 - 22B	22	STD	14	456	16	8	12	7300	103000	30300	16160	310200	110600
		60	14	456	16	8	12	19910	375760	144200	48550	888200	487400
		80	14	456	16	8	12	26600	505138	223000	73460	127700	755210
54 - 24B	24	STD	16	506	16	8	12	6460	94350	30000	14380	279300	108900
		40	16	506	16	8	12	13150	246000	93000	30700	618200	318000
		80	16	506	16	8	12	27400	541790	255990	72480	1378500	868800

T-054C

NOTES: (CONTINUED)

2. FOR PADS MATERIAL USE PIPE MATERIAL THAT CUT FROM THE PIPE OR EQUIVALENT TO THE PIPE.
   PAD'S THICKNESS EQUAL TO PIPE'S THICKNESS.

3.

TABLE 'A' (FOR REFERENCE ONLY)

INSULATION TH'K	'L' ** (MM)
75MM & LESSER	100
80MM THRU. 125MM	150
130MM THRU. 175MM	200
180MM THRU. 200MM	220

** FOR REFERENCE ONLY AND TO BE CUT TO SUIT BY FIELD IF REQUIRED.

TABLE 'B'

MAT'L OF SHOES	FABRICATED FROM	SYMBOL
CARBON STEEL	SHAPE STEEL OR C/S PLATE (*)	NONE
ALLOY STEEL	A/S PLATE (*)	(A)
STAINLESS STEEL	S/S PLATE (*)	(S)

(*) SEE NOTE: 1

4. LONGITUDINAL LENGTH OF SHOE SHALL BE CALCULATED BASED ON PIPE MOVEMENT.

5. $M_L = P_L \times L$; $M_C = P_C \times L$

6. $P_{L\ MAX} = \dfrac{(1-P_R/P_{R\ MAX})(M_{L\ MAX})}{L}$

   $P_{C\ MAX} = \dfrac{(1-P_R/P_{R\ MAX})(M_{C\ MAX})}{L}$

7. THE FOLLOWING INTERACTION FORMULA MUST BE MET:

$$\frac{P_L}{P_{L\ MAX}} + \frac{P_C}{P_{C\ MAX}} + \frac{P_R}{P_{R\ MAX}} \leqslant 1$$

8. FOR NOTES 6 & 7 CAN BE COMBINED AS FOLLOWS:

$$\frac{P_L \times L}{M_{L\ MAX}} + \frac{P_C \times L}{M_{C\ MAX}} \leqslant (1-\frac{P_R}{P_{R\ MAX}})^2$$

9. ONLY WHEN 'S' IS MARKED,ADDING 4 PLC'S STIFFENERS IN EXISTING STEEL

T-055

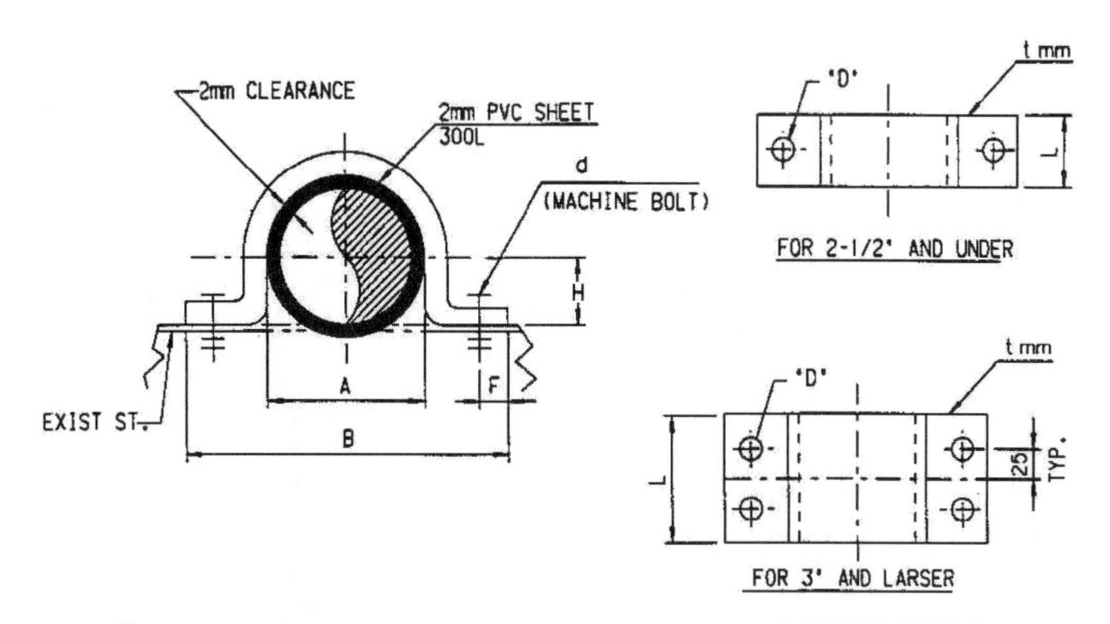

SUPPORT TYPE	PIPE SIZE	A	B	SIZE t x L	H	F	D	d
55 - 1/2B	1/2"	29	100	6X32	12.6	22	14	1/2"X2"
55 - 3/4B	3/4"	34	110	6X32	15.4	22	14	1/2"X2"
55 - 1B	1"	41.5	120	6X32	18.7	22	14	1/2"X2"
55 - 1 1/4B	1-1/4"	50	130	6X50	23.1	22	14	1/2"X2"
55 - 1 1/2B	1-1/2"	56	140	6X75	26.2	22	17	5/8"X2"
55 - 2 B	2"	68.5	150	6X75	32.2	22	17	5/8"X2"
55 - 2 1/2B	2-1/2"	81	220	6X75	38.5	25	17	5/8"X2"
55 - 3 B	3"	97	230	6X100	46.5	25	14	1/2"X3"
55 - 3 1/2B	3-1/2"	110	240	6X100	52.8	25	14	1/2"X3"
55 - 4 B	4"	122	255	6X100	59.2	25	14	1/2"X3"
55 - 6 B	6"	176	309	6X100	86.1	25	17	5/8"X3"

NOTES: WHEN USED FOR RESTRAINT PLASTIC PIPE, IT SHOULD NOT BE CLAMPED IN SUCH A WAY THAT WILL RESTRAINT THE AXIAL MOVEMENT OF PIPE.

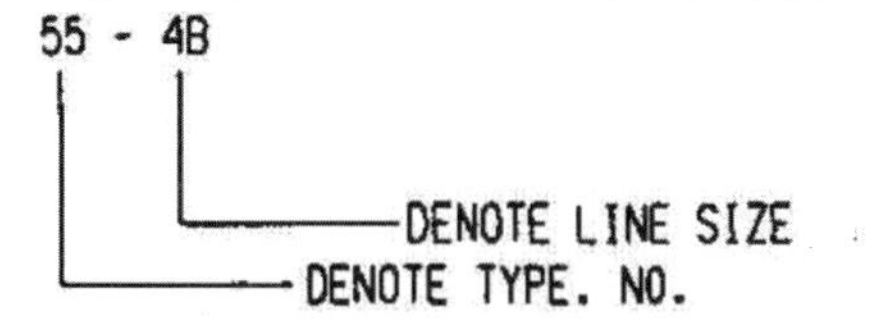

T-056

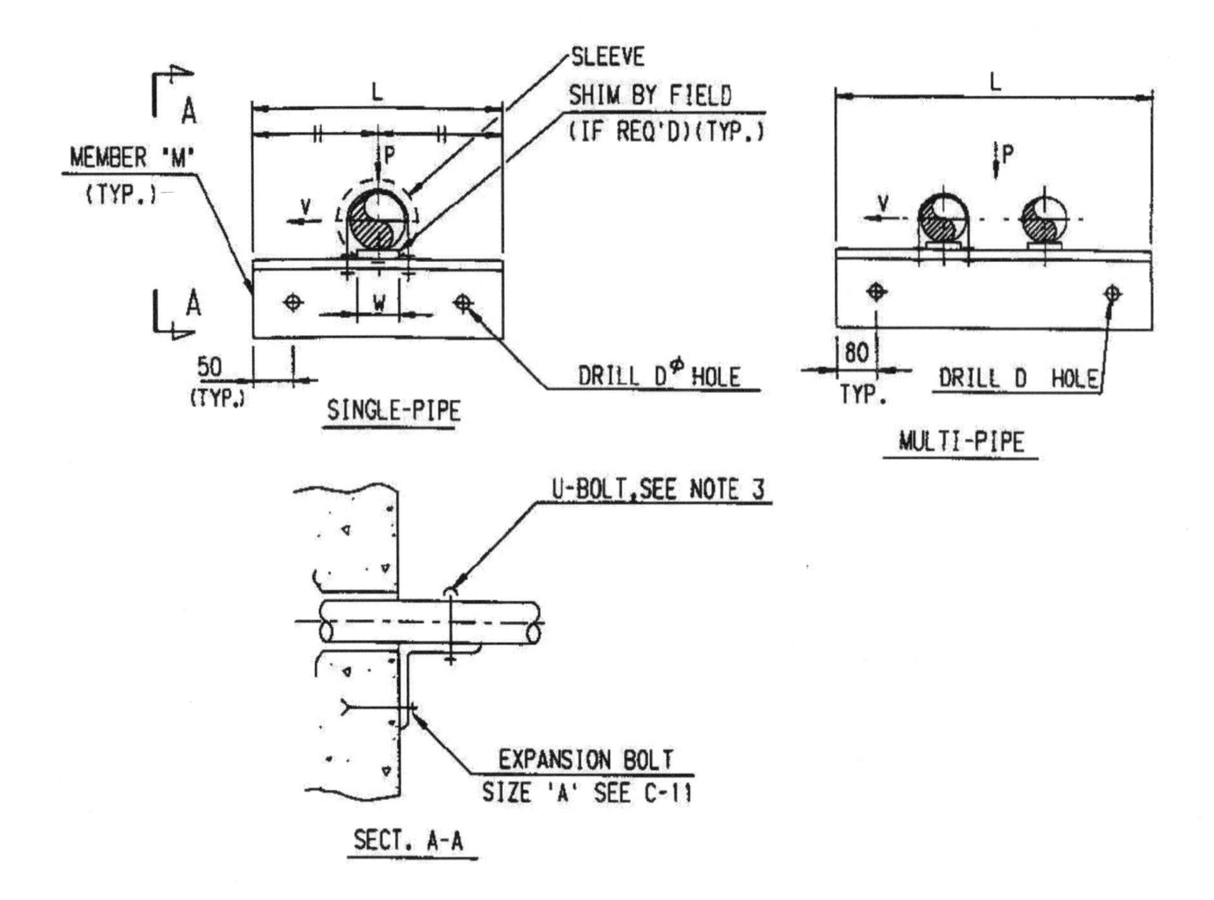

SUPPORT NO.	MEMBER "M"	L (MAX.)	A	W*	ALLOWABLE LOAD (kgs) ± P (kgs)
56-L50-L	L50x50x6	500	EB-1/2	50	180
56-L75-L	L75x75x9	1000	EB-5/8	50	330
56-L100-L	L100x100x10	1500	EB-5/8	65	450

* FOR REFERENCE ONLY AND SHALL NOT EXCESS THE O.D. OF PIPE.

NOTES: 1. DIMENSION SHALL BE CUT TO SUIT IN FIELD.
2. DESIGNATION NUMBER DENOTE AS FOLLOW:

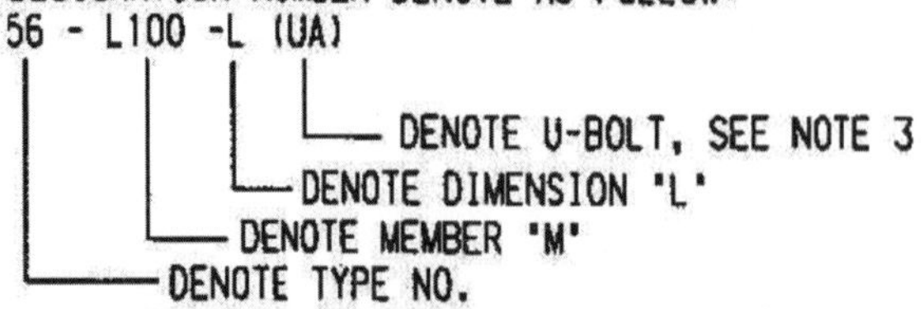

3. ONLY WHEN "(UA)"IS MARKED, ADDING U-BOLT AS SHOWN IN FIG.-A OF SHEET T-29, MARK "(UB)" FOR FIG.-B OF SHEET T-29, ETC.

T-057

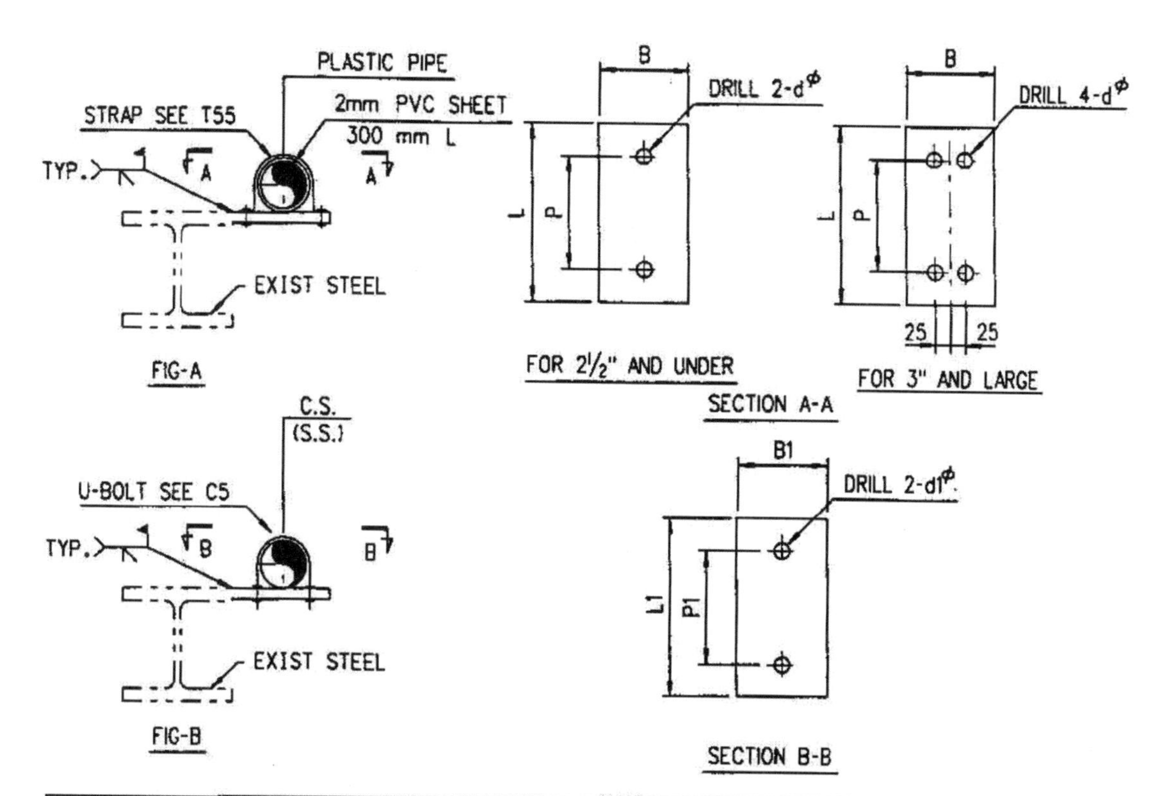

STRAP (FIG-A)						U-BOLT (FIG-B)			
TYPE	LINE SIZE	STRAP SIZE	PLATE LxBxt	P	d	U-BOLT SEE C5	PLATE L1xB1xt	P1	d1
57 -1/2B	1/2"	1/2"	120x100x10	56	14	UB-1/2	100X80x10	30	8
57 -3/4B	3/4"	3/4"	120x100x10	66	14	UB-3/4	100X80x10	35	8
57 - 1B	1"	1"	120x100x10	76	14	UB- 1	100X80x10	41	8
57 - 1¼B	1¼"	1¼"	150x120x10	86	14	UB-1¼	100X80x10	52	11
57 - 1½B	1½"	1½"	150x120x10	96	17	UB-1½	120X80x10	60	11
57 - 2B	2"	2"	150x120x10	106	17	UB- 2	120X80x10	71	11
57 - 2½B	2½"	2½"	250x150x10	170	17	—	—	—	—
57 - 3B	3"	3"	250x150x10	180	14	—	—	—	—
57 - 4B	4"	4"	250x150x10	190	14	—	—	—	—
57 - 5B	5"	5"	260x150x12	205	14	—	—	—	—
57 - 6B	6"	6"	310x150x12	259	17	—	—	—	—

NOTE:

1. MATERIAL : CARBON STEEL
2. DESIGNATION NUMBER DENOTES AS FOLLOWS:

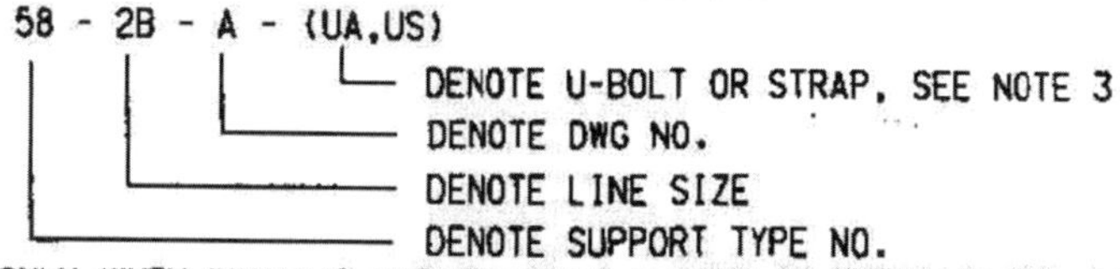

3. ONLY WHEN "(UA)" IS MARKED,ADDING U-BOLT AS SHOWN IN FIG.-A OF SHEET T-29, MARK "(UB)" FOR FIG.-B OF SHEET T-29. ETC.AND MARK "US" FOR SH'T T-55

T-058

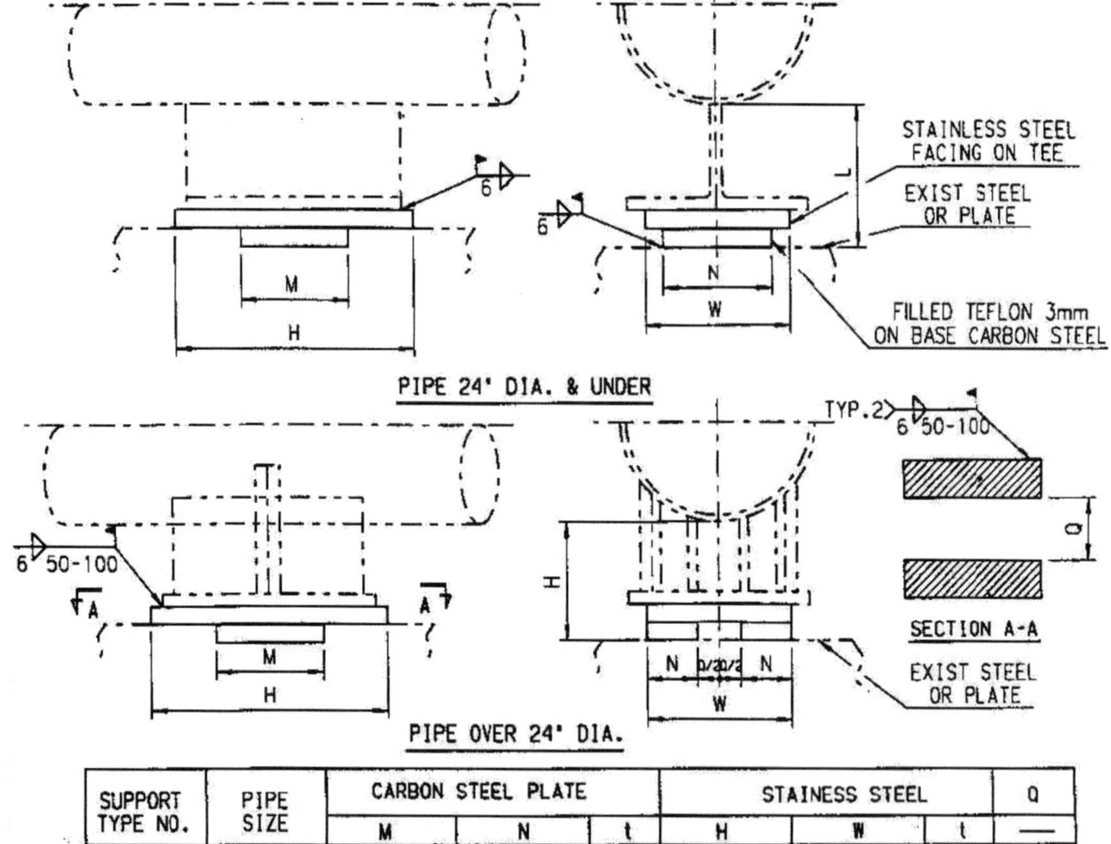

SUPPORT TYPE NO.	PIPE SIZE	CARBON STEEL PLATE			STAINESS STEEL			Q
		M	N	t	H	W	t	—
58-1	10"-14"	150	125	9	320	150	9	—
58-2	16"-24"	150	125	9	320	150	9	200
58-3	26"-30"	250	125	9	550	450	9	200
58-4	32"-40"	250	200	9	550	600	9	200
58-5	42"-50"	250	200	9	550	600	9	200
58-6	52"-58"	400	250	9	700	700	9	200
58-7	60" 70"	400	250	9	750	900	9	400

* CARBON STEEL PLATE (6mm) BASE WITH FILLED TEFLON PAD WITH 3mm , IT'S BASED ON 500PSI PRESSURE

NOTE:

DESIGNATION NUMBER DENOTES AS FOLLOWS:

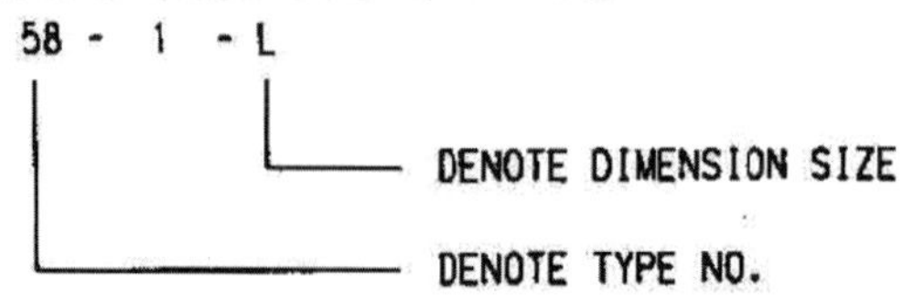

T-059

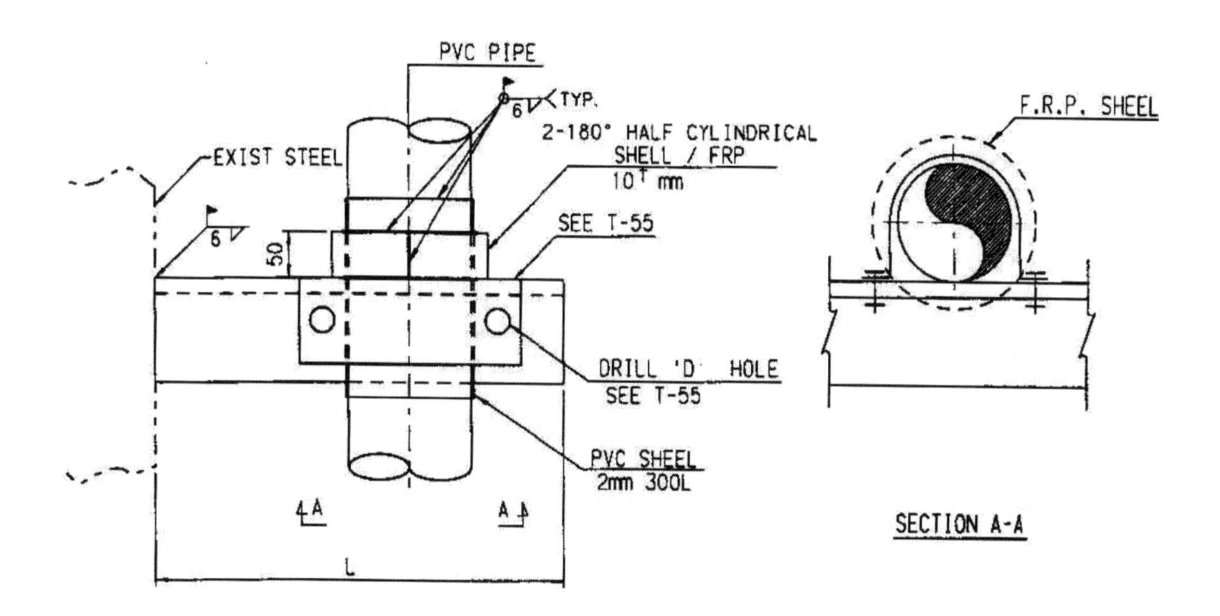

ELEV.&PLAN VIEW

SUPPORT NO	MEMBER SIZE	L(mm) MAX	MAX ALLOWABLE LOAD (kgs)
59-XB-L50-L	L50X50X6	650	50
59-XB-L50-L	L50X50X6	500	100
59-XB-L50-L	L50X50X6	350	150
59-XB-L100-L	L75X75X9	900	50
59-XB-L100-L	L75X75X9	800	100
59-XB-L100-L	L75X75X9	750	150

NOTE:

DESIGNATION NUMBER DENOTES AS FOLLOWS:

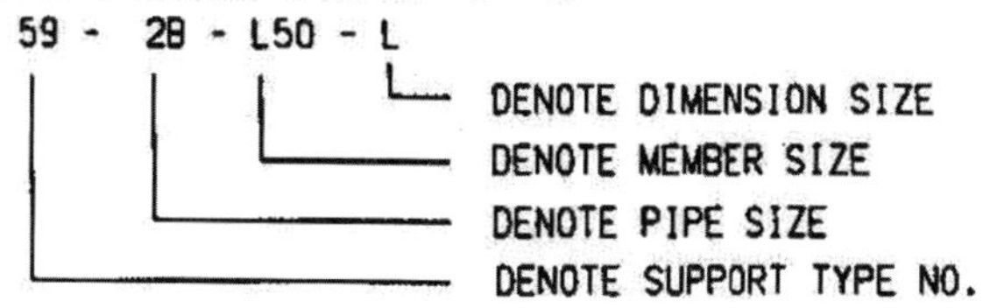

T-060

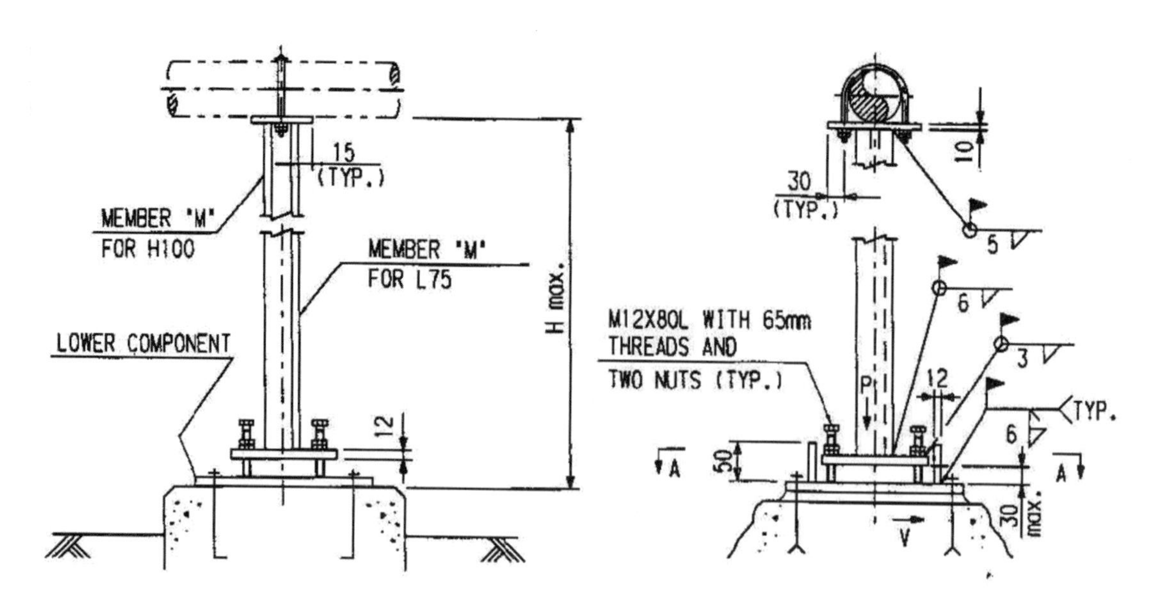

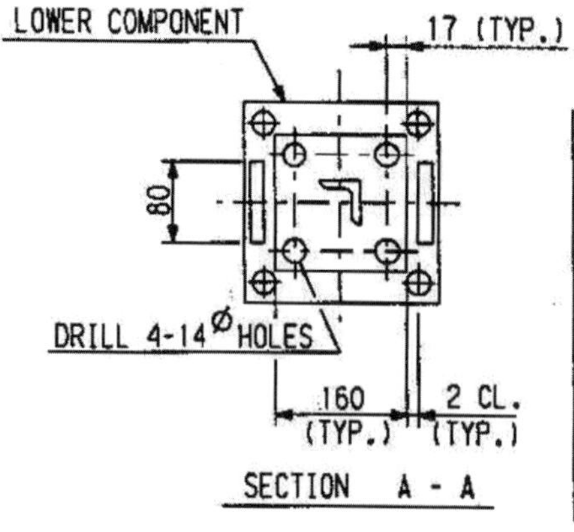

SUPPORT NO.	MEMBER SIZE "M"	H max. (mm)	MAX. ALLOWABLE LOAD (kgs)	
			±P	±V
60-L75-H	L-75x75x9	500	1800	200
60-L75-H	L-75x75x9	1000	900	95
60-H100-H	H100x100x6x8	800	4300	400
60-H100-H	H100x100x6x8	1000	3400	330
60-H100-H	H100x100x6x8	1400	2000	250
60-H100-H	H100x100x6x8	1600	1900	210
60-H100-H	H100x100x6x8	1800	1800	180

NOTES:

1. DESIGNATION NUMBER, DENOTE AS FOLLOWS:

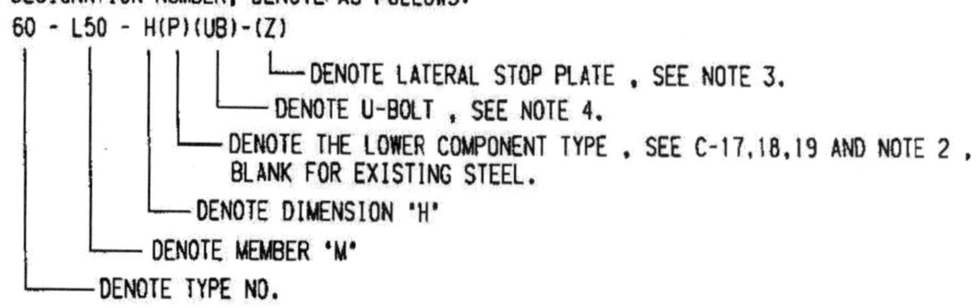

2. EXCEPT NO WELDS BETWEEN ADJUSTABLE BOLTS AND LOWER COMPONENT.
3. ONLY WHEN "Z" IS MARKED , ADDING TWO LATERAL STOP PLATE , BLANK FOR UNDER SUPPORT ONLY.
4. ONLY WHEN "(UB)" IS MARKED , ADDING U-BOLT AS SHOWN IN FIG.-B OF SHEET T-29 .

T-061

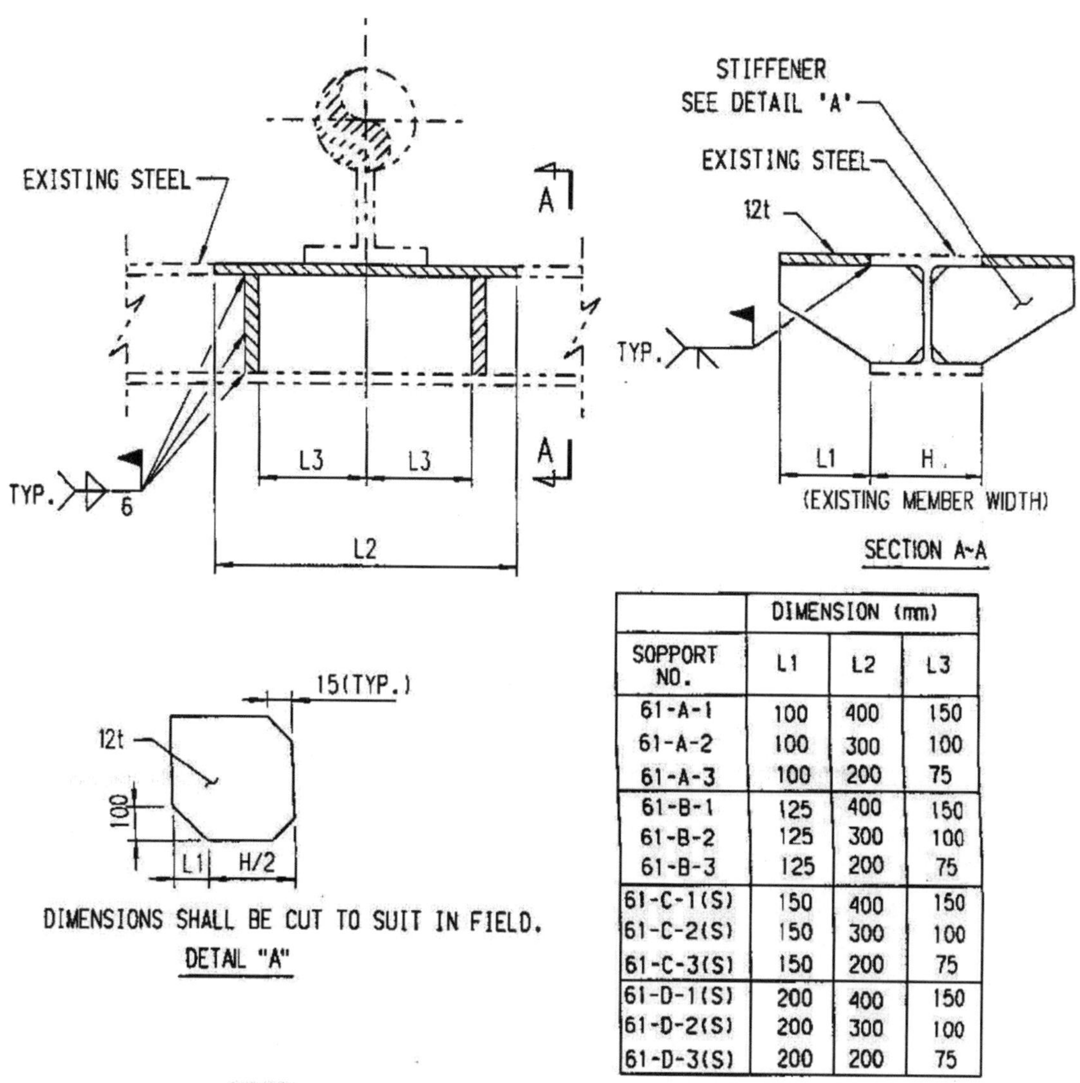

SOPPORT NO.	DIMENSION (mm)		
	L1	L2	L3
61-A-1	100	400	150
61-A-2	100	300	100
61-A-3	100	200	75
61-B-1	125	400	150
61-B-2	125	300	100
61-B-3	125	200	75
61-C-1(S)	150	400	150
61-C-2(S)	150	300	100
61-C-3(S)	150	200	75
61-D-1(S)	200	400	150
61-D-2(S)	200	300	100
61-D-3(S)	200	200	75

NOTES:

1. DESIGNATION NUMBER, DENOTE AS FOLLOWS:
   61 - A-1 (S)
   (S) — DENOTE STIFFENER SEE NOTE 2
   A-1 — DENOTE TYPE NO.

2. ONLY WHEN 'S' IS MARKED, ADDIMG STIFFENER AS SHOWN IN DETAIL'A'

T-123

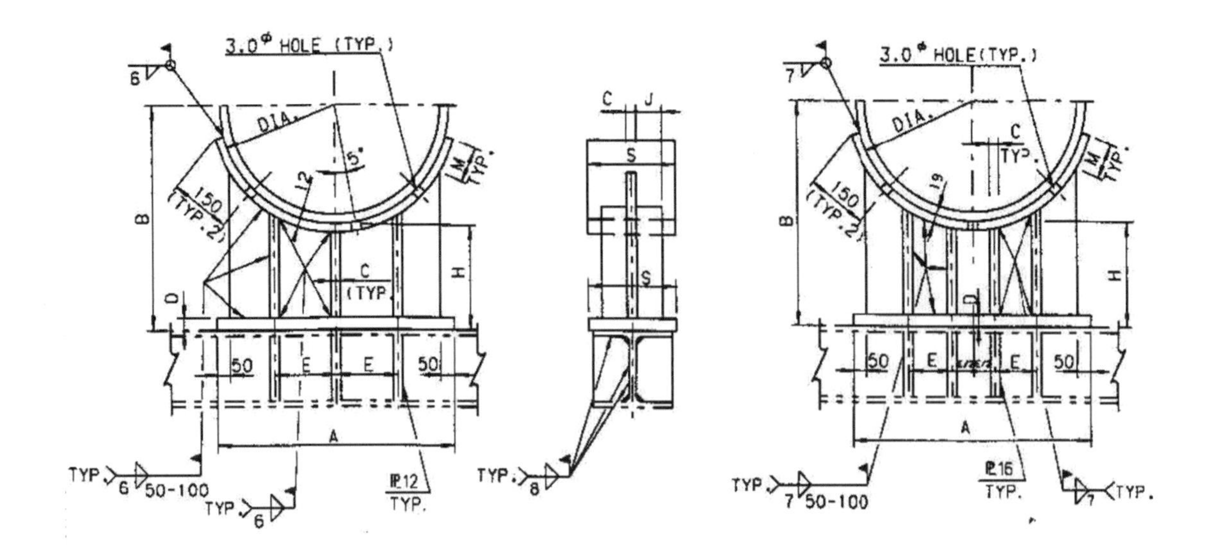

PIPE 1200mm DIA. & UNDER

PIPE OVER 1200mm DIA.

SUPPORT NO.	LINE SINE mm(In)	A (mm)	C/C'* (mm)	D/D'* (mm)	E (mm)	B (mm)	J (mm)	M (mm)	S (mm)	MAX. ALLOW. LOAD (kgs) @343 C
123-650-H	650(26")	650	16/12	16/12	200	330+H	180	75	530	12140
123-750-H	750(30")	750	16/12	16/12	200	381+H	180	75	530	12500
123-800-H	800(32")	800	16/12	16/12	280	406+H	180	75	530	12560
123-900-H	900(36")	900	16/12	16/12	280	457+H	180	75	530	11850
123-1200-H	1200(48")	1200	16/12	16/12	280	610+H	180	100	530	10870
123-1300-H	1300(52")	1200	16/12	16/12	280	660+H	180	100	540	11525
123-1400-H	1400(56")	1300	19/12	16/12	310	711+H	240	100	680	13720
123-1600-H	1600(64")	1500	19/12	16/12	360	800+H	240	150	680	19600
123-1700-H	1700(68")	1600	19/12	16/12	390	850+H	240	150	680	19600
123-1800-H	1800(72")	1700	19/12	16/12	410	900+H	240	150	680	19510
123-1850-H	1850(74")	1750	22/16	19/16	420	925+H	240	200	700	19465
123-1900-H	1900(76")	1800	22/16	19/16	440	950+H	240	200	700	19600
123-2000-H	2000(80")	1900	22/16	19/16	460	1000+H	240	200	700	19600
123-2200-H	2200(88")	2100	22/16	19/16	510	1100+H	300	200	720	21050
123-2800-H	2800(112")	2600	22/16	19/16	640	1400+H	300	200	900	20615
123-3400-H	3400(136")	3100	22/16	19/16	760	1700+H	300	200	900	20100
123-3800-H	3800(150")	3500	22/16	19/16	860	1900+H	300	200	900	20350

* SEE NOTE 2

NOTE:

1. DESIGNATION NUMBER DENOTES AS FOLLOWS:

   123 - 650 - H
   - H — DENOTES ACTUAL DIMENSION IN FIELD (mm)
   - 650 — DENOTES LINE SIZE
   - 123 — DENOTES TYPE NO.

2. DIMENSION C' & D' SHALL BE USED. WHEN THE PIPE CONTENT IS AIR OR STEAM

T-124A

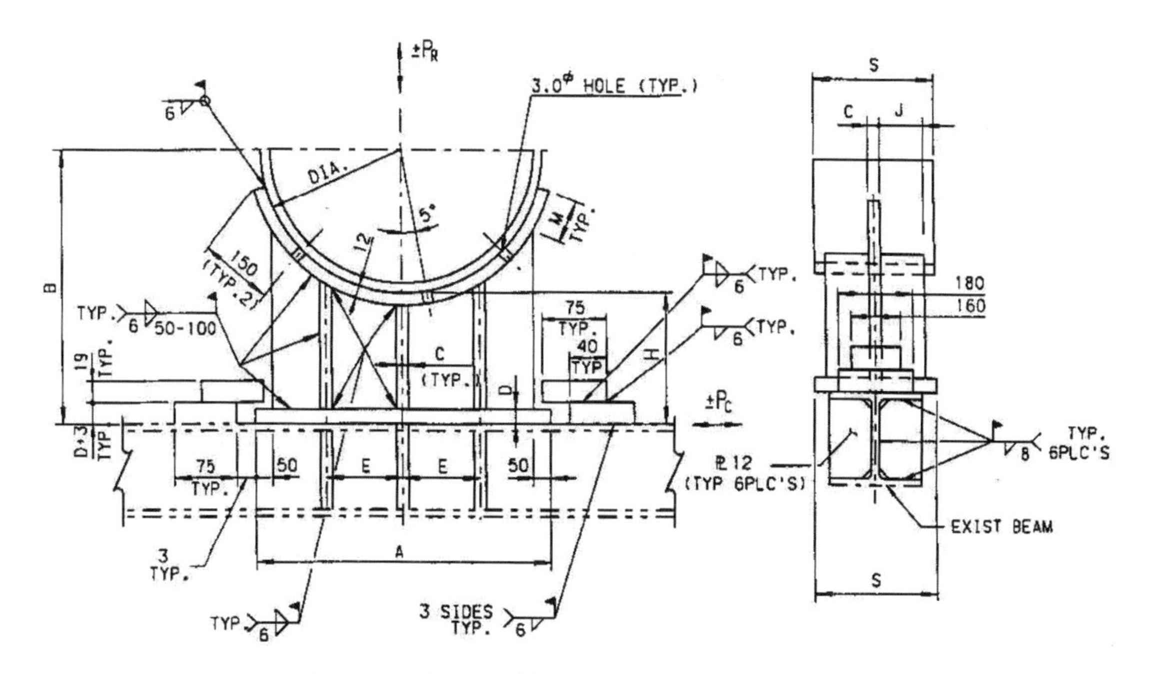

PIPE 1200mm DIA. & UNDER

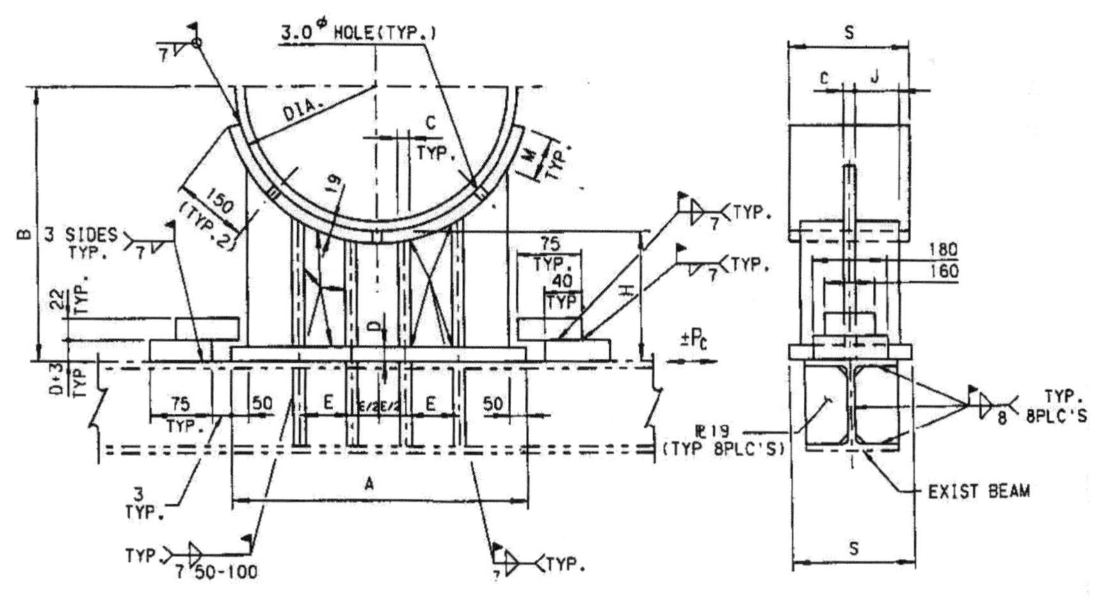

PIPE OVER 1200mm DIA.

T-124B

SUPPORT NO.	LINE SINE mm(in)	A (mm)	※ C/C' (mm)	※ D/D' (mm)	E (mm)	B (mm)	J (mm)	M (mm)	S (mm)	MAX. ALLOW.LOAD	
										PRMAX. (kgs)	MCMAX. (kg-cm)
123-650-H	650(26")	650	16/12	16/12	200	330+H	180	75	530	12140	117680
123-750-H	750(30")	750	16/12	16/12	200	381+H	180	75	530	12500	136000
123-800-H	800(32")	800	16/12	16/12	280	406+H	180	75	530	12560	144325
123-900-H	900(36")	900	16/12	16/12	280	457+H	180	75	530	11850	148285
123-1200-H	1200(48")	1200	16/12	16/12	280	610+H	180	100	530	10870	170685
123-1300-H	1300(52")	1200	16/12	16/12	280	660+H	180	100	540	11525	195215
123-1400-H	1400(56")	1300	19/12	16/12	310	711+H	240	100	680	13720	227790
123-1600-H	1600(64")	1500	19/12	16/12	360	800+H	240	150	680	19600	401200
123-1700-H	1700(68")	1600	19/12	16/12	390	850+H	240	150	680	19600	424625
123-1800-H	1800(72")	1700	19/12	16/12	410	900+H	240	150	680	19510	442230
123-1850-H	1850(74")	1750	22/16	19/16	420	925+H	240	200	700	19465	450700
123-1900-H	1900(76")	1800	22/16	19/16	440	950+H	240	200	700	19600	462160
123-2000-H	2000(80")	1900	22/16	19/16	460	1000+H	240	200	700	19600	478465
123-2200-H	2200(88")	2100	22/16	19/16	510	1100+H	300	200	720	21050	537995
123-2800-H	2800(112")	2600	22/16	19/16	640	1400+H	300	200	900	20615	836435
123-3400-H	3400(136")	3100	22/16	19/16	760	1700+H	300	200	900	20100	740740
123-3800-H	3800(150")	3500	22/16	19/16	860	1900+H	300	200	900	20350	833330

※ SEE NOTE 7

NOTE:

1. DESIGNATION NUMBER DENOTES AS FOLLOWS:

   124 - 800 - H

   - H — DENOTES ACTUAL DIMENSION IN FIELD (mm)
   - 800 — DENOTES LINE SIZE
   - 124 — DENOTES TYPE NO.

2. DESIGN TEMPERATURE=343°C

3. $$P_{LMAX} = \frac{(1-P_R/P_{RMAX})(M_{LMAX})}{L}$$

   $$P_{CMAX} = \frac{(1-P_R/P_{RMAX})(M_{CMAX})}{L}$$

4. THE FOLLOWING INTERACTION FORMULA MUST BE MET:

   $$\frac{P_L}{P_{LMAX}} + \frac{P_C}{P_{CMAX}} + \frac{P_R}{P_{RMAX}} \leq 1$$

5. FOR NOTES 3 & 4 CAN BE COMBINED AS FOLLOWS:

   $$\frac{P_L \times L}{M_{LMAX}} + \frac{P_C \times L}{M_{CMAX}} \leq (1 - \frac{P_R}{P_{RMAX}})^2$$

6. FOR WEAR PAD'S THICKNESS

   PIPE 1200mm & UNDER: T=12mm ;PIPE OVER 1200mm :T=19mm

7. DIMENSION C' & D' SHALL BE USED.WHEN THE PIPE CONTENT IS AIR OR STEAM.

T-125A

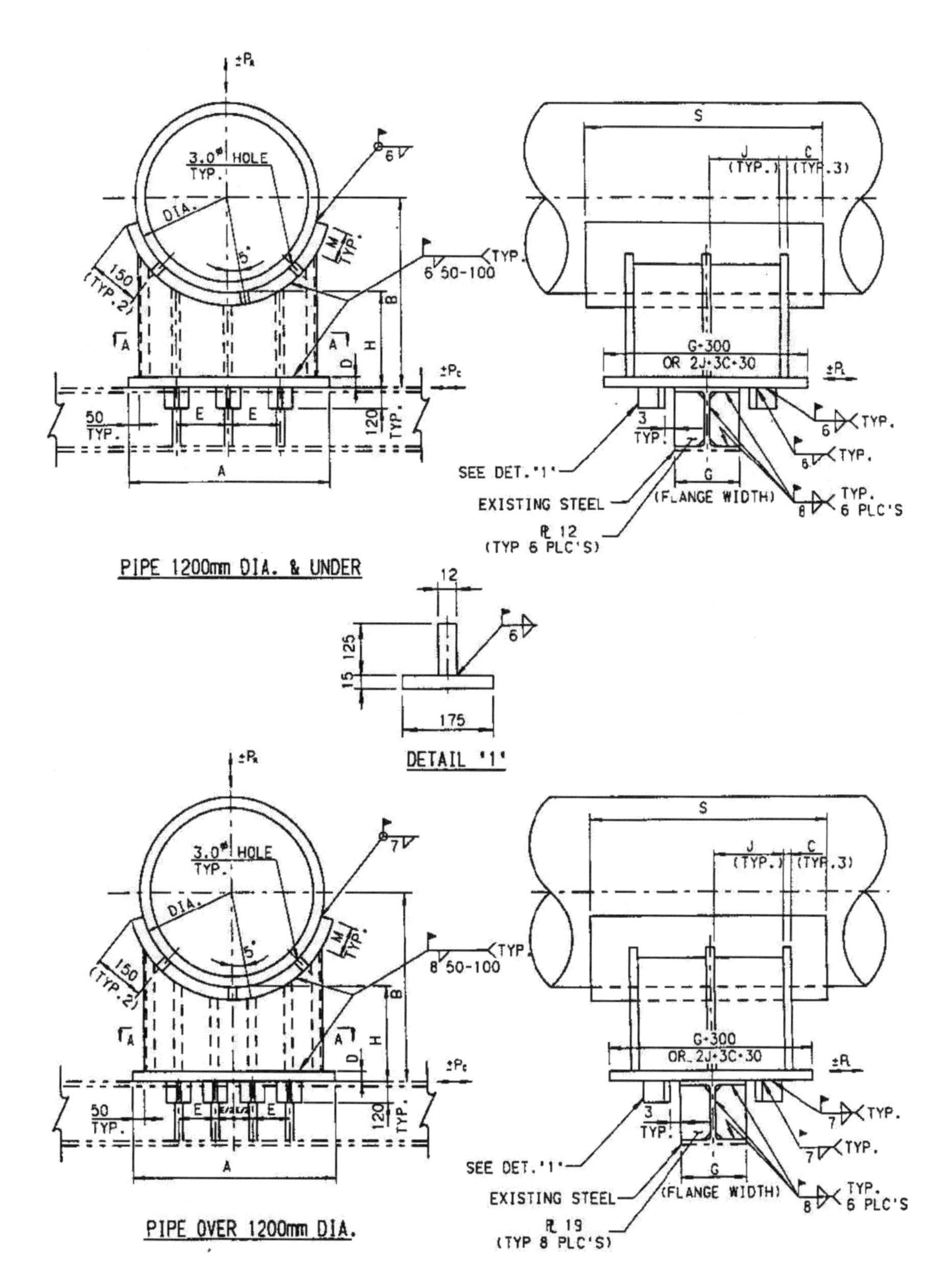

±Pₓ
3.0ᶲ HOLE
TYP.
DIA.
150
(TYP.2)
5°
M
TYP.
6
TYP.
6 50-100
B
H
D
A
±Pc
50
TYP.
E
E
120
TYP.
A
S
J
(TYP.)
C
(TYP.3)
G+300
OR 2J+3C+30
±PL
3
TYP.
SEE DET."1"
EXISTING STEEL
G
(FLANGE WIDTH)
PL 12
(TYP 6 PLC'S)
6
TYP.
6
TYP.
8
TYP.
6 PLC'S
PIPE 1200mm DIA. & UNDER
12
125
15
175
6
DETAIL "1"
7
8 50-100
PIPE OVER 1200mm DIA.
PL 19
(TYP 8 PLC'S)
7
TYP.
7
TYP.
8
TYP.
6 PLC'S

T-125B

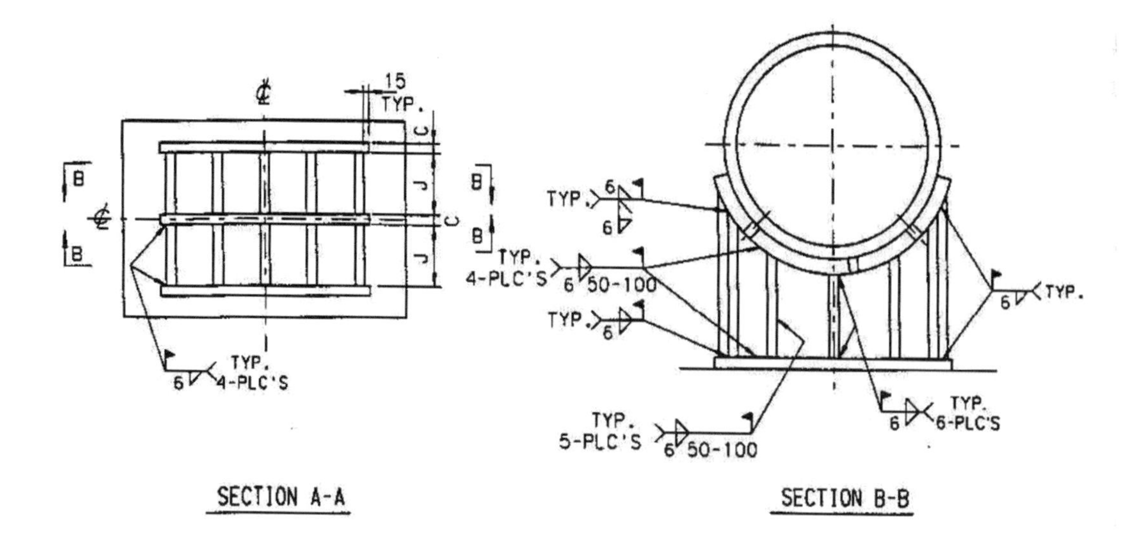

PIPE 1200mm DIA. & UNDER

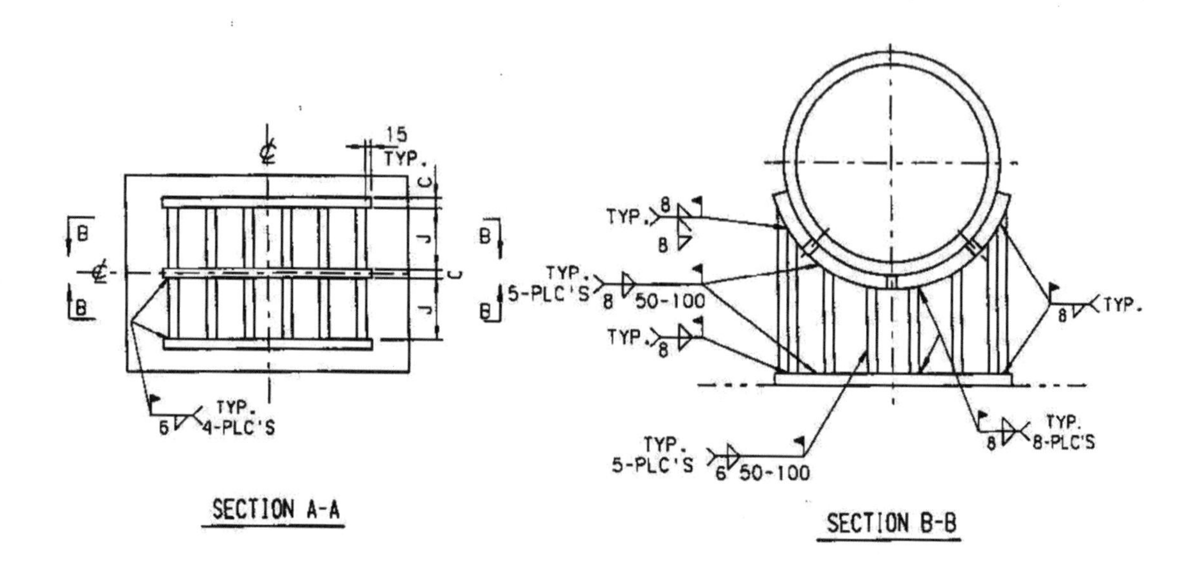

PIPE OVER 1200mm DIA.

T-125C 。

SUPPORT NO.	LINE SINE mm(in)	A (mm)	C/C' * (mm)	D/D' * (mm)	E (mm)	B (mm)	J (mm)	M (mm)	S (mm)	MAX. ALLOW.LOAD	
										PRMAX. (kgs)	MLMAX. (kg-cm)
123-650-H	650(26")	650	16/12	16/12	200	330+H	180	75	530	12140	247370
123-750-H	750(30")	750	16/12	16/12	200	381+H	180	75	530	12500	250000
123-800-H	800(32")	800	16/12	16/12	280	406+H	180	75	530	12560	255100
123-900-H	900(36")	900	16/12	16/12	280	457+H	180	75	530	11850	243975
123-1200-H	1200(48")	1200	16/12	16/12	280	610+H	180	100	530	10870	238945
123-1300-H	1300(52")	1200	16/12	16/12	280	660+H	180	100	540	11525	258815
123-1400-H	1400(56")	1300	19/12	16/12	310	711+H	240	100	680	13720	366300
123-1600-H	1600(64")	1500	19/12	16/12	360	800+H	240	150	680	19600	557880
123-1700-H	1700(68")	1600	19/12	16/12	390	850+H	240	150	680	19600	573885
123-1800-H	1800(72")	1700	19/12	16/12	410	900+H	240	150	680	19510	583090
123-1850-H	1850(74")	1750	22/16	19/16	420	925+H	240	200	700	19465	586940
123-1900-H	1900(76")	1800	22/16	19/16	440	950+H	240	200	700	19600	593470
123-2000-H	2000(80")	1900	22/16	19/16	460	1000+H	240	200	700	19600	600600
123-2200-H	2200(88")	2100	22/16	19/16	510	1100+H	300	200	720	21050	768490
123-2800-H	2800(112")	2600	22/16	19/16	640	1400+H	300	200	900	20615	815060
123-3400-H	3400(136")	3100	22/16	19/16	760	1700+H	300	200	900	20100	936765
123-3800-H	3800(150")	3500	22/16	19/16	860	1900+H	300	200	900	20350	1029600

* SEE NOTE 8

NOTE:

1. DESIGNATION NUMBER DENOTES AS FOLLOWS:

   125 - 800 - H
   - H: DENOTES ACTUAL DIMENSION IN FIELD (mm)
   - 800: DENOTES LINE SIZE
   - 125: DENOTES TYPE NO.

2. DESIGN TEMPERATURE=343℃

3. $$P_{LMAX} = \frac{(1-P_R/P_{RMAX})(M_{LMAX})}{L}$$

   $$P_{CMAX} = \frac{(1-P_R/P_{RMAX})(M_{CMAX})}{L}$$

4. THE FOLLOWING INTERACTION FORMULA MUST BE MET:

   $$\frac{P_L}{P_{LMAX}} + \frac{P_C}{P_{CMAX}} + \frac{P_R}{P_{RMAX}} \leqslant 1$$

5. FOR NOTES 3 & 4 CAN BE COMBINED AS FOLLOWS:

   $$\frac{P_L x L}{M_{LMAX}} + \frac{P_C x L}{M_{CMAX}} \leqslant \left(1-\frac{P_R}{P_{R\,MAX}}\right)^2$$

6. FOR WEAR PAD'S THICKNESS
   PIPE 1200mm & UNDER: T=12mm ;PIPE OVER 1200mm :T=19mm

7. FOR ACTUAL E DIMENSION CAN BE READJUSTED IN FIELD TO CLEAR THE EXISTING STRUCTURAL STEEL AND MUST KEEP MIN. 30mm CLEARNESS.

8. DIMENSION C' & D' SHALL BE USED,WHEN THE PIPE CONTENT IS AIR OR STEAM

T-126A

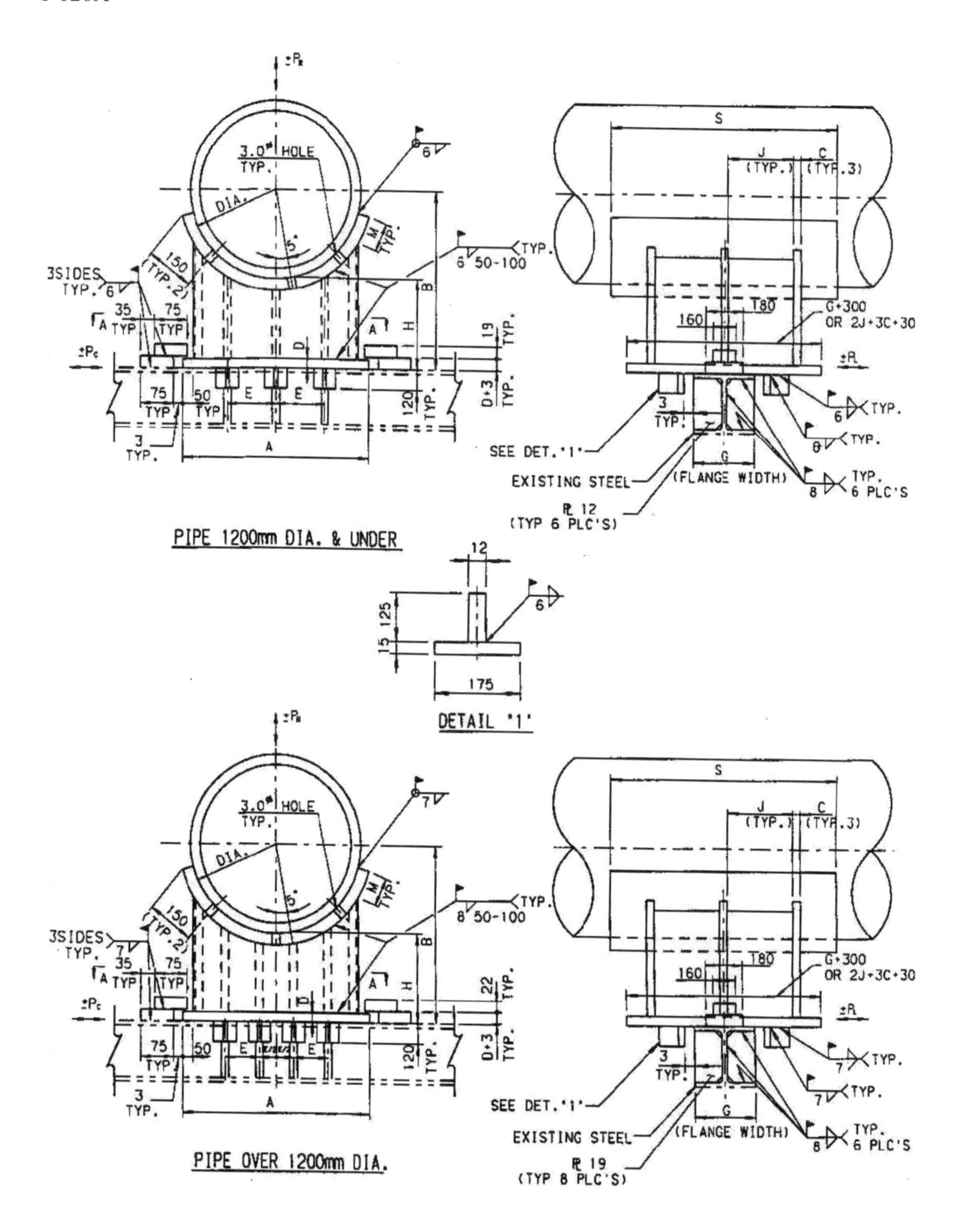
PIPE 1200mm DIA. & UNDER
DETAIL '1'
PIPE OVER 1200mm DIA.
3.0" HOLE TYP.
DIA.
SEE DET.'1'
EXISTING STEEL
(FLANGE WIDTH)
G+300 OR 2J+3C+30
℞ 12 (TYP 6 PLC'S)
℞ 19 (TYP 8 PLC'S)

T-126B

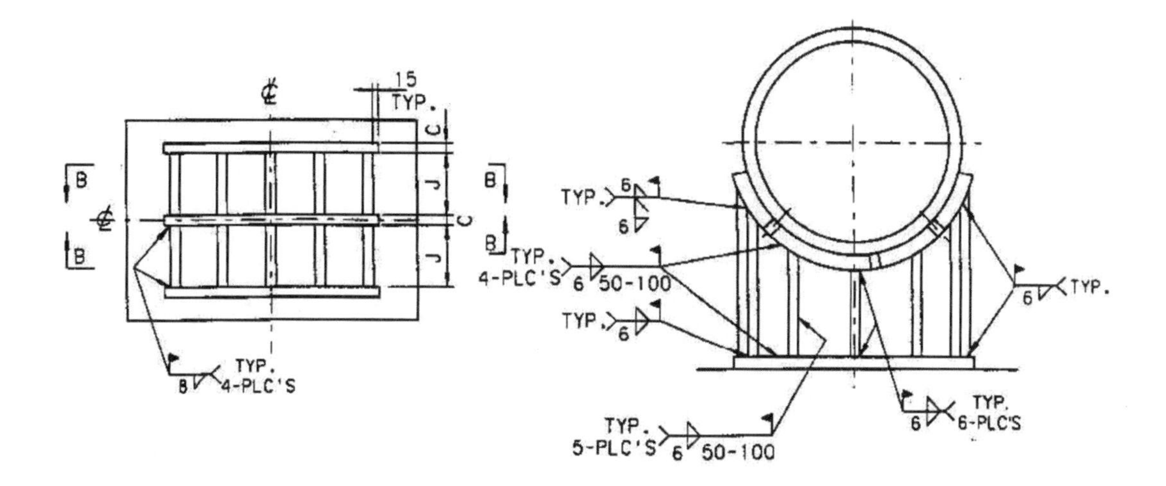

PIPE 1200mm DIA. & UNDER

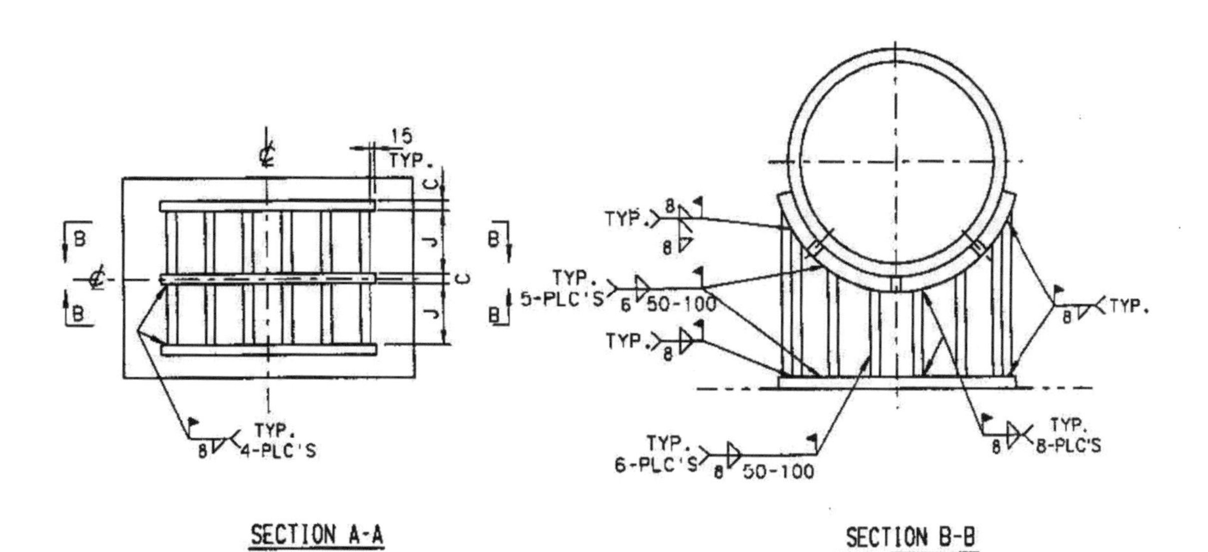

PIPE OVER 1200mm DIA.

T-126C

SUPPORT NO.	LINE SINE mm(In)	A (mm)	C/C' ※ (mm)	D/D' ※ (mm)	E (mm)	B (mm)	J (mm)	M (mm)	S (mm)	MAX. ALLOW.LOAD		
										P_{RMAX} (kgs)	M_{LMAX} (kg-cm)	M_{CMAX} (kg-cm)
126-650-H	650(26")	650	16/12	16/12	200	330+H	180	75	530	12140	247370	117680
126-750-H	750(30")	750	16/12	16/12	200	381+H	180	75	530	12500	250000	136000
126-800-H	800(32")	800	16/12	16/12	280	406+H	180	75	530	12560	255100	144325
126-900-H	900(36")	900	16/12	16/12	280	457+H	180	75	530	11850	243975	148285
126-1200-H	1200(48")	1200	16/12	16/12	280	610+H	180	100	530	10870	238945	170685
126-1300-H	1300(52")	1200	16/12	16/12	280	660+H	180	100	540	11525	258815	195215
126-1400-H	1400(56")	1300	19/12	16/12	310	711+H	240	100	680	13720	366300	227790
126-1600-H	1600(64")	1500	19/12	16/12	360	800+H	240	150	680	19600	557880	401200
126-1700-H	1700(68")	1600	19/12	16/12	390	850+H	240	150	680	19600	573885	424625
126-1800-H	1800(72")	1700	19/12	16/12	410	900+H	240	150	680	19510	583090	442230
126-1850-H	1850(74")	1750	22/16	19/16	420	925+H	240	200	700	19465	586940	450700
126-1900-H	1900(76")	1800	22/16	19/16	440	950+H	240	200	700	19600	593470	462160
126-2000-H	2000(80")	1900	22/16	19/16	460	1000+H	240	200	700	19600	600600	478465
126-2200-H	2200(88")	2100	22/16	19/16	510	1100+H	300	200	720	21050	768490	537995
126-2800-H	2800(112")	2600	22/16	19/16	640	1400+H	300	200	900	20615	851060	636435
126-3400-H	3400(136")	3100	22/16	19/16	760	1700+H	300	200	900	20100	936765	740740
126-3800-H	3800(150")	3500	22/16	19/16	860	1900+H	300	200	900	20350	1029600	833330

※ SEE NOTE 8

NOTE:

1. DESIGNATION NUMBER DENOTES AS FOLLOWS:

   126 - 800 - H

   - H — DENOTES ACTUAL DIMENSION IN FIELD (mm)
   - 800 — DENOTES LINE SIZE
   - 126 — DENOTES TYPE NO.

2. DESIGN TEMPERATURE=343 ℃

3. $$P_{LMAX} = \frac{(1-P_R/P_{RMAX})(M_{LMAX})}{L}$$

   $$P_{CMAX} = \frac{(1-P_R/P_{RMAX})(M_{CMAX})}{L}$$

4. THE FOLLOWING INTERACTION FORMULA MUST BE MET:

   $$\frac{P_L}{P_{LMAX}} + \frac{P_C}{P_{CMAX}} + \frac{P_R}{P_{RMAX}} \leqslant 1$$

5. FOR NOTES 3 & 4 CAN BE COMBINED AS FOLLOWS:

   $$\frac{P_L \times L}{M_{LMAX}} + \frac{P_C \times L}{M_{CMAX}} \leqslant (1-\frac{P_R}{P_{R\,MAX}})^2$$

6. FOR WEAR PAD'S THICKNESS

   PIPE 1200mm & UNDER: T=12mm ;PIPE OVER 1200mm :T=19mm

7. FOR ACTUAL E DIMENSION CAN BE READJUSTED IN FIELD TO CLEAR THE EXISTING STRUCTURAL STEEL AND MUST KEEP MIN. 30mm CLEARNESS.

8. DIMENSION C' & D' SHALL BE USED,WHEN THE PIPE CONTENT IS AIR OR STEAM

T-127A

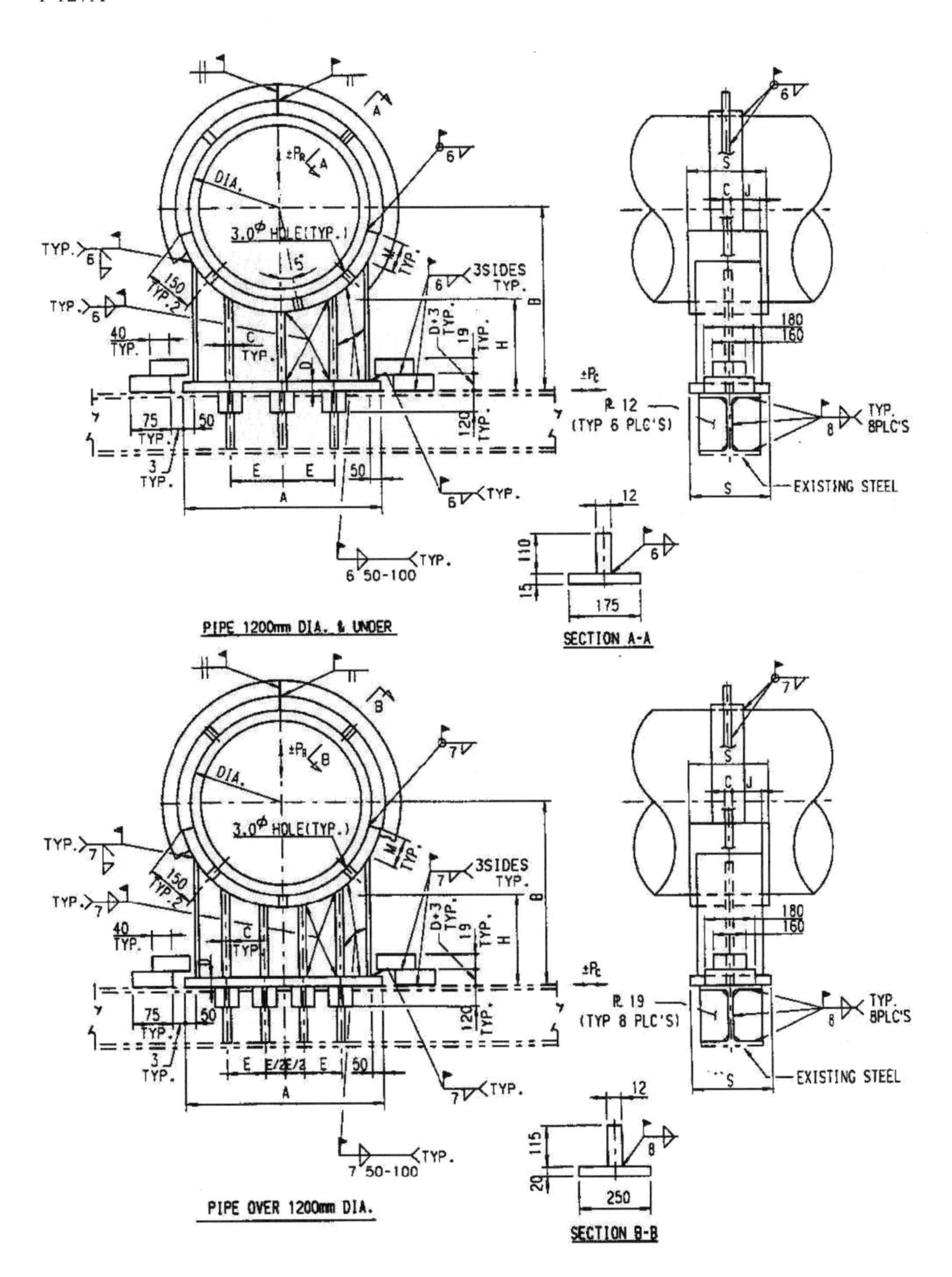

DIA.
3.0Φ HOLE(TYP.)
5°
150
TYP.2
TYP.
40
TYP.
C
TYP.
75
TYP.
50
3
TYP.
E
E
50
A
6 50-100
3SIDES
TYP.
D+3
TYP.
19
TYP.
H
B
120
TYP.
±Pc
6
TYP.
PIPE 1200mm DIA. & UNDER
S
C
J
180
160
PL 12
(TYP 6 PLC'S)
8
TYP.
8PLC'S
EXISTING STEEL
12
110
15
175
SECTION A-A
E/2E/2
7 50-100
PIPE OVER 1200mm DIA.
PL 19
(TYP 8 PLC'S)
115
20
250
SECTION B-B

T-127B

SUPPORT NO.	LINE SINE mm(In)	A (mm)	C/C' * (mm)	D/D' * (mm)	E (mm)	B (mm)	J (mm)	M (mm)	S (mm)	MAX. ALLOW.LOAD	
										$P_{RMAX.}$ (kgs)	$M_{CMAX.}$ (kg-cm)
127-650-H	650(26")	650	16/12	16/12	200	330+H	180	75	530	15870	152265
127-750-H	750(30")	750	16/12	16/12	200	381+H	180	75	530	16000	180000
127-800-H	800(32")	800	16/12	16/12	280	406+H	180	75	530	16030	183105
127-900-H	900(36")	900	16/12	16/12	280	457+H	180	75	530	15440	194265
127-1200-H	1200(48")	1200	16/12	16/12	280	610+H	180	100	530	14285	222530
127-1300-H	1300(52")	1200	16/12	16/12	280	660+H	180	100	540	14285	233710
127-1400-H	1400(56")	1300	19/12	16/12	310	711+H	240	100	680	17975	285205
127-1600-H	1600(64")	1500	19/12	16/12	360	800+H	240	150	680	24240	488100
127-1700-H	1700(68")	1600	19/12	16/12	390	850+H	240	150	680	24315	507290
127-1800-H	1800(72")	1700	19/12	16/12	410	900+H	240	150	680	24165	525275
127-1850-H	1850(74")	1750	22/16	19/16	420	925+H	240	200	700	24020	534755
127-1900-H	1900(76")	1800	22/16	19/16	440	950+H	240	200	700	24020	547195
127-2000-H	2000(80")	1900	22/16	19/16	460	1000+H	240	200	700	23735	568585
127-2200-H	2200(88")	2100	22/16	19/16	510	1100+H	300	200	720	25970	638975
127-2800-H	2800(112")	2600	22/16	19/16	640	1400+H	300	200	900	25155	752585
127-3400-H	3400(136")	3100	22/16	19/16	760	1700+H	300	200	900	23185	892855
127-3800-H	3800(150")	3500	22/16	19/16	860	1900+H	300	200	900	22535	1016515

* SEE NOTE 7

NOTE:

1. DESIGNATION NUMBER DENOTES AS FOLLOWS:

   127 - 800 - H

   - H — DENOTES ACTUAL DIMENSION IN FIELD (mm)
   - 800 — DENOTES LINE SIZE
   - 127 — DENOTES TYPE NO.

2. DESIGN TEMPERATURE=343°C

3. $P_{LMAX} = \frac{(1-P_R/P_{RMAX})(M_{LMAX})}{L}$

   $P_{CMAX} = \frac{(1-P_R/P_{RMAX})(M_{CMAX})}{L}$

4. THE FOLLOWING INTERACTION FORMULA MUST BE MET:

   $\frac{P_L}{P_{LMAX}} + \frac{P_C}{P_{CMAX}} + \frac{P_R}{P_{RMAX}} \leq 1$

5. FOR NOTES 3 & 4 CAN BE COMBINED AS FOLLOWS:

   $\frac{P_L \times L}{M_{LMAX}} + \frac{P_C \times L}{M_{CMAX}} \leq (1 - \frac{P_R}{P_{R\,MAX}})^2$

6. FOR WEAR PAD'S THICKNESS

   PIPE 1200mm & UNDER: T=12mm ;PIPE OVER 1200mm :T=19mm

7. DIMENSION C' & D' SHALL BE USED,WHEN THE PIPE CONTENT IS AIR OR STEAM

T-128A

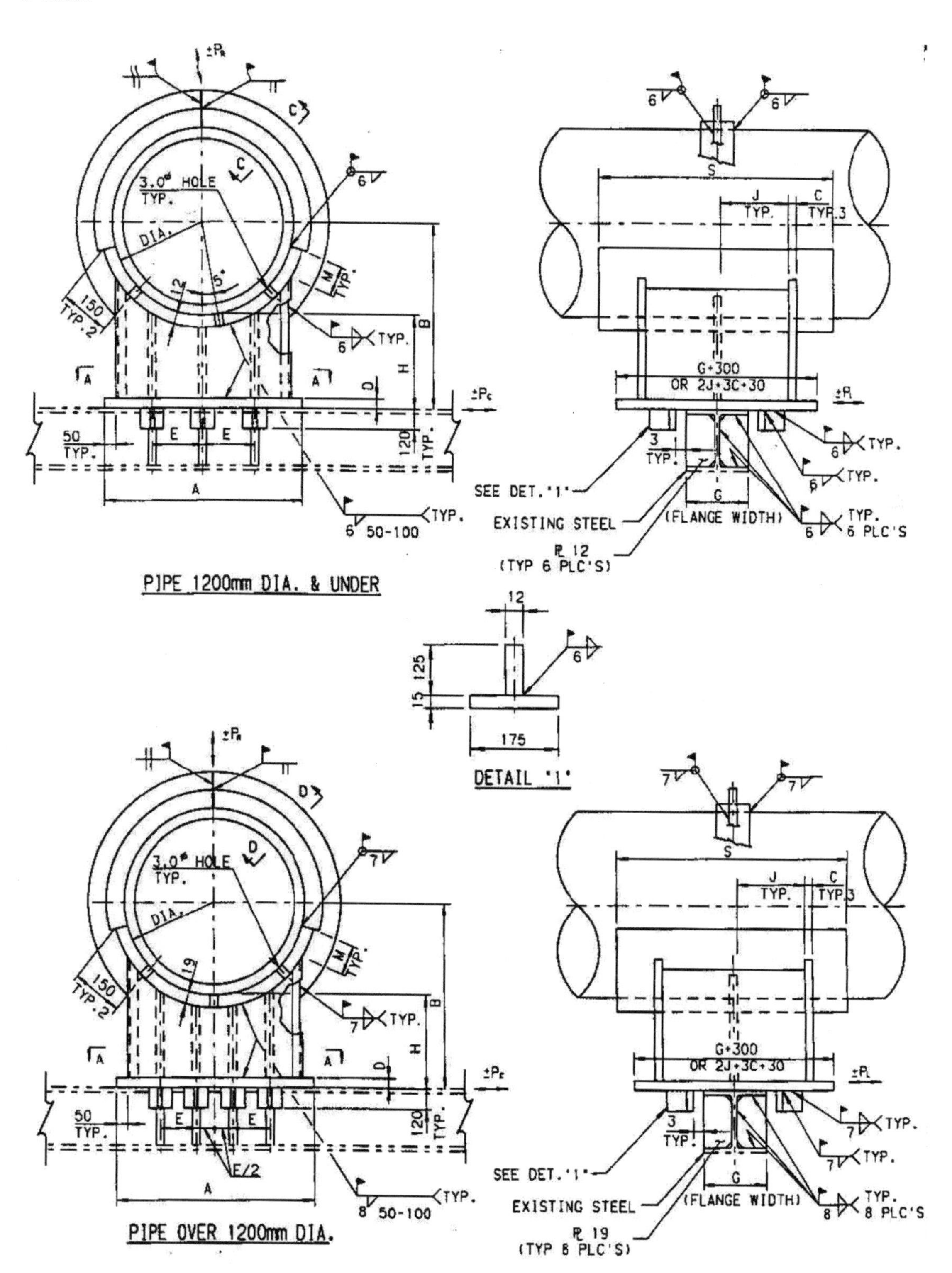

3.0φ HOLE TYP.
DIA.
150 TYP.2
M TYP.
B
H
D
A
E
50 TYP.
120 TYP.
6 50-100 TYP.
S
J TYP.
C TYP.3
G+300 OR 2J+3C+30
SEE DET.'1'
EXISTING STEEL
G (FLANGE WIDTH)
PL 12 (TYP 6 PLC'S)
TYP. 6 PLC'S
PIPE 1200mm DIA. & UNDER
12
125
15
175
DETAIL '1'
E/2
8 50-100 TYP.
PL 19 (TYP 8 PLC'S)
TYP. 8 PLC'S
PIPE OVER 1200mm DIA.

T-128B

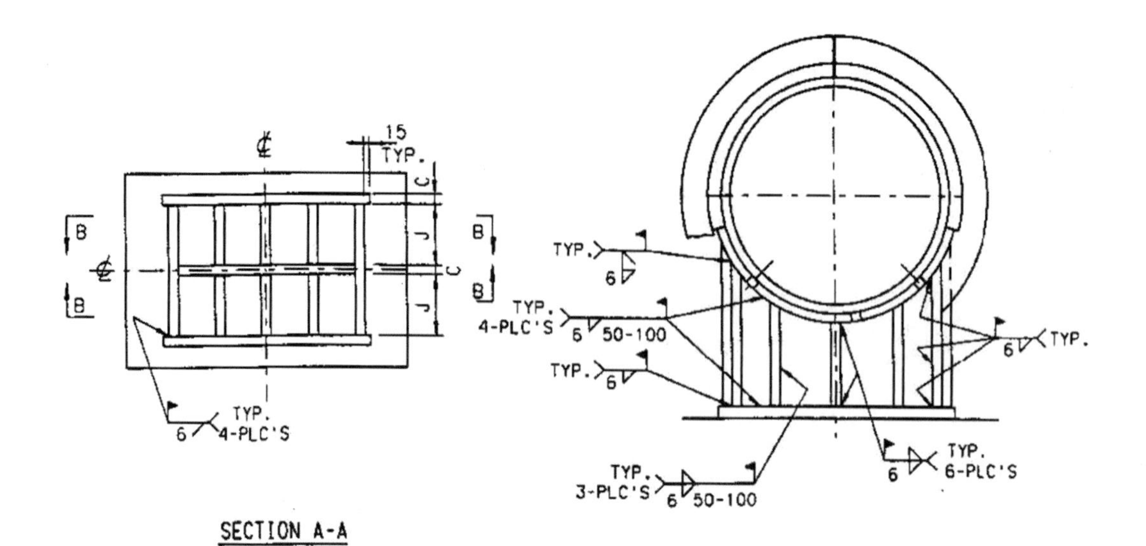

PIPE 1200mm DIA. & UNDER

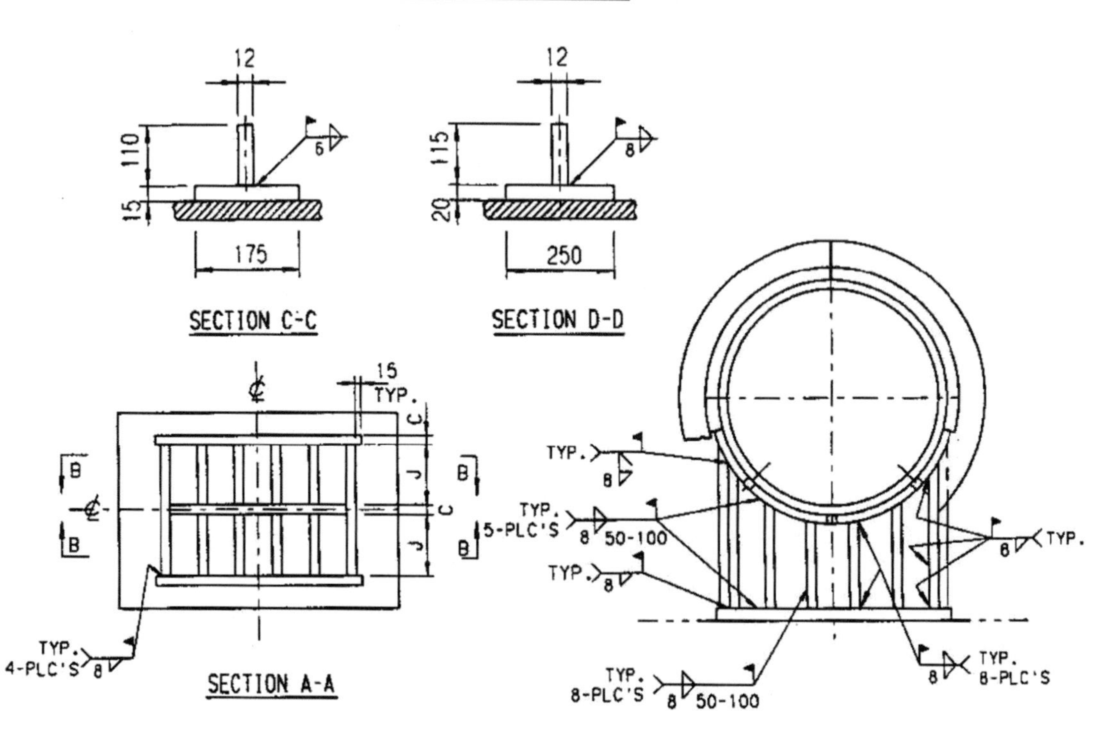

PIPE OVER 1200mm DIA.

T-128C

SUPPORT NO.	LINE SINE mm(In)	A (mm)	C/C'* (mm)	D/D'* (mm)	E (mm)	B (mm)	J (mm)	M (mm)	S (mm)	MAX. ALLOW.LOAD $P_{RMAX.}$ (kgs)	$M_{LMAX.}$ (kg-cm)
128-650-H	650(26")	650	16/12	16/12	200	330+H	180	75	530	15870	311280
128-750-H	750(30")	750	16/12	16/12	200	381+H	180	75	530	16000	310000
128-800-H	800(32")	800	16/12	16/12	280	406+H	180	75	530	16030	312805
128-900-H	900(36")	900	16/12	16/12	280	457+H	180	75	530	15440	302570
128-1200-H	1200(48")	1200	16/12	16/12	280	610+H	180	100	530	14285	290695
128-1300-H	1300(52")	1200	16/12	16/12	280	660+H	180	100	540	14285	295530
128-1400-H	1400(56")	1300	19/12	16/12	310	711+H	240	100	680	17975	439075
128-1600-H	1600(64")	1500	19/12	16/12	360	800+H	240	150	680	24240	646200
128-1700-H	1700(68")	1600	19/12	16/12	390	850+H	240	150	680	24315	655200
128-1800-H	1800(72")	1700	19/12	16/12	410	900+H	240	150	680	24165	664450
128-1850-H	1850(74")	1750	22/16	19/16	420	925+H	240	200	700	24020	670575
128-1900-H	1900(76")	1800	22/16	19/16	440	950+H	240	200	700	24020	678540
128-2000-H	2000(80")	1900	22/16	19/16	460	1000+H	240	200	700	23735	690845
128-2200-H	2200(88")	2100	22/16	19/16	510	1100+H	300	200	720	25970	885935
128-2800-H	2800(112")	2600	22/16	19/16	640	1400+H	300	200	900	25155	982800
128-3400-H	3400(136")	3100	22/16	19/16	760	1700+H	300	200	900	23185	1118880
128-3800-H	3800(150")	3500	22/16	19/16	860	1900+H	300	200	900	22535	1265820

* SEE NOTE 8

NOTE:

1. DESIGNATION NUMBER DENOTES AS FOLLOWS:
   128 - 800 - H
   - H — DENOTES ACTUAL DIMENSION IN FIELD (mm)
   - 800 — DENOTES LINE SIZE
   - 128 — DENOTES TYPE NO.
2. DESIGN TEMPERATURE=343°C
3. $P_{LMAX} = \dfrac{(1-P_R/P_{RMAX})(M_{LMAX})}{L}$

   $P_{CMAX} = \dfrac{(1-P_R/P_{RMAX})(M_{CMAX})}{L}$
4. THE FOLLOWING INTERACTION FORMULA MUST BE MET:
   $$\frac{P_L}{P_{LMAX}} + \frac{P_C}{P_{CMAX}} + \frac{P_R}{P_{RMAX}} \leq 1$$
5. FOR NOTES 3 & 4 CAN BE COMBINED AS FOLLOWS:
   $$\frac{P_L x L}{M_{LMAX}} + \frac{P_C x L}{M_{CMAX}} \leq (1-\frac{P_R}{P_{R\,MAX}})^2$$
6. FOR WEAR PAD'S THICKNESS
   PIPE 1200mm & UNDER: T=12mm ;PIPE OVER 1200mm :T=19mm
7. FOR ACTUAL E DIMENSION CAN BE READJUSTED IN FIELD TO CLEAR THE EXISTING STRUCTURAL STEEL AND MUST KEEP MIN. 30mm CLEARNESS.
8. DIMENSION C' & D' SHELL BE USED, WHEN THE PIPE CONTENT IS AIR OR STEAM

T-129A

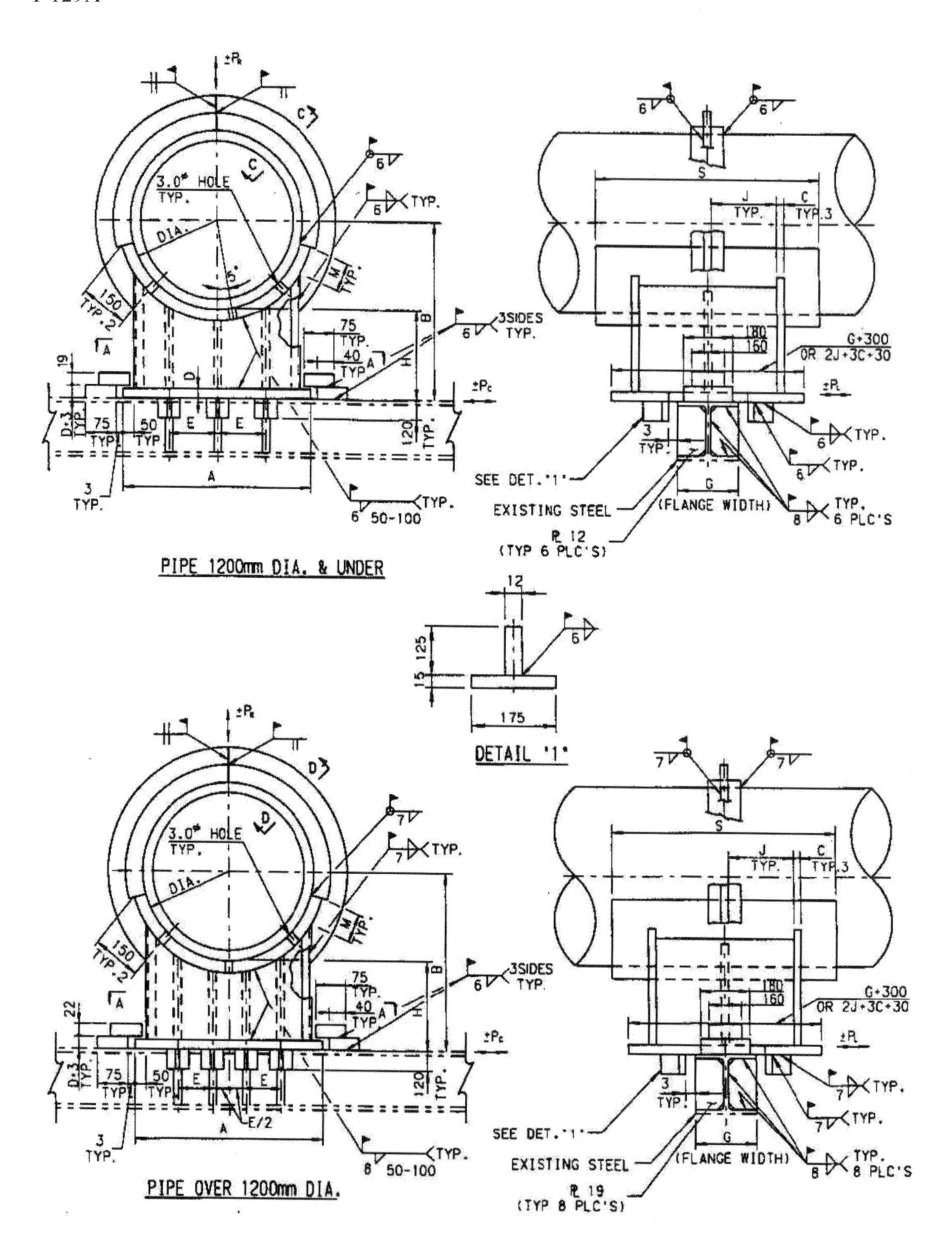

3.0" HOLE
TYP.
DIA.
150
TYP. 2
3SIDES
TYP.
75
TYP.
40
TYP
D+3
TYP.
50
TYP
E
A
3
TYP.
6 50-100
PIPE 1200mm DIA. & UNDER
S
J
TYP.
C
TYP. 3
180
160
G+300
OR 2J+3C+30
SEE DET. '1'
EXISTING STEEL
(FLANGE WIDTH)
PL 12
(TYP 6 PLC'S)
6 PLC'S
12
125
15
175
DETAIL '1'
22
E/2
8 50-100
PIPE OVER 1200mm DIA.
PL 19
(TYP 8 PLC'S)
8 PLC'S

T-129B

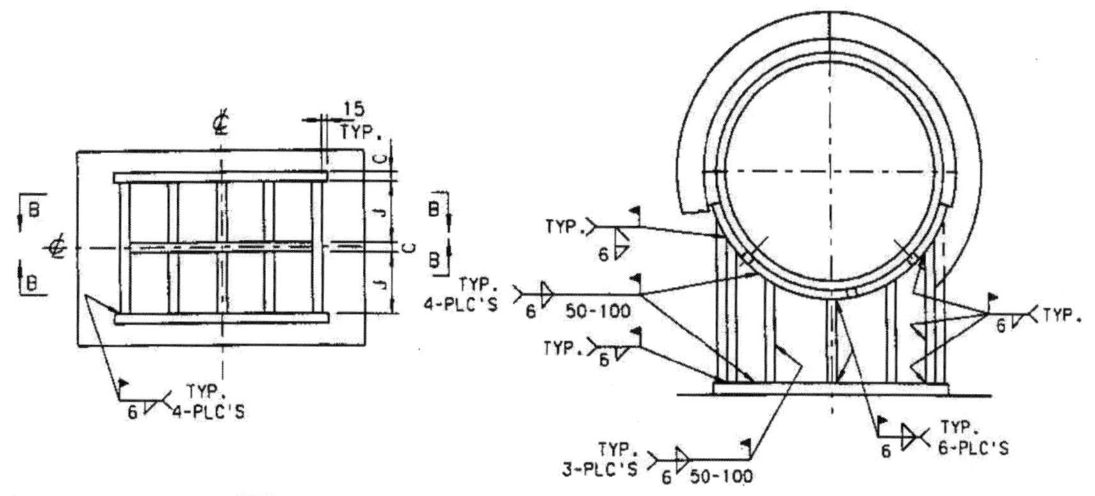

PIPE 1200mm DIA. & UNDER

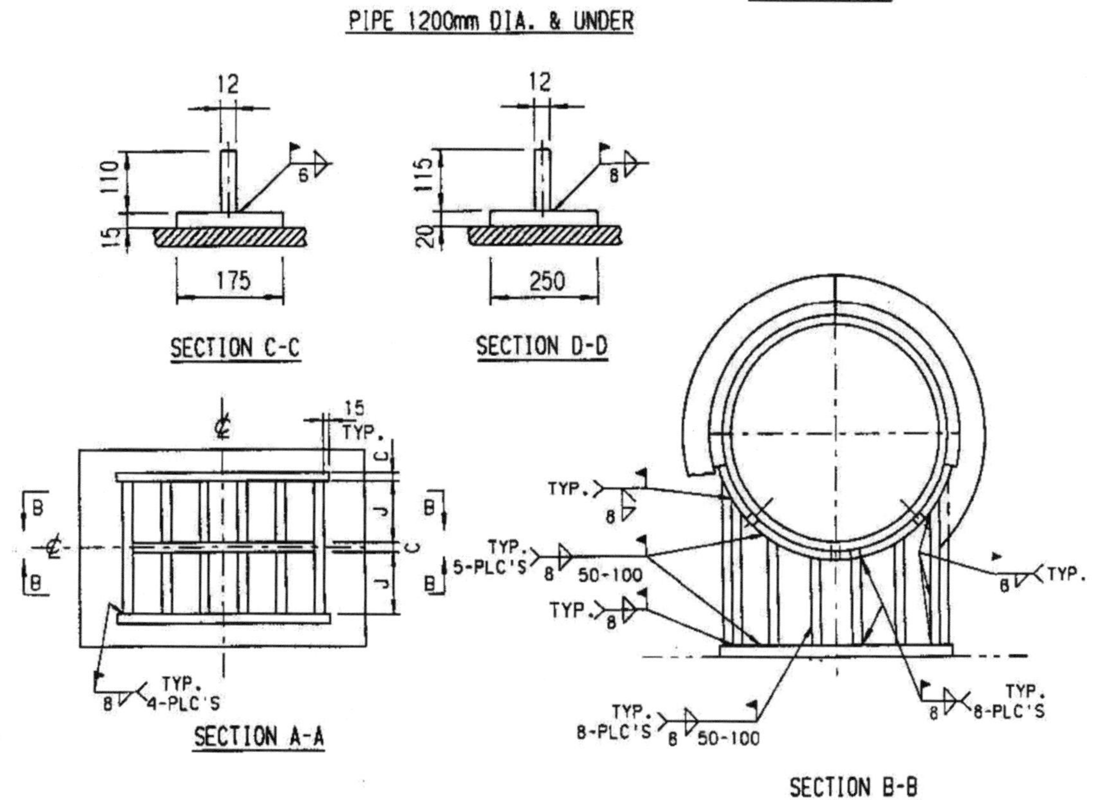

PIPE OVER 1200mm DIA.

T-129C

SUPPORT NO.	LINE SINE mm(In)	A (mm)	C/C' ※ (mm)	D/D' ※ (mm)	E (mm)	B (mm)	J (mm)	M (mm)	S (mm)	MAX. ALLOW.LOAD		
										$P_{RMAX.}$ (kgs)	$M_{LMAX.}$ (kg-cm)	$M_{CMAX.}$ (kg-cm)
129-650-H	650(26")	650	16/12	16/12	200	330+H	180	75	530	15870	311280	152265
129-750-H	750(30")	750	16/12	16/12	200	381+H	180	75	530	16000	310000	180000
129-800-H	800(32")	800	16/12	16/12	280	406+H	180	75	530	16030	312805	183105
129-900-H	900(36")	900	16/12	16/12	280	457+H	180	75	530	15440	302570	194265
129-1200-H	1200(48")	1200	16/12	16/12	280	610+H	180	100	530	14285	290695	222530
129-1300-H	1300(52")	1200	16/12	16/12	280	660+H	180	100	540	14285	295530	233710
129-1400-H	1400(56")	1300	19/12	16/12	310	711+H	240	100	680	17975	439075	285205
129-1600-H	1600(64")	1500	19/12	16/12	360	800+H	240	150	680	24240	646200	488100
129-1700-H	1700(68")	1600	19/12	16/12	390	850+H	240	150	680	24315	655200	507290
123-1800-H	1800(72")	1700	19/12	16/12	410	900+H	240	150	680	24165	664450	525275
129-1850-H	1850(74")	1750	22/16	19/16	420	925+H	240	200	700	24020	670575	534755
129-1900-H	1900(76")	1800	22/16	19/16	440	950+H	240	200	700	24020	678540	547195
129-2000-H	2000(80")	1900	22/16	19/16	460	1000+H	240	200	700	23735	690845	568585
129-2200-H	2200(88")	2100	22/16	19/16	510	1100+H	300	200	720	25970	885935	638975
129-2800-H	2800(112")	2600	22/16	19/16	640	1400+H	300	200	900	25155	982800	752585
129-3400-H	3400(136")	3100	22/16	19/16	760	1700+H	300	200	900	23185	1118880	892855
129-3800-H	3800(150")	3500	22/16	19/16	860	1900+H	300	200	900	22535	1265820	1016515

※ SEE NOTE 8

NOTE:

1. DESIGNATION NUMBER DENOTES AS FOLLOWS:

   129 - 800 - H
   - H — DENOTES ACTUAL DIMENSION IN FIELD (mm)
   - 800 — DENOTES LINE SIZE
   - 129 — DENOTES TYPE NO.

2. DESIGN TEMPERATURE=343℃

3. $P_{LMAX} = \frac{(1-P_R/P_{RMAX})(M_{LMAX})}{L}$

   $P_{CMAX} = \frac{(1-P_R/P_{RMAX})(M_{CMAX})}{L}$

4. THE FOLLOWING INTERACTION FORMULA MUST BE MET:

   $$\frac{P_L}{P_{LMAX}} + \frac{P_C}{P_{CMAX}} + \frac{P_R}{P_{RMAX}} \leq 1$$

5. FOR NOTES 3 & 4 CAN BE COMBINED AS FOLLOWS:

   $$\frac{P_L x L}{M_{LMAX}} + \frac{P_C x L}{M_{CMAX}} \leq (1 - \frac{P_R}{P_{R\,MAX}})^2$$

6. FOR WEAR PAD'S THICKNESS
   PIPE 1200mm & UNDER: T=12mm ;PIPE OVER 1200mm :T=19mm

7. FOR ACTUAL E DIMENSION CAN BE READJUSTED IN FIELD TO CLEAR THE EXISTING STRUCTURAL STEEL AND MUST KEEP MIN. 30mm CLEARNESS.

8. DIMENSION C' & D' SHALL BE USED. WHEN THE PIPE CONTENT IS AIR OR STEAM

第 6 章

管線系統的應力分析

管線應力分析是一門較理論性的學科，是支援管線設計及其他管線系統布局的主要依據。爲了適當的管線布置，如果有必要，應力分析應該反覆運算直到應力和布局之間令人滿意爲止，在核電廠配管更應有嚴格的要求。

回顧近來發生在煉油、石化及電廠等之重大災害事件，除造成財產損失及人員傷亡外，甚而衝擊周遭農漁產業或影響河海生態。究其原因大多源自於管線的工安事故，例如管線材料腐蝕或管閥、墊片、管支撐選用不當等致使管線破裂導致流體洩漏，或因易燃、易爆、高溫高壓等危險性流體之管線系統設計，違反製程或安全需求而引起火災或爆炸事件等。此莫不令人警覺。

工廠管線之配置有如人體血脈般盤根錯節，連通工廠內各設備間之流體輸送，所以管線設計、管材選用、管線應力分析及支撐設計，乃至於消防系統設計之考量，是相當重要。

管線靈活性（Flexibility）：由於從安裝到操作管線溫度會有所變化（熱膨脹），在設計的管道系統時應當讓管線有適當的彈性。這一章將簡單介紹管道應力分析的幾個法則。

6.1 管線應符合下列條件

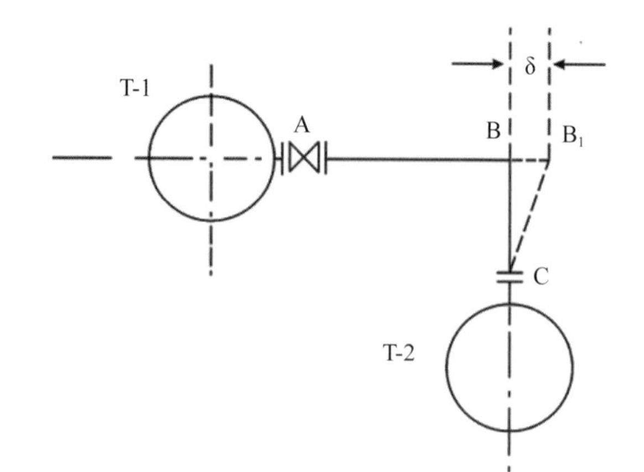

1.彈性鋼管。

2.是尺寸及厚度均勻管線。

3.僅二點間有固定支撐，中間沒有抑制點或支撐，而且滿足下列方程式，則管線是安全的：

$$\frac{D_o\delta}{(L-U)^2} \leq K \quad (\text{K} = 208.3)$$

D_o = 管線外徑（mm）

δ = 二端點間之膨脹量（mm）

L = 兩固定端間管線之總長度（m）

U = 兩固定端間之直線距離（m）

6.2 管線之膨脹環

管線直線段部分需要安裝膨脹環（Expansion Loop）來吸收其直線段之膨脹量，膨脹環的深度等於寬度的兩倍（如下頁圖）。如因場地因素無法做膨脹環時，則採用機械式伸縮設備或波紋式伸縮設備（兩端需加支撐固定）。

6.3 在分析中，計算了系統荷載作用下的回應

彈性分析的目標是計算管線應力之限制、該安裝之設備和管道位移量，基本原則包括以下內容：

1.分析基於管道的公稱尺寸。

2.影響的元件，如彎頭、三通管道靈活性和應力被列入柔性係數和應力加劇因素。

3.平均軸向應力（在管道截面）由於通常不考慮縱向應力引起的側位移，但在特殊情況下，平均軸向位移應力考慮有其必要。包括含熱流體、雙壁管、地下管線和平行線與不同工作溫度下，在多個點連接在一起。

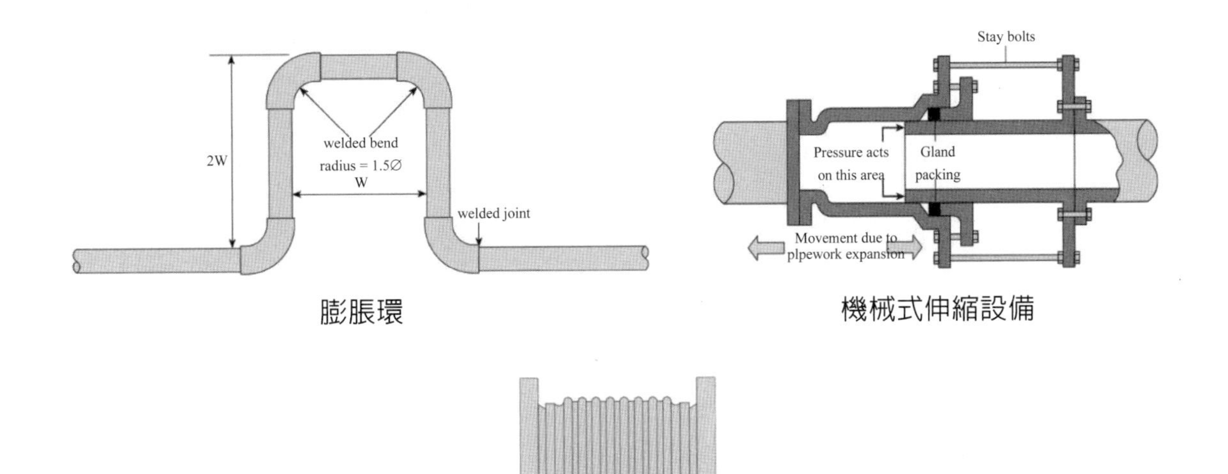

膨脹環　　機械式伸縮設備

波紋式伸縮設備

W ＝ H/2，D_o ＝ 管線外徑（mm），S_A ＝ 材料容許應力（psi），H ＝（3*Eh*D*/SA）$^{1/2}$

Eh ＝ 材料的彈性模數（Modulus of Elasticity）（psi）

6.4 伸縮接頭及防震接頭之品管要求

1.SUS304伸縮囊、內筒、套管及法蘭，使用壓力20kgf/cm^2。

2.伸縮接頭管徑在50公釐（含）以下爲牙口式或法蘭式，管徑在65公釐（含）以上使用法蘭式。

3.使用於伸縮縫處之伸縮接頭應可吸收橫向變位20公釐（含）以上，並吸收小量軸向變位至少5公釐（含）以上。

4.設計之最小額定壽命：伸縮囊必須符合美國伸縮軟管製造協會（E.J.M.A）之規定，並能承受1,000次以上之全行程週期。

5.設於土木伸縮縫內之橫向伸縮接頭型式及構造參見設計圖所示。

6.防震接頭需以ASTM304不鏽鋼製波浪狀內管（Bellows），外覆ASTM304不鏽鋼鋼絲網（Wire Braids）。

7.防震接頭需以不鏽鋼製設限螺桿，以維持正確的軸向作動及避免伸縮量超過使用限度。

8.防震接頭口徑50mm 以下採螺牙接頭，65mm（含）以上採法蘭，法蘭接頭採SUS304不鏽鋼製造。

9.防震接頭之耐壓等級使用壓力需達20kgf/cm^2（含）以上，應提送經濟部標準檢驗局或第三公證單位檢驗報告送工程司審核。

6.5 應力強度極限和材料疲勞（以矩形截面四方管為例）

下圖顯示在彈性應力條件下，四方管承受拉伸應力Pm及彎曲應力Pb之情況：

1.平均抗拉應力Pm = F/A。

2.當平均抗拉應力Pm 是零管線由彎曲應力Pb破壞，則破壞力是屈服應力1.5Sy。

3.當抗拉應力Pm單獨應用（沒有彎曲應力Pb），破壞應力等於屈服應力Sy。

4.如是剪力破壞則最大破壞剪力：

$$\tau_{\max}=\frac{S_y}{2}$$

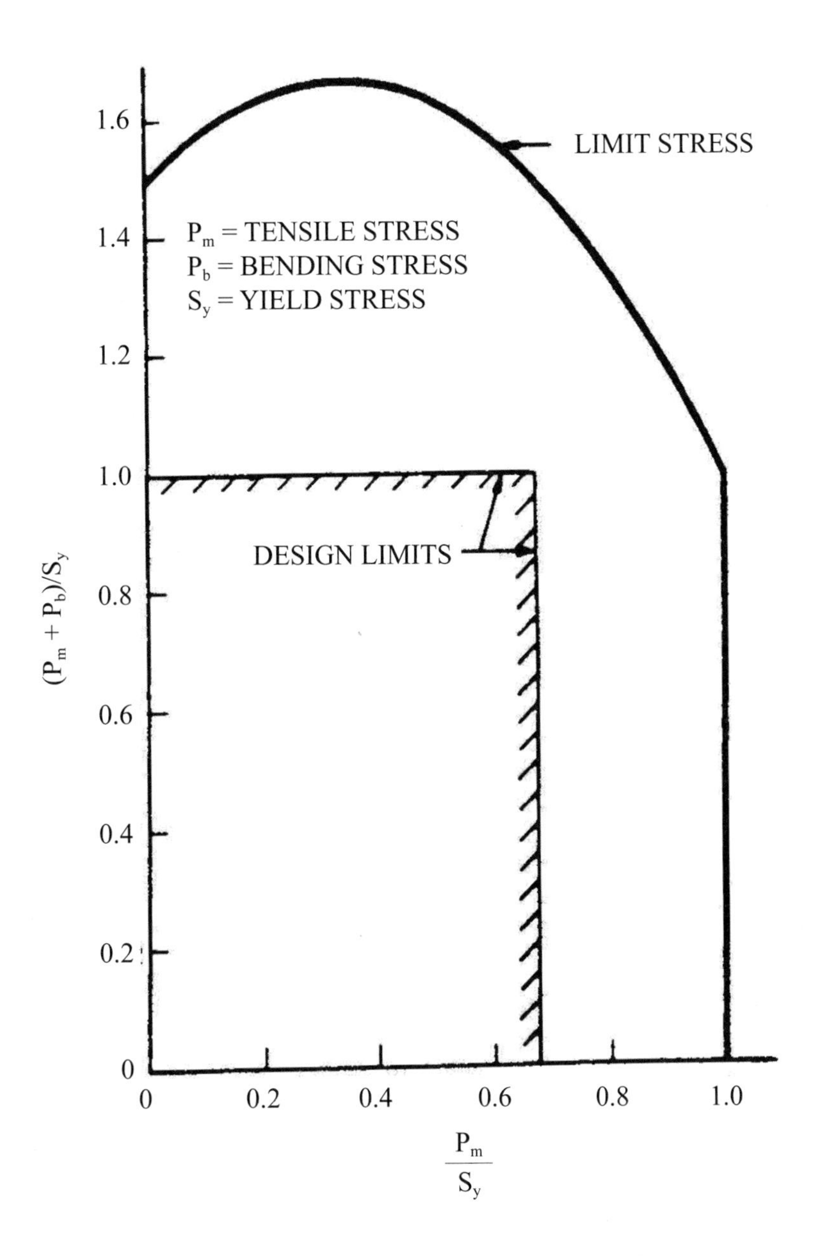
LIMIT STRESS
P_m = TENSILE STRESS
P_b = BENDING STRESS
S_y = YIELD STRESS
DESIGN LIMITS
(P_m + P_b)/S_y
P_m / S_y
1.6
1.4
1.2
1.0
0.8
0.6
0.4
0.2
0
0
0.2
0.4
0.6
0.8
1.0

6.6 管線產生應力之各種情況及原因

1. 管線因經常性載產生之應力：

$$S_L = \frac{PD_o}{4t} + \frac{0.75i\,M_A}{Z} \leq 1.0S_h$$

分支管（Branch Pipe）與主管（Run Pipe）以焊接支管台方式連結（Weldolet or Sockolet Branch Connections）應力增強因素SIF(i)如下表：

Branch pipe			Run pipe.NPS 20 (DN 500)					
			Run pipe schedule					
			10	20	XS	40	80	120
NPS (DN)	Sch.	Thickness	Run pipe wall thickness					
			0.218"	0.375"	0.500"	0.594"	1.031"	1.500"
1½	10s	0.109"	1.789	1.000				
(40)	40	0.145"	2.308	1.000	1.000			
	80	0.200"		1.227	1.000	1.000	1.000	1.000
	160	0.281"		1.675	1.036	1.000	1.000	1.000
2	10s	0.109"	2.091	1.000				
(50)	40	0.154"	2.867	1.159	1.000	1.000		
	80	0.218"		1.570	1.000	1.000	1.000	1.000
	160	0.344"			1.538	1.156	1.000	1.000
2½	10s	0.120"	2.659	1.075				
(65)	40	0.203"	4.296	1.737	1.074			
	80	0.276"		2.266	1.401	1.054	1.000	1.000
	160	0.375's'			1.914	1.439	1.000	1.000
3	10s	0.120"	3.050	1.233				
(80)	40	0.216"	5.257	2.126	1.315			
	80	0.300"		2.840	1.756	1.321	1.000	1.000
	160	0.438"			2.432	1.829	1.000	1.000

Branch pipe			Run pipe.NPS 20 (DN 500)					
			Run pipe schedule					
			10	20	XS	40	80	120
NPS (DN)	Sch.	Thickness	Run pipe wall thickness					
			0.218"	0.375"	0.500"	0.594"	1.031"	1.500"
4	10s	0.120"	3.608	1.459				
(100)	40	0.237"	6.843	2.767	1.711			
	80	0.337"		3.797	2.348	1.766	1.000	1.000
	120	0.438"			2.942	2.212	1.000	1.000
	160	0.531"			3.445	2.590	1.026	1.000
6	10s	0.134"	4.915	1.987				
(150)	40	0.280"	9.925	4.013	2.482			
	80	0.432"		5.971	3.693	2.777	1.100	1.000
	120	0.562"			4.754	3.575	1.417	1.000
	160	0.719"				4.397	1.742	1.000
8	10s	0.148"	6.252	2.528				
(200)	40	0.322"		5.332	3.297			
	80	0.500"			4.957	3.727	1.477	1.000
	120	0.719"					2.095	1.117
	160	0.906"					2.547	1.358

經常性載重產生之應力是由自重、一些經常性之機械重量及內部壓力所造成：

I = 應力增強因素

P =管內壓力（psi）

Do =管外徑（in）

t =管厚（in）

Z =管線斷面模數（in^3）

M_A = 經常性載重造成之力矩（Moment）（I-lb）

S_h = 材料之容許應力（在設計時溫度）（psi）

2. 管線因突發性載重產生之應力

$$\frac{PD_o}{4t}+\frac{0.75i\,(M_A+M_B)}{Z}\le k\,S_h$$

分支管（Branch Pipe）與主管（Run Pipe）以焊接支管台方式連結（Weldolet or Sockolet Branch Connections）應力增強因素SIF(i)如下表：

Branch pipe			Run pipe.NPS 20 (DN 600)					
			Run pipe schedule					
			10	20	XS	40	80	120
NPS (DN)	Sch.	Thickness	Run pipe wall thickness					
			0.218"	0.375"	0.500"	0.594"	1.031"	1.500"
2	10s	0.109"	1.176	1.000				
(50)	40	0.154"	2.352	1.196	1.000			
	80	0.218"		1.620	1.002	1.000	1.000	1.000
	160	0.344"			1.586	1.000	1.000	1.000
2½	10s	0.120"	2.181	1.109				
(64)	40	0.203"	3.525	1.792	1.108			
	80	0.276"		2.337	1.445	1.000	1.000	1.000
	160	0.375"			1.974	1.161	1.000	1.000
3	10s	0.120"	2.502	1.272				
(80)	40	0.216"	4.314	2.193	1.356			
	80	0.300"		2.929	1.812	1.066	1.000	1.000
	160	0.438"			2.509	1.475	1.000	1.000
4	10s	0.120"	2.961	1.505				
(100)	40	0.237"	5.615	2.854	1.765			
	80	0.337"		3.916	2.423	1.425	1.000	1.000
	120	0.438"			3.035	1.785	1.006	1.000
	160	0.531"			3.553	2.090	1.178	1.000

Branch pipe			Run pipe.NPS 20 (DN 600)					
			Run pipe schedule					
			10	20	XS	40	80	120
NPS (DN)	Sch.	Thickness	Run pipe wall thickness					
			0.218"	0.375"	0.500"	0.594"	1.031"	1.500"
6	10s	0.134"	4.033	2.050				
(150)	40	0.280"	8.143	4.139	2.560			
	80	0.432"		6.158	3.809	2.240	1.262	1.000
	120	0.562"			4.904	2.884	1.625	1.106
	160	0.719"				3.547	1.999	1.361
8	10s	0.148"	5.130	2.608				
(200)	40	0.322"		5.499	3.402			
	80	0.500"			5.113	3.007	1.695	1.153
	120	0.719"				4.266	2.404	1.636
	160	0.906"				5.186	2.923	1.989
10	10s	0.165"	7.196	3.659				
(250)	40	0.365"		7.865	4.865			
	80	0.594"			7.645	4.496	2.534	1.724
	120	0.844"				6.375	3.593	2.445
	160	1.125"				8.148	4.591	3.125

內壓之突然改變，重量之突然增加，同時因此而改變斷面力矩

M_B = 偶發性力量產生之力矩（如安全閥之突然開啓產生之壓力、地震……）

P_{max} = 最大內壓力（psi）

kSh = 1.8Sh但不能超過1.5Sy或2.25Sh （最大極限值<1.8Sy）

S_h = 常態材料容許應力（psi）

S_y = 材料之屈服強度（psi）

3. 管線因溫度膨脹產生之應力

S_A = f（1.25Sc+0.25Sh）（psi）

f = 應力折減係數（如下表）

M_C = 管線因溫度膨脹產生之力矩（in-lb）

S_c =低溫時材料容許應力（psi）

$$\frac{PD_o}{4t}+\frac{0.75i\,M_A}{Z}+\frac{i\,M_C}{Z}\le S_h+S_A$$ **（0.75i不能小於1.0.）

分支管（Branch Pipe）與主管（Run Pipe）以焊接支管台方式連結（Weldolet or Sockolet Branch Connections）應力增強因素SIF(i)如下表：

Run pipe			Sch.40 branch pipe size and thickness					
			Branch pipe size					
			½ (15)	¼ (20)	1 (25)	1¼ (32)	1½ (40)	2 (50)
NPS			Branch pipe wall thickness					
(DN)	Sch.	Thickness	0.109"	0.113"	0.133"	0.140"	0.145"	0.154"
1½	10s	0.109"	2.282	3.665	3.665	3.665	3.665	3.665
(40)	40	0.145"	1.413	2.989	2.989	2.989	2.989	2.989
	80	0.200"	1.000	2.362	2.362	2.362	2.362	2.362
	160	0.281"	1.000	1.822	1.822	1.822	1.822	1.822
2	10s	0.109"	2.373	2.975	4.287	4.287	4.287	4.287
(50)	40	0.154"	1.330	1.667	3.359	3.359	3.359	3.359
	80	0.218"	1.000	1.000	2.613	2.613	2.613	2.613
	160	0.344"	1.000	1.000	1.852	1.852	1.852	1.852
2½	10s	0.120"	2.089	2.619	3.614	4.580	4.580	4.580
(65)	40	0.203"	1.000	1.085	1.497	3.162	3.161	3.161
	80	0.276"	1.000	1.000	1.000	2.528	2.528	2.528
	160	0.375"	1.000	1.000	1.000	2.008	2.008	2.008
3	10s	0.120"	2.161	2.710	3.739	4.624	5.249	5.249
(80)	40	0.216"	1.000	1.012	1.397	1.728	3.480	3.480

Run pipe			Sch.40 branch pipe size and thickness					
			Branch pipe size					
			½ (15)	¼ (20)	1 (25)	1¼ (32)	1½ (40)	2 (50)
NPS			Branch pipe wall thickness					
(DN)	Sch.	Thickness	0.109"	0.113"	0.133"	0.140"	0.145"	0.154"
	80	0.300"	1.000	1.000	1.000	1.000	2.747	2.747
	160	0.438"	1.000	1.000	1.000	1.000	2.073	2.073
4	10s	0.120"	2.257	2.829	3.904	4.828	5.583	6.239
(100)	40	0.237"	1.000	1.000	1.250	1.546	1.788	3.893
	80	0.337"	1.000	1.000	1.000	1.000	1.000	3.030
	160	0.531"	1.000	1.000	1.000	1.000	1.000	2.168
6	10s	0.134"	2.005	2.513	3.469	4.289	4.960	6.250
(150)	40	0.280"	1.000	1.000	1.012	1.251	1.447	1.823
	80	0.432"	1.000	1.000	1.000	1.000	1.000	1.000
	120	0.562"	1.000	1.000	1.000	1.000	1.000	1.000
8	10s	0.148"	1.776	2.227	3.073	3.800	4.394	5.537
(200)	20	0.250"	1.000	1.000	1.280	1.583	1.830	2.306
	40	0.322"	1.000	1.000	1.000	1.037	1.199	1.510
	80	0.500	1.000	1.000	1.000	1.000	1.000	1.000

管內溫度冷熱改變次數	應力折減係數
N	f
7,000 and less	1.0
7,000 to 14,000	0.9
14,000 to 22,000	0.8
22,000 to 45,000	0.7
45,000 to 100,000	0.6
100,000 and over	0.5

6.7 簡單的溫度膨脹應力分析法（懸臂樑法則）

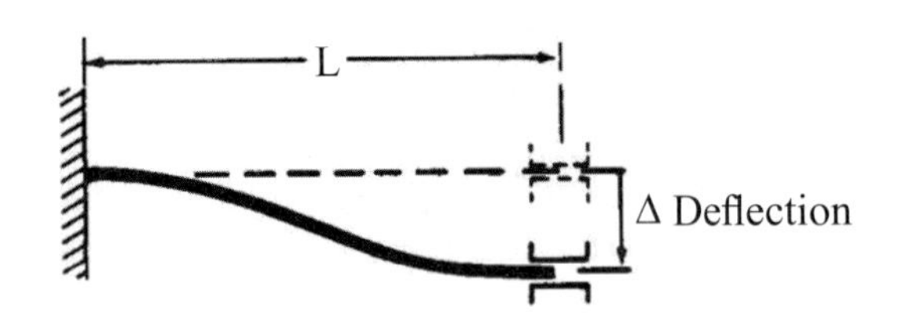

$$M=\frac{6EI\Delta}{L^2}$$

$$S=\frac{iM}{Z}=\frac{6EI\Delta i}{ZL^2}=\frac{3ED\Delta i}{L^2}$$

M = 力矩（Moment）（in-lb ）

E = 材料的彈性模數（Modulus of Elastic-ity）（psi）

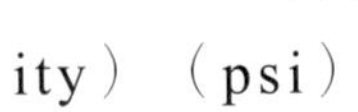

I = 慣性矩（Moment Inertia）（in4）

Δ = 下垂度（Deflection）（in ）

L = 管線長度（Length）（in）

依此公式則產生之應力：

$$S=\frac{iM}{Z}=\frac{6EI\Delta i}{ZL^2}=\frac{3ED\Delta i}{L^2} \qquad \Delta=\frac{144PL^3}{EI} \text{ or } P=\frac{EI\Delta}{144L^3}$$

S = 產生的應力（psi）

D = 管外徑（in）

Z = 斷面模數（in^3）

i = 應力增強因素（SIF）

6.8 管線90°彎曲時產生之力矩及應力情況

1. 管表面之最大張應力

$$S_t = \tau = M_T/2Z$$

M_T = 剪力產生之力矩（in-lb）

Z = 斷面模數（in^3）

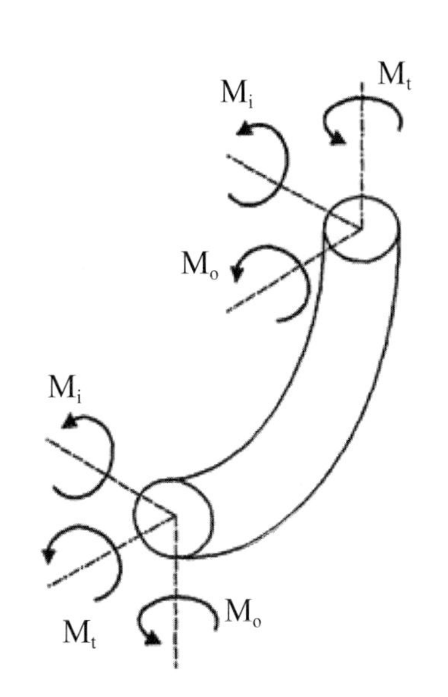

2. 管表面之彎曲應力

$$S_b = ((i_i M_i)^2 + (i_o M_o)^2)^{1/2}/Z$$

M_i = 管內側彎驅力矩

M_o = 管外側彎驅力矩

3. 熱膨脹應力

$$S_E = ((S_b^2 + 4S_t^2))^{1/2}$$

6.9 計算管道線路容許熱膨脹

所有材料（包括管道、機器、構築物和建築物）都會因爲溫度變化而發生尺寸上的變化。管線熱膨脹必須考慮其他原因所引起的運動（例如地震，等等）。經溫度變化的管道，會置於一種受力狀態，並且同時在部件和設備上，施加具有潛在破壞性的反作用力和力矩。適應這種管道運動的三種通用方法是：

(1)提供一個膨脹接頭；(2)使系統能夠「自由浮動」，因此允許管道利用錨件（Anchoring）或導向件（Guidance），向期望的方向移動，必要時，考慮支管接頭的性能或在可能生成有害彎矩處改變方向；(3)利用撓性溝槽式接頭的直線移動／撓度性能。

如何選用上述這些方法，取決於管道系統的類型和設計師的喜好，因此也不可能預知所有的系統設計方案。適應熱移動的第一步是：計算管道系統直線長度在所關心距離上的精確變化，以及採用一個適當的安全係數。針對不同溫度時，以最普通的管道材料（碳鋼、不鏽鋼和銅管）在100英尺管道長度的實際膨脹量，進行計算，如表6-1所示。

表6-1

溫度	管道的熱膨脹 英寸／100英尺 毫米／100米			溫度	管道的熱膨脹 英寸／100英尺 毫米／100米		
°F/°C	碳鋼	銅	不鏽鋼	°F/°C	碳鋼	銅	不鏽鋼
−40 −40	−0.288 −4.0	−0.421 −35.1	−0.461 −38.4	180 82	1.360 113.2	2.051 170.9	2.074 172.9
−20 −28	−0145 −12.1	−0.21 17.4	−0.230 −19.0	200 93	1.520 126.6	2.296 191.3	2.304 191.9
0 −17	0 0	0 0	0 0	212 100	1.610 134.2	2.428 202.4	2.442 203.4
20 −6	0.148 12.5	0.238 19.7	0.230 19.0	220 104	1.680 140.1	2.516 209.7	2.534 211.3
32 0	0.230 19.0	0.366 30.5	0.369 30.8	230 110	1.760 146.7	2.636 219.8	2.650 220.8
40 4	0.300 24.9	0.451 37.7	0.461 38.4	260 126	2.020 268.3		
60 15	0.448 37.4	0.684 57.1	0.691 57.7	280 137	2.180 181.8		
80 26	0.580 48.2	0.896 74.8	0.922 76.8	300 148	2.350 195.9		
100 37	0.753 62.7	1.134 94.5	1.152 96.1	320 160	2.530 211.0		
120 48	0.910 75.8	1.366 113.9	1.382 115.2	340 171	2.700 225.1		
140 60	1.064 88.5	1.590 132.6	1.613 134.5	350 176	2.790 232.6		
160 71	1.200 100.1	1.804 150.3	1.843 153.6				

假設：240英尺長碳鋼管道

最高工作溫度 = 220°F/104°C　　最低工作溫度=40°F/4°C

安裝溫度 = 80°F/26°C。

計算：根據表6-1，碳鋼管道膨脹量220°F/104°C

碳鋼管道每100英尺：1.680英寸40°F/4°C

碳鋼管道每100英尺：0.300英寸

差：碳鋼管道每100英尺：1.380英寸溫度40°F至220°F

因此，240’的管道 = 2.4 * 1.380 = 3.312英寸

此處3.312英寸的移動量應採用一個適當的安全係數，以解決預測工作極值時所有誤差，該安全係數由系統設計師確定，因而會有所不同。

6.10 管道應力分析和柔性設計

管道設計之管道應力分析對管道支撐件（如固定支架、止推支架、導向支架、滑動支架、滾動支架、吊架、彈簧支架等）、阻尼件（如阻尼器）、柔性件（如膨脹節）的選型與設置；對於管道相連的設備的定位、操作的理解；對管道走向的調整與斟酌；對管道元件的局部分析與處理（如法蘭、支架焊接、SIF）；對管道開停車工況及其介質特性的理解；對管道可能遭受的偶然載荷（如氣液兩相流、水錘、氣錘、安全閥反力、風載荷、地震載荷）的理解程度，一定程度上體現了一個設計院管道設計的水準。

雖然柔性分析仍然是管道應力分析的主要內容，但與振動有關的破壞也愈來愈受到重視，所以管道設計需要剛柔並濟。話雖這麼說，但有時候確實很難，這個時候應該查找相關資料來佐證自己的想法，做到有分寸的考慮相關問題。

6.11 管道應力分析專業的職責

1.應力分析（靜力分析、動力分析）。

2.對重要管線的壁厚進行計算，包括特殊管件的應力分析。

3.對動力設備（機械，泵浦、熱交換器、透平（Turbine）管口受力進行校核計算。

4.編制管架標準圖和特殊管架設計。

5.審核供應商檔。

6.編制應力分析及管架設計工程規範。

7.相關人員的專業培訓。

8.進度、品質及工時控制。

6.12 管線壁厚計算

當$S_0 < D0/6$時，直管的計算壁厚為：

$$S_0 = PD_0/(2[\sigma]t\Phi + 2PY)$$

直管的選用壁厚為：$S = S_0 + C$

式中S_0 = 直管的計算壁厚（mm）

P = 設計壓力（MPa）

D_0 = 直管外徑（mm）

$[\sigma]t$ = 設計溫度下直管材料的許用應力，（MPa）

Φ = 焊縫係數，對無縫鋼管，$\Phi = 1$；

S = 包括附加裕量在內的直管壁厚，（mm）

C = 直管壁厚的附加裕量，（mm）

Y = 溫度修正係數，按下表選取。當$S_0 \geq D_0/6$或$P/[\sigma]t > 0.385$時，直管壁厚應根據斷裂理論、疲勞、熱應力及材料特性等因素綜合考慮確定。

溫度修整係數表Y

材料	溫度 ℃					
	≤482	510	538	566	593	≥621
鐵素體鋼	0.4	0.5	0.7	0.7	0.7	0.7
奧氏體鋼	0.4	0.4	0.4	0.4	0.5	

6.13 管線二固定點間臨界長度之計算公式

$$D_o \cdot Y/(L - U)^2 \leq 208.3 \quad (1)$$

$$Y = (\Delta X^2 + \Delta Y^2 + \Delta Z^2)^{1/2} \quad (2)$$

式中：D_O = 管道外徑（mm）

Y = 管道匯流排位移全補償值（mm）

Δx、Δy、Δz分別爲管道沿坐標軸x、y、z方向的線位移全補償值（mm）

L = 管系在兩固定點之間的展開長度（m）

U = 管系在兩固定點之間的直線距離（m）

式(1)不適用於下列管道：

1.在劇烈迴圈條件下運行，有疲勞危險的管道。

2.大直徑薄壁管道（管件應力增強係數i ≥ 5）。

3.不在這接固定點方向的端點附加位移量占總位移量大部分的管道。

4.L/U>2.5的不等腿「U」形彎管，或近似直線的鋸齒狀管道。

6.14 管道支架設計

按支架的作用分爲三大類：承重架、限制性支架和減振架。

1.承重架：用來承受管道的重力及其他垂直向下載荷的支架（含可調支架）。

2.滑動架：在支承點的下方支撐的托架，除垂直方向支撐力及水準方向摩擦力以外，沒有其他任何阻力。

3.彈簧架：包括恆力彈簧架和可變彈簧架。

4.剛性吊架：在支承點的上方以懸吊的方式承受管道的重力及其他垂直向下的荷載，吊杆處於受拉狀態。

5.滾動支架：採用滾筒支承，摩擦力較小。

6.15 確定管道支架位置的要點

1.承重架距離應不大於支架的最大間距。

2.儘量利用已有的土建結構的構件支承，及在管廊的樑柱上支承。

3.在垂直管段彎頭附近，或在垂直段重心以上做承重架，垂直段長時，可在下部增設導向架（當載荷大時，可採用彈簧架分載荷）。

4.在集中荷載大的管道組成件附近設承重架。

5.儘量使設備接管的受力減小。如支架靠近接管，對接管不會產生較大的熱脹彎矩。

6.考慮維修方便，使拆卸管段時最好不需做臨時支架。

7.支架的位置及類型應儘量減小作用力對被固定部件的不良影響。

8.管道支吊架應設在彎管和大直徑三通式分支管附近。

9.對於需要作詳細應力計算的管道，應根據應力計算結果設計管架。

10.在敏感的設備（泵、壓縮機）附近應設置彈簧支架，以防止設備口承受過大的管道荷載。

11.往復式壓縮機的吸入或排出管道以及其他有強烈振動的管道，宜單獨設置有獨立基礎的支架（支架固定於地面的管墩或管架上），以避免將振動傳遞到建築物上。

12.儘量利用已有的土建結構的構件支承，及在管廊的樑柱上支承。

13.在垂直管段彎頭附近，或在垂直段重心以上做承重架，垂直段長時，可在下部增設導向架（當載荷大時，可採用彈簧架分載荷）。

14.在集中荷載大的管道組成件附近設承重架。

15.儘量使設備接管的受力減小。如支架靠近接管，對接管不會產生較大的熱脹彎矩。

16.管道支吊架應設在彎管和大直徑三通式分支管附近。

17.下列情況，不得採用焊接型的管托和管吊：

(1)管內介質溫度等於或大於400的碳素鋼材質的管道。

(2)低溫管道。

(3)合金鋼材質的管道。

(4)生產中需要經常拆卸檢修的管道。

(5)架空敷設且不易施工焊接的管道。

(6)非金屬襯裡管道。

(7)需熱處理的管道（消除應力）。

第 7 章

泵浦

泵浦（Pump），用以增加液體或氣體的壓力，使加壓過的氣體或液體產生比平常狀況下更巨大的推進力量，以推進某些機械裝置、氣體或液體產生巨大的力量作爲多項用途。與「蹦」同音，爲英語Pump的音譯，日語也以此爲發音。中文直譯稱泵浦，是一種用來移動液體、氣體或特殊流體介質的裝置，即是對流體作功的機械。人類及動物的心臟可說是天然的泵浦，它把血液輸送到身體各個部分。

在工業流體處理和日常生活中，泵浦主要用於水、氣、油、酸鹼液、乳化液、懸乳液和液態單質、金屬等流體，也可用於液、氣混合物及含懸浮固體物的液體的運送。農業生產上，泵浦是最主要的排灌機械。

石油鑽探開採中壓裂泵浦和泥漿幫浦是重要的設備。在化工和石油生產中，泵浦除了輸送原料流體介質和提供化學反應的壓力流量以外，在生產裝置中還用來調節溫度。礦業和冶金工業中的泵浦，主要用於給水、排水。

在電力部門中，熱電廠、核電站使用鍋爐給水泵浦、冷凝水泵浦、循環水泵浦和灰渣泵浦、主泵浦、多級泵浦等。

在船舶製造工業中，船舶所用的泵浦的類型和數量也相當多樣。

城市的給排水、蒸汽機車的用水、工具機中的潤滑和冷卻、紡織工業中輸送漂液和染料、造紙工業中輸送紙漿，以及食品工業中輸送牛奶和糖類食品等，都使用大量的泵浦。

爲提高效率及降低成本，泵浦已朝向小型精緻化發展。因此在泵殼的設計上，大多以提高流體在泵殼內之流速來提升其水力效率，因此其入出管口之流速一般都會在4m/s甚至達到6m/s以上。

但是，在總揚程之計算上，考量管路損失及管線材料成本，在泵浦入口管線之流速，因考慮吸入性能Npsha的關係，大多取1.0～2.0公尺之間，出口管線之流速則在2.0～3.0公尺之間，然後根據管線之配置所產生之管路損失來計算所需之總揚程。所以當工程公司或設計單位已定出總揚程時，即表示亦已決定所需之管徑，因此僅需詢問工程公司或設計單位所選定之管徑，用以作配管的依據。由於所選用之管線的流速均較泵浦之入出口爲低，因此都會在管線及泵浦管口處加裝漸縮管（Reducer）。

7.1 管線口徑之選取

泵浦進出口管徑建議表							
水量範圍	出口建議配管			入口建議配管			備註
m^3/min	mm	in	m/s	mm	in	m/s	
0～0.07	25	1	2.38	32	1-1/4	1.45	
0.07～0.12	32	1-1/4	2.49	40	1-1/2	1.59	
0.12～0.2	40	1-1/2	2.65	50	2	1.70	
0.2～0.33	50	2	2.80	65	2-1/2	1.66	
0.33～0.55	65	2-1/2	2.76	80	3	1.82	
0.55～0.8	80	3	2.65	100	4	1.70	
0.8～1.4	100	4	2.97	125	5	1.90	
1.4～2.2	125	5	2.99	150	6	2.07	
2.2～3.2	150	6	3.02	200	8	1.70	
3.2～5.7	200	8	3.02	250	10	1.94	
5.7～9.0	250	10	3.06	300	12	2.12	

泵浦進出口管徑建議表							
水量範圍	出口建議配管			入口建議配管			備註
m^3/min	mm	in	m/s	mm	in	m/s	
9.9～13	300	12	3.07	350	14	2.25	
13～17.5	350	14	3.03	450	18	1.83	
17.5～23	400	16	3.05	500	20	1.95	
23～29	450	18	3.04	600	24	1.71	
29～35	500	20	2.97	600	24	2.06	
35～51	600	24	3.01	750	30	1.92	
51～70	700	28	3.03	900	36	1.83	
70～80	750	30	3.02	900	36	2.10	
80～90	800	32	2.98	1000	40	1.91	
90～110	900	36	2.88	1100	44	1.93	
110～140	1000	40	2.97	1200	48	2.06	
140～170	1100	44	2.98	1300	52	2.13	
170～210	1200	48	3.09	1500	56	1.98	
210～245	1300	52	3.08	1600	60	2.03	
245～285	1400	56	3.09	1800	64	1.87	
285～330	1500	60	3.11	1800	72	2.16	
330～380	1600	64	3.15	2000	80	2.02	
380～480	1800	72	3.14	2200	88	2.10	
480～600	2000	80	3.18	2400	96	2.21	
600～720	2200	88	3.16	2600	104	2.26	
720～900	2400	96	3.32	2800	112	2.44	
900～1000	2600	104	3.14	3000	120	2.36	

7.2 泵浦進出口配管標準圖

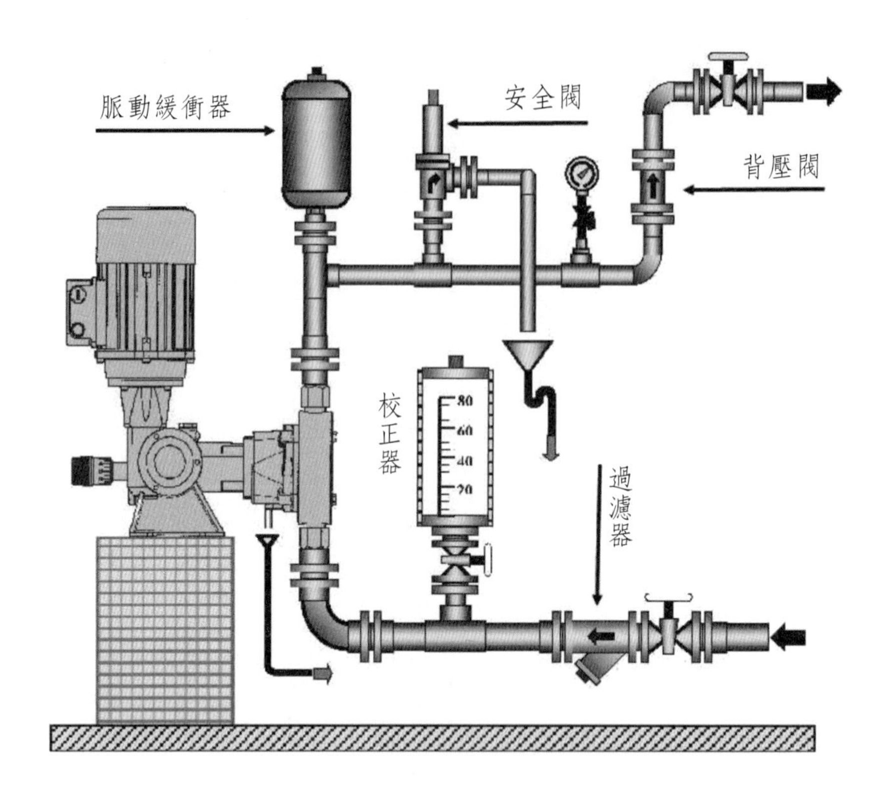

7.3 配件說明

1. 過濾器（Filter）

若情況許可，一般會在入水口安裝過濾器，以防止雜質進入管道內。

2. 洩壓閥／安全閥（Safety Valves）

洩壓閥的設置，可確保當系統出口發生堵塞時，不至損害到泵浦及管路。

3. 背壓閥（Back Pressure Valves）或逆止閥（Check Valve）

背壓閥適用於定量泵浦的出口管路，以防止虹吸，並可消除不同下游管線的壓力，保持系統的恆定正壓。

4. 脈動緩衝器（Pulsation Damper）

定量泵浦的輸送原理，是透過衝程的往復運動，所造成的抽水、送水；以及逆止閥組的設計，使液體自入口至出口不斷的進行正位移。以分鐘爲單位來觀察，爲恆定量；但若以秒爲單位，則可能一秒是0cc，下一秒則是1000cc，所以整個管路會不停振動；此即爲脈動。脈動緩衝器可以減少脈動的程度，並建立接近平滑和連續的液體流動。

5. 計量器（Calibration Cylinder）

可幫助使用者以目視確認流量。

7.4 泵浦入口比速率問題

7.4.1 單吸單段泵浦運轉條件包含：

1.流量Capacity（M3/Min）代號Q
2.總揚程Total Head（M）代號H
3.轉速Speed（RPM）代號N
4.淨吸入口揚程Npshr（M）代號Npshr

7.4.2 泵浦比速率（M3/Min．M．RPM）

代號Ns，表示泵浦的性能，它會決定葉輪的型式，例如徑流式葉輪、混流式葉輪、斜流式葉輪、軸流式葉輪，形狀如下圖。其公式爲：

$$N_s = \frac{N\sqrt{Q}}{H^{3/4}}$$

	1	2	3	4	5	6	7
葉輪形狀							
Ns	80～120	120～250	250～450	450～700	700～1000	800～1200	1200～2200
分類	徑流式	徑流式	混流式	混流式	斜流式	斜流式	軸流式

7.4.3 泵浦入口比速率（M3/Min．M．RPM）代號Nss

表示泵浦入口的性能，它會決定葉輪的淨吸入口揚程。如果入口配管之有效吸入口揚程（**Net Positive Suction Head, Npsha**）小於泵浦淨吸入口揚程（**Npshr**），則泵浦無法順利地抽水上來，其公式爲：

$$Nss=\frac{N\sqrt{Q}}{Npshr^{3/4}} \quad 或 \quad Npshr=\left(\frac{N\sqrt{Q}}{Nss}\right)^{4/3}$$

一般最高效率點（b.e.p）之泵浦入口比速率Nss數值大約在1200～1350 m3/min．m．rpm之間（軸流式泵浦可能大於1350），例如：

1. Q=5 M3/Min，H=40M，N=1750 RPM

$$N_{pshr}=\left[\frac{1750\sqrt{5}}{1200}\right]^{4/3}=4.8M \sim \left[\frac{1750\sqrt{5}}{1350}\right]^{4/3}=4.1M$$

∴Npshr = 4.1～4.8M之間

2. Q=300 M3/Min，H=40 M，N=440 RPM

$$N_{pshr}=\left[\frac{440\sqrt{300}}{1200}\right]^{4/3}=11.8M \sim \left[\frac{440\sqrt{300}}{1350}\right]^{4/3}=10.1M$$

∴Npshr = 10.1～11.8M之間

一般現場配管於泵浦入口處之有效吸入口揚程簡稱爲**Npsha**，如果要泵浦正常運轉而不產生氣蝕現象，就必須達到Npsha ≥ 1.3倍之Npshr。

假設在常溫下開放式水池引管抽取清水，水面低於泵浦入口2M（hs = －2M），大氣10.33M(ha)，水溫蒸氣壓0.33M(hv)，吸入管內的損失水頭1M(ht)，則：

$$Npsha = ha + hs - hv - ht = 10.33 + (-2) - 0.33 - 1 = 7M$$

如此條件應該可以抽取範例（A）之泵浦（Npsha = 7m ≥ Npshr = 4.1～4.8m之1.3倍），但需保持入口滿水（方法(a)入口裝底閥（Check Valve）而灌滿水(2)出口閥關閉而抽眞空使水滿上來），如此才能啓動泵浦正常運轉。

7.5 泵浦之有效吸入口揚程

Npsha之圖說：

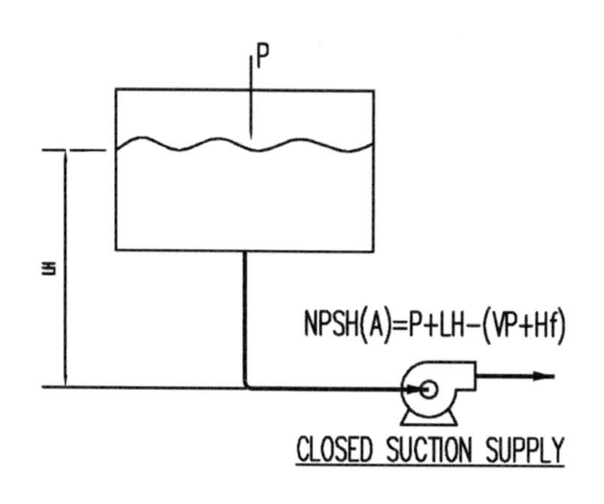

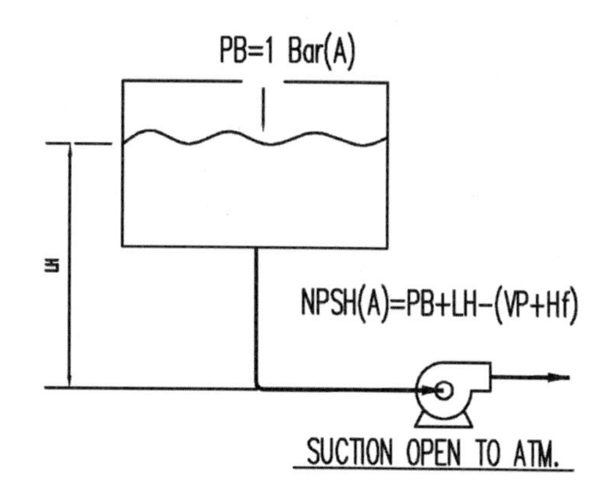

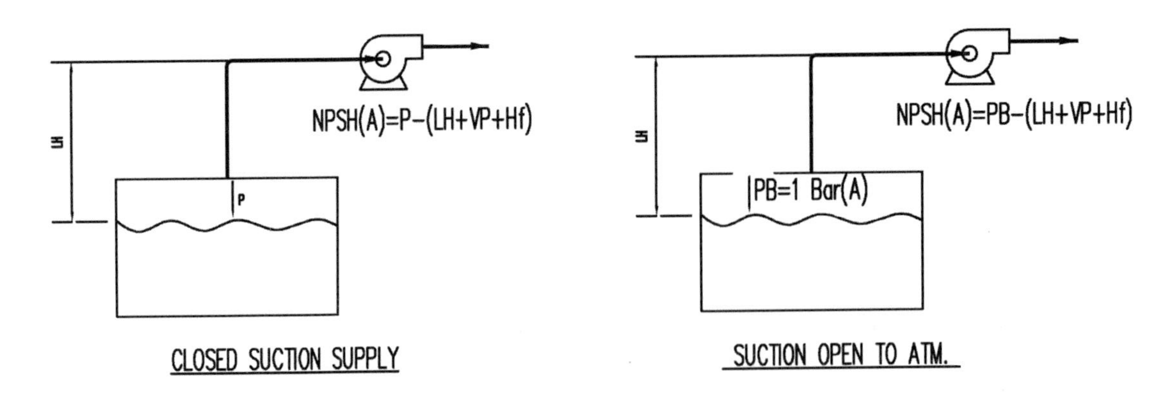

NOTES:
1. P=INSIDE PRESSURE FOR TANK (ABSOLUTE)
2. VP=VAPOUR PRESSURE (ABSOLUTE)
3. LH=STATIC HEAD
4. HL=FRICTICH LOSS
5. PB=ATM. PRESSURE (ABSOLUTE)

7.6 泵浦的種類

建廠人員如未理解到能源短缺的壓力，規劃出的水系統泵浦就很少會有節能的思考，例如：

1.在變動流量的供水系統中，選用了NS300～620，全關揚程比值160%的泵浦，泵浦本身完全沒有節流省能的空間。

2.有的系統選用了NS100～155，全關揚程比值110%的泵浦，本身已具有非常好的節流省能能力，卻又另行裝置變速設備，導致看不出可觀的省能改善績效。

3.泵浦本身已具有非常好的節流省能能力，節流時仍使用回流閥來控制。

4.泵浦買來是1300m^3/hr，長期運轉在700m^3/hr加回流。

5.泵浦買來是4.5kg/cm^2，長期運轉在2.5kg/cm^2。

這些案例經常反覆地在各工廠發生，都是由於管理者、規劃者疏於對泵浦原理的深入了解，所以就算建廠初期選對了的泵浦，日後運轉成本的差異卻往往是數千萬元。

在選擇相同規格的泵浦時，通常水平臥式的效率較直立式高個1～2%，初期購置成本也低一些。泵浦的種類、口徑及揚程如下表：

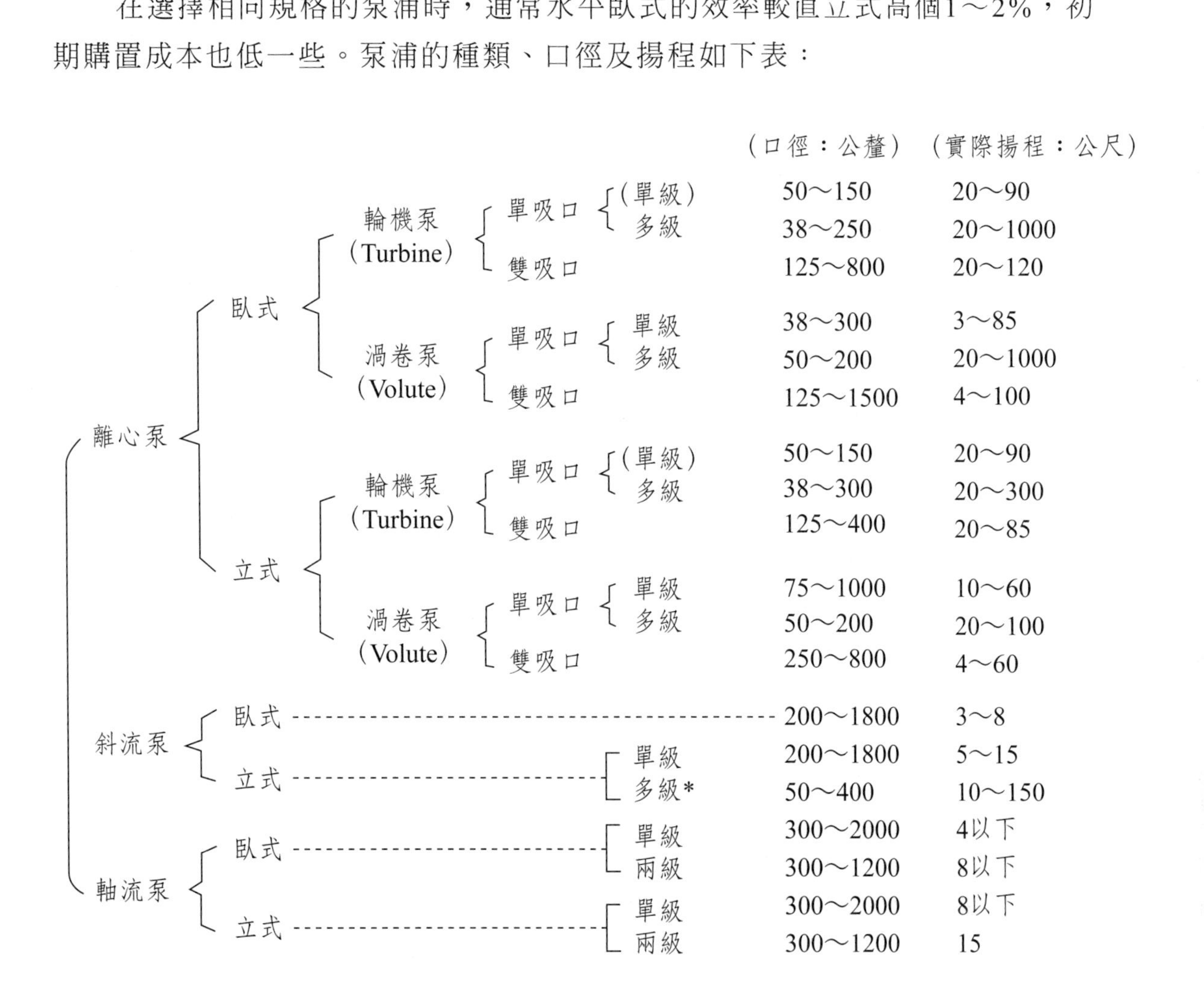

種類	型式	泵	吸口	級數	（口徑：公釐）	（實際揚程：公尺）
離心泵	臥式	輪機泵（Turbine）	單吸口	（單級）	50～150	20～90
				多級	38～250	20～1000
			雙吸口		125～800	20～120
		渦卷泵（Volute）	單吸口	單級	38～300	3～85
				多級	50～200	20～1000
			雙吸口		125～1500	4～100
	立式	輪機泵（Turbine）	單吸口	（單級）	50～150	20～90
				多級	38～300	20～300
			雙吸口		125～400	20～85
		渦卷泵（Volute）	單吸口	單級	75～1000	10～60
				多級	50～200	20～100
			雙吸口		250～800	4～60
斜流泵	臥式				200～1800	3～8
	立式			單級	200～1800	5～15
				多級*	50～400	10～150
軸流泵	臥式			單級	300～2000	4以下
				兩級	300～1200	8以下
	立式			單級	300～2000	8以下
				兩級	300～1200	15

7.7 泵浦最小流量（Min Flow）要求基準

離心泵、斜流泵雖然可以節流運轉，但是不能無限制的節流運轉（如下表）。長期運轉在Min Flow要求基準以下時，泵浦泵殼將發生嚴重的偏蝕（Erosion）現象；軸流泵則完全不能節流在100%以下運轉，會發生過載現象。

泵浦Min Flow要求基準

泵浦型式口徑	Min Flow要求基準
單吸泵3"出口以下	10%
單吸泵4"出口以上	25%
雙吸泵8"出口以下	25%
雙吸泵8"出口以上	40%

7.8 泵浦配管時應注意事項

1.泵浦入口管路應避免過多的彎頭（降低入口管損）。

2.泵浦出入口前後需裝設壓力表或預留壓力檢測點。

3.泵浦配管時需避免管路的重量及應力在Pump上產生。

4.若抽吸之液體爲熱水時需特別注意其流體蒸氣壓，並給予適當之正壓以防止空蝕現象產生損壞。

5.管路及接頭必須確實密封，出水端漏水將使泵浦起動頻繁，容易發生故障，吸入端管路密封不良將使泵浦失去吸水功能而空轉；入水管路請勿裝設透氣管，因透氣管會使泵浦吸入空氣導致泵浦空轉，泵浦空轉過久會造成軸封損壞並使泵內水溫升高引發管路爆裂。

6.配管時需注意避免異物進入泵浦室內，特別是塑膠管用PVC膠水及鐵屑，以免葉輪卡死損壞。

7.出口管路請使用金屬管，不能使用PVC或塑膠管，以防止管壓過高或液體溫度異常導致管路變形破裂，並爲減少管損及噪音，請採用與泵浦出口相同直徑之管路。

8.嚴禁無水運轉，操作時水溫不可超過90°C，並嚴禁除了水外其他液體之使用。

9.使用在熱水器時會因熱水蒸氣產生高壓，請在配管出水口加裝逆止閥保護壓力桶，以策安全。

7.9 一般配管設計應注意事項

1.廢氣不應直接排入加熱爐之爐腔，因爲加熱爐停止後廢氣可能繼續流入。小心的遵守就能安全燃燒。

2.廢氣必須通過設有高液位警報的緩衝槽，以防止液渣進入加熱爐。緩衝槽下游必須設有連續的蒸汽或惰性氣體，以防止回火。

3.在最低點設置液體排放閥（Drain），在最高點設置排氣閥（Vent），於不用時應該將閥門關緊。

4.避免在配管中，有不能排液的滯袋，配管設計必須在開車正常操作期間容易排水，在操作期間也必須提供適當的方法檢查水的積聚，如積聚槽的低窪部及垂直管之閥門的排水。

5.大量的蒸汽祛水器排放到大氣中會造成水霧與結冰，當製程單元安裝有蒸汽祛水器時應使用冷凝水收集系統。

6.碳鋼是最普遍使用的配管材質，但使用於每個特殊流體的正確材質必須取決於不尋常操作條件：

(1)腐蝕或侵蝕流體。

(2)認爲有非常高或低溫度的地方。

7.配管系統應有足夠的管支撐、穩定錨、導架與彈簧懸吊器容。

8.所有柱塞閥、蝶形閥或球閥必須裝設容易看見的確實位置的指標（如開、關、角度）。

9.非升桿閘閥一定不可用在碳氫化合物的流體。

10.外螺紋與軛狀閘閥之延伸桿，應設計成操作員藉著閥桿位置就能確定閥門是開著或關著。

11.閥手輪應在任何可能的時候，都能從地面上或便利的平台操作。

12.不能接近或高於操作區域6呎以上的閥手輪，應利用鏈條操作器、齒輪操作器或延伸桿。

13.鏈條操作器不可使用於螺絲閥或小於2吋的閥門上。

14.有延伸桿之地下閥必須位於手輪，不至造成人員拌倒的危害之處。

15.下列情況必須使用焊接施工：

(1)所有氫氣配管。

(2)單元中所有首次製程配管。

(3)單元外所有首次碳氫化合物配管。

(4)大部分鹼、酸及蒸汽配管。

16.即使是螺絲配管可接受的地方，焊接施工一般上仍較佳，因爲螺絲接頭與閥門曝露在火場時更容易毀壞。

17.所有配管系統應設計避免水鎚現象，因爲當流體之速度或壓力有突然的改變時，這種現象能發生在所有壓力下的液體管線。

18.不需要快速地關閉一個柱塞閥、球閥或蝶形閥，因爲任何流體條件突然的改變可能產生某程度的水鎚現象。

19.承受內部壓力的所有筒、槽、容器、塔、熱交換器及其他設備，都必須有適當釋放容量來保護防止過壓。

7.10 SINGLE PHASE LINE PRESSURE DROP CALCUATION（單相線流壓力降計算）

Equipment: Condensate Return Pump To Main Condensate Tank								BY:	Rex wen	
LINE NO.:								date:		
Pipe MTL : ASTM A53								File:		
		Suction Side	Discharge Side							
Phase	(V or L)	L	L							
Temp.	℃	60.000	25.000	Fitting	n	ks	kd	no. of each	Total	
Density	Kg/cm^3	0.000984	0.000964	Pipe Entrance, Inward	0.78	0			0	0
Viscosity	cp	0.485	0.485	Pipe Entrance, Sharp	0.5	1	1		0.5	0.5
M/B Flow Rate	m^3/hr	16.500	420.000	Pipe Entrance, Flush	10	0			0	0
Over Design Ratio (Safty)		1.100	1.100	Pipe Exit	1	1	1		1	1
Pipe Roughness(e)	mm	0.050	0.050	90 Elbow, BW, r/d = 1.5(LR)	14	4	32		56	448

Pipe Nominal Size	"	3.000	12.000	90 Elbow, BW, r/d = 1.5(SR)	20				0	0
Pipe (ID)	mm	78.100	65.900	90 Elbow, SW, SCRD(std)	30				0	0
e/D	-	0.001	0.001	45 Elbow ,BW,r/d(std)	16	1	1		16	16
Flow Rate	m³/hr	18.150	462.000	Tee Run	20	1	8		20	160
Velocity	m/sec	1.052	37.625	Tee ,Flow Thru .Branch	60				0	0
Reynoids No. Nre	-	1.7E-01	4.9E+00	Bend (general) angle	90				0	0
Friction Factor	r	0.020	0.015	Bend (general), r/d, 90, 45	5				0	0
ρ*V*V*ID/2g*10 per m	Kg/m²	0.001	6.864	Contraction	10	1			10	0
Line Length	m	7.200	100.000	Enlargement	10				0	0
				Fitting total k					103.5	626
Line dP	Kg/cm²	0.0006	68.6390							
Flow Rate=Q	Liters/s	5.042	128.333	Valve	n	ks	kd	no. of each	Total k factor	
Pump Power efficiency			0.85	Globe v/v,straight	340	0	0		0	0
				Globe v/v,Y type	55	0	0		0	0
				Gate v/v	10	1	2		10	20
C.V. Tag No.				Release v/v					0	0
control vavle type				Lift Check v/v,vertical pistone	600	0	0		0	0
B" Vavle				Lift Check v/v,Y type	55	0	0		0	0
dP Avail				Butterfly v/v,2"~8"	45	0	0		0	0
dP(C.V.Design)				Butterfly v/v,10"~14"	35	0	0		0	0
dP(pump calcu.)				Butterfly v/v,14"~24"	25	0	0		0	0
F				Ball v/v	10	0	0		0	0
dP of Orifice	Kg/cm²		0.5	Plug v/v,2 way	18	0	0		0	0
dP of Strainer	Kg/cm²	0.05		Plug v/v,3 way Thru Run	30	0	0		0	0
dP of special valve	Kg/cm²			Plug v/v,3 way Thru Branch	90	0	0		0	0
dP of the other	Kg/cm²			stop check ,vertical pistone	400	0	1		0	400
dP of Special Item		0.050	0.500	stop check ,angle type	200	0	0		0	0
V*V/2g	Kg/m²	0.000	0.000							
Fitting k		103.5	625.5	stop check ,Y type	300	0	0		0	0
Valve k		48	540	stop check ,angle Y type	350	0	0		0	0
Total k		151.5	1165.5	stop check ,Straight Y type	55	0	0		0	0
Fitting dP	Kg/cm²(G)	0.000673	4.859086	stop check ,angle Plug Disk	55	0	0		0	0
Line+fitting+ Special. dP	Kg/cm²(G)	0.051308	73.998123	swing check,disk30 to line	50	0	0		0	0
Height at start(m)		0.3	-2	swing check,disk45 to line	100	0	0		0	0

Height at end(m)		-2.3	21	Tilting disk check v/v					0	0
Static Head(m)		2.6	23	TDCV 2"~8" alpha=5	40	0	0		0	0
Static Dp	$Kg/cm^2(G)$	0.247523	2.145124	TDCV 10"~14" alpha=5	30	0	0		0	0
Temperature(^0C)		60.000	60.000	TDCV 2"~8" alpha=15	120	0	1		0	120
Main Condensate Tank P	$Kg/cm^2(G)$	-0.794		TDCV 10"~14" alpha=15	90	0	0		0	0
Vapor Press.	$Kg/cm^2(A)$	0.203		Valve total k					10	540
$NPSH_A$(Close system)	m	1.859		Pump T.D.H (choose) m	20.00					
Total Discharge Head Required(m)(Min)			751.462	Pump Power (Kw) min.	28.59					

7.10.1 單相泵浦壓力計算說明

C-15 = C12/C14,

D-15 = D12/D14

C-16 = C10*C11,

D-16 = D10*D11,

C17 = C16/3600/(0.7854*C14*C14/1000000)

D17 = D16/3600/(0.7854*D14*D14/1000000),

C18 = ((C14/1000)*C17*C8)/C9*1000,

D18 = ((D14/1000)*D17*D8)/D9*1000

C-20 = C14/1000*C19*C17*C17/(2*9.8)*10

D-20 = D14/1000*D19*D17*D17/2*9.81

C-23 = C20*C21/10

D-23 = D20*D21/10

C-24 = (C16*1000/3600)

D-24 = (D16*1000/3600)

C-39 = SUM(C35:C38)

D-39 = SUM(D35:D38)

C-40 = (C37*C37/2*9.81)

D-40 = (D37*D37/2*9.81)

C-41 = (J22)

D-41 = (K22)

C-42 = (J52)

D-42 = (K52)

C-43 = C41+C42

D-43 = D41+D42

C-44 = (4*C19*C8*C43*C17*C17/(2*9.82))

D-44 = (4*D19*D8*D43*D17*D17/(2*9.82))

C-45 = (C23+C44+C39)

D-45 = (D23+D44+D39)

C-48 = (C46-C47)

D-48 = (D46-D47)

C-49 = (C48/10.336)*C8*1000

D-49 = (D48/10.336)*D8*1000

C-53 = ((C51-C52)/(C8*1000*9.82))-((C45*10)-(C49*10))

D-54 = (D49+C51-C52+D45+D40)*10

F54 = (D8*D24*9.82*F53)/D25

7.10.2 Water Saturate Vapor Pressure Table

T ℃	Vapor Pressure bars (A)	Vapor Pressure Psi (A)	Vapor Pressure m (A)	Density (kg/dm^3)
0	0.00611	0.088355392	0.061878725	0.9998
1	0.00657	0.095007353	0.066537353	0.9999
2	0.00706	0.102093137	0.071499804	0.9999
3	0.00758	0.109612745	0.076766078	0.9999
4	0.00813	0.117566176	0.082336176	0.9999
5	0.00872	0.126098039	0.088311373	0.9999
6	0.00935	0.135208333	0.094691667	0.9999
7	0.01001	0.144752451	0.101375784	0.9999

T ℃	Vapor Pressure bars (A)	Vapor Pressure Psi (A)	Vapor Pressure m (A)	Density (kg/dm^3)
8	0.01702	0.246122549	0.172369216	0.9999
9	0.01147	0.165865196	0.116161863	0.9998
10	0.01227	0.177433824	0.124263824	0.9997
11	0.01312	0.18972549	0.132872157	0.9997
12	0.01401	0.202595588	0.141885588	0.9996
13	0.01497	0.216477941	0.151607941	0.9994
14	0.01597	0.230938725	0.161735392	0.9993
15	0.01704	0.246411765	0.172571765	0.9992
16	0.01817	0.262752451	0.184015784	0.999
17	0.01936	0.279960784	0.196067451	0.9988
18	0.02062	0.298181373	0.208828039	0.9987
19	0.02196	0.317558824	0.222398824	0.9985
20	0.02337	0.337948529	0.236678529	0.9983
21	0.02485	0.35935049	0.251667157	0.9981
22	0.02642	0.382053922	0.267567255	0.9978
23	0.02808	0.406058824	0.284378824	0.9976
24	0.02982	0.431220588	0.302000588	0.9974
25	0.03166	0.457828431	0.320635098	0.9971
26	0.0336	0.485882353	0.340282353	0.9968
27	0.03564	0.515382353	0.360942353	0.9966
28	0.03778	0.546328431	0.382615098	0.9963
29	0.04004	0.579009804	0.405503137	0.996
30	0.04241	0.613281863	0.429505196	0.9957
31	0.04491	0.649433824	0.454823824	0.9954
32	0.04753	0.687321078	0.481357745	0.9951
33	0.05209	0.753262255	0.527538922	0.9947
34	0.05318	0.76902451	0.538577843	0.9944
35	0.05622	0.812985294	0.569365294	0.994

T ℃	Vapor Pressure bars (A)	Vapor Pressure Psi (A)	Vapor Pressure m (A)	Density (kg/dm^3)
36	0.0594	0.858970588	0.601570588	0.9937
37	0.06274	0.907269608	0.635396275	0.9933
38	0.06624	0.957882353	0.670842353	0.993
39	0.06991	1.010953431	0.708010098	0.9927
40	0.07375	1.066482843	0.74689951	0.9923
41	0.07777	1.124615196	0.787611863	0.9919
42	0.08198	1.185495098	0.830248431	0.9915
43	0.08693	1.25707598	0.880379314	0.9911
44	0.091	1.315931373	0.921598039	0.9907
45	0.09582	1.385632353	0.970412353	0.9902
46	0.10086	1.458514706	1.021454706	0.9898
47	0.10612	1.534578431	1.074725098	0.9894
48	0.11162	1.614112745	1.130426078	0.9889
49	0.11736	1.697117647	1.188557647	0.9884
50	0.12335	1.783737745	1.249221078	0.988
51	0.12961	1.874262255	1.312618922	0.9876
52	0.13613	1.968546569	1.378649902	0.9871
53	0.14293	2.066879902	1.447516569	0.9866
54	0.15002	2.169406863	1.519320196	0.9862
55	0.15741	2.276272059	1.594162059	0.9857
56	0.16511	2.387620098	1.672143431	0.9852
57	0.17313	2.503595588	1.753365588	0.9846
58	0.18147	2.624198529	1.837828529	0.9842
59	0.19016	2.749862745	1.925836078	0.9837
60	0.1992	2.880588235	2.017388235	0.9832
61	0.2086	3.016519608	2.112586275	0.9826
62	0.2184	3.158235294	2.211835294	0.9821
63	0.2286	3.305735294	2.315135294	0.9816

T ℃	Vapor Pressure bars (A)	Vapor Pressure Psi (A)	Vapor Pressure m (A)	Density (kg/dm^3)
64	0.2391	3.457573529	2.421473529	0.9811
65	0.2501	3.616642157	2.53287549	0.9805
66	0.2615	3.781495098	2.648328431	0.9799
67	0.2733	3.952132353	2.767832353	0.9793
68	0.2856	4.13	2.8924	0.9788
69	0.2984	4.315098039	3.022031373	0.9782
70	0.3116	4.505980392	3.155713725	0.9777
71	0.3253	4.704093137	3.294459804	0.977
72	0.3396	4.910882353	3.439282353	0.9765
73	0.3543	5.123455882	3.588155882	0.976
74	0.3696	5.344705882	3.743105882	0.9753
75	0.3855	5.574632353	3.904132353	0.9748
76	0.4019	5.811789216	4.070222549	0.9741
77	0.4189	6.057622549	4.242389216	0.9735
78	0.4365	6.312132353	4.420632353	0.9729
79	0.4547	6.575318627	4.604951961	0.9723
80	0.4736	6.848627451	4.796360784	0.9716
81	0.4931	7.130612745	4.993846078	0.971
82	0.5133	7.422720588	5.198420588	0.9704
83	0.5342	7.72495098	5.410084314	0.9697
84	0.5557	8.035857843	5.62782451	0.9691
85	0.578	8.358333333	5.853666667	0.9684
86	0.6011	8.692377451	6.087610784	0.9678
87	0.6249	9.036544118	6.328644118	0.9671
88	0.6495	9.392279412	6.577779412	0.9665
89	0.6749	9.759583333	6.835016667	0.9658
90	0.7011	10.13845588	7.100355882	0.9652
91	0.7281	10.52889706	7.373797059	0.9644

T ℃	Vapor Pressure bars (A)	Vapor Pressure Psi (A)	Vapor Pressure m (A)	Density (kg/dm^3)
92	0.7561	10.93379902	7.657365686	0.9638
93	0.7849	11.35026961	7.949036275	0.963
94	0.8164	11.80578431	8.26805098	0.9624
95	0.8453	12.22370098	8.560734314	0.9616
96	0.8769	12.68066176	8.880761765	0.961
97	0.9094	13.15063725	9.209903922	0.9602
98	0.943	13.63651961	9.550186275	0.9596
99	0.9776	14.13686275	9.900596078	0.9586
100	1.0133	14.65311275	10.26214608	0.9581
102	1.0878	15.73044118	11.01664118	0.9657
104	1.1668	16.87284314	11.8167098	0.9552
106	1.2504	18.08176471	12.66336471	0.9537
108	1.339	19.3629902	13.56065686	0.9522
110	1.4327	20.71796569	14.50959902	0.9507
112	1.5316	22.14813725	15.51120392	0.9491
114	1.6362	23.66073529	16.57053529	0.9476
116	1.7465	25.2557598	17.68759314	0.946
118	1.8626	26.93465686	18.8633902	0.9445
120	1.9854	28.71044118	20.10704118	0.9429
122	2.1145	30.57732843	21.4144951	0.9412
124	2.2504	32.54254902	22.79081569	0.9396
126	2.3933	34.6089951	24.23802843	0.9379
128	2.5435	36.7810049	25.75917157	0.9362
130	2.7013	39.06291667	27.35728333	0.9346
132	2.867	41.45906863	29.03540196	0.9328
134	3.041	43.9752451	30.79757843	0.9311
136	3.223	46.60710784	32.64077451	0.9294
138	3.414	49.36911765	34.57511765	0.9276

T ℃	Vapor Pressure bars (A)	Vapor Pressure Psi (A)	Vapor Pressure m (A)	Density (kg/dm^3)
140	3.614	52.26127451	36.60060784	0.9258
145	4.155	60.08455882	42.07955882	0.9214
150	4.76	68.83333333	48.20666667	0.9168
155	5.433	78.56544118	55.02244118	0.9121
160	6.181	89.38210784	62.59777451	0.9073
165	7.008	101.3411765	70.97317647	0.9024
170	7.92	114.5294118	80.20941176	0.8973
175	8.924	129.0480392	90.37737255	0.8921
180	10.027	144.9982843	101.547951	0.8869
185	11.233	162.4379902	113.7616569	0.8815
190	12.551	181.4973039	127.1096373	0.876
195	13.987	202.2629902	141.6526569	0.8704
200	15.55	224.8651961	157.4818627	0.8647
205	17.243	249.3473039	174.6276373	0.8588
210	19.077	275.8683824	193.2013824	0.8528
215	21.06	304.5441176	213.2841176	0.8467
220	23.198	335.4612745	234.9366078	0.8403
225	25.501	368.7644608	258.2601275	0.8339
230	27.976	404.554902	283.3255686	0.8273
235	30.632	442.9627451	310.2240784	0.8206
240	33.478	484.1181373	339.0468039	0.8136
245	36.523	528.1512255	369.8848922	0.9065
250	39.776	575.1921569	402.8294902	0.7992
255	43.246	625.3710784	437.9717451	0.7916
260	46.943	678.832598	475.4129314	0.7839
265	50.877	735.7213235	515.2543235	0.7759
270	55.058	796.1818627	557.5971961	0.7678
275	59.496	860.3588235	602.5428235	0.7593

T ℃	Vapor Pressure bars (A)	Vapor Pressure Psi (A)	Vapor Pressure m (A)	Density (kg/dm^3)
280	64.202	928.4112745	650.2026078	0.7505
285	69.186	1000.483824	700.6778235	0.7415
290	74.461	1076.764461	754.1001275	0.7321
295	80.037	1157.397794	810.5707941	0.7223
300	85.927	1242.571814	870.2214804	0.7122
305	92.144	1332.47451	933.1838431	0.7017
310	98.7	1427.279412	999.5794118	0.6906
315	105.61	1527.203431	1069.560098	0.6971
320	112.89	1632.477941	1143.287941	0.6669
325	120.56	1743.392157	1220.96549	0.6541
330	128.63	1860.090686	1302.69402	0.6404
340	146.05	2111.997549	1479.114216	0.6102
350	165.35	2391.090686	1674.57402	0.5743
360	186.75	2700.551471	1891.301471	0.5275
370	210.54	3044.573529	2132.233529	0.4518
374.15	221.2	3198.72549	2240.192157	0.3154

第 8 章

熱交換器

化學工廠常見的反應器、調料桶等都需要配備加熱（或冷卻）及攪拌裝置，以便有效控制器內物料的溫度，一般均以夾套或盤管式熱交換器（Heat Exchanger）來達成目的。夾套與盤管可同時共有，也可單獨裝設，依實際需要而定。

8.1 管子熱傳

管側的熱傳係數可假設工作流體均勻分布於每一熱傳管中，用Dittus-Beolter方程式：

$$\text{熱傳係數} Nu = 0.023\text{Re}^{0.8}\text{Pr}^{n}$$

其中：

n = 0.4加熱用（管側流體溫度較高）

n = 0.3冷卻用（管側流體溫度較低）

上式Nu爲最常用之紊流經驗公式，平均誤差約用於水時之計算結果則約低估10%。若經計算其雷諾數Re爲層流，則以層流的熱傳係數來算。由於壁溫通常不可能爲常數，而熱通量是否爲近似常數則依實際情況而定，故建議以Nu = 4去做估算。

8.1.1 對數平均溫差（Log Mean Temperature Difference, LMTD）

LMTD之取法爲先取冷熱流體在各端點（前或後）之溫差，而後計算其對數平均，如圖所示。

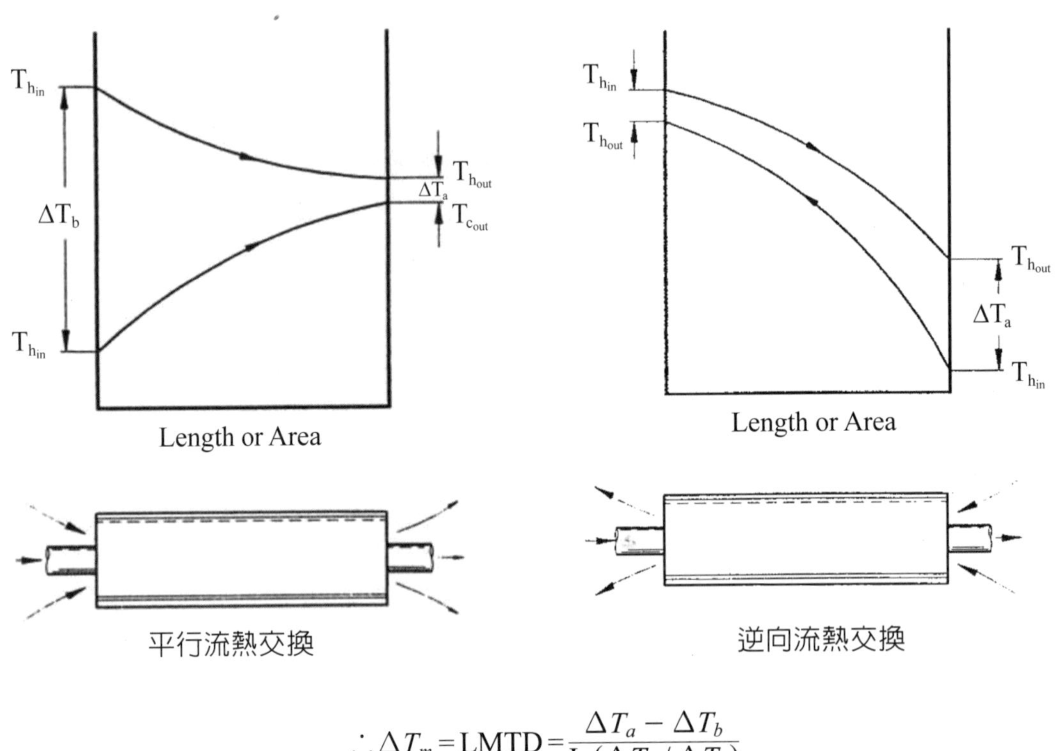

平行流熱交換　　逆向流熱交換

$$\therefore \Delta T_m = \text{LMTD} = \frac{\Delta T_a - \Delta T_b}{\text{In}(\Delta T_a / \Delta T_b)}$$

ΔT_a與ΔT_b之比值若小於2，則以算術平均溫差所得到的值誤差小於4%，故一般來說若前後溫差比值小，用算術平均溫差亦可得到可被接受的結果。

8.1.2 溫差修正因子（Correection Factor, F）

F係依兩個參數P及R來查得，P爲熱交換器之所謂溫度效率（Temperature Efficiency），若某一側流體維持固定溫，即P = 0或R = 0，則修正因子爲1.0。

當熱容量比R固定時，溫度效率P大到某一值後，修正因子F會遽降，若熱

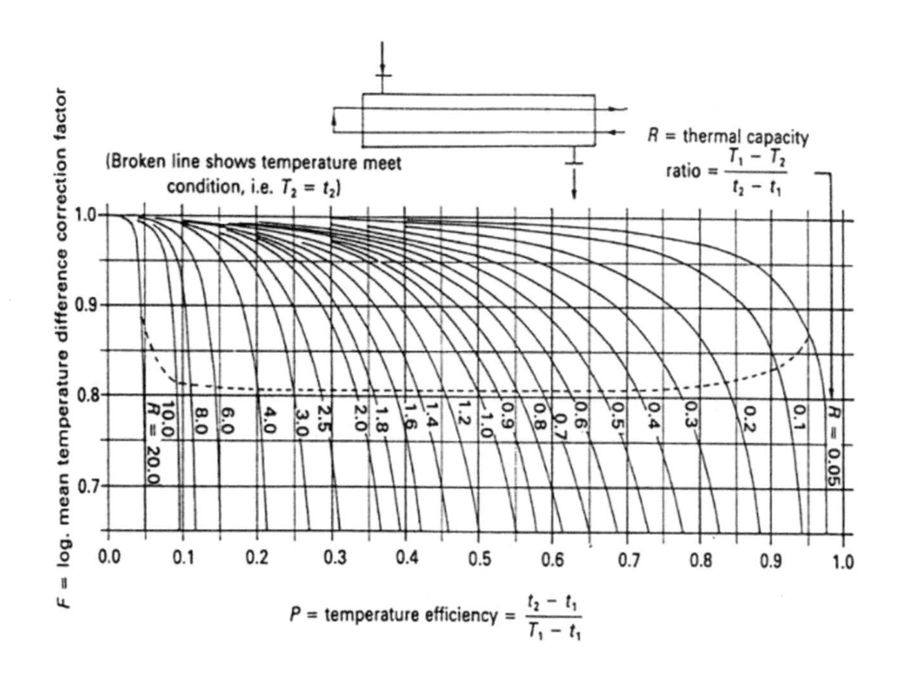

交換器在這種範圍下操作，表示該熱交換器爲了提高溫度效率，使得眞正的有效溫差大打折扣，而傳熱面積必須大幅增加，成本也大幅提高。

8.1.3 汙垢因子（Fouling Factor）

熱交換器之規格通常都必須包含汙垢因子的說明。新機運轉時由於熱傳管表面仍十分乾淨，故汙垢因子爲零，使用了一段時間後，由於髒東西或雜質附著於熱傳管表面，形成所謂的汙垢（Fouling or Scale）。通常汙垢都是熱傳導係數很小的物質，故使得熱交換器能力降低。當汙垢大到使系統無法達到最低要求能力時，熱交換器便需要清洗或換新，爲配合工廠或機器之維護，通常汙垢因子之訂定是以其運轉一年所會產生之汙垢量所造成影響仍能提供最小能力需求爲準。因此，汙垢因子之決定依實際上系統的周邊設備或環境而定，汙垢因子大則熱交換器必須做得愈大，相對的成本愈高。

若工作流體係封閉回路者，則其汙垢因子應該會很小；若工作流體會與大氣接觸，又沒有良好過濾裝置來清除雜質，則其汙垢因子會較大；工作流體會與熱傳管產生化學反應者，其汙垢因子也會較大；流速小的情況雜質較易沈澱，汙垢因子也較大，流速大雖然汙垢因子會較小，且熱傳係數大，但是摩擦力大，管材較易磨損且有振動問題之可能，壽命較短。故如何決定這些相關因素通常有經驗值可依循，有些應用的汙垢因子甚至有國家標準，設計時不可不察。

以殼管熱交換器而言，由於用水不經處理，其中雜質會在經年累月使用後沉澱在管壁上，汙垢量愈來愈大，故比較前後期同學的數據亦可分析出汙垢因子之成長。汙垢因子在熱交換器之熱傳方程式中的地位爲熱阻抗，如下式：

$$U_o = \frac{1}{\frac{1}{h_o} + \frac{A_o}{A_i h_i} + \frac{A_o \ln(d_o / d_i)}{2\pi KL} + F_o + \frac{A_o}{A_i} F_i}$$

其中

U_o爲依管外熱傳面積所定義之總包熱傳係數

h_o爲管外流體之熱傳係數

A_o、A_i分別爲管外及管內傳熱面積

h_i爲管內流體之熱傳係數

d_o、d_i分別爲熱傳管之外徑及內徑

k爲傳熱管之熱傳導係數

L爲熱傳管總長度

F_o、F_i爲管外及管內壁之汙垢因子

8.1.4 提升熱交換器的效率

1.流體管理：若可以從流體方面下手的話，變數中的T就會改變，這樣的話效率就可以增加或者是減少。

2.有效的利用廢熱：排出的廢熱利用直接或者間接的回收，將廢熱載體的熱能透過熱交換器轉換給需被加熱的流體，這樣就可以減少功率的消耗。

3.增加接觸的面積：面積愈大，愈可以把流體分散在更多的區域，增加熱交換的效率，就跟板式熱交換器一樣。

除了這些之外，還可以從熱交換器的材料以及一些零件的要求來達成以上的條件。像是流體管理方面，可以把冷媒跟熱媒做改善，跟管子線路加強隔熱、防止洩漏；增加接觸面積方面，可以考慮怎樣的面積才能做到加大接觸面這樣。

8.2 盤管與夾套式熱交換器

8.2.1 盤管式熱交換器

盤管式熱交換器包括一個圓柱形容器，在容器內可以裝設機械攪拌，加強熱傳效果，其盤管由銅管、鋼管或其他合金管均勻地盤繞而成，以獲得較大的傳熱面積。若以盤管盤繞方式來區分，則可分爲平板盤管式（Plate Coil）熱交換器（圖8-1）及螺旋盤管式（Helical Coil）熱交換器（圖8-2）兩種。平板管水平置於容器底部，藉由自然對流的方式傳遞熱量，螺旋管則裝在垂直圓柱容器內，兩者皆可加裝攪拌器，以提高熱傳效率。

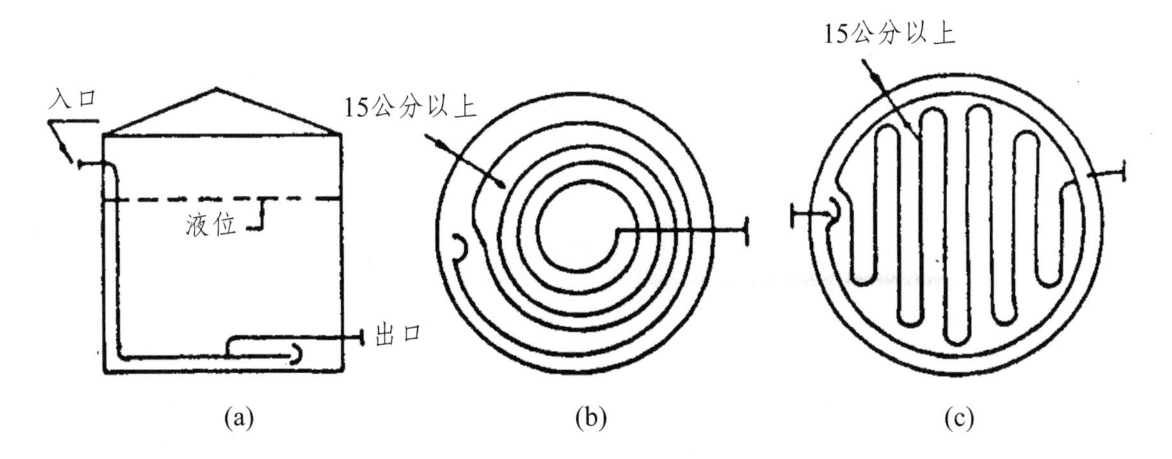

圖8-1　平板盤管熱交換器：(a)側視圖；(b)、(c)為不同盤繞方式的俯視圖

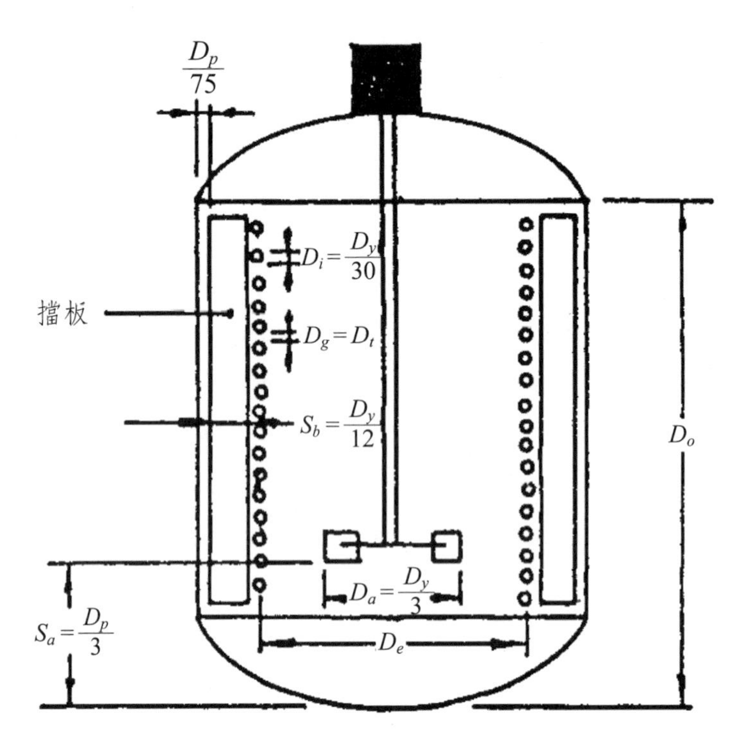

圖8-2　附擋板螺旋盤管式熱交換器及其幾何形狀的建議值比率

8.2.2 盤管式熱交換器的優點

1.流體具有離心力，增加傳熱效果。

2.型態簡單，有安定的流動，適於黏性流體的熱交換。

3.積垢性小，易清理。

4.適於流量小或低比熱的流體。

5.安裝容易，堅固耐用。

8.2.3 盤管式熱交換器的限制

1.整體結構小，管的整修、接合比較困難。

2.管外雖可用機械方式清理，但管內一定要以化學方式清理。

8.2.4 以螺旋盤管式熱交換器為例，各種熱傳係數經驗式的介紹

1. 穩定狀態下的螺旋盤管式熱交換器總傳熱係數

假設供應熱源爲熱水加熱流體，當系統達穩定狀態後，則：

(1)熱水所供應的熱量爲：$q_h = m_h Cp_h (T_{ha} - T_{hb})$

(2)冷水吸收熱量爲：$q_c = m_c Cp_c (T_{cb} - T_{ca})$

(3)若忽略熱損失則：$m_h Cp_h (T_{ha} - T_{hb}) = m_c Cp_c (T_{cb} - T_{ca}) = u_0 A_0 (\Delta T)_{lm}$

其中：

m_h：熱水流量（kg/s），Cp_h：熱水平均比熱（kJ/kg · K）

m_c：冷水流量（kg/s），Cp_c：冷水平均比熱（kJ/kg · K）

$T_{ca/cb}$：冷水進／出口溫度（K），$T_{ha/hb}$：熱水進／出口溫度（K）

u_0：以管外表面積爲基準的總傳熱係數（kW/m^2 · K）

$(\Delta T)_{lm}$：對數平均溫度差（K），$\therefore (\Delta T)_{lm} = \dfrac{\Delta T_1 - \Delta T_2}{\ln(\Delta T_1 / \Delta T_2)}$

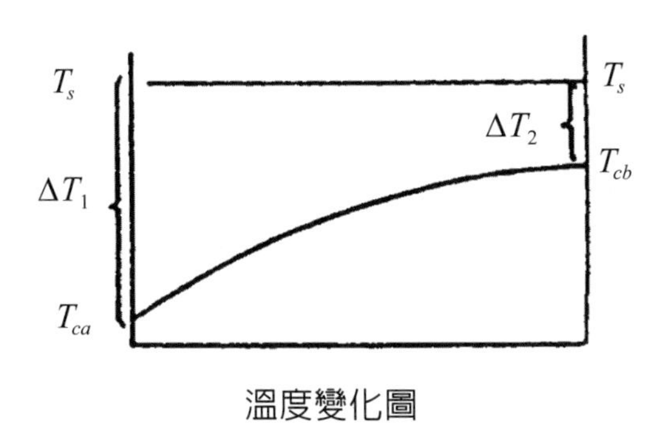

溫度變化圖

2. 盤管內側（熱水側）的薄膜傳熱係數

假設熱水在盤管內形成薄膜式冷凝（Film-Type Condensation），則根據經驗式，薄膜冷凝狀態下水平管中的薄膜傳熱係數h_i爲：

$$h_i（直管）= \frac{h_i D_0}{k} = 0.023 \left(\frac{D_a^2 N\rho}{\mu}\right)^{0.8} \left(\frac{Cp\mu}{k}\right)^{1/3} \left(\frac{\mu}{\mu_w}\right)^{0.14}$$

直管的傳熱係數再乘上一校正因子，即為盤管的薄膜傳熱係數。

$$h_i\text{（盤管）}=h_i\text{（直管）}\times[1+3.5(D_i/D_o)]$$

3. 盤管外側的薄膜傳熱係數

(1) 無機械攪拌設備時：

盤管外圍儲槽容器的熱量傳送完全是一種自然對流的現象，因此需依照普通管子外圍自然對流的公式與方法加以計算。但目前大部分學者專家僅研究單管束（Single Tubes）的自然對流現象，而缺乏工業用熱交換器設備中的多管束或各形狀加熱管束的資料，因此本設備對於盤管外側薄膜傳熱係數的估算乃根據Perry's Chemical Engineers' Handbook上的經驗式：

$$h_0=127\left(\frac{\Delta T}{D_0}\right)^{0.25}$$

其中：

ΔT：管壁溫度與流體平均溫度的差值（K）

D_0：盤管外徑（m）

(2) 附有機器攪拌設備時：

關於在攪拌狀態下的熱量傳送，曾有許多位學者針對各類盤管熱交換器的型式與流體種類，提出各種的經驗式，其關係式為：

$$\frac{h_0D_0}{k}=K\left(\frac{D_a^2N\rho}{\mu}\right)^{\alpha}\left(\frac{Cp\mu}{k}\right)^{\beta}\left(\frac{\mu}{\mu_w}\right)^{\gamma}f \qquad \text{(A)}$$

其中：

$\frac{h_0D_0}{k}$：納塞數，Nu

$\frac{D_a^2N\rho}{\mu}$：雷諾數，Re

$\frac{Cp\mu}{k}$：普蘭多數，Pr

h_0：盤管外側薄膜傳熱係數（kW/m^2 · K）

D_a：攪拌翼直徑（m）

D_0：盤管外徑（m）

N：轉速（rps，l/s）

k，μ，ρ，C_p：在流體平均溫度下的物性

μ_w：盤管管壁溫度下的黏度（kg/m・s）

K，α，β，γ，f：各類盤管加熱器的參數

各參數值分別爲$K = 0.87$，$\alpha = 0.62$，$\beta = 0.33$，$\gamma = 0.14$，$f = 1$，所以，上式(A)可直接寫成：

$$\frac{h_0 D_0}{k} = 0.87\left(\frac{D_a^2 N\rho}{\mu}\right)^{0.62}\left(\frac{Cp\mu}{k}\right)^{0.33}\left(\frac{\mu}{\mu_w}\right)^{0.14} \tag{B}$$

8.3 殼管熱交換器（Shell and Tube Heat Exchanger）

8.3.1 構造

殼管式熱交換器的主要構造由**管束**（Tube Bundle）與**管殼**（Shell）兩部分組成。管束是成束排列的多支小管子，兩端以**管束板**（Tube Sheet）固定，置於外殼內，而在**管束內**流動的流體稱爲**管側流體**，而在**管束外**流動的流體稱爲**殼側流體**。

8.3.2 優點

殼管式熱交換器最大的優點是具有**極大的熱傳面積**，適用於**較大的熱流率**流體之加熱或冷卻。

分類：

1. 定頭式熱交換器（Fixed Head Exchanger）

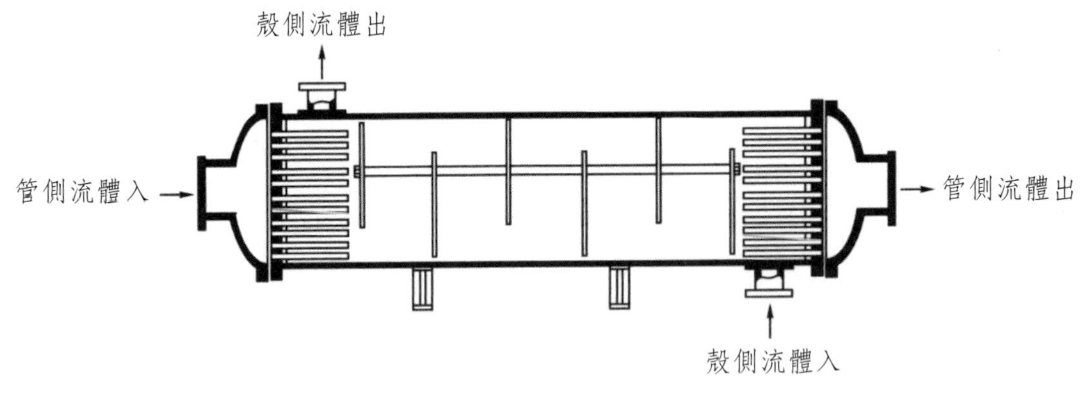

定頭式熱交換器

其構造如上圖所示，兩端管束板以螺栓固定在外殼的凸緣上，管束不能拉出。定頭式適用於低溫操作，優點爲構造簡單、價格便宜；缺點爲溫度高時，易使管子因發生膨脹而導致接頭破裂，因此而造成滲漏。

2. 浮頭式熱交換器（Floating Head Exchanger）

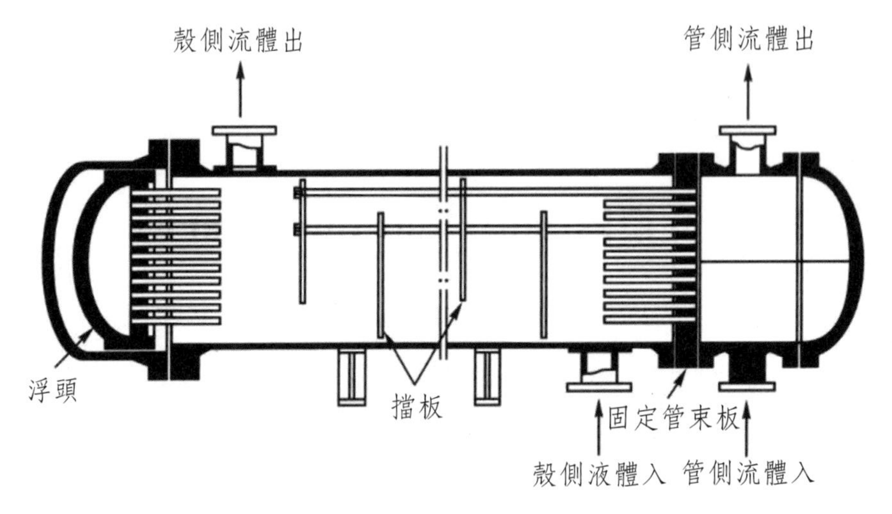

浮頭式熱交換器

其構造如上圖所示，管束板之一固定於外殼的凸緣上，另一則套一個直徑略小於殼徑的浮頭（Floating Head），浮頭與外殼間不固定，能自由伸縮，雖構造複雜，但可改進定頭式的缺點。

3. U管式熱交換器（U-Tube Exchanger）

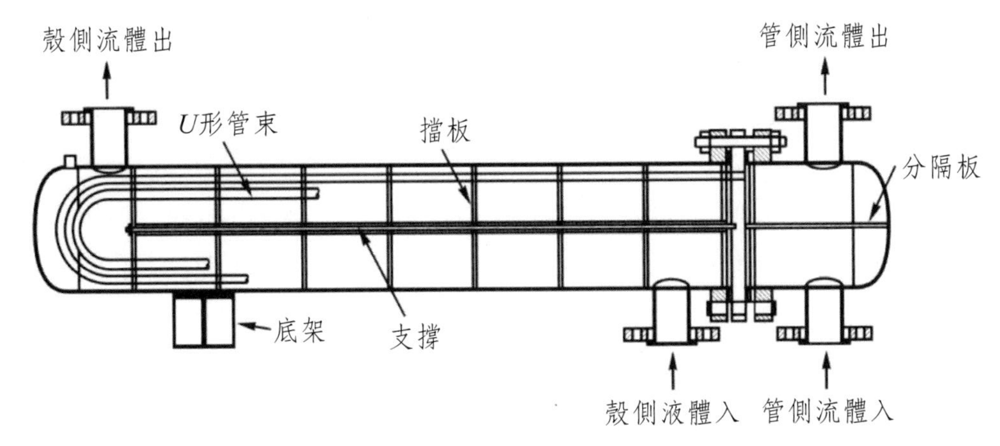

U管式熱交換器

其構造如上圖所示，其管束彎曲成U形，使管口均裝於同一管板上，其具有構造簡單、價格便宜，且容許管束因膨脹彎曲，故適用高溫操作，唯一的缺點爲管束內因不易清洗，故不適用易結垢流體之操作。

8.4 管程與殼程

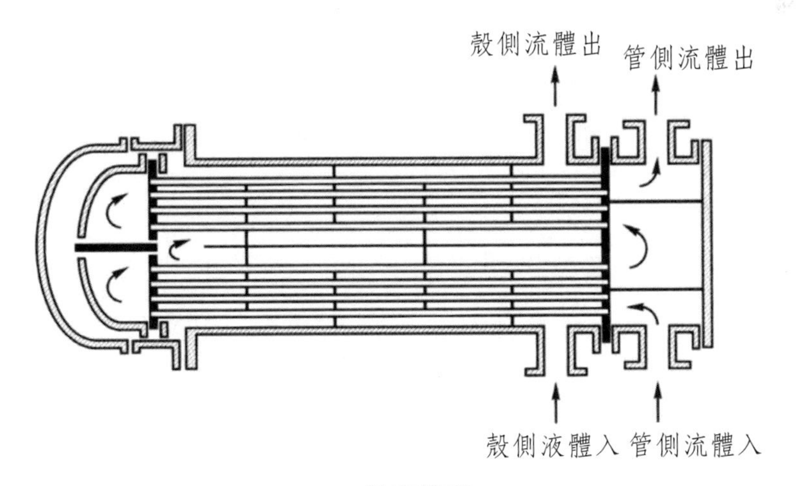

2-4熱交換器

管程（**Tube-Side Passes**）所表示為管側流體在熱交換器內來回流動的次數，如上圖所示即為四程管；管程數增加，可提高流體在管內的流速，而增加熱傳效率，並且流體不易在管內積垢，缺點為所需泵動力消耗大。

殼程（**Shell-Side Passes**）所表示為殼側流體在熱交換器內左右來回的次數，如上圖所示即為二程殼；殼程增加，可提高熱傳效率，另一提高殼側熱傳效率的方法為在殼側裝置數片擋板（Baffles）；其作用可增加殼側流體流速，造成擾流狀態，因此可提高熱傳效率，不但如此，擋板也可支撐管子以減輕管束板受力。

一般在表示一熱交換器的管程與殼程數時，常以「殼程數－管程數」表示之；例如上圖所示之熱交換器為「2-4熱交換器」。

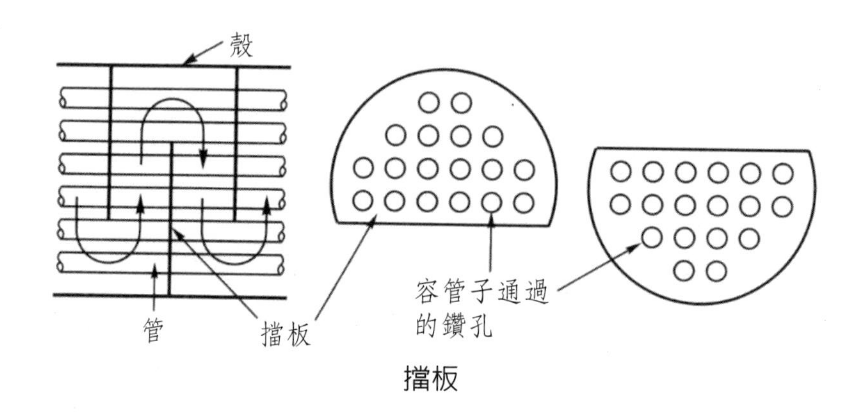

擋板

8.5 管束的排列方式

管束的排列一般有兩種排列方式：三角形排列及正方形排列，如下圖所示。三角形排列可提高殼側流體之交錯流動而造成擾狀態，故熱傳效果好，但因其排列成交錯狀，所以管外結垢時不易清除。

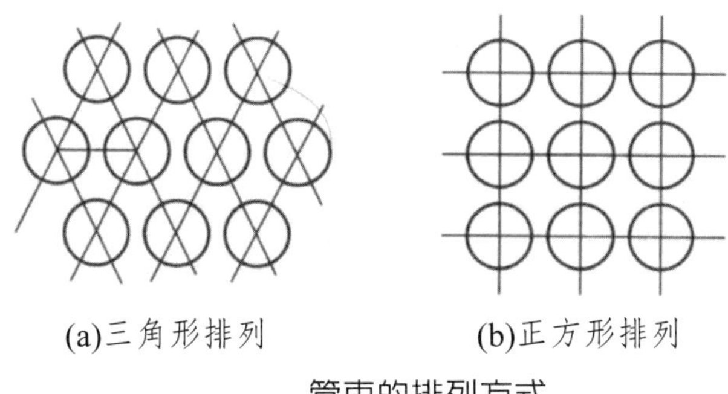

管束的排列方式

殼管式熱交換器通常甚大，因此從前頭蓋到尾部頭蓋間的熱傳管就顯得「又細又長」了。一般而言，設計上都希望傳熱管愈長愈好，這是因爲可適度縮小外殼的尺寸以降低成本；可是也要同時考慮到相對增加的壓降與運送上的問題，所以常見的管長外殼直徑的比值多在5～10間。爲了固定熱傳管，避免振動，通常需要使用擋板來固定；擋板除了固定的功能外，還兼具導流的功用。擋板到擋板間的距離稱之爲擋板間距（Baffle Spacing Lb），擋板最大間距的決定可參考下表，此一距離的決定與管徑及材質有關。

管材 管外徑（mm）	Carbon & high alloy steel Nickel-Chromium-Ir	Aluminum & aluminum alloys Copper & copper alloys
19	1520（mm）	1321（mm）
25	1880（mm）	1626（mm）
32	2240（mm）	2210（mm）
38	2540（mm）	2930（mm）
50	3175（mm）	2794（mm）

8.5.1 殼管式熱交換器的總熱傳係數

殼管式熱交換器的傳熱效率計算方法與套管熱交換器相同，唯因多管程的熱交換器內，兩流體的流向會順流與逆流並存，故對數平均溫差較爲複雜。爲了簡化計算方式，則規定多程管之熱交換器的對數平均溫差均以**逆流式操作計**

算，然後再乘一校正值F，而F稱爲對數平均溫差校正係數。

$$q_t = U_o \times A \times \Delta t_{1m} \times F$$

q_t：熱傳速率（kW或kCal/h）

U_o：總熱傳係數[kW/(m^2・K)或kCal/(h・m^2・℃)]

A：熱傳面積（m^2）

Δt_{1m}：對數平均溫差

F：對數平均溫差校正係數

※當以飽和水蒸氣加熱流體時，F值爲1。

8.6 熱交換器設計計算書（參考）

熱交換器設計計算書		設備編號	
(A) 殼側殼板強度計算			
(1) 殼板使用材質：A516-70			
(2) 受內壓狀態			
(3) t = P×Di/(200×Sa×E-1.2×P) + CA =	4.74		
(4) 說明			
P：設計壓力	8.00	kg/cm^2	
Di：腐蝕狀態下殼板內直徑	506.00	mm	
Do：殼板外直徑	518.00	mm	
Sa：使用材質容許張應力	12.31	kg/mm^2	
E：焊道焊接效率	0.95		
CA：腐蝕容度	3.00	mm	
Pa：最大容許壓力	27.34	kg/cm^2	
Pe×t：最大工作外壓	0.00	kg/cm^2	
t：計算需要厚度	4.74	mm	
(5) TEMARCB-3.13要求最小需要厚度	9.00	mm	
(6) tu：實際使用厚度	9.00	mm	

熱交換器設計計算書		設備編號	
(B)熱傳管強度計算			
(1) 傳熱管使用材質 = A179			
(2) 受內壓狀態			
t = P×Do/(200×Sa×E + 0.8×P) + CA =	0.11	mm	
Pa = 200×Sa×E×(tu-CA)/[Do-0.8×(tu-CA)] =	201.74	kg/cm^2G	
說明			
(3) P：設計壓力	10	kg/cm^2	
(4) Do：傳熱管外直徑	19.05	mm	
(5) Sa：使用材質容許張應力	8.3	kg/mm^2	
(6) E：焊道焊接效率	1		
(7) CA：腐蝕容度	0	mm	
(8) Pa：最大容許壓力	201.74	kg/cm^2G	
(9) Pe×t：最大工作外壓	8	kg/cm^2G	
(10) Pe×t ＝ 殼側設計內壓＋管側設計外壓			
(11) t：計算需要厚度	0.11	mm	
(12) tu：實際使用厚度	2.11	mm	

8.7 管嘴、槽體及端板之補強（參考）

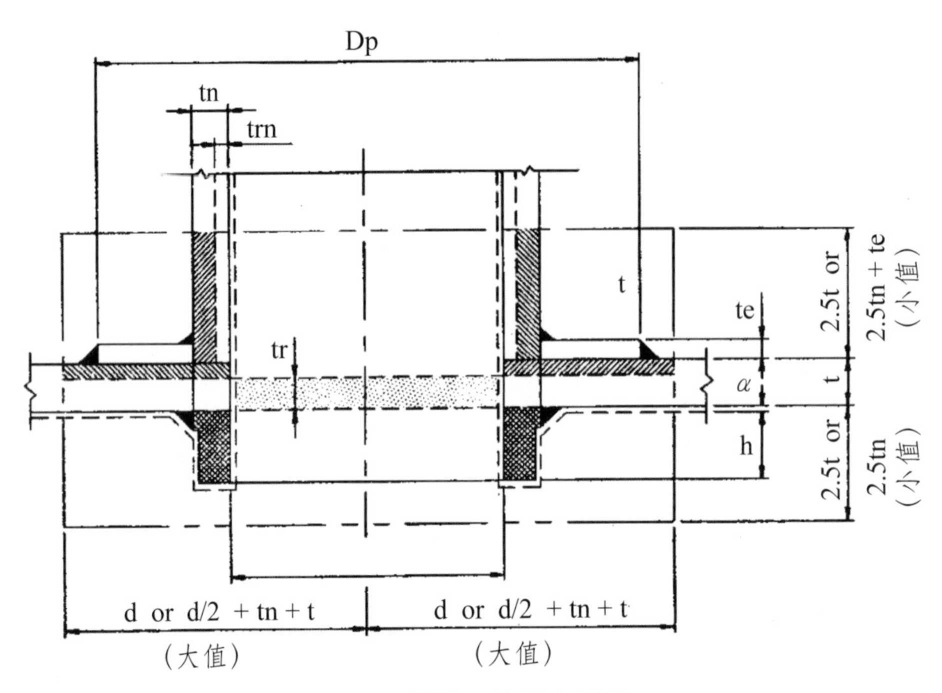

管嘴、槽體及端板之補強

噴嘴編號	單位	N1	N2	N3	N4	N5
噴嘴尺寸	MM	250	200	80	500	65
本體或端板計算厚度tr =	MM	14.77	14.77	14.77	14.77	14.77
本體或端板使用厚度（腐蝕後）t =	MM	20	20	20	20	20
噴嘴材質		St37-2	St37-2	St37-2	St37-2	St37-2
噴嘴容許應力σa =	KG/MM2	11.3	11.3	11.3	11.3	11.3
噴嘴計算厚度trn = P×Do/200$\sigma a \eta$ + 0.8P	MM	2.71	2.17	0.87	5.42	0.70
噴嘴使用厚度（腐蝕後）tn =	MM	6.3	5.6	4	10	4
噴嘴內徑（腐蝕後）d =	MM	260.4	207.9	74.5	488	55.5
需要面積Ar = d×tr	MM	3846.1	3070.7	1100.4	7207.8	819.7
Y = d或2(t + tn)之大值	MM	260.4	207.9	80.9	488	68.1

噴嘴編號			單位	N1	N2	N3	N4	N5
A1 = (t − tr)Y			MM2	1361.9	1087.3	423.1	2552.2	356.2
H = 5t或（5tn + 2te）之小值			MM	36.9	32.3	21.7	60.8	21.4
A2 = H(tn − trn)			MM2	132.6	111.0	68.1	278.7	70.6
A3 = (tn − α)×2h			MM2	41.6	29.1	8.0	140.0	8.0
焊接面積A4			MM2	---------	---------	---------	---------	---------
補強厚度te =			MM	14	14	14	14	14
補強板外徑Dp =			MM	550	440	180	1020	160
補強板面積A5 = (Dp − d − 2tn)te			MM2	3878	3092.6	1365	7168	1351
A1 + A2 + A3 + A4 + A5 =			MM2	5414.0	4320.0	1864.2	10139.0	1785.7
DATE	4/20/2005	Rev.3						BY

8.8 熱交換器之流體流動型態

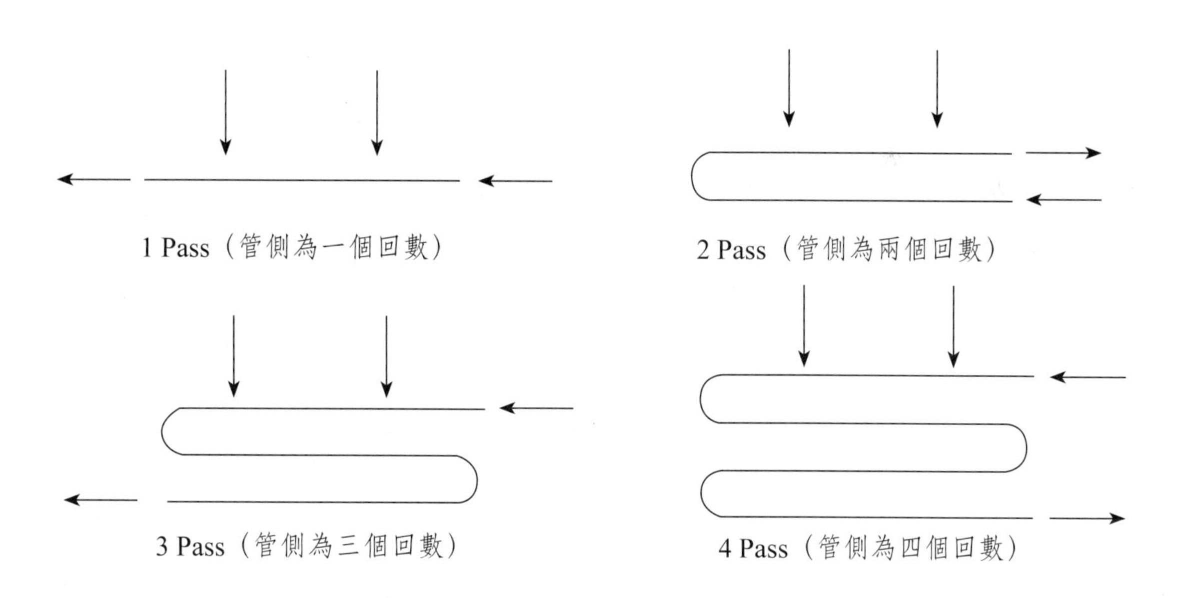

1 Pass（管側為一個回數）

2 Pass（管側為兩個回數）

3 Pass（管側為三個回數）

4 Pass（管側為四個回數）

上述流動型式在熱交換器設計上，所代表的意義可由：

$$Q = U \times A \times \Delta Tm$$

來說明，即由於增加熱交換性能的方法不外乎：

1.增加總熱傳係數U。

2.增加總熱傳面積A。

3.增加有效溫度差ΔTm。

流動型式在熱交換器設計上所扮演的角色即爲調整有效溫度差，另外上述的流動型態中，以逆向流的安排具有最大的溫度差。這可從逆向流的出口溫度有可能高於熱側的出口溫度，但是平行流動下則不可能發生此現象看出。

在逆向流動的熱交換器中，熱側與冷側流體的溫差保持的最爲「均勻」，而平行流動時熱側與冷側流體的溫差變化較大，以平均值而言，熱交換器內各處保有最爲「均勻」溫差者將會擁有最大的有效溫差。

8.9 熱交換器選擇考量因素

1.熱流需求：包括熱交換量、工作流體的溫度、壓力與可允許的壓損，選擇的熱交換器當然必須滿足這些熱流的基本需求；且熱交換器能在工作溫度壓力下長期運作，能忍受因溫差所產生的熱應力影響，應力主要由入口壓力與溫度差所引起，常見各種熱交換器所能忍受的最大壓力與溫度範圍大致如下：

2.熱交換器與流體的匹配性：熱交換器的材料必須與工作流體能長期搭配，無腐蝕的問題；其中必須特別注意結垢的影響，設計上應同時考慮正常操作設計點下與非設計點上運作時，結垢在不同溫度壓力變化下的影響。一般而言，典型氣對氣熱交換器的結垢影響較小，這是因爲許多製程的應用上，氣體多半比液體來的乾淨，而且如果使用轉輪式的再生式熱交換器，氣體在不同時間時相反方向的流動，也有助於熱交換器本身的自清，因此結垢的影響相對比液體側小；不過此類再生式熱交換器也因氣體交互流過熱交換器而可能產生汙染問題。

3.流體型式：由於氣體的熱傳係數遠低於液體，因此氣對氣熱交換器通常需要非常大的熱交換面積。一般的作法乃藉由增加鰭片、縮小水力直徑與使用小管徑熱傳管來增加面積的密集度，密集度增加同時增加流動壓損，氣側壓損的影響相對於液體測重要很多，設計上必須特別注意。對液對液的熱交換而言，爲避免交叉感染的影響，通常不應該考慮使用再生式熱交換器，相較於氣對氣熱交換器，液對液熱交換器的壓損影響較小。對氣對液的熱交換器而言，由於氣側的熱傳係數遠低液體側，因此設計上的初步原則爲儘量平衡兩側的熱傳性能（即hohoAo～ihiAi）。

4.維護性：設計時必須考量停機清理與置換的問題；同時應留意製程應用條件改變時所帶來的影響。

5.造價：造價爲選擇時非常重要的因素，例如板式熱交換器的造價會比殼管式熱交換器大，但是如果同時考量裝置、操作、維護等成本的影響，板式熱交換器成本可能反而比較便宜。設計上如果比較在意長期操作的成本，則在設計上就必須特別留意流動的壓損而非純粹的熱傳考慮。

6.空間與重量：許多應用上必須考慮到裝置時空間與重量的問題，例如熱交換器裝置於高樓層的重量負荷，或是都會區維護空間缺乏的現實問題。

8.10 鰭管熱交換器（Fin Tube Heat Exchanger）

當兩流體經由一傳熱面作熱交換時，只要其中之一熱傳送係數（薄膜係數）很小，就會發生傳熱困難的問題。改進的方法爲在熱傳送係數小的一方加裝 片（Fins），藉由增大熱傳面積而提高熱傳效率，此一裝置稱爲 **管熱交換器（Fin Tube Heat Exchanger）**。

鰭管熱交換器，一般可分縱向式及橫向式爲兩種；縱向式即流體流動方向與 方向平行，如圖8.10.1(a)。橫向式即流體流動方向與 片方向相垂直，如圖8.10.1(b)。

鰭管熱交換器常用於乾燥裝置、空調及冷凍設備中，作空氣之加熱或冷卻。

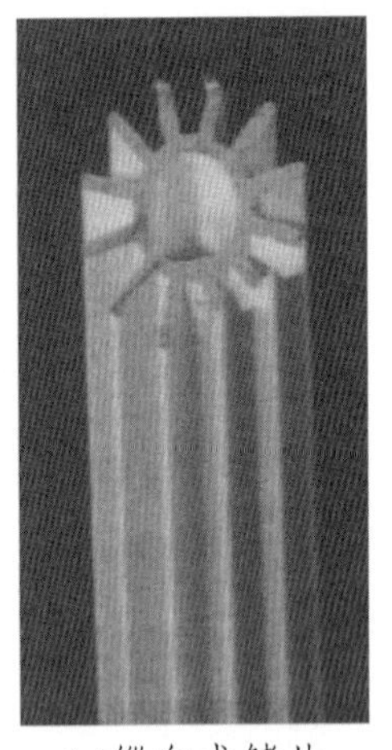

(a)縱向式鰭片

(b)橫向式鰭片

圖8.10.1 鰭管熱交換器鰭片

8.11 板式熱交換器（Plate Type Heat Exchanger）

板式熱交換器構造如圖8.11.1，主要由許多金屬平板平行所組成，兩板間以墊圈密封防止洩漏，兩流體在交錯板間流動。平板的材料以不 鋼最常見，其表面通常會經壓花處理，以造成流體流過時形成強烈擾流而增進熱傳效果。

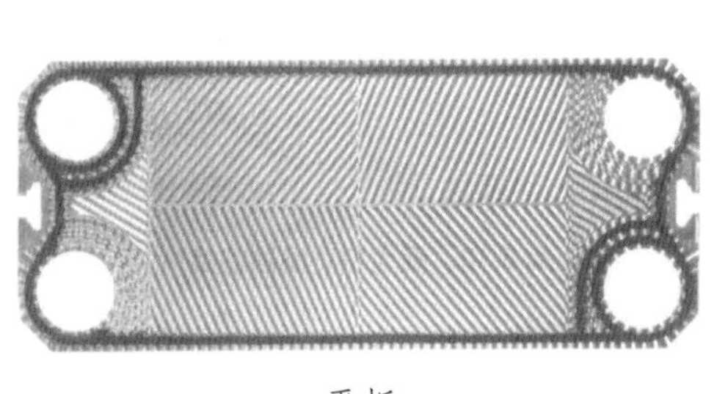

平板

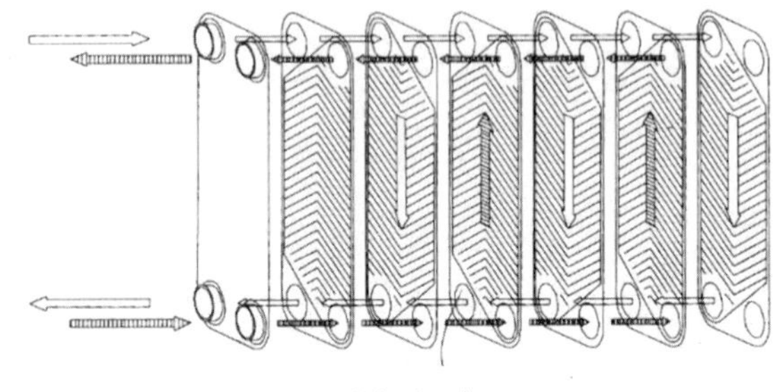

平板組合

圖8.11.1 板式熱交換器

板式熱交換器具有的優點及其性質如下：

1.體積小（約殼管式的1/3～1/5），重量輕，容易維修。

2.平板數目可依需要彈性調整。

3.流體在熱交換器內可保持高度擾流，而有比一般殼管熱交換器較高的總熱傳係數，故適合食品工業中需快速加熱或冷卻的情況。

4.不易產生積垢現象，但如有積垢產生，也易拆下清洗。

板式熱交換器的一般性質

項目	性質
最大傳熱面積	2500 m^2
板片數	3～700
板片間距	1.5～5㎜
工作壓力	0.1～2.5 MPa
工作溫度	−40～260℃
最大流速	6 m /s
總熱傳係數	3000～7000 W /(m^2・K)

8.12 夾層與盤管熱交換器（Jacket And Coil Exchanger）

如圖8.12.1所示，在溶解桶或反應器等桶壁外裝設夾層，夾層中可通入加熱用之水蒸氣或冷卻用之冷水與桶內流體作熱交換，此一裝置稱爲夾層熱交換器。

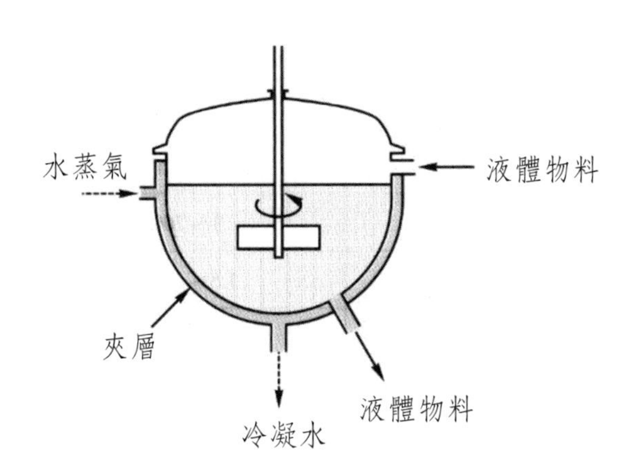

圖8.12.1　夾層熱交換器

如圖8.12.2所示，在桶內裝設盤管，此即爲盤管熱交換器。一般夾層及盤管熱交換器操作中，爲使桶中熱傳均勻，通常都會在桶中裝設攪拌器作充分的攪拌均勻。工業上常將這兩種熱傳送裝置組合成一組裝置，如圖8.12.3所示。當桶內溫度過高時，溫度空制器會開啓盤管閥，使冷水進入盤管爲桶內降溫。

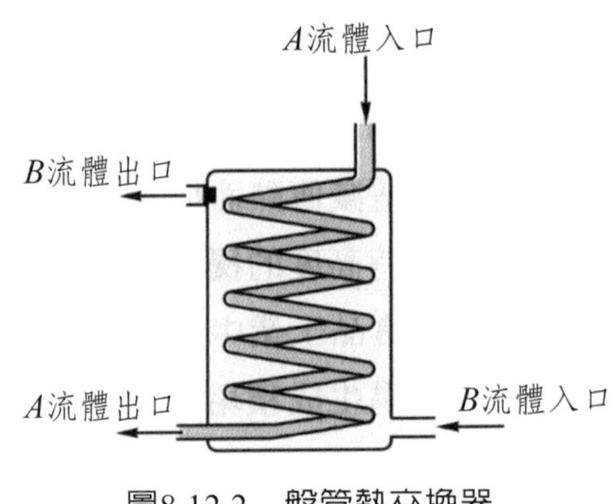

圖8.12.2 盤管熱交換器

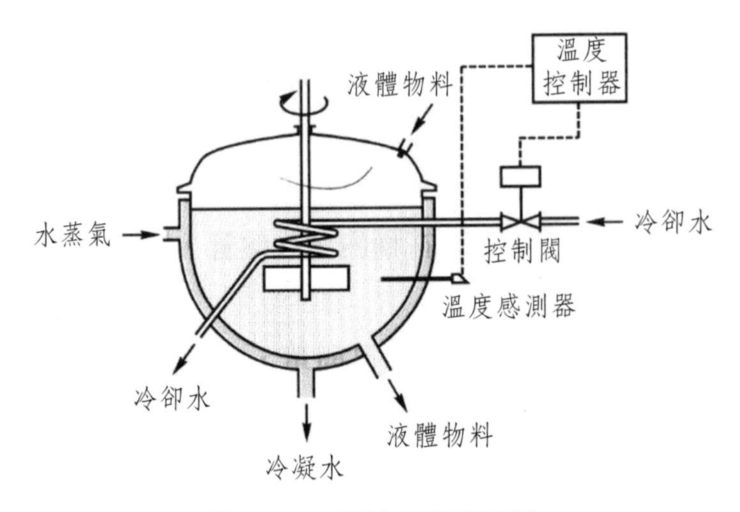

圖8.12.3 攪拌桶溫度控制

8.13 管箱蓋

整體結構的管箱蓋，主要用於管箱爲碳鋼或低合金鋼材料的場合。

整體結構管箱蓋的有效厚度應等於管箱蓋的實際厚度減去管箱腐蝕裕量或管箱腐蝕裕量與分程隔板槽深度的大值。對於複合管箱蓋和襯層管箱蓋，其複合層或襯層厚度不包括在有效厚度之內。根據管板與管箱、殼體的連接結構，管板可分爲：

1.延長部分兼作法蘭的固定管板。

2.不兼作法蘭，且與殼程、管程筒體焊成一體的固定管板。

根據管板的使用功能（用途），管板分爲：

1.固定管板換熱器的固定管板。

2.浮頭換熱器的固定管板和浮動式管板。

3.U 形管式換熱器的固定管板。

4.雙管板換熱器的雙管板。

5.薄管板。

8.14 熱交換器強度計算例（參考）

8.14.1

專案名稱　　: 2000KL柏油槽工程
熱交換器名稱　: CONDENSATE COOLER
設計規範　　: CNS – 第一種壓力容器檢查基準（第三種容器）
　　　　　　: TEMA Class R
　　　　　　:
其他規範　　:

換熱量　　　: 260797 KCal / Hr
尺寸稱呼　　: 500 ID x 3500 L
每組數量　　: 1
每座傳熱面積　: 67.2 M^2
MTD（修正值）: 12.2 degree C

直立／橫座　　　　：橫座
型　　態　　　　　：BEM
Connect in　　　　：不需
風　　壓　　　　　：150 kg/M^2
地震係數　　　　　：0.30
傳熱管脹管　　　　：f. 強力焊接配與2 溝槽之脹孔

傳熱管
傳熱管數量長度　　： 326 x 3500 mm Straight Lg.
傳熱管外徑厚度　　： 19.05 mm O.D x 2.108 mm Thk
傳熱管排列方式　　：Triangular @ 24 mm Pitch

隔板
橫向隔板　　　　　：9t x 20 PC'S at 150mm Spacing Hor. Segm.
　　　　　　　　　：25% DIA. CUT
縱向隔板　　　　　：不需
管支持板　　　　　：不需
殼側進口擋板　　　：不需

估計重量／面積／容積

鞍座重量（參考用）：0.06 ton
人孔／噴嘴重量　　：　0.02 ton
外加荷重　　　　　：　0.00 ton
管束重量　　　　*：　1.24 ton
製造重量　　　　*：　1.89 ton
空　　重　　　　*：　1.98 ton
操作重量　　　　*：　2.86 ton
試水重量　　　　*：　2.86 ton
外表面積　　　　　：　7.45 M^2

幾何容積 ： 殼側 0.69 M^3 管側 0.19 M^3

* 上述重量不包含外加荷重

8.14.2

		殼 側	管 側
內容物	:	STEAM CONDENSATE	COOLING WATER
流體流量	:	4342 kg/Hr	21709 kg/Hr
流體比重			
	:	0.991	0.994
最大蒸發速率	:	---- kg/Hr	---- kg/Hr
大氣下沸點	:	---- deg. C	---- deg. C^0
通道數	:	1	2
設計壓力	:	8.00 kg/cm2	10.00 kg/cm^2
設計外壓	:	0.00 kg/cm2	0.00 kg/cm^2
操作壓力	:	2.80 kg/cm2	5.00 kg/cm^2
水壓試驗（ASME）	:	12.00 kg/cm2	15.00 kg/cm^2
水壓試驗（CNS）	:	13.40 kg/cm2	16.00 kg/cm^2
氣壓試驗（若指定）	:	10.00 kg/cm2	12.50 kg/cm^2
設計溫度	:	150 deg. C	80 deg. C
操作溫度	:	100/40 deg. C	33/45 deg. C
管壁溫度	:	100 deg. C	33 deg. C
腐蝕容度	:	3.00 mm	3.00 mm
槽溝深度	:	0.00 mm	5.00 mm
應力釋除	:	不需	不需
照相檢驗	:	殼板局部　殼板局部	端板全部
焊接效率	:	殼板 95 % 端板	端板 100 %
保　　溫	:	保溫 30 mm	不需
材　　料			
殼　　板	:	A 516-70	A 516-70

端　　板	:	-----	A 516-70
噴嘴管頸（Pipe）	:	A 106-B	A 106-B
噴嘴管頸（Plt.）	:	A 105	A 105
胴身法蘭	:	A 105	
胴身蓋板	:	-----	-----
管　　板	:	A 516-70	
傳熱管	:	A 179	
胴身螺栓	:	A 193-B7/A194-2H	
胴身法蘭墊圈	:	Flat Metal Jacked(Non-Asbestos Filled/(304 S.S.)	
法蘭等級	:	ANSI 150 #	ANSI 150 #
管件等級	:	ANSI 3000 #	ANSI 3000 #

8.14.3. 外形尺寸圖

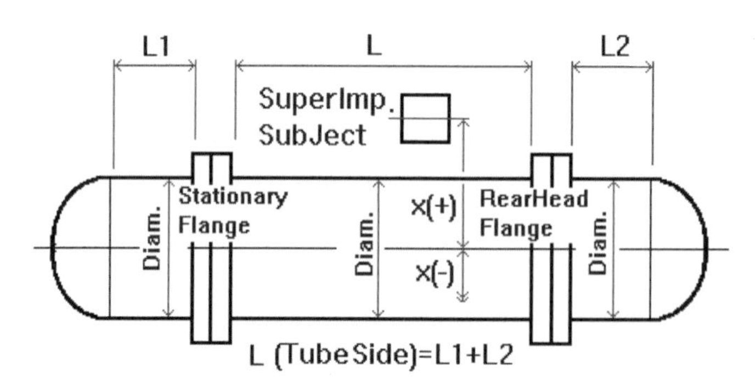

Allocation	殼側		管側	
設計壓力	8	kg / cm ^ 2	10	kg / cm ^ 2
設計外壓	0	kg / cm ^ 2	0	kg / cm^2
設計溫度	150	dgr. C	80	dgr. C
操作壓力	2.8	kg / cm ^ 2	5	kg / cm ^2
操作溫度	100/40	dgr. C	33/45	dgr. C
I.D mm	500	mm	I.D mm 500	mm
L (設計用)	3500	mm	900	mm
端板型態	None		2:1 S.E Head	
外加荷重	0	kg		
外加荷重面積	.00	M2	x值 .0	mm

8.14.4. 殼側殼板強度計算

殼板使用材質 A 516-70

1. 受內壓狀態

t = P x Di /(200 x Sa x E - 1.2 x P) + CA

Pa = 200 x Sa x E x (tu-CA)/[Di + 1.2 x (tu-CA)]

P	: 設計壓力	8.00 kg/cm^2
Di	: 腐蝕狀態下殼板內直徑	506.00 mm
Do	: 殼板外直徑	518.00 mm
Sa	: 使用材質容許張應力	12.31 kg/mm^2
E	: 焊道焊接效率	0.95
CA	: 腐蝕容度	3.00 mm
Pa	: 最大容許壓力	27.34 kg/cm^2
Pext	: 最大工作外壓	0.00 kg/cm^2
t	: 計算需要厚度	4.94 mm
	: CNS / 設計規範要求最小需要厚度	6.00 mm
	: TEMA RCB-3.13 要求最小需要厚度	9.00 mm
tu	: 實際使用厚度	9.00 mm

2. 受外壓狀態

L / Do	= 6.7568
Do / (tu-CA)	= 86.3333
由 ASME 圖表 G 查得	A = 0.00022

C = 1.0（無縫管或對接焊接）

最大容許外壓 = 3.42 kg/cm^2 > Pext

8.14.5. 管側殼板強度計算

殼板使用材質　A 516-70

1. 受內壓狀態

t = P x Di /(200 x Sa x E − 1.2 x P) + CA

Pa = 200 x Sa x E x (tu − CA)/[Di + 1.2 x (tu − CA)]

說明：P　：設計壓力　10.00 kg/cm^2

Di　：腐蝕狀態下殼板內直徑　506.00 mm

Do　：殼板外直徑　518.00 mm

Sa　：使用材質容許張應力　12.31 kg/mm^2

E　：焊道焊接效率　0.95

CA　：腐蝕容度　3.00 mm

Pa　：最大容許壓力　27.34 kg/cm^2

Pext　：最大工作外壓　0.00 kg/cm^2

t　：計算需要厚度　5.43 mm

CNS / 設計規範要求最小需要厚度:　6.00 mm

TEMA RCB-3.13 要求最小需要厚度:　9.00 mm

tu　實際使用厚度:　9.00 mm

2. 受外壓狀態

L / Do　= 1.8166

Do / (tu-CA)　= 86.3333

ASME 圖表 G 查得:　A = 0.00098

C = 1.0 (無縫管或對接焊接)

最大容許外壓 = 13.26 kg/cm^2 > Pext

8.14.6. 管側端板厚度計算

端板使用材質　A 516-70

受內壓狀態

t = P x D x K / (200 x Sa x E − 0.2 x P) + CA

Pa = 200 x Sa x E x (tu − CA)/[D x K + 0.2 x (tu − CA)]

說明：

P	：設計壓力	10.00 kg/cm^2
Pa	：最大容許壓力	29.12 kg/cm^2
Pext	：最大容許外壓	0.00 kg/cm^2
D	：腐蝕後端板內面測得橢圓之長徑	506.00 mm
K	：半橢圓型之型狀係數= [2+(D/2h)^2]/6	
Sa	：使用材質容許張應力	12.31 kg/mm^2
E	：焊道焊接效率	1.00
CA	：腐蝕容度	3.00 mm
t	：計算需要厚度	5.06 mm
CNS / 設計規範要求最小需要厚度		6.00 mm
TEMA RCB-3.13 要求最小需要厚度		9.00 mm
tmin	：實際使用(最小)厚度	9.00 mm
tu	：實際使用厚度	12.00 mm

8.14.7. 傳熱管強度計算

傳熱管使用材質A 179

受內壓狀態

t = P x Do /(200 x Sa x E + 0.8 x P) + CA

Pa = 200 x Sa x E x (tu − CA)/[Do − 0.8 x (tu − CA)]

說明

P ：設計壓力=10.00 kg/cm^2

Do：傳熱管外直徑=19.05 mm

Sa：使用材質容許張應力=8.30 kg/mm^2

E ：焊道焊接效率=1.00

CA: 腐蝕容度=0.00 mm

Pa : 最大容許壓力=201.49 kg/cm^2

Pext:最大工作外壓=殼側設計內壓+管側設計外壓 8.00 kg/cm^2

t = 計算需要厚度 = 0.11 mm

tu = 實際使用厚度 = 2.11 mm

8.14.8. 固定端法蘭詳細

Flange Stress Cal.

Hp=2bx3.14GmP= 8147 kg	H=0.785PG^2 = 22746 kg	H'=0.785PeG^2= kg
Wm1=HP+H = 30892 kg	Wm2=3.14bGy= 68757 kg	Wex = kg
Am= Greater of Wm2/Sba or Wm1/Sbo = 3911 mm2		Ab = 4900 mm2
Hd=0.785PB^2 = 20109 kg	hd=(C-B-g1)/2 = 37.25 mm	Md = 749061 kg-mm
Hg=Wm1-H = 8147kg	hg=(C-G)/2 = 25.93 mm	Mg = 211198 kg-mm
Ht=H-Hd = 2637kg	ht=(C-B)/4+hg/2= 33.96 mm	Mt = 89543 kg-mm
For Internal Pressure Mo= Md+Mg+Mt= 1049803 kg-mm		
Hd=0.785PeB^2= kg	hd-hg = 11.32 mm	Md = kg-mm
Ht=H'-Hd = kg	ht-hg = 8.04 mm	Mt = kg-mm
For External Pressure Moex=Md+Mt = kg-mm		
Wg=(Am+Ab)Sfa/2= 77451 kg	hg=(C-G)/2 = 25.93 mm	Mgskt = 2007928 kg-mm
[Max of Mo,Moex,or Mgsktx(Sfo/Sfa)] x c.f (1.002) Mmax= 2011159 kg-mm		

K= A/B =	1.255	T =	1.816	Z =	4.479	Y =	8.681	U =	9.539	Q =	3974.62
F =	0.836	V =	0.284	d =	66705	e =	0.015	f =	1.000		
Alfa =	1.789	Beta =	2.052	Gamma =	0.985	Delta =	2.108	Nanda =	3.093		
Sh =	14.24	Sr =	0.98	St =	8.39	Ss =	11.32	h0 =	55.10	h/h0 =	0.544

Bolt Torque Max = ===== kg-M Min. = ===== kg-M
Flange Thk Min. 53.00 mm Use 55 mm Wt. 0.050 tons

8.14.9 檢驗操作狀態下是否需要脹縮接頭

Q = Pix[(D^2-nxd^2)xPs+nx(d-2xtt)^2xPt]/400

Ld = [Zsx(Ts-20)-Ztx(Tt-20)]xL

F1 = LdxAsxAtxEsxEt/[Lx(AsxEs+AtxEt)]

F2 = QxAsxEs/(AsxEs+AtxEt)

F3 = QxAtxEt/(AsxEs+AtxEt)

$Ss1 = |(-F1+F2)/As|$

$Ss2 = |(F1+F2)/As|$

$St1 = |(F1+F3)/At|$

$St2 = |(-F1+F3)/At|$

說明：

Ps	：殼側設計壓力	8.00 kg/cm^2
Pt	：管側設計壓力	10.00 kg/cm^2
D	：腐蝕狀態下殼板內直徑	506.0 mm
d	：傳熱管外直徑	19.050 mm
n	：傳熱管總數	326
tt	：傳熱管管壁厚度	2.108 mm
Es	：殼板材料之縱彈性係數	19728 kg/mm^2
Et	：傳熱管材料之縱彈性係數	19728 kg/mm^2
As	：腐蝕後殼板總橫斷面積	9651 mm^2
At	：傳熱管總橫斷面積·	37025 mm^2
Zs	：溫度Ts時殼板材料之線性膨脹係數	10.682 E-6 mm/mm
Zt	：溫度Tt時傳熱管材料之線性膨脹係數	11.656 E-6 mm/mm
L	：傳熱管全長	3500.0 mm
Ld	：殼板／傳熱管伸長之差	2.4607mm
Ts	：操作時殼板板壁溫度	100.℃
Tt	：操作時傳熱管管壁溫度	33.℃
Q	：因殼側與管側之壓力差而產生之力	14266 kg
F1	：因殼側與管側之溫度差而產生之力	106184 kg
F2	：因殼側與管側之壓力差而產生加於殼板之力	2950 kg
F3	：因殼側與管側之壓力差而產生加於傳熱管之力	11316 kg
Ss1	：產生於殼板之力	10.697 kg/mm^2
Ss2	：產生於殼板之力	11.308 kg/mm^2
St1	：產生於傳熱管之力	2.562 kg/mm^2
St2	：產生於傳熱管之力	3.174 kg/mm^2
Ss	：殼板使用材質容許張應力	12.31 kg/mm^2

St　　：傳熱管使用材質容許張應力　　8.30 kg/mm^2

由於 Ss1, Ss2 < Ss 且 St1, St2 < St 故不需脹縮接頭

8.14.10 固定管板之強度計算（TEMA）

1. 管板厚度── 依彎曲應力計

T = F x G x [P / (Nu x 100St)]^0.5 / 3 + CA

說明：

F　　：由 TEMA RCB-7.132 查得之係數　　1.000

G_Shell：殼側殼板內徑　　506.0 mm

G_Tube：管側殼板內徑　　506.0 mm

Nu　　：因為傳熱管之排列形態為 Triangular

　　：1 – [0.907 / (pitch / tube od)^2]　　0.429

P　　：設計壓力若另方為受外壓狀態時則需修正

且需依據 TEMA RCB-7.163 到 RCB-7.165 之規定 24.49 kg/cm2

St　　：管板使用材質容許張應力　　12.31 kg/mm^2

CA　　：殼側與管側之腐蝕容度　　6.00 mm

t_shell：基於殼側條件求得管板計算需要厚度　　42.3 mm

t_tube：基於管側條件求得管板計算需要厚度　　42.3 mm

2. 管板厚度── 依剪應力計算

do　　：傳熱管外直徑　　19.05 mm

pitch　：傳熱管中心至中心距離　　24.00 mm

P/St　　= 0.0179

=1.6[1-do/pitch)^2 = 0.0681

因為 P/St < 1.6[1 – do / pitch]^2

故不需作剪應力計算,管板使用厚度　　52.0 mm

管板估計重量　　0.092 ton

8.14.11 固定管板之強度計算（CNS）

1. 管板厚度── 依彎曲應力計算

tb = C x D x [P / Sb]^0.5 / 20 + CA

說明：

C	：依 CNS 6.12 規定之係數	1.000
D	：殼側殼板內徑	506.0 mm
P	：設計壓力若另方為受外壓狀態時則需修正	24.49 kg/cm^2
Sb	：管板使用材質容許彎曲應力	12.31 kg/mm^2
CA	：殼側與管側之腐蝕容度	6.00 mm
tb	：管板計算需要厚度	41.7 mm

2. 管板厚度── 依剪應力計算

ts = P x A / (100 x Ss x L) + CA

說明：

A	：順次連接最外側管孔所形成多邊形之面積	170554 $mm^{\wedge 2}$
L	：上述多邊形之外周長減去最外側所有管孔之直徑	305.00 mm
Ss	：管板使用材質容許剪應力 使用容許張應力值之 80 %	9.85 kg/mm^2
ts	：計算需要厚度	18.5 mm

3. 管板厚度── 依 CNS 6.10.3(a)

t1 = G x (K x P/100 / St + 1.9 x Wm1 x hg / St / G^3)^0.5 + CA

t2 = G x (1.9 x Wg x hg / St / G^3)^0.5 + CA

說明：

K	：依 CNS 6.10 (2) 查得之係數	0.3
St	：管板使用材質容許張應力	12.31 kg/mm^2
G	：墊圈反力作用位置所形成圓之直徑或最小跨距	506.0 mm
Wm1	：操作狀態下之螺栓負荷力	30892 kg

Wg	: 鎖緊墊圈狀態下之螺栓負荷力	77451 kg
hg	: 墊圈之力臂	25.92 mm
t1	: 操作狀態下之管板計算需要厚度	48.1 mm
t2	: 鎖緊墊圈狀態下之管板計算需要厚度	30.8 mm
	管板使用厚度	52.0 mm
	管板估計重量	0.092 ton

第 9 章

建築給排水衛生設備工程

本章內容包含材料設備規範及相關施工法規，適用於建築技術規則中所訂各類建築物使用之給排水衛生設備，包括給水設備、熱水設備、排水設備、通氣設備、衛生器具、汙水處理設施等。

9.1 材料設備規範相關法規

9.1.1 政府採購法第二十六條

機關辦理公告金額以上之採購，應依功能或效益訂定招標文件。其有國際標準或國家標準者，應從其規定。

機關所擬定、採用或適用之技術規格，其所標示之擬採購產品或服務之特性，諸如品質、性能、安全、尺寸、符號、術語、包裝、標誌及標示或生產程序、方法及評估之程序，在目的及效果上均不得限制競爭。

9.1.2 建築技術規則總則編第四條（建築材料與設備）

建築物應用之各種材料及設備規格，除中華民國國家標準有規定者從其規定外，應依本規則規定。但因當地情形，難以應用符合本規則與中華民國國家標準材料及設備，經直轄市、縣（市）主管建築機關同意修改設計規定者，不在此限。

建築材料、設備與工程之查驗及試驗結果，應達本規則要求；如引用新穎之建築技術、新工法或建築設備，適用本規則確有困難者，或尚無本規則及中華民國國家標準適用之特殊或國外進口材料及設備者，應檢具申請書、試驗報告書及性能規格評定書，向中央主管建築機關申請認可後，始得運用於建築物。

前項之試驗報告書及性能規格評定書，應由中央主管建築機關指定之機關（構）、學校或團體辦理。

第二項申請認可之申請書、試驗報告書及性能規格評定書之格式、認可程序及其他應遵行事項， 由中央主管建築機關另定之。

第三項之機關（構）、學校或團體，應具備之條件、指定程序及其應遵行事項，由中央主管建築機關另定之。

9.1.3. 建築技術規則建築設計施工編第二百四十七條

高層建築物各種配管管材均應以不燃材料製成，或使用具有同等效能之防火措施，其貫穿防火區劃之孔隙應使用防火材料填滿或設置防火閘門。

前項各類用管所使用之外層保護材或保溫材應以燃燒時不得產生有害氣體之材料爲限。

9.1.4 自來水法第二十三條

本法所稱用水設備，係指自來水用戶，因接用自來水所裝設之進水管、量水器、受水管、開關、分水支管、衛生設備之連接水管及水栓、水閥及加壓設施等。

前項加壓設施中屬自來水事業依本法第六十一條規定無法供水者，自來水用戶爲接用自來水，於總表後至建築物前所設置之加壓設備、蓄（配）水池、操作室、受水管、開關及水栓等設備，統稱爲用戶加壓受水設備。

9.1.5 自來水用戶用水設備標準

第十九條　用戶管線與其管件及衛生設備，其有國際標準或國家標準者，應從其規定。

第二十條　曾用於非自來水之舊管，不得使用爲自來水管。

9.1.6 下水道法第二條

本法用辭定義如左：

一、下水：指排水區域內之雨水、家庭汙水及事業廢水。

二、下水道：指爲處理下水而設之公共及專用下水道。

三、公共下水道：指供公共使用之下水道。

四、專用下水道：指供特定地區或場所使用而設置尙未納入公共下水道之下水道。

五、下水道用戶：指依本法及下水道管理規章接用下水道者。

六、用戶排水設備：指下水道用戶因接用下水道以排洩下水所設之管渠及有關設備。

七、排水區域：指下水道依其計畫排除下水之地區。

9.1.7 下水道用戶排水設備標準

第八條　不同管材管渠間之接合，應採用特殊接頭或以陰井連接之。

第九條　鑄鐵管及其管件設置於地上者，應有防鏽保護層，並於接頭處或適當間隔處以鐵件或適當之固定座固定；埋設於地下者，應加焦油保護層。

9.1.8 中華民國國家標準（CNS）

1. 管及管件

(1) CNS 2869 B20118 球狀石墨鑄鐵件
(2) CNS 2958 B5069 衛生設備用鑄鐵管及管件
(3) CNS 10774 K4080 自來水管件用橡膠製品
(4) CNS 10775 K6802 自來水管用橡膠製品檢驗法
(5) CNS 10808 G3219 延性鑄鐵管
(6) CNS 13272 G3253 延性鑄鐵管件
(7) CNS 13273 G3254 延性鑄鐵管及管件內面用環氧樹脂粉體塗裝
(8) CNS 708 B5001 鋼管之壓力等級
(9) CNS 2056 G3030 低壓有縫鋼管
(10) CNS 4178 G3098 高壓有縫鋼管
(11) CNS 4626 G3111 壓力配管用碳鋼鋼管
(12) CNS 6445 G3127 配管用碳鋼鋼管
(13) CNS 11744 A2201 自來水用內襯聚氯乙烯塑膠硬質管之鋼管
(14) CNS 11775 A3250 自來水用內襯聚氯乙烯塑膠硬質管之鋼管檢驗法
(15) CNS 6331 G3124 配管用不鏽鋼鋼管
(16) CNS 6668 G3131 不鏽鋼衛生鋼管
(17) CNS 13392 G3258 一般配管用不鏽鋼鋼管
(18) CNS 5127 H3081 銅及銅合金無縫管
(19) CNS 11612 B2770 機械開槽式管接頭
(20) CNS 2474 H3028 銀焊料
(21) CNS 2475 H3029 焊錫
(22) CNS 1298 K3004 聚氯乙烯塑膠硬質管
(23) CNS 1299 K6140 聚氯乙烯塑膠硬質管檢驗法
(24) CNS 2334 K3011 飲水（自來水）用聚氯乙烯塑膠硬質管接頭配件
(25) CNS 2335 K6184 自來水用聚氯乙烯塑膠硬質管及接頭配件檢驗法
(26) CNS 4053 K3033 自來水用聚氯乙烯塑膠硬質管

(27) CNS 11774 A2201 自來水用內襯聚氯乙烯塑膠硬質管之鋼管

(28) CNS 13496 K3107 自來水用內襯聚乙烯之聚氯乙烯塑膠硬質管

(29) CNS 13746 K3111 汙水及一般用內襯聚乙烯之聚氯乙烯塑膠硬質管

(30) CNS 13747 K61035 汙水及一般用內襯聚乙烯之聚氯乙烯塑膠硬質管檢驗法

(31) CNS 14345 K3114 耐衝擊硬質聚氯乙烯塑膠管

(32) CNS 14664 K3121 氯化聚氯乙烯（CPVC）塑膠管

(33) CNS 6224 K3043 聚氯乙烯黏著劑

(34) CNS 2456 K3012 自來水用高密度聚乙烯塑膠管

(35) CNS 2457 K6197 自來水用高密度聚乙烯塑膠管檢驗法

(36) CNS 12876 K3098 自來水用交連高密度聚乙烯夾鋁塑膠管

(37) CNS 13156 K3101 自來水用高密度聚乙烯夾鋁塑膠管

(38) CNS 7044 K3048 聚丁烯塑膠薄管

(39) CNS 7046 K3049 聚丁烯塑膠薄管及配件－熱水配管系統用

(40) CNS 13158 K3102 自來水用丙烯晴－丁二烯－苯乙烯（ABS）塑膠管

(41) CNS 13346 K3104 自來水用丙烯晴－丁二烯－苯乙烯（ABS）塑膠管接頭配件

(42) CNS 13474 K3106 化學工業及一般用丙烯晴－丁二烯－苯乙烯（ABS）塑膠管及接頭配件

(43) CNS 12938 R2195 排水和汙水用瓷化黏土管及配件與管接頭

(44) CNS 9329 Z1025 管系識別

2. 保溫材料

(1) CNS 2176 R2043 矽酸鈣保溫板（磚）及保溫管

(2) CNS 2535 K3014 泡沫聚苯乙烯隔熱材料

(3) CNS 3065 R2059 玻璃棉保溫材料

(4) CNS 3586 R2075 眞珠岩保溫板（磚）及保溫管

(5) CNS 10487 A2165 聚乙烯泡沫塑膠隔熱材料

3. 閥門

(1)CNS 712 B2106 黃銅螺紋口球形閥（$10kgf/cm^2$）
(2)CNS 713 B2107 鑄鐵凸緣型閘閥（$10kgf/cm^2$）（閥桿非上升型）
(3)CNS 715 B2109 鑄鐵凸緣型閘閥（$10kgf/cm^2$）（閥桿上升型）
(4)CNS 5709 B2493 閥之標稱尺度及內徑
(5)CNS 5710 B2494 閘閥端面間之尺度
(6)CNS 5711 B2495 球形閥端面間之尺度
(7)CNS 5712 B2496 角閥端面間之尺度
(8)CNS 5713 B2497 止回閥端面間之尺度
(9)CNS 5714 B2498 旋塞端面間之尺度
(10)CNS 5715 B2499 球閥端面間之尺度
(11)CNS 5716 B2500 塞閥端面間之尺度
(12)CNS 5963 B2502 青銅螺紋口球形閥（$10kgf/cm^2$）
(13)CNS 5965 B2504 青銅螺紋口角閥（$10kgf/cm^2$）
(14)CNS 5966 B2505 青銅螺紋口閘閥（$10kgf/cm^2$）
(15)CNS 5967 B2506 青銅螺紋口擺動型止回閥（$10kgf/cm^2$）
(16)CNS 5968 B2507 青銅螺紋口升降型止回閥（$10kgf/cm^2$）
(17)CNS 5969 B2508 青銅凸緣型球形閥（$10kgf/cm^2$）
(18)CNS 5970 B2509 青銅凸緣型角閥（$10kgf/cm^2$）
(19)CNS 5971 B2510 青銅凸緣型閘閥（$10kgf/cm^2$）
(20)CNS 5972 B2511 鑄鐵凸緣型球形閥（$10kgf/cm^2$）
(21)CNS 5973 B2512 鑄鐵凸緣型角閥（$10kgf/cm^2$）
(22)CNS 5974 B2513 鑄鐵凸緣型擺動式止回閥（$10kgf/cm^2$）
(23)CNS 6882 B2535 鑄鋼凸緣型球形閥（$10kgf/cm^2$）
(24)CNS 6883 B2536 鑄鋼凸緣型角閥（$10kgf/cm^2$）
(25)CNS 6884 B2537 鑄鋼凸緣型閘閥（$10kgf/cm^2$）（閥桿上升型）
(26)CNS 6885 B2538 鑄鋼凸緣型擺動式止回閥（$10kgf/cm^2$）
(27)CNS 6886 B2539 鑄鋼凸緣型球形閥（$20kgf/cm^2$）
(28)CNS 7113 B2550 鑄鋼凸緣型角閥（$20kgf/cm^2$）

(29) CNS 7114 B2551 鑄鋼凸緣型閘閥（20kgf/cm^2）（閥桿上升型）
(30) CNS 7115 B2552 鑄鋼凸緣型擺動式止回閥（20kgf/cm^2）
(31) CNS 7116 B2553 青銅螺紋型有栓旋塞
(32) CNS 7117 B2554 青銅螺紋型填函蓋旋塞
(33) CNS 8086 B2617 給水用角閥
(34) CNS 9804 B2739 青銅螺紋口擺動型止回閥（8.5kgf/ cm^2）
(35) CNS 9805 B2740 黃銅螺紋口閘閥（8.5kgf/ cm^2）
(36) CNS 11088 B2763 青銅螺紋口擺動型止回閥（8.5kgf/ cm^2）
(37) CNS 11089 B2764 青銅螺紋口閘閥（15kgf/ cm^2）
(38) CNS 11090 B2765 青銅螺紋口脈動閘閥（8.5kgf/ cm^2）
(39) CNS 11355 B2769 青銅螺紋型球閥（10kgf/ cm^2）
(40) CNS 12741 B2798 水道用蝶型閥（短體型）
(41) CNS 12742 B2799 水道用蝶型閥（長體型）
(42) CNS 12743 B2800 水道用蝶型閥（薄體型）
(43) CNS 12744 B2801 一般用蝶型閥
(44) CNS 12848 B2804 球狀石墨鑄鐵螺紋口球形閥（10kgf/ cm^2）
(45) CNS 12849 B2805 球狀石墨鑄鐵凸緣球形閥（10kgf/ cm^2）
(46) CNS 12850 B2806 球狀石墨鑄鐵凸緣升降型止回閥（10kgf/ cm^2）
(47) CNS 12851 B2807 球狀石墨鑄鐵螺紋口升降型止回閥（10kgf/ cm^2）

4. 水泵

(1) CNS 659 B7015 水泵檢驗法（總則）
(2) CNS 660 B7016 水泵工作位差檢驗法
(3) CNS 661 B7017 水泵出水量檢驗法
(4) CNS 662 B7018 水泵轉速檢驗法
(5) CNS 663 B7019 水泵動力及效率檢驗法
(6) CNS 664 B7020 水泵傳動軸溫度檢驗法
(7) CNS 665 B7021 水泵檢驗報告書格式
(8) CNS 2138 B4004 小型渦卷泵
(9) CNS 9813 C4384 工程沉水泵用低壓三相感應電動機

(10) CNS 9814 C4385 工程沉水泵用低壓單相感應電動機

(11) CNS 10680 B4062 雙吸式渦卷泵

(12) CNS 10847 B4063 小型多段離心泵

(13) CNS 11327 B4064 深井用沉水電動機泵

(14) CNS 11330 C4428 低壓三相鼠籠型感應電動機（深井用沉水電動機泵用）

5. 水槽

(1) CNS 9443 S1145 不鏽鋼儲水槽

(2) CNS 13023 K3099 玻璃纖維強化塑膠嵌板組合式儲水槽

6. 熱水設備

(1) CNS 2139 B1023 鍋爐規章（鍋爐製造規章）

(2) CNS 2140 B1024 鍋爐規章（性能試驗規章總則）

(3) CNS 2141 B1025 鍋爐規章（陸用鍋爐之效率計算方法）

(4) CNS 2142 B1026 鍋爐規章（鍋爐安全設備規章）

(5) CNS 2143 B1027 鍋爐規章（鍋爐材料及材料試驗規章）

(6) CNS 2144 B1028 鍋爐規章（鍋爐操作及維護規章）

(7) CNS 8780 C3133 家庭用絕緣式電熱水器（瞬熱型）

(8) CNS 11010 C4420 貯備型電熱水器

(9) CNS 11613 C4442 家庭用水電阻接地式電熱水器（瞬熱型）

7. 衛生器具

(1) CNS 3220 R2061 衛生陶瓷器－水洗馬桶

(2) CNS3220-1 R2061-1 衛生陶瓷器－水箱

(3) CNS3220-2 R2061-2 衛生陶瓷器－小便器

(4) CNS3220-3 R2061-3 衛生陶瓷器－洗面器

(5) CNS3220-4 R2061-4 衛生陶瓷器－廚房洗滌槽

(6) CNS3220-5 R2061-5 衛生陶瓷器－化驗盆

(7) CNS3220-6 R2061-6 衛生陶瓷器－沖洗盆

(8) CNS3220-7 R2061-7 衛生陶瓷器—拖布盆
(9) CNS 3221 R3065 衛生陶瓷器檢驗法
(10) CNS 7611 A2106 浴缸尺度
(11) CNS 7612 A2107 玻璃纖維強化塑膠浴缸
(12) CNS 8085 B2616 單向水龍頭（立式）
(13) CNS 8087 B2618 單向水龍頭（長頸式）
(14) CNS 8088 B2619 冷熱混合水龍頭
(15) CNS 8089 B2620 落水管（不附清潔蓋）
(16) CNS 3910 C4129 飲水供應機
(17) CNS 3911 C3048 飲水供應機檢驗法
(18) CNS 12623 C4463 貯備型電開水器
(19) CNS 13516 C4469 開飲機

9.1.9 美國標準協會（ANSI）

1. ANSI/ASME B16.23 鑄銅合金軟焊接頭排水管配件－DWV
2. ANSI/ASME B16.29 鍛銅及鍛銅合金軟焊接頭排水管配件－DWV
3. ANSI/ASME B31.9 建築物用配管
4. ANSI/ASME B32 軟焊焊條
5. ANSI/ASME C700 超強度、標準強度及多孔陶管
6. ANSI/AWWA C105 水或其他流體用灰鑄鐵及延性鑄鐵管之聚乙烯護層
7. ANSI/AWWA C110 水或其他流體用延性鑄鐵及灰鑄鐵管配件，3吋-48吋
8. ANSI/AWWA C111 延性鑄鐵及灰鑄鐵壓力管及管配件用之橡膠墊片接頭
9. ANSI/AWWA C151 水或其他流體用延性鑄鐵管，以金屬模心式或砂襯模鑄造
10. ANSI/AWS D1.1 結構焊接法規
11. ANSI/ASME D2466 聚氯乙烯（PVC）塑膠管配件，厚度SCH.40.
12. ANSI/ASME D2467 聚氯乙烯（PVC）塑膠管配件，厚度SCH.80.

13.ANSI/ASME SEC.9 焊接及硬焊資格檢定

9.1.10 美國材料試驗協會（ASTM）

1.ASTM A53 黑鐵及熱浸鍍鋅鋼管，有縫及無縫
2.ASTM A74 汙水鑄鐵管及管配件
3.ASTM A120 黑鐵及熱浸鍍鋅鋼管，有縫及無縫，供一般用途使用
4.ASTM A234 鍛造碳鋼及合金鋼管配件，供中、高溫度範圍使用
5.ASTM B88 無縫給水用銅管
6.ASTM B306 排水用銅管（DWV）
7.ASTM C425 陶管及管配件用壓接接頭
8.ASTM C564 汙水鑄鐵管及管配件用橡膠墊片
9.ASTM D1785 聚氯乙烯（PVC）塑膠管，壁厚SCH.40，80及120
10.ASTM D2235 ABS塑膠管及管配件用接合溶劑
11.ASTM D2241 聚氯乙烯（PVC）塑膠管（SDR-PR）
12.ASTM D2513 熱塑性瓦斯壓力管及管配件
13.ASTM D2680 ABS及聚氯乙烯（PVC）合成下水管
14.ASTM D2683 聚乙烯（PE）管套接式管配件
15.ASTM D2729 聚氯乙烯（PVC）下水管及管配件
16.ASTM D2751 ABS下水管及管配件
17.ASTM D2855 聚氯乙烯（PVC）管及管配件溶劑接頭之製作
18.ASTM D3033 PSP型聚氯乙烯（PVC）下水管及管配件
19.ASTM D3034 PSM型聚氯乙烯（PVC）下水管及管配件
20.ASTM F477 塑膠管接合用彈性密封劑（墊片）

9.1.11 美國焊接工程協會（AWS）

9.12.1. AWS 5.8硬焊金屬填料

9.1.12.美國自來水工程協會（AWWA）

9.13.1. AWWA C601水及廢水之標準檢查法

9.1.13 CAST IRON SOIL PIPE INSTITUTE U.S.A（CISPI）

9.1.14.1. CISPI 301衛生系統用套接鑄鐵汙水管及管配件

9.2 材料設備規範

9.2.1 保溫材料

1. 真珠岩保溫管

凡蒸汽管及凝汽管皆需外包眞珠岩保溫管，採用中華民國國家標準CNS 3586 R2075眞珠岩保溫板（磚）及保溫管之規格產品。

眞珠岩成型保溫管，3吋及以下採用1.5吋厚，4吋及以上採用2吋厚之保溫管。

2. 聚乙烯泡沫塑膠保溫管

凡熱水管及熱水回水管皆需外包非鹵素難燃聚乙烯泡沫塑膠保溫管，採用CNS 10487 A2165 聚乙烯泡沫塑膠隔熱材料之規格產品。

材質項目	保溫材	引用標準
添加難燃劑種類	屬非鹵素系列，以XRF做元素定性分析	--
難燃性直接火	120秒內自熄燃燒長度小於60mm	CNS10487
難燃性間接火	90秒燒盡。以35KW輻射源，距離泡綿（尺寸10cm×10cm×2cm）1英吋加熱之	ASTM-E1354
氧氣指數	25以上	ASTM-D2863
燃燒時煙濃度	4分鐘：75，20分鐘：150	ASTM-E662

材質項目	保溫材	引用標準
燃燒時之毒性指數	5.0	NES-713
吸水率（g/C）	0.010以下	CNS10487
傳導係數（kcal/m・hr・℃）	0.034以下（平均溫度30±5℃）	CNS10487
抗拉強度（kgf/c）	1.7以上	CNS10487
壓縮永久變形率（%）	8以下	CNS10487
加熱尺寸變化率（%）	±5%以內	CNS10487
延伸率（%）	200以上	CNS10487

9.2.2 管及管件

管和管件類別可依各計畫及產品選擇之需求增減之，管和管件之等級標準列述如下，如標示使用之等級超過一種，則僅可選擇其一使用，同一配管系統不得混雜使用不同等級之管材。

1. 管材

(1) A類管──承插式鑄鐵管衛生排水用

a.鑄鐵管〔ASTM A74〕，〔特重級〕〔實用級〕。

b.管配件：鑄鐵。

c.承口及插口，CISPI HSN壓接式之〔ASTM C564〕合成橡膠墊片〔青鉛麻絲〕。

(2) B類管──套接鑄鐵管衛生排水用

a.鑄鐵管〔CISPI 301〕，套接式，〔實用級〕。

b.管配件：鑄鐵。

c.接頭：〔合成橡膠墊片及不鏽鋼管夾與護板組件〕〔機械開槽式〕管接頭。

(3) C類管──ABS衛生排水用

a.ABS管：〔ASTM D2680或D2751〕〔CNS 13474 K3106〕。

b.管配件：ABS。

c.接頭：〔ASTM D2235〕〔ABS專用膠合劑〕溶劑接合。

(4) D類管——PVC管衛生排水用

a.PVC管：〔ASTM D2729〕〔CNS 1298 K3004〕橘紅色。

b.管配件：PVC。

c.接頭：〔ASTM D2855〕〔CNS 6224 K3043〕，溶劑接合。

(5) E類管——銅管衛生排水用

a.銅管：〔ASTM B306 DWV〕。

b.管配件：〔ANSI/ASME B16.23〕，鑄銅，或〔ANSI/ASME，B16.29〕，鍛銅。

c.接頭：〔ANSI/ASTM B32 GR.50B〕，軟焊。

(6) F類管——PE管

a.PE管：〔ASTM D1248〕Type〔Ⅲ〕〔Ⅳ〕高密度塑膠管。

b.管配件：PE。

c.接頭：〔對接溶焊〕〔套接電溶〕接合。

(7) G類管——鑄鐵管給水用

a.鑄鐵管：〔ASTM/AWWA C151〕〔CNS 10808 G3219〕延性鑄鐵管。

b.管配件：〔延性〕〔灰〕鑄鐵。

c.接頭：承口及插口，〔ANSI/AWWA C111橡膠墊片附19公釐（3/4in）直徑拉桿〕

〔CNS 2794 B5058〕。

(8) H類管——碳鋼鋼管（鍍鋅或黑鐵）

a.鋼管：〔ASTM A53或A120〕〔CNS 6445 G3127 B級〕，壁厚〔Sch.40〕。

b.管配件：〔ANSI/ASME B16.3〕〔CNS 2943 B5068〕或展性鑄鐵螺紋式，及〔ASTM A234〕鍛鋼焊接式。

c.接頭：50公釐及以下之管線採螺紋式接合，65公釐以上之管線採

〔AWS D1.1〕焊接接合或〔CNS 11612 B2770〕機械開槽式接頭接合。

(9) I類管──銅管給水用

a.銅管：〔ASTM B88〔M〕〔L〕〔K〕型〕，〔硬拉〕〔退火處理〕，〔CNS 5127 H3081〕。

b.管配件：〔ANSI/ASME 16.29鍛銅〕。

c.接頭：〔ANSI/ASTM B32 GR.95TA〕〔CNS 2475 H3029〕軟焊，〔AWS A5.8 BcuP〕〔CNS 2474 H3028〕銀硬焊接合。

(10) J類管──PVC硬質塑膠管給水用

a.PVC管：〔ASTM D1785 SCH.40〕〔ASTM D2241〕〔CNS 4053 K3033〕，管線／管壁厚應不小於相當10.5kgf/cm^2（約150psi之壓力等級）。

b.管配件：PVC硬質，〔ANSI/ASTM D2466〕〔CNS 2334 K3011〕管接頭配件。

c.接頭：〔ASTM D2855〕〔CNS 6224 K3043〕溶劑接合。

(11) K類管──不鏽鋼管

a.不鏽鋼管：〔CNS 6331 G3124〕，除另有規定外50公釐及以下者使用〔Sch.40〕，65公釐以上者使用〔Sch.20〕管。

b.管配件：不鏽鋼，除另有規定外，50mm及以下者使用〔螺紋式〕管配件，65公釐以上者用用對接焊管配件。

c.接頭：除另有規定外，50公釐及以下者採〔螺紋式〕接口，65公釐以上者採對接TIG電焊接口。

(12) L類管──聚氯乙烯塑膠硬管內襯鋼管

a.塑膠管內襯鋼管：〔CNS 11744 A2201〕。壓力等級不小於10.5kgf/cm^2（約150psi之壓力等級）管。

b.管配件：展性鑄鐵加聚氯乙烯塑膠內襯管配件。

c.接頭：〔凸緣接口〕〔機械開槽式管接頭〕。

(13) M類管──ABS管給水用

a.ABS管：〔CNS 13158 K3102〕。

b.管配件：〔CNS 13346 K3104〕。

c.接頭：〔ABS專用膠合劑〕接合。

(14) N類管——**陶管**

a.陶管：〔ANSI/ASME C700〕，〔標準強度〕。

b.管配件：黏土。

c.接頭：承口及插口，〔ASTM C425〕，〔青鉛麻絲〕〔合成橡膠墊片系統〕。

2. 衛生下水管（埋設於地下離地面1.5公尺以上深度）

可選用下列材料，以埋設深度或土壤狀況考慮，必要時註明使用「特重級」：

(1) A類管：承插式鑄鐵管。

(2) C類管：ABS排水管。

(3) D類管：PVC下水管。

(4) N類管：瓷化黏土管。

3. 衛生下水管（埋設深度1.5公尺以內）

可選用下列材料，以埋設深度或土壤狀況考慮，必要時註明使用「重級」，某些地區塑膠性下水管不准埋設於建築物下：

(1) A類管：承插式鑄鐵管。

(2) B類管：套接式鑄鐵管。

(3) C類管：ABS管。

(4) D類管：PVC管。

4. 衛生下水管（地面上用）

可選用下列材料，塑膠產品一般不准用於防火場所或貫穿防火分區：

(1) A類管：承插式鑄鐵管。

(2) B類管：套接式鑄鐵管。

(3) E類管：銅管（衛生排水用）。

(4) C類管：ABS管。

(5) D類管：PVC管。

5. 通氣管

應選用下列材料，塑膠產品一般不准用於防火場所或貫穿防火分區：

(1) A類管：承插式鑄鐵管。

(2) B類管：套接式鑄鐵管。

(3) E類管：銅管（衛生排水用）。

(4) C類管：ABS下水管。

(5) D類管：PVC下水管。

6. 特殊廢水排水管

(1) 化學實驗室廢水含有酸（鹼）性及重金屬者，應採用有抗酸（鹼）性之材料。

(2) 放射線汙染之汙（廢）水排水管及管件，同一般汙（廢）水排水管，唯需外包鉛皮保護層，以防止放射線外洩。

(3) 傳染病毒汙（廢）水排水管及管件，同一般汙（廢）水排水管，唯加溫消毒部分應採用金屬管。

7. 接管管件及墊料

(1) 管套節（Union）

管徑50公釐及以下者配至機器設備或油（水）箱（櫃）、與使用螺紋接口之閥門等連接或日後需拆卸保養之處，均應使用管套節，管套節應按規定使用，並符合下列規範：

a.展性鑄鐵管套節

鋼管用，工作壓力爲8.8kgf/cm^2（125psi）及以下者，使用10kgf/cm^{2}級，工作壓力爲8.8kgf/cm^2（125psi）以上者，使用〔17.5kgf/cm^2（250psi）〕級，鍍鋅鋼管則應採用鍍鋅品。

b.銅管套節

〔青銅〕〔黃銅〕製，壓力等級：〔10kgf/cm^2（150psi）〕，螺紋接口或套焊接口。

c.隔電管套節（Dielectric Union）

使用於不同金屬管（如銅管與鋼管）之連接，以防止因電位差異而產生腐蝕，一端爲鍍鋅或電鍍螺紋端口，另端爲銅焊端口，附不滲水隔離層。

(2)凸緣（Flanges）

管徑65公釐以上者，與機器設備，油（水）箱（櫃）連接，或日後需拆卸保養之處，均應使用凸緣，凸緣應按規定使用，並符合下列規範：

a.焊接管

鋼質焊頸凸緣，工作壓力爲8.8kgf/cm^2（125psi）及以下者，使用10kgf/cm^2（150psi）級，工作壓力爲8.8kgf/cm^2（125psi）以上者，使用〔20kgf/cm^2（300psi）〕級。

b.螺紋管

使用於螺紋接口管線及鐵管之凸緣及凸緣管件，其材質應爲鑄鐵，〔標準型〕〔超重型〕。

c.銅管

使用硬焊接合之滑入熔接銅質凸緣。

d.隔電凸緣

爲防止電蝕，不同金屬連接時需藉由非導電材料之隔離，使不同金屬間完全地絕緣。

9.2.3 密合墊料（Gasket）

1. 一般規定

(1)所使用之密合墊需適合系統之壓力溫度及使用場合，且其安裝需依照製造廠之建議爲之。

(2)以凸緣連接兩種不同材質時，凸緣間需裝用絕緣質密合墊，套管及墊圈以及相對的螺帽螺栓等。

2. 橡皮密合墊

(1)250公釐及以下各型管子使用〔紅色橡皮〕滿面襯墊者，厚〔1.5公釐〕。

(2)300公釐及以上各型管子使用〔紅色橡皮〕滿面襯墊者，厚〔3公釐〕。

(3)油管及天然氣管使用〔合成橡膠〕滿面襯墊者，厚〔1.5公釐〕。

9.2.4 閥門

1. 閘閥（Gate Valves）

(1)管稱口徑50公釐及以下者，使用〔青銅〕〔黃銅〕材料閥體，楔型整片閥門，非升桿式閥桿及手輪，軟焊套接或螺紋接口。

(2)管稱口徑65公釐以上者，使用〔鑄鐵〕〔鑄鋼〕材料閥體，楔型整片閥門，升桿式閥桿及手輪，凸緣接口。

2. 球塞閥（Globe Valves）或角閥（Angle Valves）

(1)管稱口徑50公釐及以下者，使用〔青銅〕〔黃銅〕材料閥體，非升桿式閥桿及手輪，軟焊套接或螺紋接口。

(2)管稱口徑65公釐以上者，使用〔鑄鐵〕〔鑄鋼〕材料閥體，升桿式閥桿及手輪，凸緣接口。

3. 球閥（Ball Valves）

(1)管稱口徑50公釐及以下者，使用〔青銅〕〔不鏽鋼〕材料閥體，桿式手柄，軟焊套接或螺紋接口。

(2)管稱口徑65公釐以上者，使用〔鑄鐵〕〔鑄鋼〕材料閥體，桿式手柄（250公釐及以上之球閥採用齒輪帶動之手輪），凸緣接口。

4. 旋塞閥（Cock）

(1)管稱口徑50公釐及以下者，使用〔青銅〕材料閥體，推拔式旋塞，潤滑式旋塞閥其閥體或旋塞具有潤滑溝槽。非潤滑式旋塞閥其旋塞有鐵氟龍墊片，滿孔面開口，螺紋接口。

(2) 管稱口徑65公釐以上者，使用〔鑄鐵〕〔鑄鋼〕材料閥體。潤滑式旋塞閥其閥體或旋塞具有潤滑溝槽，密封式填料函及潤滑劑油嘴。非潤滑式旋塞閥其旋塞有鐵氟龍墊片，滿孔面開口，凸緣接口。

5. 擺動型逆止閥（Swing Check Valves）

(1) 管稱口徑50公釐及以下者，使用〔青銅〕〔黃銅〕材料閥體，軟焊套接或螺紋接口。

(2) 管稱口徑65公釐以上者，使用〔鑄鐵〕〔鑄鋼〕材料閥體，凸緣接口。

6. 無聲逆止閥（Silent Check Valves）

(1) 每一水泵出水口應裝置中心軸引導雙門式無聲逆止閥。

(2)〔鑄鐵〕〔鑄鋼〕材料之閥體，升降型組合式，能經由中心軸的引導而自由浮動，其移動藉流速來控制，不需用滑脂或配重平衡的幫助。閥盤上方設彈簧控制裝置，能在管內流體回流前將閥盤送回閥座上，閥體設有旁通閥以排洩反衝水壓，以消除水鎚衝擊。螺紋、壓夾式或凸緣接口。

(3) 承包商若選用其他型式能達到防止水鎚作用之無聲逆止閥，應在選用前提送製造廠型錄、性能及材質等說明資料，以及具體業績，經〔業主〕〔工程司〕審核認可。

7. 蝶形閥（Butterfly Valves）

(1) 一般規定：具有緊密封閉性，薄餅型，閥座環需能覆蓋閥體內表面，並延伸至閥體末端或使用O型環，使閥體能以螺栓密封在兩平面凸緣間，不需額外其他密合墊及最小之螺栓負荷。

(2) 閥體使用〔鑄鐵〕〔鋼性鑄鐵〕〔不鏽鋼〕材料，使用於保溫管路者，需使用延伸軸頸，控制把手需能固鎖於任何位置，或使用每隔10°～15°一個凹口的固定板來固定閥盤至所選擇的位置。管徑爲150公釐及以上者，需使用齒輪式操作器，或密閉型蝸輪操作器，手動或電動需符合設計圖說辦理。

8. 特種閥門

(1) **電動操作閥**

a. 使用電動操作閥，閥本體同前述規定，並提供電動操作器由閥體支撐之。電動操作器需在工廠裝妥或在製造廠監視下在現場安裝。

b. 每一電動操作閥之操作器需有一手輪或核可之手動操作機件。

c. 電動操作器可裝於閥門上方或側方，操作電壓詳設計圖或依現場狀況由工程司決定，操作器組包括馬達、內藏式反轉接觸器、開／關／動作瞬間接觸按鈕、開／關二位置指示燈及現場布線用接線端子，或遙控瞬間接觸開／關按鈕及開／關二位置指示燈。所有配線均需在工廠完成，並放在一個封罩內。

d. 使用高扭矩馬達，其容量必須適合電動閥操作，〔E級〕以上馬達附內藏負載保護裝置，電動閥之關閉時間不超過〔2分鐘〕爲原則。

e. 遙控者需提供遙控指示燈開關，隨閥門移動而開關指示燈。閥門之移動可使用馬達、手輪或核可之操作機件。指示燈在閥門全閉時亮紅燈，全開時亮綠燈。

(2) **水用減壓閥**

a. 一般規定：減壓閥應爲液壓操作，嚮導式，由隔膜片及可調整壓力彈簧或其他達到同等功能之方式操作。

b. 管稱口徑50公釐及以下者，使用〔青銅〕材料閥體，螺紋接口。

c. 管稱口徑65公釐以上者，使用〔鑄鐵〕材料閥體，凸緣接口。

(3) **塑膠閥**

耐酸鹼系，應使用〔PP塑膠〕製品。

9.2.5 水泵

1. 一般要求

(1) 所有水泵應配合系統操作阻力的需要，提供適當的容量、水頭、工作壓力、最低效率要求及馬達功率（kW）。

(2)承包商所提供之水泵，應包括馬達、聯軸器、起動器及系統操作所需之附屬設備。

(3)承包商應提供錨碇螺栓、基座板及安裝上所必須之其他配件及特殊工具。

(4)吸（排）水管口徑為50公釐（2吋）及以下者，採用螺紋接頭，65公釐（2 1/2吋）以上者，採用凸緣接頭。

(5)轉動機件需做靜力及動力平衡校正，外殼構造於維修時不必拆卸管線及馬達。

(6)除非另有規定，馬達轉速約為〔1,750r.p.m〕。

(7)水泵型式、流量、壓力、電源及接頭尺寸等詳細規格，請參照〔附件之泵設計表〕〔設計圖之泵規格表〕。

2. 離心（渦卷）式水泵

(1)離心（渦卷）式水泵在性能上應能符合下列要求：

a. 出水壓力自無流量至設計流量，所產生之變化，應為漸次降低，出水口全閉時，水壓應能高過設計流量壓力之〔110%〕，但不超過〔140%〕。

b. 水泵在10%至120%設計流量範圍內，操作時需無異常之振動，亦不得產生孔蝕現象（Cavitation）。

c. 水泵能在規定溫度及吸（排）高度下，在其設計流量10%至120%範圍內，吸（排）任何所需之流量，並能適應多台同型水泵之並聯操作。

(2)泵殼的設計壓力必須為〔1,725kpa〕，而其水壓試驗之試水壓為設計壓力之〔1.5倍〕。

3. 端吸臥式離心（渦卷）水泵

此型適用進（出）水管徑為〔40公釐〕至〔150公釐〕，置於共同基座上，由感應馬達經可撓性聯軸器直接驅動之離心（渦卷）水泵，其構造符合下列規定：

(1)外殼

〔鑄鐵〕〔鋼性鑄鐵〕製造，質地均勻，無氣孔、砂孔、硬點、收縮、裂痕及其他損傷現象，吸水口處裝有可換新之磨蝕環，出水口應垂直立於水泵之中心上方，便於排氣。

(2) **葉輪**

〔青銅製〕、封閉式、水道平滑，並經動力及靜力平衡檢驗，葉輪以鍵緊鎖於軸上。

(3) **轉軸**

應爲〔高強力碳鋼〕〔不鏽鋼製造〕製造，〔青銅〕軸套，配止推軸環。

(4) **機械軸封**

〔碳質〕旋轉磨件，配合〔陶瓷製〕〔不鏽鋼製〕其操作溫度，最大連續操作，溫度〔107℃〕。

(5) **聯軸器**

爲重型撓性聯軸器，用鍵或凸緣緊鎖轉軸上，拆卸時無需移去驅動機部分之半邊，或水泵部分之半邊。撓性聯軸器不得作爲水泵中心線偏位之補償。

(6) **軸承**

應爲球軸承或滾子軸承，設計壽命（B10）最少〔20,000〕小時，並能承受全部徑向及軸向推力，油脂潤滑之軸承應有適合油槍加油之油嘴，如不易工作處應有延伸管將油嘴延伸至適當地點。

(7) **基座板**

採用鋼板型鋼組合或整體鑄造之剛性體，不得有扭曲、變形或裂痕情形，基座板應有足夠面積以安置水泵本體、驅動馬達以及附屬設備等，必要時應設置避振裝置，以防止將振動傳至建築結構體。

(8) **驅動馬達**

爲連續操作〔防滴型〕鼠籠式感應馬達，具有足夠之動力，在正常電壓及水泵特性曲線範圍內無超載現象。

4. 單段立式離心（渦卷）水泵

進出口在同一條水平線上，馬達直接驅動，適用於進（出）水管徑爲〔40公釐〕至〔150公釐〕〕，其構造符合下列規定：

(1) **外殼**

〔鑄鐵〕〔鑄鋼〕製，質地均勻、無氣孔、砂孔、硬點、收縮、裂痕及其他損傷現象，吸水口處裝有可換新之磨蝕環。

(2) **葉輪**

〔青銅〕製，全閉式，直接固定於馬達轉軸或其延伸軸上。

(3) **轉軸**

〔高強力碳鋼〕或〔不鏽鋼〕製，附〔青銅〕軸套及止推軸環。

(4) **機械軸封**

〔碳質〕旋轉磨件，配合〔陶瓷〕〔不鏽鋼〕固定座，最大連續操作溫度〔107℃〕。

(5) **驅動馬達**

爲連續操作〔防滴〕型鼠籠式感應馬達，具有足夠之動力，在正常電壓及設計流量範圍內，無超載現象。

5. 汙水泵

應爲沉水式不阻塞型連馬達及全自動控制裝置，其構造符合下列規定：

(1) **汙水泵本體**

水泵本體殼爲細密晶粒鑄鐵，無氣孔、砂孔及其他缺點，並精確加工，進水口處裝有可換新之磨蝕環，不鏽鋼轉軸、〔青銅〕〔鑄鐵〕製，不阻塞雙斜葉片型葉輪，能通過〔75公釐（3吋）〕直徑之固體物，緊鎖於轉軸，使用雙機械軸封，一爲轉環，一爲定環，〔碳質〕旋轉磨件，兩面相對，無需保養，球軸承位於軸封上方，設計壽命（B10）〔100,000小時〕，能承受軸向推力，吸口裝有鑄鐵製支架，確保水流能平均進入葉輪眼。

(2) **驅動馬達**

鑄鐵外殼，〔F級〕以上之絕緣，充氣或充油式感應馬達，附超載保護裝置，多蕊單條電纜，接線端具防水密封，〔球軸承〕，油應爲不導電之絕緣油，外殼裝有吊環，便於安置。

(3) 附屬設備

a. 導軌：設於坑內，使用〔鋼管〕〔型鋼〕，作為坑內有水情況下導引安裝及提取汙水泵用。

b. 排水彎管：用於連接汙水泵及排水管，凸緣接頭，汙水泵與彎管之接合，僅需將泵沿單一導線放下置於彎管一端，即可由其自身重力獲得緊密之接合。

(4) 控制裝置

制盤按〔NEMA 1〕標準製作，內設馬達起動器、無熔絲開關及自動操作電驛，〔水銀浮球式〕或其他經〔業主〕〔工程司〕審核許可之水位控制開關設於汙水坑內，按圖說設定控制，另設程序作全自動操作，並設有低水位及滿水位警報裝置及依照需求設置現場音響及燈光警報顯示器，並將警報信號傳至中央監控中心。

6. 自動加壓給水系統

(1) 本加壓給水機組採用變頻器控制泵轉速變化，依使用壓力變化經感測器傳輸信號至壓力比例控制器，決定泵之運轉，以保持恆壓設定值，其設定值如下：

a. 每加壓機組由〔3台〕泵所組成，平常流量時由〔2台〕泵供應所需之水量，但當系統壓力降至設定值〔5.5kgf/cm^2〕以下時，經由壓力感測器信號傳至控制箱，藉變頻器與壓力比例控制器而改變馬達頻率及泵轉速，依需求本系統可單台運轉或〔2台〕、〔3台〕並聯運轉，以達恆壓要求。

b. 泵可自動交替運轉，維持均等之使用率以減少故障，萬一泵有故障時，控制箱會顯示並且自動起動另一台泵繼續給水，以防止給水中斷，又在不消耗水量時，泵水壓如上升至設定壓力時，則停止泵之運轉及至再次用水時，才再起動給水。

c. 本加壓機組需於現場控制開關箱裝設各泵獨立之「手動－停止－自動」切換開關，除利於保養、試車外，於故障維修或其他必要時，可將該泵之選擇開關置於「停」之位置，使本機組之自動操作可繼續進行而不影響供水。

(2) 水鎚之防止

本設備需裝設防止水鎚發生之裝置，以防止泵瞬間停止可能造成之水擊。

(3) 強度

機殼、構造體、機製零件及驅動器等，應依工業標準有關強度與耐久性之規定，且於操作範圍內可連續運轉。

(4) 軸承

軸承需爲球形或滾軸之油潤滑型軸承，其設計之〔B10壽命〕爲〔50,000小時〕，有關試驗依〔AFBMA〕規定。

(5) 鑄鐵

所有使用在泵構造的鑄鐵需符合〔ASTM A48 CLASS 30〕之規定。

(6) 構造物

構造物需符合〔ASTM A36〕中構造鋼之要求。

(7) 凸緣

泵的進出口應具〔ANSI 300 Pound〕的凸緣。

(8) 扣件

所有螺栓、螺帽及有頭螺釘需爲不鏽鋼製。

(9) 護罩

所有外露的連結器、驅動器和軸需提供所要求之護罩。

(10) 泵

應爲橫軸離心變速抽水機，葉輪爲全密閉式葉輪，且驅動軸心與馬達軸應有撓性聯結器以連接兩軸，軸封爲機械軸封。

a.外殼部分爲〔鑄鐵〕。

b.葉輪材質爲〔鑄鐵〕。

c.軸心部分爲不鏽鋼〔ANSI SUS304〕。

d.驅動軸心與馬達軸之材質採不鏽鋼〔ANSI SUS304〕。

e.軸封材質爲〔碳化鎢〕。

(11) 馬達

a.型式：〔全密閉風扇冷卻鼠籠感應式馬達（TEFC）〕並適合變頻使用。

b.轉速：〔≦1,800rpm〕。

c.電源：3相、〔380V〕、60Hz。

d.構造：〔全密閉屋外防水型〕。

e.絕緣：〔B級〕絕緣。

f.馬達使用係數：〔1.15〕以上。

(12) 控制盤

本盤應爲〔箱型直立式〕，設於〔加氯接觸池配管間馬達控制中心內〕，控制盤爲不鏽鋼〔ANSI SUS304〕製造，且符合〔NEMA 4X〕之規定，其主要元件及功能如下：

a.壓力比例控制器

可調整正確使用壓力以達管線穩壓之效果，即當供水用量介於〔3台〕泵之間，壓力比例控制器可藉變頻器自動調整泵轉速，進而達到穩壓之效果。

b.主電路斷電開關與箱門互鎖設置。

c.各台泵有獨立之供電用主保險絲。

d.〔1組〕控制電路用保險絲。

e.自動起動電磁開關及過電流溫度保護開關。

f.微電腦控制泵自動交替並聯給水用控制器，含最低運轉時間控制。

g.泵各自獨立之「手動－停－自動」切換開關。

h.水源低水位檢知開關。

i.泵運轉及故障指示燈。

j.控制電路標準電壓爲〔24V〕。

k.電壓表及各台泵各自獨立之電流表。

l.〔馬達轉速傳送器及轉速顯示裝置〕〔頻率顯示裝置〕。

m.泵安全隔離開關。

n.微電腦控制器調整用測試裝置，用以測試機組是否有故障情形。

(13) 防蝕塗裝

最後一層面漆顏色經業主工程司核定後實施。

9.2.6 水槽

1. 不鏽鋼儲水槽

(1) 採用國家標準CNS 9443 S1145不鏽鋼儲水槽之規格產品。

(2) 適用範圍：本標準適用於一般儲水用之不鏽鋼儲水槽（俗稱水塔）。

(3) 種類：〔豎立圓柱型〕（〔弧形底〕〔平底〕）、〔橫臥圓柱型〕、〔圓球型〕、〔方型〕。

(4) 構造

a. 槽身：應由鋼板焊接而成，依其外形之不同而加以適當補強。

b. 進水口接頭：以具有內外螺紋之PVC硬質管或具有內外螺紋之不鏽鋼鋼管嵌裝於槽身上端。

c. 出水口、排水口接頭：以具有內外螺紋之不鏽鋼鋼管分別嵌裝於槽身下端之適當位置。

d. 人孔及蓋：爲便於清洗，設在槽身上適當大小可供人出入之通口及其附蓋。

(5) 容量：標稱容量爲〔依設計容量訂定〕。唯實際容量不得少於標稱值。

(6) 品質

a. 外觀：水塔之內外應無尖角、銳邊、焊渣、油汙、鏽垢等缺陷。

b. 耐靜水壓性：應不漏水。

(7) 材料

a. 鋼板：使用CNS 8497熱軋不鏽鋼鋼片及鋼片所規定之304-HP不鏽鋼鋼板。

b. 進水口接頭：使用CNS 2334飲水（自來水）用聚氯乙烯塑膠硬質管接頭配件所規定之PVC硬質管，或使用CNS 6331配管用不鏽鋼鋼管所規定之304不鏽鋼管。

c. 出水口、排水口接頭：使用CNS 6331所規定之304不鏽鋼鋼管。

2. 玻璃纖維強化塑膠嵌板組合式儲水槽

(1)採用國家標準CNS 13023 K3099玻璃纖維強化塑膠嵌板組合式儲水槽之規格產品。

(2)適用範圍：本標準適用於儲存自來水並裝設於室內或室外用之玻璃纖維強化塑膠嵌板組合式儲水槽。

(3)構造：以不飽合聚酯樹脂（或同等品質以上者）與玻璃纖維爲主要原料所加工製造。

(4)容量：標稱容量爲〔依設計容量訂定〕。唯實際容量不得少於標稱值。

(5)儲水槽各部分材質：

代號	名稱	材質
1	側板	GFRP
2	頂板	GFRP
3	底板	GFRP
4	人孔蓋	GFRP（人孔直徑需600公釐以上，有效容量50噸之儲水槽至少需二處人孔）
5	進水孔	GFRP／橡膠／耐候性PVC／SUS316
6	溢流孔註(1)	GFRP／橡膠／耐候性PVC／SUS316（應加設防蟲網裝置）
7	出水孔	GFRP／橡膠／耐候性PVC／SUS316
8	排水孔	GFRP／橡膠／耐候性PVC／SUS316
9	外扶梯	GFRP／SUS316
10	內扶梯	GFRP
11	排氣孔	GFRP／橡膠／耐候性PVC／SUS316（應加設防蟲網裝置）
12	電極座	耐熱、絕緣塑膠
13	隔板，加強肋	GFRP
14	墊片	橡膠
15	內部螺栓	SUS316
16	外部螺栓	SUS316

9.2.7 衛生器具

1. 坐式馬桶（含配件）

(1) 馬桶

a.〔落地式〕〔掛牆式〕，〔噴射式〕〔虹吸式〕〔沖洗式〕瓷質馬桶，〔40公釐（1又½吋）〕沖水管接頭附〔瓷質〕栓帽；〔青銅製〕沖水閥，露明部分鍍鉻，隔膜型附〔操作把手〕〔指壓式按鈕〕〔擺動式把手〕，〔螺絲刀〕〔圓轉式〕止水裝置〔及眞空破除器〕或〔標準〕〔省水〕桶身〔水箱〕〔保溫水箱〕連配件，槓桿式沖水閥，鍍鉻栓帽。

落地式馬桶採用虹吸式、噴射式或沖洗式，掛牆式馬桶可採用虹吸式或沖洗式；沖水閥或水箱配合馬桶型式擇一使用。

b. 馬桶桶身：掛牆式、瓷質、反向存水彎、漩渦沖水式，〔標準〕〔省水〕桶身〔水箱〕〔保溫水箱〕連體型配件，槓桿式沖水閥，鍍鉻栓帽。

c. 馬桶桶身：落地式，瓷質，反向存水彎，〔標準〕桶身〔水箱〕〔保溫水箱〕連體型附配件，槓桿式沖水閥，螺帽。

(2) 馬桶座：〔白色〕〔黑色〕，〔塑膠〕製，〔前端開口〕〔封口〕式，〔自撐式絞鏈〕，青銅製螺栓，〔無〕〔附〕蓋板。

2. 蹲式馬桶（含配件）

落地式，〔沖洗式〕瓷質馬桶，〔40公釐（1又½吋）〕沖水管接頭附〔瓷質〕栓帽；〔青銅製〕沖水閥，露明部分鍍鉻，隔膜型附〔操作把手〕〔指壓式按鈕〕〔擺動式把手〕，〔螺絲刀〕〔圓轉式〕止水裝置及眞空破除器或〔標準〕〔省水〕桶身〔水箱〕〔保溫水箱〕連配件，槓桿式沖水閥，鍍鉻栓帽，沖水閥或水箱請配合馬桶型式擇一使用。

3. 無障礙浴廁用馬桶

同〔1.坐式馬桶〕、〔2.蹲式馬桶〕，唯加設材質爲〔銅質鍍鉻〕〔不鏽鋼〕之〔T形〕〔C形〕〔L形〕〔斜臂形〕扶手。

4. 小便器

(1)〔落地式〕〔掛牆式〕瓷製小便器，〔標準〕〔省水〕型，內藏式水封，另附20公釐（3/4吋）〔頂部〕〔背部〕沖水接管，鋼製支架。

(2)沖水閥任選下列a、b、c、d中之一款：

a.沖水閥：露明部分鍍鉻，隔膜型附〔把手〕〔按鈕〕孔罩，螺絲刀止水裝置，〔眞空破除器〕。

b.沖水閥：青銅製隱藏部分粗面，露明部分鍍鉻，隔膜型附〔按鈕〕〔把手〕及孔罩，圓轉式止水裝置及眞空破除器。

c.定量閥：露明部分鍍鉻，多孔式附操作〔把手〕〔按鈕〕螺絲刀止水裝置〔和眞空破除器〕定量閥可能無法適用於所有水質。

d.電動沖水閥：整組式，使用〔直流〕〔交流〕電源，露明部分鍍鉻，〔兩段式〕沖水裝置，〔螺絲刀止水裝置〕，〔眞空破除器〕。

5. 無障礙用小便器

同4.小便器，唯加設材質爲〔銅質鍍鉻〕〔不鏽鋼〕〕之〔小便器型〕扶手。

6. 洗面盆

(1)盆體：〔搪瓷鑄鐵製〕〔瓷質製〕，〔掛牆式〕洗面盆，〔單槽型〕〔化妝檯面式〕〔雙槽形〕洗面盆，需於適當位置開有溢流口。

(2)配件

a.〔青銅製鍍鉻〕給排水配件；〔自動〕〔定量混合式〕〔附指示把手式〕〔單桿把手式〕水龍頭附〔網狀濾器節水用氣泡頭〕；〔壓排式〕〔鍊條及塞〕落水裝置；〔P形〕存水彎附落水頭。

b.〔壓克力〕化妝鏡〔附除霧裝置〕。

7. 無障礙用洗面盆

同6.洗面盆，唯加設材質爲〔銅質鍍鉻〕〔不鏽鋼〕之〔面盆型〕扶手。

8. 水盆

(1)盆體：〔單槽式〕〔雙槽式〕；〔20號規〕〔0.9公釐〕厚以上之〔ANSI SUS302〕〔ANSI SUS304〕〔ANSI SUS316〕不鏽鋼製產品〕〔鑄鐵製〕〔瓷製〕，杯狀落水〔附鍊條及塞〕，附配件裝設孔。

〔ANSI SUS302〕及〔ANSI SUS304〕不鏽鋼製品適用於多數住宅及一般用途，較特殊化學使用〔ANSI SUS316〕不鏽鋼製品較適宜，並使用不鏽鋼排水。

(2)配件：〔青銅鍍鉻〕〔不鏽鋼〕給排水配件，〔附指示把手〕〔單桿把手〕〔自回式噴嘴〕自由龍頭〔及節水用氣泡頭〕；〔P形〕存水彎落水頭。

9. 浴盆（及蓮蓬頭）

(1)浴盆：〔搪瓷鋼製〕〔FRP製〕，〔坐式〕〔臥式〕浴盆附防滑面，附〔單〕〔雙〕〔三〕〔四〕全套護板。

(2)配件任選下列a、b、c、d中之一款

a.配件：隱藏式給水附出水口及有指示把手，槓桿操作壓排式落水裝置及溢流孔。

b.配件：隱藏式蓮蓬頭及給水附轉換出水口，有指示把手，蓮蓬頭彎管及〔流量控制〕〔可調整噴水〕之球形蓮蓬頭及孔罩，槓桿操作壓排落水裝置及溢流孔。

c.配件：隱藏式蓮蓬頭及給水附轉換出水口，〔壓力平衡〕〔溫度控制〕混合閥，蓮蓬頭彎管及〔流量控制〕〔可調整噴水〕之球形蓮蓬頭及孔罩，槓桿操作壓排落水裝置及溢流孔。

（壓力平衡閥適用於單一淋浴設備，溫度控制混合閥需有足夠水流以利控制）。

d.配件：〔青銅製鍍鉻製〕〔ABS製〕〔鍍鉻製〕；〔活動式〕〔定溫式〕〔電話淋浴式〕〔單槍淋浴式〕〔固定式〕整組式蓮蓬頭〔附掛牆板裝置〕含控制閥及配件，〔鍊條及塞〕〔槓桿操作壓排〕落水裝置及溢流孔。

10. 無障礙用浴盆（及蓮蓬頭）

同9.浴盆（及蓮蓬頭），唯加設材質為〔銅質鍍鉻〕〔不鏽鋼〕之〔L形〕〔C形〕安全扶手。

11. 淋浴設備

〔青銅製鍍鉻製〕〔ABS製〕〔鍍鉻製〕：〔活動式〕〔定溫式〕〔電話淋浴式〕〔單槍淋浴式〕〔固定式〕之整組式蓮蓬頭〔附掛牆板裝置〕含控制閥及配件。

12. 拖布盆

(1)盆體：〔陶瓷〕製，〔高背式〕，〔單水栓孔〕〔雙水栓孔〕，〔隱藏式〕支架，鍍鉻濾器，〔鑄鐵〕製〔P形〕存水彎落水頭。

(2)配件：〔鍍鉻長胴龍頭〕〔軟水管龍頭〕，附1.5公尺長，平口，強化〔塑膠軟管〕〔橡皮軟管〕，軟管夾，長柄拖把吊掛。

13. 緊急沖身洗眼器

〔腳踏式〕〔手拉式〕洗眼器，快啓全流量閥，〔不鏽鋼〕〔ABS〕洗眼容器及配件，〔不鏽鋼〕〔ABS〕防塵蓋；〔不鏽鋼〕〔鍍鋅鋼〕製大水量沖身蓮蓬頭及彎管，〔25公釐（1吋）〕全流量閥及手拉鍊條附直徑〔200公釐（8吋）〕之拉環，〔25公釐（1吋）〕接管配件。

14. 貯備型電開水器

〔手動〕〔自動〕貯備型電能開水器，貯桶容量、熱效率、耗電量詳〔設計圖〕〔附錄〕之設備規格表，使用時一次能放出大量〔95℃〕以上之輸入水溫供飲用，外桶以〔不鏽鋼〕〔鋼板外加防鏽處理及塗裝〕材料製作且裝有水位指示器及溫度計，內桶桶身應為圓柱形或球形，以〔不鏽鋼〕〔不生鏽及耐用〕材料製作，外加〔玻璃纖維〕不燃性保溫材料被覆，整組裝有水質處理裝置、止回閥、自動溫度調節器、超溫斷路器、蒸汽洩壓安全閥、漏電保護及接地等配備，處理後之水質需合乎政府主管機關頒布之飲用水標準。

15. 飲水機

〔冰熱兩用型〕〔冷熱兩用型〕〔單冰型〕〔單熱型〕，供水能力詳〔設計圖〕〔附錄〕之設備規格表，使用〔自來水〕〔蒸餾水〕爲水源，〔掛牆〕〔半嵌牆〕〔嵌牆〕〔落地〕型〔附上仰式防濺飲水口及水流護罩〕，〔不鏽鋼〕機體及附漏電保護裝置，〔冰水系統採用氣冷式冷媒壓縮機〕，〔熱水系統採用電熱方式〕，在周圍室溫32±1℃的室內時，能將26±1℃進水處理後，提供〔10±1℃之冰水〕〔接近進水溫度之冷水〕〔及〕〔91±1℃之熱水〕，處理後之水質需合乎政府主管機關頒布之飲用水標準。

16. 衛生紙架（S/S Shelf W/dual Toilet Paper Holder Hoods Ashtray）

檯面，托架捲紙筒支柱及弧形防濕紙蓋需爲〔#18〕Gauge，〔ANSI SUS 304〕不鏽鋼製成，表面經〔#4〕毛絲面處理，檯面四緣需有收邊，並應加裝〔2個〕弧形防濕紙蓋；菸灰盤爲相同材質，並經不鏽鋼製支軸固定，可翻出檯面以利清理。

17. 毛巾桿（Towel Bar）

凸緣及支柱由〔ANSI SUS304〕不鏽鋼製成，鎖牆底座由〔#18〕Gauge，〔ANSI SUS304〕不鏽鋼製成，毛巾桿由不鏽鋼圓管製成，整組表面亮面處理。

18. 安全扶手（Safety Grab Bar）

材質需爲〔#18〕Gauge，〔ANSI SUS304〕，直徑〔38〕公釐之不鏽鋼管製成，表面均需經特殊細砂面（Peened）處理，以利手心緊密接觸，不會有滑脫之情形發生，另其他部位採亮面處理。扶手形狀及尺度依據圖面尺度製作。

19. 烘手機（Hand Dryer）

烘手機需爲嵌壁式手動型按鈕，機殼需爲整體鑄鐵，表面經搪瓷珐瑯處理，或合金鑄造表面經粉體塗裝，永保光亮，不生鏽，電力爲〔110～115V

－1∮－60Hz〕，嵌壁之預留箱爲〔#16〕Gauge 鋼板製，並經鍍鋅處理。

20. 嵌壁式肥皂盆附把手（Recessed Soap Dish W/Bar）

盒體由整片之〔#22〕Gauge，〔ANSI SUS304〕不鏽鋼製成，後壁上下各留1孔以爲鎖壁固定之用，前緣凸出一圓管把手與盒體鎖接，底部有一伸出之底盤防止肥皂滑出，整組表面均勻亮面處理。

21. 地板落水

(1) FD-1型

適用於樓地板面排水（樓上浴室），〔鑄銅〕本體，〔鍍鉻〕濾柵。

(2) FD-2型

適用於地面排水及無法附裝存水彎之處所，同FD-1，但內藏有沉物桶及濾柵或同功能裝置，具水封功能。

(3) FD-3型

適用於廚房及實驗室地板排水，圓形或方形，本體爲〔鑄鐵，內塗防酸搪瓷或壓克力漆或同等防護漆〕〔重級鍍鉻鑄鐵蓋〕，直徑或寬〔150公釐〕以上，內設圓帽形過濾罩、沉渣收集籃或同功能裝置。

(4) FD-4型

適用於機房地面排水兼間接排水，〔鑄鐵〕本體，〔重型鉻鑄鐵〕〔鑄銅〕蓋，附裝漏斗，內附圓帽形過濾罩或沉渣收集籃或同功能裝置。

(5) FD-5型

適用於化驗室間接排水，〔鑄鐵〕本體間接落水斗，內塗防酸搪瓷或壓克力漆或同等防護漆，過濾裝置及存水彎。

(6) FD-6型

適用於戶外花圃或花台排水，〔鑄鐵〕〔鑄銅〕〕本體，高帽型過濾罩，外套不鏽鋼網。

(7) FD-7型

適用於坡道水流匯集水溝落水，〔鑄鐵〕製本體，〔塗漆〕〔鍍鋅〕，寬

〔300公釐〕以上，〔重級格柵〕，端板附墊片，附有過濾罩。

22. 清潔口

(1) CO-1型

地面清潔口，埋入型〔鑄鐵〕本體填鉛密接頭，附〔黃銅〕旋塞。使用長徑90°彎頭或1～2個45°彎頭及〔鑄鐵〕短管延伸至樓地板或平面。置於室外地面者，應嵌在混凝土固定座上。

(2) CO-2型

端面清潔口，裝於汙水管末端，〔鑄鐵〕本體，圓形環氧樹脂塗敷之墊片，及圓形以螺牙旋塞定之不鏽鋼蓋。

(3) CO-3型

立管清潔口，裝於每一支立管底部，〔鑄鐵〕T形三通管，及圓形以螺牙旋塞固定之不鏽鋼蓋；或以Y形歧管、45°彎頭及〔鑄鐵〕短管延伸至管道壁手孔處。

23. 存水彎

所有設備，除本身附有存水彎外，其排水排入汙（廢）水排水系統前，均應設置存水彎，其材質及尺度與所屬管系相同。

24. 反流制水閥

排水管連接至戶外排水溝或排水系統，若有倒灌之虞者，應在末端設置反流制水閥，以防倒灌。〔鑄鐵〕閥體，〔青銅〕製擺動式整體碟式閥門，附清潔口。排入人孔者可免設。

25. 油脂截留器

構造：〔鋼製並漆環氧樹脂〕〔預鑄混凝土〕，爲〔地板型〕〔半嵌式〕〔全嵌式〕〔淺埋式〕〔地板型（深埋式）〕〔地板型（懸掛）〕裝置，附〔錨碇凸緣〕多堰式隔板組合，連體深水封彎，可拆裝水流控制器，及〔止滑〕環氧樹脂塗敷鐵蓋附墊圈，〔凹入以便舖設〕〔瓷磚〕〔磨石子〕，固定把手，及酵素注入孔。

26. 油截留器

構造：〔鋼製並漆環氧樹脂〕〔預鑄混凝土〕，爲〔地板型〕〔半嵌式〕〔全嵌式〕〔淺埋式〕〔地板型（深埋式）〕〔地板型（懸掛式）〕裝置，附〔錨定法蘭〕多堰式隔板組合，連體深水封彎，可拆裝水流控制器及〔止滑〕環氧樹脂塗敷鐵蓋附墊圈，〔凹入以便舖設〕〔瓷磚〕〔磨石子〕，固定把手。

27. 沉積物截留器

構造：〔環氧樹脂塗敷鑄鐵〕〔不鏽鋼〕〔預鑄混凝土〕本體及固定蓋子附可拆裝式不鏽鋼沉積桶。

9.3 相關施工法規（節錄）

9.3.1 建築技術規則建築設備編

第二十九條

給水排水管路之配置，應依建築物給水排水設備設計技術規範設計，以確保建築物安全，避免管線設備腐蝕及汙染。

排水系統應裝設衛生上必要之設備，並應依下列規定設置截留器、分離器：

一、餐廳、店鋪、飲食店、市場、商場、旅館、工廠、機關、學校、醫院、老人福利機構、身心障礙福利機構、兒童及少年安置教養機構及俱樂部等建築物之附設食品烹飪或調理場所之水盆及容器落水，應裝設油脂截留器。

二、停車場、車輛修理保養場、洗車場、加油站、油料回收場及涉及機械設施保養場所，應裝設油水分離器。

三、營業性洗衣工廠及洗衣店、理髮理容場所、美容院、寵物店及寵物美容店等應裝設截留器及易於拆卸之過濾罩，罩上孔徑之小邊不得大於十二公釐。

四、牙科醫院診所、外科醫院診所及玻璃製造工廠等場所，應裝設截留器。

未設公共汙水下水道或專用下水道之地區，沖洗式廁所排水及生活雜排水均應納入汙水處理設施加以處理，汙水處理設施之放流口應高出排水溝經常水面三公分以上。

沖洗式廁所排水、生活雜排水之排水管路應與雨水排水管路分別裝設，不得共用。

住宅及集合住宅設有陽臺之每一住宅單位，應至少於一處陽臺設置生活雜排水管路，並予以標示。

9.3.2 自來水用戶用水設備標準

第二十一條　埋設於地下之用戶管線，與排水或汙水管溝渠之水平距離不得小於三十公分，並需以未經掘動或壓實之泥土隔離之；其與排水溝或汙水管相交者，應在排水溝或汙水管之頂上或溝底通過。

第二十二條　用戶管線及排水或汙水管需埋設於同一管溝時，應符合下列規定：

一、用戶管線之底，全段需高出排水或汙水管最高點三十公分以上。

二、用戶管線及排水或汙水管所使用接頭，均爲水密性之構造，其接頭應減至最少數。

第二十三條　用戶管線埋設深度應考量其安全；必要時，應加保護設施。

第二十四條　用戶管線橫向或豎向暴露部分，應在接頭處或適當間隔處，以鐵件加以吊掛固定，並容許其伸縮。

第二十五條　用水設備之安裝，不得損及建築物之安全；裝設於六樓以上建築物結構體內之水管，應設置專用管道。

第二十六條　用水設備不得與電線、電纜、煤氣管及油管相接觸，並不得置於可能使其被汙染之物質或液體中。

第二十七條　水量計應裝置於不受汙染損壞且易於抄讀之地點；其裝置於

地面下者，應設水表箱，並需排水良好。

第二十八條　配水管裝設接合管間隔應在三十公分以上，且其管徑不得大於配水管徑二分之一。

第二十九條　採用丁字管裝接進水管時，其進水管之管徑，不得大於配水管。

9.3.3 台北自來水事業處用戶表位設置原則

三、表位係指水表及箱體之裝設位置及其相關附屬設備。

四、表位設置之位置應位於安全之空間以便利抄表、換表、檢查維護、不受汙染、排水良好，不影響車輛、行人通行，且不得設於廁所及浴室及不可妨礙公共安全，並以一戶一表爲原則。

五、水表前後應保有管徑十倍及五倍以上之水平直線段管線，水表底部距地面應有二公分以上高度。

六、表位得採地上式或地下式設置，必要時另加設施保護。

七、總表、專用表及直接表設置：

（一）表位應設置於基地內緊臨道路建築線內沿或建築線內退縮留設無遮簷人行道邊緣之空地、騎樓或樓梯間內等空間，應避開人行道、車道或停車空間，且不得設於地下室頂板上方。

（二）高地區、社區型及位於郊區之建築物，其總表得設於蓄水池旁之適當空地。

八、分表設置：

（一）設置於屋頂突出物牆面或距女兒牆一百公分以上之適當地點設水表牆裝置分表；分表得採立式或平面式設置，水表牆與水表牆淨間距一百公分以上。

（二）立式表位各樓層之排序依樓層由下（低樓層）而上（高樓層）、由右（低樓層）而左（高樓層）依序排列，如設公共分表者以設於最下層爲原則；設置立式表位之水表固定架時，應注意各水表（中、小表）的垂直距離不得小於二十五公分，以避免位於下方的水表其表蓋無法完全掀開；屋頂平面式表位裝置方式，以面向出水口由右至左依序排列。

（三）分表有多種口徑時，應以五十公釐以上、四十公釐以下，分區分別設置；五十公釐以上應採平面式表位裝置。

（四）各分表應以不脫落紅色油漆或壓克力牌標明門牌號碼，新建物應以不銹鋼牌標示所屬門牌號碼。

（五）水表前後由令中心點，距離牆面不得小於十公分。

（六）樓中樓或無公共樓梯通往屋頂者，表位得集中設於一適當樓層或分層設於管道附近公共設備空間。

（七）中間水池供水分表以集中平面式設置於該層樓板，或於其下適當樓層採立式裝置。

（八）管道間下水管無法容納所有管線，表位優先設置於屋頂，其餘得分層集中設於管道附近公共設備空間並獨立區隔。

（九）集中設置分表之自動讀表（AMR）裝置，須以傳輸線（或無線傳輸）連結至集中器。若分表採各樓層設置時，應預埋傳輸線套管（EMT管）穿越各樓層間。

（十）集中器裝設位置要有110V電源插座並設置於屋內，施工應符合「屋內線路裝置規則」相關規定。

九、表箱體結構：

（一）大型表箱框架、蓋板及中小型表箱原則由申請人向本處購買安裝，申請人若需自行製作安裝者，得檢附設計圖經本處核可後施作。

（二）水表箱應與建築物維持平行或垂直，排列整齊劃一，保持美觀。

（三）水表箱體安裝後其蓋板應與周圍地面或基地完工後高程一致。

（四）採集中表箱設置者，應於審圖時繪製表箱詳圖，並經本處核可後施作。

（五）口徑五十公釐以上者，箱體設置如下：

1.由申請人以場鑄鋼筋混凝土施作並預留套管及排水設施，其尺寸、表箱結構與安全由設計建築師負責。

2.直接用水之水表未設持壓閥者，表箱長度可縮短四十五公分。

3.表箱內壁需粉刷平整，不得留有其他突出物。

4.預留二十五公釐導管及崁入式不銹鋼（SUS304）箱框，以利裝置遠隔傳輸讀表顯示器或自動傳輸設備。

9.3.4 下水道用戶排水設備標準

第十三條　汙水排水設備應採用暗管（渠），不得採用倒虹吸管。

第十四條　用戶汙水排入汙水下水道前，應設置陰井或人孔，並以連接管匯集其汙水。

第十五條　用戶應於其建築基地內擇與所接用下水道最近距離處，設置人孔或陰井，並以連接管接用汙水下水道。

第十六條　數建築物之用戶汙水排洩於同一巷弄私有土地範圍內者，應同時申請連成一系統後，接入設置於道路旁之陰井或人孔；其有事業廢水排入時，應另設置適當之量水及採樣設施。

第十七條　汙水下水道未到達地區預設之用戶排水設備，其銜接建築物地下層汙水處理設施之汙水管，應設置切換裝置及供地上層汙水匯流後直接排入地面預留陰井之連接管線，並應設置可供單獨收容地下層汙水量之汙水坑及抽入地面預留陰井之連接管。

第十八條　汙水管渠設計規定如下：

使用人數（人）	一百五十以下	一百五十一至三百	三百零一至六百	六百零一至一千
汙水管渠管徑（毫公尺）	一百以上	一百五十以上	二百以上	二百五十以上

前項汙水管渠使用人數超過一千人者，應依排水區域之計畫汙水量計算管徑；管渠非圓形者，以相當斷面積計算。

第十九條　汙水管渠之流速採計畫汙水量核計時，埋設坡度應大於百分之一，其最小流速為每秒零點六公尺，最大流速為每秒三點零公尺。

前項汙水管渠因特殊情形，埋設坡度小於百分之一時，其最小流速為每秒零點六公尺，最大流速為每秒三點零公尺。

第二十條　汙水管渠接合方法規定如下：

一、管渠斷面變化時，採水面接合。

二、地表坡度陡峻時，採跌降接合。

第二十一條　汙水管渠應於起始點、變更方向、坡度變化、斷面變化、地形急下降或管渠會合點設置陰井或人孔。

同一管徑直線部分應設置人孔，其管徑六百毫公尺以下，最大間距爲一百公尺。

第二十二條　圓形及矩形人孔設計規定如下：

一、圓形人孔：

人孔底座內徑（公分）	適用範圍
九十	1.管徑在六百毫公尺以下之中間人孔 2.管徑在四百五十毫公尺以下匯合點人孔
一百二十	1.管徑在六百毫公尺以下之中間人孔 2.管徑在五百毫公尺以下匯合點人孔
一百五十	1.管徑在七百毫公尺以下之中間人孔 2.管徑在六百毫公尺以下匯合點人孔
一百八十	1.管徑在八百毫公尺以下之中間人孔 2.管徑在七百毫公尺以下匯合點人孔

二、矩形人孔：無法依前款規定設置人孔底座內徑九十公分圓形人孔時，應設置內寬六十公分乘九十公分矩形人孔；無法設置矩形人孔時，依現場結構計算之。

第二十三條　汙水管渠落差在六十公分以上者，應設置跌落人孔或陰井，並配置跌落（副）管；其管徑規定如下：

本管管徑（毫公尺）	二百以下	三百	四百至五百	六百
跌落（副）管管徑	一百五十	二百	二百五十	三百

第二十四條　汙水管渠之人孔底部應設置凹形導水槽，其坡度不得低於上下游管渠坡度，槽頂二側並應留設適當坡度。

第二十五條　汙水管渠應於起點、終點、會合點、彎折點及管徑變化點設置陰井或清除孔，在相同管徑管渠直線部分之設置間隔，不得超過管徑之二百倍。

第二十六條　汙水陰井設計規定如下：

內徑（公分）	適用範圍
三十至六十（塑化類）	連接管管徑二百毫公尺以下之陰井
三十至六十（卜特蘭二型水泥）	1. 前巷、側巷連接管管徑在二百毫公尺以下之陰井 2. 前巷、側巷連接管管徑在二百毫公尺以下匯合之陰井

第二十七條　汙水陰井底部應設置凹形導水槽；其坡度不得低於上下游管渠坡度，槽頂二側並應留設適當坡度。

第二十八條　無法設置汙水陰井者，得以清除孔代之。

清除孔不得兼做地面排水口；其管徑規定如下：

本管管徑（毫公尺）	一百五十	二百以上
清除孔管徑（毫公尺）	一百	一百五十

第二十九條　用戶應設置用戶排水設備將汙水接入陰井或人孔，排洩於汙水下水道，不得經由原設置之化糞池或建築物汙水處理設施再排洩於汙水下水道。

用戶完成前項用戶排水設備後，主管機關應輔導建物所有權人或使用人將原設置之化糞池或建築物汙水處理設施予以填除或拆除。

建築物地下層汙水無法藉重力排入汙水下水道者，應設置汙水坑及抽水設施，直接抽入陰井或人孔，抽水機出口應設置逆止閥。

第三十條　汙水坑設計規定如下：

一、容量不得小於用戶最大日汙水量。

二、構造應為設有通氣孔之密閉式結構，通氣孔出口應超出建築物頂端。

三、應有三十公分至六十公分之出水高度，其底部應設置十五公分以上水深之抽水坑。

四、底部應有適當之坡度。

第三十一條　匯流管進入連接管前應設置存水彎，設置規定如下：

一、存水彎型式應具有防止臭味迴流及易於維護之功能。

二、存水彎之設置不得影響汙水排放容量，其管內徑亦不得低於上游管徑。

建築物已設置存水彎者，不適用前項規定。

第三十二條 汙水管渠管材爲塑化類管者，應爲橘紅色，其他管材應有橘紅色之顯著標示。管材接合應爲水密性之構造，接頭數應減至最少。

第三十三條 汙水管渠埋設覆土深度規定如下：

管渠位置	建築基地內	後巷或私設道路（不通行汽車者）	人行道	寬度六公尺以下道路	寬度超過六公尺道路
覆土深度（公分）	二十以上	四十以上	七十五以上	一百以上	一百二十以上

汙水管渠埋設之覆土深度無法達到前項規定深度時，應加保護設施。

第三十四條 汙水人孔、汙水陰井、匯合井及清除孔之框蓋應能承受車輛載重；汙水人孔及汙水陰井之框蓋應有汙水標示，用戶排水部分並爲密閉式。

9.4 施工要領

給排水設備工程之施工一般包括管路的裝設及機械設備、衛生器具的安裝。

目前各機械設備、衛生器具生產廠家皆附有安裝尺寸圖，可供施工者作爲施工依據參考。

另衛生器具的裝置高度需依國人體型裝設，以符合使用方便。

9.4.1 管路的裝設

配管管路分冷水管、熱水管及排水管等三種。

目前建築工程採用的管材有金屬類管及塑膠類管兩種。

金屬類管分球狀石墨鑄鐵管（DIP）、鍍鋅鋼管（GIP）、內襯聚氯乙烯塑膠管之鋼管、不鏽鋼管、銅管等。

塑膠類管分聚氯乙烯（PVC）管、聚乙烯（PE）管、聚丙烯（PP）管、聚丁烯（PB）管及丙烯晴一丁二烯一苯乙烯（ABS）管等。

熱水管爲防止熱的損失，管路外部需包覆保溫材料，保持供水溫度。

管路安裝之前，必須先檢視管材是否變形或彎曲，如管材已變形或彎曲，則該管材不得使用，以免造成管路阻塞，或因彎曲產生應力造成腐蝕，影響管路之正常使用年限。

管接合之施作方法有螺紋接頭接合、平口接頭接合、機械接頭接合、焊接接頭接合、壓縮接頭接合、膠合接頭接合、熔接接頭接合、臼口接頭接合、異種管接頭接合等，各種接合方法說明如下：

1. 螺紋接頭接合

直管之切斷需使用自動金屬鋸床、切管機或車床切管，經切斷之剖面不得變形或縮小，端面需與軸心垂直，管之切口刨光去除鐵屑雜物，管上之螺紋應爲標準型，紋路整齊，末端漸縮小。

在裝接前需先用鋼絲刷將接頭內螺紋刷清，若發現其螺紋或零件有損壞或不合等情形，應將螺紋截斷重行絞製或更換零件。

管路裝接時需在公螺紋表面纏繞止洩帶或塗抹AB膠，AB膠不可用量過多而被壓擠至水管內部，接頭扭緊至適度爲止，裝接後其暴露外面之螺紋數，不得超過二紋。

(1) 各種管徑接合螺紋數之規定

各種管徑接合螺紋數之規定應如下表：

標稱管徑										
標稱管徑	公制（公釐）	16A	20A	25A	32A	40A	50A	65A	80A	100A
	英制（吋）	1/2B	3/4B	1B	1 1/4B	1 1/2B	2B	2 1/2B	3B	4B
每吋牙數（25.4公釐）		14	14	11	11	11	11	11	11	11
應絞紋牙數		11	11	11	11	11	11	11	11	11

(2) 管鉗規格

管鉗主要用途爲裝卸絞紋鋼管及管接頭時使用之工具，管鉗開口的大小與管鉗長度成正比，因此使用時必須選用適當長度之管鉗，選用之標準尺寸如下表：

尺寸		使用管徑
公釐（mm）	吋（inch）	
150	6	6～15A(1/8～3/4 B)
200	8	6～20A(1/8～1 B)
250	10	6～25A(1/8～1-1/4 B)
300	12	6～32A(1/8～1-1/2 B)
350	14	6～40A(1/4～1-1/2 B)
450	18	6～50A(1/8～2 B)
600	24	6～65A(1/4～2-1/2 B)
900	36	8～90A(1/2～3-1/2 B)
1200	48	25～125A(1～5 B)

2. 平口接頭接合

平口接頭接合是兩節管或將管子接於機件上之接合方法。平口接頭接合之裝接分螺紋方式裝接及焊接方式裝接二種。

(1) **螺紋平口接頭接合**

螺紋平口接頭接合，依下列順序圖進行。

a. 裝配螺紋平口

i. 在管端上依所需之長度及深度攻出陽螺紋，切削時絞紋扳手必須注意與管軸心垂直，平口表面之接合精度係依螺紋之精度而定（如圖a）。

ii. 暫將平口板裝上，檢查螺紋是否適當配合，並檢查與管是否垂直（如圖b）。

iii. 於螺紋之根部纏以包紮材料，再將平口裝上（如圖c）。

b. 接合

i. 確定平口表面光滑且清潔。

ii. 核對平口表面及螺栓孔是否正確對準（如圖d、e）。

iii. 在凸面間放置接合環，並裝上正確尺寸及型式之螺栓、墊圈及螺帽。

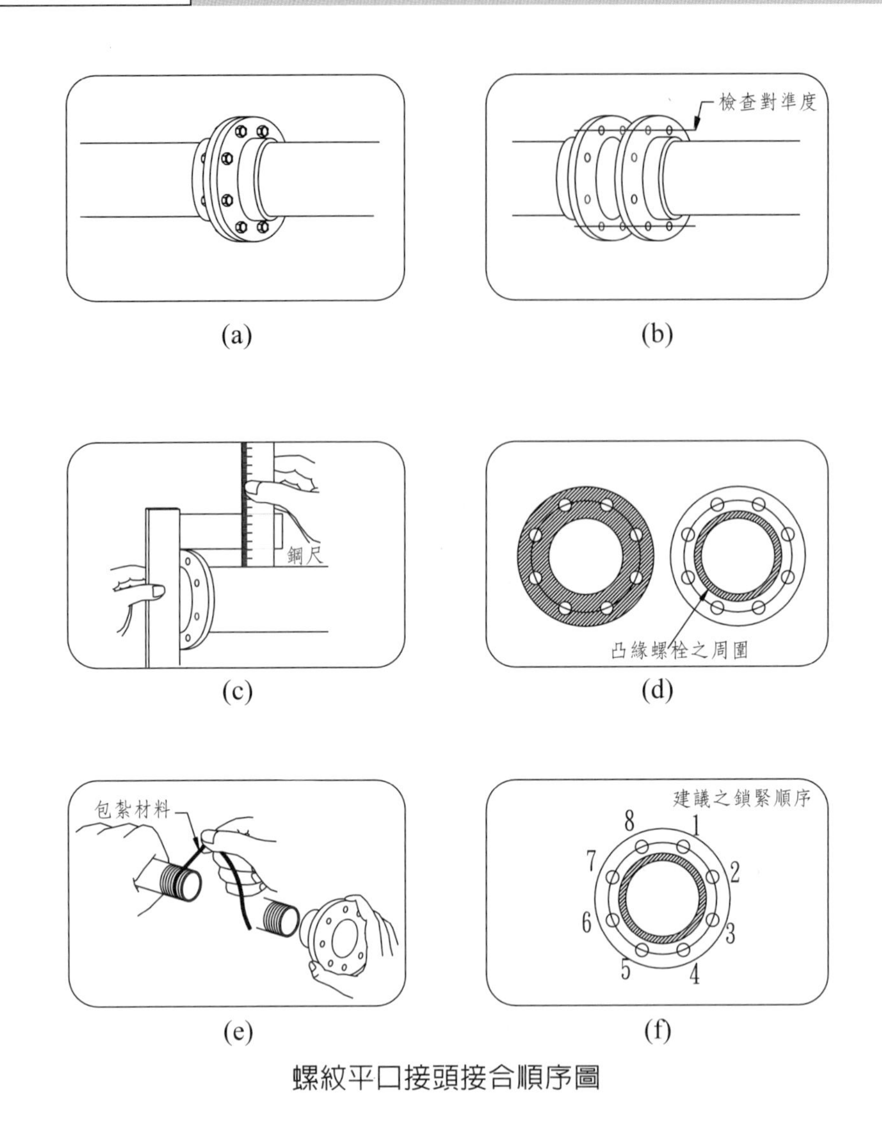

(a) (b) (c) (d) (e) (f)

螺紋平口接頭接合順序圖

接合環之大小可切成與平口相同或略小於螺釘內周圓直徑（如圖f）。

iv. 均勻的將螺帽及螺栓固定，接合環可由各種材料做成，使用時必須選取適當之型式，接合環之材料必須使用密封化合物。

v. 螺帽扭緊後，螺帽突出長度爲3.5～10公釐。

vi. 平口墊料（Packing）厚度至少2公釐以上，並應選用上等質料的橡皮或塑膠板，其大小與平口相符。

(2) 焊接平口接頭接合

直管經切管後其切斷之剖面不得縮小，端面需與軸心垂直，並刨光去除切口之鐵屑雜物，將規定的法蘭對準螺栓孔位置，且將管端面與法蘭面焊接於相同面。焊接前需將管端與平口面擦拭乾淨後再行焊接。焊接完成後，利用針孔測試儀器檢查焊接部是否有針孔，如無則完成。

3. 機械接頭接合

(1) **螺栓壓圈式機械接頭**（Bolted Gland Flexible Joint）

a. 先清理插口及承口之泥沙、汙物後，塗擦肥皀水或潤滑劑，籀上壓圈（Gland）及橡皮圈（Rubber Ring）於插口，再將插口插入承口，調整橡皮圈位置，將相對之螺栓均勻地扭緊。

b. 若不能完全緊密時，需將螺栓鬆開後重新再扭緊。

c. 若需要彎曲時，俟螺栓扭緊後在容許範圍內將水管搬動即可。

(2) **螺旋壓圈式機械接頭**（Screwed-Gland Flexible Joint）

a. 清理插口及承口之泥沙、汙物後，塗擦肥皀水或潤滑劑，套入壓圈（Gland）及橡皮圈於插口，再將插口插入承口，調整橡皮圈位置後以特製扳手將壓圈慢慢旋緊。

b. 若不能完全緊密時，需將螺栓鬆開後重新再扭緊。

c. 若需要偏斜時，俟螺栓扭緊後在容許範圍內將水管搬動即可。

(3) **單獨活套接頭**（Flexible Automatic Joint **或活套接頭**Tyton Joint, Slip-on Joint）

a. 清理插口及承口後，塗擦肥皀水或潤滑劑。

b. 小口徑管者橡皮圈（Rubber Ring）可先裝入承可內之固定槽，大口徑管者籀入插口之橡皮圈。

c. 將插口插入承口時，小口徑管可用木桿（若用鐵桿者應另附木塊以免損傷水管）或拉緊器，將插口滑入承口內正確位置（應事先繪定插入深度）。

d. 裝上橡皮圈時需保持平整，不得有任何扭彎。

(4) **滾溝式機械接頭**

直管切斷需以自動金屬鋸床、切管器或車床切管，經切斷之剖面不得變形或縮小，端面需與軸心垂直，管之切口刨光去除鐵屑雜物，將直管正確放置於滾溝壓溝機內，滾壓出所需之溝槽，以管規測其所需深度是否正確，爾後清潔溝槽至管口段使無汙物、凹凸、殘渣等。橡皮止水墊圈按裝時，管切斷面及溝槽處需塗敷防蝕劑，將橡皮止水墊圈平均裝置在兩管管端接縫處之正確位置（橡皮止水墊圈塗以非動物性潤滑劑，可增加安裝速度，並避免安裝時破壞橡皮止水墊圈），不可斜置，以免日後產生滲漏。將機械接頭螺栓鬆開，套於橡皮止水墊圈外，密實接著，機械接頭之卡箍必須定位於兩溝槽，使其勾住溝槽後，再鎖緊螺栓至適度緊密為止，即完成溝槽式機械裝接。

(5) 開槽式機械接頭

開槽式裝接方式採用於平口鑄鐵管，直管切割需平整，與管軸中心線成垂直角，管端之毛邊需修整平滑，爾後使用溝槽鉋掘機，鉋掘所需之管槽，溝槽塗布潤滑油，再將合成橡膠製成之內襯套入直管或另件端口，內襯套的兩端口需與兩端之溝槽密合，外部再裝上機械接頭，鎖緊機械接頭之螺栓即完成裝接。

4. 焊接接頭接合

(1) 對接（Pipe Joint or Butt Joint）

電焊裝接採用對接方式，焊接前先將管兩端形成與管軸垂直成角度37.5°±2.5°之斜面，其管根留寬1.5公釐，然後將切渣及不潔物等磨去。兩管接頭間隙為1.5公釐。電焊時先在周圍每隔90°處採用象限法，按照1：3：2：4對角法按順序點焊，其長度約為10公釐。點焊時採用4公釐或5公釐焊條，每道焊接厚度約為3公釐，最後一道焊接層應高出管面3～6公釐，其寬度較原有焊槽寬3公釐以上。每道焊接前，應將前次之焊渣等雜物去除乾淨後，方可繼續施焊。

(2) 接疊（喇叭）連接（Trumpet Joint）

a. 擴管器（Trun Pin）插入要作為臼口之管端，用鐵鎚敲成喇叭型，而擴大的管端臼口內面用圓鉛管刀（Round Scraper）削刮。

b. 另一插頭管端用小刀削除其外角，再用鋼絲刷刮擦拭鉛管外面層之氧化物，或用三角鉛管刀或桃型鉛管刀削刮，塗上牛油插入臼口。

c. 臼口與接頭之空隙用噴火燈平均加熱，用焊錫焊接，再以呢布修整其表面光滑。

(3) 斜接（Bevel Joint）

a.管端用圓鉛管刀（Round Scraper）削刮管內角。

b.另一管端削刮管外角。

c.兩管之插入連接後其外表用銼刀（File）或鋼絲刷擦拭，塗牛油。

d.兩管之連接部分用噴火燈平均加熱，用焊錫焊接如球型，再以呢布修整其表面光滑。

(4) 錫焊接合

錫焊接合適用於銅管之接合，一般錫焊依其焊接溫度分硬焊與軟焊兩種。其接合動作及次序如下：

a.修整焊口

i.銼平管端，並除去內、外側之毛邊。

ii. 選用適當之接頭。

iii.清潔接頭內面及管子接合處之外部，清潔時使用鋼絲絨或砂紙。

b.表面鍍錫

使用軟焊時，焊接前各管之外側必須鍍上錫。

i.利用鋼絲或砂紙，將表面清潔。

ii. 將管端加熱並鍍上錫。

iii.在錫仍爲熔融狀態時，將錫沾滿全部表面。

c.接合

i.使用焊接塗料，將焊接用塗料塗於鍍錫之管端，並將管端插入套管中加以轉動，使塗料分布均勻，擦去溢出之塗料。

ii. 將接頭加熱，使塗料成熔融狀，利用焊料接觸接合處，如能即刻熔化，即表示已達到溫度。

iii.當接合處冷卻後，檢查接頭端是否全部密接。

d.使用焊料

i.將鍍錫之表面塗以熔接劑，並將管子插入接頭內，管端需接觸止肩。

ii. 加熱接頭，使熔接劑成沸騰狀態。

iii.取開火燄，並將焊料接觸於接合處，如溫度正確，焊料將熔化流入管子與接頭間之空隙。

iv. 再將接合處略爲加熱，以擦去多餘之焊料，並使之冷卻。

v. 檢查接合處是否完全密接。

vi. 接合處之另一端，重複上述之程序接合之。

d.使用含焊料之接頭

i. 鍍錫之管端及接頭塗以焊接劑，將管子插入接頭中並除去多餘之焊接劑。

ii. 加熱接頭及管子，直到完全密接，尙未焊接之一端，必須用溼布擦拭以保持冷卻，以免焊料流去。

iii. 使接合處冷卻，然後將接合處清潔。

5. 壓縮接頭接合

(1) 壓著接合法

不鏽鋼薄壁管切管時使用切管器切斷鋼管，經切斷之剖面不得變形或縮小，端面需與管軸心垂直，並需將斷面經切斷後遺留的碎屑清除，然後插入接頭，插入接頭前先檢視接頭兩端是否有橡膠墊圈，然後再持平插入，以免損傷橡膠墊圈。管端確實插入至接頭之定點位置後，再使用壓著專用工具，使之確實壓接完成。

(2) 油壓裝接法

塑膠類管之直管切割後端面需平整且與管軸心垂直，在擴管工具套上適當之擴管頭，將迫緊套環套入管端，再將擴管頭插入所要擴管之管子，俟擴管頭完全插入管端後，以腳踩油壓工具，約5秒鐘即完成，放鬆擴管頭，並旋轉管子約30°，重覆擴管動作一次，以確保擴管均勻。將擴管頭抽離管端，立刻插入所需之接頭，並將迫緊套環往管末端推送，直到推不動爲止，再以迫緊夾頭夾緊，以腳踩油壓工具踏板，迫緊夾頭會緩緩夾緊迫緊套環，約5至10秒可夾緊，完成裝接。

(3) 插入式裝接法

高密度交連聚乙烯管，外徑在22公釐以下之管材，其裝接可採用插入式裝接。直管經切斷後端面需平整且與軸心垂直，將管端插入接頭孔內，並推壓至接頭底部，使不鏽鋼咬合齒環牢固扣住管壁，即完成裝接。

6. 膠合接頭接合

(1) 冷間接合法

塑膠類管（PVC管）與配件的連接大部分採用冷間接合法施工，其施工時應注意事項如下：

a. 不可在雨中或管子表面潮濕時施工。

b. 膠接時管、配件和膠合劑應在同一溫度方可施工。

c. 僅可使用天然毛刷，因人工合成毛刷會和膠合劑產生化學作用而溶解。

d. 塗膠合劑不可過量，應用乾布把多餘的劑量擦淨。

e. 膠合劑放置地點應離開火源，以防發生火災。

f. 兩管對接時，中心線應保持一直線。

g. 接合處膠合劑塗布應均勻，並且插入深度應預先做記號。

h. 插入預定膠合深度後，應施壓力5～10秒方可鬆壓（因管配件接合面有錐度，不施壓易滑出，此為冷間接合最大的漏水失敗之原因）。

i. 插入深度及膠合劑使用量如下表：

冷間接合插入深度及膠合劑使用量

標稱管徑 公釐（mm）	13	16	20	25	28	30	35
插入深度 公釐（mm）	26	30	35	40	40	44	44
二號接著劑（g）	0.4	0.5	0.6	1.0	1.0	1.2	1.2
三號接著劑（g）	0.6	0.8	1.0	1.4	1.4	1.8	1.8
標稱管徑 公釐（mm）	40	50	65	75	100	125	150
插入深度 公釐（mm）	55	63	69	72	92	112	140
二號接著劑（g）	1.8	2.4	3.5	4.5	6.54	13	15
三號接著劑（g）	2.6	3.6	5.2	7.0	11	18	23

(2) 加熱插入接合法

加熱插入接合法有一段插入法和二段插入法兩種。各種管徑的插入深度如表：

標稱管徑 公釐（mm）	10	13	16	20	25	30	40	50
管外徑 公釐（mm）	15	18	22	26	32	38	48	60
插入深度 公釐（mm）	20	25	30	35	40	45	60	70

a.一次插入法

i. 切口需與管軸心線成90°。

ii. 公管需成外倒角，母管需成內倒角。

iii. 加熱需平均不可燒焦（加熱溫度約130℃）。

iv. 接合長度需做記號並一次插至記號為止。

v. 校正直線度後使之冷卻至管硬化為止。

b.二次插入法（管外徑60公釐以上者，採用此法為宜）

i. 加工方法與一次插入法相同。

ii. 以加熱器加熱於作喇叭之管端，待達到能輕輕壓扁時，將未塗膠合劑之插口或模子插入於喇叭口（加熱溫度為110～130℃）。

iii. 校正插入深度及二管位置平直後予以冷卻，然後拔出插口或模子，則成為臼口。

iv. 再將插口管外端塗拭膠合劑後插入此臼口。

v. 以加熱器從臼口之外側加溫，利用其收縮復原之特性，使插口與臼口密切的接合。

c.熱融接合法

PVC管亦可使用熱融接合，其機器形狀如加熱之吹風機（其型式有兩種，一為熱風一體，狀如吹風機，僅出風口較小，另一種型式為加熱器與壓縮空氣機分別設置，此型適合大口徑管用），熔接器出口壓縮空氣之風壓約為0.25～0.4kgf/cm^2，溫度為180～200℃。

熔接棒採用與母材相同材質之PVC棒材，其加工方式為：

i. 母材固定不動，僅加熱移動。加熱器出風口與母材保持約5公釐之間隔，加熱器與母材約30～50°角度。

ii. 預熱母材表面，待母材成熱融狀態，焊接棒即與母材以垂直狀輕壓，此時棒材前端與母材皆呈熔融狀，接合在一起，持續均勻進行焊接即可完成。

iii. PVC材質的熔融溫度爲175～180℃，分解溫度爲200℃，熔融與分解溫度相差很少，應特別注意。

iv. 熔接焊道之兩側呈現薄薄褐色狀物質，此爲母材即將開始分解之先兆。

(3) **平口接合法**（Flange Joint）

a. 管端平口的加工方法爲鐵模型擴大法。

b. 加工的管端用鐵製或鑄鐵製平口套上，兩端平口中間放置密合墊後，再用扳手均勻鎖緊螺栓。

(4) **平口斜度環接合法**（Taper Joint or Taper Core Joint）

平口斜度環接合法，目前已甚少使用，其接合次序如下：

a. 加熱方法與平口接頭加工方法相同。

b. 加熱的管端插入銅製斜度套管。

c. 將鐵製或鑄鐵製之平口壓圈套上，並在兩端套管之中間放置密合墊後，使用扳手均勻的鎖緊。

7. 熔接接頭接合

(1) 電焊套承插口熔接法

直管切割必須使用切管器切割，承口需平整且與軸心垂直，承口端插入電焊套部分不得有1公釐以上之刮痕或變形，裝接前管或配件之接合端部需以砂紙磨去表面層，如表面層尙有油脂，應用氯乙烯或丙酮拭淨。將兩端插入電焊套，並達電焊套之中間點，插入時兩端點不得有水，爾後接上熔接器之二次線，開始熔接，過程中不得移動或碰撞，中途切斷電源及二次線接合點鬆脫。熔接完成一小時後，俟裝接點完全冷卻，方可加壓於管內或由管外扳動管子，以確保裝接點不變形。使用過之電焊套不得再次使用，如電焊套有破損或變形，應予棄置不得使用。如銜接失敗，應更換新的電焊套接頭重新熔接，若因電焊套熔接進行中因電源切斷而失敗，待完全冷卻後再插上二次線重新進行熔接。如焊接完成後需立即加應力於管上時，可以冷水澆之使其冷卻。

(2) **端緣熔接法**

端緣熔接法在熔接前，將兩截欲接合之管固定於熔接機台上，利用整平刀將兩管端面修整至平整，置入電熱板加熱及加壓兩端，至兩端均出現完整熔珠爲止，退出電熱板將熔融的兩端迅速連接在一起，再施以漸進的壓力，直至熔珠形成，保持壓力至接合處冷卻到手指可觸摸程度爲止。如廠商提供熔接手冊時，需依其手冊之操作說明爲之。

(3) **承插熔接法**

承插熔接法在熔接前，將熔接機固定於工作台上，直管經丈量後以切管器切割，管端需平整且與軸心垂直，裝接前管或配件之接合端部需以砂紙磨去表面層，如表面層尙有油脂，應用氯乙烯或丙酮拭淨，將直管管端插入熔接機加熱臼口內加熱，同時將加熱器加熱之凸出部插入欲接合之接頭、彎頭、三通等配管另件的接合處加熱，俟達熔點溫度後迅速將管及接頭等抽離加熱器，將管端插入接頭接合，待冷卻即接合完成。小口徑加熱約5至8秒，結合約4至6秒，完成結合冷卻時間約2至4分鐘，100公釐以上口徑需二人合作加熱約40秒，結合約8秒，冷卻時間約10分鐘。

8. 臼口接頭接合

接口之一端爲承口，另一端爲插口，其接合方式係以塡充止洩材料使其接合牢固，此種方法稱爲臼口接頭，一般水泥管、陶管均以水泥沙漿或橡皮墊圈爲止洩材料，臼口灌鉛接合爲鑄鐵管連接方式的一種，由於其接合方式不容許偏差，當地層滑動或道路受車輛震動時易漏水，因此施工方法及各種承受偏角、震動方面不若機械接頭實用，因此施工需特別謹愼，其施工方式如下：

(1) 清潔連接部分之插口及臼口。

(2) 插口插入臼口內，需預留4公釐空隙，其接頭四周空隙需相等。

(3) 麻絲搓成較接頭空隙稍大之絲繩塡塞入接頭空隙中，由下方開始塡塞，用打麻鋼由下部空隙向左右順序向上打實至規定深度。

(4) 接頭之臼口套上管束（Clip），在上部預留灌鉛口。

(5) 熔鉛之溫度要適宜，鉛呈白色者溫度不夠，攪拌時會變色者最適當，變紫色或紅色者溫度過高，提取之熔鉛應無雜物或鉛渣。

(6)灌鉛需連續一次灌滿，不得中斷，先將一邊注入並注意臼口內之排氣，灌至管徑之1/3～1/2時，自兩邊同時灌滿至臼口空隙稍高爲止，再拆下管束。

(7)完成錘鉛之鉛口表面應與臼口平爲準，並不得有凹凸裂縫等。

9. 異種管接頭接合

異種管的種類很多，常用之異種管接合法有下列方式：

(1)鋼管與鑄鐵管的接合法。

(2)鋼管與鉛管的接合法。

(3)鋼管與聚氯乙烯管的接合法（一）。

(4)鋼管與聚氯乙烯管的接合法（二）。

(5)鑄鐵管與鉛管的接合法（一）。

(6)鑄鐵管與鉛管的接合法（二）。

(7)鋼管與銅管的接合法

a.使用公螺紋接頭接合鋼管與銅管。

b.使用擴管接頭接合鋼管與銅管。

(8)鋼管與鉛管的接合法

使用管節，螺紋接頭接合鋼管與鉛管。

(9)鉛管與銅管的接合法。

(10)銅管與PVC管的接合法。

(11)不鏽鋼管與其他管材的接合法

a.鍍鋅鋼管與內襯鋼管的接合法。

b.不鏽鋼管與銅管的接合法。

c.不鏽鋼管與鉛管的接合法。

d.不鏽鋼管與PVC管的接合法。

10. 各種管材之裝接

(1)球狀石墨鑄鐵管

球狀石墨鑄鐵管接合採螺栓壓圈式機械接頭及螺旋壓圈式機械接頭二種。

(2) **鍍鋅鋼管**

鍍鋅鋼管之裝配分螺紋裝接、電焊裝接及滾溝式機械裝接等三種。螺紋裝接的螺紋有效長度與管徑關係如表：

螺紋有效長度與管徑關係表

口徑	公釐	15	20	25	32	40	50
	吋	1/2	3/4	1	11/4	11/2	2
螺紋有效長（公釐）		15	17	19	22	22	26
口徑	公釐	65	75	100	125	150	
	吋	21/2	3	4	5	6	
螺紋有效長（公釐）		30	34	40	44	44	

(3) **內襯聚氯乙烯塑膠管之鋼管（簡稱內襯鋼管）**

內襯鋼管之裝配分螺紋裝接、凸緣裝接及溝槽式機械裝接等三種。

a. 螺紋裝接方法同鍍鋅鋼管。

b. 凸緣裝接有絞牙凸緣裝接、焊接凸緣裝接二種。

i. 絞牙凸緣裝接

直管經切管、刨光去除切口之鐵屑雜物後攻牙，用鋼絲刷將接頭內螺紋刷清，正確對準兩端法蘭絞牙孔位置，利用沖頭壓扁螺紋或以點焊固定法蘭（點焊時不可使內襯管變質），以砂輪磨去突出於法蘭面的管端，平滑整修法蘭面。爾後再緩慢插入短管，確認是否停在套管部中央，確認無誤後，以溶劑清除短管，再塗敷橡膠系列膠著劑於法蘭面及邊緣部使乾燥（乾燥後，若緩慢加熱塗敷於法蘭面之膠著劑，更能提高膠接效果）。再以PVC系列膠接劑塗敷於襯裡管內部及短管套管部，迅速插入短管，膠接劑之塗敷不可過量，插入後，安裝對接法蘭防止短管脫離，擦掉溢出的膠接劑，放置於通風良好之處約1小時即可。

ii. 焊接凸緣裝接

直管經切管、刨光去除切口之鐵屑雜物，將規定的法蘭對準螺栓孔位置，且將管端面與法蘭面焊接於相同面，焊接前將含有水分之溼布充塞於焊接處之管內（溫度超過60℃會影響PVC內襯管材質），再行焊接。利用砂輪機磨掉與短管套管端相等長度之PVC內襯管，並做成倒角，用鋼絲研磨鋼管內部及法蘭面，以溶劑清潔。將橡膠系列膠著劑塗敷於鋼管內部、法蘭面及短管邊緣部後面之套管部，使充分乾燥，在法蘭面略加熱使膠接劑軟化，迅速插入短管，使邊緣部與法蘭面緊貼並固定對接法蘭，加熱於套管部使膠接劑貼緊於鋼管內部，以溶劑擦掉溢出於套管尖端的膠接劑。使用PVC焊條，以PVC焊接機（熱噴槍）焊接短管於對接部，拆除對接法蘭，利用針孔測試儀器檢查焊接部是否有針孔，如無則完成。

(4) 不鏽鋼管

不鏽鋼管之裝接分螺紋裝接、電焊裝接、壓著裝接及滾溝式裝接等方式。管壁厚之不鏽鋼管可採用螺紋裝接、電焊裝接及滾溝式裝接。管壁薄之不鏽鋼管採用壓著裝接及滾溝式裝接二種。螺紋裝接及電焊裝接其施工方法與鍍鋅鋼管相同。

a.壓著裝接

不鏽鋼薄壁管切管時使用切管器切斷鋼管，經切斷之剖面不得變形或縮小，端面需與軸心垂直，清除斷面經切割後遺留的不鏽鋼屑，再插入接頭。插入接頭前需先檢視接頭兩端是否有橡膠墊圈，再持平插入，以免損傷橡膠墊圈。管端確實插入接頭之定點位置後，再使用壓著專用工具壓著，使其確實壓接完成。

b.滾溝裝接

不鏽鋼管管徑在75公釐以上採用滾溝裝接，即可在切管、滾壓溝槽一次完成，可省工時。不鏽鋼薄壁管切管時使用切管器切斷鋼管，經切斷之剖面不得變形或縮小，端面需與軸心垂直，清除斷面經切割後遺留的不鏽鋼屑，然後使用滾溝槽壓溝機，滾壓出所需之溝槽，爾後清潔溝槽至管口端使之無汙物、凹凸、殘渣等，將機械接頭之不鏽鋼外環之螺栓鬆開，兩端卡溝圈撥開，套入橡皮止水墊圈（橡皮止水墊圈塗以非動物性潤滑劑，可增加按裝速度，並可避免按裝時破壞橡皮止水墊圈），將不鏽鋼封環套入溝中，再以六角扳手鎖緊至卡溝圈邊緣緊密裝接即完成。

(5) 銅管

銅管之裝接方法採用焊接裝接，焊接裝接分硬焊裝接與軟焊裝接兩種。硬焊裝接溫度約在620～845℃，軟焊裝接溫度約在260～300℃間。一般冷熱水配管焊接以軟焊爲主，冷媒或蒸汽等配管壓力高或高溫度的焊接，採用硬焊。銅管切管時使用切管器切斷銅管，經切斷之剖面不得變形或縮小，端面需與軸心垂直，清除斷面經切割後遺留的碎屑。若以鋼鋸或砂輪切斷機切管時，亦需保持切斷之剖面不得變形或縮小，且清除斷面經切割後遺留的碎屑，裝接前需將管端及配件接合處之油漬、汙垢等以乾布擦拭乾淨，並去除氧化皮膜。

a.硬焊（Hard Solder）

銅管經去除氧化皮膜後，以助熔劑塗布於銅管及接頭上，若使用磷銅焊材接合銅管及銅管成形接頭時，一般均不使用助熔劑，在接合銅管及其他銅合金管接頭時則必須使用助焊劑全面塗布。銅管插入接頭以氧、乙炔火頭（使用中性火嘴，銅管離火嘴之距離約80公釐爲宜）或其他熱源，施以均勻加熱，至呈現暗紅色，再將火頭轉爲還原火頭，並使火嘴及銅管之間保持5～8公釐之距離，將焊條之前端輕輕接觸銅管及接頭之接合處，以火頭適量熔融之，焊材即會自動被吸入接縫處，完成焊接。若銅管尚未冷卻，如傾以冷水或猛然置於水槽內，其後當可去除氧化皮膜。銅管硬焊接合，應注意下列事項：

i. 大口徑無法一次完成焊接，應將火頭沿接合處周圍方向移動之，依局部加熱持續焊接方式爲之，使接合處最後完全埋在焊材之中。進行水平配管之焊接時，局部持續焊接，依循上、中兩側底部順序進行。

ii. 在低溫接合時，焊材吸入銅管及接頭間之間隙的長度爲離管5公釐左右，如此之焊接處理當即足堪使用，但如爲使用於高壓瓦斯等場所時，欲得更強之接合即有必要進行第二次之焊接。

b.軟焊（Soft Solder）

銅管經去除氧化皮膜後，採用膏狀焊接助焊劑（H）時，在銅管裝接處中央1/3部位將助熔劑維包狀塗布之，若爲液狀（HI Solder Flax）焊接助焊劑時，則全面塗布銅管外面裝接處，將銅管插入接頭部之底點爲止，插入後旋轉1～2圈，使助熔劑能均勻塗布。於離裝接處10～30公釐之處施以均勻加熱，然後在裝接部以燃燒器之火焰加熱至焊接之適當溫度，並對應於火頭之相反側或離開位置將膏狀焊接助焊劑（H Solder）推至銅管及接頭之交界處，以令焊錫熔入銅管及接頭之接縫內，焊接完成後，應以溼布澈底擦拭裝接部，以清除外部之助熔劑。軟焊接合應注意下列事項：

i. 均勻加熱係指將火燄自管部移向交合處，自裝接處圓周方向逐步加熱過程。

ii. 到達焊接適當溫度之辨識法：(a)助熔劑之熔出時；(b)當火頭之顏色轉為淡黃綠色時；(c)當可體驗出銅管及配件接頭之變色態勢時。

iii. 在電氣焊接時，若助熔劑能自管及接頭之裝接部位彌現時，推進焊錫即可熔入裝接部。

iv. 如碳電極棒上附著助熔劑時，將有礙通電，使溫度無法上升，需以線刷等清除之。碳電極棒為消耗品，如有磨損應更換新品。

v. 配管一部分或全部完成後應儘早進行水壓測試，其後應以水沖洗管內之助熔劑及焊材廢料。

c. 含錫配件（Solder Ring Fitting）焊接施工法

銅管經去除氧化皮膜後，於其外部塗布助熔劑（Flux），塗敷面需大於配件與管的接觸面，使用瓦斯噴燈（Torch）加熱，直到錫焊溢出為止，即裝接完成。

(6) 塑膠類管

a. 聚氯乙烯（PVC）管

PVC管採用承插膠合接頭，裝接前先將插口及承口管部以抹布將裝接處之灰塵、油類等擦拭乾淨後，在插管端之表面，以小毛刷將膠合劑抹勻後，立即將插口緩慢旋轉插入鄰接管之承口內旋轉90°裝接，並拭淨多餘之膠合劑。膠合劑不可因用量過多而被擠入管內。PVC管承插接頭插入深度如表：

PVC管承插接頭插入深度

標稱管徑（公釐）	15	20	25	32	40	50	65	80	100	125	156
插入深度（公釐）	25	35	40	50	60	70	80	90	110	140	160

b. 聚乙烯（PE）管

PE管的裝接採用電焊套（Electric Welded Socket）的承插口焊接法、端緣焊接法（Butt Welding）、油壓裝接法及插入裝接法等。

c.聚丙烯（PP）管

PP管的裝接採用電焊套承口焊接法及端緣焊接法兩種。

d.聚丁烯（PB）管

PB管經切斷之剖面不得變形或縮小，端面需與軸心垂直，管端以抹布將裝接處之水漬、灰塵、油汙等擦拭乾淨後，方可裝接。裝接時不得使用普通扳手，需以力矩扳手爲之，否則力量過猛，會傷害接頭螺紋。接合零件如接頭、彎頭、三通、塞頭等均需爲PB管專用接頭，其主要原料爲矽立康（Cel-con），並需符合下列規格：

密度	降伏點	抗剪力	熔點	軟化點
1.41g/c.c.	619kg/cm^2	541kg/cm^2	165℃	162.2℃

e.丙烯晴—丁二烯—苯乙烯（ABS）管

ABS管採用承插膠合接頭，裝接前直管以鋼鋸鋸割，爾後以銼刀削除管內外毛邊，測試管件插入直管位置並做記號，以砂紙輕磨管及管件裝接面，以清潔劑清潔後用刷子塗布ABS膠合劑於管接合面，平均塗布二次後即將管插入管件中，稍爲轉一角度（15°）並緊拉一段時間，使其固著，依管徑大小約10秒至1分鐘，清除殘於ABS膠合劑，即完成裝接。

(7) 無縫鋼管

無縫鋼管裝接有螺紋裝接、電焊裝接及法蘭裝接三種。一般管徑在50公釐以下者採用螺紋接合或電焊裝接，管徑在65公釐以上採用法蘭裝接，各種裝接方法同鍍鋅鋼管。

(8) 排水管之裝接

建築物排水管分汙排水管、雜排水管及通氣管等三種，所使用之管材約略有鑄鐵管、鍍鋅鋼管、聚氯乙烯（PVC）管、聚乙烯（PE）管及陶管等。管路在裝配之前需先檢查是否彎曲或變形，鑄鐵管管壁厚度應在0.5公分以上，管壁內部需光滑無縫，不得有粗糙之接縫及砂孔，合乎標準之管材方可裝配施工。鍍鋅鋼管與聚氯乙烯管等之裝配方法與給水管路之裝配方法相同，鑄鐵管、聚氯乙烯管及陶管之裝配方法如下。

a.鑄鐵管

鑄鐵管裝接方法有臼塞式裝接、平口式之壓環裝接及開槽式之機械裝接等三種。

i. 臼塞式裝接

裝接臼塞接頭，應以臼口向前塞接，並必須自最後一根水管循序漸進，不得任意自管線中間開始。管線中心需校正準確，務使接頭空隙相等，以痲絲搓成較接頭空隙稍大之絲繩填塞入接頭空隙中，用鋼打實，至充分緊密，並保留25公釐以上之灌鉛深度。所用之痲絲，需清潔乾燥無油質，灌鉛用帆布帶與承口吻合，且與管路緊接，頂端留一通風口利於灌鉛，灌鉛時每一接頭需一次灌滿，不得中斷，倘遇杓中熔鉛不夠，不能一次灌滿者，以灌鉛不足論。灌鉛後，必須小心錘塞，錘塞需密實且不得損及臼口，錘塞完畢後之鉛面，所用鉛及痲絲之重量如下表。熔鉛爐不可離將澆鉛之接頭太遠，鉛需燒至足夠之流動性，若熔鉛爐表面有泡沫及雜物時需先清除之。

臼塞式裝接鉛及痲絲用量表

管口徑	（公釐）	50	75	100	125	150	200
	（吋）	2	3	4	5	6	8
鉛之重量（kg）		0.7	1	1.25	1.5	1.75	2.1
痲絲重量（kg）		0.08	0.12	0.18	0.21	0.25	0.3

ii. 壓環裝接

平口鑄鐵管之裝接，採用符合規定之不鏽鋼之外環，內襯為合成橡膠製成的壓環接頭裝接，直管切割需平整，與管軸成90°直角，管端之毛邊修整平滑，將不鏽鋼外環之螺栓鬆動，使其內外襯分開，外環先行套於直管或另件邊側，再將合成橡膠製之內襯套入直管或另件端口，兩端口需確實置於內襯中央位置，不鏽鋼外環回復至內襯正確位置不可超出內襯膠圈，再用工具將螺栓鎖緊即可。壓環接頭外環之螺栓組分成二組（50～100公釐）或四組（125公釐～250公釐）。當欲鎖緊時，各組之緊密度必須平均，以免膠圈與管面接合欠佳，每組螺栓之扭力扳手需60磅吋，四組螺栓之扭緊程序為先扭緊內側再扭緊外側。

iii.開槽式裝接

開槽式裝接方法採用於平口鑄鐵管，直管切割需平整，與管軸成90°直角，管端之毛邊修整平滑，然後利用溝槽鉋掘機，鉋掘所需之管槽，溝槽塗布潤滑油，再將合成橡膠製之內襯套入直管或另件端口，合成橡膠製之內襯套之兩端口需與兩端之溝槽密合，外部再裝上機械接頭，鎖緊機械接頭之螺栓即完成裝接。

b.鍍鋅鋼管

鍍鋅鋼管管路裝接方法同給水管，唯其接頭等需採用排水專用接頭。

c.聚氯乙烯管

聚氯乙烯管管路裝接方法同給水管，唯其接頭等需採用排水專用接頭。

d.聚乙烯管

聚乙烯管管路裝接方法同給水管，唯其接頭等需採用排水專用接8頭。

e.陶管

陶管之直管切割需以鏈條切割器切割，承口需平整且與軸中心線垂直成90°，陶管裝接應在承口端將耐酸鹼侵蝕之橡皮墊圈塗以非動物性潤滑劑（可增加施工速度），將橡皮止水墊圈推至接縫處之正確位置。承口需自最後一根陶管循序向前塞接，不得自管中間開始，並避免損壞橡皮墊圈，管線中心需校正準確，施作時務使每一接頭有10公釐之間隙，且變曲度在管徑100公釐～200公釐可容許偏差為3°，225～500公釐可容許偏差為1.75°，600～1,000公釐可容許偏差為1.25°。陶管施工完成後，需施以漏氣及漏水試驗，以確保品質。漏氣試驗為5分鐘內其漏氣量不得超過原壓力之1/4，漏水試驗需於30分鐘內漏水量不可超過每單位公尺1公升之水量。

9.4.2 管路保溫

管路系統中，其流體如為冷水或冰水，因其溫度較管外為低，管表面凝結水珠造成不良滴水現象。若為熱水或蒸汽，則管內溫度較管外高，損失熱量，浪費燃料費用，減低供給功能，因之需加保溫設施。選擇之保溫材料應具能耐使用溫度、不變質、不吸溼及熱傳導性小者。管路保溫係保持管內流體溫度之理想化，促進並發揮機械之工作效率，減少熱之損失，節省燃料、電力及能源費用，其主要目的如下：

(1) 減少機械因受熱所產生之熱應力。

(2) 維持管路流體原有之物理及化學性質。

(3) 穩定管路內所輸送之流體溫度。

(4) 防止管路凝結水珠，產生滴水之現象。

(5) 保持管內流體溫度之理想化，達到供需之要求。

(6) 控制作業環境或住屋之理想溫度，俾適應人與物之需求。

(7) 使冷凍庫、裝備及管路等之適合溫度，達到預期效果。

(8) 避免工作人員被燙傷，維護作業環境安全。

1. 施工注意事項

(1) 應按照施工圖說規定標準實施包紮。

(2) 應在管路系統壓力試驗完畢始可實施。

(3) 在露天包紮時，如遇風雨、下霜、濃霧之惡劣天氣不得施工。

(4) 施以保溫之鋼管，需先澈底進行除鏽油漆，表面之油汙、塵埃及水氣等，亦需事先清除。

(5) 保溫材料應集中妥爲管理，如有受潮、淋溼不得烘乾使用。

(6) 管路保溫材料，宜儘量購用成形之保溫筒，可增加工作效率。

(7) 保溫厚度如超過50公釐，應分兩層施工，其內外兩層之接縫務需錯開。

(8) 兩段相繼連接之保溫筒，其上下兩片之接縫亦需錯開。

(9) 施工之時，應遵守安全衛生規定辦理。

2. 施工方法

(1) 直管保溫施工方法

a. 將保溫筒密合裝於管路上，兩端使用鍍鋅鐵線綁紮一道使其緊密，如縫隙過大，應以原材質保溫氈填塞。

b. 如在露天場所，則保溫材之表面外圍，應包防護防雨之柏油紙。

c.最後使用鋁皮爲被覆，包捲緊密後，使用鋁綁帶鎖固，以保護保溫材遭受機械之損傷及被雨淋濕之患。

(2)平口保溫施工方法

a.管路平口右邊保溫筒端部，與平口表面之距離，不得超過螺栓頂部。

b.在管平口左邊保溫筒端部，與平口表面之距離爲其螺栓長度加5～10公釐。

c.平口兩端保溫材距離設定後，其端部即用鍍鋅鐵線綁紮三道。

d.在平口外圍再用較大保溫筒鋸斷安裝，其兩端保溫材疊接之長度，不得小於50公釐，兩端用鐵線綁紮牢固。

e.依照直管保溫材包紮法，包妥防雨柏油紙後，再包妥鋁皮防護之。

(3)彎頭保溫施工方法

a.50～300公釐之彎頭，需用45°或90°成型彎頭保溫材裝合包紮。

b.如其彎度較大，可用保溫筒按圖斜切安裝，每節安裝後應用鐵線綁紮三道。

c.縫隙過大之處，使用同質料保溫材填塞緊密，包妥防雨柏油紙。

d.表面防護鋁皮形狀及數量，應與保溫筒數量吻合包紮之。

(4)閥體保溫施工方法

a.閥體兩邊平口之處，請按平口保溫施工方法辦理。

b.閥體平口外圍，再用較大保溫筒，依疊接的長度規定，切斷安裝，並用鐵線紮固。

c.在閥體頂平口處，依圖示方法，使用保溫筒及保溫板裁切安裝。

d.保溫裝妥紮固後，即用防雨柏油紙包紮。

e.使用鋁皮裁製包紮防護，以鋁綁帶鎖固。

9.4.3 機械設備的安裝

機械設備的安裝必須依下列要點裝置：

(1)凡與設備、儀器及閥門相接之配管，應以由令或法蘭連接，以利拆卸維護。

(2)機具之安裝應考慮維修所需之空間。

(3) 各項器材之安裝應依照原廠說明書中有關安裝之規定辦理。

(4) 機具安裝完成後，所有鐵器，或原有油漆已破損而傷及鐵器處均應塗二道防鏽底漆及二防面漆，顏色由業主核定，若機具於出廠前即已有油漆，則衹需加一道面漆。

(5) 主機及較大機件安裝前，需預埋基礎螺栓或預留孔，凡需穿牆或穿越樓板者，應事先向業主提出確實大小及位置，俾配合預留螺栓及孔。

(6) 各項設備之機座位置及管路之路徑，閥門之位置得依現場實際情形，做適當之修正，唯應事前補充圖樣送核，經認可後始可施工。

(7) 振動設備安裝減震彈簧時，壓縮量較大者，均應考慮裝設定位器或拉桿，以免損壞設備或管路。

(8) 所有設備基礎材料均採用水泥、砂、石頭，其比例爲1：2：4，厚度不得低於15公分。除有特殊困難外，均應採用清水模板施工，上部應有45°斜角。

1. 橫式泵

本水泵（泵）需爲地面按裝、橫軸、渦卷之形式，除各部構造應符合下列之要求外，其他規格詳設計圖。

(1) 泵體需爲鑄鐵製造，並鑲有可換之銅質耐磨環，外殼之設計需爲背後抽取式之設計，以使轉動體能由背後抽出，而不用拆卸進口之法蘭。

(2) 泵葉軸爲密閉式，鑄青銅製造，並應經動力及靜力平衡校正及測試通過，確保安靜與平滑之操作。業輪以軸鍵固定鎖緊於主軸上。

(3) 主軸應爲高強度碳鋼製成，並外加耐磨銅質軸套，軸封則採用機器軸封。

(4) 聯軸式者泵體及馬達需固定於同一基座上，泵軸及馬達軸則以聯軸器連接，其軸心應於現場按裝後重新校正。聯軸器應具可橈性，並附有保護罩。並軸式者則馬達與水泵共同用軸。

(5) 馬達需爲室內防水型。馬達的選用必須保證水泵在各種負荷情形下，都能長時間連續正常運轉，而且在各種負荷情形下泵的需求馬力，均不得超過該馬達額定馬力的100%（即使該馬達的操作係數大於1），按裝於屋外之馬達需爲屋外防火型。

(6) 基座採用型鋼焊接組合而成並經防鏽底漆二道及面漆二道處理。

(7) 按裝

a. 水泵並需水平按裝，底座並需裝設減震設備，方法詳設計圖。

b. 採用聯軸器之水泵，其葉輪與馬達軸之中心線必須於現場重新校正。

c. 所有銜接之水管均需裝設防震軟管。

d. 應設排水溝及排水管，以保四周乾燥。

2. 直立式泵

本水泵（泵）需爲立式安裝，豎軸、渦卷之形式，其各部規格另有規定外，應符合下列要求：

(1) 泵體需爲鑄鐵製造，並需附排氣及排水口。

(2) 泵葉軸爲鑄青銅製造，並應經精密加工及平衡校正。

(3) 主軸應採用不鏽鋼材車製。

(4) 軸封應使用機械止漏之方式（不鏽鋼軸心）。

(5) 基座需採用鑄鐵製造，並應實行防鏽底漆二道，面漆二道處理。

(6) 馬達需爲全密，室外防水型E及絕緣鼠籠型，電源詳設計圖。

9.4.4 衛生器具的安裝

1. 檢查

(1) 詳閱施工製造圖，在預埋及安裝前確定器具開口位置及尺度。

(2) 確認衛生設備鄰近之結構已完成，可提供衛生設備所需之安裝工作。

2. 安裝

(1) 每一器具需安裝存水彎，使其易於維護及清潔。

(2) 供應並安裝鍍鉻硬質或軟質水管至各器具，並附〔鑰匙〕〔螺絲刀〕止水裝置，異徑接頭及孔罩。

(3) 各組件需安裝平直。

(4) 所有衛生器具使用〔牆壁支撐〕〔牆式固定架〕及螺栓安裝及固定。

(5) 各衛生器具與牆面及地面間之空隙應填塞填縫劑，其顏色需與器具相符。

(6) 各衛生器具距裝修後地板面之參考高度列舉如下（可參考廠商建議值安裝）：

a.馬桶

標準型380公釐（15吋）由地板面至馬桶前緣上端高度。

殘障者使用型455公釐（18吋）由地板面至馬桶座上端高度。

b.小便器

標準型560公釐（22吋）由地板面至小便器前緣上端高度。

殘障者使用型485公釐（19吋）由地板面至小便器前緣上端高度。

c.洗面盆

標準型785公釐（31吋）由地板面至洗面盆前緣上端高度。

殘障者使用型810公釐（32吋）由地板面至洗面盆前緣上端高度。

d.飲水器

標準型〔760〕〔1,015〕公釐（〔30〕〔40〕吋）由地板面至飲水器前緣上端高度。

殘障者使用型915公釐（36吋）由地板面至飲水器前緣上端高度。

e.馬桶沖水閥

標準型280公釐（11吋）由馬桶前緣上端至沖水閥最小高度。

隱藏型258公釐（10吋）由馬桶前緣上端至沖水閥最小高度。

f. 蓮蓬頭

成人〔男性〕1,765公釐（69.5吋）由地板面至蓮蓬頭底部高度。

成人〔女性〕1,640公釐（64.5吋）由地板面至蓮蓬頭底部高度。

孩童1,490公釐（58.5吋）由地板面至蓮蓬頭底部高度。

g.緊急洗眼〔洗面〕器

標準型965公釐（38吋）由地板面至容器環高度。

h.緊急沖洗設備

標準型2,130公釐（84吋）由地板面至蓮蓬頭底部高度。

3. 校正及清潔

(1) 校正止水裝置或閥至預期流量使器具不致發生濺水、噪音或溢流現象。

(2) 安裝完成後需清潔衛生器具及設備。

(3) 用螺栓將馬桶固定於地板，泛水處理並固定器具。

4.衛生設備接管最小尺度明細表：

依照下列個別衛生設備接管最小配置管線

	熱水	冷水	排水	通氣
洗面盆	15mm（1/2吋）	15mm（1/2吋）	40mm（1 1/2吋）	32mm（1 1/4吋）
拖布盆	15mm（1/2吋）	15mm（1/2吋）	50mm（2吋）	40mm（1 1/2吋）
水盆	15mm（1/2吋）	15mm（1/2吋）	40mm（1 1/2吋）	32mm（1 1/4吋）
飲水器	—	15mm（1/2吋）	32mm（1 1/4吋）	32mm（1 1/4吋）
馬桶（沖水閥）	—	25mm（1吋）	100mm（4吋）	50mm（2吋）
馬桶（水箱式）	—	15mm（1/2吋）	100mm（4吋）	50mm（2吋）
小便器（沖水閥）	—	15mm（1/2吋）	50mm（2吋）	40mm（1 1/2吋）
小便器（水箱式）	—	15mm（1/2吋）	50mm（2吋）	40mm（1 1/2吋）

9.5 品質管理標準

9.5.1 材料設備品質檢驗管理標準

設備材料名稱	檢驗項目	依據標準		頻率（次數）	功能測試地點	
		圖說章節	法令		工地	工廠
單向水龍頭	1.廠牌型號 2.外觀	1.合約規範 2.送審資料 3.出廠證明	CNS-8087-B2618 CNS-8085-B2616 CNS-711-B5004	每500套抽驗1組	✓	
地板落水頭 屋頂落水頭	1.廠牌型號 2.外觀	1.合約規範 2.送審資料 3.出廠證明		逐批查核	✓	
清潔口	1.廠牌型號 2.外觀	1.合約規範 2.送審資料 3.出廠證明		逐批查核	✓	

設備材料名稱	檢驗項目	依據標準		頻率（次數）	功能測試地點	
		圖說章節	法令		工地	工廠
螺紋式閘閥（2”（含）以下適用）	1.廠牌型號 2.外觀 3.漏水試驗	1.合約規範 2.送審資料 3.出廠證明	1.依契約規定使用材料之耐壓度所配合之CNS規定 2.CNS-11090-B2765 3.漏水試驗	逐批查核	✓	
法蘭式閘閥（2-1/2”（含）以上適用）	1.廠牌型號 2.外觀 3.漏水試驗	1.合約規範 2.送審資料 3.出廠證明	1.CNS-5971-B2501 2.漏水試驗	逐批查核	✓	
蝶型閥	1.廠牌型號 2.外觀 3.漏水試驗	1.合約規範 2.送審資料 3.出廠證明	1.CNS-12744-B2801 2.漏水試驗	逐批查核	✓	
螺紋式擺動型止回閥（2”（含）以下適用	1.廠牌型號 2.外觀 3.漏水試驗	1.合約規範 2.送審資料 3.出廠證明	1.CNS-11088-B2763 2.漏水試驗	逐批查核	✓	
法蘭式擺動型止回閥（2-1/2”（含）以上適用）	1.廠牌型號 2.外觀	1.合約規範 2.送審資料 3.出廠證明		逐批查核	✓	
無聲逆止閥	1.廠牌型號 2.外觀	1.合約規範 2.送審資料 3.出廠證明		逐批查核	✓	
螺紋口過濾器（2”（含）以下適用）	1.廠牌型號 2.外觀	1.合約規範 2.送審資料 3.出廠證明		逐批查核	✓	
法蘭式過濾器（2-1/2”（含）以上適用）	1.廠牌型號 2.外觀	1.合約規範 2.送審資料 3.出廠證明		逐批查核	✓	
不鏽鋼管	1.廠牌型號 2.外觀 3.厚度	1.合約規範 2.送審資料 3.出廠證明	CNS-6331-G3124	逐批查核	✓	

設備材料名稱	檢驗項目	依據標準		頻率（次數）	功能測試地點	
		圖說章節	法令		工地	工廠
PVC汙排水管	1.廠牌型號 2.外觀 3.厚度	1.合約規範 2.送審資料 3.出廠證明	1.CNS-4053-K3033 2.CNS-1298-K3004表1B管之標準	逐批查核	✓	
PVC透氣管 PVC雨水管	1.廠牌型號 2.外觀 3.厚度	1.合約規範 2.送審資料 3.出廠證明	1.CNS-4053-K3033 2.CNS-1298-K3004表1A管之標準	逐批查核	✓	
鍍鋅鋼管	1.廠牌型號 2.外觀 3.厚度	1.合約規範 2.送審資料 3.出廠證明	CNS-6445-G3127, 4626-G3111	逐批查核	✓	
蹲式馬桶	1.廠牌型號 2.外觀 3.顏色 4.尺度 5.釉面	1.合約規範 2.送審資料 3.出廠證明	1.CNS-3220-R2061 2.產品需為ISO系列認證合格廠 3.瓷器墨水試驗浸透度0.2公釐以下 4.尺度 5.釉面	逐具查核	✓	
洗面盆	1.廠牌型號 2.外觀 3.顏色 4.尺度 5.釉面	1.合約規範 2.送審資料 3.出廠證明	1.CNS-3220-R2061-3 2.CNS-8086-B2617, 8088-B2619 3.CNS-8089-B2620 4.產品需為ISO系列認證合格廠 5.瓷器墨水試驗浸透度0.2公釐以下 6.尺度 7.釉面	200套（含）以上抽驗0.5%	✓	✓
FRP浴盆	1.廠牌型號 2.外觀 3.顏色 4.尺度	1.合約規範 2.送審資料 3.出廠證明	1.CNS-7611-A2016, 7612-A2017, CNS-7613-A3124 2.產品需為ISO系列認證合格廠	100套（含）以上抽驗1%抽驗數量每基地最多五組	✓	✓
托布盆	1.廠牌型號 2.外觀 3.顏色 4.尺度 5.釉面	1.合約規範 2.送審資料 3.出廠證明	1.CNS-3220-R2061 2.CNS-8087-B2618 3.產品需為ISO系列認證合格廠 4.尺度 5.釉面CNS-6331-G3124	逐具查核	✓	

設備材料名稱	檢驗項目	依據標準		頻率（次數）	功能測試地點	
		圖說章節	法令		工地	工廠
單槍式電話蓮蓬頭	1.廠牌型號 2.外觀 3.顏色	1.合約規範 2.送審資料 3.出廠證明	1.符合CNS標準 2.產品需為ISO系列認證合格廠	每300套抽驗1組	✓	
廚房用混合龍頭	1.廠牌型號 2.外觀	1.合約規範 2.送審資料 3.出廠證明	1.CNS-8088-B2619 2.產品需為ISO系列認證合格廠	每300套抽驗1組	✓	
陸上式給水泵	1.廠牌型號 2.馬力 3.水量 4.揚程 5.電壓 6.功能測試	1.合約規範 2.送審資料 3.出廠證明	1.CNS-2138-B4004 2.正字標記廠商 3.產品需為ISO系列認證合格廠	逐具查核	✓	✓
沉水式汙水泵廢水泵	1.廠牌型號 2.馬力 3.水量 4.揚程 5.電壓 6.功能測試	1.合約規範 2.送審資料 3.出廠證明	歐美日產品（並為ISO認證合格廠）	逐具查核	✓	
加壓給水泵	1.廠牌型號 2.馬力 3.水量 4.揚程 5.電壓 6.功能測試	1.合約規範 2.送審資料 3.出廠證明	產品需為ISO系列認證合格廠	逐具查核	✓	✓
坐式省水馬桶	1.廠牌型號 2.外觀 3.顏色 4.尺度 5.釉面	1.合約規範 2.送審資料 3.出廠證明	1.符合CNS標準 2.馬桶符合CNS-3220-R2061 3.馬桶符合CNS-8086-R2617 4.產品需為ISO系列認證合格廠 5.瓷器墨水試驗浸透度0.2公釐以下 6.尺度 7.釉面	200套（含）以上抽驗0.5%以墨水試驗及急冷試驗為主	✓	✓

9.5.2 給、排水衛生設備工程施工品質管理標準

施工品質管理標準								
		管理項目	管理標準	檢查時機	檢查方法	檢查頻率	不合標準值之處置方法	管理紀錄
施工前階段	檢視設計圖	自來水管理機關之審查	依通過審查或更改之標準	施工前	逐頁審視	一次	改正	通知變更函
		浴廁及管道間空間	應配合建築設計圖及依施工製造圖	施工前	核對建築結構圖	一次	與建築師研討、改正	施工製造圖
		樓板（天花板）淨高	應配合建築設計圖及依施工製造圖	施工前	核對建築結構圖	一次	與建築師研討、改正	施工製造圖
		給、排水明吊管位置檢討	不得吊置於配電室，發電機房或電信機房上方，影響美觀處需辦變更或遮飾	施工前	核對建築結構圖	一次	與建築師研討、改正	施工製造圖
	承商施工計劃書審核	品管人員編組	符合契約規定施工品質及進度標準	施工前	核對契約規定	一次	退回改正	審核紀錄
		工程進度	符合契約規定期限並配合建築施工進度	施工前	核對契約規定	一次	退回改正	審核紀錄
		材料型錄樣品	符合設計規範	施工前	核對契約及施工圖樣	一次	退回改正	審核紀錄
		大樣圖	符合設計規範並配合建築設計圖	施工前	核對契約及施工圖樣	一次	退回更正修改或重劃	審核紀錄
		配管樣品屋	符合設計規範並配合建築設計圖	施工前	核對契約及施工圖樣	一次	改正或重做	相片

施工品質管理標準								
		管理項目	管理標準	檢查時機	檢查方法	檢查頻率	不合標準值之處置方法	管理紀錄
施工中階段	管路材料	廠片、材質、規格	依契約規範	材料進場時及施工中	校對契約及施工圖說	一次	退料或拆除重作	進料查驗紀錄
	配管	管路高程	依施工製造圖及配合建築設計圖	配管時	校對建築及施工圖說	隨時	改正	相片
		雨水、汙水管路坡度	直徑75公釐（含）以下坡度不得小於1/50直徑75公釐以上，坡度不得小於1/100	配管時	核對建築施工圖說水平儀	隨時	改正	相片
		位置、尺寸	配合建築結構固定並需有適當之保護層	配管時	核對施工圖說	隨時	改正	相片
		試水壓：給水試水	局部測試不得小於10 kg/cm²，且持續60分鐘以上	配管完成後	試壓機儀錶	每層樓一次	檢測不妥處修正	試水紀錄
		試水壓：排水試水	分段分層試驗需將開口密封，使管路任一點承受3.3公尺以上之水壓	配管完成後	目視尺量	每層樓一次	檢測不妥處修正	試水紀錄
施工中階段	配管	暗管施作（除特別規定外）	需於樑、柱、牆或天花板內並牢固之	配管時	目視	隨時	改正	相片
		屋外埋設	除另有註明外，應埋在地面50公分以下	配管時	尺量	隨時	改正	相片
		熱水管	管材及施工方式均依圖說規定辦理	配管時	核對契約及施工圖說	隨時	改正	相片

施工品質管理標準								
		管理項目	管理標準	檢查時機	檢查方法	檢查頻率	不合標準值之處置方法	管理記錄
施工中階段	固定架（給水系統）	2 1/2”以上豎管	分歧處及水平彎管處	配管固定時	尺量	隨時	改正	相片
		2 1/2”以上橫管	彎管處及分歧處	配管固定時	尺量	隨時	改正	相片
	固定架（排水、汙水系統、通氣）	2 1/2”以上豎管	分歧處及水平彎管處	配管固定時	尺量	隨時	改正	相片
		2 1/2”以上橫管	彎管處及分歧處	配管固定時	尺量	隨時	改正	相片
	材料器具	小便斗（全套）	符合契約規範	安裝前	核對廠牌型號	進場時	退回、更正	相片、出廠證明
		馬桶（全套）	符合契約規範	安裝前	核對廠牌型號	進場時	退回、更正	相片、出廠證明
		洗臉台（全套）	符合契約規範	安裝前	核對廠牌型號	進場時	退回、更正	相片、出廠證明
		浴缸（全套）	符合契約規範	安裝前	核對廠牌型號	進場時	退回、更正	相片、出廠證明
		化粧鏡（全套）	符合契約規範	安裝前	核對廠牌型號	進場時	退回、更正	相片、出廠證明
		拖布盆	符合契約規範	安裝前	核對廠牌型號	進場時	退回、更正	相片、出廠證明
	材料器具	水龍頭	符合契約規範	安裝前	核對廠牌型號	進場時	退回、更正	相片、出廠證明
		落水頭	符合施工製造圖	安裝前	核對廠牌型號	進場時	退回、更正	相片、出廠證明
		清潔口	符合施工製造圖	安裝前	核對廠牌型號	進場時	退回、更正	相片、出廠證明
		清水泵浦	符合契約規範	安裝前	核對廠牌型號	進場時	退回、更正	相片、出廠證明
		汙、廢水泵浦	符合契約規範	安裝前	核對廠牌型號	進場時	退回、更正	相片、出廠證明
		熱水器	符合契約規範	安裝前	核對廠牌型號	進場時	退回、更正	相片、出廠證明
		飲水機	符合契約規範	安裝前	核對廠牌型號	進場時	退回、更正	相片、出廠證明
		閥類	符合契約規範	安裝前	核對廠牌型號	進場時	退回、更正	相片、出廠證明

施工品質管理標準								
		管理項目	管理標準	檢查時機	檢查方法	檢查頻率	不合標準值之處置方法	管理紀錄
施工後階段	管路材料	廠牌、規格	依契約規範	配管後	核對廠牌規格	隨時	退回、改正、重做	相片
	配管	試水壓：給水管試水	系統測試不得小於10 kg/cm^2，且持續60分鐘以上	全部管路施作完成後	灌水加壓	一次	檢測不妥處改正	試水紀錄
		試水壓：汙排水通氣管試水	分段分層試驗需將開口密封，使管路任一點承受3.3公尺以上之水壓，且持續60分鐘以上	全部管路施作完成後	灌水加壓	一次	檢測不妥處改正	試水紀錄
		保溫（錶後至地下室水箱管路及管道間揚水管）	依圖說規定辦理	全部管路施作完成後	核對施工圖說	隨時	改正、重做	相片
	材料器具	廠牌、規格、型號	符合契約規範	安裝後	核對廠牌型號	一次	退回、改正、重做	相片
		系統使用效能	符合契約規範並達到要求標準	安裝後	使用測試	一次	修正	相片
	申辦用水	向自來水公司辦理竣工手續	符合自來水審圖及使用執照	安裝後	使用測試	一次		申辦及辦准資料

國家圖書館出版品預行編目資料

管線設計與安裝／温順華著. --三版. --臺北市：五南圖書出版股份有限公司, 2023.07
面； 公分
ISBN 978-626-366-235-3(平裝)
1.CST: 配管 2.CST: 管道工程
441.618 112009581

5T25

管線設計與安裝

作　者— 温順華（319.9）
發行人— 楊榮川
總經理— 楊士清
總編輯— 楊秀麗
副總編輯— 王正華
責任編輯— 張維文
封面設計— 陳亭瑋
出版者— 五南圖書出版股份有限公司
地　址：106台北市大安區和平東路二段339號4樓
電　話：(02)2705-5066　傳　真：(02)2706-6100
網　址：https://www.wunan.com.tw
電子郵件：wunan@wunan.com.tw
劃撥帳號：01068953
戶　名：五南圖書出版股份有限公司

法律顧問　林勝安律師

出版日期　2017年3月初版一刷
2020年1月二版一刷
2023年7月三版一刷

定　價　新臺幣500元